The History of Architecture
From the Avant-Garde Towards the Present

世界现当代建筑史

一部记录20世纪与21世纪建筑发展的编年史

The History of Architecture
From the Avant-Garde Towards the Present

世界现当代建筑史

[意] 路易吉·普雷斯蒂嫩扎·普利西 (Luigi Prestinenza Puglisi) 编著
付云伍 涂 帅 译
唐 建 译校

广西师范大学出版社
· 桂林 ·

目 录

1 现代建筑

2 现代建筑的衰落与重生

3 从现代到当代

4 走向当前

1

现代建筑

现代主义先驱

工艺美术运动

在20世纪的种种困扰中，机械化所带来的工业生产问题尤为严重。在一切都是大规模生产的时代，工匠要扮演什么样的角色？而在一个无法阻挡时间前进步伐的世界，一个“生产效率即金钱”的环境中，创造力、手工技艺和一次性物品又发挥着什么样的作用？在类似的情况下，要如何重新定义美和真理？这是具有审美倾向和实践意义的问题，更重要的是它的道德意蕴。它影响着人们希望实现的社会类型和价值观的平衡——失去这种平衡，任何有关建筑或城市规划的想法都将失去意义。如果机器扰乱了平衡、功能、时代与空间，我们的世界就需要重新设计，建筑师就不可避免地成为预言家、空想家和造物主。

这一时期的领军人物将建筑与道德联系起来，转向了工艺美术运动所倡导的传统。工艺美术运动发源于18世纪中叶的英国，由威廉·莫里斯发起。该运动启发了奥地利的奥托·瓦格纳和他的两个学生约瑟夫·霍夫曼与科罗曼·莫泽尔（他们两位于1903年创建了维也纳工场），以及约瑟夫·马利亚·奥尔布里希——他在达姆施塔特一处社区的建设便充分体现了莫里斯的工艺美术运动设计精神。亨德里克·佩特鲁斯·贝尔拉格及其阿姆斯特丹学派也受到运动的感召，为新中世纪美学所影响。除此之外，还有比利时的亨利·凡·德·费尔德、德国的彼得·贝伦斯（1907年10月诞生于慕尼黑的德意志制造联盟正是他的手笔）及其年轻的助手沃尔特·格罗皮乌斯。这一时期的英国建筑师主要有查尔斯·弗朗西斯·安斯利·沃伊奇、威廉·理查德·莱瑟比、查尔斯·罗伯特·阿什比、查尔斯·哈里森·汤森和查尔斯·雷尼·麦金托什。最后，弗兰克·劳埃德·赖特尝试将工艺美术运动的设计原则在美国进行推广，并于1901年在芝加哥发表了题为“机器的艺术与手工艺”的宣言。

在这份宣言中，赖特谈到技术是设计不可或缺的伙伴，他强调使用新材料的重要性，批评商业建筑以及1893年芝加哥世界博览会之后在美国建筑界蔓延的一种观念，即使用近乎“被阳光晒干、褪色的古文物”般的建筑材料。

最重要的是，在住宅设计领域，一种新型通用方法得到了发展。沃伊奇、奥尔布里希、麦金托什和赖特在这一阶段都有一些住宅项目落成，除了各自特定的风格，他们都关注着结构的诚意、天然材料的使用、与自然环境的融合、体量的表达、水平尺度的普遍性，以及摒除夸张的强调或古典装饰等方面。这些住宅内部空间自由，没有等级之分，有连通空间或通过巨大的飘窗向户外凸出，或以壁炉之类比较有象征意义的室内元素为中心。在这些人中，赖特尤其关注住宅的主题。他非常了解自己的客户群体——新资产阶级，他们没有沾染贵族的散漫习气，热衷于奋斗和创业，更是体育运动和大自然的爱好者。针对这个平时驾车、闲时骑车的新兴社会阶层，赖特马不停蹄地开发了各种新式住宅，并在一些商业评论期刊和女性杂志上做广告。这些就是后来所谓的草原式住宅。1900年，他在《女士家庭杂志》上发起了一个活动。他为这个活动设计了两套住宅方案，一套造价为7000美元，另一套造价为5800美元。较大的住宅由一系列流动的空间组合而成，只保留了最少的室内隔断。住宅一层为公共空间，设有厨房和一个单独的空间，包括起居室、餐厅和书房。二层设有两间卧室，可以俯瞰楼下的公共空间。

赖特草原式住宅的经典之作是始建于1908年的罗比住宅。赖特将建筑的水平主题发挥到了极致。巨大的水平出檐深远而舒展，使住宅自然地延伸到周边的环境之中。住宅一层平面纵向展开，二层则与之垂直而置。布鲁诺·赛维在评论中说：“空间末端阳台、矮墙和窗台的设计，强调了两个

路易斯·沙利文（1856—1924）

flickr/jvtoran

路易斯·沙利文，交通大厦的金色大门，芝加哥，1893

层次上的斜坡，使建筑摆脱了四四方方的监狱式造型。”住宅的全部组合空间通过壁炉的设计被重新整合在一起：住宅的壁炉统帅了建筑的整体构图，在建筑外观上具有联系不同体量的连结作用，在建筑内部则成为起居中心——一个通过两扇凸窗延展开来的流动空间，拥有极好的全景视野。尽管这栋建筑的装饰带有自由风格的意味，但经过了这位美国建筑师带有个人风格的改造，它仍然是极简现代主义的优秀范例。在1901—1908年，赖特进行了一系列密集的住宅设计，包括威利茨住宅（1901—1902）、达纳住宅（1902—1904）、马丁住宅（1904）和孔利住宅（1907—1908），而罗比住宅毫无疑问是赖特在完成这些作品之后迎来的一个设计高峰。

沙利文与赖特

弗兰克·劳埃德·赖特是一个多才多艺的人，他的设计不太容易被归到某个具体的风格类型中。他出生于1867年，比麦金托什和贝伦斯（两人均出生于1868年）大1岁，比阿道夫·路斯（出生于1870年）大3岁，比亨利·凡·德·费尔德（出生于1863年）年轻4岁。1887年，赖特大学辍学后来到了芝加哥。当时的芝加哥正处于经济迅猛发展前的阵痛期，建筑业刚刚开始采用结构钢骨架和机械升降机，新一代建筑师开始建造第一代摩天大楼。

建立在结构真实性之上的不断进步的科技和新的审美意识，使建筑师对建造成本和建筑装饰的需求都减少到基本水平，并尽量以标准化和可复制的形式将其实现。这一切都标志着一个激动人心的时刻的到来。在1879年和1889年，威廉·勒·巴隆·詹尼建造了两座高层钢结构商业建筑，它们被称为莱特大厦。始建于1891年的蒙纳德诺克大厦由约翰·韦尔伯恩·鲁特和丹尼尔·胡德森·伯纳姆设计，大厦有20层高，外立面由波浪形的凸窗序列构成。凭借信托大厦（1890—1895）项目，两人实现了摩天大楼的原型，并使

弗兰克·劳埃德·赖特，罗比住宅，芝加哥，1908—1910

弗兰克·劳埃德·赖特，拉金大厦，布法罗，1903—1906（现已拆除）

其拥有完美的渐变明暗对比。赖特最初在约瑟夫·莱曼·西斯比工作室工作。西斯比所主张的木瓦风格是一种多元素混合的折中主义风格，不受古典主义趋势的影响。赖特又在比尔斯、克莱和达顿公司工作了一段时间，之后便加入了阿德勒&沙利文事务所，并在此工作了很久。阿德勒&沙利文事务所是芝加哥最重要的建筑公司之一，由两位互补型的负责人共同管理：丹克玛·阿德勒，一位技术精湛的专业人士，在声学领域几乎无人与之匹敌的专家；路易斯·沙利文，一个艺术天才，他的热情和慷慨完全弥补了他在专业技能上的缺失。赖特很快就被不比他年长多少的老板沙利文所吸引（沙利文出生于1856年，阿德勒出生于1844年）。赖特称呼沙利文为“亲爱的老师”。他们用很多时间讨论建筑，一起完成了众多项目，其中包括芝加哥礼堂（1886—1890）。这是一个多功能综合体，其阁楼后来成了事务所的新家。与此同时，赖特与凯瑟琳·托宾结了婚，并在老板贷款的支持下在橡树公园内购置了一块地产，建造了私宅。为了养活不断增加的家庭成员，赖特在事务所工作之余做起了兼职——成立了自己的公司。他设计了十几个住宅项目，每一个设计都很合理，却没有让人特别感兴趣之处。或许赖特是在用它们来测试自己表达各种风格的可能性：从罗马式风格到文艺复兴风格，等等。他做兼职的事情最终被沙利文察觉，沙利文以赖特违反了限制他的专属合同条款为由将其解雇。由于时代变迁，开创性的阶段即将结束，提出建筑创新的难度变得越来越大。在失去工作前不久，赖特陪同沙利文参加了于1893年在芝加哥举行的哥伦比亚世博会（即芝加哥世界博览会）。他因此见证了很多事情：“亲爱的老师”被逐渐边缘化、行业对布扎艺术风格（也称巴黎美术学院风格）的肯定、充满夸张与粉饰的古典主义的胜利，以及芝加哥学派英雄时期的结束。赖特也因此走上了不受风格限制的研究之路，同时放弃了过度的创新设计思路。尽管接受了自由风格的欢乐教义，他却反对它的轻浮，专注于寻求与自然形式的持续对话。

沙利文在哥伦比亚世博会的参展作品是为交通大厦（亦

弗兰克·劳埃德·赖特（1867—1959）

弗兰克·劳埃德·赖特，私宅及办公室，芝加哥，1889—1893

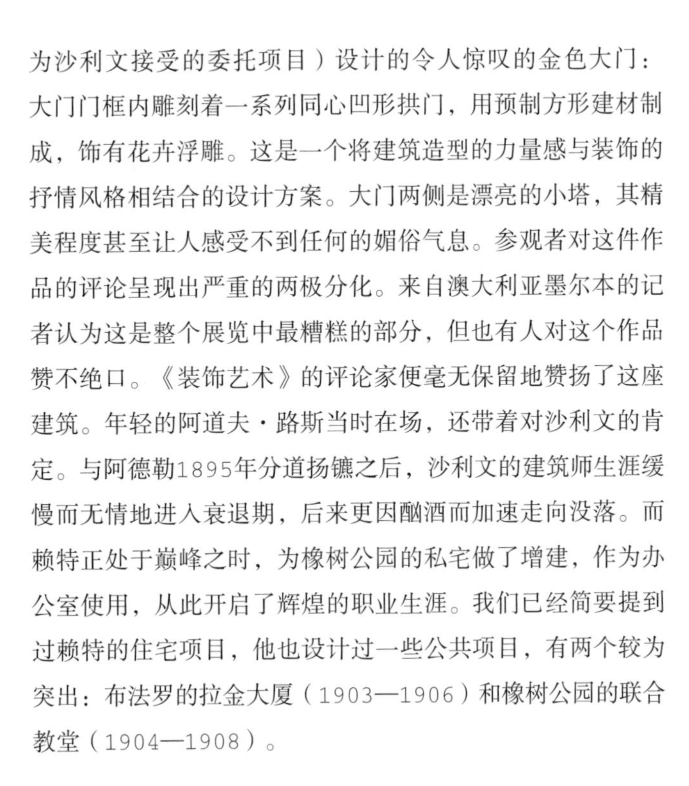

为沙利文接受的委托项目）设计的令人惊叹的金色大门：大门门框内雕刻着一系列同心凹形拱门，用预制方形建材制成，饰有花卉浮雕。这是一个将建筑造型的力量感与装饰的抒情风格相结合的设计方案。大门两侧是漂亮的小塔，其精美程度甚至让人感受不到任何的媚俗气息。参观者对这件作品的评论呈现出严重的两极分化。来自澳大利亚墨尔本的记者认为这是整个展览中最糟糕的部分，但也有人对这个作品赞不绝口。《装饰艺术》的评论家便毫无保留地赞扬了这座建筑。年轻的阿道夫·路斯当时在场，还带着对沙利文的肯定。与阿德勒1895年分道扬镳之后，沙利文的建筑师生涯缓慢而无情地进入衰退期，后来更因酗酒而加速走向没落。而赖特正处于巅峰之时，为橡树公园的私宅做了增建，作为办公室使用，从此开启了辉煌的职业生涯。我们已经简要提到过赖特的住宅项目，他也设计过一些公共项目，有两个较为突出：布法罗的拉金大厦（1903—1906）和橡树公园的联合教堂（1904—1908）。

位于布法罗的拉金大厦（拉金邮递公司办公楼）是一个独特的单层空间，其巨大的空间隔断支撑起多个作为开放式办公区使用的夹层。这座建筑的设计理念似乎与草原式住宅主题完全相反。从外观上看，拉金大厦与亚述-巴比伦时期的砖砌堡垒相仿，其节奏完全由垂直的建筑体量决定。办公楼入口位于建筑一侧，立面上的八个巨型壁柱将窗户分开，一道凉廊贯穿整个建筑体，像雕塑一般与建筑结合在一起。这是一栋内向型的建筑，仿佛受到磁石吸引般贴近内部空间，室内与室外几乎完全隔绝，这样可以让员工在工作时集中注意力。办公楼的内部空间在各个方向都能彼此渗透，这有利于员工之间的沟通交流。最重要的是，拉金大厦采用了新型空调技术，是首批采用这项技术的建筑之一。

位于橡树公园的联合教堂由几个现浇混凝土立方体构成。正厅的立方体空间与稍矮一些的服务区体量形成了对话关系。服务区体量的平面由三个正方形组成，这个附加的内向型空间起到了一定的中枢作用。为了提升它的功能性，赖特采用了方

iStockphoto/harmantasdc © VG Bild-Kunst

弗兰克·劳埃德·赖特，联合教堂，芝加哥，1904—1908

Wikimedia/QuartierLatin1968 © VG Bild-Kunst

联合教堂内景

格天花板（天窗）的设计，使室内能够获得更好的采光。这座建筑通过体块之间的衔接（文艺复兴时期的意大利建筑师菲利波·布鲁内莱斯基采用镶嵌带进行强调，而赖特采用的是木材）而获得了对空间的绝对控制，再加上几乎如同古希腊舞台背景般的强烈光度，总是让人想起文艺复兴时期的建筑。

1905年，赖特前往日本探索一种对他来说并不陌生的文化。早在1893年的哥伦比亚世博会，就有一座日本寺庙的重建项目参展，赖特在当时已经能够欣赏这种文化了。这次日本之行无疑对他的未来产生了不可磨灭的影响。日本住宅内部相连的空间由轻盈的拉门隔断，充满了毫无阻滞的流动之感，这一点深深地打动了赖特。让他着迷的还有日本建筑与自然之间那种紧密的结合。他从日式园林中学会了无序的艺术手法和微缩景观技巧，这让居住者能够获得更大程度的对住宅空间的控制。赖特还成了东方绘画的狂热粉丝，收藏了很多画作。后来也正是通过出售这些藏品，他才挨过了经济困境。赖特在第一次世界大战后学习了日本和中美洲文化，这是他脱离学院派的古典主义与形式主义的信号。在这一点上，他的经历与法国（主要是巴黎）和德国的艺术家没什么不同——他们也在同时期发现了非洲面具和原始文化，并认定这些艺术形式要比那些经过形式主义和学术领域过滤的艺术形式更加靠近真理。

从1905年起，赖特开始在《建筑实录》上发表一系列题为“在建筑世界”的文章，其中浓缩了他的设计理念。他通过这些文章提出了构成有机建筑的核心的六个原则：简练与静止应当是艺术性的检验标准；建筑设计风格应当像人类一样千姿百态；建筑应该看起来像是生长出来的一般与周围环境和谐一致；建筑的色彩应该从周围环境中获取，或者与环境相统一；注重建筑材料本质的表达，而不是将之掩盖；注重建筑个性和能量的表达，而非顺应主流风格。赖特的目标极富野心：协调建筑与自然的关系，让人类重新成为生活小宇宙的中心。草原式住宅中心处的巨大壁炉就是这种个人主义信仰的象征性解释，具有强烈的泛神论色彩。

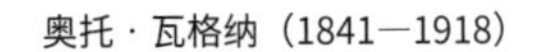

奥托·瓦格纳（1841—1918）

约瑟夫·马利亚·奥尔布里希（1867—1908）

约瑟夫·霍夫曼（1870—1956）

通过赖特的教诲和影响，草原式风格在芝加哥乃至美国中西部传播开来，然后被一群才华横溢的建筑师发扬光大。这些建筑师包括：沃尔特·伯里·格里芬、乔治·格兰特·埃尔姆斯利和威廉·格里·普赛尔。他们都热衷于长而突出的水平屋顶、自然材料，还利用一种在设计表达中几乎不会出错的方法，就是将住宅隐藏在相互掩映、赏心悦目的花丛和树丛中。

瓦格纳、奥尔布里希与霍夫曼

在美国，沙利文和赖特发动了同化新艺术风格的革命，且未反受其禁锢，他们的研究充满了理想的张力，也为当代建筑奠定了基础。而在1905—1914年的欧洲，一些天赋卓绝的建筑大师蓄势待发。这些人发觉行业内正在发生变化，于是毫不犹豫地对当时的意识形态发起了质疑。这些人包括奥地利的瓦格纳、奥尔布里希和霍夫曼，苏格兰的麦金托什，荷兰的贝尔拉格，以及比利时的维克托·皮埃尔·奥尔塔和凡·德·费尔德。而在同一时期的西班牙，孤独的天才安东尼·高迪正在进行兼具古老与现代特色的建筑设计的尝试，他的全部潜力至今仍然深不可测。最后，还有法国的奥古斯特·佩雷和托尼·加尼叶。佩雷以具有创新美学的方式应用钢筋混凝土，使这种新型材料从此成为绝大部分新建筑的首选建材。加尼叶则为工业城市贡献了一份创新方案，他意识到新建筑的主要问题是它在城市环境中的背景化。奥托·瓦格纳受到的是古典主义教育，他钻研了卡尔·弗里德里希·申克尔、戈特弗里德·森佩尔和特奥费尔·汉森的著作和建筑。他的设计灵感来自浮夸的维也纳风格，与华丽繁复的巴洛克风格无关。1894年之后，他深受新艺术运动的吸引，摒弃该风格不加节制的特点，设计风格迅速转变。在1894—1901年，经过奥尔布里希的多方周旋，瓦格纳在维也纳实践了他的建筑设计理论。1895年，他开始在美术学院教一年级学生现代建筑课程。他的理论无疑是创新的，但与其他国家具有创新精神的建筑师所倡导的理论差别不大。例如，他在1897年结识的凡·德·费尔德认为：新时代已经到来，建筑师应当走向现代生活，追求简洁，理解都市的新条件，对建筑技术和材料的选择都要切合实际。对于那些慕名前来的学生，瓦格纳以无限的热情接纳了他们。他的学生包括奥托·尚提欧、麦克斯·法比亚尼、马塞尔·卡默勒、利奥波德·鲍尔、卡尔·埃恩、格斯纳兄弟、扬·科特拉、约热·普列赤涅克、鲁道夫·佩尔科、鲁道夫·辛德勒、埃米尔·皮尔乔、弗朗茨·利奇特鲍、奥尔布里希以及霍夫曼。

瓦格纳声称："在新的社会中，人们不应再通过选择某种风格来决定建筑创作。建筑师必须创造新的形式，以适应建筑技术的发展和时代的要求。这是拥有真正意义的唯一方式。"不久后他又补充道："建筑师当然可以从丰富的传统中汲取养分，但不要复制既定的模式，而要根据自己的目的进行调整，从根本上将其更新。"

瓦格纳的作品中没有中世纪风格的怀旧情结，而是充满了沉着审慎和精致的结构。在他的诸多作品之中，于1904—1912年（工程分为两期，分别于1904—1906年、1910—1912年进行）建造的位于维也纳的奥地利邮政储蓄银行大厦可以说是一件杰作。这座建筑表面的大理石贴面板直接用铝制螺栓固定，螺帽完全暴露在外，精致的细部显现出一种暧昧的机械风情，同时营造出冷静、审慎、明亮的室内空间。

约瑟夫·霍夫曼继续沿着老师所建立的道路，在新形式与古典主题之间寻求一种调和。他最成功的作品是斯托克雷

Philipp Meuser

约瑟夫·马利亚·奥尔布里希，达姆施塔特艺术家村，达姆施塔特，1899—1901

Wikimedia/Thomas Ledl

约瑟夫·马利亚·奥尔布里希，分离派总部建筑，维也纳，1897—1898

Wikimedia/Störfix

约瑟夫·马利亚·奥尔布里希，厄内斯特·路德维希宅邸，达姆施塔特，1899—1901

特宫（1905—1911），不过他显然偏离了原来的主题，转向更为本真的现代主义实验。由于水平方向上自由的平面布局和垂直方向上充满活力的体量接合方式（最终形成了独特的塔楼），建筑呈现出令人惊讶的动感。根据爱德华多·佩西科的说法，“人格化”是“欧洲资产阶级最具男子气概的理想”，斯托克雷特宫也是维也纳分离派重要的艺术家的创意来源，这些艺术家包括古斯塔夫·克里姆特、莫泽尔、卡尔·奥托·西兹契卡、弗朗茨·梅茨纳、乔治·明纳和费尔南德·赫诺普夫。他们的目的只有艺术，正是出于这个目的，凡·德·费尔德还为妻子制作了礼服。在美国，同样的目的也驱使赖特开始在雕塑家和专业匠人的帮助下设计染色玻璃窗和花瓶。

瓦格纳另一个了不起的学生是奥尔布里希，他热情而愉悦地为艺术的更新和新的表达方式带来了更大的连贯性。1897年，奥尔布里希代表瓦格纳负责维也纳地铁项目，与霍夫曼、莫泽尔、克里姆特一起创立了艺术家协会，即众所周知的维也纳分离派。在1897—1898年，他设计并完成了分离派总部建筑：一个立方体建筑，其厚重的体量与覆盖着金箔的轻盈得令人难以置信的圆顶并置，形成鲜明对比。赖特因为其对比逻辑的巧妙表现而深感钦佩。

建筑宏伟的室内设计充分体现出了空间的流动性，其中不乏充满巧思的装饰，令人想起麦金托什和赖特的作品。奥尔布里希打造了一个致力于研究和艺术生产的中心。厄内斯特·路德维希·冯·黑森大公受到巴里·斯柯特和查尔斯·罗伯特·阿什比的启发（二人于1888年创立了伦敦手工业行会和学校），希望重新启动达姆施塔特艺术家村项目，以促进工艺品和艺术品的设计，并因此为奥尔布里希提供了一个很好的机会。

Wikimedia/Bwag

奥托·瓦格纳，奥地利邮政储蓄银行大厦，维也纳，1904—1912

Wikimedia/Jean-Pol Grandmont

约瑟夫·霍夫曼，斯托克雷特宫，布鲁塞尔，1905—1911

达姆施塔特艺术家村的第一个项目可以追溯到1898年，当时黑森大公邀请了31岁的奥尔布里希和另外6位艺术家来到达姆施塔特，其中包括画家和手工艺术家彼得·贝伦斯。1899年，奥尔布里希构思了一栋工作室建筑——厄内斯特·路德维希宅邸，建筑周围环绕着五栋别墅、一座蓄水池和一座露天剧场。这些建筑将成为具有象征意义的德国艺术纪实展的一部分。奥尔布里希为展览等事宜做了筹备工作。1901年5月15日，厄内斯特·路德维希宅邸等首批建筑与各展馆一同举行了落成典礼。典礼由当时33岁的贝伦斯监督指导，以剧场演出为中心，拥有强大的舞台效果和浪漫的象征意义。这位才华横溢的总指挥说："对我们来说，美又回归到最有力的本质，服务于它的是一个新的团体。我们希望以它的名义建造一座房子，一个家园，在这里，所有的艺术形式都能够因我们一生的奉献而得以庄严地展现。"这次展览吸引了众多参观者。尽管如此，它还是没能实现最初的目标，即降低手工艺术品的价格，让大众能够接受。1902年，第一批艺术家离开了达姆施塔特。在第一批艺术家集体出走之后，艺术家村很快就出现了财务危机。接着，贝伦斯也于次年告别这里。只有奥尔布里希，不受干扰地继续完成已经开始的工作。1908年，即他早逝的那一年，他完成了令世人惊叹的婚礼塔。这件具有表现主义风格的建筑作品让人仿若置身于某个古老寓言的氛围之中。

麦金托什

另一个不幸的天才是苏格兰建筑师查尔斯·雷尼·麦金托什，他的人生充满了戏剧性。身在格拉斯哥的麦金托什，在专业上可以说是处于与世隔绝的状态，发生在其他欧洲国家的文化辩论与他毫无关联。但是在1896年，麦金托什代表哈尼曼和科皮事务所参加了格拉斯哥艺术学院项目的竞

查尔斯·雷尼·麦金托什（1868—1928）

Flickr/ivtoran

查尔斯·雷尼·麦金托什，山间住宅，海伦斯堡，1902—1904

标，出人意料地获得了胜利，于是年仅28岁的麦金托什开启了充满希望的职业生涯。事实上，在接下来的短短几年中，他接受了女王十字教堂（1897—1899）、《每日纪事报》大楼（1890—1904）和风之丘别墅（1900—1901）的设计委托。1901年，他成为哈尼曼和科皮事务所的合伙人，接下来进行的项目包括柳树茶坊（1903）、山间住宅（1902—1904）和苏格兰街学校（1903—1906）。他还受邀参加了维也纳（1900）、都灵（1902）和柏林（1905）的国际展览会，并在许多专业杂志（如《工作室》《装饰文化》《德国文化与装饰》《圣泉》等）上发表作品。当然，由于受到赫曼·穆特修斯的支持，麦金托什在国际上获得了一些声誉。

麦金托什与格拉斯哥艺术学院的合作发生在两个不同的时期：第一个时期是1896年到1899年，当时他设计了一座带地下室的双层建筑，但由于资金问题，建筑只完成了一半；第二个时期是1907年到1909年，他完成了项目的剩余部分，最后又增加了一层楼和一座图书馆。在建造建筑的前半部分时，麦金托什还是一位非常年轻的建筑师，他的设计中有很多具象化的大玻璃窗，一些施工中的细节还需要科皮的协助。这个项目内部空间的简洁性和功能性、麦金托什对细节充满技巧却毫不做作的雕琢，以及对现代技术设备——如集中供暖和被动通风设备的采用，都受到了各方的广泛关注。格拉斯哥艺术学院建筑立面的设计堪称优雅，石材与玻璃在对称与不对称的微妙搭配中形成透明与不透明交替出现的效果。建筑的造型通过一系列具有精心设定的标准的突出结构而得到加强，如保安室和二楼卫生间的凸窗，还有精巧的小塔。而将这些元素连接在一起的阳台则强调了建筑的入口，并确定了垂直方向的明暗对比序列，以及水平方向之间相互平衡的视觉间隙。在1907—1909年第二次施工期间，麦金托什将立面向后拉回，摒弃了早期的外立面比例设计。他没有改动在第一阶段已经完工的东侧立面，其带有罗马风情的交替的窗口全部得到保留。相反，他将精力集中于建筑西南方向的节点，把新增的图书馆规划在这里。图书馆采用了

Glasgow School of Art Archives and Collections

查尔斯·雷尼·麦金托什，格拉斯哥艺术学院，格拉斯哥，1896—1909

塔形设计，是一个具有重要城市价值的地标建筑，即使从下方的街道上也能清晰看见。麦金托什在图书馆的阁楼层建造了一条可以俯瞰整座城市屋顶的玻璃走廊：于是人们从格拉斯哥艺术学院可以看到格拉斯哥城，而从格拉斯哥城也可以看到格拉斯哥艺术学院。为了确定塔身的理想棱柱形态，并通过使用上行的肋状骨架使其显得更加纤细，麦金托什设计了高窗系统，这些高大的窗户沿着主建筑的长边延伸开来，在形成统一的体量的同时，如同一系列棱柱形的桥墩一般将建筑立面连接起来，让整栋建筑给人以向上提升之感。建筑西侧立面都是向外凸出的结构：三扇全高落地窗从建筑立面后缩，并向上延伸，与屋顶的弧形顶饰如预想般交会。而在南侧立面，巨大的墙体正中也有一扇全高落地窗，整扇窗子仿佛从反面雕刻出来的一般。塔形建筑的标志性作用通过一些半圆形壁龛的设计而得以加强，辐射出强大的造型能量。麦金托什在此借鉴了米开朗基罗的艺术风格。1891年，麦金托什在意大利旅行，其间对米开朗基罗的作品深感敬畏，这一点可以在他的速写笔记中找到证明。格拉斯哥艺术学院图书馆的内部让人不禁想起日本建筑空间的流动性。它的简洁和标准化的光度使其成为最为有效的当代建筑记录之一。这是一部充满了承诺的作品，遗憾的是没有继续建完。在建筑外观的设计上，大尺度形式符号构成的主要系统与二级细部系统相伴而生，这同样也是受到米开朗基罗的启发。设计效果充满了爆发性的力量，但在麦金托什的设计中并没有任何折中主义的意味。他的建筑放弃了风格语法，被迫转向其构成要素：平面、体量、线条和功能，多少有些消解了建筑语汇。人们重新发现了建筑形式和历史的价值，虽然无法复制，但古老建筑的设计原理却是可以为现代人所理解和吸收的。在这里，人们已经意识到一点：在建筑中也能够发现并探索自然的动态秩序。

在1909年格拉斯哥艺术学院项目完成时，麦金托什陷入了职业危机。1913年第一次世界大战前夕，他离开哈尼曼和科皮事务所，并成立了自己的公司，但他的职业前途却

亨德里克·佩特鲁斯·贝尔拉格（1856—1934）

因客观因素的负面影响而进一步恶化：那个时期他一直深陷财务困境，同时作为省级城市的格拉斯哥能够为专业建筑师提供的工作机会也大大减少。主观因素，如喜怒无常的个性和酗酒，也给麦金托什的前途造成了很大影响。

贝尔拉格

荷兰建筑师贝尔拉格并不是一个优秀建筑形式的创造者，与奥尔布里希、麦金托什或赖特相比，他的才华显然要略逊一筹。但是他肩负起了荷兰建筑的更新大任。他设计的城市项目（主要位于阿姆斯特丹南部）体现了方法上的严谨性和建筑结构的开放性，这足以说明他是一位真正的开拓者。他还促进了赖特的建筑语汇在欧洲的传播，并推广了建立在结构真实性、清水砖墙、对和谐与比例的崇拜、摒弃教条之上的正式的加尔文主义。他在1908年提出："在建筑中，修饰与装潢都是次要的。最重要的是空间的创造和体量之间的关系。"他的作品受到青年创新者的赞赏，并在他的新中世纪的感伤中获得灵感，着迷于他对空间的表达和赋予砖石生命的能力。这些青年也包括路德维希·密斯·凡·德·罗。据说在第二次世界大战后，密斯因为菲利普·约翰逊对荷兰建筑师作品的批判而与之展开了争论。贝尔拉格的经典之作包括1896—1903年建造的阿姆斯特丹证券交易所，这座新罗马式风格的建筑外部封闭，以一座塔楼作为各个体块的造型中枢。交易所内部是巨型大厅，在细长桁架的支撑下形成拱形屋顶，自然光从屋顶射入，为室内采光。贝尔拉格将内饰减至最少，仅以彩砖和普通砖交替搭配，同时用敞廊和护栏营造出明暗对比。贝尔拉格之后的作品，如1907年的海牙和平宫、1908年的贝多芬之家，都是他围绕理查森风格主题进行研究和尝试的证据。此后，直至他1934年去世，其间的作品都缺乏这样的风格力量，常识和理性战胜了诗意的表达。1921年，经历了早期的热情后，贝尔拉格在《剧变》杂志上发表文章，重新评价了赖特的作品，在结尾的部分批评了他的个人主义和浪漫主义。赖特的这两个特点与这位荷兰建筑师所追求的平和产生了冲突。对于贝

亨德里克·佩特鲁斯·贝尔拉格，
阿姆斯特丹证券交易所，阿姆斯特丹，
1896—1903

iStockphoto/Orbon Alija

安东尼·高迪，圣家族大教堂，巴塞罗那，1883年开始建造，至今仍未完工

iStockphoto/Nikada

圣家族大教堂内部

安东尼·高迪（1852—1926）

安东尼·高迪，米拉公寓，巴塞罗那，1905—1910

尔拉格来说，风格与冷静并驾齐驱。他在1905年断言：“古代建筑，正因为有风格，才表达了一种具有抚慰力量的冷静。风格是冷静的原因。”

高迪

如果要找一个不冷静但足够称职的建筑师，大概没有人比高迪更合适了。高迪是一个非主流的建筑师，他的设计完全游走于主流建筑之外。还在加泰罗尼亚的家中时，他便幻想出一个艺术、诗歌、工业与工艺品共存的极度综合的世界。其他建筑师对进步的意识形态的迷恋对高迪来说是完全陌生的，他崇拜的是北非的泥土建筑。他毫不掩饰对这种简单的建筑方式、充满智慧的结构和建筑形式的深刻的宗教性的欣赏。他拜读了约翰·拉斯金的著作，深深地为这位拥有崇高理想的大师的活力和道德张力而着迷。于是他提出了超越宗教的最新看法，认为在职业操守中，艺术与道德是不可分割的。他驳斥一切武断的观点和做法，并对有些人抱持的简化将导致机械形式出现的观点持保留态度。

他在三个研究方向上指明了路线：合理可靠的结构、工匠的技能以及象征性手法的广泛使用。合理可靠的结构是将各种材料整合为一体的唯一正确方式，从而确保各种品质的材料能够物尽其用。此外，上天赐予这些材料的自然特性足以实现超凡脱俗的设计。工匠的高超技艺赋予出自人类之手的作品以精彩，又赋予其人性化的一面，使它们成为经典之作。这也正是高迪偏爱瓷砖碎片、次品砖和碎石等劣质材料的原因。体现它们价值的难度越大，用它们建造的作品拥有的优点就越多，也越能令人满意。材料的碎片越小，就越能凸显作品精妙绝伦的马赛克效果。广泛运用象征手法，可以让建筑表达更多的意义，尤其是具有超越性的意义，使建筑超越了建筑本身的意义及内涵。正是这些建筑作品本身丰富的意义和千变万化的形象，才使得建筑师丰盈的创造力大获成功。因此，从外观来看，一个华盖可能看似帐篷、船帆或

安东尼·高迪，古埃尔公园，巴塞罗那，1900—1914

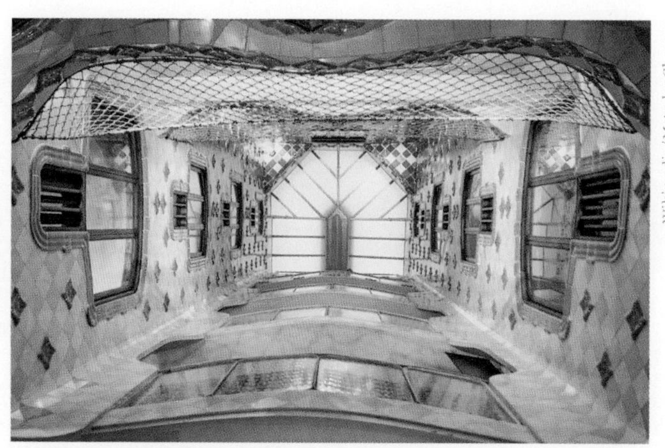

安东尼·高迪，巴特罗公寓，巴塞罗那，1904—1907

者耀眼的王冠，一座教堂也许犹如一个庞大的白蚁窝，或者呈现出哥特式风格。从高迪早期的作品可以看出，他的确拥有天马行空的空间想象力。例如，位于巴塞罗那的古埃尔宫（1888）展现了一个庞大的中空结构。从1904年至1907年，高迪都忙于巴特罗公寓的设计和建造，并在1905年至1910年完成了米拉公寓。前者的造型宛若微波荡漾的海面，外墙表面像鳞片一样闪烁着耀眼的光芒；后者的外观则凹凸不平，形成了蜿蜒的动感曲面，仿佛海边的悬崖，又像是一堆被岁月磨砺过的巨石。可以肯定的是，米拉公寓的造型为其对面的方形公共广场带来了无限的活力，打破了巴塞罗那犹如棋盘一样中规中矩的城市格局。它的楼顶露台上点缀着装饰华丽的烟囱，令人隐隐想起弗朗西斯科·博洛米尼的杰作——圣依华堂奇幻的螺旋状圆顶，为巴塞罗那奉献了一道生机勃勃、色彩绚丽的城市景观。高迪各种新奇古怪的设计也呈现出一些自我矛盾的地方，如古埃尔公园（1900—1914）和圣家族大教堂（始建于1883年，至今仍未完工，仿佛一个庞大的中世纪工地），后者让人感觉时而身处地狱，时而亲临天堂。这是两个规模庞大的综合性建筑，但令人困惑的是，它们不仅体现了多立克风格的坚实，还呈现出哥特式风格的轻盈。这似乎是高迪对未知信念的探索，他以以往建筑难以表达和实现的沟通能力挑战了我们的价值体系。

那些已经退化的先觉者和具有国际主义视野的当代建筑师无法理解这些过于古老和过于现代的设计，因此高迪逐渐被人们遗忘，甚至被他们以简单的方式判定为异类。例如，在尼古拉斯·佩夫斯纳的《现代运动先驱》第一版，以及西格弗里德·吉迪恩的《空间、时间和建筑》中都没有见到高迪的名字。相反，他却得到了一些评论家和历史学家的捍卫，他们无法认同仅仅凭借后立体主义、机械主义和功能主义的抽象概念去评判当代建筑师的做法。因此，高迪也代表了一系列悬而未决的问题，尚待人们通过现代主义史学进行全面的探索。

奥古斯特·佩雷（1874—1954）

奥古斯特·佩雷，香榭丽舍大街剧院，巴黎，1911—1913

佩雷

这是一个严格主义和古典主义方法盛行的时期，以表现主义和机体论为高潮，并伴随着一系列新中世纪主义和浪漫主义的研究，通过立体主义和后期纯粹主义的努力，融合为后来人们所称的国际主义风格。因此，如果我们发现了霍尔塔、凡·德·费尔德、贝尔拉格、麦金托什、奥尔布里希、沙利文、赖特和沙里宁的设计，我们也同样会见到贝伦斯、佩雷和瓦格纳的作品。

显然，两派之间的分界是模糊的，明确两者之间的界限绝非易事。此外，两个阵营之间也明显存在着频繁的沟通和交流。因此，尽管贝尔拉格创作了具有新罗马式风格内涵的作品，他却有意为作品打上古典主义的烙印，同时极为蔑视米歇尔·德·克拉克和阿姆斯特丹学派浮夸的表现主义风格。瓦格纳虽然是一个铁杆的古典主义者，却雇用了奥尔布里希，并给予他自由发挥的空间，甚至愿意去接受他的影响。在达姆施塔特艺术家村经历了早期的浪漫主义阶段之后，贝伦斯走上了严格主义的道路，从而导致一些平庸无奇的碑铭主义项目的出现，如1912年的德国驻圣彼得堡大使馆（尽管在后期他又重新思考了设计方案），还有1920—1924年为霍斯特公司建造的具有表现主义风格的行政办公大楼。至于霍夫曼，虽然他是一个苛刻的严格主义者，但是也经常沉浸于自由风格和分离派的精妙创意之中。更不用说密斯、格罗皮乌斯、勒·柯布西耶等摇摆于两派之间的人物了。其中，密斯和格罗皮乌斯时而也会倾向于马克斯·陶特和雨果·哈林的风格。柯布西耶根据与佩雷在1908—1909年以及与贝伦斯在1910年共事的专业经验，花费了很长时间，最终放弃了夏尔·艾普拉特尼尔的新中世纪主义和反古典主义的学说。

如前所述，对于严格主义的路线，有三位重要的诠释者——奥地利的瓦格纳、法国的佩雷和德国的贝伦斯。我们已经谈过瓦格纳，稍后将探讨贝伦斯后来与德意志制造联盟相关的经历。这里就谈一下奥古斯特·佩雷。佩雷于1874年出生于布鲁塞尔，比赖特小7岁，比柯布西耶大了13岁。他的父亲是一位石匠，在1882年创立了一家建筑公司。奥古斯特曾

奥古斯特·佩雷，勒兰西圣母院，勒兰西，1922—1924

在巴黎美术学院学习，师从朱利安·高德特教授，后者在1902年撰写了专著《建筑的要素和理论》，这部手册的内容基于18世纪的让-尼古拉斯-路易·杜兰德的理论——一种严格的古典主义理论，由机械力学与合理的组合类型方式构成。

经过三年的学习，佩雷于1897年离开学校，之后与兄弟一起为家族的企业工作。佩雷的家族企业也是最早系统应用钢筋混凝土的企业之一。佩雷对钢筋混凝土进行了深入的研究。据说，他最喜爱的两本书分别是1902年出版的《钢筋混凝土系统及其应用》，以及1899年出版的奥古斯特·舒瓦西的作品《建筑史》。后者对建筑形式体系演化中发明创造的作用进行了周密、严谨的论述。

1903—1904年，佩雷设计的位于巴黎的富兰克林路25号公寓是他的代表作之一。正如威廉·J.R.柯蒂斯所说，它的力量在于提供了一种权威的方法，通过这种方法，它以根植于传统的表现力宣示新材料的潜力。这所住宅展现出了技术所能提供的巨大可能性。当使用细长的立柱、大型的开口、轻便的结构和灵活的布局时，这种技术几乎可以突破砌体承重

奥古斯特·佩雷，富兰克林路25号公寓，巴黎，1903—1904

托尼·加尼叶（1869—1948）

托尼·加尼叶，屠宰场，里昂，1906—1908

所需满足的各种限制条件，让整个建筑都沐浴在光线之中。佩雷还进行了大胆的探索，以证明这种新方法具有修复结构的价值，也可以用于古典传统建筑的修复。富兰克林路25号公寓便揭示了这种结构的功能作用。该建筑的结构暴露在外墙立面上，外覆光滑的陶瓷面板，明显区别于带有精致花卉图案的填充板。这座住宅建筑与希腊神庙有些相似，每一个结构都清晰地展现了各自的功能：没有一个结构是随意设计的，每一个结构要素的存在都是合理的。

1906年，佩雷抛弃了所有的外部覆面，并在巴黎蓬蒂厄大街51号车库项目施工中进行了大胆实验，采用了完全暴露在外的钢筋混凝土结构。由于该项目完全采用了梁柱结构的形式，因此在外立面上呈现出大小壁凹交替出现的效果，形成了一种类似抽象绘画构图的构造。

1908—1909年，年仅21岁的柯布西耶担任了佩雷事务所的首席设计师。同时，他也成为在法国积极推动钢筋混凝土建筑的重要人物之一。这些经历留下的不可磨灭的印记促使柯布西耶在20世纪20年代进行了彻底的反思，进而将这种新技术提供的可能性转化为精确的美学准则，也就是他的新建筑学的5个观点。

随着富兰克林路25号公寓和蓬蒂厄大街51号车库的完成，佩雷的建筑设计似乎开始失去锋芒，进而转向较为沉闷和注重辞藻的技术主义道路，并走向了碑铭主义。他在香榭丽舍大街建造的剧院（1911—1913）充满了梦幻般的艺术韵味。而他在1922—1924年建造的勒兰西圣母院，尽管有着矫揉造作的风格主义特征，却被公认为独具魅力的建筑，是他后续作品中的上乘之作。

加尼叶

从1901年住在罗马的美第奇别墅起，托尼·加尼叶就开始着手准备开发一个工业城市规划项目。他的目标是实现一种理想的模式，并将其作为一种现实的灵感模型应用在欧洲各地的城市群规划中，尤其是他的家乡里昂。考虑到这一点，他认为如果能总结古罗马城市规划中的经验教训并形成一种方法的

托尼·加尼叶，工业城市规划，1917

话，必定是一种极其宝贵的方法。因此，在1904年完成了研究工作之后，他便毫不犹豫地在巴黎展示了自己的新城设计蓝图，一并展示的还有图斯库隆考古遗址重建规划。加尼叶在1917年公开发表的这个工业城市规划项目，展现了令人惊叹的简洁构图和清晰的概念结构。他将可容纳3.5万人口的定居地划分为不同的区域，一边是古老的城市中心，另一边是工业区，最后还有一个居住区。他在居住区的中心区域设计了一系列公共空间，居住区的结构分为不同的功能核心，每个核心区域都设有与社区规模相应的公共设施，如学校。他还把医院等医疗设施放置在一个有益于人体健康的山坡地带。这种将城市空间划分为专门功能区域的方法后来为现代建筑运动所广泛采纳，并在1933年得到了《雅典宪章》的认可。它追求的是双重目标：通过插入类似模块元素的类型学方法，借助绘图进行研究论证，从而实现城市的各种功能——这已经解决了功能的问题；在必要的时候还允许通过简单地增加新模块的方式实现城市扩张。这种方法借鉴了从杜兰德到高德特在类型学学术研究中的传统，而加尼叶正是高德特的得意门生（有趣的是，高德特在巴黎美术学院还有一个很重要的学生——佩雷）。这种不加掩饰的以功能为目的的设计理念犹如一股新鲜的空气，让柯布西耶为之着迷，最终促成了二人的会面。1920年，柯布西耶在《新精神》杂志上发表了对这个工业城市规划的图示说明。

由于受到家庭和教育的影响，也出于个人的志向，加尼叶成了一名社会主义者。他将工业城市设想为一个大型的社会，其中的每一位居民都有权享有独立的住宅，哪怕是适用型住宅。这引发了紧凑型住宅的开发模式和倾向，并形成规则，将住宅的高度限制在两层以下。在1932年的第二版工业城市规划中，加尼叶还提到了一些公寓建筑密度更高的城区规划方案。不过那时城市发展还远未达到投机型城市开发所要求的密度，加尼叶的模型与埃比尼泽·霍华德在1898年设想的庞大花园城市模型（1903年在莱奇沃思城得以实现）也相差甚远。当时，钢筋混凝土已经成为建设工业城市的材料，它可以创建简单、基本的造型，摆脱了无用的装饰，并以容易塑造立体的空间和平整的屋顶为特色。加尼叶认为，每一个建筑都应该有恰当的暴露在外的部分，享有充足的光线，最好能靠近一座花园，并设有一条专用人行道供人进出。这种理念所导致的结果就如加尼叶的设计从多个方面所展示的那样，虽然没有特别杰出的建筑作品，但基本上都是舒适宜人的空间。加尼叶还与里昂市政府合作多年，设计了屠宰场（1906—1908）、格兰奇-布兰奇医院（1903—1930）、美国城（1924—1935）等项目。这些足以证明加尼叶是一位天才的城市规划师。他虽然算不上非凡的建筑师，但绝对是一位无可挑剔的技术专家。

1905—1914 先锋派

科技的加速发展

从1905年至1914年，每一领域都呈现出高速发展的势头。在1905年，26岁的爱因斯坦提出了广义相对论第一公式，堪称现代科学最重要的革命。同年，野兽派作品展览举办，野兽派画家在学院派的经典作品面前尽情挥洒着纯粹的色彩。还是在1905年，人们见证了德累斯顿桥社的成立，桥社在凡·高和爱德华·蒙克的影响下引入了表现主义的张力。1909年，菲利波·托马索·马里内蒂在《费加罗报》上发表了《未来主义第一宣言》。面对资产阶级的守旧主义，他赞扬充满活力的设计和现代技术。他对新发明大为赞赏，尤其是汽车，认为它比《萨莫色雷斯的胜利女神》还要美丽，现在即使是普通百姓也买得起。对此，我们只需回想一下亨利·福特在1908年推出的T型汽车就够了。未来主义者很快又开始赞颂另一种运输工具——飞机（莱特兄弟在1903年实现了人类的首次飞行）。但飞机很快便沦为战争的工具：第一次空中轰炸便出现在1909年。

建筑领域也出现了骚动，层出不穷的新发明都是对传统的挑战，大有取而代之之势：轻型的钢结构和钢筋混凝土、机械升降梯、电力、空调、电话纷纷登场。第一盏电灯出现在1879年，霓虹灯则发明于1910年；1900年，奥蒂斯公司生产了第一部机械升降机；用于办公大楼的空调机诞生于1902年，并在1906年获得专利。

在这一时期，一切似乎都处于危机之中，科学理论首当其冲。然而，相对论却引起了无数艺术家、诗人、作家和建筑师的注意。相对论像是一种悖论：从两个不同的参照系中测量的时间运动是不同的，时间会变短并转化为具有能量的物质。这无疑挑战了基于绝对时空概念的传统观点，因此极为引人关注。同时，这一理论引入的精神维度的非理性和神秘性也完全超出了当时科学界的思考。有证据显示，在这一时期已经有针对四维空间的讨论。从19世纪末至20世纪初，马塞尔·普鲁斯特、费奥多尔·米哈伊洛维奇·陀思妥耶夫斯基、奥斯卡·王尔德和格特鲁德·斯泰因都提到过相对论。1903年，乔弗雷特撰写了一部关于四维空间几何学的基础专著。弗拉基米尔·列宁在《唯物主义和经验批判主义》（1908）中定义了一种假说，尽管逻辑略有不通，但是在科学上是可信的。德国数学家赫尔曼·明可夫斯基和P. D.乌斯宾斯基也分别在1908年和1909年将相对论和第四维空间理论正式整合在一起。明可夫斯基还宣布了空间与时间的共渗性。

立体主义画家将这种全新的综合体视为打破乏味的经验主义空间的手段。此外，如果没有相对论和第四维空间的理论，人们也无法理解现代建筑运动中众多建筑师的创意，如特奥·凡·杜斯堡的作品，以及西格弗里德·吉迪恩的重要作品《空间、时间和建筑》。

对于这些大胆的联想，爱因斯坦不止一次地感到惊讶，甚至有些懊恼。尽管如此，何塞·奥尔特加·伊·加塞特还是很快领会到相对论所包含的全新空间条件，在新世纪来临之际创造了他的透视论哲学。后来，斯蒂芬·克恩在1983年的论文《空间和时间》中做了总结：“时间的膨胀只是一种透视效果，是由观察者和被观察物体之间的相对运动而产生的。它不是物体本身固有的具体变化，而只是测量行为的结果。”

从这个角度看，爱因斯坦的革命性理论是一种观察理论：它丰富了视角，其课题建立在视觉的同步性上。人们可能会把它所产生的四维透视效果称作时空变形。作为一种视觉和变形理论，它令这个时代具有与生俱来的创造力和反叛精神的艺术家着迷。最终，它似乎证明了“2＋2≠4”的理论，证明了这种度量从来不是绝对的，也证明了只有在存在

恩斯特·路德维希·基什内尔，桥社第一次展览的宣传海报

的组织形式发生新的变化时，创新才有可能出现，使人们更加相信自己的信念体系，而不是长期占有主导地位的信条。于是，爱因斯坦不仅影响了詹姆斯·乔伊斯和威廉·福克纳，还影响了巴勃罗·毕加索、柯布西耶、特奥·凡·杜斯堡。

无须多言，这也存在一定的风险，可能会破坏爱因斯坦理论体系的观念和意义，在某些情况下会将艺术和建筑研究引向主观主义、不可知论和神秘主义。正如我们所看到的，这多少会让科学家感到尴尬和难堪。而爱因斯坦在这方面却是一个坚定的一元论者：用保罗·费耶阿本德创造的定义来说，他是一个四维的巴门尼德。尽管如此，很少有一种理论像相对论这样被人膜拜，它不仅成功塑造了一个时代的精神，还提供了无数具有可操作性的假说——有些别出心裁，有些则影响深远。它将多元化的视角转化为一种先锋派的假说研究，进而引导了整个20世纪的科学研究。

时代的新视野

1913年7月1日上午10时，埃菲尔铁塔首次发送了广播信号，这是根据1912年的一项国际时间公约制订的计算和保存这些信号的统一方法来完成的。这标志着一个非同质的、零散的时空世界走向终结：在1870年的时候，美国使用着至少80种铁路时间表，其他国家可能比这还要夸张。

从19世纪末至20世纪初，时间的同步和空间的控制成为科学研究的主旋律，人们实现了测量和量度的统一化和标准化。其中包括1884年通过的地球24个时区的划分，本初子午线的创立，一天长度的确定以及国际日的确立。

在不违背任何相对论形式的前提下，空间和时间在20世纪初被视为标准化的实际问题，可以被无限分割并进行测量。同样，运动也被定义为空间和时间的机械关联。这是当时的摄影师都能想象得到的。在1882年，艾蒂安-朱尔斯·马雷发明了一种照相设备，可以在一张底片上多次曝光。埃德沃德·迈布里奇使用一组相机成功分析了人类和动物的运动。1885年，他在《运动中的人体》一书中发表了部分研究成果，这标志着连续摄影术的诞生。先锋派艺术家因此产生了灵感，在1893年至1896年发明了电影。实际上，电影只不过是匀速在连续的胶片上按时间顺序拍摄的一系列照片。

这项新技术的成功是有保证的。从观众的角度看，1910年，仅在美国就有超过一万家电影院；从技术角度看，这是唯一能够从移动的视角立刻感知到多元图像的艺术。通过这样的方式，电影以快速的特写镜头或长镜头以及不同时代的重叠场景将空间和时间相对化，将在相距遥远的地方发生的事件同时展现出来。电影艺术堪称20世纪最卓越的艺术成就，对绘画、雕塑和建筑的影响也极其深远。如果没有电影及连续镜头的发明，人们就无法理解大多数当代艺术作品。1910年，翁贝托・波丘尼完成了《城市的兴起》；1912年，马塞尔・杜尚完成了他的《下楼梯的裸女，2号》（重要的是，这个作品让人联想起迈布里奇为了精确研究一个裸女走下楼梯的过程而拍摄的24张连续照片）；还是在1912年，贾科莫・巴拉展示了《链子上运动的狗》。建筑师也开始将空间组合在一起，仿佛它们就是电影的序列。其中，路斯的空间规划、柯布西耶的漫步式建筑和密斯的流动空间尤为明显。

随着电影业的蓬勃发展，通信技术也呈现出高速的发展势头：无线电报和电话闪亮登场。它们使具有广泛空间同质性的社会得以形成，新闻在这个社会中的传播速度极快，连对1912年4月14日晚在北大西洋冰山水域发生的泰坦尼克号沉船事件的报道也能令大众如同亲临现场。正如4月16日的《伦敦时报》在社论中所指出的那样：“这只身受重伤的巨兽在大西洋海域发出悲鸣，大小船只正从四面八方快速前往营救……我们怀着近乎敬畏的心情意识到一点——原来我们几乎目睹了巨轮末日的痛苦。”

通信技术的高速发展加快了信息的传播速度。媒体和报纸能够及时地报道新闻，促进了思想观念的传播和人口的流动。阿道夫・路斯来到美国后，很可能在1893年的芝加哥世界博览会上遇到了路易斯・沙利文和弗兰克・劳埃德・赖特。而赖特也在1909年前往欧洲旅行。1911年，贝尔拉格正在美国。格罗皮乌斯、柯布西耶和密斯都在1910年前后加入了彼得・贝伦斯的工作室。第一次世界大战结束不久，包豪斯接待了来自世界各地的大师，包括奥地利的赫伯特・拜耳、匈牙利的马塞尔・布鲁尔和拉兹洛・莫霍利-纳吉、瑞士的约翰内斯・伊顿和汉内斯・迈耶、俄国的瓦西里・康定斯基。现代运动首次在国际上得到了支持和传播。虽然巴黎、维也纳、柏林、莫斯科和苏黎世继续保持着各自的特色并发挥着特殊的作用，但是彼此之间从未像现在这样相互渗透，界限变得模糊。

对时间和空间的控制是伴随着流水线的发展和人类工程学的研究而产生的。早在1883年，弗雷德里克・温斯洛・泰罗就开始将生产活动划分为各种基本的运动，并为每一项活动分配必要的时间。他的学生弗兰克・邦克・吉尔布雷思在1909年采用这个方法发明了一种可调整的结构，用于储存砖块，结果使产量增加了三倍。福特公司以装配流水线为基础组织生产，类似于电影使用的连续摄影技术，可以逐帧检查运动的状态，从而检验某项操作是否有必要，是否浪费能源，是否降低了生产率，等等。在1912年至1914年，福特公司生产一辆汽车所需的时间从14小时减少到93分钟。到了1925年，每10秒钟就有一辆汽车从生产线上开下来。在20世纪20年代末期，最低保障住宅和法兰克福厨房的建造也以同样的概念为基础。

手表的出现可以作为世纪之交的标志：它的计时可以精确到秒。查理・卓别林的电影《摩登时代》中的工厂与手表中的链轮极为相似。电影《大都会》中的手表以10小时为计时周期。很多文学作品也表达了对手表、守时和时间的迷恋，包括约翰・吉德纳1910年的作品《纽约炎》，威利・赫尔帕奇1902年的《紧张与文化》，乔治・齐美尔在1900年出版的《大都市和精神生活》。此外，路易斯-费迪南・塞利纳

翁贝托·波丘尼，《城市的兴起》，1910

1932年的《茫茫黑夜漫游》以第一次世界大战之后的世界为背景，讲述了他在美国工厂流水线工作的经历。

与之对立的是，暂时性也是一种不同的需要。它与机械的度量值无关，而是与人类生活中不可重复的实例、或短暂或持久的时刻、存在的独特性和记忆的持续时长有关。马塞尔·普鲁斯特、詹姆斯·乔伊斯、威廉·福克纳等人也再次发现了古代文化和原始文化的价值，它们与同质的和可测量的时空完全无关。在建筑领域，我们只需记住赖特对日本和中美洲建筑的兴趣，或者年轻的柯布西耶的东方之旅。这是人类学研究迅速发展的时期：亨利·休伯特和马塞尔·莫斯，甚至一些社会学家和哲学家都提出了这样的问题，如埃米尔·杜尔凯姆和恩斯特·卡西尔。语言与神话相互对峙：一方面，语言的合理性日益增强，具有象征性的真值逻辑开始表达功能，这正是我们今天使用计算机进行设计的前提；另一方面，神话故事的非理性尤为重要，它是无意识的、原始的和梦境般的，如弗洛伊德和荣格的理论观点。

艺术革命：表现主义

在1905年的巴黎秋季艺术沙龙上，一群年轻的艺术家展示了他们的作品，这些作品以野蛮的色彩运用为特色。36岁的亨利·马蒂斯是这群被称为野兽派的艺术家的领军人物。他们完全抛弃了传统的表现手法：透视、明暗对比和造型。他们的灵感来自安德烈·德兰的名句：画布不是“一个按照某种顺序去覆盖色彩的平面”。这一理念并不新鲜，它是由凡·高、保罗·塞尚和古斯塔夫·莫罗创立并发展起来的。

然而，野兽派的提议十分新颖，并将这项行动推动到极致：在这个层次上，画面消失了，并转化为一种符号。换句话说，正如评论家朱利奥·卡洛·阿甘总结的那样，画面转化为一种纯粹的记号。虽然还没有达到绝对的抽象化，但是在20世纪10年代末期，瓦西里·康定斯基、卡西米尔·马列维奇和皮特·蒙德里安分别朝抽象主义、至上主义和新造型主义迈出了决定性的步伐。

1905年，桥社成立。其成员包括恩斯特·路德维希·基什内尔、弗里茨·布莱尔、埃里希·赫克尔和卡尔·施密特-罗特鲁夫。他们之中年龄最大的25岁，最年轻的还不到22岁，他们一开始都在德累斯顿技术学院学习建筑学，不过最终还是转向了艺术研究。

基什内尔及其同伴的艺术具有强烈的表现力，并引入了非理性、无形式、情感、暂时性、个性和有机等术语，通过各种色彩和纯粹、鲜明、纷乱的形式把画布转变为一种本能冲动的投影。

表现主义对建筑研究有着明显的影响。它在贝尔拉格、高迪、麦金托什以及沙利文和赖特的浪漫主义建筑中找到了肥沃的土壤。表现主义诗学无疑是活跃于19世纪与20世纪之交的大师们所追求的目标，这些大师包括汉斯·珀尔茨希、马克斯·伯格，以及年代稍晚一些的奥尔布里希和彼得·贝伦斯。尽管很多表现主义人物，如布鲁诺兄弟、马克斯·陶特、雨果·哈林、埃里希·门德尔松和奥托·巴特宁都是在第一次世界大战之前开始创作的，但是他们也都是在战争结束后才发展了各自的理论。表现主义的思潮还渗透进格罗皮乌斯和密斯等大师的教育理念。一些人在第一次世界大战后加入了包豪斯，至少在一段时期内，在约翰内斯·伊顿的基础课程体系教育下，受到了包豪斯精神的强烈影响。

基什内尔及其同伴意识到发源于柏林并席卷西方城市的表现主义是大都市环境下最优秀的艺术。正如敏锐的大都市环境理论家马克斯·韦伯所说："我认为，如果没有现代都市所提供的绝对而鲜明的印象，现代绘画的某些形式价值是不可能产生的，这是一种历史上从未出现过的现象……它最重要的特征是一种状态，即纯粹的技术对艺术文化产生了重要的影响。"相形之下，这种由自然景观构成的都市全景为桥社艺术家创造众多杰作提供了一种背景。基什内尔让建筑服从于居住者，宛若石化的造型，虽然毫无生气，却让背景显得栩栩如生。其他的表现主义艺术家，如维也纳的埃贡·席勒描绘了密集而呆板的城市场景，乔治·格罗茨展现了人体与空间之争。如果说未来主义是通过外部运动来表现城市的，那么表现主义通过内部运动也可以实现同样的目标。二者之间不乏契合点：安东尼奥·圣伊利亚勾勒了表现主义—未来主义的场景，而很多电影中也同样充斥着狂乱和威严的场景，炫耀或者批判城市环境。最终，弗里茨·朗1927年的《大都会》大获成功，广受赞誉。从这个意义上说，画家、艺术家和空想家所做的研究甚至超过了首批苛刻的表现主义建筑师，这些研究以全新的方式呈现了人与空间的对比，构成了建筑思想和思考的无尽源泉。为了引入文化风格，他们摒弃了建筑的形式美，减少装饰，并通过开发各种范例，高度关注实际的建筑主题——具有各种愿望、功能的人类主体与城市主体之间的关系，后者以其狂乱和不同的能量体现了一种极限、一种约束。

建筑有时呈现弯曲造型，也许是设计师试图以这种形式表现人类的运动，或者是与自然之间开启一种全新的对话，使被城市环境抑制的有机维度得以发挥作用。或者更进一步看，这是寻求建筑自身的非物质化，使其如同透明的玻璃、纯净的水晶。正如保罗·舍尔巴特在1914年出版的《玻璃建筑》一书中所写："我们的生活大部分是在封闭的空间内度过的，这些空间构成了文化的生长环境。"这段话对布鲁诺·陶特的思想产生了重大的影响。

艺术革命：立体主义

世界主义是这一时期的显著特征。在分离派出现后，维也纳、慕尼黑和柏林成为各种对话、创作和激辩的舞台。在莫斯科，米歇尔·拉里奥诺夫和娜塔莉亚·冈查洛娃为1909年之后日渐成熟的活动奠定了基础。然而，用美国人格特鲁德·斯泰因的话说：20世纪是属于巴黎的。斯泰因的沙龙位于弗勒吕斯大街27号，是一个重要的聚会场所，马蒂斯、毕加索和其他先锋派领袖经常光顾这里。

1905—1906年，马蒂斯创作了他最杰出的作品《生活的乐趣》，这是一幅以多种形式表现回归的作品；另一幅创作于1910年的名作《舞蹈》看似失重，却由流畅的动感线条和大片的色彩构成，展现出纯美的音感。与此遥相呼应的是，毕加索在1906年创作了著名的《格特鲁德的肖像》。这是一幅画面略显沉重的油画，具有极强的可塑性，只运用了极少的色彩。1907年，毕加索展示了《阿维尼翁的少女》。这幅作品受到了非洲雕刻面具的启发，毕加索用它定义了五个人物中的三个的面孔。这幅油画展现了前所未有的狂野画面，其重要性并不在于创作主题，而在于对空间的突破，这是在一系列相互对抗却又共存的平面中构想而来的。它驱散了我们每个人都与之搏斗的无形的恶魔。它也是一种尝试，将有形赋予无形，正如我们的原始祖先所做的那样。与文艺复兴时期的透视法不同的是，在这幅画最终形成的新空间中，观察者没有被精确定位在一个点上，而是形成了无数彼此相交和重叠的视角，使画面像是在我们的脑海中形成的一样。

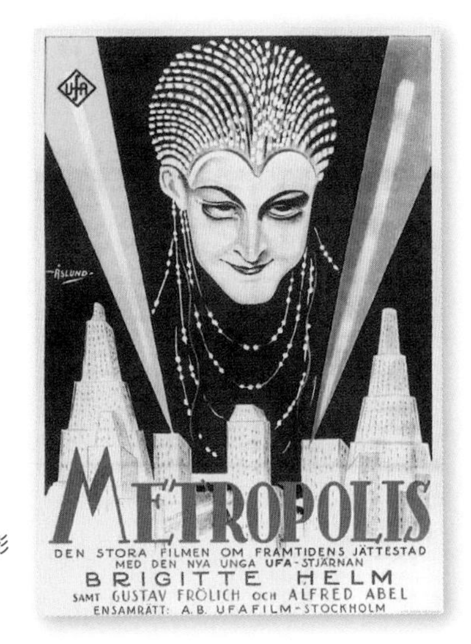

弗里茨·朗的电影《大都会》的海报，1927

立体主义诞生后，与未来主义共同形成了最早的真正的国际先锋派运动。它对当时的俄国、美国、英国、德国和意大利的圈子产生了巨大的影响。许多人物都经历了立体主义的早期阶段：卡西米尔·马列维奇、马塞尔·杜尚、罗伯特·德劳内、皮特·蒙德里安和特奥·凡·杜斯堡。荷兰建筑师牵头采用了空间解构技术，甚至还出现了立体主义的作家。格特鲁德·斯泰因所做的一些实验产生了有争议的结果，其中一些以肖像、声音和文字的形式出现。正是它们给了詹姆斯·乔伊斯创作的灵感。虽然这与潮流无关，但是如果没有这种狂热的实验氛围，乔伊斯在创作这些作品时将会遇到巨大的困难。

然而，和许多艺术运动一样，立体主义的命运并非取决于一种精确的程序，而更多的是源自艺术家开阔的眼界。作为这一运动的两位领导者，毕加索和勃拉克拒绝为他们的作品提供任何科学详尽的解释，其他人提供的解释是建立在第四维度或形式解构的精确原理之上的，也很难令人信服。简而言之，从纯粹的理论角度看，这一运动只是引发了一些困惑而已。可是，当我们以一种很难归类的观点看待这一运动时，上述看法就会发生改变。需要强调的是，表现主义与其对手未来主义，以及抽象主义和后来的达达主义之间存在着不断的交流。有证据表明，一种形式分解方法的自由价值只不过是对其进行重新组合，甚至可以随意与替代的观点相关，甚至是暂时性的。没有立体主义的视野，就不可能理解20世纪的艺术和建筑。

建筑与立体主义

与表现主义不同的是，立体主义并没有在建筑中产生直接的反应。即便是第一个公开的立体主义建筑实例——雷蒙德·杜尚-维隆为1912年的巴黎秋季艺术沙龙设计的立体派住宅，也是令人失望的作品。在这一时期，除了精美的油画之外，人们也许还会记起彼得·贝伦斯几年前完成的一些作品，尤其是他在1902年都灵展览会中展示的汉堡展厅。这是一个受到哥特式风格启发的展厅，借鉴了表现主义的元素，其简洁的造型、装饰线条和雕像呈现在由若干方形平面构成的多面结构中。贝伦斯的设计原则是减少空间体量以简化几何造型和碎片化的矩阵结构。尽管后来包括赖特在内的很多建筑师在20世纪初期成功地运用了这一原则，但是它似乎过于简化，很难说是立体主义的空间解构。

格特鲁德·斯泰因在弗勒吕斯大街27号

第一次世界大战结束之后，立体主义的杰作立即出现。它的活力来自先锋派运动。至上主义、新造型主义和构成主义都受到了立体主义的启发。但是立体主义更多地涉及的是建筑的研究领域。最重要的是，它是被纯粹主义激活的。实际上，这一运动与柯布西耶的想法不谋而合。他天生具有极强的沟通能力和传播自己的现代主义理念的才能。1918年，他与画家奥占芳合作撰写了《后立体主义》，并在次年创立了《新精神》杂志，为系统反思建筑中的立体主义现象的传承奠定了基础。这种传承与表现主义的张力形成了对立，是一种与心灵对话的艺术，旨在唤醒启蒙运动期间形成的某种确定性，即在混乱的背后，隐藏在自然界中的一种基本的和谐状态。

从这时起，向前发展的立体主义谱系理论将会作为一种参考，被很多试图诠释现代运动的开始的评论所引用。其中最为著名的论断是西格弗里德·吉迪恩在1941年出版的《空间、时间和建筑》一书中提出的。吉迪恩将毕加索在1911年至1912年绘制的《阿莱城的姑娘》（这个主题在毕加索的艺术生涯中反复出现）与德绍包豪斯校舍（1926年竣工）进行了比较。他指出，这两部作品都摒弃了传统的透视观念，引入了一种时空维度，它来源于观赏这些作品时所需的平面性、透明性和多重视角。此外，这也是科林·罗的一篇著名的论文——写于1956年并在1963年发表的《透明度：字面和现象》的主题。罗认为，透明度是不能用文字去设想的。这并不是视觉的问题，而是构造组合的问题，或者用他的话说，是一种现象的问题。也就是说，现代运动中一些最崇高的作品引入了一种立体主义的空间秩序，这种秩序与建筑的平面和体积相对应，只有从无限远处的理想的视角才能观察到。这使得建筑从设计的最初阶段便广泛依赖于更为抽象的表达工具，而不是透视方法，如正交投影和轴测法，或者两者的组合形式——具有两个重合轴的轴测法。

两个作者都总结了大量20世纪20年代和30年代明确提出

巴勃罗·毕加索，《阿莱城的姑娘李·米勒》，1937

的问题，立体主义谱系教义在当时得到了巩固。为了反驳他们，爱德华多·佩西科在1935年提出了另一套谱系——与他崇敬的大师廖内洛·文丘里所做的论断相悖。文丘里毫不怀疑，一种新建筑将会“与被称为立体主义的特殊绘画或雕塑风格一起诞生”。而来自那不勒斯的佩西科则认为：“在印象主义的垄沟之中，新建筑诞生了……我指的是弗兰克·劳埃德·赖特。赖特的工厂建筑、1901年的威利茨住宅、1904年的巴顿别墅和1908年的孔利住宅……它们都是没有内部隔墙的简单建筑。整个建筑只有一个空间，几乎没有任何分区。建筑的外部轮廓由水平线条构成，并带有突出的露台，屋顶几乎都是平整的，很少见到斜坡屋顶。窗户以连续的带状分布在外墙的上层部分。这些体量结构也反映了远东地区的建筑对其的影响。道路总是与建筑的正面平行。没有房子，就无法去设想花园……立体主义还没有到来，这不仅是因为我们正处在1901年或1904年，还有一个原因，就是如果我们要定义这种建筑的形象元素，就必须参考印象主义的视野和塞尚的视角。赖特的作品令人感到亲近，其风格能够引发共鸣，不仅影响了美国的建筑师，也影响了众多欧洲建筑师，包括贝尔拉格、杜多克、路斯、霍夫曼和托尼·加尼叶，甚至柯布西耶。赖特可能被视为新建筑界的塞尚……在北美清教徒主义的伪善之中，在开拓者的禁欲时代……这位建筑师的作品是一种丰富而完美的生活的证明，有一种呈现出无尽诗意的风格。”此外，佩西科还强调了赖特和理性主义者在研究中的致命和反知识方面的问题：当代建筑不能被简化为一种立方体，也不能被简化为理性的解构。最后，还有尼古拉斯·佩夫斯纳的论文。他从1936年开始撰写的基础论文《现代建筑的先驱》既未包含立体主义假说的优点，也未涵盖印象主义的优势。在历史学家看来，工业生产和抽象概念的碰撞将会产生一种全新的建筑。因此，立体主义以及所有其他的艺术研究都放弃了19世纪的自然主义。除了作者自身的目的之外，这篇论文还揭示了学者对科学和艺术学科领域的抽象形式力量的研究。即使没有模仿性地去体现这种形式，在现实结构中也应该给予它充分的考虑。未来主义画家波丘尼曾在1910年夏天说道：“如果我能做到（我希望如此），情感的出现将很少依赖于引起情感的物体。我认为的理想情况是，一个希望表达睡眠的画家不会把他的思维转向生物（人和动物）的睡眠，而是通过线条和色彩呈现出睡眠的意境。也就是说，睡眠作为一种普遍存在的事物，完全超越了时间和地点这样的偶然因素。”

从这种观点来看，立体主义、未来主义、表现主义的形式同样都是抽象的。如果我们愿意的话，辐射主义、至上主义、新造型主义，甚至达达主义的形式也可以说是抽象的。实际上，它们都试图通过减少、分散、投射和简化来实现一种普遍的思想。诸如基什内尔、康定斯基、阿诺尔德·勋伯格、波丘尼、保罗·克利和毕加索这样的艺术家都共享着不止一个接触点。这也使得艺术家们从一个实验领域进入另一个领域时显得漫不经心。在某些情况下，从一个运动到另一个运动是以连续的动力学为基础的，并出现了特奥·凡·杜斯堡这样的极端范例。他是一个新造型主义者、达达主义者和构成主义者。

艺术与生活，形式与抽象

在这十年里，“形式”一词的使用空前广泛，遍及艺术、科学和哲学领域，形式成为表达事物本质的捷径，形式作为人类行动的结果，使现实更具意义。形式不仅决定了艺术的命运，同时也成了一种枷锁，这时它就会把表达降低为一种公式，或者一种几何形式，一种机械的和非时间性的表象。形式作为一种新的语言和符号的结构化组合，可以用来简化我们的世界。

自17世纪末期以来，德国的艺术史学家、艺术家和哲学家都致力于形式的表达。其中包括康拉德·费德勒，他声称艺术凭借其整合力，根据自身的法则来阐述概念。他常说：“每一种形式都是合理的，只是在一定程度上才有必要表达那些原本难以表达的东西。”于是，“纯可视性”应运而生：艺术作品的真正意义不在于外在内容和其所表达的主题，而在于其可见的方式，这是形式结构中所固有的，也是所有艺术创作的特色和特点。1902年，意大利的贝内代托·克罗齐也在其著作《美学或艺术和语言哲学》中提出了这一主题：准确地说，艺术是一种纯粹的语言，因为它的形式是具体的。他的思想被翻译成几十种语言传遍欧洲，其中包括一个等式，虽然现在已不算新鲜，但是表达得非常清晰：艺术=形式=语言。然而，如果科学和艺术都通过形式来确立现实，那么这两种方法之间有何区别呢？克罗齐的回应是，艺术与个人相关，而科学与大众相关。这与法国哲学家亨利·伯格森在1907年出版的《创造性进化》一书中所寻求的路线是相同。伯格森也认为，如果不把现实转化为抽象形式，我们就无法控制它，也就不会有科学、工业以及任何的标准化可言。尽管如此，生活却是一个具体的行为，不可能与数学公式绑定在一起。它是永不停留的，也是独一无二和不可重复的。它具有持续性，但并不是一条流水线。伯格森认为，通过科学不可能了解与时间密切相关的现实本质。相反，他认为艺术是一种罕见的力量，虽然实际上很难对其进行定义，但这恰恰是它无法被智能化的原因。虽然人们对于这个论断存在一些分歧和争议，这却是一个共同的结论，因为几乎所有20世纪早期的伟大思想家都提出了这一结论，其中包括格奥尔格·齐美尔、何塞·奥尔特加·伊·加塞特和马丁·海德格尔。

在艺术与生活的不断碰撞中，可以看到20世纪早期建筑师的苦恼。这种苦恼始终辗转于对纯粹思想的探索和对过度抽象的不满，这种抽象以结构的形式将生活具体化，但最终被证明是徒劳无功的。这一问题产生的不良影响在第一次世界大战后浮出水面，当时的表现主义发展趋势是通过为形式注入主观能动性来呈现现实有如岩浆喷发般热烈的一面。而较为冷漠的形式主义者则通过参考抽象的几何方案，几乎像是把图像放在手术台上一般进行理性的解剖。以上现象必将导致分歧和冲突。然而，在这些后来者在占据主导地位之前也会为胜利而付出代价，在实质上使他们所提出的风格平庸化。

1908年，德国出版了一部影响深远的著作——26岁的威廉·沃林格尔的《抽象与移情》。艺术不再是一种根植于手工艺的传统、一种基于专有技术的行业，而是一种面向创造的活动。换言之，就是重新创造世界。移情作用和进入移情状态的能力，以及人与物体之间的关系，将引领我们走向现实主义，走向对外部世界的控制。相反，抽象是恐惧和对现实世界的焦虑的升华，这与我们对其进行更高层次理解的需求是相符的。沃林格尔并不是抽象艺术的爱好者，他认为抽象艺术僵化、呆板、缺乏活力。尽管如此，沃林格尔却与伯格森一道为艺术家们指明了方向：面向非现实主义艺术的创立，从而克服技术和客观思维方式的局限，使研究的作品具有足够的意义，聚焦于超越现实的目标。

我们并不清楚康定斯基与威廉·沃林格尔是否见过面，但是他们的研究活动在时间上几乎同步。当沃林格尔在1908年出书时，康定斯基刚好转向纯粹抽象的研究。1909年，康定斯基创立了新艺术家联盟，并在1910年发表了他的第一幅抽象作品。同年，他还撰写了《论艺术的精神》一书，该书在1912年出版并获得了成功，前两版在一年之内销售一空。1911年，他与弗朗茨·马尔克共同出版了《青骑士年鉴》——一部不同流派的艺术家的作品集，试图通过接纳野兽派、立体主义和未来主义的艺术巩固当代艺术研究的现状。康定斯基寻求超越外在的渗透力，从而回归艺术的原点。抛弃了具体事物的物质性之后，艺术就变成了单纯的对和谐与情感的追求。在1913年出版的自传《过去的目光》中，这位46岁的画家谈到了抽象艺术的五个方面：现实形象的分解，甚至可以被还原为纯色；色彩和声音之间的可译性；为了按照一些指导原则重新表述自然而进行的分割行为；意识到颜色只在其定义的持续时间内才能获得价值和意义；与自然重新建立关系时，不受先入为主的观念和文化偏见的影响而向其妥协。因此，把康定斯基诗意般的抽象方式看作一种审美主观主义是错误的，因为每一种形式都只是个体的表达，具有任何其他形式所没有的价值。这并不是主观的臆断，而是通过客观世界的观察而得来的。因此，它是客观的，并且绝对不是武断的：就纯美的乐感本身而言，其背后是理想的法则的支持。这也许是以普遍的规律解释了康定斯基去创立一个开端的原因。由于失去了新鲜感和精力，他将后来在1926年出版的《点、线、面》一书中提出的研究方法的相关资料付之一炬。尽管这付出了很大代价，但是当这位艺术家担任包豪斯学校的老师时，仍然试图详尽地阐述一种可以传授给学生的抽象方法。与康定斯基并肩作战的还有另外两位巨人：马列维奇和蒙德里安。在讨论第一次世界大战期间成熟艺术研究的演变的下一节中，我们还会遇到这两位。在战争爆发之前的几年里，俄国画家马列维奇与荷兰画家蒙德里安的性格和气质有着很大的差异——前者对挑错颇感兴趣，是一位加尔文主义者；后者痴迷于混乱的秩序，几乎达到了偏执的程度。1912年，二人都来到了巴黎，对立体主义进行了思考。在1913年，马列维奇以作品《黑色方块》迈出了决定性的一步，至上主义从此诞生。不过这幅油画的实际创作可能要早于这个时间。很快，抽象方法便从画布转移到建筑领域，下面这段话在概念上也就显得顺理成章了：正如绘画是一个二维的平面，雕塑是一个三维的体积，建筑则是一个空间对象。可是，正如路斯的空间规划、柯布西耶的漫步式建筑和密斯的流动空间所展示的，空间的节奏却只能通过时间来标记。这三个变体来源于第一次世界大战后对这一主题的研究：将空间作为形式所进行的研究。因此，这是一种与康定斯基、马列维奇和蒙德里安的和谐理念完全一致的思想。马列维奇会用它创造极为精致的建筑作品，而蒙德里安将发展出一种深受他的朋友兼对手特奥·凡·杜斯堡欣赏的语言。

瓦西里·康定斯基，《黄·红·蓝》，帆布油画，1925

弗里德里希·威廉·尼采（1844—1900）

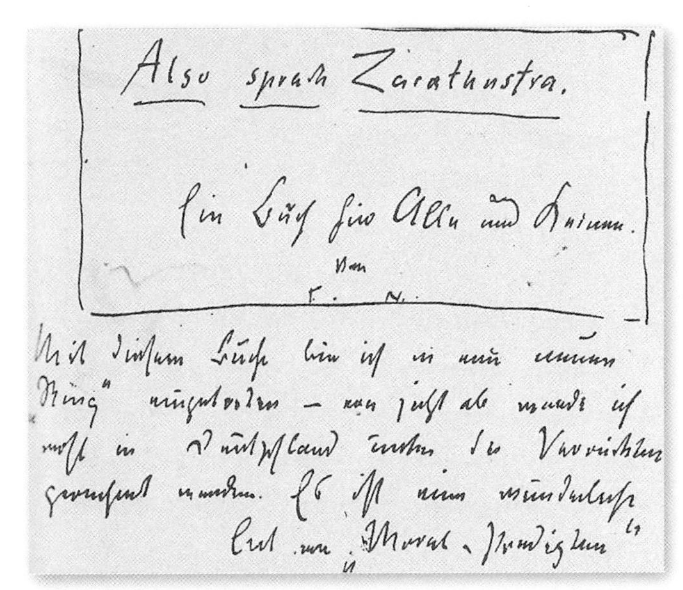

Also sprach Zarathustra.

Ein Buch für Alle und Keinen.

von

F. N.

尼采，关于《查拉图斯特拉如是说》书稿的信件，1883

颠覆

由于有人寻求赋予无形的事物以形式的方法，当艺术的原因与科学的原因发生冲突时，就会爆发出难以控制的非理性。本能冲动的阴暗面、荒谬性和矛盾性不再被视为应该不惜代价去消除的意外，而是被当成一种意识的构成因素，通过它们能更好地理解人类生活的现实。

这一方面引起了人们对幽默的兴趣，另一方面也引起了对“难以言喻”的兴趣。幽默作为一种矛盾的游戏，表明机械的人生观是不可取的，揭示了理性的矛盾和荒谬的存在。在亨利·伯格森（1900）、西格蒙德·弗洛伊德（1905）、路易吉·皮兰德娄（1908）的著作中都能见到幽默的主题。幽默、挑衅和荒诞是打开19世纪严肃枷锁的钥匙，打破了维多利亚时代的束缚。人们可以取笑体面的人物，甚至是先锋派艺术家本身。1896年，阿尔弗雷德·雅里推出了戏剧《乌布王》，这部四幕歌剧充满了残酷和自相矛盾的幽默元素。在1906年12月10日的首映之夜，这出戏引发了轩然大波，之后被禁演。这部作品在1907年雅里去世之后得以重生，但也只上演过一次。不过这一事件足以让年轻的雅里在23岁时就闻名天下。

从那一刻起，雅里决定按照自己作品中的角色去生活，并自创了“啪嗒学”（也称荒诞玄学），也就是所谓的科学支配驾驭的是例外的，而非常规的状况。尽管对雅里到底是天才还是放浪者还存在着争议，但是他的作品无疑越过了良好品位的界限，而且引起了共鸣。生活在巴黎蒙马特区以及伦敦布鲁姆斯伯里的艺术家们都过着放荡不羁的生活。诸如格特鲁德·斯泰因这样的人物，也在收集先锋派作品和创作立体主义作品的同时公布了自己的性取向。利奥·斯泰因曾经教导他心爱的妮娜如何与她的情人相处。格罗皮乌斯坚定地支持他的情人阿尔玛·辛德勒·马勒的情感生活（在两人尚未结婚之时——编辑注）。还有弗吉尼亚·伍尔夫，曾幻想与李顿·斯特雷奇结婚，而后者却决定加入与画家多拉·卡灵顿和拉尔夫·帕特里奇的三角恋之中。在那个毁灭与重生交叠的紧张时代，这些都是难以被人理解的。另外，维也纳和德国的艺术圈的情况也没有更好一些，我们只需看一下埃贡·席勒作品中的年轻女性的堕落形象便知。恩斯特·路德维希·基什内尔的工作室被设想为一个自由表达个人性欲的空间，也就是安德烈·纪德《背德者》（1902）中所描述的空间。罗伯特·穆齐尔《学生托乐思的迷惘》（1906）中的主角和未完成的《没有个性的人》，或者斯蒂芬·茨威格描绘的石头建造的多情柏林，又或者被卡尔·克劳斯所喜爱和调侃、被弗洛伊德所分析的维也纳，都是这方面的例证。

但是，在建筑中去发现这种逆流、嘲讽、绝望和矛盾的维度还为时尚早。尽管如此，正是在这一时期出现了为新生活和新的居住方式建造的住宅建筑。这些建筑几乎抛弃了所有呆板严肃的元素，对所谓的体面提出了批判，否定了19世纪的风格。设计者寻求的是适应简单的生活、摒弃过多盛气凌人的装饰的建筑，批评布满灰尘的陵墓般的住宅。在纽约现代艺术博物馆（MoMA）举办的一次展览上，人们认为，这些开放式住宅的出现，体现了人们对具有社交维度的新型公共空间的追求。

在那些年里，由于大多数的艺术家都感受到了一种政治参与感，居住和交流空间的地位和作用受到质疑就绝非偶然了。其中包括一些女性，如弗吉尼亚·伍尔夫与争取投票权的妇女参政运动联系在一起；赖特的情人梅玛·切尼与瑞典女权主义者艾伦·基有过接触，还翻译了后者的作品。

整个世界都被颠覆了。正如尼采在新世纪黎明来临之时，也就是他去世之前所做的预言那样。在纳粹主义通过一种带有强烈目的性的解读而选择他为“代言人”之前，这种解读方式就在这位哲学家的妹妹的煽动下产生了，她很有能力但是思想迟钝，也是个人崇拜的牺牲品。

《查拉图斯特拉如是说》中的一些内容影响了这个世纪的年轻一代，包括密斯、柯布西耶和格罗皮乌斯在内的建筑师都深受尼采修辞华丽的散文诗的影响。亨利·凡·德·费尔德在自传中谈到魏玛的朝圣之旅，进而导致他对用锤子创造哲学的知识分子的殿堂进行了部分的翻修。

尼采的哲学导致了一个没有上帝的世界的悲剧景象，以及对乐趣、讽刺的需求。他引导人们接受命运，塑造而不是被动地承受自己的命运。正是由于科学和技术的严肃性，尼采的思想这个世纪才能被广泛接受。对此，艺术家们也以愉快和自由的生活作为回应，在咖啡馆里举行聚会，赞美放纵的行为和及时行乐，或者通过行动的提升，将经过艺术界公认和实践的道德引入现实世界。这种唯美的态度导致太多的年轻人从第一次机械化战争的恐怖屠杀中寻找美丽的死亡场面，同样也导致了一种不抱幻想和反中产阶级生活方式的态度，许多年轻人渴望丑闻，变得越来越古怪。这一主题在具有不同文化背景和气质的艺术家之中找到了共同的基础。富有的弗朗西斯·毕卡比亚坐着豪华汽车四处游荡，宣称自己是一个绝对的虚无主义者。赖特也很离谱，他在橡树公园的道路上以惊人的速度奔跑，令路人害怕。1908年，毕加索在蒙马特的街道上组织了一次狂野的酒会，特别为曾经是海关官员的画家亨利·卢梭而举办。杜尚在1917年向独立艺术家协会提交了一个小便池作为参展作品。画家凡妮莎·伍尔夫（与弗吉尼亚·伍尔夫是姐妹关系）利用空间、照明和几件家具打造了一栋风格简洁的住宅。据说，在每个星期四夜晚的聚会上，她会在众目睽睽之下与人做爱。更不用说未来主义者和后来的达达主义者的无数次聚会了，这些聚会常常以侮辱、覆盆子、粗俗的手势和对机器噪声的狂怒而告终。

卡西米尔·马列维奇，《黑色方块》，1915（该画最早展出于1915年，但据画家本人所说，作品创作于1913年）

先锋派

先锋派诞生了。这个词代表着对以前获得的所有信息不断提出质疑并进行持续的研究和探索。从风格和19世纪艺术的摧毁，到形式的彻底湮灭，再到超越了抽象，在这一时刻可以明显看出，即使是一幅抽象的油画，也可以仅限于对已知的平庸事物进行表现，而不是一定要去超越它。从这一刻起，如果当代艺术能够存在，它只能来自这种持续的断裂和边界克服，来自长期研究的条件，并具有宗教般的狂热，会设法攻击语言表达的基础：意义从这一点开始产生。抛开这样一种强烈的神秘张力和如此深刻的世俗信仰，是不可能理解20世纪早期艺术的。康定斯基提到了精神和灵性。马列维奇用一块黑色的画布在黑色的背景上按照自己的意愿替换掉了宗教画像。甚至斯大林1935年在苏联执政时期，还为自己策划了至上主义的葬礼。蒙德里安和特奥・凡・杜斯堡将抽象形式与神智学联系在一起。保罗・克利探索了悬浮于精神价值观和幻想价值观之间的世界。诸如路斯、柯布西耶和密斯这样的建筑师也沉浸于神秘的价值观之中。第一次世界大战后，他们将目标转向了哲学家维特根斯坦和肖像学家阿比・瓦尔堡，在为他们设计的建筑中将他们对世界的创新观念空间化。第一个建筑是维特根斯坦的姐姐的住宅，第二个建筑是瓦尔堡的图书馆的一部分，具有保存记忆和普及知识的作用。显然，尽管这些意图具有一种共性，但是艺术家使用的方法和获得的结果明显存在差异。不过，在众多人物中，有一位创造了特殊的结果，因为他几乎以肉搏的方式探讨了荒谬的主题、类比、形式和概念的投射以及意义的倒置，他就是马塞尔・杜尚。在1913年举行的军械库展览会上，杜尚在美国声名鹊起。他的成名作——立体主义—未来主义绘画《下楼梯的裸女，2号》令美国公众震惊，人们不惜花几个小时排队去观看。回到欧洲之后，他开始进行现成品艺术作品的创作，一些作品甚至反映了更多的问题：艺术作品可以不是由艺术家创作的，来自日常生活中的物品（一个瓶子架，一把铁铲）也可以被称为艺术品。传统主义评论家将现成品艺术作品视为一种失败和一场危机的征兆。从这一刻起，似乎黑格尔预言的“艺术之死”即将来临。实际上，这完全是另一回事。这恰恰是一个令人惊讶的证明，充满了活力和丰富的可能性，超越了康定斯基所预言的纯形式革命。如果没有杜尚，说不定艺术将会与抽象派和至上主义一起消亡。一个人要去哪里追求纯粹的精髓呢？相反，杜尚却以现成作品开始探索未知领域：他的作品很少面向对象，而是完全向环境和背景开放，更具精神性，同时削弱了具体表达，增强了关联性。当意识到这场改变游戏规则的革命时（可能只有20世纪50年代以后的艺术家才能理解），建筑的发展会放慢脚步，但这并不是对这一时期的建筑师或其他专家采用的类似技术不敏感所导致的。在同一时期，意大利画家乔治・德・契里柯基于纯粹的类比方法，发明了一种将艺术与日常物品结合在一起的方法，创造了形而上学艺术。不过早在1910年，契里柯从慕尼黑搬到巴黎后，与保尔・瓦雷里和纪尧姆・阿波利奈尔共度了一段时光，其间便实践了这个方法，直到1916年才将其理论化。形而上学艺术和现成艺术作品在后来导致了达达主义和超现实主义的诞生。

未来主义

1909年2月20日，马里内蒂在《费加罗报》发表的宣言使未来主义引起了全世界的关注。他的选择显然是为了使自己远离罗马，认同巴黎国际艺术之都的身份。此外，罗马在这一时期仍然致力于建造纪念国王维克托・伊曼纽尔二世的国家祭坛。这是一个由朱塞佩·萨科尼设计的“伪历史”婚礼蛋糕的形式，于1911年落成。在这一背景之下，未来主义虽然有自大傲慢的倾向，但仍体现了意大利艺术改变或回归的可能。

最初宣言中的方案涉及文学，随后又产生了许多其他方案。这些宣言是由马里内蒂、波丘尼、卡洛·卡拉、路易吉·鲁索罗、贾科莫·巴拉、吉诺·塞韦里尼、福尔图纳托·德佩罗等加入这一运动的知识分子精心酝酿的，例如，1909年8月出版的《让我们杀死月光！》，1910年2月的《未来主义画家宣言》，1910年4月的《未来主义绘画技术宣言》，1911年1月的《未来主义剧作家宣言》，1912年4月的《未来主义雕塑技术宣言》，1912年5月的《未来主义文学技术宣言》，1915年5月的《未来主义的透视法与编舞》，同年的《未来主义宇宙重建》，以及1916年11月的《未来主义电影艺术》。还有很多其他文章，几乎涵盖了人类活动的各个方面，甚至包括烹饪。艺术和生活似乎在各个方面都不谋而合。

马里内蒂在1909年的第一份宣言中明确指出，未来主义探讨的环境和背景将是大都会。他认为：“我们歌颂着被强烈的电灯光照亮的军火库和街角所呈现的充满活力的夜色。我们赞颂着吞吐着烟蛇的火车站。工厂喷出一条条蜿蜒的烟柱，仿佛挂在云端。巨大的桥梁像体操运动员一样跨在河流之上。”正是在1910—1912年，康定斯基在慕尼黑发明了抽象概念，立体主义艺术家们则正在巴黎进行创作。未来主义的艺术家，尤其是两位最具才华的艺术家——波丘尼和巴拉描述了由灯光、运动和动态张力构成的新城市。他们预先设定了一种形式语法，对新建筑空间产生了无法估量的影响。活力、变异、轻盈、对交流网络的兴趣、垂直性的驱动力、新材料、力线和色彩学等主题，是将未来主义绘画和项目转移到年轻的欧洲建筑师身上的通行证。尽管在某些情况下，这种转移并不是直接的，但是当代的评论家们正在尽最大努力重构这个故事。

未来主义者与立体主义者之间形成了爱恨交加的关系。1912年，在巴黎伯恩海姆·热恩画廊举行的展览，标志着未来主义正式来到了法国。在这一事件的前后，两个派别之间也有着一些接触。未来主义者指责立体主义者趋向于静态和过度的形式主义，缺乏情感，缺乏与环境产生共鸣的娱乐能力。他们在《未来主义者在法国被剽窃》一文中指责立体主义者是剽窃者，因为“法国人”在他们的作品中引入了动态元素和力线。同样，意大利艺术家则被认为遭受了地方主义的排挤，并受到活力论言辞的控制。未来主义艺术家对阿波利奈尔、德劳内、费尔南·莱热以及俄耳甫斯主义者和俄国的先锋派产生了明显的影响。这种影响的相互作用是显而易见的。波丘尼和阿波利奈尔于1913年在巴黎为先锋派运动提出了一项建议，让未来主义者、立体主义者和表现主义者齐聚一堂。然而，与往常一样，嫉妒和猜忌仍然占据了上风。即使在今天，未来主义画家的许多想法也显得超前了。正如卡洛·卡拉所说：“我们所想的是一种类似于未来主义音乐家普拉特拉所展现的动态和音乐的建筑。当以暴力和混乱的精神状态表达时，建筑是在色彩、烟囱里冒出的浓烟以及金属结构中建立的。”1914年，恩里科·普兰波利尼宣称：“未来主义建筑必须有一个氛围成因，因为它反映了强烈的生命运动，还有滋养未来主义人类所需的光和空气。”同年，波丘尼在他的一篇从未发表的未来主义建筑宣言中写道：“我们生活在建筑力量的螺旋中。在过去，建筑在一个连续的全景中展开：房屋彼此相连，街道彼此相邻。现在，我们的周围开始出现朝着每个方向延展的建筑环境：从大型百货公司的巨大地下室，到地下铁路的多层隧道，再到高耸入云的美国摩天大楼。”

由安东尼奥·圣伊利亚起草的《未来主义建筑宣言》于1914年8月1日在《拉塞巴》杂志上发表，该杂志是在未来主义运动之后出现的。1914年的欧洲仍然无法如德意志制造联盟在科隆的展览中所示的那样，充分地定义一个新的建筑名词，所以，可以说宣言中所阐述的内容已经超出了未来主义者所处的时代："电梯不能像绦虫一样被藏在楼梯间的壁龛里；楼梯间本身已经毫无用处，必须被废除，电梯必须像钢铁和玻璃做成的大蛇一样爬满建筑外墙。用混凝土、玻璃和钢材建造的房屋上没有任何绘画和雕塑装饰，只有线条和浮雕展示出丰富的内在美。它们因为机械的简单性显得格外'丑陋'，它们将会更高、更宽，显然是根据需求而不是市政法规建造的。它们必须耸立在动荡的深渊边缘：街道不会再像门垫一样摊在地上，而是以多层的方式延伸到地下，支撑着大都市的交通，并且通过金属的组合式通道和快速移动的人行道连接起来，以实现必要的互联。"1916年，这位来自科莫的建筑师死于他曾经热衷的第一次世界大战。该运动的另一位代表人物——天才波丘尼也死于这场战争。在圣伊利亚短暂的创作生涯中，留下的图纸和项目方案勾画了"如何创造和重建像庞大、喧嚣的造船厂一样的未来主义城市，每一个细节都描绘得活灵活现。当然还有未来主义的住宅……看上去仿佛巨大的机器"。他的作品令人惊叹不已，尤其是考虑到他是那么年轻：1914年时，他只有26岁，去世时年仅28岁。他提出的很多想法在当时还不成熟，但是，他的画作还是给人们留下了对未来的深刻印象，同时也留下了他所在时代的象征主义和腐朽文化的残迹。真正的充满生机的未来主义建筑几乎从未出现，更重要的是，坚持这一目标的建筑师都缺乏影响力，如马里奥·基亚顿、维吉利奥·马尔奇、福尔图纳托·德佩罗和恩里科·普兰波利尼。然而，现代建筑运动的领军人物都对圣伊利亚和基亚顿进行了研究和分析。例如，1919年罗伯特·范特·霍夫和雅各布斯·约翰·奥德，以及路德维希·希尔伯斯默和阿道夫·贝内在杂志《风格派》上发表了成果。我们暂时先回到1913年波丘尼和阿波利奈尔表达的关于联合各个先锋派的观点，这当然是决定性的观点。随着时间的推移，尽管欧洲各国举行的会议都反复重申这一观点，但是，各个运动的领导人为了维护其历史的首要地位和原创性，最后仍然在不同的派别之间竖起了重重壁垒。

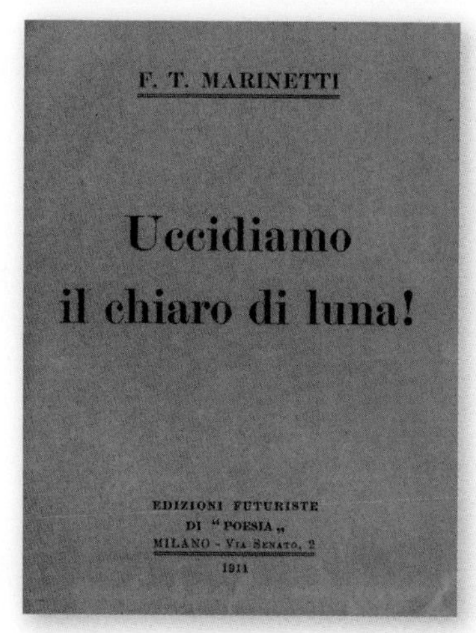

马里内蒂，《让我们杀死月光！》宣言，1909

他们毫不犹豫地讲述了各种不真实的故事，甚至颠倒了一些作品和事件的时间。然而，如果抛去成见去观察，那么这一时期的艺术环境是充满魅力、令人愉悦的，同时又是令人困惑的，也是包容的，能够接受各种变化。即使是毁灭性的第一次世界大战也无法彻底将其摧毁。相反，正如我们将会看到的，正是在第一次世界大战期间，一些最具趣味性和跨越性的艺术假说找到了另外的发展方向。

1905—1914　工业与装饰

装饰即罪恶

不是每一位艺术家都过着放荡的生活，他们被“消灭资产阶级”这一当务之急所困扰，不惜一切代价冲击富有但没有文化的资产阶级。可以肯定的是，即使在最温和的情况下，他们也有着对真实生活的渴望，不希望被约定俗成的方法和传统束缚。他们意识到社会期望艺术家打破常规，赋予他们批评的良知，希望他们能够起到警示世人的作用。他们之中的一些人物，如弗兰克·劳埃德·赖特，以非凡的媒体智慧做到了这一点。在他这里，一些事件——甚至连非常棘手的那些，诸如抛妻弃子，其情人和孩子被精神失常的男人杀死，自己遭遇破产、公司倒闭、锒铛入狱——都能因为利益和宣传的缘故而变得合乎情理。路易斯·沙利文、查尔斯·雷尼·麦金托什、阿道夫·路斯——当然还不只是这三人，都戏剧性地遭到社会的漠视。这个社会对建筑的公正评价总是姗姗来迟，他们却因此沉溺于酒精或者抑郁的情绪之中。这就解释了为何在路斯的某些文章——尤其是在1908—1910年撰写的讽刺性文章中，或沙利文去世（1924）之前的作品《“思想”的自传》中，经常有对幻想破灭的感叹，在某些情况下甚至有极度的愤怒。

虽然这一时期见证了对传播力量的探索和对某种爱慕虚荣的行为的迷恋，但是我们仍然远未达到当代明星体系中媒体的非道德性操作。尽管建筑师和艺术家们在大量的文章、宣言和伟大的事业中寻求公众的关注，但最后他们总是沦为各种工具，将人们的目光吸引到无比庞大的项目计划、迷人的乌托邦和旨在拯救世界的造物主思想中，最终赋予工业生产以重大意义。几年之后，柯布西耶据此提出了“建筑或革命”的口号，他强调在这种理念与渴望相混合的永久的张力中，形式与理性、建筑与道德是可以互换的。

正是这种试图解决形式、经济学和伦理学等多样性世界的概念之间的矛盾的尝试，才催生了现代建筑。毫无疑问，这种争论是由20世纪初欧洲和美国对功能和装饰的论战引起的。一方面，在路斯创造了“装饰即罪恶”这一口号之后，有些人试图重新定义一种具有创新性，但意图不清的形式的极端表达；另一方面，在由路易斯·沙利文提出、弗兰克·劳埃德·赖特采纳的“形式服从功能”的要求下，有人试图在这一过程中引入想象和复杂性，同时将装饰从物体的形式中剥离出来，去除任何虚假的应用成分。

事实上，除了口号之外，建筑师们的具体反应都缺乏明确的意义和具体的决定。阿道夫·路斯被认为是严格主义的领头人，当他对材料的使用和建设的合理性，或者仅仅是所有具有古典品质的事物感到欣慰时，他就会接受并充分利用装饰元素。人们认为沙利文和赖特是古怪和自由的创造者，他们以不断重复的装饰性瓷砖或由混凝土块制作的基座为基础，发明了预制系统，这也说明了采用现代化工艺使现代工业生产实现的可能性。早在20世纪前20年，他们就取得了比严格主义者更为有趣的成果，因为后者常常把自己局限于消除装饰和简化几何图形的做法中，而从不涉及施工过程。此外，事情远比表面上看起来复杂得多：路斯在他生命中的某个时刻，由于意识到自己时日无多，曾考虑邀请沙利文去巴黎，这样两人就可以一起在他试图建立的建筑学校任教，同时也能解决困扰两人的经济问题，可谓一举两得。

德意志制造联盟

虽然德国人对工艺美术运动基于工艺的传统不太关注，但他们依然致力于将艺术研究与实验主义相结合。1907年，AEG（德国通用电力公司）提名彼得·贝伦斯为其艺术顾问，同年10月5日和6日，德意志制造联盟在慕尼黑诞生。它吸引了近百名艺术家、企业家和艺术爱好者，其目的是提高工业产品的设计和质量，确保艺术家和企业家共同努力，根据工业的未来发展形式寻求审美和道德的统一，使德国具有其邻国法国无法比拟的竞争力。之后，奥地利在1912年成立了制造联盟，瑞士随后也在1913年成立了制造联盟。之前，约瑟夫·霍夫曼和科罗曼·莫泽尔在1903年创立了维也纳工场，而弗兰克·劳埃德·赖特早在1893年就尝试在芝加哥建立一个以工艺美术运动为基础的协会。

德意志制造联盟有三位重要人物，每个人都有不同的性格、教育程度和背景，他们分别是赫曼·穆特修斯、弗里德里希·瑙曼和亨利·凡·德·费尔德。

由于这三位人物，以及多年来不断加入的其他重要人物（如1910年加入的格罗皮乌斯）的巨大魅力和作用，德意志制造联盟快速发展，会员数量在1929年达到了约3000人。

与协会创立时的定位不同，协会吸纳了拥护家居风格的极端反对派；怀疑机器设备，但是相信某种形式的现代艺术家；支持回归秩序与和谐的古典主义者，信仰标准化和类型化的派别主义者。这种思想的多样性保证了开放性和多元主义，但也产生了一些令人惊讶的激烈争论。这些激辩在1914年的科隆会议上爆发，当时穆特修斯与凡·德·费尔德发生了激烈的争论。尽管存在分裂的危险，协会还是在大会期间准备了一次重要的展会，展出了格罗皮乌斯、陶特和

VORTRAG
VERANSTALTET VOM AKAD. ARCHITEKTEN VEREIN.
ADOLF LOOS: ORNAMENT UND VERBRECHEN.
FREITAG, DEN 21. FEBRUAR 1913, ½8h ABENDS IM FESTSAAL DES ÖSTERR. ING. U. ARCH. VEREINES. I. ESCHENBACHGASSE 9. KARTEN ZU 5.4.3.2.1 K BEI KEHLENDÖRFER
12. MÄRZ: MISS LEVETUS: ALTENGL. KATHEDRALEN.
MITTE MÄRZ: DR. HABERFELD: ÜBER ADOLF LOOS.

Franz Glück, *Adolf Loos: Sämtliche Schriften in zwei Bänden – Erster Band* (Vienna, Munich, 1962)

阿道夫·路斯演讲的海报，1913

讽刺画，德意志制造联盟科隆会议上的中心人物，从左至右分别是凡·德·费尔德、穆特修斯及瑙曼，1914

凡·德·费尔德的作品。1927年，饱受争议的著名当代建筑展——斯图加特的魏森霍夫住宅博览会被委托给密斯。

阿道夫·路斯在维也纳

阿道夫·路斯是20世纪初维也纳首屈一指的建筑师，对德意志制造联盟始终怀有敌意。他声称，应用艺术家就是一种怪胎；没有任何机构或组织可以教授“简约”；现代主义者的研究只能诞生丑陋的作品。因此，他在凡·德·费尔德身上看到了很多恶习，还在1900年的一篇名为《可怜的小富人》的文章中，暗讽费尔德取笑客户的生活方式，因为客户希望他设计包括拖鞋在内的家居环境和用品。路斯还认为，由古斯塔夫·克里姆特、约瑟夫·马利亚·奥尔布里希、约瑟夫·霍夫曼和科罗曼·莫泽尔在1897年创立的维也纳分离派提出的艺术改革也同样可怕。他在1908年的文章《装饰与犯罪》和《文化退化》中对他们进行了抨击。

由于对创新持开放态度，同时对简单的形式主义抱有敌意，路斯与奥地利的贵族传统也渐行渐远——就像弗朗西斯科·朱塞佩避开了其视如瘟疫的现代发明，绝不使用电话、汽车、打字机和电力一样——同时也远离了那些热衷于奢华的新形式的贵族。在路斯看来，住宅与穿衣有着些许相似之处，因为二者都必须传递出对尺度的感受，同时也需要一种真实、自由、有效的面对世界的方式。

要想更好地理解路斯的思想，语言是至关重要的。卡尔·克劳斯对这些思想进行了研究和筛选。这位擅长语言表达的研究者也是1889—1936年出版的《火炬》杂志第922期的主编和唯一的编辑。他与路斯一样强烈反对分离派的理念，反对小品文的把戏，反对任何辞藻华丽、滥用修辞的文章，因为在这样的文章中，虚伪不但没有被剥离，反而得到了升华。

克劳斯提出了“不正确的语言”这一假设命题，并为路斯、哲学家维特根斯坦和作曲家勋伯格所采纳——他们都是《火炬》杂志的忠实读者。所谓“不正确的语言”是指将事实与价值混为一谈。在建筑学中，当人们不惜一切代价要让日常生活呈现出艺术价值，赋予基本物体非同寻常的重要性时，就会发生这种情况，如把骨灰罐和尿壶混淆在一起。正是由于文化的演变和进化，装饰才淡出了人们的日常生活，并与艺术相结合。如果我们希望绕过文明的问题，去寻找创造形式的捷径，其结果只能是一场灾难。换句话说，就是让这个世界失去真实的历史，变得丑陋而荒谬：

“我重申一下我的问题，为什么建筑师无论优劣，选择在湖边建造房屋时都会破坏湖泊的景观，而农民建造的房屋则不会产生任何美学问题？几乎与所有的城市居民一样，建筑师欠缺文化素养，缺乏农民那种真实的感触，农民才是真正的文化人，而城市居民则像无根的落叶。我在这里所说的文化是指我们的身体、情绪和精神之间的平衡状态，只有这样才能确保明智的思想和行动。”

路斯并不反对所有的装饰，将他与后立体主义或纯粹主义的诗学联系在一起是有失公允的。柯布西耶在法国提出了路斯思想的价值和优点，并在《新精神》上发表了路斯的《装饰与犯罪》一文。他说：“我指的并不是一些纯粹主义者的荒谬说法，即装饰品应该不断被系统地消除。我的意思是，它的消失是人类发展的必然结果，是不能恢复的，就如同人类永远不会回到在脸上刺青的时代。”路斯认为，只要与文化生活有机地结合在一起，并且成为传统的一部分，装饰也是未尝不可的。运用是文化的形式，是构成物体的力量。他声称：“我们不能因为木匠以某种方式做了一把椅子，就以这种方式就座。相反，木匠应该以我们希望的就座方式去特制一把椅子。”设计领域不会

阿道夫·路斯（1870—1933）

Wikimedia/Wolfgang J. Kraus

阿道夫·路斯，斯坦纳住宅，维也纳，1910

出现任何革命，至多只是进行一种艺术的尝试。他在1924年指出："形式，或装饰，是整个文化领域内的人们无意识合作的产物。其他的一切都是艺术，艺术是天才的自我意愿，是上帝赋予他的使命，把艺术浪费在实用的物体上是一种非文明的做法。"

此时，建筑语言和口头语言之间的平行性几乎是完美的：文字是形式，由于它们已经存在，所以不能被发明。它们的改变是复杂而缓慢的社会动态发展的结果，而不是个人欲望的结果。语法来源于适当的传统，并与古典传统尤其是罗马建筑的传统相一致（他认为建筑师就是讲拉丁语的泥瓦匠）。文本的意义源自应用，源自必须满足需求的结构的适当性。这就产生了三个必要条件：从内到外的进程，对材料的熟知，项目的空间控制。这其中包括三维验证，而不仅仅是表面验证。遵循这些准则，体现了加尔文主义者对沙利文和赖特的方法所下的定义。它应该可以驱除任何愚蠢或轻浮的元素，并避免时尚的滥用。

在1910—1911年，路斯在维也纳市中心的米歇尔教堂和皇宫前面建造的古德曼&萨拉齐大厦正是这种态度的象征。这座没有传统建筑装饰的建筑引起了轩然大波，被指责为超现代主义作品，并被讽刺成一张没有眉毛的面孔，因为它的外墙立面就像井盖的图案一样单调乏味。实际上，它是一座经典的建筑，具有良好的现代感和朴素的纪念性。它包括底座、中部和顶部三个部分。入口处以巨大的立柱作为标识，引人注目的凸窗显现出沉稳的气质和可塑性。然而，在维也纳这样保守的城市，分离派在形式上的放纵要比自命不凡的设计师的那种枯燥而简单的形式策略更容易得到人们的原谅，路斯的这个作品很难得到理解。

有趣的是，他于1910年在维也纳建造的斯坦纳住宅却呈现出绝对的严格主义风格。它似乎预示着现代运动的关键人物即将在20世纪20年代初期实现抽象结构。其实，这完全是另外一回事。在创作者眼中，这是一个结构合理的作品，是建筑师用拉丁风格塑造的，因为他不希望人们将水缸与尿壶

阿道夫·路斯，古德曼&萨拉齐大厦，维也纳，1910—1911

Wikimedia/Gryffindor

混为一谈。因此，它呈现出对称、坚实和清晰的结构布局。它显得平淡无奇，却散发出庄严和优雅的气息。这又一次与先锋派的实验以及纯粹主义、构成主义和风格主义的后续作品无关。

彼得·贝伦斯为直布罗陀水库设计的水塔和水闸

贝伦斯与AEG，格罗皮乌斯与法古斯厂房

正如我们所见，贝伦斯的早期作品与工艺美术运动一脉相承，他以德国人的眼光对这场运动重新进行了审视。贝伦斯积极参与了达姆施塔特艺术家村的建造，在1903年时离开了这个项目。由于穆特修斯的支持，他承担了杜塞尔多夫艺术与工艺学校的管理工作，并在那里引入了一门关于功能的课程。在1905—1908年，他在哈根-德尔斯特恩设计并建造了一座火葬场，重现了佛罗伦萨教堂建筑的主题。尽管这种风格带有一些古典的严肃性，但是从这时起它将成为他的标志性建筑风格：简单的空间结构、方方正正的造型，缺乏装饰。仅在装饰可以更好地解释建筑的整体逻辑时，他才会进行装饰。在他的作品中，只有少数意义重大的建筑不属于这种标志性的风格，诸如霍斯特公司行政办公大楼（1920—1924）。1907年，他搬到了柏林并成为德意志制造联盟的创始人之一。正是在那里，他成了负责AEG企业形象设计的建筑师。

正是在这一时期，贝伦斯扩大了自己的事务所，并增加了三名愿意继续创造现代主义运动建筑的助手：沃尔特·格罗皮乌斯、密斯·凡·德·罗和勒·柯布西耶。1907年，格罗皮乌斯大学毕业之后，经过长途旅行从西班牙返回这里，并加入了贝伦斯的事务所。当他决定开创自己的事业后，于1910年带着阿道夫·迈耶一同离开。密斯于1908年来到这里，并一直工作到1913年。也许是因为密斯太过迷恋贝尔拉格的建筑，贝伦斯并不喜欢他。但是更可能是因为在海牙的克罗勒尔别墅项目中，在这位助手试图从老板手中夺回佣金之后，他们之间出现了专业方面的分歧。柯布西耶在事务所只度过了五个月的时光。虽然这一经历足以促使他走向事务所倡导的古典主义道路，但是受到导师夏尔·艾普拉特尼尔的启发，他最终熄灭了对中世纪建筑的热情。

1909年，贝伦斯完成了他的杰作——AEG涡轮大厅。这是一座顶部冠以六边形弧形顶饰的仓库，采用了钢架和砖砌结构。除了弧形顶饰之外，坚实的角柱也采用了砖头，角柱上的带状条纹令人想起岩层的纹路。它以细长的钢架结构为显著特点，优雅地与底部衔接，并在侧面开设了巨大的窗口。弧形顶饰与前窗一样略微向外凸出，从而形成了明暗对比的效果，足以表达出建筑的庞大体量。钢梁、玻璃和砖砌结构之间也同样形成了鲜明的对比。最终，建筑的外观显得稳重、简洁、坚固，但是没有丝毫单调乏味的感觉。它让人联想起古希腊的神庙，尤其是多立克柱式建筑所体现出的坚

彼得·贝伦斯，AEG涡轮大厅，柏林，1908—1909

沃尔特·格罗皮乌斯与阿道夫·迈耶，法古斯厂房，阿尔费尔德，1911—1912

固性与必要性。它的内部空间主要用于工业生产，设计得极为整洁、明亮，并且功能齐全。该建筑的设计也并非没有华丽的地方：为了反映AEG的企业形象，贝伦斯借用了历史元素，从而使设计兼具古老和极度现代的风格。

要解决这种模棱两可的问题，在艺术和技术上有些难以想象，但是我们发现了格罗皮乌斯和迈耶在1911—1912年完成的重要作品——位于莱纳河畔阿尔费尔德的法古斯厂房。该建筑似乎完全继承了贝伦斯的风格。与AEG涡轮大厅一样，巨大的玻璃窗和墙墩以固定的间隔交替出现，在外立面上形成了简单、有效的凹凸效果。在这个案例中，凸出的部分是玻璃窗，向内凹进的是墙墩。厂房建筑没有过度华丽的弧形顶饰——新式建筑是可以没有这种装饰的。更重要的是，建筑的拐角处没有采用砖砌的角柱，而采用了透明的玻璃幕墙。虽然还略带一丝古典韵味，但是厂房的整体外观却尽显现代风格，呈现出贝伦斯都无法想象的透明、轻盈的效果。

当然，格罗皮乌斯和迈耶合作的法古斯厂房也不乏粗糙和质朴的元素，如砖砌的通道入口增加了主要空间的体量，同时产生了动感的体验。大门设在大阶梯上正中间的位置，呆板地嵌入墙壁之中，略显平淡。门设在这个位置也有些不太合适，过小难以体现纪念性，过大则显得华丽、夸张。赖特曾经说过，新型建筑更倾向于将入口设在沿着墙壁延伸的通道后面，并且要放在侧面的墙壁上，而不是正面的墙壁上。在法古斯工厂，大门却被设置在与楼梯和时钟相同的轴线上，而且建筑的底部和顶部看上去显得有些沉重。整个建筑的外观就像一个盒子。

尽管如此，法古斯厂房项目也在逻辑和美学上朝着更伟大的抽象形式迈出了坚定的一步，这一点毋庸置疑。英国评论家佩夫斯纳在1936年出版的《现代设计的先驱者：从威廉·莫里斯到格罗皮乌斯》一书中，毫不犹豫地将这栋建筑视为现代建筑的奠基作品之一。

赖特在欧洲

1909年，42岁的赖特抛弃了妻子和6个孩子，与一个客户的妻子曼玛·博思威克·切尼一起私奔到欧洲。当时的赖特已经是一个举足轻重的人物，曾经在芝加哥最重要的事务所工作过，也是美国工艺美术运动的发起人。他已经建造了100多幢住宅、商业建筑和教堂，同时也是多家刊物的撰稿人，拥有自己独创的建筑理念。因此，他很自然地希望把他的建筑思想传遍整个欧洲大陆，并组织自己的作品展览和图书出版。

在1909年之前，赖特从未到过欧洲，但是由于阿德勒和沙利文的出版物，如广受欢迎的《工作室》杂志，赖特对欧洲建筑的风格和趋势都很熟悉。这本杂志在1906年曾经为维也纳分离派发行了一期专刊。他当时的雇主和朋友沙利文（尽管赖特极力否认这一点）也沉浸在欧洲的文化之中，还曾经在法国学习过。二人的理想大师理查森也曾在法国学习，欧洲的旅居经历已经成为美国建筑师的迫切需求，这会更容易使自己在业界得到认可。赖特的赴欧学习之旅似乎得到了丹尼尔·伯纳姆的赞助，后者与鲁特一起在芝加哥建造了很多有名的摩天大楼，包括信托大厦和蒙纳德诺克大厦。不过，根据赖特自己的说法，出于对利益的怀疑，他与其他人一样拒绝了伯纳姆的赞助，以避免被在欧洲盛行的古典主义腐化。阿德勒和伯纳姆都出生于德国，后来居住在芝加哥的大型德国人社区内，因此对发生在德国的事件比较了解。而赖特曾经参加过1904年的圣路易斯世界博览会，当时奥尔布里希和贝伦斯的作品给他留下了深刻的印象。前面已经谈到了他与工艺美术运动的关系，阿什比也曾在1900年到访芝加哥，与赖特一见如故，在离开芝加哥之前还邀请赖特去欧洲访问。赖特在1909年9月离开芝加哥。他在欧洲的第一站是柏林。同年的11月24日，他与出版商瓦斯穆特签订了一份合同，将他的作品分为两卷出版：一卷较为经济的专刊和一卷作品精选集。这项工作主要依靠赖特自筹的资金来完成。在同一时期，赖特极有可能正在准备自己的作品展览。不过到目前为止，还没有证据能够表明这件事确实存在，或者说，它并没有建筑历史学传统认为的那么重要。当时，柏林成为新建筑的重要中心之一。贝伦斯是当时参与建筑实验最多的建筑师，而赖特对此知之甚少。他被奥尔布里希的天赋所吸引，当然，他们的风格也更为相近。对此，可以找出很多理由：他们同年出生，但奥尔布里希的英年早逝使赖特不必一直受到他的影响；赖特与历史主义严格论格格不入，而奥尔布里希则拥有神圣的建筑愿景和建筑师的浪漫理念，被人们视为一个工匠，同时也是理性主义者。因此，赖特对奥尔布里希的兴趣明显要超过贝伦斯。不过，贝伦斯却对密斯和柯布西耶这样的建筑师产生了巨大的影响，这两人在他的引导下走向了更为经典的方法和更加朴素、冷漠的形式。离开柏林后，赖特来到了巴黎，随后去往佛罗伦萨，然后又返回巴黎。最后，赖特抵达菲耶索莱，在那里租下了一栋别墅，准备为自己的两部出版物绘制图纸。他的一个儿子也从芝加哥赶来，成为他的得力助手。

他还去往维也纳旅行，正如我们所知，当时的维也纳正处在巨变的阵痛时期。现在还在使用中的环城大道在当时已经竣工。路斯已经完成了咖啡博物馆（1898—1899）和美国酒吧（1907），正在忙着米歇尔广场前面的建筑设计工作（1909—1911）。瓦格纳的工作是装饰遍布城市各处的有战略意义的建筑：从著名的地铁站到1912年完工的邮政储蓄银行大厦，还有位于斯坦霍夫的圣利奥波德教堂（1902—1907）。维也纳还有奥尔布里希在1898年建造的分离派总部建筑。在赖特停留期间，勋伯格在维也纳举办了画展，他不仅是一位杰出的音乐家，是十二音体系音乐的发明者，更是一位才华横溢的表现主义画家。这一时期的维也纳还见证了国际精神分析联合会的建立，这要归功于弗洛伊德。

但赖特极有可能很少被这些事情打动。毫无疑问，他欣赏克里姆特的作品，其丰富的装饰性使赖特产生了共鸣。他与维也纳工场的创始人之一霍夫曼也有过接触，并对后者的艺术展览场（1896—1908）大为赞赏。赖特和瓦格纳也有联系。瓦格纳关于现代建筑的书在1901年被译成英文在美国出版。三年之后，赖特建议去维也纳学习的儿子约翰与瓦格纳联系。而这位维也纳建筑师在1911年向他的学生热情地展示过赖特的作品。

1910年9月，赖特返回柏林后又前往英国，在那里见到了阿什比，还拜托他为自己的专刊撰写前言。阿什比在前言中强调了赖特对日本文化的了解有欠缺。赖特对此相当反感，尽管他没有对德语版本进行修改，却对英译本进行了改写，删掉了他认为不真实的语句。

这两卷出版物的进度极为缓慢。最终，4000本专刊在欧

弗兰克·劳埃德·赖特为商人戈登·斯特朗设计的“汽车物镜”旅游观光综合体建筑，马里兰州，1925（未建成）

洲发行，还有大约5000本在1912年底抵达美国。他的作品选集共印刷了1000本，其中100本在欧洲发行。书的出版远没有环绕着赖特的神话那样伟大——我们都知道那些神话对建筑师来说大都言过其实。不过这也足以提升赖特在欧洲的地位，使他能跻身于包括荷兰的贝尔拉格在内的最细心、最专注的观察家行列。

1914年德意志制造联盟展览

德意志制造联盟的第一次重要的国际展会从1911年开始筹划，定于1914年7月在科隆举行。在此之前，年轻的柯布西耶刚刚在1910年成功举办了混凝土展览，正在德国旅行的他有幸参观了展览。

这次国际展会邀请了众多的建筑师，其中包括彼得·贝伦斯、阿尔弗雷德·菲斯克、亨利·凡·德·费尔德、布鲁诺·陶特和沃尔特·格罗皮乌斯，他们在100多个展馆中展出了各自的代表作品。当然，在气质和文化方面，保守派和创新派之间的分歧不可避免。从展会的闭幕式上可以清楚地看出，立体主义和未来主义先锋派有一定的破坏性，因此各个展馆才出现了混乱多样的风格：现代的、浪漫的、新巴洛克式的、古典的，当然，也有平庸的。

在同一城市、同一时间举行的年度大会上，也爆发了这样的冲突。在大会召开的一个星期之前，穆特修斯提出了十项会议主题。他们总结了德意志制造联盟未来的指导方针：标准化和类型化的形式优先，团体工作，大规模生产，对艺术研究及其发明新形式的愿望持怀疑态度，鼓励完善现有作品，拒绝模仿历史风格。这遭到了以凡·德·费尔德为首的艺术家团体的强烈反对。他们认为，对秩序和生产力提出要求掩盖了守旧派充分释放自己的创新性和创造性的愿望，这是极其危险的。

布雷斯劳美术学院的院长汉斯·珀尔茨希是凡·德·费尔德的支持者，他甚至扬言要退出联盟。年轻的成员则将两位五旬长者（穆特修斯53岁，凡·德·费尔德51岁）之间的冲突视为一次难得的机会，也许能把联盟从保守派的控制中解放出来。布鲁诺·陶特提议任命凡·德·费尔德和珀尔茨希为艺术总监。格罗皮乌斯也公开站在凡·德·费尔德一边。

穆特修斯凭借着分而治之的才能，设法达成了大家全部妥协的局面，保住了联盟的完整。琼·坎贝尔写道："派别的领军人物和他们的对抗派都拒绝在艺术与工业、创意与标准化生产之间做出选择。相反，这两个派系都希望联盟能够调和这些矛盾，并将它们结合在一起，形成一个更高层次的联合体。"

如前所述，创新派的三位领导人物凡·德·费尔德、格罗皮乌斯和陶特分别以剧院、工厂和展馆为作品参加了展览。这三个作品都算不上杰作，却为后来的研究提供了许多值得思考的主题。它们包括：体量动力学、平面分解以及透明性。

与之前的项目相比，凡·德·费尔德的剧院有所简化，体现了一定的表现主义价值。它体现了一种从异想天开的线条走向空间合理性的尝试，在保持了张力和活力的同时，又兼具纪念性和历史性。然而，这座建筑缺乏某种力量，比如，缺乏如门德尔松后期作品一般的强烈表现力。尽管如此，它仍然保留了凡·德·费尔德建筑的重要结构，暗含着对汽车工业的赞美，令人回想起"在比利时、荷兰、法国和德国先锋派运动的推动下，这种结构对新建筑发展的影响"。

格罗皮乌斯和迈耶的法古斯厂房项目结合了各种建议。平面和悬臂结构借鉴了赖特的风格，其立体元素令人想起贝伦斯以及一种转向瞬息万变的、非物质化的玻璃效果的原创研究。这是一种风格上的混搭，是多种主题的并置，这种丰富性在他们后来的作品中逐渐显露出来，特别是两人在1923—1926年设计的德绍包豪斯建筑。

布鲁诺·陶特的玻璃展馆追求绝对的透明性，在整体上显得与众不同。我们已经注意到，这位德国建筑师的诗意追求与保罗·舍尔巴特的《玻璃建筑》之间关系密切。展馆中的这种引用是非常明确的，诗人的词句与建筑元素交相辉映："光线需要玻璃""玻璃是新时代的承载者""我们为砖头文化感到悲哀""多彩的玻璃消除了仇恨""砖头建筑正在被损坏"。不过，这座展馆有装饰，也不乏空间趣味：它的穹顶就像半个柠檬，隐约呈现出哥特风格；内部的楼梯采用了严格的对称形式。

在第一次世界大战后布鲁诺·陶特的两部作品——1919年出版的《城市之冠》和《阿尔卑斯建筑》中，以及在他众多令人回味无穷的绘画作品中，光线的主题都十分突出。布鲁诺·陶特并不是一个极具天赋的建筑师，也缺少创造令人难忘的建筑的才能，但他是一个不知疲倦的活动者，不断地提出各种文化建议，从事各种活动。按他的理解，当代城市必须与自然和景观建立一种多样的关系。为此，从20世纪10年代开始他就成了"花园城市计划"最狂热的倡导者之一。他证明了新材料的作用，力图将市民们从石头城市中解放出来。他回归了德国的哥特式风格和富于表现力的传统，但是并没有落入传统形式的窠臼和陷阱中。第一次世界大战后，他和格罗皮乌斯一起组织了一次旨在激励年轻人才的展览，发明了连锁信（他们称之为"玻璃链"）的方式，用来探讨各种建筑主题。对这些主题的讨论在那之后传递到当时一些最重要的建筑师那里，无论他们是表现主义者还是非表现主义者。在这一时期的辩论中，这些信件居然成了最有趣的论据。最后，他参与了重要的住宅项目，寻求使流水线上的标准化生产应用其中的方法。同时，陶特还关注建筑、景观和人体之间的关系。

这次在科隆举办的展会于1914年7月开幕，因同年8月爆发的第一次世界大战而突然中断。交战的一方是法国、意大利、俄国和美国缔结的协约国，另一方是德国和奥地利缔结的同盟国。在这一刻到来之前，他们也一直为艺术的权威、交叠的利益相互竞争，在合作中进行着才智的比拼。而现在，他们发现自己正在人类历史上第一次机械化的战争中进行对决，这是一场最为恐怖的大屠杀。然而正是在战争期间，很多艺术家和哲学家（如恩斯特·路德维希·基什内尔、阿比·瓦尔堡、路德维希·维特根斯坦、路易斯-费迪南·塞利纳等知名人物）在绝望的生活中感到精神枯竭，于是转而关注艺术思想的新方向。

Stadtarchiv Köln

布鲁诺·陶特，玻璃展馆，科隆，1914

1914—1918 意识形态之战

机械化战争

在世界各地，那些高喊着爱国口号奔赴前线的志愿者都被蒙蔽了，没有人知道这场战争将持续漫长的四年，导致一千多万人死在战场上。即使对那些声称战争可能是世界唯一的消毒液的未来主义者来说，这也是个可怕的数字。战争从未这样惨无人道。当未来主义者将机枪、大炮和战争机器震耳欲聋的轰鸣声等同于自由的旋律时，便铸下了大错。

在军人家庭中长大，并加入了志愿者行列的格罗茨也对此感到震惊。1917年1月4日，他被送到一家可怕的医院，之后又进入一家护理机构。约翰·哈特菲尔德由于身体不适，被宣布无法胜任工作。马克斯·贝克曼由于极度的神经质也遭到解雇。基什内尔因为严重的神经衰弱不得不迁居瑞士，在凡·德·费尔德的心理医生那里进行治疗，同时，因为他在比利时出生，却被德国人收养，所以还面临着身份危机。埃尔文·皮斯卡托在他的一系列戏剧作品中表达了对军国主义的反感。前线炮手奥托·迪克斯，为了不让自己发疯，将现实扭曲变形，描绘成一股巨大的能量。莫霍利-纳吉绘制了一些具有韵律感的暗色螺旋形线条。门德尔松在战壕中画出了庄严的表现主义建筑作品草图。当然，不是所有的艺术家都参加了战争，很多人设法躲藏起来，也有的逃往或遥远或中立的国家。阿尔伯特·格列兹和毕卡比亚先是在巴塞罗那逗留了一段时间，然后跟杜尚一样选择了移居美国。蒙德里安回到荷兰，而德劳内回到西班牙。许多知识分子逃到瑞士，也因此使瑞士成为当时欧洲的文化中心。在瑞士的苏黎世，列宁就住在距离伏尔泰酒馆几步之遥的地方。1916—1917年，达达主义便在这个酒馆诞生。列宁在那里写下了哲学笔记，为布尔什维克革命做好了准备。只是他对抱着资产阶级心态的鲁莽青年们表演时发出的噪声感到无比恼火，于是毫不犹豫地报警，投诉这些在夜间躁动不安的年轻人。同样也是在苏黎世，乔伊斯正在创作《尤利西斯》。

第一次世界大战是第一场机械化的战争，几乎波及全世界。战争中的各国使用了现代的武器和创新的技术，需要不断增加产量，这是对参战国家生产的设备及其生产能力的真正考验。通过不断地发展和测试航空技术，人类掌握了制空权。虽然第一次世界大战里真正在空袭中丧生的只有几千人，但这种新工具带来了毁灭性的心理威慑力，尤其是对没有卷入战争的地区和平民来说。潜艇的出现也是毁灭性的，它被用来封锁港口和攻击运输船只，严重威胁了针对平民的食品供应。战争中还出现了远程火炮、机关枪、毒气和化学武器，以及大量的地面运输工具：自行车、汽车、卡车、坦克和火车。据计算，从1914年8月6日开始的短短几天内，11 000列火车共运送了312万德国士兵；而另一方，4278列火车运送了200万法国士兵。如果说战争是依靠机器的齿轮运行的，那么它的管理和指挥则是通过电缆完成的。它是在犹如棋盘一样的广阔地带上开发出来的，人们通过电话和电报进行通信时所产生的信息流需要一个密布的网络进行传递。此时，思维与视觉是分离的，经验与理论的空间也是分离的。从那些处在军事行动中心的人的角度来看，军事指挥部放弃了前线，而是在更为安全、技术设备更为齐全的地点跟踪部队的行动，来自不同地点的数据和信息都汇集在行动中心。

这是实时通信的胜利。在战场上，那些无法适应这些新技术的将领必将犯下灾难性的错误。与以往的战争相比，这次大战中阵亡的人数增加了十倍。战时各国使用了超快的通信手段——如当时人们还不习惯的电报，国家之间的关系必须适应新的节奏，各个国家几乎都没有时间去反思和调和。

因为战争的需要，时机和装备之间要达成近乎完美的协调，像流水线或者电影胶片一样，要对每一幅画面进行程序的设置。与此同时，为了保证士兵的时间与指挥部的时间同步，手表也第一次成为标准的军事装备。

在第一次世界大战中，人们在军队调度、物资补给、信息传达、间谍活动和物资生产上付出巨大代价，所有这些都需要被完美地组织在一起，类似于弗雷德里克·温斯洛·泰勒的作品，只是最终的结果有点像一个巨大的立体主义作品。格特鲁德·斯泰因注意到了这一点，他说："实际上，发生在1914—1918年的这场战争的构成模式与以前的战争完全不同，不再是以某个人为核心，其他人围绕在其周围，而是一种既没有开始也没有结束的构成模式，其中的每一个角落都同等重要，实际上这就是立体主义的构成模式。"

马里奥·西罗尼，《德国文化新编》，1915

拥有远见卓识的军事家意识到改变战略的时代已经到来，并通过对战争进行解构，发挥了新型战略的潜力。战争不再是简单的初等几何学，而是被分解为更复杂的过程，单兵和独立的小队成为基本要素。首批带有伪装的坦克出现了：它们采用了先锋派运动测试过的原理，将自己融入周围的环境。负责伪装研究的部门雇用了大约3000名艺术家，变色龙成为部门的象征标志。英国与法国合作，于1917年实施了一项伪装技术，包括在战舰的侧面绘制几何图形、涂上颜色，制造出能够迷惑对手的空间参照体系。美国和德国也采用了类似的技术，后者还在凡尔登战役中运用了表现主义画家弗朗茨·马尔克绘制的网格和图案将大炮隐藏起来。

艺术家和建筑师很快意识到，艺术和建筑可以帮助人们走出黑暗，并创造一个全新的人类世界。他们通过不断复兴的思想做到了这一点，如俄国革命，以及后来的反面教材法西斯主义，后文我们将对此进行更多的讨论。然而，如果艺术可以用于革命，它将是一种通过文化进行调和的行为，来承认研究的特殊性和自主性。在这革命的时刻，无论已经实现的还是期望能够实现的，这样的艺术都是最严格的形式主义之一。

汉斯·阿尔普回忆说："我们投身于艺术创作，反抗1914年世界大战的屠杀……当大炮在远处轰鸣时，我们歌唱、画画、建设、写作，这一切都是值得的。我们在寻找一种基本的艺术方式来治愈这个疯狂的时代，寻找一种新的秩序来恢复天堂和地狱之间的平衡。"

人们能够在多大程度上调节艺术中的虚拟现实与生活中的实际现实，这将是未来15年内的主要问题。如果艺术家不去指责自己的同行是愚蠢的功能主义者或空想的形式主义者，那么就几乎不会出现争议。然而每个人在提出自己的方法时，都会宣称已经完美地解决了这个等式：建筑＝革命，建筑/革命，建筑&革命，建筑止则革命止。看到自己的思想被批驳，每一个人都会感到沮丧。直到1930年集权主义夺得了话语权，这一问题终于得到简化，他们将形式作为革命的宣传工具，虽然这不啻为对艺术的背叛，却行之有效。

海因里希·沃尔夫林，《美术史的基本概念》，1915

纯可视性与形式主义

1915年，海因里希·沃尔夫林撰写了《美术史的基本概念》一书。沃尔夫林是雅各布·布克哈特的学生，也是最杰出的“纯可视性”理论家。根据他的观点，形式是一种媒介，涵盖了艺术家的整个世界，而形式刺激我们的感官，促使我们以自身对其进行测量。无论喜欢与否，它都是一种感觉，并且是可视的，人们或被其蒙蔽，或因其悲伤——简而言之，是会令人兴奋的感觉。或者也可以使用一个这一时期的标准术语：激活移情反应。

在所有的艺术形式中，尤其是建筑，各种相互作用都是在空间中发生的。要想理解它，我们可以忽略所有与它无关的东西，从简单的背景、象征性和寓言性，或者结构和功能方面入手。凭借着《美术史的基本概念》，沃尔夫林通过定义感知方式的现象学做到了这一点。它们对应了五组观点，可以分别用一对概念来描述：线性/绘画性、平面/纵深、封闭形式/开放形式、多重性/统一性、绝对清晰性/相对清晰性。

当然，没有哪件艺术作品是绝对线性的、平面的或开放的，再举个例子，它也不可能是绘画性的、统一性的或相对清晰性的。实际上，术语的目的是无限接近理想的目标类型，但是人们无法实际实现这个目标。就像每个人都可以无限接近善或恶的极限状态，但是永远无法做到绝对的善与恶。

沃尔夫林选择按照理想类型进行分类，毫无疑问，经过时间的检验，这一点是被人们接受了的：的确，这一时期的社会学家也大量使用了理想类型，尤其是格奥尔格·齐美尔。马克斯·韦伯在1904年的论文《社会科学和社会政策中的客观性》中也提出了一种精妙的理论解释：“理想类型是由一个或多个观点的片面强调，以及将大量分散的、离散的、或多或少存在的、偶尔缺失具体性的个体现象综合在一起而形成的。这些现象是根据片面强调的观点整理而成的一种统一的思想结构。”

由此，我们将获得两条信息。首先，只有经过特殊的分析，艺术才能被欣赏。也就是说，艺术作为一种活动会产生一些专有的典型事物，如空间，这不是普通的学科之外的内容。其次，艺术的分类只能与其他事物相关。实际上，通过对比可以产生接近于理想类型的观点，并与另一个作为尺度的作品联系起来进行判断。此外，还有很重要的一点，对形式的兴趣的形成无法脱离抽象派和先锋派运动在其中发挥的作用。事实上，尽管身在瑞士的海因里希・沃尔夫林、身在意大利的伯纳德・贝伦森以及同在意大利的廖内洛・文丘里并不欣赏毕加索、蒙德里安、柯布西耶这类艺术家，但是从理论上看，采用新方法的时机已经成熟。在由莫斯科的语言学界、圣彼得堡的诗歌语言研究会以及汉堡的瓦尔堡研究所构成的新形式主义学派的基础之上，一种新视野正在形成。最重要的是，前者将与先锋派建立紧密的、相互协作的关系。

克里斯蒂安·托尼斯，《路德维希·维特根斯坦肖像2》，1987

建筑形式的哲学：逻辑哲学论

路德维希・维特根斯坦在二十出头的时候被看成天才少年，他的逻辑思维能力惊人，甚至会给最有头脑的国际大师出难题。在1911—1913年，他搬到了剑桥，这里是欧洲分析哲学的中心。他在这儿遇到了罗素、摩尔和怀特海德等才干出众的人物。他很快便与罗素亲密交往，建立了形同父子、兄弟的关系。

1913—1914年，路德维希移居挪威，在那里找到了一方净土，开始创建自己的逻辑体系，试图解决那些连他的导师都无法解决的问题。他的想法是创造一个清晰、明确、有效的体系，这多少显示出一些少年的天真和幼稚。他希望这一体系将是确定的和无懈可击的，远离所有的华丽辞藻或陈词滥调。这几乎是对克劳斯哲学方案的转化，在一个盎格鲁-撒克逊结构近乎完美的逻辑指导下进行一些修改。

很少有人知道挪威的霍克利斯，人们只能从附近的村庄艰难地抵达那里，路德维希在那儿设计了一座木屋作为自己的庇护所。它似乎回应了路斯关于湖边住宅的比喻，路斯怀疑再也没有建筑师能够设计出与环境完全和谐相融的房屋。路德维希的木屋符合简单、质朴的标准和当地的传统，在本土与现代风格之间找到了平衡点。结果，尽管路德维希是刻意地塑造了朴实无华的风格，但木屋还是无缝地融入了自然景观。

第一次世界大战爆发之前，正在维也纳的路德维希决定把自己继承的10万克朗遗产分发给经济窘迫的艺术家，其中包括里尔克、柯克西卡和路斯。也正是在这时，他结识了路斯，两人就建筑问题展开了长时期的讨论。他们在路斯设计的咖啡博物馆相遇——由于其简洁自然的空间构造和极简的装饰，这家咖啡馆被人们戏称为虚无咖啡馆。日渐熟悉之后，两人发现他们在建筑和逻辑方面有着很多相似之处。1914年8月7日，路德维希作为志愿者离开了维也纳。战争期间，路德维希在极度困难的情况下完成了自己的著作，摩尔为这本书取名为《逻辑哲学论》，其建立的前提是：语言不能增加现实的内容，因为它只是一种工具。由此可见，逻辑以及表达语言和思想的方法必须是透明的，换言之，就是同义的、反复的。形而上学的语言使智力超越其局限，将科学和神秘的推理、逻辑和形而上学混为一谈。相反，透明、正确的语言则放弃了含意和修辞，力求简洁、简练，迫使其保持在指定的范围内。

有趣的是，维特根斯坦的《逻辑哲学论》具有虚拟建筑作品的形式。1926—1928年，这位哲学家为了摆脱精神崩溃的状态不得不放弃了教学工作，决定为他的妹妹建一座住宅，试图将他的逻辑原则转化为具体的建筑作品，让这个作品具有良好的视觉和空间效果。他与保罗·恩格尔曼一起建造了住宅，后者是一位年轻的建筑师，也是路斯的学生。这所住宅与皮埃尔·查里奥和伯纳德·比约沃特的玻璃屋，巴克敏斯特·富勒的节能住宅，门德尔松、哈林和汉斯·夏隆的表现主义项目，马列维奇和凡·杜斯堡的作品，以及辛德勒的奥地利-加利福尼亚混合风格的建筑，都成了第一次世界大战后的首批标杆作品。我们将在后面的章节中对此进行详述。

我们已经充分注意到，维特根斯坦通过语言主题，为建筑、艺术和逻辑提供了对应关系，体现了严格句法表达的共同理想，寻求纯粹的形式，从而摆脱所有的修辞、哗众取宠和抒情风格。这是一种零度的状态，用他著名的表达方式来说就是：在这种状态中，广场就是广场，建筑就是建筑，玫瑰就是玫瑰。

我们无法理解路斯，在他看来，文体格式的简化是一个精练的常识问题，而不是建设一个逻辑上无懈可击的世界所需的必要条件。尽管不太可能忽略两人的联系，但是实际上，他们彼此了解得越多，就会出现越多的分歧。如果路斯难以理解年轻的路德维希，对他的习惯做出讽刺的评论，后者也无法原谅对方的审美态度。路德维希提出了语言的问题，而路斯提出的则是风格的问题。

语言与形式

当维特根斯坦撰写《逻辑哲学论》时，俄国的艺术家和评论家们正在研究公式“形式=语言”的意义。他们受到象征主义者研究的影响，重点关注词语、隐喻、节奏和画面。此外，未来主义者的创新精神也激励着他们。1912年，弗拉基米尔·弗拉基米罗维奇·马雅可夫斯基、大卫·伯利乌克、韦利米尔·赫列布尼科夫、阿历克塞·克鲁钦基已经撰写了一份名为《给社会趣味一记耳光》的宣言。他们声称希望把普希金、陀思妥耶夫斯基和托尔斯泰“从现代主义的船上扔入水中”，并宣称无比憎恨他们所处的时代之前存在的语言。他们将注意力集中在重大意义之上。形式的地位远远高于内容，它是一种对语言的关注，是“组织情感和思想材料的自治实体”，是对词语的解放，是对意义的反抗。正如克鲁钦基所言，纯粹的悦耳之音是决定内容的形式，反之则不可。

这些俄国年轻学者的研究展现了很多与阿道夫·冯·希尔德布兰、沃林格尔提出的纯可视性命题相似的观点。此外，考虑到他们对风格分类的特别关注，他们与沃尔夫林也有诸多联系点。从语言和哲学的角度看，我们也会注意到埃德蒙·胡塞尔和德·索绪尔的《逻辑研究》（1913—1921）流入俄国后造成的影响。这两位分别来自德国和法国的杰出学者面对一种普遍的心理和态度，引入了一种结构意识——研究文字意味着什么。

1915年，一群由罗曼·雅克布森带领的年轻大学生正式建立了莫斯科语言小组。第二年，圣彼得堡的诗歌语言研究会成立。这里最重要的人物是维克托·什克洛夫斯基。莫斯科语言小组主要研究方法论，与象征主义的颓废背道而驰。圣彼得堡的诗歌语言研究会和什克洛夫斯基则更倾向于诗歌功能的研究。首先，要把艺术视为超越事物意义的能力、纯

弗拉基米尔·马雅可夫斯基，宣传海报

粹的技巧，就必须将其放在另一个层面上，一个可以共同存在的层面。为了提供新鲜的视角，空间要使人具有与众不同的习惯体验，具有缓慢、迂回的感受。的确，如果做不到这些，人们就无法从自己生活的世界中挣脱出来，也无法从艺术家典型的思维角度来看待它。

然而，正如什克洛夫斯基所说，如果艺术“总是独立于生活”，以及马雅可夫斯基提出的“诗歌是一种非常艰辛、复杂的产物……尽管这是真实的，但它仍然是一种产品”，那么通过灵感来追求它就是毫无意义的。规则和构造的创造性发明不受参考语言和人工的限制。形式主义者、未来主义者、构成主义者和至上主义者都觉得自己是真善美的制造者，对于人类是不可或缺的，更是不可取代的，于是他们很快便投身于1917年的十月革命。这场革命预示了一个新的世界，一个为自由和艺术提供了空间的世界。他们支持形式的规律、工艺的自主性。起初，在与指责他们造成艺术退步的官员的斗争中，他们似乎占了上风，但平淡而缺乏创造性的现实很快便让他们的理想破灭了。

马列维奇、塔特林与形式至上

根据卡西米尔·马列维奇的说法，至上主义诞生于1913年，然而，它更有可能是在他著名的《黑色方块》完成之后，甚至是在第一次世界大战爆发之后诞生的。无论如何，可以肯定的是，马列维奇在这一时期开始改变，前所未有地展现了多种流派并存的风格，包括难以定义的“跨文化绘画”。在1914年的作品《奶牛与小提琴》中，马列维奇除了运用一些奇怪的插入图形暗示形而上学之外，还展示出了达达主义早期意识形态的雏形。被形象定义的图形明显呈现出立体主义作品的风范，在规模和比例上没有受到任何逻辑的明显约束。

1915年12月，在“最后的未来主义0.10画展”上，马列维奇和伊万·普尼一起展示了抽象和至上主义的作品。这激怒了他的竞争对手，尤其是弗拉基米尔·塔特林。塔特林在当时已经确定了自己的研究对象，用劣质的物品组合在一起创造出高度可塑的空间，预先宣布了构成主义的诞生。塔特林无法忍受马列维奇的作品的形式上的不连贯、风格上的混乱和几何造型的简化。事实上，两人之间的关系也可以解释为不同性格之间的激烈较量。塔特林对展览本身的目的提出质疑，暗中以自命不凡的卑鄙手段激怒马列维奇，称他为业余的艺术爱好者。

在马列维奇参展的36幅作品中，最突出的是《黑色方块》，在角落里呈现出典型乡村住宅的标志形象。它标志着以画布为代表的人性维度已经取代了三角形体现的神圣维度。这幅画与其他作品均以严格简化的几何图形为特征，如黑色的十字或圆圈。他们提议废除形式，同时进行极度简化。他说：“我已经让自己的形式归零。”在马列维奇的诗意中，虚无主义的态度造就了一种自相矛盾的建设性价值。正是通过虚无，我们才能凭借直觉感知宇宙的本质，才能升华，从而走向无法描述、无法表达、万物起源的零点。在那里，“‘上’和‘下’，‘这里’和‘那里’，都不复存在”。

这是一个没有物体的世界。包豪斯学校在20世纪20年代出版了《无对象的世界》一书，书中的标题很好地表达了这一点：“在浩瀚宁静的宇宙空间中，我到达了没有物体的白色世界，那里呈现出一片虚无。”

零度是连续重构阶段的必经之路。1922年，埃尔·利西茨基在试图总结这一转折点时曾明确地表示：“是的，绘画文化的道路已经越走越窄，直到它走向方块。但是在另一边，一种新的文化开始结出果实。是的，绘画的线条数量已

Philipp Meuser

弗拉基米尔·塔特林，第三国际纪念碑，莫斯科，1919—1920

卡西米尔·马列维奇（1878—1935）

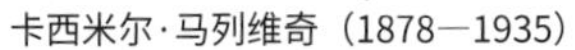

弗拉基米尔·塔特林（1885—1953）

卡西米尔·马列维奇，最后的未来主义0.10画展，圣彼得堡，1915

Clark, T.J., *Farewell to an Idea; Episodes from History of Modernism*, New Haven and London, 2001

经有规律地减少，从6、5、4、3、2、1到0；但是在另一端，新的线条开始出现，0、1、2、3、4、5……"

1918年，马列维奇为在莫斯科举行的俄国第十届国家博览会以白色为背景创作了作品《白色上的白色》，只有白色的色调变化才能将图形与背景区分开来。方块在视线中若隐若现，几乎如同一扇通往无尽的窗口。

透视，也就是有限的视角已经被放弃。现在，画面似乎可以波动。严格的二维绘画现在已经取得了虚拟的三维效果。一些学者已经在谈论从飞机、卫星以及一个在无限中运动的物体中所感知的世界。这是一种允许宇宙占用的轨道视角。

随着令人惊讶的成果越来越多，绘画与建筑走得更近。这是最终的目标，是所有艺术的综合。在1914—1915年，马列维奇创作了一幅名为《在建的房屋》的绘画作品，暗示了形式交叠的平面运用。还是在1915年，他进行了三维空间的实验。他给这些实验空间命名为"planits"，或者"现代环境"。随后出现的是"建筑"：立方体和棱柱体的组合。它们也许暗示着多维空间——的确，如果绘画能够运用简单的图形和平面展现三维的现实世界，那么建筑似乎没有理由不能用作为基本要素的空间体积来描绘第四维度。1924年，至上主义正式将自己定位于建筑的正面，其项目越来越像风格主义的作品。

面对这种几乎是柏拉图式，并以神秘基调为明显标志的抽象推理，忍无可忍的塔特林进行了抗议。在他看来，艺术家要走的是另一条道路，这条道路是由物质而不是色彩构成的，是由结构而不是构图实现的，是由能量而不是精神性凝聚的。他在这一时期自己创作的抽象雕塑中发现了证据，这些雕塑混合了非同寻常的材料：混凝土、铜、玻璃、穿孔钢。此外，他还证明了艺术并不是单纯的冥思。在1918—1919年，他发明了功能性工作服和节能加热器。

塔特林的艺术作品完全不同于神秘的至上主义，而是由真实空间中的真实物体组合而成的。只有与新的生产伦理和美学联系在一起，革命才有意义。因此，他认同雕塑作品，反对马列维奇的作品。

当然，塔特林的梦想是消除重力，克服重量并征服空间。通过科学研究，他尝试设计了“莱塔特林号”飞行器，希望这种达·芬奇风格的带翼机器能够实现人类的飞行梦想。还有，他在1919—1920年设计了可以自转的第三国际纪念碑：这座高约400米的巨塔令人联想起19世纪的庞大工程，如埃菲尔铁塔。通过内部构件的分化运动，钢架结构内的三个空间结构都会以一定的速度旋转——这象征着革命的时刻。

尽管塔特林和马列维奇的分歧难以调和，但是他们都生活在同样的矛盾中，同样把精力集中于征服自由的空间。令人感到两难的问题是，研究应该涉及概念性的还是现实存在的领域？马列维奇会选择思想——第一种假说；而塔特林会选择物质——第二种假说。两者被一种对立但充满激情的设计愿景统一在一起。马列维奇于1935年去世，日渐绝望和疲惫的塔特林觉得自己不得不参加老对手的葬礼了。

达达主义与艺术的不可定义性

雨果·鲍尔和理查德·胡森贝克都被马里内蒂深深吸引，如他的电报式风格，将语言作为纯声来使用，对短语的分解，自由谈论的话语。1914年，也就是在意大利参战前的几个月，他们在柏林组织了一次会谈。

鲍尔为了躲避战争而逃往瑞士。1916年2月，在苏黎世声名狼藉的尼德多夫区，他说服了镜子胡同一家餐馆的老板允许他使用餐馆空间，向对方承诺自己会给这里带来盈利。正如它那前景美好的名字——伏尔泰酒馆一样，这里可望成为艺术家们聚会的地点。

开业六天之后，胡森贝克来到了苏黎世，与他一同前来的还有艺术家汉斯·阿尔普、罗马尼亚人马塞尔·扬科和萨米·罗森托克。萨米·罗森托克是笔名为提斯坦·扎腊的诗人。这是完全不同的五个人。鲍尔是一个文学家，对形而上学的兴趣超过具体的现实。阿尔普被抽象艺术、弯曲的形式和纯粹的色彩吸引，并运用自如。扬科创作了严格的二维绘画，它们仿佛是建筑作品，按照当时在俄国盛行的实验，这种艺术就是建筑。扎腊是一个诗人，痴迷于现实的无意识和矛盾，并有着非常强烈的个性和远大的抱负。胡森贝克同样雄心勃勃，多年来一直与扎腊争论“达达”一词的发明者是谁，他对新艺术的政治和争议方面更感兴趣。“达达”这个名字诞生于1916年4月，词语本身没有任何意义，只不过是一种声音而已。它时常成为伏尔泰酒馆的讨论主题，还成了达达主义者发行的杂志的名称。1916年7月14日，达达主义正式诞生。它远非一种结构化、有组织的运动，而是受到马里内蒂、表现主义、象征主义和抽象艺术启发的各色人物的集合。

酒馆举办了一次俄国之夜活动和一次法国之夜活动，康定斯基和德劳内分别在那里做了演讲、办了画展。不同文化和个性之间的碰撞创造了新的局面，尤其是扎腊和胡森贝克以及扬科，他们创造了大胆的诗歌，无论是真实的还是虚构的，都可以由不同的人用不同的语言诵读，以诱人的节拍呈现出黑人音乐般的韵律。甚至在酒馆关闭后，这些活动仍然继续举行。

他们在1917年搬到了位于班霍夫大街的科雷画廊，这里很快就变成了达达画廊。达达画廊的启用以《风暴》杂志的展览拉开帷幕。其他参展的作品还包括马里内蒂的《未来主义文学宣言》，以及岑德拉和阿波利奈尔的诗作。1917年3月，达达主义者还专门为先驱康定斯基和保罗·克利举办了展览。此外，这里还展出过意大利画家乔治·德·契里柯的形而上学画作，以及马克斯·恩斯特的作品。达达画廊还吸

卡斯·吉尔伯特，伍尔沃斯大楼，纽约，1910—1913

引了画家汉斯·里希特。他在前线负伤后到瑞士寻求治疗方法，后来成为达达运动的重要人物之一，并以精确、详细的资料和高度的热情撰写了《达达：艺术和反艺术》一书。

然而好景不长，达达画廊的众人很快便各奔东西。鲍尔流亡到提契诺。胡森贝克在1917年就已返回德国，并与荣格、格罗茨、哈特菲尔德和劳尔·豪斯曼共同创立了一个达达主义俱乐部，致力于政治活动。扎腊开始与法国人接触，被达达主义诗歌的超现实主义深深吸引。从此，达达主义开始蔓延至整个欧洲。

1918年，弗朗西斯·毕卡比亚从美国来到瑞士。他为苏黎世重新注入了生机，并将他和杜尚在美国提出的类比、反逻辑和不合逻辑的经验带到了欧洲。从此，这一组织在苏黎世的活动走上了无意识、反艺术的道路，并质疑任何价值。毕卡比亚还自费创办了《391》杂志，这明显暗示了阿尔弗雷德·斯蒂格利茨的纽约美术馆的街号291，以及他发行的杂志《291》。这本杂志是斯蒂格利茨结束了辉煌一时的刊物《摄影艺术》之后创办的，深受众多美国先锋派人物的喜爱，其中包括约瑟夫·斯特拉、乔治亚·奥基夫和曼·瑞。

有些学者希望能在毕卡比亚、杜尚和曼·瑞1915年之后在美国创作的作品中看到一种达达主义的韵味。尽管当时达达主义尚未正式诞生，但是这些作品的创作与苏黎世的活动是同步的，尤其是杜尚的作品。

我们已经提到过1913年在欧洲出现的现成品艺术。实际上，杜尚在1915年搬到纽约后，才以美学操作的形式将其理论化。这正是他以明显毫无意义的标题为它们命名的时刻：他的一个作品是悬挂于天花板上的雪铲，雪铲上题写着“断臂之前”。回想一下他在1913年创作的《酒瓶架》吧，他给在巴黎的妹妹苏珊娜写信，请她在上面写点儿什么：“如果你现在来我的工作室，会看到一个自行车轮子和一个酒瓶

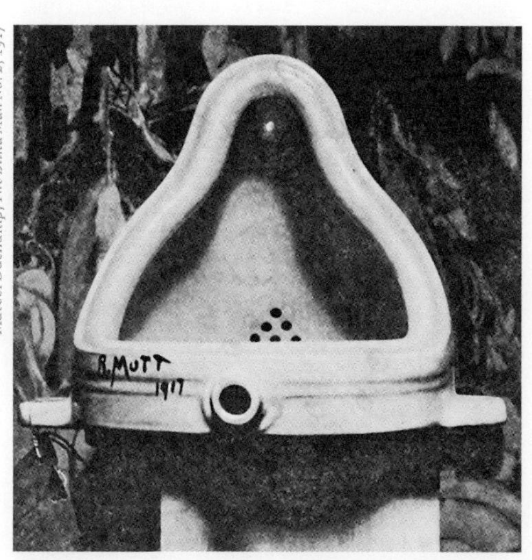

Henri-Pierre Roche, Beatrice Wood, and Marcel Duchamp, *The Blind Man No. 2*, 1917

马塞尔·杜尚，《泉》，1917（原作由阿尔弗雷德·斯蒂格利茨摄影）

莉济卡·科德雷亚努-丰特努瓦，戏服，1920

架，我买下它们，要做成雕塑。我已经对这个酒瓶架有了一些思路：听我说，我在纽约买了同样的东西，并将它们视为‘现成品’。你的英语很好，足以理解我把它们命名为‘现成品’的意义。我在上面签名，并用英语刻了下来。我给你举几个例子，如我在一把大雪铲上写下‘断臂之前’，翻译成法语就是‘En avance du bras cassé’。不要费力地以浪漫主义、印象主义或立体主义的意义去理解它——这与它毫不相干。我说了这么多，实际上就是要告诉你：你自己拿着这个酒瓶架，我就会在遥远的地方把它变成‘现成品’。你需要在它的底部和底环的侧面用油画笔写下银色和白色的字母，稍后我会告诉你文字的内容。另外，你要用同一只手签下：（来自）马塞尔·杜尚。”因此，艺术作品不只是形式的结果，它可以是任何东西，甚至只是一个标题，只要它能体现出艺术家的意图。后来，杜尚总结了这一发现的意义：“现成品是一种形式，它否定了艺术的可定义性。”对于艺术界来说，这一断言所产生的爆炸力可与物理学界相对论的发现相提并论。

杜尚对这个想法进行了多种多样的实验，甚至将伍尔沃斯大楼（1910—1913）视为现成品：它高达241米，是当时世界上最高的摩天大楼。他似乎要把任何东西都转变为艺术品，的确，艺术从未与生活如此接近过。事实上，情况完全相反：如果任何一个物体都可以成为一件艺术品，那么艺术性就会变得不可捉摸，令大多数人都无法察觉。这就产生了悖论，以及众说纷纭的混乱局面。杜尚的方法和什克洛夫斯基的理论有许多相似之处，尤其是关于区分艺术活动的方法，这种“出人意料的运动”总是令公众感到惊讶，并推动了看待现实的新方法的出现。

1917年，在独立艺术家协会的展览上，杜尚创作了介于现成品和玩笑之间的作品——名为《泉》的小便池，并签上了R.穆特的名字。杜尚声称，艺术是转瞬即逝的，它是一种功能，而不是传统意义上的形式。此外，每一部作品都有有趣、矛盾和幽默的一面。然而，正如伯格森、皮兰德娄和弗洛伊德所证明的，幽默也是矛盾的。顺便提一下，杜尚是数学文章的忠实读者，尤其喜爱亨利·庞加莱的作品。从这个角度来看，杜尚明确主张这种悖论的活力，认为不可能用更科学的语言和推理改变存在的事物。在这个世界中，生活不只是一组逻辑有序的事实。达达主义者发现，正是机会的巧合，破坏了我们所观察到的确定性。他们确定了艺术的定义，打破了学科的界限，重新发现了类比、无意义的声音、无参考的图像、缺乏结构并难以理解的话语的力量。因此，达达主义吸收了战前时代的先锋派思想——表现主义、立体主义、未来主义，这些都是最有活力、最具爆炸性和最具创新性的流派，并将其精华融合后令其重新发挥作用。它以开放和存疑的形式向同时期的各种运动敞开大门，并使其得到恢复。例如，风格主义和纯粹主义在寻求新发现的弹性和更新的意图时，都借鉴了达达主义的精神。这种发现新领域的工作以及对旧界限的系统性突破，促成了当代艺术文化的诞生。

根据一些评论家的观点，达达主义没有创造自己的建筑，确实如此：因为它更像一种态度，而不是一种风格。并且，在建筑中很难产生矛盾、类比和胡言乱语。事实上，如果我们排除一些展览设计或短暂的事件，如弗雷德里克·约翰·基斯勒这样有能力的艺术家和建筑师带来了清醒、矛盾和令人惊讶的主题，那么达达主义者只建造了两个很小，实际上非常小的达达主义作品。与其说它们是建筑，还不如说是雕塑。其中一个是杜尚工作室的“门”，这个门能同时打开和关闭，因为门扇铰接在两个开口的中点，两个开口以90°相交。因此，当关闭任何一个开口时，另一个开口就会敞开。另一个作品是《梅兹堡》，是库尔特·施维特斯以各种材料和物体构建的环境：介于以三维方式存在的物体和室内装饰之间的作品。

除了这两个作品，其他作品也与它们一样微小，但无论如何它们都是20世纪60年代和70年代艺术实验的参考依据——达达主义横向发展：通过强调任何形式主义的相对特征，它引入了机会的价值、自由联想的价值和非程序化的价值，释放了语言学中“能指”的重要性和意义的价值，揭示了机械性的悲剧和趣味的一面。不管怎样，这些做法都对活跃于20世纪20年代和30年代的主要建筑师产生了影响。例如，阿道夫·路斯为扎腊建造了住宅；基斯勒与杜尚一起度过了一段时间，并以他的一幅画为基础完成了一部作品；凡·杜斯堡以达达主义者I. K.邦塞特的名字为笔名，致力于新造型主义活动；勒·柯布西耶则以超现实主义者为对象，进行了诗意反应的实验。

特奥·凡·杜斯堡与风格主义

与达达主义一样，风格主义也不是一场运动。它来自1917年发行的一本杂志的名字——《风格派》，这要归功于特奥·凡·杜斯堡的努力。凡·杜斯堡是个多才多艺的人，身兼画家、雕刻家、摄影师、艺术评论家、诗人、建筑师等身份。

毫无疑问，凡·杜斯堡拥有将别人凝聚在一个共同目标下的能力。他成功地让众多艺术家参与杂志的编辑工作，其中包括建筑师雅各布斯·约翰·奥德、让·威尔斯、罗伯特·范特·霍夫、吉瑞特·里特维德，画家皮特·蒙德里安、巴特·范·德·列克、维尔莫斯·胡萨尔以及雕塑家乔治·万同格罗。他还希望吸引毕加索和亚历山大·阿契本科等艺术家。此外，通过密友奥德，他联系到了荷兰建筑的精神之父贝尔拉格，但贝尔拉格并没有接受他的邀请。在1917—1928年，该杂志的发行量大约为1000册。但由于参与的人性格迥异，杂志从一开始就充斥着不愉快的情绪。奥德是一位实用主义者；蒙德里安是一位禁欲者；霍夫是一位梦想家，他在1918年毫不犹豫地放弃了建筑事业。

凡·杜斯堡在1918年与扎腊产生了冲突，在1919年与威尔斯和霍夫产生了矛盾，在1921年与奥德有了分歧，随后又在1922年与蒙德里安爆发了激烈的争论。凡·杜斯堡精力充沛、多才多艺，但喜怒无常，这样的性格令人难以忍受。他的朋友都很清楚，他可以整夜抱怨某个特别的理论，在第二天早上却转而支持这一理论，还声称这是他自己的理论。他擅长激发朋友们的热情，同时也很容易与他人积怨。1921年，他来到了魏玛，并于第二年在包豪斯设立了两门与学校宗旨相悖的课程，对包豪斯学派的表现主义趋势进行批驳。

这种多面的性格和强烈的个性，促使凡·杜斯堡激活了各种实验方式，虽然他付出了改名的代价，以逃避诋毁者或朋友（如选择了更为严格的道路的蒙德里安等人）的评判。从1920年5月开始，他以I. K.邦塞特为笔名发表文章和未来主义、达达主义诗歌。1921年之后，他还以意大利名字阿尔多·卡米尼作为精选作品的署名。对凡·杜斯堡来说，新造型主义是一个途径，但绝不是一种决定性的公式。1922年，他创办了刊物《机械师》。1926年，他发表了新的要素派宣言，打破了垂直线条的静态属性。

凡·杜斯堡与蒙德里安在1916年2月相遇，这比他结识奥德的时间要早上几个月。在这个时期，蒙德里安与哲学家松梅克尔斯有过一次很长的讨论，后者是一位对神学感兴趣的天主教牧师。凡·杜斯堡写道："他完全以数学为基础，认为它是唯一单纯的科学，是情感的唯一参照点……蒙德里安运用这些原理来描述他的情感困扰，他使用了两种最为纯粹的形式，也就是水平和垂直的线条。"

蒙德里安相信思维的非时间性价值，憎恨变换和自然，担心繁华生活的不稳定性。他认为绘画是一种无限的平衡游戏，涉及对称和非对称的原理，以及对不同的色彩和线条的权重进行的思考。对于凡·杜斯堡来说，抽象是塑性能量的引爆器。在蒙德里安看来，抽象是驱除宇宙能量的方法，而凡·杜斯堡则与之相反，认为抽象是获取能量的方法。这绝非偶然，凡·杜斯堡的兴趣在于第四维度的主题，而这是蒙德里安完全不关心的。爱因斯坦在1916年用来解释广义相对论的例子似乎是为他和他的达达主义友人专门设想的：在一部掉向空虚的电梯内，简单的实验正在进行。

同样在1916年，凡·杜斯堡与奥德相识。其实是奥德从两人共同的朋友那里了解到凡·杜斯堡要在莱达建立画家协会的想法后，才主动写信联系凡·杜斯堡。他还提议接纳建筑师加入协会。1916年5月31日，德·斯芬克斯协会正式成立，奥德担任协会的主席，凡·杜斯堡担任常务秘书。奥德建议杜斯堡作为色彩专家，与一些建筑委员一起协助他的工作。除了建筑及其色彩（实际上非常低调）的真正重要性之外，这次合作还澄清了双方关于形象艺术和建筑之间关系的观点。在奥德看来，艺术家的介入完全是装饰性的，并在建筑师决定的整体空间概念内使建筑的特定元素得到提升。而对凡·杜斯堡来说，这是表皮色彩的游戏，可以改变空间，把建筑转换为可塑的事件。换言之，就是"去客观化"。

在多次合作之后，两人之间很快就出现了分歧，终于在1921年分道扬镳。他们的争论主要是由鹿特丹市斯潘根区第八和第九街区的住宅项目引起的。奥德反对凡·杜斯堡提议的色彩方案，认为会得到适得其反的效果——例如，黄色的门很容易弄脏，而在某些情况下，这个色调也过于明亮。而凡·杜斯堡则反驳道："它们就应该是这个样子，别无他选。"

建筑师无法接受一个后来会被画家废弃的容器，巴特·范·德·列克在与贝尔拉格艰难合作之后，对此也深有体会。1922年以后，奥德认为自己已经不属于风格主义了。

凡·杜斯堡吸取了教训，他要建造一个新造型主义的建筑，不能把自己的绘画作品套用在别人的设计上，而是要用在自己设计的建筑上。在这个建筑中，绘画和空间从开始的构思阶段就是和谐的。由于缺乏技术手段，他找到了年轻的建筑师科内利斯·范·伊斯特伦，两人卓有成效的合作使这一目标得以实现。我们将在下一章对此进行更多的介绍。

尽管奥德脱离了风格主义运动，但是他仍然建造了很多建筑，其中包括1924年的联合咖啡厅，令人联想起很多风格主义的元素。然而，这只是风格上的类似而已。后来，他的风格逐步发展成精致的功能主义，随后走向了令人窒息的古典主义。

皮特·蒙德里安，《红黄蓝与黑的构图》，帆布油画，1926

在寻求新的空间性的过程中，存在矛盾的威尔斯和霍夫却表现出更大的凝聚力，他们都意在以新造型主义为借口，将立体空间结构拆解，并表达为多个平面的构造。他们受到贝尔拉格的影响，也通过他间接受到了赖特的影响。从1914年到1918年，二人设计了很多建筑，让人想起赖特的草原式住宅。霍夫甚至在1914年前往美国参观考察，开启了他的朝圣之旅。我们首先要提的是格罗宁根公园里漂亮的亭子（1917），其次是为J. N. 威鲁普建造的避暑别墅（1914—1915），还有亨尼别墅，由于采用了预制的钢筋混凝土，它也被称为混凝土别墅。这些都是优质的建筑。如果没有第一次世界大战的破坏和政治事件的影响，霍夫的本事也许足够让他成为荷兰最杰出的建筑师之一。但是他收起了绘图板，从此以后在签名上总是附上“前建筑师”的字样。最后，还有吉瑞特·里特维德：1924年，他在乌德勒支完成了一个有趣的项目，被称为施罗德住宅。在下一章中，我们会对该项目做更多的介绍。在1917年，或者可能是1918年，他便带着他著名的红蓝椅子（不过为大家所知的最终版本是在1923年完成的）参与了施罗德住宅项目。这一目标阐明了绘画与建筑之间的关系，这是对凡·杜斯堡的攻击，也使他与奥德的关系更加恶化。如果他们希望彼此能够有效地相互作用，就不能将色彩和形式分开设想，而是要将两者作为一个统一的表面。它将是一个转瞬即逝、色彩绚丽、动感十足的表面，而不是僵硬、立体、集中的体量，这将成为建造新建筑的一个途径。在风格主义得到传播的年月里，荷兰还出现了所谓的阿姆斯特丹学派，其主要倡导者为约翰·梅尔基奥·范·德·梅、米歇尔·德·克拉克、皮特·克雷默和亨德里克斯·西奥多罗斯·维德维尔德。这些人都是活力四射的建筑师，他们的设计细致入微，在借鉴了令人厌烦的传统形式和主题的同时，几乎接近表现主义风格。他们得到了不少市政府的重要委托，并首先在阿姆斯特丹城市南部、西部和东部的新区域建造公共住宅。

凡·杜斯堡认为这群建筑师只是继承了传统，对他们的厌恶程度与对德国表现主义作品不相上下。说实话，他们的许多作品仅限于传统建筑正面外观的设计，这是由建筑承包商决定的。在某些情况下，过度的装饰确实令人反感。尽管如此，还是有很多值得关注的例外，如米歇尔·德·克拉克设计于1917年、完成于1921年的一个项目——船舶公寓。他接到的委托是三个街区中的最后一个，该项目最初由克拉斯·席勒接手，后来又转交给艾根·哈德。

这座建筑位于一个三角形的街区，巧妙地将一所原来的学校包围起来，其精致的空间结构水平在当时的荷兰建筑中是无与伦比的。事实上，克拉克的这座建筑至少解决了以下四个令新造型主义建筑师陷入困境的问题。

第一，一座复杂的建筑，需要同时兼顾多样性和统一性，即使以新颖奇特为代价，也不能落入俗套。德·克拉克从贝尔拉格那里学到了这种规则模式的运用（事实上，赖特也擅长于此）。它们秩序井然，不受限制，体现出多样的层面，否则将令人难以理解。

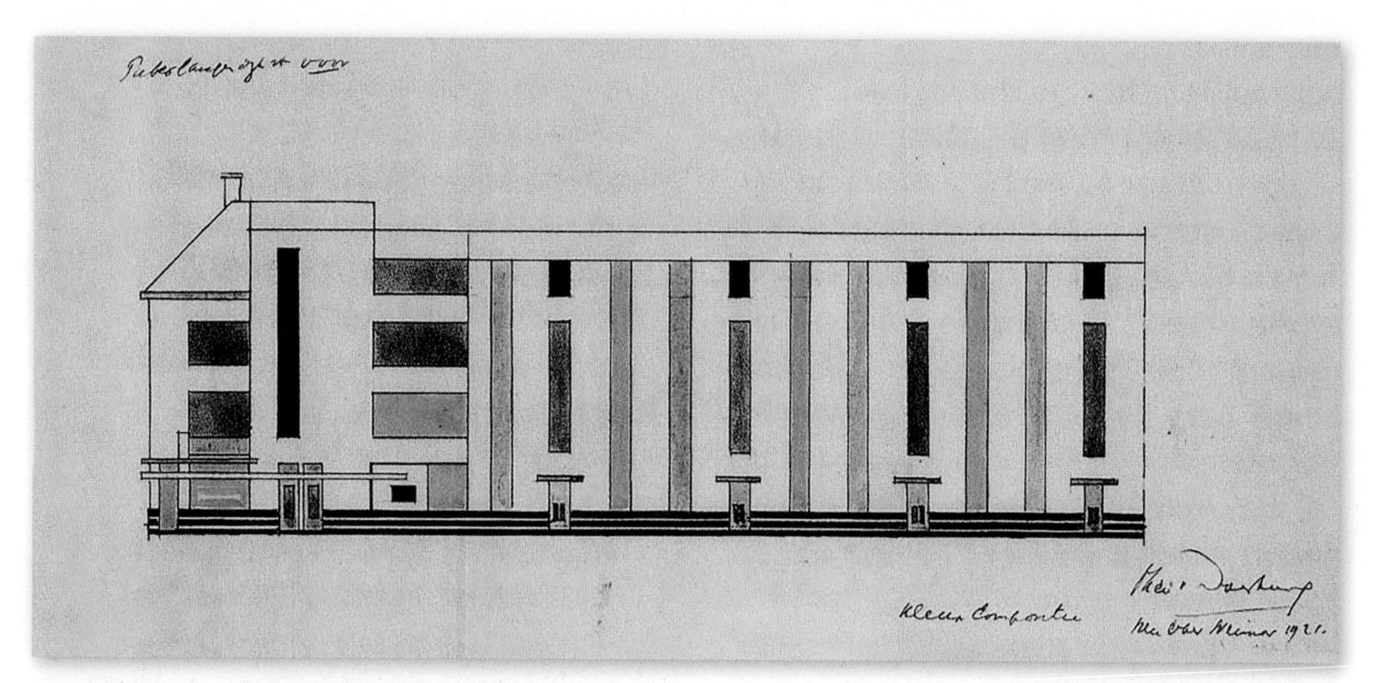

特奥·凡·杜斯堡，一个工人住宅综合项目中八区和九区的设计图纸，鹿特丹，1921

第二，细节的精确性、施工的合理性。不在建筑中强制使用抽象的几何图案，以免影响建筑在维护和耐用性方面的管理。

第三，用户的满意度。德·克拉克拥有通过极小的单元表达复杂空间的能力。来自建筑中人性尺度的抽象元素让用户对其可塑性深深着迷，常常会有仿佛只存在于童话中的发现。

第四，与城市环境相结合，使人们对半公共空间的建筑管理控制无可挑剔。德·克拉克知晓如何设计空间：他在建筑的后面增加了小型广场，建造了颇具民间风格的塔楼，其内部空间格外迷人。这些空间中也允许插入一些庸俗的结构，如令人联想到荷兰乡村建筑的会议室。

Wikimedia/Janericloebe

米歇尔·德·克拉克，船舶公寓，阿姆斯特丹，1917—1921

Wikimedia/Vincent Steenberg

雅各布斯·约翰·皮耶特·奥德，联合咖啡厅，鹿特丹，1924—1925

米歇尔·德·克拉克，
船舶公寓，阿姆斯特丹，
1917—1921

很多与德·克拉克处于同一时代的人物都承认他的杰出才能，其中包括布鲁诺·陶特，他在1929年出版的《欧美新建筑》一书中，称其为“才华横溢的大师”。1918年，《剧变》杂志开始发行，直到1931年都一直发表德·克拉克和阿姆斯特丹学派的作品，并为有机主义和表现主义的原理在荷兰以及欧洲其他国家的传播呐喊助威。

纯粹主义与回归秩序

勒·柯布西耶的原名为查尔斯-爱德华·让纳雷，他曾于1908—1909年在佩雷的事务所工作了两年。1910年，他又在贝伦斯的事务所工作了五个月。这两个人的个性都很强，在这样强烈的影响下，柯布西耶无法继续为他们工作。他后来甚至背叛了自己的导师夏尔·艾普拉特尼尔的教义（他曾在家乡拉绍德封师从这位大师）。1911年，他开始了六个月的东游旅程，在此期间他先后游历了捷克、奥地利、匈牙利、塞尔维亚、罗马尼亚、保加利亚、土耳其、希腊和意大利——他仍然对地中海情有独钟，以古典主义的眼光领略其独特的魅力。查尔斯·詹克斯在专著《勒·柯布西耶与建筑的悲剧观》中总结了柯布西耶在这次旅行中的五点经验和收获：基本的体积形式，如君士坦丁堡蓝色清真寺的球体、立方体、方锥体；整个村庄的建筑都经过粉刷装饰，体现出质朴的美感和朴素的道德风尚；土耳其大巴扎集市的风格折中主义和过度装饰令人恐惧；像阿索斯山西蒙佩特拉斯修道院的修士们那样，依靠基本的物品过着快乐的生活；希腊神庙的精美细节、清晰的结构和圣洁之感——尤其是犹如一部完美机器的帕提侬神庙给他留下了深刻的印象。他说：“我处在一个无可抗拒的机械王国中……结构的铸造非常紧密牢固。这部具有可塑性的机器是用大理石建造的，其严格性已

西蒙佩特拉斯修道院，阿索斯山（希腊），1257

经被我们应用在机器中。它给人以裸露的和经过抛光的钢材般的印象。”

艺术品可以成为机器，机器也可以成为艺术品，这一等式并不新鲜。未来主义者早已试过将汽车与《萨莫瑟雷斯的胜利女神》进行比较。然而，未来主义者更关注活力，而对年轻的柯布西耶来说，这种对应关系涉及一种理想的原则。机器和艺术品同样渴望清晰性、明确性、可靠的结构和经济性。有趣的是，一些人注意到年轻的柯布西耶是以瑞士人观察钟表内部工作原理的眼光来观察希腊神庙的。事实上，这个等式包含着对数学的美学价值的过度评价、令人担忧的技术理想化，以及对那些在纯粹的欧几里得几何形式中被证明无用的结构的厌恶。因此，其中并不存在对功能主义的误解。如果说，后来柯布西耶把住宅说成是一种供人居住的机器，那么他这样做只是因为他在思考机械物体的完美，并试图重现经典对象的绝对可塑性。事实的确如此，他会批评激进的功能潮流，忽略对零度形式的探索。例如，我们

塞迪菲卡·穆罕默德·阿加，蓝色清真寺，伊斯坦布尔，1616

艾哈默德·阿加，大巴扎集市，伊斯坦布尔，15世纪

可以想到，达达主义者和杜尚正是在这一时期创造出了无数令人意想不到的成果。

最终，他关注的是个人主义或唯心主义的实例，这些实例在他所处的时代推动了大部分表现主义和有机主义的创作。这让信心十足的哈林找到了理由，指责柯布西耶的无感知性，二人后来爆发了激烈的争论。一些以前瞻性闻名的评论家，如卡雷尔·泰奇也对他发起了新学院主义攻击。

柯布西耶对数学的痴迷从未消失，即使在很久以后，当他把研究定位于更具表现力的形式时也是如此。只要回想一下他在1942—1948年以黄金分割为基础发展起来的模度、计量单位和人体尺度就足够了。

1912年，尽管年仅25岁的柯布西耶认为自己首先是一个画家，却在拉绍德封开设了一家建筑事务所。1914年12月，他从战后重建的角度考虑，开始进行一个低成本住宅项目的设计。他应用了钢筋混凝土框架的原理，采用了极为简单的形式，在住宅的排列布局上则参照了合理的城市规划原则。这也许是从托尼·加尼叶那里学来的，他们于1907年在里昂相遇。加尼叶在很长一段时间里都在研究一个可容纳3.5万居民的工业城市的规划，为他们提供占地30米×150米的住宅楼（加尼叶的图纸在1917年发表，勒·柯布西耶在1920年重新制作了其中的部分图纸）。

年轻的柯布西耶对这个方案比对建筑更着迷，并计划撰写一部名为《城市建设》的书。他为此前往巴黎，在国家图书馆查阅相关资料。1922年，他为一座有300万人口的现代城市设计了一个项目。

在1916—1917年，他完成了施沃布别墅的建造。这是一个高度立体化的建筑，环绕在四周的巨大飞檐更加突出了古典风格的恢宏气势。这是对任何浪漫主义美学的彻底摒弃，是倾向于学院派艺术的创作方法。1917年，他搬到巴黎，深受战争伤害的法国仍然充满了躁动。柯布西耶担任工业企业研究学会的工作人员，还承包了阿尔福维尔砖厂。这段经历一直持续到1921年，工厂在遭受巨大经济损失后被迫关闭。

勒·柯布西耶，《奥赛罗》，
1938

尽管柯布西耶像尼采一样专注，也坚信自己是一个勤奋的人，能够在残酷的现代都市里狂热地工作，但是这位艺术家还是没能成功地走上经商之路。

1917年5月，他遇到了画家阿梅德·奥占芳，后者在1915—1916年一直担任杂志《冲》的主编，这是一本接近立体主义思想的刊物。二人很快建立了友谊，并对先锋派的破坏性态度以及对绘画和艺术的新法则的共同需求表达了不满。

纯粹主义诞生于1918年，它是按照古典主义和工业美学的观点对立体主义的重新解读，其主要原则可以在《后立体主义》一书中找到。这是一部由四个人共同撰写的著作，宣告了一些先锋派的死亡。首先是达达主义和立体主义。书中写道："衰退似乎是由投机取巧、懒惰懈怠、对美的漠不关心和各种稀奇古怪的享乐方式造成的……今天，我们拥有自己的加德桥，还将拥有自己的帕提侬神庙，我们的时代比伯里克利所在的时期更适合实现完美的理想。"他们在第一章中对立体主义进行了攻击，在第二章中对现代精神进行了升华，而在第三章中致力于各种法则的论述，尤其是导致纯粹和标准化形式产生的自然选择。

柯布西耶和奥占芳形成了一个形影不离的二人组合，先

勒·柯布西耶，施沃布别墅，拉绍德封，1916—1917

锋派电影制片人让·爱泼斯坦曾经在20世纪20年代这样评论过二人："这是两位相互充满敬意的纯粹主义兄弟，人们也经常这样称呼他们。他们总是十分严肃，身着黑色服装。在他们的工作室中，每把椅子、每张桌子和每张纸都有着各自明确的用途。他们让我感到害怕。"

他们的静物绘画令人隐约想起形而上学的油画，然而它们的画面却更加和谐、更为精准。这也要感谢轴测法，这种方法通常同时使用两条轴线，以避免偏离正交投影太远。第一期《新精神》于1920年10月发行。这份刊物能够依靠的发行手段很少，即便如此，由于可以使用笔名，还是吸引了大量的合作者。虽然它只发行了几年，但是对当代建筑产生了巨大的影响，在下一章中我们将对此详加介绍。

1918—1925 语言的混合

混合

由于第一次世界大战，加上诸如西班牙流感等各种流行病的肆虐，超过一千万人失去了生命。由于难以承担战争赔偿的重压，德国和奥地利几乎彻底崩溃，由此而引发的经济危机导致了1923年的通货膨胀。在当时，1美元可以兑换37.6亿德国马克。

在苏联，虽然革命带来了希望，但是之后进入了内战时期，直到1921年，由于新政治经济举措，局势才稍有好转。其他的革命也带来了希望，尤其是在德国。按照马克思和列宁后来的预测，全球性革命即将到来，必将遭到极端的镇压。一个充斥着怀疑、政治迫害和禁欲主义的时代即将来临。1921年，所谓民主的美国对萨科和万策蒂进行了审判（1920年，排字工人、无政府主义者萨尔塞多被捕8周后在美国联邦调查局跳楼自杀，萨尔塞多的朋友萨科和万策蒂在得知其死讯后也遭到逮捕，被指控与两周前的谋杀案有牵连，经审被判有罪），虽然妇女在当年也获得了投票权，但这两名无政府主义者最终还是在1927年被执行了不公正的死刑判决。

战后的领土分裂让民族主义在怒火中滋生，于是出现了集权主义政权。墨索里尼在1922年进军罗马，并在1925年1月3日宣布对这个自由国家进行独裁统治。随后，专制政权在西班牙、葡萄牙、南斯拉夫和波兰相继出现。1921年，失败的建筑师兼业余画家阿道夫·希特勒成了纳粹党党魁。

艺术家和建筑师都陷入了困惑，态度变得摇摆不定：他们一方面需要将焦虑投射到工作中，另一方面却渴望最终实现一个理性的世界，使这个世界发挥出与精密的机械设备一样的功能。在理性与非理性、权威与自由、统治与自由意志、客观性与个人主义、自治与非自治的两难困境中，至少在20世纪20年代中期，这一系列问题始终困扰着先锋派的主要领军人物。像陶特和凡·杜斯堡这样个人魅力十足的人物也在工程师的建造性本质和艺术家的形成性特质之间摇摆不定。陶特追求的是表现主义美学，梦想着玻璃大教堂，同时致力于马格德堡和柏林的社会住房计划；凡·杜斯堡则宣扬蒙德里安的理性新造型主义，并对达达主义持开放态度。格罗皮乌斯和密斯同样也陷入两难境地，他们的作品在表现主义的张力和新的客观需求之间徘徊不定。包豪斯学校也是一片混乱，表现主义一派与新生的构成主义运动发生了冲突。在新客观主义画家中也出现了同样的不确定性。他们提出了一种简化的现实主义，同时又无法拒绝表现主义变形的诱惑。

建筑师面临着就业机会急剧减少的危机。至少在1924年之前，欧洲和俄国的大部分地区都几乎没有建设的需求。为数不多的建筑也只委托给成熟的、具有相关政治背景的专业建筑师，而不是那些宣称渴望彻底改变世界的非专业的理想主义建筑师，他们用梦想造就的纸上建筑注定只能停留在绘图板上。除了在欧洲各地的各种会议上见面、印制出版物、发表宣言之外，年轻的建筑师几乎别无选择。他们正在为一场国际运动的兴起打下基础，而这场运动在当时正在取得进展，即便它最终只能在1928年与国际现代建筑协会（CIAM）合并。

这场危机使人们将注意力转移到了美国——为数不多的没有受到战争影响的国家之一。美国只是在最后时刻才被卷入了战争（当时的美国总统威尔逊于1917年4月6日对德宣战）。很多想逃离战争及战后乱世的人选择了美国，这些人物包括辛德勒（1914）、诺伊特拉（1923）、基斯勒（1926），以及杜尚引领的众多先锋派艺术家。1923年，亨利·福特的自传被译成德语，这位企业家促成了工业生产的

阿列克谢·甘，《构成主义》，1922

革命，他的自传在德国很快就成为畅销书。在包豪斯学校，美国梦在伊顿所宣扬的东方神话的衬托下脱颖而出，吸引了相当数量的追随者。1924年，在《柏林日报》主办者的委托下，门德尔松出版了一本关于美国的书。而在此前的一年，《风暴》杂志刊登了赫尔瓦特·瓦尔登的一首诗："柏林是欧罗巴合众国的首都……也许美利坚合众国有一个柏林，但柏林并没有欧罗巴合众国。"

两种曾经偶尔相遇的遥远而不同的文化发生了密切的接触，营造了生机勃勃的氛围，以各种语言和文化的交融为特征。建筑学因此而受益匪浅，创造出截然不同的项目，如辛德勒的国王路住宅，门德尔松的斯坦伯格制帽厂（1921—1923），里特维德的施罗德住宅，巴黎世界博览会上的梅尔尼科夫设计的苏维埃展馆，柯布西耶的拉·罗什-让纳雷之家。这些作品为20世纪20年代后半期真正的精品时代的出现奠定了基础。

在形式主义和构成主义之间

诗人、艺术家和建筑师都加入了俄国革命。马雅可夫斯基呐喊："在大街上，到处都是未来主义者、鼓手和诗人。"马克·夏加尔、康定斯基和马列维奇这样的画家都参加了这场运动。1918年，斯沃马斯自由国家艺术工作室成立，并在1920年成为福库特马斯（莫斯科高等艺术和技术学院），开设了建筑、绘画、雕塑、木工和金属加工等专业。所有的系都共同开设了一门独特的预备课程，即形式的基本原理，与魏玛的包豪斯学校的预备课程相似。另一所重要的学校也是在这个时期创建的，也就是1920年成立的因库克（艺术文化学院）。

在因库克和福库特马斯的内部，艺术自主价值的支持者、形式主义者与那些希望将其与更客观的因素联系起来的支持者之间爆发了激烈的争论。正如我们在前一章所看到的，这场冲突在艺术方面涉及领导人物马列维奇和塔特林。而在建筑方面，则牵扯到形式主义者和理性主义者尼古拉·拉多夫斯基的工作室和构成主义者亚历山大·维斯宁的工作室。二人都是福库特马斯的教授。争论异常激烈。塔特林在1921年展示了第三国际纪念碑，在螺旋形的钢架结构上悬着两个空间，用作第三国际不同机构的会议室。它们可以按照不同的规律旋转，可以根据会议的频率进行调节：每年、每月、每日旋转一圈。形式主义者加博尖锐地指出："这不是纯粹的构造艺术，只是对机器的模仿。"

在两个派别之中，构成主义者似乎占据了上风。形式主义者康定斯基的课程计划遭到了因库克的拒绝，因此，这位艺术家在1922年决定去魏玛包豪斯学校任教。此时，加博逃往欧洲，马列维奇在维特布斯克避难，并在那里建立了一所至上主义学校——新艺术学院。

1922年，阿列克谢·甘撰写了构成主义者的宣言《构成主义》。功能主义者伊利亚·格罗索夫在1924—1925年加入了构成主义运动，他在1922年的一次会议上说："以前是纸上建筑的时代，当时只有很少或者几乎没有需要建设的建筑。于是，年轻的福库特马斯学生以及建筑师首次登上建筑的舞台，转入建筑领域的画家也得以释放他们的创造力，可以忽略建筑的功能和构造方面的问题……他们最不关心的就是形式的合理性……从1920年到1922年，正是福库特马斯的左翼团体在这一领域发挥着主导作用。也正是在这里，体量的作用、建筑作为有机体的作用、运动的作用以及节奏的作用等流行理论得到了发展。"

尽管形式主义者只占少数，但是他们并没有屈服。1923年，尼古拉·拉多夫斯基创立了阿斯诺瓦——新建筑师协会，尽管各方面条件不足，但该组织还是一直活跃到1932年。由于拉多夫斯基和福库特马斯的尼科莱·多库卡耶夫的慷慨相助，该组织在教学领域发挥了重要作用。他们是一种心理技术方法的推动者，这种方法面向形式的研究，探讨形式与人类体验之间的关系，也就是色彩、体量、图案和塑性情感的作用。最终，学校取得了高质量的成果。福库特马斯是20世纪20年代早期唯一真正的先锋派建筑学校，这种说法其实并不为过。与之类似的德国包豪斯学校在1927年以前一直都是艺术学校，并不涉及建筑领域，因此至少在1927年之前，它对建筑领域的影响还只是间接的。

另一位重要人物是康斯坦丁·梅尔尼科夫，是同时期最具天赋的建筑师之一。他还创作了1925年巴黎国际装饰艺术及现代工艺博览会（以下简称巴黎国际博览会）上令人称奇的苏维埃展馆，1927年莫斯科的卢萨科夫俱乐部，以及1929年由两个圆柱形结构交叠而成的自宅。梅尔尼科夫拒绝将设计简化成一种技术上的权宜之计：他痴迷于象征手段，以及

Schusev State Museum for Architecture, Moscow

康斯坦丁·梅尔尼科夫，苏维埃展馆设计图纸，巴黎国际博览会，巴黎，1925

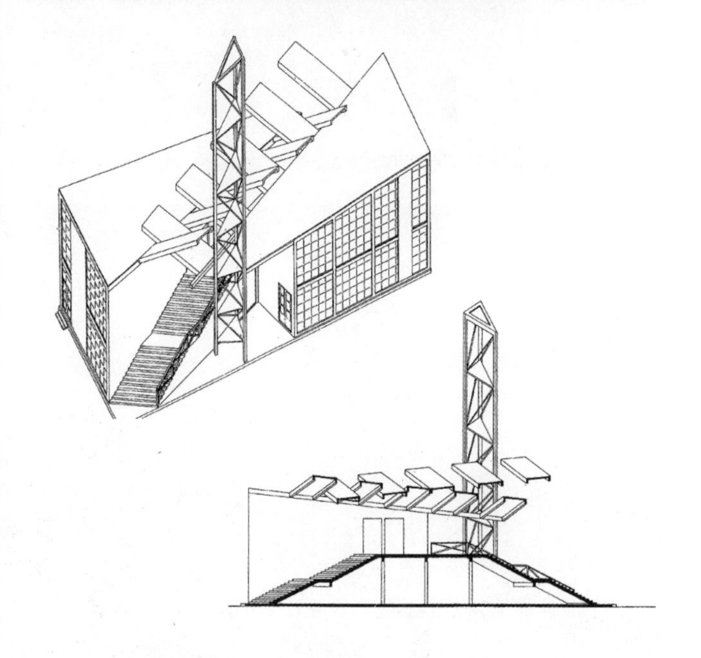

康斯坦丁·梅尔尼科夫，苏维埃展馆设计图纸，巴黎国际博览会，巴黎，1925

Denis Esakov

康斯坦丁·梅尔尼科夫，梅尔尼科夫自宅，莫斯科，1927—1929

Karina Diemer

梅尔尼科夫自宅内景

Denis Esakov

康斯坦丁·梅尔尼科夫，卢萨科夫俱乐部，莫斯科，1927

超越纯粹物质性并能唤起意义的形式能力。他的诗意倾向于表达，是建筑浪漫主义逻辑的延续，他试图通过工业形式表达革命的动力。

埃尔·利西茨基是新建筑师协会的另一位成员，但是他更倾向于构成主义理论：他的作品《普鲁恩》被称为“新设计的确认”，他使福库特马斯很多共同研究的主题得以形成，追求建筑、雕塑和绘画之间的融合。利西茨基的理论是从马列维奇的教学中习得的，当时的马列维奇正在维特布斯克的学校任教。正如我们将看到的，利西茨基在欧洲各地旅行，宣传出版物，还在一个先锋派建筑师和艺术家建立的组织中发挥着领导作用。

1925年，当代建筑师协会（OSA）成立。该组织在莫伊塞·金兹伯格的文化引领之下，将与欧洲其他先锋派组织建立联系，它们将在新生的国际运动旗帜下团结在一起。

弗兰克·劳埃德·赖特，东京帝国饭店，东京，1918—1923

奥地利-美式、东方风格与中美洲风格

从维也纳帝国理工大学毕业并与瓦格纳在美术学院共同学习之后，鲁道夫·辛德勒来到了路斯为传授其理论而创办的私立大学——建筑学校。辛德勒被大师的空间方法深深吸引，也对其经常提到的美国社会颇感兴趣，于是他决定移居美国，希望能在赖特的事务所里找到一份工作。1914年3月8日，他到达纽约，随后又前往芝加哥，并在奥滕海默、斯特恩及赖克特事务所工作。

而另一方面，赖特在结束了在欧洲的时光之后，于1911年返回美国。由于和情妇私奔的丑闻损害了他的职业声望，他很长一段时间都没有接到委托工作。他建造了一座拥有石墙和低矮棱锥形屋顶的家庭工作室，被称为塔里埃森住宅（1911）（“塔里埃森”是威尔士语，意为“闪亮的坡顶”），将其当成自己的避风港。这栋房子悄然依偎在山坡之上，以日本建筑的优雅姿态完全融入自然景观。1913年，他收到了一些委托，其中一个要求他在芝加哥周边地区设计一个户外俱乐部——米德威花园，赖特构思了一系列露台和阳台，人们可以在那里俯瞰宽阔的空间。1914年8月14日，赖特正在芝加哥开展米德威花园项目，一名精神失常的男子闯入塔里埃森住宅，杀死了他的情妇曼玛·切尼和她的两个儿子，还有赖特的四名雇员，随后放火烧毁了这栋建筑。赖特后来回忆：“不到半个小时，这个嗜血的疯子燃放的大火就将建筑的木质部分完全烧毁了。”

1914年11月，辛德勒给赖特写了一封信：“写信是想在您的事务所里找个职位，或者有机会直接研究一下您亲手设计的建筑，或者就如何营造更好的建筑氛围得到一些建议。”由于赖特仍然陷于一些事件的负面影响之中，给出的回复含糊其辞，只是说要把这位年轻的建筑师推荐给他以前的一些客户。随着时间的推移，赖特的职业状况有所改善。他接到了一些新的委托，包括在1915年年底正式委托给这位美国建筑师的东京帝国饭店。为此，他和新情妇米丽亚姆·诺埃尔多次到日本旅行，为这个庞大的项目进行总体设计，并为此一直忙碌到1922年。1917年，在准备绘制图纸的时候，他想起了那个年轻的奥地利建筑师。辛德勒对建筑和工程学颇有研究，特别适合这一任务。为此，辛德勒将为赖特一直工作到1923年：在这个漫长的时期内，他是团队里

鲁道夫·辛德勒，辛德勒-蔡斯住宅设计图，好莱坞，1921—1922

Wikimedia/Allan Ferguson

鲁道夫·辛德勒，辛德勒-蔡斯住宅，好莱坞，1921—1922

唯一一个能够独立思考的建筑师，并设法留了下来。正如我们将看到的，这或许是由于两人彼此远离的时间太久了。东京帝国饭店的施工于1918年开始，赖特于同年10月来到东京工作。从此，他在日本的时间要多于芝加哥。于是，事务所的运营重担就落在了辛德勒的肩上。东京帝国饭店是赖特的佳作之一，但人们几乎无法对它进行风格归类，因为它参照了日本的建筑传统和微妙的和谐特色，以及中美洲建筑的风格，特别是雕刻部分。此外，东京帝国饭店还呈现出一些西方建筑的影子，这是赖特在欧洲旅行时获得的灵感：奥尔布里希对他的影响最为明显，我们甚至还能从中看到一些成熟的自由风格元素。此外，沙利文对他的影响也十分明显。虽然赖特在1893年离开了这位大师，但一直在拿自己的作品和他进行比较，即使相隔遥远，也关注着他的悲剧命运（通过辛德勒得知）。他从“亲爱的老师”沙利文那里学到了有节奏地运用数量有限的标准和重复元素的技巧，将其组合为具有高度装饰性的作品，装饰是结构逻辑不可或缺的部分。东京帝国饭店的内部以裸露的砖石结构为特色，并拥有相互交叠的空间和楼层、优雅的屏风和令人叫绝的灯光效果，这一切都是难以超越的。然而，要实现这个赖特用无尽的创造力构想的项目，成本和工期都成倍增加，客户不止一次威胁要解雇他。

在芝加哥的事务所工作时的辛德勒主要负责赖特在美国的项目，包括用混凝土为18座小型住宅建造一个系统：整体房屋。1919年，辛德勒与音乐教师索菲·保琳·吉卜林相遇，两人后来步入婚姻殿堂。索菲对进步的政治、社会和艺术运动表现出极大的兴趣。赖特在7月从日本返回美国后，邀请了这对夫妇前往自己的塔里埃森住宅做客。之后，索菲欣喜若狂地给父母写了一封信：“这里充满了强烈的对比——古朴、简单的生活中点缀着精致的物品。在品尝了黄油之后——也许是在牧场上与一匹骏马交流了一番之后，我回到了工作室。看到那些正在洛杉矶建造的建筑的模型，我的感觉就像突然从民间音乐切换到勋伯格或德彪西的乐章一样。”

索菲提到的项目是艾琳·巴恩斯达尔委托的霍利霍克别墅（1914），这个项目几乎完全是赖特在日本通过电报遥控建造的。这是一个很重要的委托，于1914年的董事会上被提出。财大气粗的客户希望在洛杉矶建造一所住宅，要求附带专门用于戏剧艺术的设施。

Flickr / iv toran

马克斯·佩希斯泰因，艺术工作者协会的传单，1919

正当巴恩斯达尔的霍利霍克别墅项目将要开工的时候，赖特却要返回日本，于是他让辛德勒前往加利福尼亚州监督工程的进展。辛德勒不仅欣然接受了任务，甚至爱上了那里的气候，并决定留在洛杉矶。由于电影业的蓬勃发展，当时的洛杉矶正处于躁动的扩张之中，因此成为建筑师开启独立职业生涯的理想之地。出于对不断增加的家庭成员的责任感，以及对赖特新近作品中的纪念主义和装饰主义的困惑，辛德勒萌生了自己建立事务所的想法。尽管如此，他对赖特的钦佩毋庸置疑。在1920年12月写给好友诺伊特拉的信中，他的这一想法更加明确。他还同好友分享了自己在维也纳帝国理工大学的研究成果以及对路斯的热爱，其中特别提到了赖特："他的艺术是一种真正意义上的空间艺术。他完全摒弃了过去所有建筑所具有的雕塑的一面。房间不再是一个方盒——墙壁已经消失，大自然进入室内，身在其中的人仿佛置身森林。他对每一种材料都了如指掌，运用自如。全新的机械技术是他开发新形式的方法基础。"

1921年10月，辛德勒终于决定开设自己的事务所。不过，他还是在业余时间继续为赖特工作。他和索菲想建造一所住宅，在此安家落户：这是一栋与蔡斯一家共用的半独立式住宅。玛利亚·蔡斯是索菲的朋友，她的丈夫克莱德·蔡斯是一个商人，拥有很强的组织项目建设的能力。

这座位于国王路的住宅于1921—1922年完工，凯瑟琳·史密斯有充分的理由将其定义为首座现代住宅。事实上，这座住宅可以满足选择不同的生活方式的人的需求。尽管两家共享一个厨房，但两个家庭是各自独立的，这是为了避免妻子过多专注于家务而失去自己的生活。在每个家中，夫妻都拥有自己的卧室和壁炉。两个家庭的居住空间都朝向花园，花园成为居住空间的延伸，轻薄的滑动面板将户外空间与室内分隔开。住宅中还有一个小房间，是一个配有浴室的书房，供客人使用。屋顶上的卧铺可以作为睡床，人们躺在这里可以与大自然亲密接触。住宅的造型借鉴了日本建筑风格，令人联想到赖特在设计中常用的手法：水平性和材料组合的特殊方法。然而，辛德勒认为草原式住宅和塔里埃森住宅应该进一步发展：更简化、更基本、更现代。毫无疑问，当赖特在1936年创造美国风住宅时，这个项目一定出现在了他的脑海中。这个如此重要、进步、实用的项目由他的年轻助手在34岁的时候实现了。不用说，他甚至会借鉴它的一些特点。1922年，赖特完成了日本的东京帝国饭店项目，踏上了归家的旅程。由于在芝加哥没有任何工作前景，他决定

Flickr/seier+seier

雨果·哈林，加考农庄，沙尔博伊茨，1923—1926

Wikimedia/Michael Sander

汉斯·夏隆，施明克住宅，勒鲍，1930—1933

搬到洛杉矶，那里也是他的儿子劳埃德（也是一个建筑师）的安家之地。他写信给沙利文："我发现自己处境艰难，而且看不到任何工作机会。"他把自己的希望寄托在设计霍利霍克别墅时获得的人脉，以及这座城市即将来临的经济繁荣上。

他在洛杉矶的时期（1923）有四个项目值得一提：被称为"缩影"的米拉德别墅、斯托尔别墅、弗里曼别墅和恩尼斯住宅。赖特从中美洲建筑传统中汲取灵感，将建筑牢牢地固定在地面上，并以塑性模块为标志，呈现出强烈的明暗对比效果。这是一系列自发性语言实验中最新的一次，与古典传统无关，但对确定一种不同于理性主义者的方法来说是必要的。理性主义者的方法导致了现代主义的"盒子"的诞生。在1931年的一篇文章中，他指责这些建筑是简单的纸板盒子，既空洞又抽象。

这四座别墅都采用了赖特设想已久的材料：边长为60厘米的正方形预制混凝土面板，可以用手将这种足够轻便的材料举到相应的位置。通过一些标准的框架结构，这种材料可以在现场进行浇筑。它们让室内的照明配置更为丰富，面板上的开口也起到了过滤光线的作用。对赖特来说，建筑与材料性质的一致并不意味着只能使用天然材料，而是要知道如何去运用它们，即使是人工的混凝土，也应该利用其技术特性和形式潜力。

1923年10月，由于再也无法忍受洛杉矶的一切，又或许是希望回到自己的塔里埃森住宅，赖特离开了加利福尼亚州去往威斯康星州。尽管经济状况十分窘迫，他还是在一次访谈中明确表示希望扩大自己在芝加哥、好莱坞和东京的事务所，还提到自己正致力于两个"耗资数百万"的大项目。

建筑与表现主义

马克斯·佩希斯泰因和凯撒·克莱恩在1918年创立了

十一月学社。该组织在政治主张上与德国左派保持一致，并参与了第一次世界大战后的各种运动。十一月学社会员的宣言于1919年春季发布，他们希望建立一个以自由、平等和博爱为原则的年轻、自由的德国。该组织推动了德国公共建筑的建设，促进了历史遗迹的保护，并主张拆除华而不实、毫无艺术性的建筑。直到1933年被纳粹分子解散之前，该组织一直处于活跃状态，其成员包括格奥尔格·塔佩特、康拉德·菲利克斯穆勒、奥托·迪克斯、乔治·格罗茨、路德维希·梅德纳、海因里希·里希特-贝尔林、莱昂内尔·费宁格、瓦西里·康定斯基、保罗·克利，以及建筑师奥托·巴特宁、沃尔特·格罗皮乌斯、雨果·哈林、路德维希·希尔伯斯默、汉斯·卢克哈特、瓦西里·卢克哈特、埃里希·门德尔松、路德维希·密斯·凡·德·罗、布鲁诺·陶特和马克斯·陶特。在布鲁诺·陶特的推进下，艺术工作者协会也在第一次世界大战后成立。我们曾经多次提到陶特，这位不知疲倦的人物设计了1914年德意志制造联盟科隆博览会上的玻璃展馆。他吸引了众多最具才华的德国建筑师，如格罗皮乌斯、密斯、巴特宁、门德尔松，以及评论家贝内和大批的画家、雕塑家。他通过这个协会推广富有表现力的、透明的和乌托邦式的建筑理念。他的理念是在漫长的战争期间构想出来的，他在1919年出版的《城市之冠》和《阿尔卑斯建筑》中进行了详述。

1919年2月，格罗皮乌斯成为艺术工作者协会的领导人，提出了一个政治上较为温和的方案，以淡化思想意识形态上的承诺。1919年4月，格罗皮乌斯被任命为包豪斯学校的校长，贝内接手了协会的领导权。艺术工作者协会为默默无闻的建筑师们组织了一次“无名建筑师展”。陶特写道：“今天，几乎没有任何需要建造的建筑……我们只能自觉地成为凭空想象的建筑师。”展会上展出了大量宏伟作品的设计草图，还有一些建筑师的作品在随后的几年中得以实现，如布鲁诺·陶特、瓦西里·卢克哈特、温泽尔·哈布利克、杰菲姆·格里舍夫、保罗·戈什的作品。还有两名年轻的建筑师汉斯·夏隆和埃里希·门德尔松也凭借着优秀的项目在柏林脱颖而出。此外，赫尔曼·芬斯特林的作品以运用无定形、有机和成长的形式为特色，与其他项目中较为普遍的晶体造型，或者无论何时都更可控的几何形式大相径庭。

1919年，布鲁诺·陶特与十二个朋友共同发起了连锁信活动，也就是著名的“玻璃链”。这个活动主要关注艺术和建筑的问题，十二个参与者中的每一位都使用了笔名。自然，陶特以“玻璃”自称，而稳重的格罗皮乌斯使用“测量”作为笔名。1920年，艺术工作者协会组织了“新建筑”展览，标志着“真正的”建筑领域开始出现了一些动向。尽管各项活动都取得了成功，协会的经济状况却日渐捉襟见肘，最终在1921年解散。1920年到1922年，布鲁诺·陶特创办了期刊《黎明》，在其中阐述了表现主义的建筑原理。

在这一时期，只有极少的建筑作品被认为是表现主义建筑。毫无疑问，珀尔茨希的大歌剧院就是其中之一。这个拥有5000个座位的剧院于1919年在柏林建成，其内部的造型犹如一个巨大的钟乳石石窟。稍后，我们还会具体讨论门德尔松的两个作品：1919—1921年在波茨坦建造的爱因斯坦塔和1921—1923年建造的斯坦伯格制帽厂。1921年在柏林建成的斯卡拉舞厅与啤酒馆，是建筑师沃尔特·维茨巴赫和雕塑家鲁道夫·贝灵合作的成果。新生的电影业为一些建筑师带来了机会，尤其是20世纪30年代之前活跃于柏林的电影人，表现出对能够引起人们情感共鸣的城市场景的高度偏爱（例如，弗里茨·朗的《大都会》完成于1927年；1919年，罗伯特·赫尔特、沃尔特·罗里格和赫尔曼·沃姆正在制作《卡里加里博士的小屋》；1920年，珀尔茨希为他的电影《泥人哥连》打造了岩石林立的贫民区）。

随着《黎明》的停刊和陶特对公共住宅产生的新兴趣，以及包豪斯学派的新文化运动，表现主义建筑在1922—1923年陷入了危机。在格罗皮乌斯的领导下，包豪斯学校放弃了伊顿的表现主义，转而支持拉兹洛·莫霍利-纳吉的构成主义。这在法国和意大利就是所谓的“回归秩序”，也是德国、荷兰和苏联的新客观派的胜利。包括密斯在内的一些建筑师逐渐远离被认为过于浪漫和不够严谨的诗意。然而，诸如哈林、夏隆和门德尔松等才华出众的建筑师，仍然出现在这场关于建筑的激辩中，并创作出了远离纯粹主义、客观主义和构成主义规则的杰作，如加考农庄（哈林，1923—1926）、施明克住宅（夏隆，1930—1933）和绍肯百货商店（门德尔松，1926—1928）。

奥托·迪克斯，《记者西尔维娅·冯·哈登的肖像》，1926

有序与无序

在德国，达达主义运动始于1917年，当时胡森贝克从瑞士来到了柏林。他在那里找到了弗朗茨·荣格和劳尔·豪斯曼，并成为关注艺术和社会问题的刊物《自由街》的负责人。很快，约翰内斯·巴德尔便加入了这个团体成为合作者，这位以怪异的行为著称的建筑师以奥波尔达达为笔名从事评论工作。最后，乔治·格罗茨也加入了这一团体。1919年，汉斯·里希特搬到了柏林，这位艺术家和干练的电影人在过去曾是一位表现主义者，也是杂志《G：基础建筑材料》未来的掌门人。

达达艺术的工具包括抽象拼贴画和蒙太奇照片（后者似乎是乔治·格罗茨和约翰·哈特菲尔德在1916年发明的）。蒙太奇照片将日常生活的片段呈现在画框中，它通过摄影技术，以现实主义的叙述和纯粹的事实展现当前的事件。它汇聚了多种视角，实现了立体主义和未来主义的多重追求。它借用了现实生活中图像的快速连续性，在艺术作品中将其重现，从而令人信服地表现了都市生活。它意味着一种直接的形式，涉及传播和交流，此后被广告界广泛使用。另外，在20世纪20年代之后，与建筑外立面规模相当的照明广告牌成为都市景观的重要组成部分。

而那些被吸引到柏林周围的达达主义者，却利用时事和蒙太奇照片卖弄起反艺术主题。库尔特·施维特斯是一个天生的浪子，虽然居住在汉诺威，但称得上是最纯正的达达主义艺术家。他从大街上收集各种各样的材料——麻绳、纸板、传单、电线、装饰物，然后将它们组合起来创作成他的作品。

Wikimedia / Most Curious

格奥尔格·穆奇，号角屋，魏玛，1923

《梅兹堡》无疑是他最重要作品：这是他在工作室内创造的一个建筑雕塑。《梅兹堡》是一个正在进行中的真正的作品，一种创造了空间并赋予其祖先的价值观的图腾。1925年，里希特在参观了施维特斯的工作室后说道："整件作品是中空的空间聚合体，一种凹凸形式的结构，仿佛一个被挖空后膨胀而成的整体雕塑。"无数的洞孔让里希特感到震惊，每一个空洞都以心爱之人的名字命名：包括他的妻子和儿子，还有阿尔普、加博、凡·杜斯堡、利西茨基和马列维奇，以及密斯和里希特本人。每个空洞内还包含着个人的细节，如属于他的画作或者物品。其中一些物品令人震惊，比如一缕头发、一个牙桥或者一瓶尿液。1928年，当里希特第二次参观工作室时，发现《梅兹堡》的外观已经改变。空洞已经被填满，逐渐呈现出曲线的造型，直角越来越少。原来的记忆现在只能保存在内心深处，就像潜意识中一些无法触及的部分。

从拼贴画到诗歌，从原始奏鸣曲到表演，施维特斯几乎实践了所有的艺术形式。他还经营着一份刊物《梅尔茨》（*Merz*），这个名称是从"commerzbank"（商业银行）一词中借用的一个毫无意义的字母组合。他的外表和习惯都很古怪，却拥有高度自律的大脑，对日常的事情也非常着迷，这使他能够提前几十年就预测到对劣质和剩余材料进行美学再利用的主题。他还是一位不知疲倦的达达艺术的倡导者。1922年，他与凡·杜斯堡、豪斯曼、阿尔普和扎腊一起周游德国，宣传和推广达达艺术。他还与凡·杜斯堡一起在荷兰继续这项事业。

马克斯·恩斯特作品中幻觉般的清醒感显得怪异而富有诗意。他按照自己潜意识中的暗示去绘画，创造了梦幻般的拼贴画，这是受到了契里柯形而上画派的影响。1921年移居巴黎后，他加入了达达艺术家的行列。法国的浪漫之都巴黎总是向各种实验运动敞开怀抱。这些艺术家组织了一个声势浩大的团体支持扎腊（1919年从苏黎世来到巴黎）。他们包括安德烈·布勒东、保罗·埃鲁亚德、路易斯·阿拉贡、菲利普·苏帕特、让·克罗迪、毕卡比亚和本杰明·佩雷。这个组织发起了无数的倡议和活动，其中一些甚至以拳脚相加收场。此时，扎腊和布勒东之间的较量刚刚开始，后者阴暗和善妒的天性加剧了纷争。布勒东渴望领导权，也不相信虚无的达达主义能够长期存在，他声称这场运动应该面向更具建设性的艺术研究。正如他后来所说，“系统化”“混乱”作为精神分析的工具也可应用于这一目的，有助于原本混乱的无意识驱动的合理化。

两人的冲突于1922年一次国际会议上成员们在确定指导方针和捍卫现代精神时到达高潮。在当时出席会议的人中，有正在致力于研究力学定律对艺术的影响的莱热——他在1923年发表了名为《机器美学》的论文，还有纯粹主义者奥占芳。布勒东对媒体说，扎腊只是一个寻求公众关注的骗子而已。在接下来的晚间活动上，两派相互指责，甚至大打出手。由此引起的冲突使这项运动最终走向分裂。

除了遭受超现实主义的诞生带来的沉重打击之外，在布勒东的领导下，走向终结也是达达主义不可避免的命运，因为该运动在渴望理性化和新规则的时代鼓吹艺术在生活中的矛盾和消融。正如我们所看到的，这一事件也为表现主义带来了危机，标志着先锋派运动的转折点和反思。这一时期正是毕加索创作经典作品的时刻，也是瓦罗里·普拉西奇和新世纪派创作新学术作品的时刻。最终，德国迎来了新客观派。

事实上，“新客观派”一词是古斯塔夫·哈特劳布在1925年6月策划的展览上正式提出的。该运动由两个分支组成，其中一个是真实主义派，主要活跃于柏林和德累斯顿的周边地区；另一个是以慕尼黑为中心的古典主义派。它们在四个方面有着联系：绘画的描述性和分析性特征；对模型固定性的偏好；神秘莫测的维度；对图像的冷处理和金属化处理。

新客观派思想将迎来巨大的机遇，不仅被画家使用，也被建筑师、评论家和文化人所使用。建筑师用其表示对形式主义的放弃，以及对精确和功能主义原则近乎机械的坚守。

包豪斯：第一幕

1919年4月，格罗皮乌斯被任命为公立包豪斯学校的校长。该校与凡·德·费尔德领导的工业艺术学校合并，并与美术学院一起组成了独立的教学机构。

包豪斯学校的办学宗旨与德意志制造联盟的文化是一致的，格罗皮乌斯也是后者的领导人物之一。这一宗旨就是：培养可以建造未来住宅的艺术家和工匠。这与前面提到的艺术工作者协会的目的也是一致的。因此，学校对技术持开放态度，同时也没有忘记社会目标。在这个社会中，人们首先在制造过程中发现自己的目标，然后才在使用他所生产的东西之后去发现。这所新学校以鲜明的表现主义倾向为特色，莱昂内尔·费宁格充满渴望和阳光的画作《玻璃大教堂》很好地体现了这一点，格罗皮乌斯将这幅画作为包豪斯学校宣言的封面。在他选择的前三位教学大师中，除了费宁格之外，还有画家约翰内斯·伊顿和雕塑家格哈德·马尔克斯。1920年，格罗皮乌斯拜访了格奥尔格·穆奇、保罗·克利和奥斯卡·施莱默，随后又在1921年拜访了洛萨·施雷尔，在1922年拜访了瓦西里·康定斯基。

包豪斯最具代表性的人物是约翰内斯·伊顿，他极具个人魅力，是忠实的马兹达兹南教信徒。这个教派遵从神秘的哲学戒律，具有神性特征，在当时的德国相当有影响力。伊顿的着装具有东方风格，喜欢吃特别的食物，每次上课之前都要完成冥想和呼吸练习。他的教学是在直觉和反思两个阶段之间交替进行的。在第一个阶段，他激发学生们辨别事物的艺术意义和逻辑。例如，用日常生活中的剩菜、碎片和物品进行创作。在第二阶段，他坚持从圆形、正方形和三角形的基本几何形式，以及形式理论和颜色研究出发，进行对比度的研究（粗糙—光滑、明—暗、尖—钝、高—低等）。他编制了一套为期六个月的入门课程，无论后续学习是否在学校的手工作坊中进行，所有的学生都要参加。该课程为学生们提供了一种普遍的方法，包括形式和颜色科学的介绍。

格尔图鲁德·格鲁诺的音乐和谐理论课程强化了教学效果。正如一位亲历者所写：“我们闭上双眼，暂时停止了专注，然后想象手中放着一个精确的彩色球体，并用手去触摸它，感受它在旋转。然后，我们又被要求专注于钢琴上演奏的一种特殊声音。很快，几乎所有的人都动了起来，只是各自的方式不同。如果我们要寻找新的形式，它们一定会在我们的全部体验中重生，也只能从自然感受和精神中诞生。这就是从非理性到渐进理性的途径。”

虽然所有的艺术学校都在追求一种理想的建筑系统，但是包豪斯学校直至1927年才开设建筑方面的课程。在此之前，只有一些初步的举措，如格罗皮乌斯的合伙人阿道夫·迈耶在1920年5月创立了建筑系，但也只是昙花一现。1920年，企业家索默菲尔德委托格罗皮乌斯建造一个木制的独户住宅，他与学校的学生们一起设计了这个建筑。乔斯特·施密特设计了楼梯栏杆；马塞尔·布鲁尔设计了一些家具；约瑟夫·艾尔伯斯负责窗户的设计，最终的结果勉强达到了客户的要求。索默菲尔德的住宅令人想起草原式住宅，尽管它充满了表现主义的特征，但整体上被贝伦斯作品中对古典秩序的渴望所抑制。此外，这所学校虽然会聚了两个人的精神和灵魂，但人们很难在他们之间找到一个调和点，正如施莱默在1929年指出的那样：“不是印度神话占了上风，就是美国精神占据了优势。”正是在1921年，第一股清风开始吹起：重新确定工艺的平面尺度，产生现代工业意识，批评伊顿教学的神秘方面，避免浪漫倾向。正如我们谈到新客观派及其运动时所提到的，在第一次世界大战后，追求更为严格的数字和计算的时机已经成熟。这场冲突由凡·杜斯堡引发，他在1920年12月访问包豪斯之后，决定在次年搬到魏玛，也许是希望在学校得到一个教学职位。他先是与伊顿发生了冲突，后来又不可避免地与格罗皮乌斯产生了矛盾，因为后者试图阻止他对学校进行傲慢甚至专横的干涉。这也导致了对立的产生。在他的工作室里，风格主义课程被分为理论性和实践性两个部分，这吸引了大约15名学生，足以使包豪斯学校分为两派，甚至遭受重创。

格罗皮乌斯指责凡·杜斯堡破坏了学校的完整性。然而，事实证明对立是有益的。包豪斯学校逐渐采取了一种更客观、更符合时代精神的教学方法，这也使得个别教学大师的研究发生了根本性变化。例如，布鲁尔的风格发生了翻天覆地的变化，他设计了华丽的椅子，如果没有新造型主义，这是无法想象的。这些人中还包括康定斯基。

包豪斯学校的发展在1922年出现了转折，格罗皮乌斯认识到向工业界进军的必要性，放弃一次性产品设计理念的时代已经到来。他创办了一家公司，开发包豪斯的专利和产品，使学校也可以从专业活动中获得商业委托。当他委托学校为他和阿道夫·迈耶正在翻建和扩建的耶拿市政剧院设计座椅时，伊顿提出了抗议，并于1923年4月递交了辞呈。格罗皮乌斯随后邀请28岁的构成主义者拉兹洛·莫霍利-纳吉接替了他的位置。包豪斯学校在当年8—9月首次举办了大型展览，市政府也希望借此检验学校的办学成果。那些年正值德国遭遇严重的经济危机和通货膨胀的时期，格罗皮乌斯只用了几个月就开发出了一种被称为Am Horn的房屋原型，它的设计以格奥尔格·穆奇的想法为基础，是内部成员竞争后的结果。这是一种简单的住宅，但是基于中心空间的布局显得有些死板，表明当时研究的方向不再趋向于表现主义，而是走向了理性主义。评论家阿道夫·贝内敏锐地指出："我认为，展览很糟糕，因为它发生在包豪斯正在变革的时期。也就是说，与技术和标准化相关的新观点开始出现，尽管还没有形成一致性。Am Horn住宅面临着这些难题。"展览的庆祝活动还包括施莱默的三人芭蕾舞表演，其演出服装让人想起了机械木偶，表现了一种应用于舞蹈艺术的构成主义。最终，这次展览成了一场当代艺术作品展，展示了格罗皮乌斯、柯布西耶、罗伯特·马莱-史蒂文斯、弗兰克·劳埃德·赖特、雅各布斯·约翰·奥德、威廉·杜多克、詹斯·威尔斯、布鲁诺·陶特、汉斯·夏隆、阿道夫·拉丁、埃里希·门德尔松、欧文·古特金德和雨果·哈林的作品。两年后，格罗皮乌斯策划了《国际建筑》一书，出版该书的慕尼黑和柏林包豪斯出版社是格罗皮乌斯在1923年创办的（其社标由拉兹洛·莫霍利-纳吉设计），出版社的目标是传播新的艺术思想。

从1923年10月起，拉兹洛·莫霍利-纳吉承担了教授包豪斯预备课程的职责，并将课程延长为一年，课程直接涉及克利和康定斯基在形式理论方面的教学。课程要求学生们使用不同的材料完成构成主义雕塑。莫霍利-纳吉身穿红色工作服授课，而不是伊顿设计的东方式衬衫。这对于学生来说无异于一个明确的信息：包豪斯的新课程诞生了。

巴比伦塔：两座摩天大楼的两场竞赛

1921年年底，柏林举办了一次设计竞赛，在施普雷河与弗里德里希大街的中央车站之间设计一座高达20层的摩天大

路德维希·密斯·凡·德·罗，一座摩天大厦的设计图纸，柏林，1921

厦。竞赛吸引了144名参赛者，其中包括汉斯·珀尔茨希、雨果·哈林、密斯和夏隆。珀尔茨希的方案精致而简洁，大厦的主体在三角形底座的中央拔地而起。在研究了相似的方案之后，哈林决定设计一个V形平面结构，在一侧呈现出凸面的造型和透明性，在另一侧呈现出凹面的造型和封闭性。但二人在处理摩天大厦的高度时都遇到了困难。

与此相反的是，密斯没有放弃以服务为核心的宗旨和严格的对称布局，打破了三角形的表面布局，设法将其细化为向上伸展的条带状。也许是为了向舍尔巴特或者参与玻璃链的朋友表达敬意，他还选择了玻璃立面，产生了缥缈、明亮的效果。在随后的版本中，密斯又探索了更为自由的布局方案，并运用了曲线造型。他在《黎明》杂志的评论中发表了对这两个项目的看法："乍一看，方案的曲线轮廓似乎有些随意。但这些曲线是由三个因素决定的：充足的室内照明、从街上看到的建筑体量，最后是反射的作用。"

在这个玻璃摩天大楼项目之后，密斯的混凝土办公大楼（1922—1923）和砖砌别墅（1923）项目显然受到了风格主义的影响。这三个项目可以看作是对多种具有不同功能的材料表现特征所做的尝试，并将其作为逻辑形式策略的统一定义运用到后续的项目中。

还有一个值得关注的参赛作品来自夏隆。他设计了带有一个封闭凹面入口区域的巨大裙楼，通过一个超大型的三角形入口巧妙地将裙楼一分为二。裙楼支撑着两个大楼，其中一座是高耸入云的大厦。

非凡的高度和光影的诗意——虽然这两个主题有一些差异，但这将成为密斯和夏隆设计的项目所具有的特征，也给整个20世纪20年代的德国建筑师带来了挑战。门德尔松可能比其他人更能吸取他人的经验，通过建筑角落的玻璃元素、标识牌和大型广告牌发出的光芒，有效利用了人工照明技术，并将其作为一种建筑材料来运用。

另一个取得了惊人成功的设计竞赛是为《芝加哥论坛报》的新总部大楼举办的。该项目位于美国密歇根大道以北的重要地段，这里是摩天大楼的诞生地——芝加哥市中心的北部。竞赛于1922年正式发布并进行了广泛的宣传，吸引了263个设计团队参展。竞赛的目标是实现"世界上最美丽、最重要的建筑"。这座大厦的高度超过了120米，远远高于前面提到的20层的柏林大厦。从《建筑世界》杂志得到消息后，大批在第一次世界大战后几乎失业的德国建筑师参加了竞赛。一些意大利建筑师也参与其中，包括在意大利建筑界声名鹊起的41岁的建筑师马塞洛·皮亚森蒂尼。

最终，美国建筑师雷蒙德·胡德和约翰·米德·霍威尔斯赢得了竞赛。这可能是因为他们正确运用了新哥特风格，创造了辉煌的顶部结构；也许是因为他们正确理解了客户的风格偏好；又或许，他们的人脉和家庭关系注定了他们的成功。

芬兰建筑师埃里尔·沙里宁获得了竞赛的第二名。他曾于1910—1919年创作了赫尔辛基火车站，这是一个新浪漫主义作品，其明显的形式特征令人联想到贝尔拉格的佳作。与赢得项目的作品相比，沙里宁设计的大厦更高、更具独特性，深受路易斯·沙利文的喜爱。沙利文甚至在公开场合为其打抱不平。

我们很容易就能发现，在《芝加哥论坛报》新总部大楼设计竞赛的项目中，在如此实际却又不同寻常的主题上，欧洲和美国建筑师的研究有着明显的差别，我们可以将其分为三个不同组别。

第一组是新哥特类型，大多数研究都属于这一类。他们将建筑高度的发展同最注重垂直性处理的风格调和在一起。可以用路易斯·沙利文对项目获胜者的看法作为对这一组的总结："他们在以过时的和即将消亡的思想工作。"

雷蒙德·胡德和约翰·米德·霍威尔斯，
《芝加哥论坛报》大楼，1922—1925

第二组是学术类型，包括皮亚森蒂尼设计的折中主义建筑，以及萨韦里奥·迪奥瓜迪的假凯旋门。还有很多作品令人想起乔托的钟楼，或者被拉长和变形的文艺复兴时期的原型。至少还有三位设计者提出了方尖碑的主题，其中之一就是处于形象危机之中的阿道夫·路斯。

第三组是以现代项目为代表的类型，最引人注目的是由杜克和比约沃特设计的作品。为了强调建筑的垂直特征，他们毫不犹豫地对大厦的底座部分进行了分段处理。对于两位建筑师来说，这是一个美好前景的开始，他们通过共同或者独立的工作，创造了一些20世纪20年代和30年代的成功作品。现代类型的方案还有马克斯·陶特设计的庄严肃穆的摩天大楼和布鲁诺·陶特的表现主义尖塔。格罗皮乌斯和迈耶的项目，正如建筑上那些悄然探入角落的突出石板所表达的那样，停留在基于平面和体积的构成方法之上，停留在表现主义的促进因素、赖特的语言暗示、一个更为精简和基本的理性主义的愿望之上。克努德·隆伯格-霍尔姆则展示了一个色彩丰富的有趣的建筑，引起了评论家贝内的兴趣。贝内随后在1926年出版的《现代功能建筑》一书中将其作为丹麦建筑师的现代建筑案例来介绍。来自那不勒斯的阿图罗·特里科米设计了极其简单的棱柱体结构建筑，与那些赢得更多赞赏和认可的同胞相比，他的作品其实更加有趣。

《ABC建筑文集》与构成主义

1921年秋，埃尔·利西茨基接受俄国负责文化和教育的人民教育委员阿纳托利·鲁纳查斯基委派，前往柏林传播俄罗斯的艺术和建筑，在欧洲宣传革命的理想。

31岁的埃尔·利西茨基曾在达姆施塔特理工学院学习建筑学，并于1911年去过法国和意大利，对欧洲的艺术十分熟悉。他是马列维奇的学生，也是《普鲁恩》的作者，该作品试图调和第四维度、构成主义和至上主义。他活跃于出版界，并与新建筑师协会的建筑师接触，与福库特马斯也有联系。

在柏林，他结识了众多艺术家，其中包括达达主义者汉斯·里希特，并在1923年与他共同创办了杂志《G：基础建筑材料》。还有荷兰的功能主义者马特·斯塔姆，他与一群在1924年创办了期刊《ABC建筑文集》的年轻瑞士建筑师建立了联系，并深受俄国构成主义者的影响。

1922年5月，第一届国际进步艺术家大会在杜塞尔多夫举行，这次会议促进了先锋派艺术在欧洲的复兴。参会者包括十一月学社、达姆施塔特的分离派、青年莱茵组织和风格派的成员。埃尔·利西茨基获得了大家的一致赞扬，许多欧洲先锋派艺术家都表示赞同布尔什维克革命。更重要的是，构成主义在俄国的实践类似于一种基于结构真实原则的实践，并以很多欧洲的先锋派运动为基础。

最终，在凡·杜斯堡、汉斯·里希特、维京·埃格琳和弗里茨·鲍曼的支持下，构成主义的国际派诞生。大会还催生了一个实验性的期刊网络：包括埃尔·利西茨基在柏林主编的三语期刊《物体》（德文*Gegenstand*，俄文*Veshch*，法文*Object*）、凡·杜斯堡的《风格派》、布拉格杂志《建筑》（卡雷尔·泰奇主编）和*Disk*，以及波兰杂志《街区》与《普雷森斯》（普雷森斯是波兰华沙的先锋艺术团体，主要活跃在1926—1929年）。在随后的几年里，这个网络逐渐扩大：1923年，埃尔·利西茨基与美国的《金雀花》和施维特斯主办的德语杂志《梅尔茨》建立了联系。1924年，《ABC建筑文集》发布了一系列友情刊物的名单。

1922年10月，利西茨基在柏林组织了首次俄国艺术展。然而，他在1923年被迫中断了各种活动，来到洛迦诺治疗肺

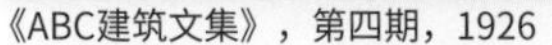
《ABC建筑文集》，第四期，1926

Wikimedia/F. Eveleens

林德特·范·德·弗吕格特和约翰内斯·布林克曼，范·内尔工厂，鹿特丹，1926—1930

结核。他利用这次机会与当时正在苏黎世工作的马特·斯塔姆会面。

斯塔姆是沃纳·莫泽尔和汉斯·施密特的朋友。他们在鹿特丹相识。当时，在沃纳·莫泽尔的父亲卡尔·莫泽尔的建议下，沃纳和汉斯来到鹿特丹开阔自己的文化视野。斯塔姆的父亲是苏黎世联邦理工学院的教授，也是瑞士建筑革新运动中的重要人物（他于1928年被选为CIAM的主席）。斯塔姆为莫泽尔工作，通过汉斯·施密特结识了巴塞尔的其他年轻建筑师，他们都对瑞士的学术氛围十分不满。

在埃尔·利西茨基的建议下，由保罗·阿尔塔里亚、汉内斯·迈耶、汉斯·维特沃尔和埃米尔·罗斯组成的团体决定以俄国的构成主义为启迪创办一份名为《ABC建筑文集》的刊物。刊物首期于1924年春季发行。这份刊物中展现了两种不同的文化：活力四射的俄国文化，以及体现加尔文主义的严谨的荷兰文化。这主要有两个原因：首先，埃尔·利西茨基是新建筑师协会的成员，刊物受到了该协会的形式主义的影响，趋向于亮度和透明度的提升，以及体量、空间、沟通流程和技术进步之间的不稳定的平衡；其次，斯塔姆是极端的功能主义者，疯狂崇拜奥德、杜克和比约沃特的作品。该杂志致力于规划方案、消除装饰，追求最低的成本和最佳的结果。

这两种文化可能看似对立，实际上却是相辅相成的。构成主义的方法使荷兰功能主义的完美组织更具活力。反之亦然，后者严谨合理的计划确保了形式丰富的各个部分具有具体性和可信性，否则这是很难实现的。斯塔姆、施密特、阿尔塔里亚、维特沃尔和迈耶（1928—1930年取代了格罗皮乌斯，成为包豪斯学校的第二任校长）创造了一些20世纪20年代最有趣味的建筑，其中包括斯塔姆在魏森霍夫住宅博览会上的住宅设计（1927）；鹿特丹的范·内尔工厂，其中至少有一部分是斯塔姆于1926—1930年在布林克曼和范·德·弗吕格特的事务所中设计的；汉内斯·迈耶和汉斯·维特沃尔为巴塞尔的彼得学校设计的项目（1926）；1927年的日内瓦国际联盟大楼；建于1928—1930年的位

卡雷尔·泰奇（1900—1951）

于伯诺的工会学校。这些作品都表现出一种梦幻般的功能主义，没有被各种标准和结构压制，而是向精神胜于物质的未来敞开怀抱。这一理论是由土生土长的布拉格人卡雷尔·泰奇创立的，他是一个构成主义者和《建筑》杂志的负责人，也是斯塔姆、迈耶和利西茨基的好友。

诗情主义与构成主义：泰奇

卡雷尔·泰奇是一个艺术评论家、记者、艺术家、印刷专家和政治激进分子。他还是布拉格山菊花社团的领导人。离开布拉格后，他先后来到巴黎、维也纳、魏玛、米兰和莫斯科，并在这些地方遇到了立体主义、未来主义、新造型主义和构成主义的倡导者。作为一个不知疲倦的活动家，他组织了各种展览、会议和活动。与他经常引用的福楼拜一样，泰奇认为未来的艺术只能是客观而科学的。他在自己的杂志《建筑》和*ReD*上发表先锋派运动的作品。他撰写了大量的文章，主要关于日常事件、活动、历史和理论观点，以及颇具争议的宣言。它们都遵循一种严格的逻辑，沿着两条路线展开：对过去主义的解释持争议态度，以及对先锋派的表现主义和古典主义趋势进行攻击。

1922年，泰奇在巴黎停留了一个月。熟悉绘画和诗歌的他发现了建筑、摄影和电影的特殊趣味。他对建筑的热情很可能来自柯布西耶的影响，对摄影和电影的热情可能是来自曼·雷的影响。他被建筑中的严谨态度打动，尽管从工业社会引入的机械逻辑来看，这种态度是对形式开放的。他也被摄影和电影蕴藏的能量所吸引，通过照相机这样一种明显客观的工具，可以激活一种观察现实的原始方法。

正是在同一时期，他发现了构成主义。他赞赏这一运动对传统表达的渴望，赞成建立一个理性过程，以构建基于人类需求的目标，以及负载承重结构、材料和装饰所需的规则。总体看来，泰奇认为建筑过程的工业化，即机器和力量是引领当代文明和人类文明的向导。

因此，当他在1923年从《建筑》杂志中得到了方向指引后，便走向了纯粹主义者和构成主义者的立场。同年8月，他开始与格罗皮乌斯接触。正是在这几个月期间，包豪斯学校抛弃了已于4月辞职的伊顿所倡导的表现主义方向，开始向更为开放的构成主义迈进。正如我们所知，由于贡献巨大，拉兹洛·莫霍利-纳吉于当年10月开始负责包豪斯学校所有的预备课程。格罗皮乌斯与泰奇的相处也并非易事：前者细腻谨慎，是一个天生的调和者；后者却充满激情，沉浸于宗派主义的意识形态之中。

如何调和美学研究与科学的客观性？如何避免将建筑简化为对功能标准的追求？如何在艺术的自治性与超艺术事件，尤其是政治事件的非自治性之间进行调节？泰奇试图回答这些问题，于是在1923年发明了“诗情主义”（poetism）这一术语。他对这一主题进行了大量的反思，并于1924年7月在*Host3*杂志上发表了题为“诗情主义”的宣言。用布拉格学派的形式主义者所珍视的专业术语来说，诗情主义是一种功能，是看待事物的方法。作为一种态度，享受生活的艺术并没有替代工具的手段，而是终结了工具的使用。工具设备根植于现代科学与技术的结构，让我们在现实生活中发现感官的无限可能，以及自然的潜在理性。

泰奇认为，诗情主义与构成主义并不对立，而是对构成主义的必要完善。在泰奇的美学中，不难发现俄国形式主义和布拉格学派的影子，尤其是什克洛夫斯基和穆卡科夫斯基的作品中反复出现的主题。什克洛夫斯基带来了一种新的感受，一种重振时空分类的艺术能力，从而揭示了不同光线之下的物体的状态。而穆卡科夫斯基则坚持美学的功能概念：艺术并不像某些神秘主义或浪漫主义传统所宣称的那样，需要借助于科学外的工具，而是从原始的角度——换句话说，是以一种无偏见的沉思角度来看待世界上独一无二的现实的。两位思想家都坚持意料之外的事物，还有新事物在艺术产生过程中的中断。它不同于学习艺术。学习艺术会强化我们先入为主的观念，因为它接受了一套已经被习得和传承的规则体系，而当代作品则产生了曾经被忽视的关系，并将有待发现的世界具体化。它说的是一种对面向可能的宇宙的渴望，伴随着一种迹象的出现而展开，通过这个迹象，物体将自己呈现为现实的显现、解放的预言。

泰奇在固有的形式主义方面过于精练，在揭示真相的渴望中走上了反古典主义道路。由于新世界的艺术，他不禁开始怀疑柯布西耶的纯粹主义。于是，分裂的迹象在1923—1924年的冬季出现。当时，《建筑》杂志开始刊登批评《走向新建筑》一书的文章。1925年，泰奇在《构成主义与艺术的清算》和《俄国的构成主义与新建筑》两篇文章中坚持倡导构成主义。1927年，在柯布西耶参与设计的国际联盟万国宫竞赛项目中，泰奇更为支持汉内斯·迈耶的设计。最有可能导致分裂的事情是1928年柯布西耶前往布拉格讲授“建筑应该是什么”的课程。1929年，泰奇毫不犹豫公开地对柯布西耶展开攻击，这与他参与世界城的设计竞赛有关。

他认为，在纯粹主义机械的严格性背后，隐藏着对古典或学术的怀旧。它渴望与过去对话，而不是面向未来。它需要识别已知的事物，而不是未知的世界。

相反，他越来越关注马特·斯塔姆、汉斯·维特沃尔、埃尔·利西茨基和汉内斯·迈耶的作品。泰奇与迈耶进行了大量的交流，迈耶在当时已经接替了格罗皮乌斯在包豪斯学校的校长职位。他试图让这位布拉格的朋友加入包豪斯，却随即在1930年被包豪斯学校解雇，这说明即便是他自己也还没有足够的时间找到真正属于自己的位置。

风格主义的教训

特奥·凡·杜斯堡总是有着旺盛的精力和好奇心，他于1922年5月出席了埃尔·利西茨基组织的杜塞尔多夫国际进步艺术家大会。通过这次活动，构成主义国际派成立。杜斯堡也是同年秋天在魏玛举行的第二次大会的发起者之一。正是在这一活动期间，构成主义者与达达主义者爆发了冲突。他没有像风格主义的支持者想象的那样支持构成主义的事业，而是选择站在达达主义一边。

同样是在1922年，凡·杜斯堡创办了评论刊物《机械师》。他以笔名I. K. 邦塞特做主编，以真名凡·杜斯堡做平面设计，刊物一共出版了四期。后来，他与施维特斯、豪斯曼、哈尔普和扎腊在德国组织了一次达达主义运动，走访

吉瑞特·里特维德，施罗德住宅，
乌得勒支，1923—1924

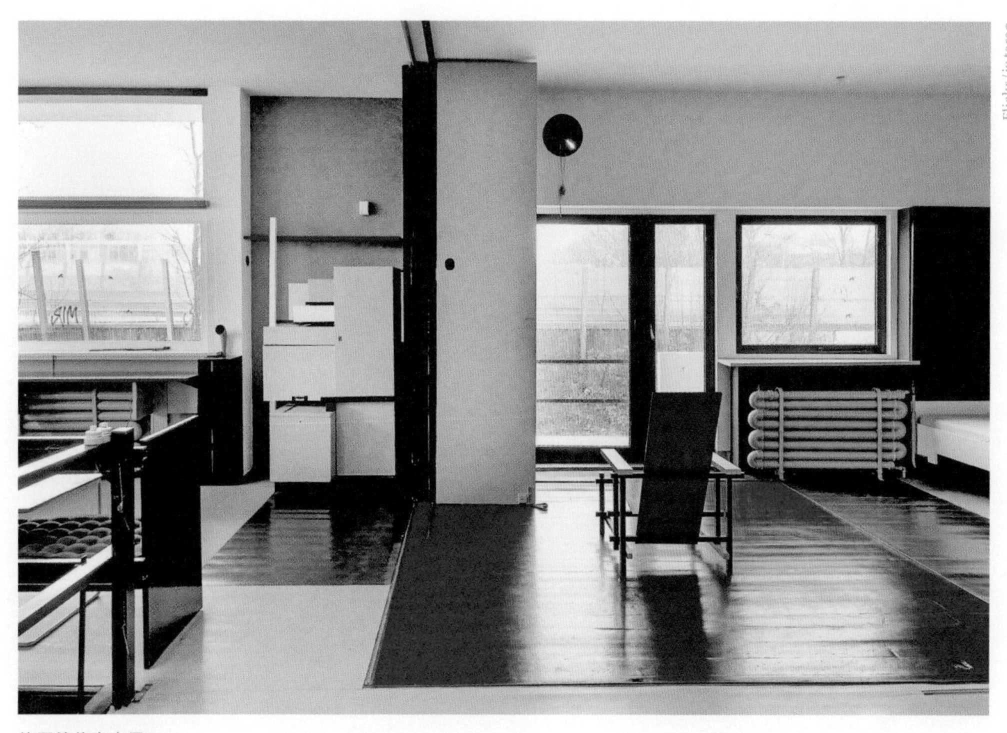

Flickr/iv toran

施罗德住宅内景

了魏玛、耶拿、德累斯顿和汉诺威等城市。之后，凡·杜斯堡夫妇和施维特斯继续在荷兰旅行。1923年，《风格派》共发行了五期，其中大部分文章署着凡·杜斯堡、I. K. 邦塞特和阿尔多·卡米尼的名字。

1923年，他撰写了一本名为《什么是达达主义？》的小册子，断言达达主义是一种看待生活的方式，是一种不断质疑自己的方式，而不是一种风格。他与杂志《G：基础建筑材料》也进行了合作，该刊物由他的好友维尔纳·格拉夫、汉斯·里希特和埃尔·利西茨基主编，资助者是密斯。

1922年，他遇到了科内利斯·范·伊斯特伦，后者在贝内的建议下前来魏玛拜会他。二人于1923年3月再次相遇。莱昂斯·罗森博格为凡·杜斯堡在巴黎举办展览提供了机会，他决定展出接近风格主义诗意的建筑师的作品。这些建筑师包括奥德、密斯、基斯勒、里特维德、胡萨尔和皮耶特·兹瓦特。他希望能够展示自己的项目，认为他可以与范·伊斯特伦一起进行这些项目，因为对方可以弥补他作为一个评论家和画家所欠缺的建筑专业技术知识。

DE STIJL

MAANDBLAD VOOR NIEUWE KUNST, WETENSCHAP EN KULTUUR. REDACTIE: THEO VAN DOESBURG. ABONNEMENT BINNENLAND F 6.-, BUITENLAND F 7.50 PER JAARGANG. ADRES VAN REDACTIE EN ADMINISTR. KLIMOPSTRAAT 18 SCHEVENINGEN (HOLLAND).

5e JAARGANG No. 3.　MAART 1922.

THEO VAN DOESBURG

„DER WILLE ZUM STIL"

(NEUGESTALTUNG VON LEBEN, KUNST UND TECHNIK) (Schluß)

In der neuen Kunstgestaltung vertiefen sich die Ausdrucksmomente, werden abstrakt und sind mit der Architektur verbunden. Dieses Ringen um einen elementaren Stil mit elementaren Mitteln, wie ich sie Ihnen kurz gezeigt habe, geht parallel mit fortschreitender Durchbildung der Technik. Aus primitivster Steinzeitmaschine (Beispiel: primitive Bohrmaschine) entwickelte sich die in Form und Funktion tadellose elektrische Maschine. (Beispiel: neuestes Modell Bohrmaschine.) Ebenso erwuchs aus primitivsten Steinzeitzeichnungen das Elementar-Kunstwerk unserer Zeit. Wo diese zwei Entwicklungsgänge (der technische und künstlerische) in unserer Zeit zusammenstoßen, ergibt sich von selbst die Eignung des Mechanischen für den neuen Stil. Das Mechanische jedoch ist unmittelbarster Ausgleich des Statischen und Dynamischen, Ausgleich zwischen Verstand und Gefühl. Wenn es richtig ist, daß Kultur im weitesten Sinne Unabhängigkeit von der Natur bedeutet, dann darf es uns nicht wundern, weshalb für das kulturelle Stilwollen die Maschine im Vordergrund steht. Die Maschine ist das Phänomen geistiger Disziplin par exellençe. Materialismus als Lebens- und Kunstauffassung hat das Handwerk als unmittelbaren seelischen Ausdruck

33

《风格派》，1922年3月第3期，第33页，特奥·凡·杜斯堡编辑、出版

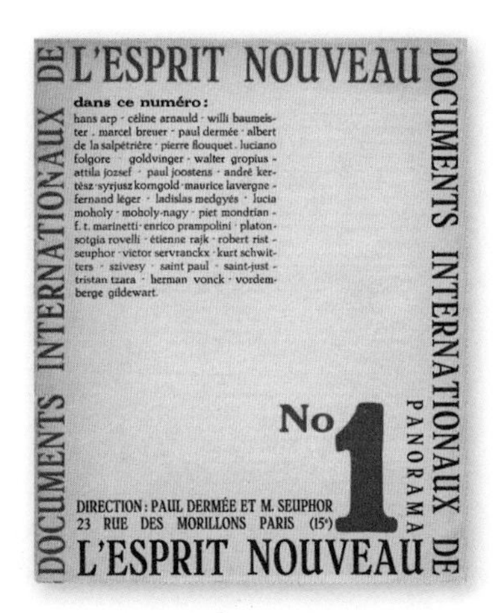

DOCUMENTS INTERNATIONAUX DE L'ESPRIT NOUVEAU

dans ce numéro:

hans arp · céline arnauld · willi baumeister . marcel breuer · paul dermée · albert de la salpétrière · pierre flouquet . luciano folgore · goldvinger · walter gropius · attila jozsef · paul joostens · andré kertész · syrjusz korngold · maurice lavergne · fernand léger · ladislas medgyès · lucia moholy · moholy-nagy · piet mondrian · f. t. marinetti · enrico prampolini · platon-sotgia rovelli · étienne rajk · robert rist · seuphor · victor servranckx · kurt schwitters · szivesy · saint paul · saint-just · tristan tzara · herman vonck · vordemberge gildewart.

No 1

PANORAMA

DIRECTION: PAUL DERMÉE ET M. SEUPHOR
23 RUE DES MORILLONS PARIS (15e)

DOCUMENTS INTERNATIONAUX DE L'ESPRIT NOUVEAU

《新精神》，1920年10月第1期。杂志早期编辑包括保罗·德米和米歇尔·索福，后来由柯布西耶和奥占芳负责，巴黎

展览于10月15日至11月15日在当代美术力量画廊举行，二人提交的三个作品分别是为莱昂斯·罗森博格设计的住宅，一个特殊人物的私家宅邸和一位艺术家的住宅项目。尽管三个作品表面上风格相近，却体现了三种概念不同的结构，这表明风格主义的信条不能被简化为一个公式。第一个作品由一系列动态的空间构成，这种空间构成在大尺度开口之间的衔接极富韵律，彰显了明暗对比的价值。第二个作品是由彩色平面自由组合而成的一种空间结构。艺术家的住宅虽然是由一些细分为彩色平面的空间体量组合而成的，它们却通过顶部元素整合在一起。综上所述，罗森博格的住宅是对空间体积的处理，私家宅邸处理的是从平面到空间的转换，艺术家的住宅处理的则是从空间到平面的反向转换。

在一部关于风格主义的专著中，乔瓦尼·法内利回顾了最有可能激发凡·杜斯堡和范·伊斯特伦的灵感的源泉：里特维德的项目，特别是GZC珠宝店；凡·杜斯堡在魏玛的作品；马列维奇和埃尔·利西茨基的《普鲁恩》；范·勒斯登的项目以及密斯设计的砖头和钢筋混凝土结构的住宅。不过，前面提到的三个作品无疑是原创的。1927年，凡·杜斯堡在一期《风格派》中为杂志十周年庆撰写了一篇文章，其中写道：“就涉及建筑的问题而言，可以讨论一下1923年前后的建筑。”这次巴黎的展览给参观者留下了难以磨灭的印象，柯布西耶、莱热、马莱-史蒂文斯和众多年轻的建筑师都参加了展览。里特维德也一定从这次展览中看到了一些迹象，并于1924年完成了位于乌得勒支市亨德里克王子大道的建筑——施罗德住宅，一个新造型主义的杰作。

从外部看，施罗德住宅的结构很像若干被分解的平面的组合。这些平面都是有效的表面，是由二维的楼板构成的，而不是让简单的颜色区域重叠在它们后面的砖石结构上（也有例外，比如，主立面的左侧拐角的问题就是通过色彩的巧妙运用解决的）。值得注意的是，拐角的窗口使整个建筑的体量呈现非物质化效果。实际上，整体结构是由水平突出的挑檐和阳台的封闭女儿墙这样的垂直面之间的非对称平衡结

勒·柯布西耶，拉·罗什-让纳雷之家，巴黎，1923—1925

构支撑的。建筑的内部空间由一系列可移动的彩色平面构成。住宅的上层空间体现了不同的用途，在白天可以形成完全开放的空间，在夜晚则可以细分为不同家庭成员的卧室。

1924年，《建筑企业》杂志诞生，它的编辑包括让·威尔斯。凡·杜斯堡经常与该刊物合作，在1924—1931年为其撰写了大约50篇文章。正如一些人所指出的，这些文章几乎构成了一部当代欧洲建筑史。

从1924年开始，凡·杜斯堡确立了16个——后来增加到17个新建筑原则：形式设想来自先验，而不是既有经验；对涉及光线、功能、体积、时间、空间和颜色等基本原理的热爱；提倡经济的手段，反对浪费；功能性；接受将功能空间转移到其中的非正规空间；拒绝纪念意义，接受亮度和透明性；克服窗户只是墙上的一个洞孔的想法；开放的布局以及室内和室外二元论的终结；具有开放性而不是封闭性，通过欧几里得几何和第四维度可能对其进行细分；时空的整合，也就是充满动感活力的空间；时空维度的可塑性；一种反重力的成分，或者对空中的和飘浮的元素的倾向性；抑制对称的重复单调性，以及确保不能通过上下左右进行区分的部分之间的平衡关系；时空的多元可塑性；建筑内部有机的色彩运用；反对装饰；所有造型艺术的融合。

走向新建筑

1919年以来，柯布西耶、奥占芳和达达主义诗人兼记者保罗·德米一直致力于期刊《新精神》的出版工作，并在1920年10月15日发行了第一期。直到1921年7月，该刊物每月都能发行一期（如同勒·柯布西耶这个名字一样，保罗·博拉德、桑格内尔、德·法耶特这些笔名最初都用来给读者留下一种印象，即该刊物拥有众多的合作者）。《新精神》在1921年11月发行了一次双月刊，在随后的几个月里又恢复正常。在1922年6月，第17期发行之后又中断发行，第18期直至1923年11月才重新出版。

该刊物极不成功，被退回很多，发行量也极少。在柯布西耶和奥占芳之间也逐渐出现了对立的迹象。1922年，柯布西耶在巴黎的市郊为他的朋友完成了一个工作室：一座带有单坡屋顶的小型建筑，螺旋形的楼梯和大型的角窗弥补了外观上的简陋，加上内部的天窗，形成了一个三面透明的理想立方体结构。

还是在1922年，柯布西耶设计了雪铁龙住宅，即一种多层的单户住宅。威廉·J. R. 柯蒂斯敏锐地指出，雪铁龙住宅体现了建筑师之前的兴趣所在：多米诺住宅；旅行中看到的涂有白色灰泥的地中海小屋；跨越大西洋的船只；路斯长期以来缺乏装饰的形式；加尼叶在其工业城市规划中描述的住宅；在世纪之交时出现在巴黎周边的工作室和咖啡馆。

雪铁龙住宅被设想为一种模块组件，配备了适合的设备，可以成为新型城市化的典型单元结构。柯布西耶在巴黎秋季艺术沙龙上提出了一个可容纳300万居民的城市的规划方案，以四个概念为基础：消除城市中心的拥挤；提高城市的密度；改善车流状况；更多的景观区域。这个城市中心拥有24栋摩天大楼、可容纳60万居民的住宅街区以及开放式和封闭式的景观花园，所有人都生活在一个花园般的城市之中。

1923年，他以《走向新建筑》为书名重新将自己的一系列文章汇集出版。这本书取得了空前的成功，并被翻译成各种语言（英语版于1927年出版）。该书探讨了许多主题：机器和工程美学；体量在光线中的作用；方案的设计；古典主义的继承，几何与比例的重要性；建筑中的道德准则；居住的机器。在最后一章，他以“建筑还是革命”为题说道：“现代的情绪状态与长期令人窒息的垃圾堆积之间极不和谐，这是对我们的一种警告。这是一个适应的问题，表明我们居住的住宅是有问题的。社会充满了对某种事物的强烈欲望，无论能否获得。问题在于：一切都取决于我们所做的努力和对这些令人担忧的问题的关注。建筑还是革命？革命是可以避免的。”

《新精神》杂志于1924年恢复出版，并发行了8期。最后一期，也就是总第28期于1925年发行。当时，另外一期已经做好发行准备，但由于同奥占芳的冲突已经无法避免，柯布西耶只好将其以另一种形式——《现代建筑年鉴》出版。对于他为《新精神》所做的工作，奥占芳仅支付了低得离谱的报酬。于是柯布西耶终生把这张支票保存在钱包里，以提醒自己所受的侮辱。

与此同时，柯布西耶为日内瓦银行家和艺术品收藏家拉乌尔·拉·罗什从艺术品经理人丹尼尔-亨利·卡恩韦勒手中得到了勃拉克、毕加索和莱热的立体主义作品。拉·罗什曾是《新精神》杂志的资助人之一。1923年，他委托柯布西耶在巴黎设计了一座住宅，住宅内带有一个展示他的绘画作品的画廊空间。柯布西耶的兄弟皮埃尔·让纳雷——拉莫音乐学院的音乐家和艺术课程主任，也决定在同一个地方安家。1925年，柯布西耶完成了这个两户家庭的住宅。住宅拥有长条形的窗户，内部设有带环形墙壁的三层高的中庭。

同年，他在佩萨克有一次不太成功的经历。勒·柯布西耶寻求应用标准化建设的方法，但是结果证明，全新的纯粹主义建筑原则更适用于现代和富裕的资产阶级新住宅，而不适合以经济、实用为基本需求的工人住房。

巴黎国际博览会

1925年，巴黎举办了国际博览会。柯布西耶为博览会设计了新精神展馆，并附上透视图，描绘了他自1922年以来对一座正在开发中的新城市的规划建议。他还提出一份针对历史悠久的巴黎市中心的规划，建议拆除老城区，为大量的公园腾出空间，细长的笛卡尔式摩天大楼便可建在这些公园里。

新精神展馆设计方案最初被主办方以缺少可用空间为借口排除在外，直到最后一刻才在博览会的外围区域建成。博览会的组织者认为这个以纯粹主义风格设计的展馆就像一个怪物，所以在其周围设置了高达6米的栅栏，以防公众看到它。最后，通过格特鲁德·斯泰因的引荐，在法国国家教育部长的干预下，人们才能一睹展馆的真容。

然而，正如我们所见，这次博览会上还有一些被视为有违常规的现代建筑作品，如康斯坦丁·梅尔尼科夫设计的苏联展馆、弗雷德里克·基斯勒的太空城市展馆，以及凯·菲斯克的丹麦展馆。尽管前两个作品被认为是外国艺术家的怪异选择，第三个作品被看作是现代古典主义的一种变体，但

巴黎国际博览会海报，巴黎，1925

扬·弗雷德里克·斯塔尔，荷兰展馆，巴黎国际博览会，巴黎，1925

Flickr/ivtoran

是柯布西耶的展馆被认为是对东道国的直接侮辱，是一种对在博览会上大获全胜的装饰艺术的公然拒绝。

装饰是一种品位，而不是一种风格，它通常体现了一些现代价值观（立体主义的几何学、未来主义的活力、表现主义的象征性），然后被贪婪的折中主义调和。于是，古埃及、非洲或巴比伦的主题图案、奢华的产品和完美精湛的工艺被不假思索地纳入装饰主题。装饰艺术是在20世纪20年代兴起的一种艺术，它让崛起的中产阶级接受了机器时代的新路线，同时也是把古典主义和考古遗迹并置的艺术。

丰富的装饰品位也影响了诸如弗兰克·劳埃德·赖特这样杰出的天才建筑师——可以参考他在加利福尼亚设计的那些住宅建筑，还有一些看似肤浅，能力却不凡的现代主义者，如设计了不少优雅建筑的巴黎建筑师罗伯特·马莱-史蒂文斯，或者装饰领域的创新者弗朗西斯·乔丹、雷内·赫布斯特和皮埃尔·查里奥。尤其是查里奥，正如我们将在玻璃屋看到的，他无疑是三位当中最具才华的。

产生这种新品位的环境是社会的全球性发展的原因。在这个社会中充斥着查尔斯顿舞和第一次世界大战末引入的爵士乐的韵律，人们阅读着弗朗西斯·斯科特·菲茨杰拉德的作品。正是这一代人，通过狂野不羁的约瑟芬·贝克发现了黑人的音乐和舞蹈，她几近全裸的舞蹈让路斯和柯布西耶为之着迷，而曼·雷则大叫着为她拍照。

服装设计师保罗·波烈早在第一次世界大战前就预见了奢华的模式和苗条的优雅人士们放纵的生活。他预言了大众对厌食女性形象的狂热追捧：当股市崩盘时，她们被称为“危机中的女士”。被称为“Coco”的加布里埃·香奈儿为她们穿上了定制礼服和露出脚踝的裙子。头戴时尚女郎帽子、脚穿红色丝袜的模特站在时尚商店的橱窗内。好莱坞男演员鲁道夫·瓦伦蒂诺是众多男性的偶像，他在1926年去世，成千上万的影迷歇斯底里，多人甚至因此自杀身亡。

1912年开始筹划的巴黎国际博览会原定于1915年举行，由于第一次世界大战的爆发才推迟到1925年，最终却沦为一场上述品位的展览，甚至走向了极端，这令很多人大为光火。共有21个国家参加了这次博览会，由阿曼多·布拉西尼设计的意大利馆无疑是最丑陋的。霍尔塔设计的那些展馆也同样令人失望，其作品沾染了空洞浮华的学院风气。约瑟夫·霍夫曼的设计一如既往地优雅，但是人们对这种超大造型的审美感到迷惑，这在当时被评论家们定义为意大利巴洛克风格的改变。

当然，也有一些作品是可以接受的，包括凯·菲斯克设计的丹麦展馆，一排排的红砖和混凝土带交替排列，形成了美妙的韵律；波兰展馆的梦幻和古怪远胜于其建筑价值；理查德·吉诺里瓷器公司的新古典主义展馆显得庄严肃穆，是由年仅34岁，年轻有为的吉奥·庞蒂设计的。博览会上还有很多小型的庙宇和陵墓型建筑。扬·弗雷德里克·斯塔尔设计的荷兰展馆令人联想到东方的宗教建筑：它是阿姆斯特丹学派最无法令人信服的作品之一，激起了凡·杜斯堡的愤怒和批判，他为风格主义遭到排斥而痛心不已。康斯坦丁·梅尔尼科夫设计的展馆表明，苏联是唯一坚决追求现代建筑的国家。

苏联馆是梅尔尼科夫在参加了一次邀请了11位建筑师的竞赛之后被选中的，他们几乎全部来自进步艺术家团体，如维斯宁兄弟、拉多夫斯基、莫伊塞·亚科夫列维奇·金兹伯格和格罗索夫。尽管梅尔尼科夫年纪尚轻，缺乏经验，其设计本身有些华而不实，但是他大胆地体现了现代风格，也不乏某种修饰，他也因此而被选中。在竞赛进行的时候，他唯一值得关注的作品就是为列宁的遗体制作的玻璃棺材。

考虑到预算和时间进度，苏联馆经过一个令人伤透脑筋的修改过程才最终建成，这导致了基于生成曲线的原始设计被显著简化。尽管如此，这些修改并没有使建筑受损。最终确定的展馆是一个棱柱结构，并带有一道斜切的楼梯。两个三角形的屋顶向相反的方向倾斜，通过倾斜与覆盖在楼梯上的面板连接在一起，楼梯旁的塔架成为一个地标建筑。出于经济原因，该建筑完全是用木头建造的，并涂上了鲜红的色彩。佩雷和马莱-史蒂文斯都对这一项目产生了极大的兴趣。柯布西耶非常庆幸与梅尔尼科夫相识，并驱车带他周游巴黎。不过显而易见，来自传统主义者的对展馆的负面批评也不绝于耳。

35岁的弗雷德里克·基斯勒在大皇宫举办了太空城市展。这位居住在维也纳的艺术家曾在1920年与路斯共事过，并在1923年开始接触风格主义。当时，凡·杜斯堡对基斯勒在柏林设计的可移动舞台背景印象极为深刻，于是便将其介绍给里克特、莫霍利-纳吉、埃尔·利西茨基和格拉夫（他回忆说，同一天晚上他们还见到了密斯，直到凌晨都一直在一起探讨建筑问题）。

太空城市是一个太空中的乌托邦项目，一个空中楼阁式的失重城市，由“张力作用”与“弯矩”的静态原理支配，同时取消了令人类居民感到窒息的城墙。然而必须说明的是，没有人知道什么是“张力作用”。实际上，当柯布西耶通过莱热认识了基斯勒之后，曾就他的城市如何实现支撑而问道：“你是想把房子挂在齐柏林飞艇上吗？”基斯勒避重就轻地回答说：“不，我设想用张力让它悬浮。”

作为一个天生的乌托邦主义者，基斯勒的一生都在不可能的极限内追求这一主题。1923年，他以“无尽剧院”的设想为开始，在1926年搬到美国后，使其进一步得到了发展。同年，该作品在国际剧院展览会上展出。剧院的模型极具创新性，相比之下，格罗皮乌斯在1927年为埃尔文·皮斯卡托设计的带有可移动场景的总体剧场就显得较为传统。接下来便是太空之家、无尽屋（1959—1960）等项目。这些项目为一种富

勒·柯布西耶，新精神展馆，巴黎国际博览会，巴黎，1925（1977年重建）

阿道夫·贝内（1885—1948）

《现代功能建筑》

有创意、完全另类的生活方式提供了可能。作为杜尚和整个美国先锋派的朋友，他还设计了佩吉·古根海姆画廊。后文将对此进行更多介绍。

最后，再来看一下柯布西耶设计的展馆。我们可以将其简单地视为一个与周围的城市景观格格不入的完整的建筑作品。实际上，这个展馆是一个住宅模块，只能在都市的环境中存在。它不是一个孤立的独户住宅，而是可以在每层插入64个、每个街区插入340个的模块——通过这种方法，我们可以将城市周边的别墅区变成林立的笛卡尔式摩天大楼。这是一种考虑到住宅密度的权宜之计。同时，我们可以看到L形的平面布局包含着一个宽敞的露台，为每户居民提供了大型的户外空间，可以俯瞰景色优美的庭院景观。虽然它是位于密集住宅大楼上层的普通公寓，却拥有典型的别墅环境。

贝内和表现主义与理性主义的综合

阿道夫·贝内是一位建筑评论家。他从1923年开始撰写引起了广泛关注的作品《现代功能建筑》，同年开始与格罗皮乌斯接触，并致力于在包豪斯学校举办国际建筑展览。贝内希望包豪斯学校的出版社能够出版这部作品，但格罗皮乌斯为了避免对自己的《国际建筑》产生不利影响，并未马上同意。格罗皮乌斯的作品于1925年出版，而贝内的书在1926年才得以出版。也许是出于一点儿炫耀的心理，贝内在给妻子的献词中加上了“写于1923年11月”的字样，以此证明他在1924—1925年一直希望这些文章能够出版。

他为何如此坚持？大概有两点原因。首先，1923年是当代建筑的转折年。除了包豪斯的展览之外，柯布西耶的《走向新建筑》也在这一年出版。1923年也是新的建筑语言成熟的一年：只需提一下构成主义和风格主义便知。其次，当时还没有任何关于新建筑的重要文献，贝内急切地希望能够先于他人获得成功（希尔伯斯默的《国际新建筑》和沃尔特·柯尔特·贝伦特的《新建筑风格的胜利》于1927年出版，布鲁诺·陶特的《欧美新建筑》则于1929年才面世）。

该书采用了对比的结构，具有沃尔夫林和齐美尔（二人都是贝内的导师）的写作风格。正是两种理想类型，即现实的两个对立方面之间的冲突使第三种解决方案产生，带来了意想不到的结果。第一种对比是功能和美学之间的对比。贝内认为，19世纪的建筑夸大了美学方面，所建的建筑日益与其功能和用途无关。为了简化功能，限制了它们的外观立面的实现，从而使其无法与任何有机体相对应。

正是贝尔拉格、瓦格纳和阿尔弗雷德·梅塞尔解放了这种过度的唯美主义，追求结构上的真实和材料的正确使用。不过，他们的贡献大多与他们所教授的内容相关，而不是他们的建筑创作。第一个提及新语言的是赖特，这位美国建筑师与刚刚提到的三位建筑师不同，他以建筑用户的设计为基础，向人们展示了如何重组方案，如何为生活创造空间，如何重获建筑的水平性和非对称性。

这为我们开启了该书第二章的内容：设计空间。最先提出它的不是建筑师，而是美国著名的工业巨头亨利·福特。福特在自己的工厂里根据人体的精确尺寸、卫生和生产线的实际问题，对空间进行了重构。贝内在书中引用了福特自传中的大量段落。正如前文所述，亨利·福特的自传是1923年在德国出版的，获得了巨大的成功。

在欧洲，与福特做着同样事情的德国的彼得·贝伦斯却是一位建筑师。更重要的是，贝伦斯具有古典主义精神和程式化倾向，不像美国人那样寻求纯粹的功能目标。此外，随着时间的推移，贝伦斯的设计逐渐失去了其最初作品中的新意和原创性，趋向于一种过时的球体、锥体和柱体美学。格罗皮乌斯以法古斯厂房和科隆的德意志制造联盟展览成为他的接班人。

在建筑行业形成了创新三人组的局面——福特、贝伦斯和格罗皮乌斯——尽管他们倾向于创造呆板的几何形式。贝内还介绍了与这一群体相对立的凡·德·费尔德。费尔德运用柔和的线条、运动和活力克服了抽象的标准。贝内回顾了1914年在科隆召开的德意志制造联盟会议上凡·德·费尔德与穆特修斯的争论，强调了比利时艺术家反对德国艺术家追求的类型化，主张艺术家的个性和独创性。

德国建筑师芬斯特林和门德尔松脱颖而出，他们的空间形态更加符合用户的需求。他们是真正的功能主义者。那些反对纪念性抽象方法的人创造了运动的形态，标志着机器走向了人性化的道路。芬斯特林演示了如何根据人体尺度进行操作，表明建筑必须是有机的，因此要放弃形式，而倾向类似于晶体的无定形特征。门德尔松为此注入了能量，尽管贝内批评了他的爱因斯坦塔项目的过度无定形性，但他还是在斯坦伯格制帽厂项目中发现了完美效率的典范和壮阔的生命之流。

在第三章，贝内论述了空间的问题，涉及现实的设计。正是表现主义者，或者贝内所称的来自东部的人，不惜一切代价追求功能，并且为了达到这一目标，毫不犹豫地摧毁了所有残留的形式。实际上，如果哈林要为每个人设想一个住宅，并以不同方式为每个房间建立模型以举办特定活动，他也会这样做。这是因为，他的理想就是反形式主义，包括将建筑简化为纯粹和绝对的工具。夏隆和他复杂的有机体也是如此。他们的理想是身体、自然和任何摆脱标准束缚的东西。

他对来自东部和西部的人的态度是截然不同的。像柯布西耶这样的人物，能预见到标准的获得、建筑的分类、规则的遵守、普遍观念的实现。他们的技术基于抽象、数学、严格的准则。理论才是真正的形式主义。

表现主义者的功能主义有向怪诞趋势发展的风险，以及迷失于极端个人主义的浪漫主义的风险。而理性主义者的形式主义则滑向了概括性和概念上的保守主义。只有将东部和西部的精神结合在一起，才有可能创造出鲜活的形式。贝内将东方精神与德国和苏联的激进运动以及意大利的未来主义联系在一起，同时将西方精神与法国学派的古典主义联系起来。贝内似乎在一些荷兰的建筑实验中看到了这一点。他暗示了风格主义的开放形式和奥德特有的封闭形式。他继续叙述道，也许有必要沿着蒙德里安指出的方向前进，也许，应该按照这里介绍的德国建筑师——密斯·凡·德·罗指引的方向前行。

该书最后的内容也是最为晦涩的，然而却引入了两个启发性的术语，考虑到今天的认知和意识，也可以说是两个前导条件，即“关系”和“景观”。对于贝内来说，“关系”可以使我们挣脱几何形式的专制，从而将我们自身投射到一个日益符合非物质性的宇宙之中，这在传统的绘画术语中是不可能定义的。“景观”作为一种背景，在自然的社会和个体客观性之间形成了新的关系，并在其中调和形式与非形式的关系。

贝内是在布拉格的形式主义氛围中接受的教育，其文化修养要逊于泰奇。然而，《现代功能建筑》一书仍然不失为一部重要的著作，这至少有四个原因。

首先，它首次提出了一个严肃的、有组织的现代运动谱系：从贝尔拉格到佩雷（引用了与柯布西耶的思想起源相关的内容，并刻意没有在介绍伟大先驱的第一章中提及），从格罗皮乌斯到奥德和风格主义。由于某种日耳曼式的呆板示范，书中难免有一些遗漏，但其结构是令人信服的。此外，由于它是在1923年完成的，它还提供了一个成熟、可靠的基础，现代建筑的建设在此基础之上发生着连续不断的变迁。

其次，贝内没有犯摒弃表现主义这样的错误，而是将其简化为一次简单的历史事件。这一立场在大多数后来的历史编撰学中都得到了采纳。他在书中指出了当前合乎逻辑的功能主义的根源，重点关注建筑的个性化，并对标准化和类型化提出了质疑。他尤为赞赏凡·德·费尔德的重要传承，也强调了门德尔松、芬斯特林、哈林和夏隆的价值。

此外，贝内还避免了对贝伦斯和佩雷的过高评价和褒扬，但是也没有忽视他们的优点和价值。他正确地指出，诸如格罗皮乌斯这样的新一代人物在五个项目中使用了五种不同的表现风格；还有柯布西耶，正尝试将自己意识形态的整体论解释为科学。

最后，贝内对新的象征性文化表现出意想不到的开放性，这种文化试图使自身从几何学、构图、黄金分割的泥潭中解脱出来，走向荷兰、构成主义、福库特马斯学派的风格。因此，他证明了现代运动不仅仅是一个简单的风格标签和一个复杂的历史现象，还以多种感受方式和好奇心为特色。

埃里希·门德尔松，爱因斯坦塔，波茨坦，1919—1921

Christoph Gößmann

1925—1933　建筑语言的成熟与危机

路斯的达达主义

1923年，路斯从充满创造力和个人危机的状态中觉醒，这一时期他的作品以建筑体的封闭性、对称性和纪念性为标志，如弗朗茨·约瑟夫一世纪念碑（1917）、维也纳的布朗纳宫（1921）、马克斯·德沃卡克陵墓（1921）、斯特罗斯别墅（1922）和《芝加哥论坛报》大楼方案（1922）。他设计的鲁弗别墅（1922）以古老的檐口为标志，但是在立面上自由地设置了大量窗口，这是他巨大转变的开始。1923年，他为演员亚历山德罗·莫伊西在威尼斯丽都设计了一个项目。这是一栋多层的建筑，表达了明显的地中海风格和朦胧如画的意向，与先前冰冷的新古典主义设计风格形成了鲜明对比。

同年，他决定搬到巴黎，这使他个人情况有所好转，消沉期终于结束。他终结了与维也纳政府不愉快的合作关系。他曾在那里担任了一年的首席建筑师，但是，该市并没有在意他对居住区提出的建议，也没有使用美国人开发的可自建住宅系统，而是决定以大型街区的形式实现其庞大的公共住房计划（最有名的项目是卡尔·埃恩在1927年设计的卡尔·马克思大院），而这正是路斯所反对的。在巴黎，路斯受到了先锋派运动支持者的欢迎。勒·柯布西耶认为他是功能主义的先驱，并在1920年11月的《新精神》上发表了《装饰与犯罪》的法文译文。他与提斯坦·扎腊会面的时候，接受了为其在蒙马特山上建造住宅的委托，这座1925年完成的住宅显示当时的路斯正处于全盛时期。这栋临街的封闭住宅坐落在一个石材建造的基座之上，中部有两个空缺区域，一个位于底部，一个位于上层，它们不仅表明了空间体量，还含有样式各异的开口。

尽管外部立面比较简朴，并且靠近行人的视线，但是庭院的立面由一系列建筑体量构成，其布局规则完全取决于功能的需求。住宅的内部空间呈现多个层次，以应对陡峭的斜坡地势，以及一些特定的需求。例如，餐厅的位置高于起居室，可以作为一个小型的剧场表演舞台。

他在1927年为约瑟芬·贝克设计的住宅虽然并未实现，但是其外部也以点缀着小型开口的基座结构为特色，而上层部分采用了黑白相间的装饰风格。住宅还有一个室内游泳池，客人们可以在那里欣赏女主人在水中畅游的身影。住宅的空间构造比较简单，众多的开口形成了一种非对称布局。突出的圆柱形结构不仅将人们的目光吸引到立面上，还在入口的上方形成了一个顶棚。住宅的上层空间还设有一个咖啡厅和餐厅。室内的视线设计极为精确，沿着泳池壁设置的大片玻璃幕墙，让人们可以一窥建筑内部的妙趣。豪华的入口大厅是一个双层高度的空间，并安装了半圆形的楼梯。这座住宅的主人约瑟芬·贝克（柯布西耶发现自己曾在1929年与她共乘“尤利乌斯·凯撒号”从南美返航）和设计本身一样，拥有让最严谨的古典主义者分心的能力。

1927年，路斯设计了维也纳的莫勒别墅，并在1928年致力于布拉格的穆勒别墅的设计。这两个别墅可以作为对柯布西耶建筑的回应，路斯始终对他怀有敌意。这两座风格简朴的别墅抛弃了古典主义形式，表明在不尊重柯布西耶漫步建筑策略的前提下，也能够表达空间的路径主题。这两个项目同时也探讨了室内外之间关系的主题。然而，尽管柯布西耶把住宅想象为定义外部空间框架的装置，但是路斯设计的住宅更加封闭，只是特别设置了一些开口，体现了对维也纳典型的自省、保守和隐私哲学的尊重。1928年，路斯在捷克斯洛伐克退休。1930年，他被授予终生养老金待遇，困扰他一生的经济问题终于得到缓解。路斯于1933年去世。

Jean-Philippe Hugron

阿道夫·路斯，扎腊住宅，巴黎，1925

拉乔斯·提哈尼，《提斯坦·扎腊肖像》，1925

Wikimedia / Bwag

卡尔·埃恩，卡尔·马克思大院，维也纳，1927—1930

Pavel Hroch

阿道夫·路斯，穆勒别墅，布拉格，1928—1930

Pavel Hroch

穆勒别墅内景

环社的生与死

哈林和密斯在柏林合开了一家工作室。很难想象两个性格迥异的人能够做到这一点：密斯固执死板、严肃谨慎、举止缓慢、沉默寡言，实质上是一个古典主义者；而哈林则生机勃勃、积极乐观，从根本上讲是一个浪漫主义者。尽管如此，二者却拥有一个共同的目标：让建筑从艺术领域中独立出来，摆脱随意性，从而在严格的空间术语中发现并建立与某些原理相关的建筑科学。得益于与杂志《G：基础建筑材料》的合作，密斯从1923—1926年连续发表文章，明确放弃表现主义倾向，回溯了他在十一月学社时期的项目，并定义了实质上属于构成主义的概念。他通过严格运用现代技术和材料，专注于通过空间来表达时代精神。哈林在不同出版物上发表的文章表明他远离了机械性和对标准及几何学的痴迷，转而追求形式的有机性，并将基础建立在对普遍规律和自然法则的尊重之上。

从1923年开始，二人开始和工作室的建筑师定期举行会议。大家都对当前的经济形势感到担忧，对以保罗·博纳茨、保罗·施密特纳和保罗·舒尔茨-纳姆伯格为首的保守的传统派得到文化界的肯定而感到不安。

他们创立了十环学社，除了哈林和密斯之外，成员还包括奥托·巴特宁、彼得·贝伦斯、埃里希·门德尔松、汉斯·珀尔茨希、沃尔特·席尔巴赫、布鲁诺·陶特、马克斯·陶特和路德维希·希尔伯斯默。正如“十环学社”这个名字本身所代表的意义，该团体以平等为基础，倡导新思想，主张消除官僚主义的阻力，并支持广泛的合作。1925年，作为德意志制造联盟理事会的成员，密斯被提名为斯图加特魏森霍夫住宅博览会的负责人。该项目所需的20多个建筑被分派给得到国际认可的建筑师。1925年9月末，斯图加特制造联盟的主管向密斯提交了一份名单。名单中包括彼得·贝伦斯、保罗·博纳茨、阿道夫·路斯、特奥·凡·杜斯堡、勒·柯布西耶、沃尔特·格罗皮乌斯和雨果·哈林。密斯删除了包括路斯和博纳茨在内的一些人，随后又添加了凡·德·费尔德、贝尔拉格、巴特宁和夏隆等人。密斯与同事哈林一同起草了一个有趣的总体方案，巧妙地利用了指定地点的地形特征。1926年5月5日，保罗·博纳茨显然因为被排除在邀请名单之外而无比愤怒，这位斯图加特大学的保守派代表和学术界领袖在《斯瓦比亚水星日报》上用很长的篇幅对密斯和哈林的方案发起了猛烈攻击，他以反犹太人的典故为基础反对住宅区项目：“一群群扁平的立方体……更像是耶路撒冷的郊区，而不是斯图加特的居住区。”施密特纳也持有同样的观点，只是没有那么粗暴，他认为这是一个形式主义和浪漫主义的方案。在这些攻击发生之后，密斯和哈林才明白必须加强游说工作。很快，这个十人团体在1926年6月扩大为环社，吸收了一些新成员，其中的一些重要人物包括包豪斯校长沃尔特·格罗皮乌斯，以及阿道夫·迈耶、奥托·海斯勒、阿道夫·拉丁、柯尔特·贝伦特、恩斯特·梅、埃里希·门德尔松、马丁·瓦格纳和汉斯·夏隆，会员多达27名。哈林被任命为秘书长。

事实证明，这是一次胜利的运动。随着密斯在1926年被选为德意志制造联盟的副主席，环社对联盟的影响与日俱增。同年，哈林和拉丁加入了制造联盟的理事会。次年，希尔伯斯默也成为理事会的成员。1927年，环社的成员进行了投票，以确保格罗皮乌斯和珀尔茨希成为德国建筑师协会理事会的成员。从1925年10月至1926年12月，柯尔特·贝伦特一直担任德意志制造联盟的刊物《造型》的主编，发表了很多哈林和拉丁的文章。1927年，哈林和希尔伯斯默在《建筑世界》专门为环社成员的工作编写了一个手册。马

魏森霍夫住宅博览会，展览海报，1927

Veit Mueller and Martin Losberger

魏森霍夫住宅博览会鸟瞰，斯图加特，1927

丁·瓦格纳在1927年被柏林市政府任命为首席建筑师，环社的其他成员也参与了市政府推动的一些项目。比如早在1925年，恩斯特·梅就被任命为美因河畔法兰克福市建设委员。

哈林和密斯之间的合作并非一帆风顺，他们各自的审美观念相去甚远。哈林对几何抽象持怀疑态度，这来源于一种主观的精神，他希望将形式和规则强加给自然。而真正的建筑在起源上是普遍的、不受时间影响的，它不是由外及里，通过抽象的方式实施的，而是由内及外，通过一个解放和进步的揭示过程实现的。哈林声称："我们不想把事物变得机械化，只是想把它们的生产机械化……以赢得生活。"哈林的主要对手是勒·柯布西耶及其居住机器的思想。他是地中海形式概念最狂热的支持者，这一概念将物体简化为数学演示，将其从运动和能量中剥离出来。为此，哈林反对哥特式的构想，因为它以本质和法则模拟空间，很少涉及数学计算。功能主义者和构成主义者的立场与他对世界的解读非常接近。对于哈林来说，功能并不遵守标准或预先制定的规则，而是永久有效的。它是对生活方式的探索，是一种形式与更深刻的物质需求的结合，一种产生有机体而不是机械体的张力。这与密斯的看法截然不同，密斯把形式简化为几何实例，无论其是否流畅（柯尔特·贝伦特1927年的《新建筑风格的胜利》一书中用两幅图片比较了哈林和密斯的作品，非常有趣。图中展示了柏林两个相邻的住宅项目，分别是哈林和密斯的作品。虽然二者都创造了动感的空间，但是前者没有采用精确的几何构造，而是充分利用了曲线；后者明显消除了风格主义的影响，以直角原则对构成部分进行组织）。

最终，无法沟通的两人在斯图加特的合作不可避免地以冲突而告终。密斯决定放弃与哈林共同设想的有机方案，开发了一种由正交线条构成的更为简单的体块方案，这种建筑以独立存在为特点。两人关系破裂的原因还与建筑师的费用问题有关。作为环社的秘书长，哈林要求为建筑师们争取一

路德维希·密斯·凡·德·罗，魏森霍夫住宅博览会住宅建筑，斯图加特，1927

定的费用。而密斯则认为最好按照客户提出的要求减少这一费用，以免影响整个项目的实现。哈林出师不利。

尽管如此，魏森霍夫住宅博览会邀请的16位建筑师还是受到了环社的巨大影响。在最后阶段选定的11个德国建筑师中，有10个来自环社。唯一的局外人是在斯图加特很有影响力的重要人物阿道夫·古斯塔夫·施奈克。

密斯与哈林的关系即将破裂。1927年8月，正当展会进入高潮之际，密斯退出了该组织。密斯认为，环社已经完成了它的使命，他和哈林之间的分歧以及性格上的差异是无法调和的。这是德国先锋派走向终结的第一步，环社最后的分裂出现在CIAM大会期间，格罗皮乌斯也因为与哈林不和而选择退出。

荷兰理性主义

1925年，特奥·凡·杜斯堡对斯塔尔的选择提出了强烈抗议，他是阿姆斯特丹学派的支持者，也是1925年巴黎国际博览会上荷兰展馆的设计者。虽然他仍然声称自己属于风格主义，但是事实上他已经被奥德、蒙德里安以及众多该运动的领军人物所抛弃。现在的他是一个孤独的自由人。他满腔怨恨地写道："多年来，我一直在评论荷兰的艺术团体……为他们在《剧变》杂志保留了位置。"他这样评论奥德："很多年以前，他转变为'自由剧变'风格（人们只需看一下鹿特丹的奥德-马蒂尼斯区的农舍和德尤尼咖啡馆的立面装饰便知），他承认自己'赞成直角，但不明白为什么曲线不能被接受'……他的作品包含30%的恐惧、33%的资产阶级态度、2%的智慧和5%的现代性。多年以来，风格主义的艺术家已经不把奥德当作同伴了。"

实际上，如果我们排除奥德-马蒂尼斯区（1922—1923）带有倾斜屋顶的住宅在风格上的疏漏，那么奥德的工作与现实主义是一脉相承的。这导致他设计的荷兰之角的工人住宅以严格的形式为特征，围绕在中心的四周。项目中心由两个极为优雅的半圆柱形建筑定义，形成了一个设有商店的半室外庭院，打破了类型学的单调性。还有1925—1929年鹿特丹的白色住宅区，这个以同心圆方式平行排列的住宅区是一个成功的典范，是一个嵌入城市的理性主义住宅区。关于1927年魏森霍夫的小型实验性住宅，我们将在后文进一步描述。

1925年9月，凡·杜斯堡通过阿尔普参与了斯特拉斯堡的卡巴莱餐馆、一家电影院和黎明宫咖啡馆的重建项目。参与合作的还有阿尔普的妻子索菲·塔乌波尔。然而，最终的结果是相当具有说服力的，尽管这个项目在1928年完成的时候已经过时了：正如现代运动的主要人物进行的大多数当代研究所表明的，当时的事物正向着其他方向发展变化，色彩受制于建筑的逻辑，不可反其道而行之。

1927年也是凡·杜斯堡的制衡之年：他试图用一期庆祝这场运动十周年的专刊来概括这些问题。奥德用简短的说明强调了他们之间存在的差异与隔阂。他们最初的住宅设计处于一个清晰、简单、严肃和纯粹的美学的发展阶段，如今却成为“一次与建筑的立体体量无关的立体主义冒险”的开端。专刊还发表了基斯勒、里特维德、范·伊斯特伦等人的文章，但是与所有的庆祝一样，回忆越是令人愉快，庆祝也就越接近尾声。事实很快便证明了这一点。在发行周年纪念专刊之后，该杂志在1928年只出版了两期。

在最终决定搬到巴黎之后，凡·杜斯堡在莫东瓦-弗勒里建造了一栋住宅（1927—1931）。除了令人感到轻松的简洁之外，这栋住宅让人大失所望。与选择了另外一条道路，并成为阿姆斯特丹城市规划主管和CIAM领导人之一的范·伊斯特伦一样，他试图用风格主义的原则定义都市化。1930年，他发布了一系列宣言中最后的一个：具象艺术宣言。他希望将莫东瓦-弗勒里的住宅改造成一个艺术中心，并前往西班牙做巡回演讲。后来，他患上了哮喘病，于1931年因心脏病突发在达沃斯去世。一个后来被称为抽象与创造小组的组织于次年发行了其首期出版物。而在1932年1月，凡·杜斯堡的妻子内利出版了最后一期《风格派》，以献给这位不知疲倦的艺术家。

1927年，De8小组在阿姆斯特丹成立，其成员包括本杰明·默克巴赫、约翰·亨德里克·格罗奈维根、查尔斯·卡斯滕、H. E. 鲍沃尔特和P. J. 沃尔桑尼。鲍沃尔特和沃尔桑尼先后离开之后，阿尔伯特·博肯、扬·格尔克·维本加和杜克代替了他们的位置。杜克无疑是该组织中最具才华的人。De8与鹿特丹的功能主义团体Opbouw小组一道，同样与风格主义和阿姆斯特丹学派保持距离。1928年，在CIAM颁奖之际，两个团体合二为一。1932年，他们出版了评论杂志《De8与Opbouw》。直到1935年，杜克一直是该组织的领导人。

同样是在1927年，一大群艺术家（其中一些属于风格主义者）在新生的杂志《10》上崭露头角，这是一本关于具象艺术、文学和政治的刊物。它的筹办者包括蒙德里安和奥德，二者也是建筑专栏的编辑。其他的合作者还有科内利

《De8与Opbouw》，1932年第13期

威廉·杜多克，希尔弗瑟姆市政厅，希尔弗瑟姆，1923—1931

Wikimedia / Wouter Hagens

Wikimedia/Gbuilder

约翰内斯·杜克和伯纳德·比约沃特，希尔弗瑟姆地产疗养院，希尔弗瑟姆，1925—1928

Wikimedia/Rijksdienst voor het Cultureel Erfgoed

雅各布斯·约翰·皮耶特·奥德，白色住宅区，鹿特丹，1925—1929

斯·范·伊斯特伦、里特维德、巴特·范·德·列克、维尔莫斯·胡萨尔、乔治·万同格罗、西博尔德·雷弗斯滕和马特·斯塔姆。该杂志的第一期于当年的1月发行，其中包括蒙德里安题为《新造型主义，住宅—街道城市》的文章：这是秩序的回归，呼唤纯粹的可塑性。第四期以De8小组的宣言为特色，强调了与《风格派》杂志的表现主义和神秘主义色彩的差异。

1928年6月，杜克的希尔弗瑟姆地产疗养院正式落成。他从1925年就开始了这个项目，最初的合伙人是伯纳德·比约沃特，后者离开后，他开始与工程师扬·格尔克·维本加合作。由于奥德的研究侧重于日渐僵化的古典主义，他的诗意很快便变得枯燥乏味。在希尔弗瑟姆地产疗养院项目中，杜克确定了一种接近理性主义的方法，汲取了赖特的经验中的精华，使之毫无拘束地适应了他的构成主义情感。

由于广泛使用了玻璃和外露的细长的钢筋混凝土结构，整个建筑显得轻盈飘逸。该建筑基于对称的布局，两翼的厅廊向周围的自然环境开放。与这种严格的几何布局相对应的是非对称形式的智能入口装置，它削弱了对这一严格布局的第一印象。各种桥架、悬臂和圆形体量使建筑呈现出形而上学的特征，在优美的自然背景中脱颖而出。该项目无疑是当时荷兰建筑中的佳作。

1930年，杜克再显身手，在阿姆斯特丹的克里俄斯特拉特建造了露天学校。该建筑优雅迷人，采用了沿着对角线分布的对称布局，彰显了直角结构的价值。人们在入口处就可以注意到设在拐角处的露台，给人以一系列突出的平面重叠在一起的感受。

荷兰建筑的另一个领军人物是威廉·杜多克。他对赖特的印象极为深刻，同时受到了贝尔拉格的影响，在某种程度上，还受到风格主义的影响。他在希尔弗瑟姆完成了很多建筑，并于1927年被任命为该市的市政建筑师。他的作品包括右页：
沃尔特·格罗皮乌斯，德绍包豪斯校舍，德绍，1925—1926

拿骚学校（1927—1929）、凡德尔学校（1927—1929），以及希尔弗瑟姆市政厅（1923—1931）。后者是他的最优秀的作品。

他的希尔弗瑟姆市政厅证明了设计一种真正的现代建筑的可能性，这种建筑具有纪念性特征，同时也能被民主社会欣赏，与周围的环境和历史建筑和谐相融。这是一种以宽敞的空间和畅通的连接为特征的建筑，在没有倒向装饰主义的前提下发挥了细节上的作用。然而，它也是理性的，无论在它所处的时代之内还是之外。这也几乎得到了人们的一致认同，如皮亚森蒂尼在其1930年出版的《今日建筑》中就对杜多克进行了高度评价。最终，杜多克并没有产生激情。他没有与那些把他视为现代主义者的传统主义者站在一起，也没有激怒那些认为他与20世纪初的设计语言相关的实验者。现代建筑走上了另一条道路。

包豪斯：第二幕

在1924年2月10日德国的选举中，传统主义者和保守的右派在图林根州掌握了权力。1924年3月，格罗皮乌斯得知自己有可能被包豪斯学校解雇。不久之后，学校的经费被削减了一半。

1924年5月18日，在校长40岁生日和学校成立五周年之际，包豪斯的教师送给格罗皮乌斯一本画册作为礼物。画册以从高处向大众解释留声机如何演奏音乐为主题。这有趣地暗示了学校的校长是新艺术原则的倡导者，新型的机械设备正在入侵我们的世界。它也像是一份文件资料，反映出伊顿辞职一年之后，包豪斯学校的艺术地位受到了何种影响。当拉兹洛·莫霍利-纳吉运用冰冷的构成主义抽象方法解释这一主题时，瓦西里·康定斯基却采用了音乐的方法，将留声机的声音转化为线条和平面的交响曲；格奥尔格·穆奇把人物转换为彩色圆圈构成的有趣图形；保罗·克利使用了一种基于现代灵魂符号学的象形文字；奥斯卡·施莱默设计了一种符号芭蕾；莱昂内尔·费宁格则选择了一种含蓄的表达方式。几乎没有比他们更能胜任的教师团体，可以大胆地说，包豪斯学校和莫斯科的福库特马斯是当时欧洲最前卫的应用艺术学校。为了挽救学校经费被削减的局面，格罗皮乌斯建议政府成立一家公司，帮助学校在财政上实现自给自足。为了证明学校已经获得的声望，他成立了一个包括爱因斯坦在内的支持者委员会，还收集了来自媒体的证词和正面评论。然而，他的一切努力都是徒劳，包豪斯还是没有避免迁校的命运。

格罗皮乌斯和委员会最终选择了德绍。这也是因为德绍市长、社会民主党人弗里茨·黑塞积极地表达了兴趣，黑塞甚至开始计划为包豪斯建造新校舍，同时还指望着格罗皮乌斯为当地工人设计一个低成本的住宅区。

格罗皮乌斯与他的合伙人阿道夫·迈耶随即开始了学校新址建筑的筹划和设计。新学校计划于1926年12月5日和6日举行落成典礼，届时将举行盛大的晚会。新的德绍包豪斯建筑没有像他们以往的作品那样出现风格上的动摇，而是以巧妙的体量为特色，展示了暴露梁柱结构的合理性，细长的钢筋混凝土结构保证了大型玻璃窗的安装。这是一种抽象的建筑语言，与建筑的内部功能密不可分（每个空间都设置了

BAUHAUS

Philipp Meuser © VG Bild-Kunst

沃尔特·格罗皮乌斯，德绍包豪斯校舍，德绍，1925—1926

不同的开口，以适应各种活动）。正如格罗皮乌斯自己指出的那样，它标志着传统宫殿类型建筑的终结："典型的文艺复兴风格或巴洛克风格的建筑呈现出对称的外观立面，进入的路径形成了建筑的中轴线。而这是一座基于现代精神的建筑，摆脱了历史悠久的对称式外观立面。人们必须围绕着它走上几圈才能领略到它的实体性和所有元素的功能。"西格弗里德·吉迪恩在1941年的《空间、时间和建筑》中强调了这栋建筑的创新性，毫不犹豫地将其与立体主义的空间敏感性和第四维度主题进行了比较："玻璃幕墙在建筑的拐角处简单地展开，换句话说，玻璃幕墙相互融合的位置正是人们希望看到的确保支撑建筑负荷的位置。这里实现了当代建筑的两大尝试。这并不是工程技术进步的无意识的产物，而是格罗皮乌斯有意识地实现了艺术家的意图。水平悬浮和垂直的平面组合满足了我们对相互关联的空间的感受。由于建筑本身的透明度，人们可以同时看到建筑的内部和外部，包括正面和剖面。就像毕加索在1911—1912年创作的《阿莱城的姑娘》一样：简而言之，就是具有多样的参照层面或参照点，同时体现了时空的概念。"

毫无疑问，吉迪恩的文章多少有些夸张之处。鲁道夫·阿恩海姆的评价更加令人信服。1927年，这位伟大的形式心理学家观察到建筑作品中的透明性和开阔性。他强调，可以从建筑的外部观察到里面正在工作或休息的人。该项目的每一个元素都显示出其内部结构，没有一颗螺丝被隐藏在视线之外。无论多么珍贵，使用的材料都不会被隐藏起来。他总结道："将建筑的诚实视为一种美德是极为诱人的。"

与学校同时完成的还有五栋大师的住宅，它们代表了新型住宅的高级定义。在一些人看来，它们是居住机器，是客观性的典型产物，它们冰冷、单调，只有交错的光影能产生令人愉悦的感受。而另一些人则认为，它们是一个积极的信号，表明在1923年的包豪斯展览上提出的Am Horn房屋原型正在发生变化。

Wikimedia/A.Savin

埃里希·门德尔松，沃加综合大楼，柏林，1926—1928

Wikimedia/Los Angeles

理查德·诺伊特拉和鲁道夫·辛德勒，洛弗尔健康住宅，洛杉矶，1927—1929

1927年，格罗皮乌斯设立了建筑专业，并希望委托给斯塔姆负责，但是遭到了拒绝。斯塔姆和他的朋友汉内斯·迈耶一起参加了包豪斯学校的落成典礼，并与后者分享了在《ABC建筑文集》的工作经验。因此，汉内斯·迈耶被提名为新部门的协调人，其作用是成为学校的幕后驱动力量。包豪斯的教学体系，包括课程结束后颁发的毕业文凭都是按照大学的标准制定的。其他课程也经过了重新审核。奥斯卡·施莱默是迷人的机械芭蕾舞剧的组织者和发明者，他管理的广告技术和戏剧部门地位更加重要，也得到了扩大。在康定斯基和克利的要求之下，学校后来还开设了免费的绘画课程。最后，学校还可以在车间里生产质量上佳的产品，包括布鲁尔设计的钢管椅，玛丽安·布兰德设计的家居用品。除此之外，车间也负责每四个月发行一期的刊物《包豪斯》的排版和印刷。

从一开始，汉内斯·迈耶就对包豪斯学校的架构有所怀疑。尽管学校的神秘主义氛围已经大大减弱，但是他发现包豪斯与他自己的构成主义和功能主义理想相去甚远，他与格罗皮乌斯的关系也日渐恶化。而格罗皮乌斯不愿失去已经取得的一切，开始把迈耶视为对手。迈耶认为格罗皮乌斯是一个形式主义者，还利用包豪斯学校获取个人利益。他在1927年12月给贝内的信中写道："大约有一年了，我们的建筑课程仅限于理论学习。更重要的是，我们每天必须坐在那里，而格罗皮乌斯和他的工作室接受的专业委托却接连不断。"学校经济状况非常糟糕，在政府当局那里也日渐失宠。格罗皮乌斯很快意识到，一定不能让包豪斯走向末路。1928年1月至2月，他以工作繁重为由提出辞职，把校长的位置交给汉内斯·迈耶。

诺伊特拉、辛德勒、赖特与曼德森

1921—1922年，理查德·诺伊特拉在门德尔松的事务所工作。他们一起为位于柏林的《柏林日报》总部设计了楼顶的增建结构，增建结构以其自身的韵律为基础，强硬地叠放在原有建筑上。1923年，诺伊特拉前往美国一试身手，在他的朋友辛德勒的家中暂住，此前他们一直通过信件联系。1924年7月，他和妻子迪昂前往塔里埃森住宅拜访了赖特。赖特对这位奥地利人的印象极好，邀请他加入自己的事务所。诺伊特拉于10月份返回赖特的塔里埃森住宅，一直停留到次年2月。门德尔松也在11月来到了塔里埃森住宅，他当时受《柏林日报》主办人的委托，在美国旅行的同时撰写一部有关美国的书（《美国，一个建筑师的画册》，1926年由莫斯出版社出版）。与时年57岁的赖特的邂逅给他留下了深刻的印象，他写道："他的才华无人能及。"

回到欧洲后，门德尔松开启了一个新的创造时期，设计了一些杰出的作品，包括斯图加特的绍肯百货商店（1926—1928），这栋位于十字路口的圆柱形建筑以玻璃立面为特色，成了城市的地标；还有位于柏林库夫鲁斯滕达姆的沃加综合大楼（1926—1928），一个综合了娱乐和商业功能的居住项目，也是宇宙电影院的所在地，其入口以曲线造型、高耸的棱柱体结构和醒目的标识牌为标志。

1925年3月，诺伊特拉离开了赖特的事务所，前往洛杉矶同辛德勒会合，与妻子和儿子一起在位于国王路的住宅安顿下来。

在当时，辛德勒一直被诟病为独栋住宅设计师，如1924年在帕萨迪纳市建造的帕卡德住宅，以及1923—1925年建造的拉荷亚度假别墅。1925年，他接受了菲利普·洛弗尔医生的委托，为其设计住宅。这位名医和辛德勒一样热爱户外生活、阳光、空气和健康。该项目标志着一种对赖特形式的丰富性（在当时发展为注重雕塑效果和强烈的材料质感）的决定性突破，同时也放弃了现代运动中严格主义派所追求的建筑体量上的简化。辛德勒选择了一种复杂的托盘式体量结构，通过带状的玻璃区域实现水平分隔，通过立柱实现垂直分隔。

1926年，诺伊特拉和辛德勒决定一起成立一家建筑事务所，并一同参与了国际联盟总部的设计竞赛（1926）。不过两人的合作关系并没有持续多久。1927年，诺伊特拉利用辛德勒与客户之间的误会，盗取了洛弗尔健康住宅的设计费（除此之外，诺伊特拉还做了一些不光彩的事，如在欧洲展示国际联盟总部的设计方案时只署了自己的名字）。

洛弗尔健康住宅于1929年完工，这是诺伊特拉在美国建筑界中的首次亮相。建筑采用了钢架结构，使用合成材料建造。它是对赖特追求的空间自由主题和密斯的严谨形式的高度概括。此后，诺伊特拉还设计了很多这样的住宅，它们都很漂亮，虽然都属于同一种风格，但是其中一些独具魅力——如设计于1946年的考夫曼沙漠住宅。

赖特在1924—1927年这段时间并不顺利。沙利文在1924年3月去世，赖特的母亲也在此前的一年刚刚离世。同年，他与米丽亚姆·诺埃尔结婚，这段短暂的婚姻仅仅维持了不到12个月。随后，他与比他小30多岁的南斯拉夫人奥吉瓦纳·拉佐维奇开始了一段充满激情的热恋。还是在1924年，塔里埃森住宅第二次毁于大火。尽管当时赖特的收入已经严重缩水，但他还是毫不气馁地重建了这栋住宅。他回忆道："我留下了许多没有被严重损坏的石头，用烧焦的碎片重建了新的墙壁。"1925年，他提出与米丽亚姆·诺埃尔离婚。同年12月，奥吉瓦纳·拉佐维奇为他生了一个儿子。1926年8月，因为债务问题，赖特不得不跟情妇还有孩子一同躲藏起来，不过最终还是难逃被捕的命运，即使只被关押了一天。为了生活，他不得不拍卖了自己收藏的日本版画。还是在这个8月，他正式与米丽亚姆·诺埃尔离婚。1927年1月，塔里埃森住宅被正式查封，并于7月被出售给威斯康星银行。

1928年，几乎失业的赖特为《建筑实录》撰写了九篇系列文章，在其中介绍了他的设计理念，如方案设计、风格问题、材料的意义。接着，赖特接受委托设计了一座酒店，位于亚利桑那州沙漠中的圣马克斯。这个项目让他迎来了转机。与沙漠的接触使他重新振作起来，浑身充满了面对逆境的力量。他说："对这个世界上的建筑师来说，没有比这里更令人鼓舞的了。我要在这个位于沙漠的度假胜地将我所学的关于自然建筑的价值全部体现出来。"1929年，为了设计这个项目，他在亚利桑那州搭了一个棚屋营地，重建了木框结构的塔里埃森住宅。"我发现，在这些巨大的空间里，对对称性的要求过多，这很快就会让人眼产生疲劳，从而阻碍想象力的延伸。因此，我觉得在这片沙漠中，任何建筑都不该呈现出明显的对称性，尤其不能出现在这个新营地中——后来我们把这个地方命名为奥卡迪洛。"

魏森霍夫住宅博览会展览目录，1927

事实证明，奥吉瓦纳是一个精力充沛、坚决果断的女人，赖特与她一起制订了东山再起的计划，其中包括将事务所转型为公司，并为当地的学徒开办一所学校。这些有助于形成传播赖特作品和思想的必要核心，赖特不仅能通过学费获得资金，还有廉价的劳动力去建造成本高昂的复杂项目，如广亩理想城市规划（1932）。此外，得益于学徒付出的体力劳动，他终于第三次建起了塔里埃森住宅，开始了生活的新篇章。

建筑动物园：魏森霍夫住宅区（白院聚落）

魏森霍夫住宅区（白院聚落）很快取得了令世人惊讶的成功，从1927年7月至10月，前来参观展览的人超过了50万。它由21栋建筑中的63个单元构成，一共有16名建筑师参与了设计，其中包括11个德国人——密斯·凡·德·罗、彼得·贝伦斯、理查德·德克尔、沃尔特·格罗皮乌斯、路德维希·希尔伯斯默、汉斯·珀尔茨希、阿道夫·拉丁、汉斯·夏隆、阿道夫·施奈克、布鲁诺·陶特和马克斯·陶特；5位来自其他国家的建筑师——勒·柯布西耶（法国）、马特·斯塔姆（荷兰）、约瑟夫·弗兰克（奥地利）、雅各布斯·约翰·奥德（荷兰）、维克托·布尔乔伊斯（比利时）。

在德意志制造联盟为祝贺展会印制的《建筑与住房》一书的前言中，维尔纳·格拉夫还尴尬地提到了四位缺席的人物：阿道夫·路斯、雨果·哈林、海因里希·泰塞诺和埃里希·门德尔松。

我们已经提到过密斯和哈林之间的争论，后者也因此回避了魏森霍夫住宅博览会。此后，密斯也很快离开了环社。我们已经知道路斯从一开始就被排除在外，也知道门德尔松与密斯的关系并不是很好。密斯认为路斯有一种令人难以忍受的浪漫主义精神，反过来，路斯则批评密斯的作品枯燥乏味。

Philipp Meuser

魏森霍夫住宅博览会住宅区，斯图加特，1927

另一位缺席的重要人物是特奥·凡·杜斯堡。这也许是他极难相处、以自我为中心的性格所致，也许是因为几年前在包豪斯学校组织竞赛之后他与格罗皮乌斯的关系变得紧张。尽管如此，凡·杜斯堡仍然十分支持这次展览，甚至面对众多诋毁者为其进行辩护。他认为魏森霍夫住宅区与其他项目不同，它不仅仅是一个简单的项目，而是具有象征意义的，它正在通过一场在全球蓬勃发展的运动寻求合法性方面的承认。对该项目的批评主要在于它太像地中海地区的村庄，简单的几何形式带来了单调性，平屋顶缺乏实用性，装饰和建筑细节匮乏。热情的支持者却对其不吝赞美之词，例如，沃尔特·贝伦特在1927年出版的一本关于当代建筑的书中宣布了新风格的胜利，该书的封面专门选用了这个项目的照片。还有一些表达得更为明确的观点，如穆特修斯积极地评价了它作为一个实验项目所提供的宝贵经验，但是也指出，这一解决方案体现了一种新的形式主义，任何理性的思考都要服从于这种形式主义。

实际上，这个项目在施工阶段就暴露了一些缺陷，格罗皮乌斯对其感到失望，因为该项目没有采用新技术或者预制构件。除此之外，项目还存在空间浪费的现象，这些房屋最终的成本比正常建设住宅所产生的成本高出30%。从理论上讲，过高的租金超出了工人阶级的预期目标。在密斯·凡·德·罗设计的一个住宅中，两个房间的租金为900德国马克。勒·柯布西耶设计的独栋住宅租金为5000德国马克。而奥德设计的联排别墅租金为1800德国马克。其余独栋住宅的平均租金约为3000德国马克。尽管存在这些问题，魏森霍夫住宅区却证明了在现代运动中存在着多条研究路线，其中五条路线比较突出。

第一条是密斯的研究路线，他的联排别墅采用了基本的外观设计，以至于显得有些平庸乏味。但是其内部结构非常灵活，几乎是一个中性的空间，可以根据居住者的品位和日常功能需求进行调整。不难看出，密斯在1921年的玻璃摩天大楼和1923年的混凝土办公大楼的设计中就已经开始进行空间的研究了，这不可避免地导致他逐渐走向“少即是多”、使空间非物质化并产生流动性的设计理念。这在最初的图根哈特住宅（1928—1930）、巴塞罗那展馆（1929），以及后来的范斯沃斯住宅（1945—1951）中都有所体现。

第二条是柯布西耶的研究路线。这位法国籍瑞士建筑师提出的建筑五要素已经在两座建筑上得到了部分验证，它们是1914年的多米诺住宅和1925年巴黎国际博览会的新精神展馆。现在，这些要素首次明确地得到应用和描述，即底层架空、屋顶花园、自由平面、自由立面、长条窗。它们是对钢筋混凝土提供的可能性进行反思的产物，柯布西耶又将其转化为建筑的诗意。尽管这些观点经过了柯布西耶这位天才建筑师的筛选，但仍然是非常重要的建筑设计原则。

第三条研究路线可以在奥德的实用主义理念中找到。他的联排别墅是智能空间管理的杰作，消除了一切多余的功能，并正确组织了住宅内部的多种功能。奥德提供的说明报告精确到吹毛求疵的程度：对形式、功能、活动和材料都要进行深入彻底的考察和检查。奥德过于关注建筑的具体性，以致不敢冒险进入四维的分解。尽管如此，风格主义对他的影响也可以在他对空间表达的焦虑中找到。空间表达在个体房屋位置的轻微移动中变得具体，后面附属空间的结构也有所不同，由于内部的天花板较低，附属部分比建筑的其他部分要低一些。完美的楼梯为不同的楼层提供了服务，又反过来在不增加额外成本的前提下巧妙地形成了令人愉悦的空间序列。

第四条研究路线是斯塔姆所采取的政治社会立场。这位年轻的荷兰建筑师（1927年时他只有28岁）认为在建筑设计中追求形式是无用的。相反，房屋是一种对象，必须随着新态度和新的经济可能性的变化而变化。洗衣盆消失了，取而代之的是有些笨重的电器；家务及其所需的空间消失了，因为家务活儿将由公共区域的机器处理。在斯塔姆提出的研究背后，可以明显看到当时苏联正在进行的对普通住宅和集体住宅的研究，这与斯塔姆的设想完全一致。1930年，斯塔姆和恩斯特·梅率领团队来到了苏联。然而，在制订了马格尼托哥尔斯克规划方案后，他发现传统的生活方式和与之相关的形式比构成主义的思想更有弹性，很快陷入了迷惘。

第五条是富有表现力的研究路线，如夏隆设计的色彩缤纷的房屋，他又通过室内的布局和外部的体量进行表达。他宣称，这所房子是新材料与新的空间需求完美结合的产物。它远离密斯的简洁、柯布西耶规定的形式、奥德精致优良的感受和斯塔姆的政治承诺。它的目标不是重复的标准化，也不是创造人工和机械的景观，而是有利于与生活和谐一致的进化过程。夏隆补充说，观察者不会发现任何典型的特征。这是一个寻求个性，寻求内部与外部相结合，寻求与他人共度时光或私人生活空间的研究。

夏隆是最具天赋的建筑师之一，他的理念与哈林和门德尔松的理念接近，也正是因为这个原因而被人们遗忘，这多少有失公允。在国际风格展之后，他的表现主义倾向与20世纪30年代之后的现代建筑风格难以相融。然而，他的住宅无疑是整个魏森霍夫住宅区中最成功的设计之一。此外，他于1933年在勒鲍完成了施明克住宅，将传统主义的轻盈亮丽与有机建筑的曲度结合在一起，产生了无与伦比的效果。这两个项目都预设了一条非常有效的原始研究路线，凭借这条研究路线，夏隆最终实现了柏林爱乐乐团的项目，这是20世纪50年代末至60年代初在柏林建成的最重要的建筑之一。

除了上述五条路线之外，还有一些有趣的研究。其中包括贝伦斯的，虽然他的风格已经过时，但是他提出了一个带有露台的住宅项目，以应对人们对健康和卫生的新需求。还有布鲁诺·陶特，他的方法总是问题不断，尽管在形象表达方面有所欠缺，但是非常具体，也充满智慧。魏森霍夫住宅区被定义为“当代建筑的动物园”，这既是一种关爱的体现，也是一种嘲讽，事实上也并非毫无根据。然而，这一定义忽略了另一个事实：一大群来自不同国家的建筑师会聚在斯图加特，在一个独特的研究计划中提出了多种多样的解决方案。

1927年，魏森霍夫住宅博览会获得成功之后，贝伦特在《新建筑风格的胜利》一书中提出了时代精神是否会带来新风格的问题，并给出了肯定的回答。同时他承认仍有许多值得注意的观点。他抓住了问题的核心，却没能正确地解读。现代主义的丰富性正是这种多元性的体现，但正如贝伦特自己在某种程度上所希望的那样，他试图将其简化为一种独特的风格共性。后来，在西格弗里德·吉迪恩和菲利普·约翰逊等人施加的压力下，这真的发生了，并对运动原本的活力构成了威胁。

魏森霍夫住宅博览会中的意大利建筑师

1926年，七人小组在意大利成立，其成员包括乌瓦尔多·卡斯塔格诺利（1927年被阿达尔贝托·利贝拉取代）、路易吉·菲吉尼、吉多·弗雷特、塞巴斯蒂亚诺·拉科、吉诺·波利尼、卡洛·恩里科·拉瓦和朱塞佩·特拉尼。他们为1926年12月至1927年5月发行的《意大利评论》撰写了一系列文章。他们要求一种新的精神，一种艺术的更新，一种坚持逻辑、注重功能、与工业界和谐相处的建筑。七人小组的纲领性宣言并不激进，他们呼吁传统的作用，强调延续而不是反对过去，认为作品的潜在价值不应受到质疑。他们批判人工的倾向、未来主义的破坏性，批判对新传统的认可——从格罗皮乌斯到柯布西耶这样的人物，也批判新建筑与希腊和罗马古典传统的结合，以及保持民族特色的主张。

提出这些类似大杂烩的理论的都是二十出头的年轻人（刚刚毕业的特拉尼只有22岁）。卡洛·贝利还不太客气地提到庞蒂：“当时，马塞洛·皮亚森蒂尼正在以多纳托·布拉曼特的风格设计国际和平祈愿殿。穆齐奥以冷漠、表面化的新古典主义赢得胜利。吉奥·庞蒂开始设计那些以糟糕品位闻名的家具陈设。而波塔卢皮正在以缅甸寺庙的风格在瓦尔德奥索拉建造电站。我甚至不想在这里提到那些严格来说无法被写入建筑史的建筑师，如塞缪尔·巴扎尼、布拉西尼、阿尔贝托·卡尔扎·比尼，他们只是在当时掌握了权力。如果不是米兰的这七个年轻人以及他们身边的画家、作家和雕刻家朋友的支持，意大利的建筑也会受到欧洲复兴运动的影响，从而使本来已经滞后的意大利建筑发展得更加缓慢。”

他们的理论假设存在缺陷，佩西科后来在谈及先锋派时批评了这一点，这是不无道理的。尽管如此，七人小组还是参加了第三届蒙扎双年展，并引起了人们的关注。由于罗伯托·帕皮尼对他们很感兴趣，七人小组也因此受邀参加了魏森霍夫住宅博览会。

1927年，阿达尔贝托·利贝拉从住宅博览会归来后加入了七人小组，并取代了卡斯塔格诺利。1928年，他在罗马的展览宫举办了第一届意大利理性建筑展，展期从3月15日持续到4月30日。这次展览共计展出了43个建筑师的大约100个项目。除了七人小组之外，马里奥·里多尔菲、吉诺·卡波尼、阿尔贝托·萨托利斯、朱塞佩·波托尼和卢西亚诺·巴尔德萨里也提交了参展项目。参展名单中还包括一些在今天很难称之为现代建筑师的人，如意大利建筑师联盟的领导人阿尔贝托·卡尔扎·比尼。

伴随着1928年的这次展览，罗马开创了意大利现代建筑的英雄时代。与七人小组关系密切的萨托利斯参加了首次CIAM大会。一些杂志也随之诞生，如吉多·马兰哥尼主编的《卡萨贝拉》（他的主编职位在1931年被朱塞佩·帕加诺取代，爱德华多·佩西科在1933年加入之后，该杂志成了欧洲最重要的建筑评论刊物之一）和吉奥·庞蒂负责的《住宅》。颇具才华的理性主义建筑师朱塞佩·特拉尼在1928年完成了新公社公寓。

维特根斯坦住宅

玛格丽特·斯托伯勒·维特根斯坦曾委托路斯的学生保罗·恩格尔曼为其设计住宅。1926年，玛格丽特决定让她的兄弟路德维希·维特根斯坦也参与住宅的建设，以满足他对建筑的喜爱并发挥其天赋。

简而言之，路德维希·维特根斯坦疏远了恩格尔曼，完全控制了这个项目。他对恩格尔曼在项目中所做的前期工作只做了很少的修改：如果忽略入口空间的微小增加，原有的空间布局几乎保留不变。对立面也只进行了微调，包括窗口的大小和位置。室内布局基本保持原样，只对室内的隔墙进行了细微的移动。

然而，这位年轻的哲学家对这所房子投入了巨大的精力和无比的关注。他承认自己在现场待了一天之后就全身心投入其中。每一个问题，即使是最平庸的问题，都需要他全身心的关注。有个金工无法理解长度精确到毫米的重要性，维特根斯坦便吓唬他说，哪怕是半毫米也很重要。为了确定栏杆的高度，他要求工人在相应位置手持栏杆长达几个小时，以便确认栏杆的位置是否正确。由于房子窗户的剖面极薄，众多的公司中只有一家有能力生产。

即使是细枝末节的小事也足以引起维特根斯坦的关注，这正是理解该项目的关键。在《建筑师路德维希·维特根斯坦》这本书中，作者保罗·维德维尔德将这归因于这位哲学家的古典品位，他声称："这座房子必须与建筑史上反复出现的古典倾向联系在一起。它们的共同点是，在唯美法则的指导下，适度地进行表达和装饰，比例体系对此至关重要。"不过这一说法没什么说服力。在维特根斯坦的作品中，与他本人承认的相反，没有应用任何精确的比例系统。评论家们发现的比例大约在百分之五或再多一点儿，这些数据都极不精确，不可能是这个一直吹毛求疵的建筑师所做的工作。并且，哪怕项目马上就要完工了，他也会毫不犹豫地拆除客厅的地板，给地面垫高三厘米。据说在安装门窗的那天，对建筑师的兴趣远胜过建筑的玛格丽特·莱斯皮格尔被迫花了好几个小时不停地开关门窗，以验证它们是否完全垂直。这种说法缺乏说服力的另一个原因是维特根斯坦投入了大量的精力来消除对称元素（如图书室中原本设置了两个壁龛，但其中一个被撤掉）、打破对齐的布局（前门和上方窗口发生了错位），区分并分解建筑的各个部分（例如，他在每个立面上开了不同的窗口）。

正如我们所看到的，对维特根斯坦来说，每一个古典概念都浸透了内涵价值和形而上学的思想。尽管他很欣赏路斯的简约作品，却批评他的建筑中充满了永恒的价值，这种价值的基础是一种直觉，即在现代建筑中，简单装饰和完全无装饰的项目所占的比例掩盖了可怕的"罪行"，这比路斯在装饰中确认的罪行更可怕。1932年，路斯在反对维也纳工坊的展览时说，这些住宅会看着人们说："看看，我是多么优雅。"这导致了这位哲学家对传统空间的厌恶，因此，他批评传统空间的可触性、表现性和象征性价值，并且偏爱中性的、透明的以及所有对构成它的单一物体和居民不产生干

保罗·恩格尔曼和路德维希·维特根斯坦，维特根斯坦住宅，维也纳，1926—1928

扰的事物。“我的理想是一定程度的冷淡，一座能够容纳激情但不干扰激情的神殿。”如果我们用“事实”这个词代替“建筑对象”，用“逻辑”这个词代替“空间”，我们最终会得出《逻辑哲学论》中的结论：与建筑对象一样，事实必须从所有主观的内涵中剥离出来，还原为简单的外延价值；而逻辑则类似于建筑空间，必须成为一个透明的建筑，承载这些事实，构成这些事实，但是不改变或修改它们。

这种严谨而科学的构造可以被视为“逻辑哲学”的神秘空间化，一种美学视野的目的地；透明度不仅是对所能表达的事物进行概念化的最大努力，而且是能让人一窥无法言喻的事物的唯一窗口。维特根斯坦说：“我对建造建筑物不感兴趣，更不想对其上可能建造建筑物的地基有一个透彻的了

保罗·恩格尔曼和路德维希·维特根斯坦，维特根斯坦住宅，维也纳，1926—1928

汉内斯·迈耶（1889—1954）

解。”换言之，这就是世界（我的世界）的结构。因此，这所住宅是一种内部世界的模型。在1973年的一项研究中，伯恩哈德·莱特纳巧妙地捕捉到以这种方式构思的建筑作品同时具有的神秘和反古典特征：“最终，这座建筑变成了毫无个性和特色的宏伟建筑。清晰度不会被功能所遮蔽，简约并非基于模块化单元，简单性不仅仅是放弃装饰的结果。在这里不可能找到任何教条、形式假设或可以模仿的细节。相反，我们在这里遇到了哲学。”它只限于“把一切都摆在我们面前，但不做任何解释，也不能得出任何结论。从一切都暴露在眼前的那一刻开始，就无须再做任何的解释了”。

后来，随着哲学研究的深入，维特根斯坦意识到，在这种沉默、虚无、透明的厌世美学背后，隐藏着很多形而上学的思想。相反，经济学家斯拉法用那不勒斯居民的一个典型手势所蕴含的语言丰富性向他证明和解释了这一点。维特根斯坦随后发展了语言游戏理论，相关的笔记在他死后才得以发表。他并没有忘记建筑，将重新发现的语言复杂性与城市的缓慢分层进行了比较。

包豪斯：第三幕

包豪斯学校的新校长汉内斯·迈耶是一个精力充沛、慷慨大方的人物，但是在理想主义盛行、战争和革命频发，以及独裁统治当道的严酷时期，他的宗派主义心理导致他犯了错误。他的目标是彻底改变整个学校的教学基础，运营一所面向需要帮助的人的学校，提高产品设计能力，同时，他认为以社会学、经济学和心理学为基础的教学具有绝对的优先性。

迈耶是一个热爱体育运动的社会价值的人，为此取消了星期六的课程，专为体育活动让路。1926年，他在《ABC建筑文集》上发表的一篇文章中写道：“体育运动将使包豪斯成为培养集体感的大学。”

他反对任何形式的唯心主义，引导学生去学习可以被测量、可观察和能度量的事物与方法。在迈耶看来，建筑应该专注于居住方式的组织，它是一项社会性活动。他还尝试着对教学人员进行调整。1929年11月，他分别写信给奥德、维利·鲍迈斯特、卡雷尔·泰奇和皮特·泽瓦特，邀请他们前来包豪斯任教。他带领学校参与了很多委托的实际项目，其中最重要的一个是位于贝尔瑙的德国工会学校，它是维特沃尔和迈耶在1928—1930年设计和建造的，是简洁性与实用性兼备的佳作。包豪斯的学生负责了该项目的家具设计。1928年，学校参与了托尔滕住宅区扩建的工作。后来他们为德国科学研究学会设计了样板厨房，又在一个公共住房项目中使用了艾尔伯斯设计的沙发，这些沙发是以由成型胶合板制成的组件构成的。

在沃尔特·彼得汉斯的指导下，迈耶在1929年初增设了摄影专业，并增加了一些工坊，工坊的活动从此建立在利润最大化、管理自治和生产教学法的标准之上。他还与很多生产商达成了合作关系：科尔廷&马蒂森公司1928年开始批量生产包豪斯设计的著名灯具，朗饰公司与其签署了设计壁纸的合同。1929年的包豪斯十年展中展出了许多成本低、设计简洁、形式简单的产品，这些产品被成功地销售到巴塞尔、苏黎世、德绍、埃森、弗罗茨瓦夫和曼海姆。建筑专业的学生被分配到设计和建造不同项目的合作小组中。新生和毕业年级的学生混班上课。迈耶曾宣称："我的建筑专业学生永远不会成为建筑师……建筑已死。"这引起了很大争议。

包豪斯学校在迈耶的带领下逐渐沾染了政治色彩。1927年，包豪斯第一个共产主义小组成立，到1930年，组织发展了36名成员。德国当局渐渐对学校产生了怀疑，将其视为危险分子的大本营。尽管迈耶遵守承诺解散了共产主义小组，市长还是传唤迈耶并要求他做出解释。这当然是徒劳的，迈耶重申了自己的马克思主义信仰。一些授课大师，如对新课程表示怀疑和担忧的康定斯基和艾尔伯斯借此推波助澜。隔岸观火的格罗皮乌斯因为自己在迈耶担任校长期间感受到的不敬态度而感到愤慨，也向迈耶发难，指责他曾经是一个不确定的表现主义者，后来是一个不确定的形式主义者。1930年8月1日，黑塞市长解雇了愤而提出辞职的迈耶。正如玛格达莱娜·德罗斯特所指出的那样，格罗皮乌斯"甚至在生命的最后时刻都在关注包豪斯的重建，并对于迈耶对包豪斯的贡献感到迷惑"。

Wikimedia/User:Dabbelju

汉内斯·迈耶和汉斯·维特沃尔，德国工会学校，贝尔瑙，1928—1930

柯布西耶、密斯与“时代精神”

路德维希·密斯·凡·德·罗，钢管悬臂椅

1927年，柯布西耶正在设计位于嘎尔什的一座别墅。虽然还没有完全应用他在魏森霍夫住宅博览会上提出的新建筑五要素理论，但是如柯林·罗的研究结果所示，这座建筑以一个网格化的隔间结构和一个均衡的比例系统为基础，令人联想到帕拉第奥式别墅。正如柯布西耶本人所肯定的那样，他的目的是实现“一种恒定的比例，一种韵律，一种抑扬顿挫的节奏”。别墅的外观是一个紧凑的棱柱体，设有造型优雅的长条窗。凹入和略微突出的空间结构打破了立面的平整和紧凑性。根据柯林·罗的研究，它们暗示了空间和功能的深度继承和连接，只要从概念上而不是物理空间上去理解，这些空间和功能就可以一目了然。在别墅的内部，诸如马蒂斯制作的裸体雕像等雕塑作品被放置在关键位置上，强调了空间动线的连续性。

还有始建于1929年，完成于1931年的萨沃耶别墅。柯布西耶用一幅手稿概括了它的结构：一个纯粹的体量从主体结构中凸显出来，各部分的连接没有破坏建筑结构的整体性。这是柯布西耶设计方法演化过程中的第四个阶段，这个过程从拉·罗什-让纳雷之家就已开始，它的空间体量被简单地放置在一起。这一演化过程在以简单棱柱体为特色的嘎尔什别墅中更为清晰，在魏森霍夫的公共住宅项目中进一步融合，其形式的统一性、各部分之间的和谐共存性都要胜过前两个阶段。如前所述，这一过程以萨沃耶别墅为终结，实现了多样性对统一性的服从。

建筑在底层架空的主体结构上形成了一个典型的观景屋，并且在形式上具体论证了新建筑五要素的整体运用，其最为引人关注之处就是建筑本身与自然的关系。这是通过在露台式庭院的墙壁上设置开口实现的，窗外的自然景观转化为一种简单的全景视野。甚至连别墅的几何造型也与该地实现了有限的“对话”。柯布西耶所指的理想是希腊神殿——类似从天而降的不明飞行物——而不是赖特设计的那种能够融入自然的住宅。如果从概念上排除了与场地的关系，就得到了最大的朝向天空和太阳的开口。柯布西耶的建筑漫步空间沿着从入口到屋顶的连续坡道和路径系统展开，在日光浴室到达顶点。日光浴室采用了塑料压顶结构，不同于中间层的实体棱柱结构和底层的细长桩柱结构。这种从上到下的序列可以概括为空旷空间、实体体量、自由形式。

密斯与柯布西耶秉持着一个共同的观点：建筑超越了纯粹的功能主义，它体现了时代精神。然而，柯布西耶专注于空间的巧妙运用和对明暗对比效果的挖掘，并通过实质的做加法得到最终效果，密斯则通过消除和消减的方法来寻求形式，他像科学家一样，深信只要能发明出更短和更普遍的公式，就越能实现目标。在建筑中，简洁性与较少材料的运用和轻盈的效果相对应；普遍性与建筑实现的最多功能数量相

路德维希·密斯·凡·德·罗，图根哈特住宅，布尔诺，1928—1930

路德维希·密斯·凡·德·罗，图根哈特住宅，布尔诺，1928—1930

对应。因此，密斯的理想是无限灵活的空间。如果一个科学家的理想公式趋向于零一般的简洁，那么一切便不言自明。密斯追求的是零的轻盈和包含一切的虚无。众所周知，这只能让研究进展变得缓慢，人们只能日复一日研究最细微的细节，无法容忍那些每天都想发现新公式的人，在缺乏教学能力的同时也不重视学生的创造力，形成掺杂着羞怯与傲慢的性格。

1927年，密斯总结了魏森霍夫住宅区的经验，他曾专门研究了那里的住宅的灵活性。后来他返回柏林工作，还安排人研究这些住宅的装饰。从1928年7月开始，密斯展开巴塞罗那世界博览会德国馆的设计工作。1929年5月26日，西班牙皇室举行了该馆的落成仪式。这个展馆绝不是一个简单的建筑，它至少是三种不同的建筑意图和方法的碰撞：风格派的新造型主义、他在柏林看到的新客观派、申克尔的源自纪念性和古希腊比例的新古典主义。正如天才人物创造杂交物种时经常发生的那样，这个建筑作品中几乎没有纯粹的语言和构图，但并不妨碍它成为一件杰作。

风格派的新造型主义在展馆的平面分解中得到体现，但这个设计显然拥有更大的空间流动性。这种近似于剧场的流通性令人想起赖特的作品。事实上，与草原式住宅一样，这个展馆的入口没有设在正面，游客只能沿着一条急剧变化的道路行进：时而走向水面，时而通往雕像，时而走向次级空间。这些平面按照一定的逻辑彼此相连。这种连接逻辑的灵感并非来自赖特，但是赖特非常欣赏这个展馆，即使他难以容忍与这些平面同时出现的十字形柱。他说："总有一天，我们要说服密斯把那些看起来很危险，还影响他优美设计的该死的小钢柱去掉。"

德国馆的"柱子"、玻璃板以及不同层次的透明性属于第二种风格特征，体现出一种构成主义的美学——这种美学是以个人方式发展的，倾向于建筑的去物质化。密斯通过增加倒影池，采用轻盈的玻璃平面和冷色调的亚光材料，使最终效果得到了提升。展馆还有一个古典的构成部分，几乎是受到了路斯的影响。尽管展馆的内部充满了动感与

勒·柯布西耶，萨沃耶别墅，普瓦西，1929—1931

活力，其外部却像一个经过细心校准的物体，在底部、主体空间和顶部三个部分都体现出纪念性。罗宾·伊文斯在《密斯·凡·德·罗的矛盾对称性》一文中针对这个项目给出了富有洞察力的见解。他指出，德国馆的对称性没有体现在平面布局上，而是反映在水平立面上，从而带来了一种感知上的不安，人们仿佛置身于一个同质的和绝对的空间之中，没有具体的参照点。然后，如果我们再加上石头的永恒感和恒久性，以及光影的效果，就像格奥尔格·科尔比从上方照亮雕像的大胆想法一样，这个转瞬即逝的物体——这座展馆将只存在几个月，由于经济危机，它的材料也要被出售——更像一座永恒的纪念碑（这也是它在1986年得以重建的原因之一）。1928年末，正在忙于德国馆设计工作的密斯接受了图根哈特住宅的设计委托。这座1930年末完工的住宅采用了不同的设计策略，平面空间被界定于两个区域范围：一

萨沃耶别墅内景

条曲线定义了餐厅区域，一条直线将工作室与客厅隔开。住宅的外部有两个主要的立面——临街的封闭面，以及朝向花园开放的一面，这多亏了一面长达24米的玻璃幕墙，幕墙被细分为4.5米左右的滑动面板，与固定结构交替呈现。密斯与莉莉·赖希合作完成了该项目的家具和装饰设计。赖希从魏森霍夫的住宅开始便一直帮助他进行室内设计。图根哈特住宅的设计细节极其细微：密斯设计了钢管悬臂椅，采用了映照着天花板的白色油毡铺面，天然的羊毛地毯，生丝窗帘，曲面造型的黑檀木墙壁。客厅的隔墙上镶嵌了黑玛瑙，小型立柱还使用了钢材。想在房间中挂一幅画，或者为额外的家具找个空间，又或者改变家具的布局，几乎都是不可能的，因为这些家具摆放的位置都精确到毫米的程度。图根哈特住宅显得非常冷清，几乎没有任何居住价值。《造型》杂志专门为这栋住宅发表了《图根哈特住宅可以居住吗？》一

Wikimedia / vicens © VG Bild-Kunst

路德维希·密斯·凡·德·罗，巴塞罗那世界博览会德国馆，1928—1929（1986年重建）

Wikimedia / vicens © VG Bild-Kunst

巴塞罗那世界博览会德国馆内景

文。作者贾斯特斯·拜尔提出的理论是，该建筑无疑是一件艺术品，但是缺乏供人用餐、睡觉或自由生活的空间。图根哈特夫人却站出来为密斯辩护，称住宅十分适合她和丈夫的生活。不难想象，这一问题具有普遍性：它接近日益成长的先锋派趋势，用专门的形象术语来构思建筑；它可以是摄影的，是电影的，但与是否存在无关。

苏联建筑师团体

1925年，苏联当代建筑师协会成立，其成员包括莫伊塞·金兹伯格、亚历山大·维斯宁和维克托·维斯宁兄弟、里奥尼德、尼科莱·科利、伊利亚·格罗索夫和伊万·列奥尼多夫，这些无疑都是最具才华的人物。列宁格勒（圣彼得堡的旧称）的分会成员包括I. I. 贝尔多夫斯基、V. 加尔佩林、奥尔；哈尔科夫的分会成员包括马洛塞莫夫、施泰因伯格；基辅的分会成员有N. 霍洛斯滕科。协会最早的行动之一就是为亚历山大·维斯宁和莫伊塞·金兹伯格指导的评论刊物《当代建筑》筹集资金。该刊物一直发行到1931年，发表了维克托·布尔乔伊斯、沃尔特·格罗皮乌斯、汉内斯·迈耶、密斯·凡·德·罗、安德烈·卢卡特、罗伯特·马莱-史蒂文斯和汉斯·维特沃尔的文章和项目。由于金兹伯格与勒·柯布西耶交往甚密，也是他的崇拜者，因此为后者专门提供了大量的版面。

与之前的先锋派团体不同，当代建筑师协会是一个植根于专业实践的文化协会。它把建筑师、技术人员、知识分子和评论家团结在一起，协会的成员对抽象的讨论不感兴趣，他们的目标是为社会主义社会定义和发展建筑的一般原则。他们向公众解释这些原则，与那些渴望回归传统的人形成了鲜明的对比。《当代建筑》毫不犹豫地加入了原则斗争，对建设用来举办庆祝活动的建筑而浪费公共资金的现象进行了抨击。该刊物还设法应对形式世界所面临的技术问题，例如，按照陶特、贝伦斯、奥德和柯布西耶的意见，对平屋顶还有新型集体住宅的形式（如公社住宅）进行了研究。他们还发起了以这种集体住宅为主题的设计竞赛活动，在全国住宅稀缺的情况下，这种住宅类型显得尤为重要。

1928年4月，当代建筑师协会的首次大会在莫斯科举行，在最终形成的会议文件中抨击了“五宗罪”：对建筑的无知；无原则的折中主义；对新形式的抽象探索；天真幼稚的独创性；看似现代，实则守旧的作品。会议提出了唯物主义和构成主义的三个目标：创造满足社会生活的新建筑类型、创造建筑的品质、创造建筑各部分之间的相关性。1928—1930年，金兹伯格等人以这些目标为前提，设计并建造了纳康芬公寓楼。这是一个线性建筑，其功能规划清楚地表达了新的具有竞争力的住宅形式：基于最小存在逻辑的小型居住单元；丰富的社交空间，如集体厨房、洗衣房和阅览室。它是一部居住的机器，借鉴了柯布西耶的纯粹空间、长条窗、屋顶花园和底层架空的结构。

由于瑞士当局拒绝发放签证，金兹伯格未能参加在拉萨拉兹举行的CIAM首次大会。埃尔·利西茨基和尼科莱·科利作为苏联代表参加了在法兰克福举行的第二届CIAM大会，他们在这次大会上展示了精确处理最小存在逻辑问题的方案。科利通过柯布西耶参与了莫斯科消费者合作社中央联盟大楼的建设工作。这一委托得到了OSA的支持，但是由于官僚主义的阻碍和施工过程中的困难，该建筑未能令人满意（在充满诗意的完美开局之后，勒·柯布西耶与苏联政府的关系逐渐恶化。他与金兹伯格在1930年发生了冲突，他当时撰写了关于莫斯科的都市化和绿色城市的评论，抨击了苏联的反城市化者的言论，赞成实现更大的城市密度，并提出了另一个项

Denis Esakov

左图：
勒·柯布西耶，莫斯科消费者合作社中央联盟大楼，莫斯科，1928—1936

上图：
莫伊塞·亚科夫列维奇·金兹伯格、伊格纳蒂·弗兰采维奇·米利尼斯和谢尔盖·普罗霍罗夫，纳康芬公寓楼，莫斯科，1928—1930

《当代建筑》封面，1927，由阿列克谢·甘设计

目——光明城市。第二年，他输掉了苏维埃宫的竞标，尽管他为此创作了一件具有里程碑意义的作品，其中不乏构成主义的色彩）。

在这一时期，伊万·列奥尼多夫无疑是苏联最具才华的建筑师。他曾在福库特马斯学院里亚历山大·维斯宁的工作室中学习，他追求的是一种原创的诗意，拒绝被纯粹主义的古典或理性主义的冷淡和僵硬所迷惑。他1927年的毕业设计作品列宁图书馆，堪称基本体量的至上主义构成：它是一个平衡体量的奇迹，通过使用新材料创造了透明和瞬时的效果；建筑体量通过纤细的缆索被固定在地面或悬浮在空中。1930年，他为莫斯科的一个体育综合设施提出了由三角形钢架和玻璃桁架构成穹顶的方案，在运动场上用同样的材料构建了一座“金字塔”。该项目似乎是对巴克敏斯特·富勒的测量圆屋顶的一种预示，而马列维奇只是将其展示在画布上。它也预示着一种新的生活方式，在这种生活方式中，教育和娱乐是一个统一过程的一部分。他的做法遭到了一个泛俄无产阶级建筑师协会——Vopra组织的攻击，他们指责列奥尼多夫是无定论的理想主义者。还是在1930年，该方案参加了为乌拉尔东部的马格尼托哥尔斯克市的新带状城市举行的竞赛，方案令人想起同时期康定斯基和克利的那些油画。他的这一项目与金兹伯格以及OSA的建筑师的参赛方案都受到了不切实际的评价，全部遭到拒绝。最终，这个项目被委托给更值得信任的恩斯特·梅，当时他和他的德国建筑师团队已经到达苏联。

由于迷失在具有纯粹空间价值的宇宙中，列奥尼多夫在整个建筑职业生涯中几乎一事无成。他把自己局限在设计迷人的项目之中。在这些项目中，艺术和建筑之间的界限越来越模糊，他留下的形式和空间的发明至今仍有待进一步研究。

国际现代建筑协会

国际现代建筑协会的创立是为了宣传新思想，为先锋派运动建立统一的文化和美学方法，并对社会和政治环境产生影响。针对新思想的宣传很有必要。在魏森霍夫住宅博览会之后，现代运动的主要倡导者感受到公众兴趣的存在，但是在缺乏理解的情况下，这种好奇可能会变成敌意。在学术界的煽动下，这种敌对的火焰终于被点燃。这一点在国际联盟万国宫的竞赛中得到了证明，当柯布西耶的项目设计距离胜利只有一步之遥时，主办方却以提交的图纸存在技术形式问题为借口取消了他的参赛资格。在年轻的历史学家和评论家西格弗里德·吉迪恩的支持下，柯布西耶发起了一场国际性的抗议运动。他们很快意识到这还远远不够，现代运动需要以一个国际组织的形式凝聚起来，这个组织可以作为传播思想和倡议的工具。

从文化路线上来看，密斯、吉迪恩、柯布西耶和奥德认为先锋派运动过于多面化，这一风险会使整个运动陷入混乱不堪的局面。密斯毫不犹豫地提出必须排除表现主义倾向，并采取他所说的“净化”措施，以实现一种共同的风格，一种更具同质性的形式语言。这也是他离开环社的大背景。对于吉迪恩来说，他希望格罗皮乌斯、密斯、柯布西耶、奥德、范·伊斯特伦、斯塔姆和施密特能够创造一种理想的纯粹主义的构成主义建筑。

从政治路线上来看，倡导现代运动的建筑师的共同想法是，新建筑预设了一个建立在理性基础之上的、完全不同的城市，只有通过国际化的组织和运动才有权向各国的政治家提出建议。然而，这导致了两种不同文化路线之间的冲突。包括柯布西耶、格罗皮乌斯和密斯在内的改革派认为这些变化在一定程度上是由务实的意识形态引起的。当时，柯布西耶正与苏联合作，同时也与保守的技术官僚右翼保持着令人愉快的关系，并对他们持同情的态度。密斯甚至迫于压力尝试与德国纳粹分子合作，在1933年加入了约瑟夫·戈培尔的“帝国文化协会”。在他们看来，共产主义者（如瑞士的ABC团体和一些德国人）坚信建筑师的工作不能独立于他所面对的经济环境，无论是在资本主义还是社会主义中。他们声称，如果没有资本主义生产的终结和共产主义社会的出现，这种新城市是无法想象的。1930年，马克思主义路线的最狂热的支持者已经跟随恩斯特·梅来到了苏联，CIAM的两条路线始终处于水火不容的对抗状态，无法相互理解。

CIAM的第一次会议于1928年6月26日至28日在瑞士拉萨拉兹举行。来自多个国家的建筑师参加了会议：瑞士的斯塔姆、施密特、赫斐利、阿尔塔里亚、斯泰格尔、吉迪恩和几个月后取代格罗皮乌斯被任命为包豪斯校长的迈耶，法国的查里奥、卢卡特和勒·柯布西耶，比利时的布尔乔伊斯，荷兰的斯塔姆、里特维德和贝尔拉格，德国的哈林和恩斯特·梅，奥地利的弗兰克，意大利的七人小组代表拉瓦（由瑞士建筑师萨托利斯代为出席），西班牙的费尔南多·加西亚·梅卡达尔和胡安·德·萨瓦拉。缺席会议的重要人物包括奥德、格罗皮乌斯和密斯，以及加尼叶、佩雷、路斯和凡·德·费尔德等老一辈建筑师。由于瑞士当局拒绝发签证，苏联代表埃尔·利西茨基和莫伊塞·金兹伯格也没能出席会议。

在大会的筹备过程中，哈林与管理该组织的吉迪恩发生了冲突。原因是大会只邀请了五名环社的成员，哈林作为该组织的领导者在原则上难以接受这种被排斥的做法（最终哈林成了该组织唯一参加此次大会的成员）。此外，尽管他是德国最重要的先锋派建筑师协会的领导，大会却没有邀请他在会上发言。实际上，柯布西耶和吉迪恩已经细心制订了会议计划，以避免给那些可能让他们难堪的人物太多发挥的空间。更重要的是，他们的观点和理念完全不同。

6月26日，布尔乔伊斯和柯布西耶谈到了现代技术的建筑效果，和梅谈论了标准化问题。在随后的讨论中，哈林成为各种最具争议的事件的始作俑者，他反对柯布西耶的所有论断。在预制技术方面，那些相信建筑围护结构应该完全产业化的人与卢卡特和柯布西耶等主张应把预制技术限制在单个构件内的人发生了分歧。此外，1914年德意志制造联盟的争论似乎仍在继续，一些人（如法国建筑师）认为有必要把重点放在艺术品质和建筑的理性上；而另外一些人（如德国和瑞士建筑师）则认为应该注重建筑的简单性和产业的合理性。第二天，讨论集中在一般经济和城市化问题上。6月28日，贝尔拉格为关于国家与现代建筑关系的会议收尾，他在会议上分析了荷兰的成功案例，并就如何输出这种模式征求了大家的意见。

大会组成了CIRPAC，这是一个负责筹备连续会议的中央委员会，由每个国家派出的两名代表组成，吉迪恩在大会闭幕的那天宣读了委员会的名单，其中没有哈林的名字。哈林一开始怀疑名单弄错了，后来当他得知名单没有任何问题的时候越发感到愤怒，而他的出席也确实不受欢迎。由此导致的冲突在大会闭幕之后才由长袖善舞的格罗皮乌斯出面解决。

CIAM最终的宣言有法文和德文两个译本，这是一个权宜之计，重新凝聚了大会的两个重要灵魂，有效调解了两个派别关于建筑或结构的争论。

但是，语言上的权宜之计不可能彻底解决这一问题。就在第二年，围绕着柯布西耶的世界城项目，这一问题再度爆发。我们已经提到过这个问题：泰奇在《建筑》杂志上发表了一篇有理有据的长文，批评柯布西耶的唯美主义在本质上是希望通过使用过时的比例、构成和所有的美术手段达到艺术的崇高境界，即使他已经根据现代主义的新情感进行了调整和修正。柯布西耶在南美旅行时写了一封长信，对朋友的批评迅速地做出了回应，并在南美参加的一系列会议上做了发言，表明他认为这个问题对该运动的文化领导力具有战略意义。他还在《建筑》上象征性地以“捍卫建筑”为题发表了一篇文章。柯布西耶攻击了僵化的实用主义。他断言仅凭功能是不足以创作出诗意的建筑的。他以一个垃圾桶为例，当它变形时，可能会装下更多的废纸，这在理论上似乎更有用，它也因此而更美丽，但实际上它又笨拙又丑陋。因此，美不仅仅是功能，也是建筑师必须追求的附加元素。

柯布西耶提出了一种形式和功能的分裂，阐述了他不理解布拉格的形式主义的真正原因。对于泰奇来说，将对象简化为纯粹的功能是可能的，因为审美维度的正确空间识别并不在对象的内部，而是如柯布西耶所希望的，在于对这一主题的见解。从本质上来说，一件作品的价值并不是来源于对内在和外在真理的追求——从唯物主义和反形而上学的角度来看，这是没有意义的——但是应当认识到这是一种历史上合适的形成方式的产物。泰奇写道：“世界城证明了美学理论和传统偏见的惨败，挫败了口号‘宫殿般的房子’和以艺术为主导的对实用建筑的诋毁。由此，可以直接走向完整的学术主义和古典主义……”

第二次CIAM大会于1929年举行，会议探讨了住房和最低保障问题。由于恩斯特·梅的推动，会议举行地点设在法兰克福。这座德国城市当时正在实施一项公共住房的建设计划，即1926—1930年建设15 000多套住房，相当于该市约10%人口的住房需求，这些住宅主要集中在城市周边的居住区。在这些地区，人们特别关注的是降低建筑成本、消除多余的空间、标准化、专门用于住宅的区域分区、平行排列的房屋建造、构件的预制；玛格丽特·舒特-丽霍茨基设计的所谓的法兰克福厨房中空间和运动的“泰罗化”；室内布局的合理化；由弗兰克·舒斯特和费迪南德·克雷默为家庭特定空间设计的按成本出售的家具。

2月2日，大会在巴塞尔召开了一次CIRPAC会议。会议期间，柯布西耶和哈林再次发生了争吵，哈林被抛在一边。格罗皮乌斯这次没有出面平息事态，相反却断言“环社将不复存在，大会将包容个性”。他离开了环社，和密斯一样（如我们所见，他在1927年做了同样的事情）放弃了对哈林的支持，使其陷入孤立。更重要的是，他逐渐走向吉迪恩和柯布西耶的立场，为建立一个新的四方联盟——格罗皮乌斯、柯布西耶、密斯和吉迪恩——做出了贡献。其中的三位建筑师此后成为现代主义的象征人物，他们主导各种评论，CIAM成了他们的工具。

法兰克福的CIAM大会于10月24日召开，当天是华尔街股市暴跌的黑色星期四。来自28个国家的130位建筑师出席了

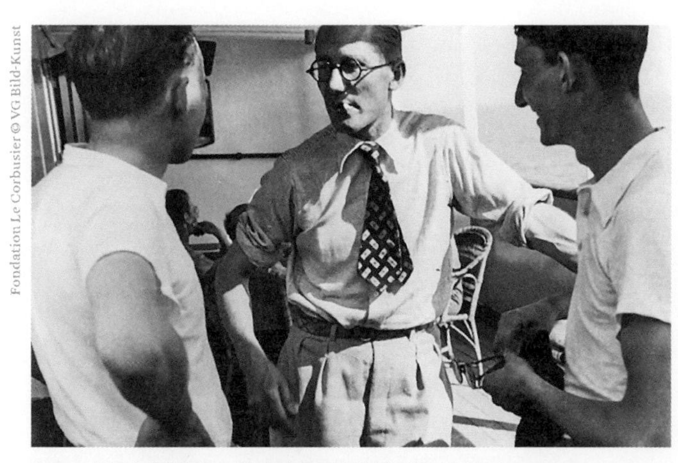

在CIAM第四次会议期间，勒·柯布西耶在帕特里斯2号轮船上，1933

CIAM首次大会，拉萨拉兹，1928年6月26—28日

大会。大会安排格罗皮乌斯、布尔乔伊斯、柯布西耶和施密特四人演讲。但是格罗皮乌斯和柯布西耶没有出席，后者当时正在拉丁美洲旅行。吉迪恩代表格罗皮乌斯发表了讲话，柯布西耶的表兄（也是其合伙人）皮埃尔·让纳雷代表柯布西耶做了发言。

埃尔·利西茨基和奥德也缺席了这次会议。而西班牙建筑师约瑟夫·路易·塞特和芬兰建筑师阿尔瓦·阿尔托则参加了会议。10月26日，卡尔·莫泽尔宣布大会结束，并正式宣布他和恩斯特·梅组织了最小居住单位展览，展览的素材来自整个欧洲。为了便于比较，207个最小住宅单元的平面图均以同样的比例绘制。住宅从29平方米的单人间到91平方米的多人家庭住宅，规格多样。在大会结束之后，这个展览开始在欧洲各地巡回展出，并顺便宣传了CIAM出版的《最低保障住宅》一书。

第三届CIAM大会于1930年11月27日至29日在布鲁塞尔举行。格罗皮乌斯在演讲中引入了重要的主题：低层住宅、多层住宅、高层住宅。尽管哈林也参加了这次大会并参与了讨论，但他已经不再履行任何实际的职责。他一直反对人们对高层住宅的偏爱，却孤掌难鸣。作为美国代表的奥地利建筑师理查德·诺伊特拉与克努德·隆伯格-霍尔姆一起发表了重要演讲，他们提供了美国的建筑实例。意大利的建筑师代表则是波利尼和波托尼。

柯布西耶对顽固的构成主义者所采取的过度强调技术的态度持批评意见。此时，他刚刚完成光明城市项目，这是一个概念还很模糊的拟人化的城市（商业区位于头部，住宅区位于胸部，生产制造区位于脚部），具有相当的密集程度。这是对当时苏联先锋派建筑师，如金兹伯格等推行的线性城市和低密度城市规划所做的正式回应。

恩斯特·梅的团队已经于同年10月前往苏联，同时还吸引了斯塔姆和施密特的加入。迈耶在8月被包豪斯学校辞退之后也加入了团队。他们逃脱了正在绞杀欧美世界的经济危机，前往欢迎新建筑的苏联。在这个国家里，他们受到了热烈的欢迎。1931年，在苏维埃宫的设计竞赛中，鲍里斯·伊奥凡新颖奇特的婚礼蛋糕造型的设计获得了大奖，这无异于宣告了构成主义者的必然失败。

苏联在政治文化方向上的这种决定性和可预测的变化，也正是当局屡次以各种借口推迟在莫斯科举行后续CIAM大会的原因（吉迪恩和范·伊斯特伦曾就此写信提出抗议，但是徒劳无功）。在被苏联拒绝之后的第三年，也就是1933年，他们决定在帕特里斯2号轮船举行第四届CIAM大会，轮船从马赛出发，最终到达雅典的比雷埃夫斯港。（此次大会的意大利代表包括皮埃特罗·玛丽亚·巴尔迪、吉诺·波利尼及其妻子、皮耶罗·波托尼和朱塞佩·特拉尼。）在远离城市中心和决策层的情况下，一小群建筑师针对功能性城市和都市化未来的主题展开了讨论（《雅典宪章》正是在这种情况下制定的），而那些决策层人物在当时对执行这些的人的建议几乎或者说根本没有兴趣。似乎没有比这更荒唐、更矛盾的事情了。

光之建筑

在20世纪20年代的德国，广告、宣传是一个反复出现的主题，其概念基础是人类在某种程度上是一种可被操纵的动物，正如人类工程学研究所证明的那样。其生存空间和社会生活可以根据科学原理进行组织，如泰罗制所说的那样。

销售方式的变化改变了城市的面貌。这种呼声来自对这一问题的多项研究，也来自越来越多的专业企业开发的技术以及专业评论刊物中给出的措施，这些刊物包括《展示》《赛德尔广告》《广告》等。技术进步也带来了贡献：大片玻璃板的工业生产使建筑的底层变得更加空旷，可以将其转化为展览空间；电的迅速普及使商店橱窗和广告牌变得绚丽多彩。1924—1928年，德国的能源消耗量翻了一番。被称为“电气天堂”的柏林共有3000多个发光招牌。1925年，欧司朗公司发明了一种利用氖管实现彩色招牌的技术。1928年10月，在为期一周的题为“光中的柏林”的活动中，欧司朗公司建造了一座纯净的光塔，用数千盏电灯装饰了大街两旁的树木。汉莎航空公司还组织了飞越柏林及其发光建筑物的夜间飞行。这一活动最早是法兰克福市在1927年提出的，后来，阿姆斯特丹和汉堡分别于1929年和1931年跟进。

并不是每个人都认为电气化是一种积极的变化。恩斯特·布洛赫就曾经指出，这些绚烂恢宏的设施会分散人们的注意力，反而会让目标变得更加模糊不清。诸如海德格尔（1927年创作了《存在与时间》）这样的哲学家认为，这种入侵世界的技术会进一步发展，标志着一种不可避免的，但充满戏剧性的命运。恩斯特·荣格尔评论：“再没有哪个城市像柏林那样疯狂了。一切都动了起来——路灯、广告牌、电车，就像动物园里不知疲倦的美洲豹一样。”

建筑师，尤其是表现主义建筑师都对此充满了热情。1914年，陶特和舍尔巴特的玻璃建筑梦想似乎成为现实。同样，这也为莫霍利-纳吉在1917年写下诗歌《光景》提供了灵感。1926年，门德尔松在一次美国之行后撰写了《美国》一书，以狂喜的语言将纽约比作光彩照人的马戏场，以闪亮的文字和四射的光芒为特征。在成千上万的汽车上方，在人群拥挤的混乱街道上方，这些广告牌上的图像时而消失，时而出现，时而炸开，充满了动感与活力。

1921年，在参加弗里德里希大街设计竞赛的方案中，夏隆预设了一座建筑，其正立面为广告牌留出了空间。1928

《广告》，1933年第2期

年，卢克哈特兄弟为波茨坦广场设计了一座建筑，上面安装了“可登可登”牙膏的巨大广告牌。门德尔松也在同样的公共空间设计了一座建筑，巨大的发光文字占据了大量的建筑立面空间。光之建筑从此诞生，光成为一种建筑工具，在任何项目开始时都会被认真考虑。如在法兰克福的项目中，恩斯特·梅便对特定的城市环境进行了光学研究。然而，门德尔松比其他建筑师更准确地诠释了光的诗意，试图以巨大的窗口、暗示能量传递的曲线、移植和重叠的形式来塑造它，从而提高了建筑体量的流动性。人们可以在人工照明的条件下观赏他的建筑。门德尔松完美地将这项研究的意义传递给同一时代的许多建筑师。位于布雷斯劳的彼得斯多夫百货商店（1928），以及位于斯图加特的绍肯百货商店（1926—1928）是当时最为有趣的两个范例。

尽管先锋派的研究遇到了困难，但纳粹分子也对这些新技术产生了兴趣。在纳粹党的集会上，斯皮尔用巨大的泛光灯展示了他的光之教堂。为了庆祝希特勒的胜利，他还计划于1933年5月1日在滕珀尔霍夫举行一次极具暗示性的活动。这种能营造宏伟壮丽气氛的新技术很快便显示出其作为政治宣传工具的优势。

saai | Südwestdeutsches Archiv für Architektur und Ingenieurbau

埃里希·门德尔松，绍肯百货商店，斯图加特，1926—1928

摩天大楼

《曼哈顿区划法》于1916年颁布，允许沿街的建筑达到一定的高度，在沿街线后方的建筑可以增加更多的楼层，最终对该地区四分之一面积内的建筑不做楼层数的限制。很多建筑师很快便开始专门研究垂直建筑类型，比较突出的是雷蒙德·胡德和哈维·威利·科比特。他们认为，仅仅将传统的法则应用于这样的高层建筑中没有任何意义。

摩天大楼是通过累加的逻辑构成的，是内部灵活平面的叠加，位于中心的机械升降机是唯一的限制。它是一个容器，而不是一个有机体，人们在其中只能享受更高、更壮观的景观视野。

摩天大楼是巨大的城市地标，是一种有效的广告工具。1913年，超级市场之王伍尔沃思公司在纽约建造了一座类似哥特风格的建筑，其令人惊讶的高度在当时无与伦比。这座建筑大获成功，并被人们戏称为“商业大教堂”。威尔逊总统在其落成典礼上没有剪彩，而是按下一个按钮，点亮了8万多盏电灯。前面提过的《芝加哥论坛报》认为这种类型的建筑是一种有效的宣传工具，并在1922年举行的国际竞赛中投入了10万美元。建筑师威廉·范·艾伦在1928—1930年建造的克莱斯勒大厦，很快便由于其高度和非比寻常的建筑形式被收入了《吉尼斯世界纪录大全》。大厦顶部呈扇形的冠状，采用了不锈钢结构，利用了这种材料的反射特性。第40层墙角的顶部是巨大的散热器盖。冠状顶部下方的装饰图案是一只北美秃鹰，似乎要展翅高飞，这显然是对克莱斯勒汽车的暗示。面对这样一个标志性的外观，各种精致细化的元素都被推入背景之中，例如，为了体现大厦的垂直性，建筑师在拐角处采用了视觉弱化的手段。

人们不再关注建筑珍贵的品质，这在同时期的另外两个建筑中有所体现：1931年建成，并保持最高建筑记录多年的帝国大厦；以及建于1931—1940年的洛克菲勒中心。洛克菲勒中心的设计在很多年前就开始了，本杰明·维斯塔·莫里斯早在1928年就确定了大厦的设计方案。

这并不是说设计方案的品质不佳，相反，洛克菲勒中心的建设是一个漫长的过程。这一过程影响了雷蒙德·胡德的《芝加哥论坛报》大楼（1922—1925）和暖炉大楼（1924），这两座大厦都具有哥特风格；也影响到了《每日新闻》大厦（1930）和麦克格劳-希尔大厦（1928—1931）壮观的垂直性。阿尔弗雷德·巴尔认为它是国际风格的先驱。洛克菲勒中心是纽约最成功的城市空间之一，它那庄严肃穆的形式和装饰也非常突出。然而，正如这些建筑的设计过程所示，在开发商找到最佳解决方案之前，建筑师用几十种不同的罩面进行了表面处理——它们的魅力在于层层向上的张力，在于这些巨大体量形成的新关系体系。在多个层面上创造了城市密度。如果说巴黎的林荫大道是19世纪空间化的伟大神话，那么纽约的城市景观就代表了20世纪的新形象。休·费里斯是一名建筑师和设计师，他比任何人都更好地描绘了摩天大楼的神话，也强调了它令人不安的一面，并把它描绘成一座骄傲地矗立在无限空间中的虚幻大教堂。作为1929年出版的《明日都市》一书的作者，他描述了当今的城市、设计趋势，以及他希望实现的那些想象中的城市。此外，科贝特在1923年设计了一个摩天大楼林立的纽约，这些大楼位于不同水平层面的街道两旁，将行人和车辆明显分开。他把汽车想象成汹涌的河水，并建议把纽约与水城威尼斯进行比较。1927年，雷蒙德·胡德撰写了《大厦林立的城市》。他在1931年设计了一个理想的都市，名为“屋顶下的城市”。胡德的当务之急是解决交通的拥堵问题，因此他设想的建筑规模比纽约一个街区所允许的还要大。

Wikimedia/David Shankbone

雷蒙德·胡德和华莱士·柯克曼·哈里森，洛克菲勒中心，曼哈顿，1931—1940

Library of Congress, Prints and Photographs Division/ppmsca.05841

曼哈顿鸟瞰，1932

查里奥与玻璃屋

皮埃尔·查里奥生于1883年，比柯布西耶和密斯年长一些，与格罗皮乌斯同岁。他在沃尔宁&吉尔洛公司工作到1914年。沃尔宁&吉尔洛是一家专门从事室内装饰和家具制造的公司，查里奥在此学习了这一领域的专业知识。1918年，他开始自己创业。35岁的他有着杰出的天赋，对舞蹈和音乐也有着深厚的创作热情。

然而，他的性格倾向于抑郁、封闭、高度敏感和完美主义，这不太利于他的职业发展。公司的主要客户来源是让·达尔萨斯医生的一些朋友，他的第一个项目就是达尔萨斯委托的，并在后来成为他的杰作——玻璃屋。

查里奥在20世纪20年代早期设计的家具体现了一种品位高雅的装饰艺术，有的时候甚至显得有些夸张。随着时间的推移，他设计的家具和空间变得越来越轻盈。它们倾向于以某种方式滑动、旋转或移动。带有可折叠架子的控制台可以转换成游戏桌；带有滑动桌面的桌子可以打开，提供意想不到的空间；梳妆台可以跟随身体的移动而移动；不同高度的矮桌子可以围绕着一个中心旋转，以提供大量的桌面。甚至连空间也会发生变形，他用巨大的弧形面板定义各种空间，并使其与其他的房间形成或开放或封闭的关系，这也是他常见的做法。这些面板在“静止不动”的位置可以折叠起来，打开时则尽显舞动的韵律，为居家环境引入了梦幻般的活力。1924年，他在蒙帕纳斯的谢尔什-米迪街开了一家小店，与朋友珍妮·布赫经营的画廊相邻。艺术品经销商布赫也是一位先锋派的支持者。1925年，查里奥参加了巴黎国际博览会，并在那里遇到了伯纳德·比约沃特。比约沃特当时已经决定结束与杜克的合作关系，后者的妻子导致了他们关系的破裂，并在后来嫁给了比约沃特。1926年，查里奥和比约沃特共同设计了博瓦隆俱乐部，后者明显受到了构成主义的影响。

1927年，达尔萨斯医生委托查里奥设计一个附有医务室的住宅，项目地点位于巴黎市中心圣威廉大街的一座院子内。查里奥与比约沃特共同绘制了第一张方案图纸，定义了一个现代化的住宅与工作室相结合的项目，以朝向庭院和后方花园的巨大窗口为特色，室内基本保持了传统的布局。也许是受到了他积极参与CIAM活动的经历（他在那里结识了很多构成主义建筑师）的影响，这所住宅从1928年开始逐渐呈现出最终的面貌。空间变得更加流畅，陈设更具动感，在某些情况下甚至是透明的，采用的材料也更加现代化。由于在建造过程中查里奥近乎强迫症一般不断地提出改进，这所住宅最终成为20世纪30年代重要的建筑教科书。由于诸多原因，它堪称一个独一无二、不可复制的作品。大片玻璃是引人注目的第一元素。这种材料不仅让住宅呈现出高度现代化和工业化的外观，还使室内充满了经过漫反射的自然光线，同时也保证了达尔萨斯医生的家庭成员和患者的隐私。

在特定的位置嵌入带有传统玻璃的金属窗，不仅有助于立面的设计，还保证了自然通风和室内的外部视野。夜晚，外墙上附设的灯具照亮了玻璃立面，人工照明取代了自然照明。因此，玻璃屋犹如一个巨大的灯笼，用光线创造了居住空间。

在室内，一系列的隔断将双重高度和三重高度的空间分隔开来。例如，书架起到了隔离客厅的矮墙的作用：木板与钢结构相结合，框架结构构成了一面隔墙，还具有相当程度的通透性。在某些情况下，这些增加室内空间深度的效果是通过可移动家具的滑动、转向或旋转形成意想不到的开口和视野来实现的。厕所和儿童卧室的某些轻质墙壁也可以根据需要轻易移动，以改变这些空间的大小。儿童房中的书架遮

皮埃尔·查里奥（1883—1950）

皮埃尔·查里奥和伯纳德·比约沃特，玻璃屋，巴黎，1928—1931

住了浴缸，可伸缩的楼梯则将主卧室和医务室连接起来。所有的设计都遵循运动的逻辑，而且一般来说，空间是不同环境的交替，可以由曲线形式封闭或连接。尽管如此，曲线并没有改变住宅的正交性，它们表达了一种严谨的理性，而不是表现主义的张力。

还有一些复杂的技术设备：为住宅降温和供暖的通风系统；将食物从厨房运送到餐厅的机械轨道；可分别从两个空间打开的可旋转钢制家具；配有软垫并能将鞋柜隐藏起来的房门。查里奥是最早真正意识到抽象形式语言的当代建筑师之一，但是他没有使自己局限于其中，他在实现住宅机器的过程中从未失去任何属于自己的诗意。

据说，柯布西耶经常前来工地参观。不出意料，这座住宅在沉寂了一段时间之后，于20世纪60年代中期再度回到人们的视野之中。确切地说，罗杰斯和肯尼斯·弗兰普顿在1966年重新发现了它。当时，正是新先锋派和新的意识形态狂热发展的时期，以建筑电讯派提出的思考和后来建成的巴黎蓬皮杜艺术中心（1971—1977）为标志。

玻璃屋使用了很多工业材料，如橡胶铺面、外露钢梁、标准工厂五金件、穿孔金属和简单的木板。这座住宅虽然在空间效果和技术设备上都很复杂，但是仍然保留并传递了清洁、卫生、活跃和运动等当时典型的基本生活理念。

查里奥对自我营销的兴趣不大，很少发表文章，即便《今日建筑》杂志创始人兼主编安德烈·布洛克邀请他加入编委会，他也置之不理。

1933年，该杂志的第9期发表了一篇关于玻璃屋的文章，作者保罗·尼尔森是一位杰出的美国建筑师，对创新设计颇感兴趣的他常年奔忙于美国和法国。他热情地宣称，这座住宅是四维设计的结构。它不是固定不变的，不是摄影风格的，而是电影风格的产物。在玻璃屋的启发之下，保罗·尼尔森在1935—1937年完成了自己的杰作：为纽约和巴黎喧闹的公众呈现了一栋悬空的住宅。它采用了笼式结构，其内部由弯曲的路径连接，并被环境各异的开放空间所占

Flickr / jv toran

玻璃屋内景

理查德·巴克敏斯特·富勒（1895—1983）

Library of Congress: U.S. Farm Security Administration/Office of War Information

理查德·巴克敏斯特·富勒，节能住宅，1927

据。这是一个令人不安的现代性作品，它充满智慧的大胆设计也一直令人惊叹。

现代史学对保罗·尼尔森的低估甚至超过了查里奥。然而，由于永无止境的好奇心，除了成为一名才华横溢的建筑师之外，尼尔森还经常活跃于20世纪建筑文化的重要社交圈。他曾在巴黎美术学院学习，对勒·柯布西耶的作品充满了热情，并向其寻求建议。后者介绍他去佩雷的事务所实习，尼尔森在那里遇到了后来成为英国现代运动大师之一的贝特霍尔德·卢贝克丁。回到美国后，尼尔森于1929年与电影界频繁接触，并成为电影《如此寡妇！》的艺术导演，其主演为格洛丽亚·斯旺森。同样是在美国，他于1928年在《芝加哥晚邮报》上发表了一篇文章，之后收到了巴克敏斯特·富勒的来信，信中还附有关于四维房屋的文章。二人相遇后，富勒阐述了他的多层4D结构原理和自己在1927年设计的4D节能住宅。尼尔森决定将它们推广到法国，由于对智能类型的研究和合理的施工，他的一个医院项目得到了柯布西耶的赞赏。

我们再回过来看查里奥。在出色地完成了玻璃屋以后，他的诗意灵感很快陷入枯竭。当纳粹分子在1940年入侵法国后，作为犹太人的查里奥只能移民美国，在那里度过余生。与过去事件中的突然性一样，他放弃了建筑事业，除了为他的画家朋友罗伯特·莫斯韦尔在乡下建造了一座住宅。这是一座在设计上无懈可击，但少了些魅力的建筑。查里奥于1950年去世。

富勒与节能住宅

巴克敏斯特·富勒是另一位被完全忽视的人物，至少在几年前的意大利是这样。其原因不难理解，事实上，富勒是一个擅长非正统思考的建筑师，这种思考更重视对过程的分析，而不是对形式的研究。他甚至会诉诸乌托邦的维度，只是后来与技术的对抗迫使其回到现实世界。矛盾的是，富勒的魅力在于他根本不是一个建筑师。换言之，就是什克洛夫斯基提出的运

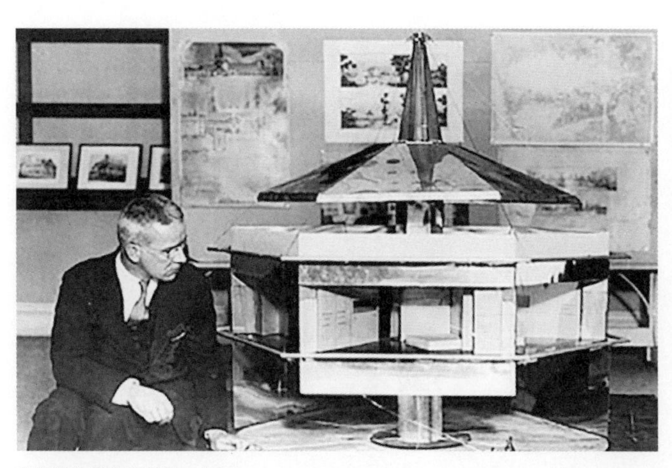

富勒和节能住宅机器，1930

理查德·巴克敏斯特·富勒，节能汽车，1933—1937

用横向思维实现令人惊叹的飞跃，也就是以一种完全意想不到的方式提出问题和解决方案，拒绝专业语言和学科壁垒；实践一种关系方法，提出无法以基本形式进行系统化解决的方案，并毫不犹豫地使用图示和图表去说明它们。

还有一个相对常见的错误观点：一些人仅仅将富勒与20世纪60年代和70年代的运动联系在一起，也就是把他视为可当作大师来崇敬的新先锋派。他们忘记了他的一些最关键的作品可以追溯到1927—1937年，当时正是现代运动和早期先锋派运动的高潮时期。多层4D结构和节能住宅的概念产生于1927年，全方位交通也诞生于同一年。节能移动宿舍产生于1931年，节能汽车产生于1933—1937年，节能厕所出现于1937年。虽然富勒不是以通常的方式出现在整个20世纪30年代的辩论中，却在很多场合公开他的发明。正如我们所看到的，他与保罗·尼尔森相识后，后者帮助他在欧洲推广了这些发明。更重要的是，作为一名发明家，他在建筑界拥有众多的崇拜者，其中最著名的当属弗兰克·劳埃德·赖特。

巴克敏斯特·富勒提出了一个协同和生态的世界构想，个人在这个世界里是他所涉及的总体环境的一部分。设计意味着对能源的利用和具体开发原则。像柯布西耶的纯粹主义那样，把自己局限于对物理定律的肤浅模仿，把它们简化为比例和协调的空泛原则，是没有意义的。一个居住机器只有在与基本机器一起和谐一致地运转时才可能存在，换句话说，就是与自然一起和谐地运转。一个建筑越是智能化，它就会变得越轻，这是因为它必须真正地轻巧，而不仅仅是通过一些形象化的技巧产生假象。更重要的是，设计师必须对材料进行创新，而不是简单地迎合现代主义的观念。富勒自述道："包豪斯学校从来不会为了水管设施而对墙面一探究竟……简而言之，他们只研究了最终产品表面的修改问题，而最终产品本质上不过是技术上已经过时的世界的子功能。"巴克敏斯特·富勒出生于1895年，比密斯和柯布西耶年轻了十多岁。在第一次世界大战期间，他在海军服役。1917年，他发明了一种用于回收水上飞机的带有电缆的天

皮埃特罗·玛丽亚·巴尔迪，《恐怖的桌子》，罗马，1931

马塞洛·皮亚森蒂尼，罗马大学城，罗马，1932—1935

Flickr/iv toran

线，之后在海军学院学习高级课程期间，还发明了一架能够垂直起飞的飞机，其中的一些原理后来被应用在节能汽车的设计上。他与安娜·休利特结为夫妻，其岳父也是一个有名气的建筑师。富勒在1919年进入工业界，并在1922年与岳父一起创立了一家生产新型人造纤维砖的工厂，他为此发明了一种可以快速制造这种产品的机器。1927年，可能是因为金融投机方面的原因，工厂被查封。这一事件加上几年前女儿夭折的打击，使他陷入了绝望并开始酗酒。搬到芝加哥后，第二个女儿的诞生令他重新振作起来，开始投入新的研究工作。返回纽约后，富勒遇到了雕塑家野口勇——一个融合了东方传统和西方实验主义的日本抽象艺术家，后来从事设计和户外空间项目工作。二人惺惺相惜，情同手足，一起前往耶鲁、芝加哥和哈佛宣传他们的作品。

多层4D结构是一个塔楼结构，其中心的立柱支撑着10个彼此交叠的平台，这些平台是用桁架板制成的。还有一种12层的选择，并配有游泳池、健身房和图书室。结构中配有空调系统，楼板内置真空循环除尘器。整个结构的重量大约为45吨，可以使用小型飞艇运输，并像栽树一样从空中直接投放到相应的位置。所需的工作就是在准备空投的地方挖一个大坑。富勒将新建筑与传统建筑进行了比较：新建筑的施工时间为一天，传统建筑为六个月；新建筑有防火措施，传统建筑完全没有防火措施；新建筑的安装成本只有传统建筑的十分之一。

节能住宅（Dymaxion House）也是在1927年设计的，dymaxion是由dynamism（动态）、maximum（最大）和ion（离子）三个词构成的合成词。实际上，在最初的双层版本之后，经过评估和改进后的建筑结构有些乏味。新的居住空间被悬挂在空心中柱顶部的横拉杆上。它是一个八边形的结构，服务设施位于中部。上层设有一个可以观赏周围景色的露台，露台上方还设有一个顶盖，以应对各种气候的变化。所有的技术服务都采用了预制技术，大部分家具都固定在墙上。它暗示了一种极具灵活性的新的自由居住方式，无疑比同期在欧洲进行的住宅实验更先进。

Sergio D'Afflitto

马里奥·里多尔菲，邮政大楼，罗马，1932—1935

iStockphoto/Hermsdorf

吉奥瓦尼·米凯卢奇，佛罗伦萨储蓄银行大楼，佛罗伦萨，1934—1936

1931年，富勒设计了一种预制住宅模块。它易于组装和拆卸，可以作为苏联合作社农民的移动居所，并考虑了他们活动的迁移性和季节性。1933年，他发明了节能汽车，这是一种未来形式的三轮汽车，时速可以达到150千米。另外，正如利奥波德·斯托科夫斯基通过一部样车所证明的那样，它可以行驶大约30万千米。1937年，他把注意力转向了全部预制的节能厕所，这是一种每边长1.5米的单体厕所，设有一个自清洁蒸汽系统。同年，该项目在MoMA展出。

法西斯主义十年

作为一个公寓街区，新公社公寓之所以获得了装饰委员会的许可，仅仅是因为他们被一个将要投入施工的拥有传统立面的项目愚弄了。该项目的设计者朱塞佩·特拉尼担任了意大利复兴运动的精神指导者，他是一个才华横溢的建筑师，被新世纪派倡导的体积简化所吸引。这一艺术运动的赞助者玛格丽塔·萨法蒂委托他建造一座纪念她儿子罗伯托·特拉尼的建筑。对于新世纪派来说，这是塑性体量的运用，建筑师将楼梯间的玻璃圆柱结构连接在拐角上，产生的拐角弱化效果更加突出了这一点。苏联建筑师伊利亚·格罗索夫设计的当代建筑——苏耶夫俱乐部与此非常相似，不过大家都知道这两位建筑师之间并没有任何联系。特拉尼在其他的作品中展现了形而上学、构成主义和未来主义对其的影响，并吸取了柯布西耶的经验。他还创作了一些与众不同的设计，如位于科莫的法西斯党总部大楼（1932—1936），这是一个单体的棱柱体结构，拥有四个完全不同的立面，介于形而上学雕塑的沉闷风格和理性主义建筑的轻盈风格之间。还有1932年在法西斯革命展上展出的朱塞佩的O房间，令人回想起构成主义和未来主义的特征。

到了1930年，学术界也无法忽视当代建筑现象。由极端反动的乌戈·奥杰蒂主管的杂志《迷宫》也验证了这一点。马塞洛·皮亚森蒂尼在该杂志上发表了一篇题为《合理与不合理的建筑结构》的文章。随后，朱塞佩·帕加诺又于1941年4月和6月在《卡萨贝拉》杂志上发表了两篇论文。还是在1930年，皮亚森蒂尼出版了《今日建筑》一书，展示了当代建筑对欧洲建筑基础造成的震动。

费吉尼和波利尼在1930年为蒙扎博览会设计了一个电气化住宅的原型。它的特点是在一楼设有一扇巨大的窗户，在上层有一个很长很轻的天棚，一端开放，另一端封闭，上层和下层结构在视觉上有种头重脚轻的感觉，也许还模糊地暗示着闪电的曲折造型。在内部，由利贝拉和弗雷特设计了全新的家具系统，尤其在当代社会必备的电器方面体现了技术创新和新的生活方式。

意大利理性建筑运动组织（MIAR）也是在1930年成立的，它的秘书长是阿达尔贝托·利贝拉。该组织得到了皮埃特罗·玛丽亚·巴尔迪和朱塞佩·帕加诺的支持，二人都是意大利政权中颇具影响力的人物。前者是墨索里尼的好友，后者以奉献精神和战争主题的装饰而闻名。

1931年，皮埃特罗·玛丽亚·巴尔迪的罗马艺术画廊举行了第二届意大利理性建筑展览会，这是一次展示MIAR的机会。在展览举行期间还出版了巴尔迪的《建筑关系研究（献给墨索里尼）》一书。展览上出现了一个名为“恐怖的桌子”的作品，这个想法来自巴尔迪，并被强加给利贝拉和其他桀骜不驯的建筑师。一个专门取笑学术作品的展台，连同一些小摆设和报纸上的低级趣味图片一起出现。

巴尔迪还准备了一份“请求墨索里尼支持建筑”的请愿书，并在墨索里尼参观展览期间提交给这位“领袖”。墨索里尼是一个细心的观察者，对这份激进的请愿书做出了积极的回应。让在场的每个人都感到欣慰的是，他同意并接受了所看到的一切。在总秘书长卡尔扎·比尼领导下的意大利建筑师联盟几周之后才做出回应。事实上，利贝拉被迫解散了MIAR。在他看来，虽然墨索里尼会避免干预艺术问题，但当他这样做的时候，其选择也常常是矛盾的，支持哪一派别并无逻辑可言。皮亚森蒂尼知道，他必须从这种模棱两可中汲取力量，于是他希望自己成为一名裁判：他与年轻一代结盟，反对传统主义者，同时又与传统主义者站在一起对抗年轻的一代。他忠实于这种摇摆不定的策略，毫不犹豫地参与了罗马大学城（1932—1935）的设计，这样的人还有设计了物理研究所的朱塞佩·帕加诺，设计了数学学院的吉奥·庞蒂，设计了矿物研究所的吉奥瓦尼·米凯卢奇，以及设计了植物和化学研究所的吉奥瓦尼·卡波尼。

法西斯革命展在1932年开幕，阿达尔贝托·利贝拉和马里奥·德·伦奇为展会设计了大胆的外观立面，朱塞佩·特拉尼设计了激进的空间——O房间。虽然这是对年轻一代的重要认可，但是这次展览的场地被分割成许多小空间，相邻的空间都有所不同。显然，这表明政府并不打算站队，只是想在各个派别之间维持一种暂时的平衡。

同时，在罗马，三栋现代化的邮政大楼正在设计之中：一栋位于博洛尼亚广场，由马里奥·里多尔菲设计（1932—1935）；一栋位于塔兰托路，由朱塞佩·萨蒙纳设计（1933—1935）；最后一栋位于阿文迪诺大道，由利贝拉和德·伦奇设计（1933—1934）。完全可信的是，它们以三种不同的方式在政府的重大需求和现代社会的形象之间进行了调和。里多尔菲的建筑令人感官愉悦，萨蒙纳的较为简朴，而利贝拉的作品在设计上更具形而上学的风格，在特伦蒂诺当地算得上优秀的建筑作品——它由大理石棱柱构成，拥有一个中庭，中庭的顶部有一个优雅而轻盈的玻璃天窗，前面是一道结实的深色大理石门廊，令人想起卡拉和契里柯在画布上描绘的空间。

1933年，一个以米凯卢奇为首的团体开始诋毁极端传

伊利亚·格罗索夫，苏耶夫俱乐部，莫斯科，1927—1929

Denis Esakov

路德维希·密斯·凡·德·罗（1886—1969）

统主义者，并在皮亚森蒂尼的支持下赢得了佛罗伦萨火车站的设计竞赛。该项目正对着新圣母玛利亚教堂的后殿，巨大的长墙被一系列玻璃幕墙打断，这是设计的一大特色。还有萨包迪亚城市规划项目，该项目在1934年之后由另一个组织——罗马城市规划小组实现，标志着现代城市规则在意大利的实施。这两个项目引起了大量丑闻，甚至引发了只有在政府议会上才会出现的激烈辩论和抗议。

在墨索里尼介入后，这两个组织受邀在1934年6月10日来到威尼斯宫。建筑师代表包括米凯卢奇、甘贝里尼、巴罗尼、卢珊娜、坎切洛蒂、蒙托里和皮奇纳托。墨索里尼为建筑师进行了辩护：“我之所以邀请你们，是因为你们是设计萨包迪亚和佛罗伦萨车站的建筑师。我要告诉你们，不要害怕建筑被石头砸烂或担心看到车站被人民的怒火摧毁。恰恰相反，佛罗伦萨车站很漂亮，意大利人民会学会爱上它的……至于萨包迪亚，虽然很多人告诉我他们已经受够了，但是我要告诉你们，我不这样看，我认为萨包迪亚很好，非常美丽。”

他表示了对现代风格的支持：“我们不能创造古迹，也不能复制它们。”然而他又自相矛盾地提到，由皮亚森蒂尼设计的可怕的基督教堂是这种语言的最佳实例。皮亚森蒂尼似乎无所不在，就如同1932年完成的罗马大学城的纪念大教堂和布雷西亚的革命塔所证明的那样。同年，他还开始了米兰法院大楼的工作。他正在引领意大利建筑朝着完全不同于理性主义者所希望的方向发展。后来，墨索里尼又做出了匪夷所思的选择——公开否认自己在威尼斯宫发表的讲话。

包豪斯：最终幕

格罗皮乌斯向德绍市长提议由奥托·海斯勒作为迈耶的可能继任者来接管包豪斯学校。然而，市长却选择了密斯·凡·德·罗。得知汉内斯·迈耶出局的消息的学生们提出了强烈的抗议，甚至以继续罢课作为威胁。密斯也做出了严厉的回应，开除了五名学生，并要求立即关闭学校。为了重开学校，他甚至废除了以前的规章制度，制订了新的招生计划。包豪斯学校的新校规禁止任何政治活动，全部课程被缩短为六个学期。

密斯专注于建筑，他取消了基础预备课程，对跨学科的方法基本不予考虑，而这正是学校曾经的强项。作为对当地工匠提出的要求的回应，他还废除了学校的手工制作工坊，以避免学校的工坊给工匠的工作带来威胁，而这些工坊当年正是由迈耶重启的。密斯通过提高学费来解决资金匮乏的问题，也因此结束了前任校长迈耶推行的社会互动计划。最后，他用自己看中的人对建筑学院进行了重组。

在完成第一学期的基础技术概念学习之后，学生们将跟随希尔伯斯默学习，他是密斯的朋友和崇拜者。他用一本理论系统规则手册来引导学生，主要内容是关于展览、类型选择（高层或低层住宅）和聚合规则。第四学期是密斯主讲的课程，在第五和第六学期，学生们将与他一起在建筑研讨会上共同交流和学习。

结果，众多学生无疑被这位建筑天才和创新大师所吸引。尽管他从不愿让年轻的学生展现才能或表达观点，但是他们之中的赫伯特·赫奇、威尔斯·艾伯特、爱德华·路德维希、格哈德·韦伯、格奥尔格·内登伯格、伯特兰德·戈德伯格、约翰·罗杰和蒙耶·温罗布都称得上是天才。

尽管密斯努力让学校远离政治活动，但还是发生了一些事情，让包豪斯无法置身事外。当时的德国正处于一场政治风暴之中，1929年严重的经济危机加剧了这场风暴。极端的民族右翼势力日渐强大。1930年，奥托·巴特宁在魏玛被解雇，取代他的是亲纳粹的保罗·舒尔茨-纳姆伯格。纳粹分子还将奥斯卡·施莱默创作的壁画从以前的包豪斯学校（位于魏玛）移走。在1931年10月的德绍地区选举中，纳粹党得到了理想的结果，获得了更大的权力。在他们的纲领中，很重要的一点就是压制和控制学校。舒尔茨-纳姆伯格在1932年造访了包豪斯。在听取了舒尔茨-纳姆伯格的报告之后，德绍市长黑塞被迫将关闭包豪斯学校列入当天的议事日程。这项动议获得了纳粹党的投票通过，而社会民主党担心进一步失去民众的共识而选择了弃权，少数反对票来自黑塞和市议会中的共产党员。1932年10月1日，包豪斯学校关闭了大门。仍然在社会民主党的领导下的马格德堡市和莱比锡市提出要为包豪斯提供新家，但是密斯私下里决定在柏林继续办学。然而，希特勒在1933年上台后，于4月11日派盖世太保冲入学校，包豪斯被强行关闭，密斯和他的学生为重新开办学校而进行的斗争徒劳无功。学校脱离了理智人物的掌管，而纳粹分子很清楚，当代建筑几乎可以与布尔什维克画等号。

国际风格

在1927年斯图加特的魏森霍夫住宅博览会的带动下，1932年，有三个相互制衡的展览分别在美国、意大利和奥地利举办：MoMA的国际风格展；罗马展览宫的法西斯革命展；德意志制造联盟在维也纳组织的样板住宅展。我们前面已经谈到过罗马的法西斯革命展，也注意到它是如何在年轻一代建筑师中获得一定成功的，它甚至明确得到了认可，同时也让意大利政权的根基出现了动摇。维也纳的样板住宅展令人失望，甚至没有提及的价值。这个样板住宅的总体规划由约瑟夫·弗兰克设计，展览上也有路斯、哈林和里特维德的温和而低调的作品，但毫无例外，这些人都被斯图加特的展览排除在外。

在三个展览中，纽约的国际风格展无疑是最著名的，也是最有影响力的，它对美国后续的建筑研究产生了巨大的影响。组织这次展览的MoMA成立于1929年，是一家私营机构，当时的兴趣主要集中在视觉艺术方面。该展览由菲利普·约翰逊和亨利-拉塞尔·希区柯克策划，后者在1929年完成了《现代建筑》一书。从1931年开始，关于即将举办的展览的内容就在很多书中出现，因此两位策展人和欧洲先锋派，甚至约翰逊所钦佩的密斯，都对这次展览充满了期待。

展览的目的是展现欧洲的新建筑，这是大多数美国公众都不了解的。在策展人看来，一种新的风格——最终适合代表当代世界建筑的国际风格产生了。

引领这场建筑语言革命的四位艺术家分别是柯布西耶、密斯、奥德和格罗皮乌斯，他们分别被视为创新者、诗人、

Museum of Modern Art, New York

国际风格展，MoMA，纽约，1932

理性主义者和揭示者。他们在15个国家里与志同道合的人通过重要的作品传播这门建筑语言。

据策展人介绍，国际风格建立在三个原则之上：体量优先于质量，追求规则性而不是对称性，以及消除应用性装饰。第一个原则来源于观察到的现象，即建筑物已经失去了沉重感，倾向于抽象、明亮、轻盈的形式，令人联想到柏拉图多面体。第二个原则暗示了同轴对称性和纪念性的丧失，从而有利于结构布局。结构之间的平衡是一个结果，而不是先决条件。第三个原则表达了对经济性、简洁性和避免浪费的需求。这三项原则共同表达了反对个人主义的必要性，有利于形成克服单一地理条件的统一风格。这次展览假定了两个论战参考。一是表现主义、个人主义和物质建筑，二是功能主义者在程序上从其建筑语言中废除了“风格”一词。然而，希区柯克和约翰逊的国际风格展以多元化消除了作品中的这些趋势，最终还是损害了现代建筑，而非有益其发展。

希区柯克和约翰逊在与赖特打交道时遇到了麻烦，这是一位他们不能排除在展览之外的人物，因为他是20世纪30年代唯一得到国际认可的美国建筑师。然而，赖特的作品至少与国际风格原则中的两个相矛盾：他更喜欢聚集起来的而非抽象的几何体量，偏爱人们熟悉的结构性装饰。更重要的是，赖特鄙视对称性——东京帝国饭店就是最好的例子。

尽管存在这些不一致性，展览目标还是实现了：可观的观众数量。MoMA设立了建筑部门，并委托给约翰逊管理。最重要的是，展览提供了对当代研究的清晰、简单、通俗的解读，并创造了一种新的风格——国际风格。这种风格首先在美国传播，后来在集权主义政权垮台之后，传播到欧洲等地。

至此，一个成功的风格对相关的文化传统进行了“清算”，其中包括近30年的研究、冲突和紧张对立，将门德尔松、里特维德、辛德勒、凡・杜斯堡、哈林、夏隆、富勒和查里奥等人的作品排除在外。将形式简化为表面的形象，并将光线带入阴影区域——怀疑、有创意的张力、不确定性，在这样一个建筑光线的简单公式中，所有的差异都将消失。这种具有误导性的信息的传播与建筑评论和建筑史相关文章的写作有莫大关系——其中还包括吉迪恩充满敏锐见解的文章。

这些都是消极的方面，正如我们在“神化”一种艺术现象时经常发生的那样。然而，与此同时我们也欢迎危机。根据一种不成文的法则，真正对研究感兴趣的建筑师会向其他方向前行，进行与主导者相对抗的假设。因此，在20世纪30年代，当一些建筑师宣布了平屋顶和长条窗的新国际语言时，包括赖特和柯布西耶在内的其他建筑师却对其敬而远之，在重新考虑和迈出新的（即便是错误的）步伐之间，尝试新的空间结构布局，确定更为真实的表现形式。

终曲

1932年，苏联所有的建筑研究都被终止。伊奥凡在1931年设计的苏维埃宫最终在1934年获得批准，这无可争议地标志着苏联长达50年的建筑发展低潮期已经开始。在意大利，正如我们所看到的，虽然墨索里尼向年轻一代建筑师做出的保证在一定程度上促进了建筑的发展和高质量作品的实现，不过，在某些情况下，这实际上造成了相当程度的模糊性。皮亚森蒂尼和他的同党逐渐掌握了权力，证明只有在一种平庸化、不朽化的条件下，这种现代语言才能得到容忍。

1933年之后，随着希特勒的掌权，德国的建筑研究也停止了。由于政府不再容忍先锋派运动，文化氛围也随之消退。在大多数情况下，当艺术家、作家和文化人也是犹太人的时候，这种不容忍就变成了迫害。1933年4月7日，德国颁布了第一部“雅利安”种族法，将犹太人排除在所有公共职能之外，更不能担任大学教授和学者的职位。1935年9月15日，德国议会通过了《纽伦堡法令》，剥夺了犹太人的德国国籍，并禁止德国人与犹太人通婚。1938年11月9日至10日凌晨，戈培尔发动水晶之夜行动：犹太人的商店被洗劫，住宅窗户被打碎，教堂被毁坏。同年，犹太人的博物馆被关闭，其藏品也被没收。一些有影响力的犹太人被迫流亡国外。哲学家恩斯特・卡西尔是德国唯一的犹太人校长，被迫从汉堡大学辞职后于1933年离开德国。他最初前往牛津和哥德堡，最后在美国定居。20世纪最重要的物理学家爱因斯坦逃到普林斯顿，并在1940年获得美国公民身份。精神分析之父西格蒙德・弗洛伊德于1938年离开了当时已并入德国的维也纳。现象学的发明者埃德蒙・胡塞尔虽然拒绝逃离这个国家，却被排除在弗赖堡大学的学术界之外。也许可以这样说：1938年的离世使他免于更加悲惨的命运。

正如我们所知，尽管密斯努力证明包豪斯的政治地位，但学校还是在1933年被强行关闭。同样在1933年，弗里茨・萨克斯尔为了拯救曾经属于阿比・瓦尔堡的珍贵图书馆，决定将其藏品——几代艺术史学家（包括欧文・帕诺夫斯基、恩斯特・贡布里希、鲁道夫・维特科弗和库尔特・福斯特）研究的图书和手稿——从汉堡搬到伦敦。1937年，1000名艺术家的大约17 000件绘画和雕塑作品被德国博物馆没收，并被贴上了“堕落艺术”的标签。实际上，这些艺术品包括了大量20世纪的伟大杰作，尤其是德国艺术家的作品。赫尔曼·黑塞是德国最重要的作家之一，不仅他的书被禁止出版，他本人也被禁止从瑞士回国。1929年的诺贝尔文学奖得主托马斯·曼被视为危险的颠覆者。在意大利，乌戈·奥杰蒂撰写了《希特勒与艺术》一文（后来被收入奥杰蒂的《这是意大利的艺术？》一书，并由蒙达多利出版社在1942年出版）。他在文中批评了犹太艺术之后，说道：“希特勒所做的修正对德国来说是及时和恰当的……它的到来（也许是无所不在？），对不稳定和分裂的欧洲来说只是一种保健而非艺术上的警告。”

1933—1938年，约有15万名犹太人和6万名艺术家（包括犹太和非犹太籍）被迫离开德国。二战中，德国入侵了包括法国在内的许多欧洲国家，对当地的知识分子和在这些国家寻求庇护的人造成了威胁。大约600万名犹太人被屠杀，犹太人唯一的生存之路就是移民，特别是移民到美国。德国已经从欧洲文化的最前沿退化成一个无知、反动的国家，包括神秘主义者马丁·海德格尔和卡尔·荣格在内的知识分子，都逐渐疏远恐怖主义政权。无论如何，他们代表的高度是希特勒、戈培尔这样狂妄自大的人，以及建筑领域的阿尔伯特·斯皮尔、保罗·路德维希·特罗斯特、保罗·博纳茨和保罗·舒尔茨-纳姆伯格之流无法企及的。

奥地利作家斯蒂芬·茨威格在1938年开启了前往英国、法国、瑞士和美国的朝圣之旅，最后于1942年在巴西自杀。他的《昨日的世界》一书也在其死后出版，他在书中写道：“我们在经过了若干世纪之后重又见到了不宣而战的战争，见到了集中营，见到了严刑拷打，见到了大肆抢劫和轰炸不设防的城市。所有这一切兽行是在我们之前五个世代的人从未见到过的，但愿我们的后代人也不会容忍的。不过，与此自相矛盾的是，我在这个使我们的世界在道德方面倒退了将近一千年的时代里，也看到了同样的人类由于在技术和智力方面取得的未曾预料到的成就而使自己大大进步，一跃超越了以往几百万年所取得的业绩。且看：人类用飞机征服了天空；地面上的话可以在一秒钟之内传遍全球，使人类战胜了世界上的空间距离；放射性的镭战胜了最险恶的癌症。人类几乎每天都会使那些昨天还不可能的事情成为可能。”（译文选自生活·读书·新知三联书店2018年出版的《昨日的世界：一个欧洲人的回忆》，舒昌善译。）

随着欧洲文化的主流代表的移民，美国逐渐在各个知识领域占据了主导地位。如果说欧洲黄金时代的文化之都是巴黎、慕尼黑、维也纳和柏林，那么二战后的文化之都将浓缩为一个城市——纽约。

山本岩雄，《袭击包豪斯》，
拼贴画，1932

2

现代建筑的衰落与重生

1933—1944 自然与科技之间

古典主义之后

如果说新旧大陆在1933年之后实现了统一，那么这无疑是古典主义者的功劳。二战所引发的灾难浇灭了所有建筑师对修辞伪装的渴望，古典主义在1944年也几乎走到了穷途末路。希特勒毫无选择地使用古典语言装扮他那些用来歌功颂德的建筑。从某种程度上看，墨索里尼要比希特勒略显宽容、开放，好奇心也更强烈。在古罗马文化的激发下，他似乎更喜欢皮亚森蒂尼和各色浮夸的人物，而不是理性主义者。

对山墙、立柱、飞檐、对称和轴向结构的热情也蔓延到法国、英国和美国，保守的态度有所恢复。事实上，这种态度在先前的几十年里从未真正消失过，甚至融入了一些建筑师的信条之中——尽管这些建筑师曾以创新和前卫而著称。如卢卡特，他在1930—1933年设计了位于维勒吉福的一所学校，堪称功能主义杰作，还在1934年为莫斯科科学院设计了一栋华丽的建筑。再如奥德，他在1938年为壳牌公司设计了一座具有纪念意义的对称结构建筑，这激怒了他的众多同伴，甚至包括菲利普·约翰逊。

更加令人担忧的是，20世纪20年代末和30年代初是现代主义运动走向结束的时期。在创造了大量杰作之后，这一运动似乎逐渐呈现出更多的形式主义态度，这种态度可以概括为1932年在MoMA举办的展览上提出的国际风格的平庸程式。然而，如果当代建筑如约翰逊和希区柯克所希望的那样，能够以一种风格来解决，那么要基于什么样的伦理前提，才能设想依靠它来改善世界？这是现代运动的支持者和反对者共同提出的合理问题：如果一个建筑不再采用招摇的后立体主义线条，而是采用古希腊或罗马风格，那时会发生什么样的变化？历史总是在重演：当许多问题难以找到答案或答案不正确时，当紧张的社会局势似乎得到缓解时，当公众的品位开始退步时，我们便看到可替代、可行的研究假设和针对原始路线的研究开始出现。尽管在某些情况下，这些研究微不足道，但是它们涉及的范围并不小，足以质疑经过尝试和检验的观点。

有机和技术是此类研究中的两个亮点。第一个方面显然更为成功，赖特和阿尔托是其主要倡导者。在20世纪30年代后期，赖特已经年近七旬，他与自然之间的关系是通过之前的草原式住宅建立的。在之后的20年内，赖特研究的重点是恢复反古典主义的日本文化和中美洲文化。此时阿尔托的年龄只有赖特的一半，对这位年轻的CIAM拥护者来说，有机性产生于对功能主义信条的自然主义和心理学上的调查研究，他与许多同时代的人分享了这一研究成果，他们同样认为后立体主义的衣钵约束太多。此外，还有处于赖特和阿尔托这两代人之间的柯布西耶，他在20世纪30年代开始了一项基于原始路线的研究，对纯粹主义的意识形态和粉饰的平面表面提出了质疑，倾向于从自然建筑中借鉴自然材料和可塑形式。

第二个方面是针对技术的研究，主要集中在美国和法国。在美国，各种研究观点的阵地是评论杂志《住房》。巴克敏斯特·富勒、克努德·隆伯格-霍尔姆和西奥多·拉尔森，以及结构研究协会（弗雷德里克·基斯勒是该组织的成员之一）都在此发表了很多文章。该杂志的立场与国际风格背道而驰，还发表过赖特的一篇关于MoMA国际风格展的言辞激烈的文章。一些作品，诸如阿尔弗雷德·克劳斯1932年的可拆卸房屋，乔治·弗雷德·凯克和约翰·莱兰·阿特伍德在1933年设计的水晶之家，罗伯特·麦克劳林在1934—1935年设计的美国汽车住房，伯特兰德·戈德伯格1938年的北极亭，都延续了由巴克敏斯特·富勒开启的节能住宅方面

《住房》杂志第2卷第4期（1932年5月），封面由克努德·隆伯格-霍尔姆设计

的研究，并以创新的实验品质不断令人惊叹。1935年，设计手册《快捷设计标准》出版，其重点是使建筑过程合理化。它巩固了一种务实、专业的文化的成果，在二战后，这种文化将促生一个杰作频出的新时期。

在法国，发展技术路线的先例是查里奥的玻璃屋和佩雷对钢筋混凝土使用的研究。尽管后者采用的是古典方法，但年轻一代建筑师（包括当时50岁的勒·柯布西耶）仍然视他为同道中人。新技术对美籍法裔建筑师保罗·尼尔森产生了很大影响，他在1935—1937年实现的悬吊住宅堪称杰作。他对传统居住形式提出了质疑，并支持基于功能模块的更具动态性和空间性的方法。1935年，建筑师尤金·博杜安和马塞尔·洛兹实现了一所开放式学校，其特点是在功能上具有显著的灵活性。我们将在后文看到这两位与法国建筑界的另一位后起之秀让·普鲁威合作设计的位于克利希市的民众之家，这是20世纪建筑史上第一座多功能建筑。

徘徊在十字路口的柯布西耶

在国际风格展举办前的几年，勒·柯布西耶逐渐摒弃了作品中的纯粹主义形式，并设计了萨沃耶别墅这样的杰作。

1930年，他在与默尔默兹和圣-埃克叙佩里一起飞行的过程中，目睹了南美风光的无限维度。在从巴西返航的途中，他被地中海城堡的激情和感官之美深深吸引，又为约瑟芬·贝克的美丽性感所倾倒。此后，他提出了里约热内卢和阿尔及尔的规划方案：这是两个重大的信号，与之前两个理想城市的空间分区几乎没有任何关系。尤其是阿尔及尔市弹道规划，柯布西耶构想了一条沿着海岸延伸的高速公路，路面以下设置6层，路面以上设置12层，每层之间相隔5米，为希望在它们之间建造住宅的人提供了足够的空间，来按照他们认为合适的方式建造。柯布西耶通过这一提案提出了三个目标：实现一个契合周围景观的线性城市；确定一个公式，

勒·柯布西耶，莫利特门公寓内景，巴黎，1930—1933

勒·柯布西耶，克拉泰公寓，日内瓦，1930—1933

即巨构建筑的公式，允许用户自行选择和管理（任何人都可以在此系统内按照自己选择的风格建造住宅）；允许建筑师控制整个建筑的最终形式。虽然柯布西耶用来说明规划方案的图纸十分精彩，但不难理解的是，这种自我构建的开放性研究实际上隐藏着一个明显的技术问题：高达18层的带状区域将会对海岸造成无法挽回的破坏，而且，一条简单的高速公路是否足以连接如此密集的定居点，这也值得怀疑。当然，这个当时还停留在纸上的项目后来在20世纪60年代取得成功。正如我们将看到的那样，这种巨构建筑似乎是一种神奇的解决方案，使中央政府需要的秩序性与个人用户的自由性融为一体。

除了阿尔及尔和里约热内卢的规划之外，柯布西耶还曾经提出过光明城市（1924）的设想，并在1931年用最新的理想城市蓝图取代了他在1922年提出的当代城市。他的理想城市细分为四个区域——商业活动区、住宅区、社会服务区和工业区（CIAM在1933年将其理论化）。这些住宅的平面布局表达得更为清晰，其功能区与柯布西耶1922年的别墅公寓不同，其内部为每个用户提供了14平方米的标准空间。该项目的灵感来源于卧铺车厢的最低标准，柯布西耶以此作为送给CIAM各位朋友的礼物——1929年CIAM大会的议题便是致力于建设最低标准的住房，他希望通过昼夜空间可转换的原则，证明获得舒适的经济适用住房的可能性。他还希望能够驳斥魏森霍夫住宅博览会之后出现的一个说法——住宅仅为富人而建。

虽然在柯布西耶城市规划的项目中，研究的新方向显而易见，但是在他建筑规划的项目中，出现了高度令人不安的理论，甚至渗入了他对巴黎美术学院的碑铭主义、自发性乡土建筑、超现实主义、形而上学以及新技术的研究中。布扎艺术风格的方法可以在柯布西耶1931年的苏维埃宫项目中发现，这座巨大的建筑拥有两个分

勒·柯布西耶，查尔斯·德·贝斯特吉公寓内景，巴黎，1930—1931

右页：
勒·柯布西耶，救世军大楼，巴黎，1929—1933

别可容纳15 000人和6000人的礼堂，以及一个可停放500辆汽车的停车场。

柯布西耶断言："布尔什维克意味着一切都要尽可能大。"对于这一点，他设计了一个块状的对称构图给予回应，这个方案与精致的国际联盟万国宫（1927）和莫斯科消费者合作社中央联盟大楼（1928—1936）相去甚远。尽管方案呈现出一些构成主义的元素，如巨大的拱门，但其细长的横拉杆支撑着最大的大厅屋顶，展示出他从大师佩雷和贝伦斯那里借鉴而来的古典主义形式。因此，这栋建筑变成了保证秩序、平衡和比例的机器，却失去了人体尺度。简而言之，利用这种方法做出来的设计可以震惊世人，却无法让人参与其中。当时，有机主义建筑师也正在尝试这种方法。

事实上，和他在当时发现的自发性乡土建筑一样，柯布西耶也在寻求至少在最初阶段使其合理化的方法，并恢复其形式，以符合现代和笛卡尔风格的形象。例如，他在智利的伊拉苏别墅（1930）、为曼德罗特夫人建造的别墅（1931），以及巴黎郊外的周末度假别墅（1935）中，使用了斜坡或拱形屋顶、木梁和石墙。然而，与此同时，他逐渐被具有高度唤起性的形式所吸引，并尝试进行实验，参考"诗意反应对象"这一术语，从超现实主义中汲取灵感。超现实主义是当时在法国特别流行的一种艺术风格，由布勒东和他的众多追随者领导。他们的发现是超越了可见现实的无形世界、精神世界和梦想世界。在柯布西耶的瑞士钟表匠般的理性主义面具之下，一直隐藏着一种浪漫的、尼采式的气质，因此他也会痴迷于超现实主义的魅力，将从无意识中衍生出来的形式确定为对笛卡尔逻辑的补充，否则这种逻辑会有窒息的危险：与酒神精神的对立，对太阳神精神的补充。从这个角度来看，我们有必要沿着巴黎香榭丽舍大街观察柯布西耶为查尔斯·德·贝斯特吉设计的公寓

DU
CITE

（1930—1931）。它以三个巨大的露台为特色，但是由于这个项目与柯布西耶严肃的知识分子形象不符，因而一直被评论家们所忽视。相反，柯布西耶在自己的作品全集中运用大量篇幅描述了这一项目，并配合特别的照片解释了超现实组合的作用，如室外壁炉与凯旋门进行结合；图书馆的设计体现了黄金分割的神奇价值；树木、树篱和建筑体量之间随意的几何形式模仿了风格主义。最后，为了平衡这些非理性元素，柯布西耶又通过一些作品证明自己对最新建筑技术的研究越来越深入。从以钢和玻璃构成的双层墙壁开始，这与创造一个适应人工空调的室内环境的目标是一致的。这些项目都是在1930—1933年实现的，其中包括克拉泰公寓（日内瓦）、救世军大楼、莫利特门公寓和巴黎国际城市大学的瑞士馆。

由于细节处理和瑞士工匠精神的精确性都得到了体现，克拉泰公寓堪称成功的典范：对一些人来说，它预示着未来几十年将要进行的高科技研究。同样令人感兴趣的是瑞士馆的三个空间体量的表达——建筑容纳了各种房间、楼梯和集体空间——虽然彼此分离，却成为独特建筑语言的一部分，因为它们之间通过钢和玻璃结构的巨大立面相互连接。还有质朴的石头和底层架空结构，它们失去了纯粹的几何形式（不再是萨沃耶别墅那种细长的圆柱形），获得了塑性能量。所有的这些都设定在一个功能程序中，似乎使抽象和实物保持在一种不稳定的平衡中。没有什么比这个项目能更清

Jean-Philippe Hugron © VG Bild-Kunst

左页：
勒·柯布西耶，巴黎国际城市大学瑞士馆，
巴黎，1930—1931

右图：
勒·柯布西耶，莫利特门公寓，
巴黎，1930—1933

楚地描绘出柯布西耶对机器的神化，特别是对居住机器的迷恋，以及介于热情和幻灭之间的矛盾形象。从20世纪30年代初开始，他似乎已经宣布了新野兽派时代的到来，从而在二战之后产出了新的杰作。

赖特与杰作之季

20世纪20年代末到30年代初，对赖特来说是人生中最糟糕的时期之一。由于私生活的混乱和1929年美国的经济危机，他的事业几乎陷入瘫痪，他似乎也因此意识到自己被排除在当时的行业辩论之外，欧洲的建筑新潮流带给他的吸引力已经超越了这种怀疑：于是他逐步放弃了过时的风格和模糊的装饰偏好，而这些正是他在洛杉矶的作品的特征。他在洛杉矶用钢筋混凝土建造房屋，谨慎地向更为盛行的功能主义发展。例如，我们可以在E. 诺贝尔公寓（1929）中看到这一点，赖特在很多地方借鉴了他之前的学生诺伊特拉和辛德勒较为成形的建筑语言，并在为洛弗尔先生设计的项目中将其继续发展。在丹佛梅萨河上的住宅项目（1931）中我们也可以看到这些特征。1932年，赖特在由亨利-拉塞尔・希区柯克和菲利普・约翰逊策划的国际风格展上展示了这一作品。

在这段时间里，赖特还提出了理想城市的概念——广亩城市。他将其设想为一个以洛杉矶为基础模式的城市领域，每个居民在此都有权拥有一栋独立的住宅和一块土地，拥有自己的空间，从而避免了超大城市中上百万人口的密集化。赖特将密集化视为困扰当代社会的诸多罪恶的根源，因此他试图发掘新型交通工具的潜力，如把船只、汽车和未来的直升机给个人使用，创建众多可容纳大约1400个家庭的小型社区，分布在整个领域之上。这个城市以自治为基础，因此不存在玷污现代工业城市的官僚机构。他的提议与欧洲当时正在发展的城市概念截然不同，后者的基础是土地的集中和集约利用。尽管广亩城市与柯布西耶的光明城市拥有一个共同的理念，就是城市必须消失才能为景观和自然让路，但是前者因其激进的特质而更为突出。赖特声称，广亩城市“将与古代的城市或者今天的任何城市都大不相同，以至于我们可能根本无法认识到它的到来”。

赖特的财政困难在这一时期终于得到了缓解。部分原因是他在1932年打算重新启动塔里埃森住宅项目，使之成为一个向年轻学徒开放的教育中心，同时进行扩建，用来接待新的住户。这些人当中有个叫埃德加・考夫曼的年轻人，他给赖特带来了很大帮助。这个匹兹堡富商的儿子希望父亲能够赞助广亩城市，还说服他在熊跑溪畔建造一座避暑别墅，这为赖特最伟大的杰作之一——流水别墅创造了条件。

流水别墅设计于1935年，1937年完工，其间虽然经历了一些困难，但它也是对国际风格的功能主义的回应和超越。这不仅是对功能主义的回应，也许还是赖特回敬1932年MoMA展览的策展人的一记耳光（当时约翰逊曾开玩笑般地断言，他希望仅仅把赖特当作一个前辈的角色，称他为19世纪最伟大的建筑师，暗示赖特已经退出现代舞台），他对建筑形式的彻底简化便可以证明这一点。在流水别墅项目中，一切都是那样清晰、简单、利落，赖特还通过运用一些平面解决了建筑的几何形式问题。这完全不同于赖特以前的作品，那些作品以装饰的明暗对比、从黑暗到明亮的快速通道，以及来自东方和中美洲的装饰灵感为主导。它超越了功能主义。正如许多人所指出的，流水别墅是对自然与人类结合的赞美。这首先为赖特的项目提供了一个说辞，但更重要的是通过赋予经验数据价值（如流水别墅中的小瀑布）而将其戏剧化，再转化为一种可能关系的展示，即通过有机建筑塑造人与环境的关系。

弗兰克·劳埃德·赖特，流水别墅，熊跑溪，1935—1937

流水别墅内景

经过几个月的讨论后，赖特只用了几个小时就画出了草图。尽管在绘制出他心目中的完整项目之前依然存在很多困难，但赖特还是画得非常精美——整个结构由灰泥饰面的轻型悬臂平面和竖直方向的石头结构组成，在两个方向上形成了鲜明的对比。这个方案主张在所有方向上占据空间，并通过平面的排列（某些沿着水平方向排列，某些沿着纵深方向排列）以及流动性来实现。例如，我们可以观察到赖特针对进入者视角的变化所做的设计：首先映入眼帘的是被瀑布环绕的立面全景，然后人们穿过一座小桥，从那里以倾斜的角度观看建筑，可以看到从高处落下的汩汩清流一直流向建筑后方的入口处。进入住宅后，首先看到的是一个紧凑空间，其尽头是一堵空白的砖墙。由此向左前行，可以进入起居室，这里的窗口全部朝向景观敞开，人们可以在此观赏住宅周围的自然环境。最后，赖特在隔断墙上设置了一些开口，这种玻璃与石质墙体结合的方式保证了室内外空间的连续性。玻璃只是简单地卡在石头里，而不是固定在窗框中，或者通过两块简单连接在一起的玻璃板解决拐角的问题，从而避免标准的竖向框架造成视觉上的障碍。尽管如此，视野还是会被窗户以外的一些人造元素遮挡，如露台的护栏，其目的是将建筑和景观连接起来，在一定程度上阻碍了视线。因此，它是一种动态的视野和时空的连续，也是建筑与自然之间的关联。它是自然人工化和人工自然化过程的一部分，从而终结了反对这两个术语的国际主义风格，后者以理想化的术语将建筑与环境分隔开来。

1936年，赖特获得了建造另一件杰作的机会——位于拉辛的强生制蜡公司大楼（1936—1939）。通过圆润的拐角和曲线造型的连接方式，建筑的外观体现出塑性体量的特征，洋溢着动感与活力。在建筑内部，大量树状的立柱支撑着一个透明的屋顶，这些立柱采用耐热玻璃管制成，同样的玻璃也被用于墙壁顶部的“长窗”，即墙壁和顶板之间的连接处——正如布鲁诺·赛维所指出的：“这恰恰是我们发现重要元素的位置。”

弗兰克·劳埃德·赖特，流水别墅，熊跑溪，1935

正如震惊美国公众的流水别墅所证明的那样，人们可以按照与他们已经适应的大都市生活完全不同的方式去生活。在拉金大厦建成大约30年之后完成的强生制蜡公司大楼证明，人们还能以不同的方式工作：与周围环境隔离的空间，由于功能的原因显得有些封闭，但同时也创造了足够迷人的人工景观，令人产生很多自然的感受。在这个案例中，那些立柱便会令人联想到洒满斑驳阳光的树林。

评论家弗兰普顿指出，流水别墅和强生制蜡公司大楼“无疑会在广亩城市中找到它们的理想位置”。不过赖特在此期间也在尝试设计一些经济适用型建筑，希望使其成为理想城市中的住宅模式。赖特处理这一问题的缘由来自麦迪逊的雅各布住宅（1936—1937）的委托设计，这也导致了美国风住宅的出现。美国风住宅是赖特草原式住宅的一种变体：后者体现了赖特在19世纪末和20世纪初设计的作品的主要特色。而美国风住宅与草原式住宅相比更具现代性，它们的空间较小，考虑到减轻家务工作的需求，厨房和起居室之间的整合程度也更高。它们与场地环境的关系也更为密切，只通过花园将彼此隔开。这类住宅的特点是采用了平屋顶而不是坡屋顶。赖特在他的职业生涯中设计了许多这样的住宅，其中一些由于成本低而被客户选中，一些造价较为高昂，还有一些甚至称得上奢华，如赫伯特·F. 约翰逊住宅（1937—1939）。赖特还利用美国风住宅试验了大量天然的和人工的建筑材料。实际上，具有自然特征的建筑并不意味着只能使用木头、砖头和石头这样的天然材料，而是意味着能够以最为恰当的方式使用所有的材料。因此，赖特在美国风住宅中使用了混凝土——回归了他在洛杉矶时期的尝试，后来他甚至使用了塑料建材。他还创造了很多矩阵形式，它们以方形、矩形、菱形、六角形和圆形模块为基础，展现了赖特无与伦比的创造力。

弗兰克·劳埃德·赖特，强生制蜡公司大楼，拉辛，1936—1939

Frank Lloyd Wright

弗兰克·劳埃德·赖特的签名

弗兰克·劳埃德·赖特，塔里埃森住宅，斯科茨代尔，1937—1938

弗兰克·劳埃德·赖特，雅各布住宅，麦迪逊，1936—1937

弗兰克·劳埃德·赖特，赫伯特·F.约翰逊住宅，拉辛，1937—1939

1937年，由于名噪一时的流水别墅，赖特获得了新生，并彻底摆脱了财务危机。当时70岁的他决定在斯科茨代尔再建造一座全新的塔里埃森住宅（1937—1938）。此举让他养成了从威斯康星州去亚利桑那州过冬的习惯，并很快促成了他的另一件杰作——赫伯特·F.约翰逊住宅的实现：人们只需看一下它的屋顶处理便知——这是一个未来主义形式的综合体，采用了与当地石头和色彩紧密相关的古老设计。

阿斯普朗德、阿尔托与欧洲的有机建筑

1910年，埃里克·贡纳尔·阿斯普朗德与西格德·勒韦伦茨等学生对瑞典斯德哥尔摩皇家美术学院的教学提出了抗议，并成立了自己的建筑学校。尽管这所学校存在的时间很短（仅一年），但是它的短暂存在对阿斯普朗德的发展至关重要。阿斯普朗德基本上与任何路线、趋势和风格无关，对北欧学派的创立产生了重要影响。

1920—1928年，阿斯普朗德完成了他最著名的作品——斯德哥尔摩公共图书馆。这是一座带有古典风格（这种风格被证明具有某些严格的形式）的建筑，其内部空间既坚实牢固，又极具魅力。1928—1933年，他走向了功能主义的诗意创作，并在1930年完成了斯德哥尔摩展览馆这一杰作。这是一座现代风格的综合建筑，以创造性和趣味性为特色。他表明了一种态度，即反对欧洲许多城市在两次世界大战之间举办的一些国际展览中呈现的华而不实的诗意。这也远非当

埃里克·贡纳尔·阿斯普朗德（1885—1940）

埃里克·贡纳尔·阿斯普朗德，斯德哥尔摩公共图书馆，斯德哥尔摩，1920—1928

代的理性主义和立体主义方法，其封闭和基本的空间暗示着机器般的意识形态。随着哥德堡法院扩建（1934—1937）项目的完成，阿斯普朗德证明了在一种微妙的历史背景下工作并表达现代建筑语言是可能的。凭借着伍德兰公墓火化场（1935—1940）项目，他回归了古典主义，但并没有落入古典主义的陷阱。

在1933—1935年，沿着同样的务实和经验的路线，我们发现了一位CIAM成员，即芬兰建筑师阿尔瓦·阿尔托。他在这一时期完成了两个项目，分别是1928年和1927年赢得设计竞赛之后获得的委托：帕伊米奥结核病疗养院（1929—1933）和维普里图书馆（1927—1935）。这两个项目都可以归为现代运动的国际主义风格，尽管这是根据所谓的新客观派的诗意来定义的。尤为值得注意的是，杜克的简约、优雅的风格和希尔弗瑟姆地产疗养院对年轻的阿尔托（1928年时他只有30岁）产生了重要的影响。与阿斯普朗德的项目完全一样，阿尔托的两个项目也都表现出对感知方面的特殊关注，这种感知与对自然和材料的敏感性相关。例如，两个疗养院的立面都朝向景观开放，同时建筑内部以丰富的色彩为特色。为了减轻患者在疗养院期间感受到的压抑感，房间内配备了一些设施：彩色的天花板、床脚板加热设备、避免产生气流的通风系统、降低流水声的洗手盆、曲面造型的家具。在图书馆项目中，阿尔托设计了一种空间，空间内的藏书沿着一个由宽敞的天窗照亮的双高度空间的周边排列，读者可以随手拿到需要的书。他在会议室和辩论室中发明了一种起伏的木质天花板，这些曲面可以改善隔音效果。此外，他还提出了不被线性和正交组合约束的自然形式。

阿尔托是一个才华横溢的专业设计师。1932年，他在直接参与的阿泰克家具厂的项目中为疗养院生产层压木材座椅。生产始于1933年，并与其后续生产的曲面木制家具一起成为有机方法的一种表现形式，从而替代了镀铬钢管和僵硬

Wikimedia/Rolf Broberg

埃里克·贡纳尔·阿斯普朗德，市政厅扩建，哥德堡，1934—1937

Flickr/Leon

阿尔瓦·阿尔托，帕伊米奥结核病疗养院，帕伊米奥，1929—1933

的几何造型。我们只需看看柯布西耶或密斯在同时期设计的家具便可得知，从北欧景观中借鉴曲线造型和天然材料的做法在当时非常流行。

1937年，正当巴黎国际博览会举行之际，阿尔托以一个钢结构的展馆令CIAM的同行瞠目结舌，该展馆以木墙进行装饰，由天然绳索绑在一起的粗树干支撑着各种附加结构。它们也是本次博览会主题的具体体现——使用芬兰木料作为现代建筑的结构元素和覆盖层。他以优雅简洁的作品嘲讽了那些纪念性的古典主义展馆，尤其是德国以阿尔伯特·斯皮尔的项目为基础建造的展馆，还有鲍里斯·伊奥凡设计的苏联展馆。

在1939年的纽约世界博览会上，阿尔托负责设计芬兰展馆。他设计了一道向内倾斜的波浪形高墙，同时将16米高的空间划分为四个相互重叠的水平带。其中最高处的水平带空间装饰着一些献给芬兰的图画，第三层用于工作，第二层则用于展示当地的产品。它是一个成熟的欧洲有机建筑作品，阿尔托无疑是欧洲有机建筑运动的领军人物（而在美国，这一运动显然是在赖特的引领下进行的）。

还是在1939年，阿尔托完成了位于芬兰诺尔马库的玛利亚别墅。该建筑以L形平面布局为特点，增加了遮阳篷和桑拿房后，接近U形布局。三面围成的中央空间里有一个曲线造型的泳池。别墅外部覆盖着各种各样的材料——砖头、灰泥、石头、木材、石板，每一种材料都突出了建筑结构的特殊方面，这种表达形式以诗意的手法为基础，确保建筑和谐融入景观之中。这种诗意是通过引入自然元素来强调的，例如，用桦树的纤长树干支撑着顶盖，形成主入口。室内以拥有温暖质感的天然材料为主，这些材料体现了不同的色彩价值。桦树枝干作为一项不可或缺的设计元素，支撑着轻盈的木质楼梯，连通上层空间与地面。此外，为了避免建筑结构直接暴露在寒冷的气候中，黑檀木立柱部分以柳条覆盖。

斯德哥尔摩公共图书馆内景

iStockphoto / Kevincho_Photography

这所住宅展示了一种不同于赖特的方法，一种更果断的面对自然的方式。建筑师没有一味地进行模仿，室内空间追求的是更为严格和统一的逻辑，即使是固定家具的单个组件也都服从于这一逻辑，从而成为整体结构的一个组成部分。也许，正是因为阿尔托的策略更为温和，这所别墅获得了巨大的成功。吉迪恩的《空间、时间和建筑》也将要进行更新，为这位新晋建筑大师提供版面。不久之后，阿尔托接受邀请到美国麻省理工学院（MIT）任教，并参与了学校新宿舍项目的建设工作。

普鲁威：高技术尝试

让·普鲁威工坊的历史可以追溯到1923年，它是一家专门生产钢铁制品的工厂，可以制造大门、电梯箱和栏杆，也可以设计房屋和家具。这些生产活动见证了普鲁威与同时代重要的建筑师和设计师进行的合作，其中包括柯布西耶和夏洛特·佩里安。他生产了许多自己设计的成功产品，如可以调节靠背和座位的座椅。1930年，他与尤金·博杜安、马塞尔·洛兹和安德烈共同设计了一套用弯曲的钢材和胶合板制成的学校课桌，这一设计以人体工程学为基础，课桌不仅可以调节高度，必要时还可以方便地拆卸。1931年，他成立了让·普鲁威工坊有限责任公司，为加尼叶设计的位于里昂的格兰奇-布兰奇医院提供钢制家具和设备。他为这项工作忙碌了很久，尤其是完美的设计和细节的实现需要绘制数以百计的图纸。最后，他发现自己陷入了资金紧张的困境。20世纪30年代也是设计移动隔墙系统和试验预制房屋及结构的时期，它们重量轻且便于运输，如普鲁威等人1935年设计的BLPS住宅。这是一个规模约为3米×3米的住宅，设计为用于度假的最小居住单元。同年，他还设计了巴黎的罗兰-加洛斯航空俱乐部，这是一座表面覆盖着玻璃的钢结构建筑，双面的预制面板通过绝缘层隔离。厕所也为预制模块，采用了一种类似于船上和飞机上的服务空间的技术。这也是巴克敏斯特·富勒在1938年和1940年为节能住宅设计的三维厕所单元的前身。这两位发明家之间有着许多相似之处：其工作都与钢铁有关，两人都相信预制技术和工厂生产模式，都痴迷于技术，专注于材料、经济性、轻便性、功能和灵活性。他们没有落入形式主义的陷阱。在形式主义中，表现现代性似乎比真正实现它更为重要。普鲁威说：“我没有风格，我从未设计过形式。我创造的是具有形式的结构。”

在1936—1938年，普鲁威参与了民众之家（巴黎）的建设工作。这个规模为40米×38米的建筑具有极佳的灵活性和多种功能，可以在每周，甚至每天进行改变，如从市场变为演讲厅。最终，这个如机器般的建筑的屋顶、墙壁和楼板都被设计成可移动构件。它预示着约35年后高科技运动对完全灵活性的尝试，至少这是参与运动的建筑师的意图——从皮亚诺到罗杰斯和法兰契尼以及他们在1971—1977年建造的巴黎蓬皮杜艺术中心（普鲁威命中注定成为这个项目竞赛的评委之一）就能够看出来。

普鲁威一直在为别的建筑师设计建筑立面和复杂的外部面板系统（弗兰克·劳埃德·赖特在1938年参观了民众之家之后，认为普鲁威是幕墙的发明者）。普鲁威终生致力于工业化和预制技术，以及精品的生产，其中一些甚至得到了普及。尽管如此，巴克敏斯特却认为他只成功了一半：这一看法承认了普鲁威的才华和天赋，但也暗示了很少有人敢于跟随他进入这些未知领域。这最终导致他在马克塞维尔的大型工厂倒闭，在1947年以后的二战后的鼎盛时期，普鲁威曾在那里对未来寄予了太多的期望。在经济灾难的边缘，他的公司于1954年被法国铝业协会收购，普鲁威本人被限制在项目办公室。根据一项协议，虽然他仍然可以参与运营，但是权

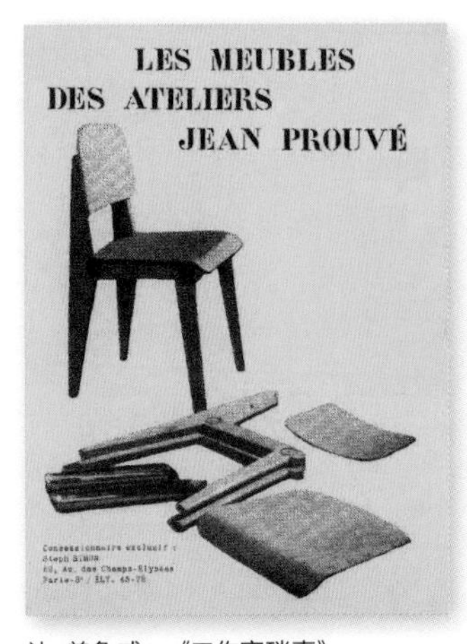

让·普鲁威，《工作室琐事》

让·普鲁威、马塞尔·洛兹和尤金·博杜安，民众之家，巴黎，1936—1938

力已经被严重削弱。柯布西耶后来用了一个虽粗糙却很形象的比喻——这等于砍掉了他的双手——来形容这件事。

意大利建筑的矛盾

在1932—1935年，意大利的标志项目是罗马大学城的建设，此外还有法西斯政权组织的大型竞赛中一些具有代表性的项目，如佛罗伦萨火车站、意大利首都邮局、萨包迪亚城市规划以及从未建造的权威大厦。这些都拜“无所不在”的皮亚森蒂尼所赐，在某种程度上他成了这些操作的协调者，似乎平衡了各派系之间曾经无休止的争斗。这位所谓的“建筑师王子”以堪比政治家的斡旋技巧成功地让各方参与了这些项目的操作（皮亚森蒂尼的办公室在意大利的大城市实现了数量惊人的项目和公共工程：从那不勒斯到费拉拉，从布雷西亚到都灵，尤其是罗马）。最重要的是，即使是他潜在的敌人，如果他们有能力通过出版物或联合倡议来引导建筑师的意见，也可以参与这些项目的操作。例如，在罗马大学城的项目中，他选择了帕加诺和庞蒂（两者分别是《卡萨贝拉》和《住宅》的主编），还有取代他成为《建筑》杂志主编的福斯基尼（1932—1943年在任），以及被解散的MIAR的一些拥护者。

他的目标是尽可能达成最大的共识，从而实现一种“法西斯风格”，而他正是这种风格的护航者。尽管这与国际运动的准则无关，却是一种现代的风格。这种风格有着自己的“统一风貌，其组织上的条理性和风格的定义直接与国家的影响有关”。1934年，这种风格似乎正式成为意大利的官方风格。正如之前的章节中提到的，当时墨索里尼公开赞扬了佛罗伦萨火车站、萨包迪亚的城市规划以及皮亚森蒂尼设

Wikimedia/K. Weise

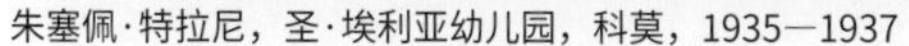

朱塞佩·特拉尼，圣·埃利亚幼儿园，科莫，1935—1937

Wikimedia/oooff

路易吉·莫雷蒂，武器之家，罗马，1934—1936

计的基督教堂。1933年7月，为权威大厦设计竞赛提交的图纸展示了20世纪30年代意大利建筑的全貌。这次竞赛的目标是在罗马广场附近，沿着1932年落成的帝国广场大道修建一座象征着政权的大厦，以纪念“法西斯革命”十周年。评委包括皮亚森蒂尼、巴扎尼和布拉西尼，参赛人员包括米兰建筑师象限小组（其同名评论刊物《象限》诞生于1933年5月，由巴尔迪和彭特佩里担任主编）。随着大学城的建成，象限小组开始反对皮亚森蒂尼和帕加诺组成的核心，他们非常关注意大利以外的事件，尤其是在CIAM大会上见到柯布西耶的作品之后（1933年，巴尔迪、波托尼、波利尼和特拉尼也在前往雅典的帕特里斯2号上）。1934年，该组织邀请柯布西耶来到意大利，并将他介绍给墨索里尼，希望他能接受一项城市的设计委托（同年，菲吉尼和波利尼完成了米兰的记者村，多少令人联想到萨沃耶别墅和魏森霍夫住宅区的两个住宅）。在这次特殊的竞赛中，象限小组被分为两组，一组由吉安·路易吉·班菲、贝尔乔索、佩雷苏蒂、罗杰斯、菲吉尼、波利尼和达努索组成；另一组由卡米纳蒂、皮耶特罗·林杰里、萨利瓦、特拉尼、路易吉·维耶蒂组成，并与马尔塞洛·尼佐利和西罗尼合作。还有许多罗马建筑师，包括里多尔菲、利贝拉、皮奇纳托、萨韦里奥·穆拉托里、莫雷蒂、德·伦奇、福斯基尼、维托利奥·巴利奥·莫尔普戈和恩里科·德尔·德比奥。其他值得一提的人物是庞蒂和萨蒙纳。

但是竞赛的结果令人失望：华而不实的碑铭主义大获全胜，只有少数几个项目，包括由特拉尼的团队设计的两个项目（分别以A和B表示）大胆使用了现代语言。尤其是项目A，也许是维耶蒂的原因，他以惊人的直觉提出了一个巨大而柔和的曲线背景设想，与将其分成两个部分的切口和表面出现的均衡线条产生了矛盾之感：这是一种令人不安的迹象，它不仅仅是为了歌颂权力的永恒，还暗示了历史演变的戏剧性特质。在这种特质中可能存在形式的不稳定性，而且它同时会受到作用力的破坏。围绕着建筑的广场废墟会使这一论点更具说服力：通过它们，我们可以看到当塑造它们的力量沿着某一方向移动并引起倾斜时，形式会带来什么。我们还注意到，特拉尼和他的伙伴们通过这个项目证明了现代建筑可以具有非常高的语境价值：这种价值越是有效，就越能避免借用过去的风格元素来激活概念参照和更高层次的关系。

作为一个理性主义诗人和一个永不满足的人，特拉尼在这一时期进行了不同方向的尝试。1936年，他完成了位于科莫的法西斯党总部大楼，这也许是他投入最多、让他最为痛苦的一个项目，因为他试图在现代运动的创新精神和希腊人追求的完美理想之间建立一个共存点。最终的结果是一个基于黄金分割定律的比例完美的棱柱体建筑，这同时也是受到了柯布西耶的经验教训的启发。这位大师的纯粹主义建筑，有一种狂热的设计表达，旨在高度赞美空间的形象和人类存在的空间蕴含的虚空之间的辩证法。这种突出结构元素的雕刻、变化和运用的做法令人想起风格主义的态度，即与源头的分离不是通过破裂发生的，而是通过塑性运动产生的。这就如同拿米开朗基罗与布鲁内莱斯基进行比较。换言之，就是将从模型中提取的方法应用到其极端的空间成果中（这绝非偶然，最近一段时期，极端的风格主义者彼得·艾森曼仍然对这个项目的语法表达感到震惊，并假定它是基于一种态度的持续考虑和研究的对象，这种态度可能将风格主义者称为第三方力量）。

相对于法西斯党总部大楼，圣·埃利亚幼儿园（1935—1937）则代表了一种有益的反思。特拉尼放弃了长期以来产出更多平凡作品的态度，完成了他的杰作。这是一所开放式的学校，它更像是一个由空间和光线而不是由封闭的体量和实体墙壁构成的建筑。失去了对古典主义的痴迷，意大利似乎最终为欧洲带来了一丝新鲜的气息。

1936年，随着路易吉·莫雷蒂的武器之家的落成，罗马也呼吸到了意大利的风格气息。莫雷蒂无疑是在这里工作的建筑师中最具天赋的一个：他凭借自己的才华和能力将抛光的大理石表面、光线的作用和“法西斯风格”笨拙而基本的几何形式转化为抽象的空间。

1936年5月，第六届米兰三年展开幕，很多人认为这是帕加诺和佩西科的谢幕之作。佩西科甚至没能看到这次展览，他在展览开始的五个月前在贫困潦倒中神秘离世。两人曾在《卡萨贝拉》并肩奋战，让这本刊物得到了整个欧洲的认同。但是他们的做事方法有所不同。帕加诺认为，新建筑的诞生只能基于全新的道德、粗犷的明晰性、令人羡慕的资金管理和可模仿的简洁性。他沉醉于自发性乡土建筑，在这些建筑中发现了上述特质，并将它们通过自己在意大利乡村拍摄的照片集中展示出来。受到法西斯政权支持的碑铭主义以及年轻理性主义者（包括特拉尼）的美学方法有着非常明确的争议倾向。对于佩西科来说，新建筑的问题并不是风格的问题。它不是表面上的公式——这在某种程度上与约翰逊的观点类似，而是一种真正被同化的理想主义，并转化为形式化的能量和赋予建筑物质性的能力，也就是乌托邦的形式。这种风格不可能像帕加诺的风格那样流行，也不可能像皮亚森蒂尼所希望的那样具有民族主义色彩，而是欧洲的风格。也许，正是在这一缕光明之下，人们才能读懂他和尼佐利及帕兰蒂组织的空间，这些空间与卢西奥·丰塔纳的胜利女神雕塑一起被他用作欧洲和平的象征。

此次三年展的亮点是国际建筑和1933—1936年意大利建筑的展出，它们都是由阿格诺德莫尼科·皮卡策划的，其目

《象限》杂志第35期，1936

朱塞佩·特拉尼，法西斯党总部大楼，科莫，1932—1936

的是通过大学城、佛罗伦萨火车站、法西斯党总部大楼和避暑居住区等项目，展示新建筑如何促进初始语言的创造，这种语言与在意大利以外发生的事情恐怕是无法相比的。

1936年5月，墨索里尼在攻占了亚的斯亚贝巴之后，宣布意大利帝国成立。6月，国际展览局接受了意大利在1941年主办国际博览会的请求。墨索里尼尽其所能将展会改为第二年举办，以此庆祝“法西斯政权执政20周年”，希望能引起全世界的瞩目。为了主办这次博览会，他设想建立一个名为E42的新城区，与帝国广场大道直接相连，从而将罗马向海边推进。一份官方文件这样写道：“它将倾向于创造我们时代的决定性风格……它将遵循宏伟和纪念性的标准。”皮亚森蒂尼接受了该城区的设计任务，同时让帕加诺、皮奇纳托、维耶蒂和罗西也参与进来。帕加诺兴高采烈地说：“这是意图和热情的完美融合。”然而，恶果很快出现。墨索里尼的帝国野心需要一座拥有华丽拱门和立柱的巨大建筑来支撑。皮亚森蒂尼毫不犹豫地投其所好，向参与个体建筑设计的建筑师施加了巨大的压力，这些建筑师都是直接或通过竞赛参与项目的。更重要的是，他毫不犹豫地把原来高出地面的中轴线变成一条林荫大道，通过这条林荫大道把城区一分为二。帕加诺因此决定退出合作。当然，并非每一位对此项工作感兴趣的建筑师都是如此，许多人还是选择了妥协。利贝拉说：“在欧洲，依然可以见到我们失败的墓地，我们每一个人都在尽可能地失去自我。”实际上，为了获得节日和娱乐宫（1938—1954，即现在的国会宫）项目，利贝拉不得不先参加了一个可怜巴巴的学术竞赛，在获胜的同时又激怒了指责他作弊的特拉尼，最终以方案中正门沉重的立柱为代价

Flickr/Tim Parker

阿达尔贝托·利贝拉和库尔乔·马拉帕尔泰，库尔乔·马拉帕尔泰别墅，卡普里岛，1938—1942

右页：
阿达尔贝托·利贝拉，国会宫，罗马，1938—1954

才得到了这个项目。为了让法西斯政权统治下的意大利最有才华的建筑师之一实现一个拥有巨大价值的作品，这种妥协也许难以避免，这就回归到利贝拉在阿文丁山的邮局大楼设计上的成功直觉，它使这一项目成为纯粹空间体量的构造。然而，C形布局的邮局主楼、主大厅和入口门廊的椭圆形基础棱柱都采用了不同的色彩和材料，国会宫的基础部分和主厅却采用了大理石进行装饰，因此，失去了某种近乎形而上学的自信，但获得了一种更为简朴的外观，这与法西斯政权的帝国主义动机是相符的。

利贝拉的另一个设计，尽管其客户和建筑工程队无疑起到了决定性的作用（利贝拉也因此极力避免称其为“我的项目”），却不失为那个时期最成功的作品之一，即卡普里岛的库尔乔·马拉帕尔泰别墅（1938—1942）。理性主义的形式在这里倾向于当地的词源，并应对了恶劣的自然环境。

同年，伊格纳齐奥·加德拉完成了另一件杰作——亚历山德里亚肺结核诊所（1936—1938）。这是一个理性主义的项目，部分楼体的严肃性与外墙立面创造的微妙的明暗对比效果相映成趣。除了特拉尼设计的住宅（1933—1936年的米兰出租住宅和1939—1940年的朱利安尼-弗里吉里奥住宅）之外，路易吉·皮奇纳托在罗马尼科特拉大道设计的两个小

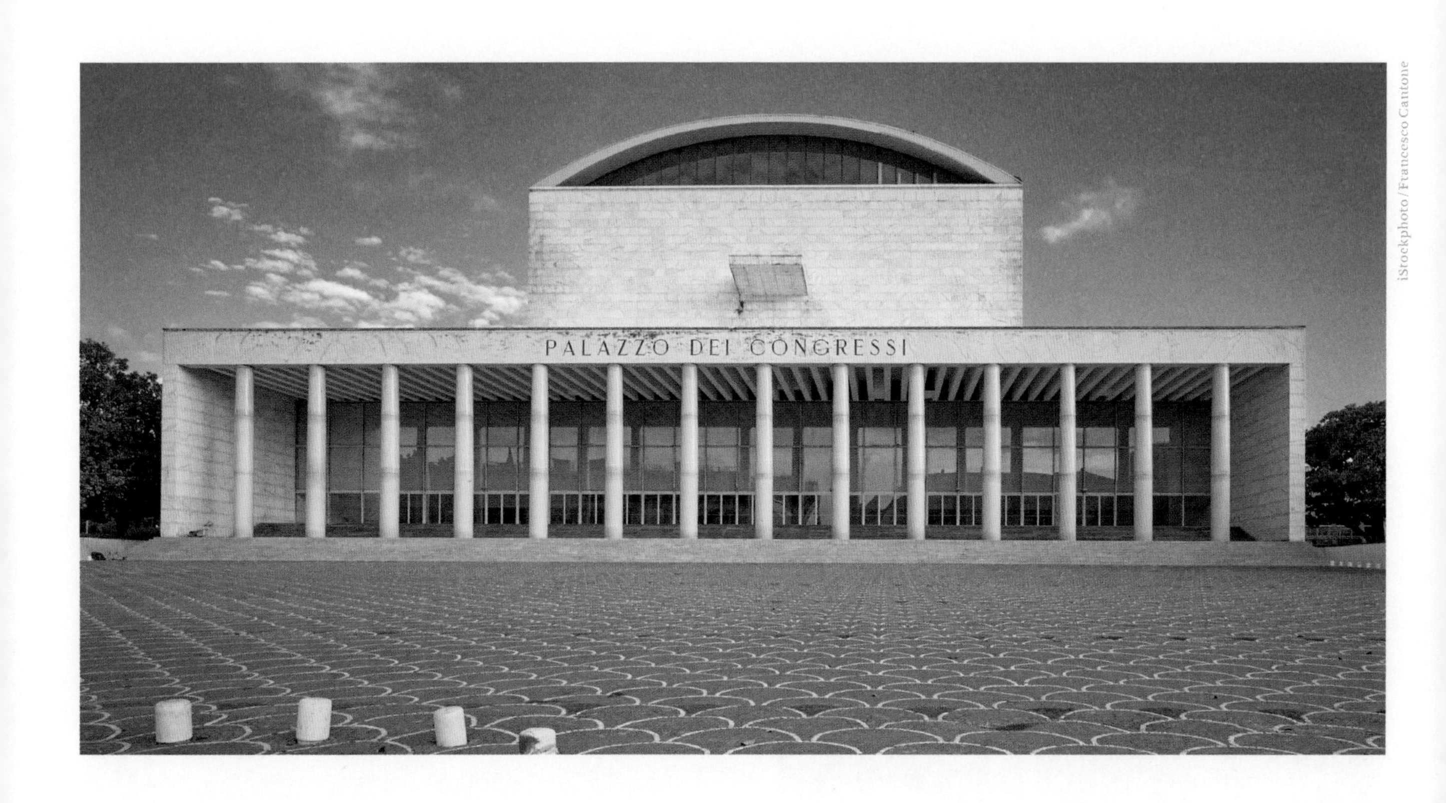

iStockphoto/Francesco Cantone

型公寓街区（1937—1938）也在住宅建筑领域脱颖而出：它们以优雅大方为特色，与周边地区在20世纪30年代修建的不合时宜的折中主义城区形成了鲜明对比。

1939年，卡洛·莫利诺设计了都灵赛马协会总部大楼。这个作品以独树一帜的空间和细节为特点，展现了这位设计师的鲜明风格，他将成为二战后意大利建筑文化中最古怪的人物之一。他也是很多风格精致的拼贴作品的创作者，加深了从有机主义到超现实主义等各种主题范围的深度。这是众多建筑实例中最新的一个，它超越了官方文化的传统修辞。即使在这个黑暗时期，意大利也有着多样的创造性驱动力和张力。但由于它们的偶发性和分散性，而不仅仅是因为法西斯统治的原因，它们无法产生临界效应，从而不足以促成一个与众不同的、辉煌的、更具创造性的未来。

iStockphoto/Ultima_Gaina

明日世界

1939年4月30日，纽约世界博览会开幕。当组委会在1935年提议在美国的城市举办博览会时，这项工作就开始了运作。此次博览会以“建设明日世界”为主题，总结了世界文化领域的领军人物和倡导者的反思与思考，其中包括美国著名的社会学家刘易斯·芒福德。芒福德把这次博览会看作向美国公众展示有机方法的良机。这种方法关注人类的总体需求，摆脱了机器社会强加给人的束缚。为此，芒福德建议在九个主题展馆举办这次博览会，这些主题分别为住房、食品、卫生、教育、工作、休闲、艺术、政治和宗教。他希望通过展示这九个领域中可预见或可预测的新事物，向公众清晰地展现令人信服的画面，全面展示技术进步为提高民众生活质量所提供的机会。他提议将世界博览会的陈列布局和设计一起委托给弗兰克·劳埃德·赖特，他是为数不多的能够具体设想未来居住模式的人物之一。这种模式能够与自然对话，同时能够应对最先进的工业领域带来的挑战。当然，他的这两项提议都没有得到响应。

正如一些活动涉及众多主题和私有经济资源一样，这次博览会也吸引了很多国家最重要的行业——最终博览会的规划方案汇总了众多主题，在某种程度上以毫无条理的方式来处理未来的主题。博览会的两个支点结构——三角尖塔和圆球（1939）是由建筑师华莱士·柯克曼·哈里森设计的。他是洛克菲勒中心的设计者之一，后来与柯布西耶合作设计了国际联盟万国宫，但是用对立来形容他们之间的关系可能更为贴切。三角尖塔是一座高耸的方尖碑，象征着垂直发展的城市和点缀美国大都市天际线的摩天大厦。圆球是一个直径61米的球体，这一尺寸与曼哈顿城市的典型街区完全相同。穿过三角尖塔之后，公众可以通过两部自动扶梯（其中一部长度超过36米，是当时最长的扶梯）进入球体，球体内有两个旋转的阳台，每个阳台都朝着不同的方向移动，并且见不到任何的支撑结构。这为参观者俯瞰民主城市的模型——未来的理想城市——提供了最佳的位置。这个城市模型包括一座以100层高的大厦为主导的绿色“心脏”，大厦内包含各种城市的主要服务设施，大厦附近有花园、公园、运动场和办公楼，城市远处为郊区。民主城市的景观也是多媒体内容展示的一部分，提供了许多前卫的呈现效果，如将人们即将入住的理想城市图像多方位地投射到圆球上。

不过引起公众兴趣的是通用汽车在其展馆中创造的未来世界。它包括一系列未来的自动交通景观：没有交叉口的街道、四车道公路、自动驾驶系统。这个展览以一个城市平台作为结束，最初是一幅图像，随后是一个全尺寸的居住模型。参观者在高架人行通道上可以看到下面的车流——自然都是通用公司生产的各种型号的汽车。

最后，还有由哈里森设计、爱迪生建造的壮观的光明城（1939）。呈现在公众眼前的是一个巨大的曼哈顿城区模型，林立的摩天大楼与变幻无穷的灯光交相辉映，散发出勃勃生机。

尽管这三个展馆和别的展馆一样丰富多样，但是都传递了一个令人欣慰的乐观信息：当代城市并不是许多建筑师和城市规划师所说的灾难，科技不仅拥有纠正错误的能力，还会创造出充满活力和欢乐的未来城市。

多年来，在美国流行的流线型风格更加体现了这种对未来热情的即时感知，包括应用了空气动力学和隐隐带有未来形式的物品设计。在展览中，被设计成流线型的高速运输车辆将乘客从展厅的一处运送到另一处。在铁路运输展厅里展示着由雷蒙德·洛威设计的最新一代的火车。同很多极具天赋的设计师一样，洛威也采用了流线型风格（赖特表示，他的强生制蜡公司大楼外观在某种程度上受到了这种风格的影响，也许还有他后来设计的古根海姆博物馆）。

除了前面提过的阿尔托的芬兰展馆，以及斯文·马克利乌斯设计的瑞典馆、格罗皮乌斯和布鲁尔的宾夕法尼亚展馆之外，其他国家的展馆都显得枯燥无味。苏联和意大利馆显然是最差的：正如E42城区项目的变迁清楚表明的那样（如果不是因为战争，意大利将是下一届博览会的主办国），意大利人只在怀旧和帝国修辞方面表现出了对现代性的理解，而没有任何技术发展的概念。

尽管预计会有超过6000万名参观者，但是截至10月31日，博览会只有2600万观众。为了避免亏损，举办方只能延长博览会的展期，重新设计和改变展出的内容，增加对大众的吸引力。新的展览主题改为“和平与自由”，这与二战有关。尽管在各国展馆的前面出现了一些冲突，但是接下来的形势却更加混乱，作为主权国家参展的波兰、捷克斯洛伐克、丹麦、荷兰、比利时和法国都遭到了德国军队的入侵。

左页：
威廉·F. 兰博，帝国大厦，纽约，1931

华莱士·柯克曼·哈里森，三角尖塔和圆球，纽约世界博览会，1939

为庆祝纽约世界博览会发行的纪念邮票，1939

基斯勒与关联主义

1939年，弗雷德里克·基斯勒在《建筑实录》上发表了一篇文章，他在文章中提出了关联主义。这是他所定义的一个理论，与功能主义和国际主义的冷酷风格相分离。他谈到了一种方法——现在被称为整体方法，其目的是创造一个各部分之间有效关联的复杂有机体，而不仅仅是设计一个抽象的几何结构。更重要的是，这种方法基于超现实主义的经验教训，以有形部分表现无形部分，而无形部分往往脱离了术语中简单意义上的所有的理性。基斯勒是一位成长于维也纳的先锋派艺术家，他自称是阿道夫·路斯的弟子，并受到新造型主义的影响。后来，对他产生影响的人物还有马塞尔·杜尚、布勒东和一些经常与之交往的艺术家，尤其是那些与他在欧洲和美国共事的人。他在20世纪20年代后期移居美国。基斯勒不仅是一个普通的执业建筑师，还是一个喜爱设计的雕塑家，并以可塑感受进行构思（他最著名的作品是1925—1938年创作的一张分为两部分的桌子，很容易让人想到阿尔普的作品）。1942年，他在纽约设计了本世纪艺术画廊，用于展示佩吉·古根海姆收藏的作品。基斯勒忠实于关联主义的原则，认为背景环境必须和艺术作品相关联，并以此为基础创造了两个不同的展览空间：一个用于展出抽象作品，另一个用于展出超现实主义作品。在第一个空间里，绘画作品被设想为自由排列的独立对象，它们通过天花板上垂下的细线悬挂并固定。在第二个空间，作品被安排在两面胶合板制成的曲面墙壁上，并通过可调节装置保持相互之间的距离，避免了曲面和平面之间的相互干扰。每个空间都最大限度地体现了所展出作品的主题（用于展览抽象艺术作品的空间采用了更具几何特点的基本布局，而用于展览超现实主义艺术作品的空间则采用了更具感官刺激的方法）。两个空间都将作品从墙壁和画框中解放出来，让它们悬浮在空中，呈现出更自由的感觉。特别设计的座位可以确保参观者不必像在其他画廊中那样站立着观看，这些座位还可以被调整到不同的位置以提供不同的视角，必要时还可以用来支撑其他艺术作品。最后，基斯勒还在画廊中规划了一种运动的环境。在这个环境中，物体的视觉效果是由一些机制引发的，这些机制使艺术作品仿佛存在于某种大气空间里，与画廊的背景无关，从而达到提升观展体验的目的。画廊里的灯光和音响设计也以兼顾观众所有感官的原则为基础，从而有利于总体效果。这部分设计令参观者愉悦，却令佩吉·古根海姆绝望，他根本无法实现如此之多的感官刺激，最终只能放弃这一部分的展示。

Art of This Century Gallery

本世纪艺术画廊，纽约，1942

1945—1955 再度觉醒

新的纪念碑

1943年，就在第二次世界大战激战正酣之时，美国抽象艺术家协会邀请画家费尔南·莱热、建筑师约瑟夫·路易·塞特和评论家西格弗里德·吉迪恩合作一部出版物。三人决定从各自的视角去探索“新的纪念碑”这一主题。至少在现代运动的支持者看来，这更像是一种禁忌。实际上，这三位先锋派的领军人物对这一问题的处理在操作上会遇到更多的困难，但是也更为有效。深得柯布西耶赏识的画家莱热是国际公认的后立体主义艺术家之一。塞特是加泰罗尼亚现代建筑师协会（GATEPAC）的发起人，也是1937年国际博览会西班牙馆的设计者，该馆展出了毕加索的名作《格尔尼卡》。1939年，他来到美国后又成为哈佛大学的重要人物之一。吉迪恩则是现代运动的重要理论家，CIAM的秘书长。

也许是由于战争，这部计划中的出版物从未公之于众。第二年，吉迪恩在《新建筑和城市规划》中发表了自己的结论，引起了极大的反响，刘易斯·芒福德甚至在《纽约客》中对其进行了残酷的批判。最重要的是，在经历了20世纪30年代的悲剧之后，吉迪恩的关于纪念性的新思想被法西斯政权的巨大阴影所困扰。吉迪恩的努力收效甚微，如果这种新的纪念性具有正确的意图，那么它就不能是歌颂性的，也不能回到过去的陈词滥调中，而是必须使用原始的形式和新型民主社会的符号去体现，必须在城市层面完成一场意义重大的革命，也就是现代运动中始于20世纪20年代的新建筑设计，并延续至20世纪30年代的新城区建设。

二战结束后，英国皇家建筑师协会于1946年组织了一次会议，并于1948年9月在《建筑评论》杂志专刊发表了多篇文章，重新探讨了这一主题。其中最值得注意的是沃尔特·格罗皮乌斯和巴西建筑师卢西奥·科斯塔发表的文章。1949年4月，刘易斯·芒福德也在《建筑评论》上发表了文章《碑铭主义、象征主义和风格》，声称当代不可能创造出纪念性建筑，因为这些象征符号已经荡然无存：“一个价值观堕落、目标迷失的时代不会创造出不朽的丰碑。”

新的纪念性主题是以另一个同样苛刻的主题为前提的：一个城市的实现超过了基本功能的简单总和，如住宅和用于运动、娱乐及工作的空间；换言之，与过去的最佳范例一样，这个有机体拥有一个中心，居民们可以在此产生归属感，并在此会面和交流。塞特在1944年的论文《城市规划中的人类尺度》中延续了这一主题，他在文中支持了这样一种原则：当代城市的建立必须以“邻里单位”为基础，即使没有汽车，居民也可以获得各种便捷的必要服务。同时，他还谈到有必要对郊区日益分散的情况进行比较，认为这是没有将人类尺度作为“测量单位”造成的。塞特于1947年当选为CIAM主席，并在贝尔加莫组织了CIAM第七次大会，将伦巴第市和当代城市的人类尺度进行了对比，认为“无序的开发和规划的欠缺直接导致了城市的混乱”。1950年，他说服柯布西耶将第八次CIAM大会的主题确定为“城市中心”。后来人们所说的城市设计逐渐形成，这种解决城市问题的方法不局限于抽象标准的执行，而是注重现实的设计及其功能的有效性。在1951年的《新建筑十年》一书中，吉迪恩试图定义争论中的术语，也就是一种更依赖于“空间想象”的方法。

柯布西耶与粗野主义

在1944—1945年，柯布西耶详细阐述了他的三种人类居住区理论。这是他建立一个理想城市准则的最新尝试，也是大多数欧洲国家城市所需的，当时很多城市或部分或全部毁于空袭。为了符合《雅典宪章》，柯布西耶假设了一种严格

《建筑评论》封面，1944年1月

勒·柯布西耶与印度开国总理贾瓦哈拉尔·尼赫鲁

的功能分离原则：一种农业城市，一种基于线性布局的工业化城市，以及一种具有广播中心形式的交流城市。

这个理想城市是以居住单元为组织单位的。在1945—1950年，他获得了在马赛建造居住单元的机会——一栋18层的大厦，可提供23种共计337套公寓，适用于各种家庭类型：包括单身人士家庭、无子女家庭、拥有3—8个孩子的家庭。按照设想，公寓具有一定的自给自足能力。如果人们愿意，它可以是一个村庄，也可以是一个现代的共同居住区——它会为居民提供一系列服务，如用于运送食品和必需品的小船，位于第7、第8层的酒店，以及一些体育设施，包括一个小型游泳池和屋顶花园里的300米跑道。这种想法是通过组织一系列不同的模块，实现一个融入自然的紧凑型城市。由于将土地分割成无数的小型地块，这种理想城市显然是城市扩张和独栋住宅的敌人。

马赛公寓的建造采用了粗混凝土——暴露在外的钢筋混凝土。它也是新建筑的一种理论宣言，更新了柯布西耶在20世纪20年代初期定义的新建筑五要素。该建筑采用了底层架空的结构，拥有自由和多孔的立面。因此，它回归并更新了长条窗的概念。此外，它还拥有自由的平面布局和一个屋顶花园。然而，在这样一个纯粹主义的时期，选用这种坚固的材料也是一种创新，而且是以一种果断的塑性方式进行处理的。我们只要观察一下建筑坚实的立柱、拱腹、上层空间的剖面轮廓、屋顶上雕塑般的烟囱，还有虚空与凉廊在立面上形成的强烈明暗对比效果，就不难理解这一点。为了减弱这种高度物质化的方法的影响，柯布西耶使用了两种应对措施：采用基于黄金分割和人体尺度（所谓的模度）的严格比例体系，以及在内部的凉廊采用三原色。最后，他毫不犹豫地运用了引人入胜的形

Gunnar Klack © VG Bild-Kunst

勒·柯布西耶，柏林居住单元，柏林，1956—1958

Wikimedia / Wladyslaw © VG Bild-Kunst

勒·柯布西耶，朗香教堂，朗香，1950—1955

式——这在屋顶上尤为明显——以近乎诗意的物体形式调和了他天性中的两面性：专注于标准化、方法和笛卡尔方法论的理性一面，以及开放的艺术价值观和难以言喻的非理性一面。柯布西耶在1950—1955年实现的朗香教堂似乎放弃了对严格理性的追求，而是将自己推向了诗意的境界。在放弃了新建筑五要素之后，他实现了这个看起来由白色墙壁和高度塑性的混凝土屋顶主宰的建筑。教堂内部呈现出各种对比效果：阴影和穿过倾斜洞口的光线交织在一起，这些所谓的“光通道”按照一定的规划设计分布在厚重的墙壁上。最终，精巧的结构加强了高度透视的效果：事实上，尽管从建筑外观上看是由砖石结构承重的，但真正承重的是隐藏在墙壁内的立柱，它们是支撑屋顶的结构元素。正如柯布西耶揭示的那样，他将屋顶与墙壁两种元素分开，为穿过内部空间的光线创造了另一条路径。

按照一般的建筑类别很难将朗香教堂分类，它实际上是一个相当简单的有机体，以三种在平面图中清晰可见的姿态塑造而成。第一种姿态是具有光通道的墙壁，这种直观和具有决定性的标记犹如舞动的剑光。第二种是平面图上的虚线，将圣坛的墙壁与侧面墙壁相连，后者通过曲线封闭，定义了内部的忏悔空间。它的夹角形式界定了静态空间，并与更具动态的空间并置，将圣坛围绕在内。第三种姿态是曲线，在一端将洗礼用的圣水盘包围起来，在曲线的另一端是另一间忏悔室：建筑在这里以拉紧的松紧带所具有的动态不稳定性结束。这三种姿态的能量从内部传递到外部，反之亦然。同时，这些墙壁有一定的曲率，在几何形式上具有一致性，形成了塑性表面。然而，正如许多人看到的那样，他把自己托付给诗意，展现的是一种武断的态度，即采取一种以生命力为主导的方法。这也引来了许多批评，许多同僚指责

Philipp Meuser © VG Bild Kunst

其背叛了现代运动的价值观。事实上，朗香教堂开启了一个新的篇章：正如我们将看到的，这一点得到了十次小组的主要成员的理解，并将他们的研究推向新的领域。

同样在1950年，柯布西耶接到了昌迪加尔的城市设计委托。在印度解体，分为印度联邦与巴基斯坦之后，昌迪加尔成为旁遮普邦的首府，该邦原来的首府拉合尔被划归巴基斯坦所有。柯布西耶很快便与印度总理贾瓦哈拉尔·尼赫鲁建立了和谐的关系，他认为新国家的思想可以将西方城市的积极方面与东方定居地的精神结合起来。这座城市与甘地期望的有所不同，少了一些纪念性，更多地体现了农业精神和印度农业社会的传统。事实上，这个预计人口达到50万的新城市项目似乎在很多方面都借鉴了柯布西耶光明城市的设计方案。它以正交的国会大厦综合区域为特色，这里位于居住区的顶点。精心组织的街道系统构成了众多规模为1200米×800米的街区，形成了正交的网格布局。街道系统以七种类型的轴线为基础，其范围包括主要道路和住宅附近的人行道。这些街区被一道道树墙分隔，令人们感到仿佛置身于广阔的自然环境之中，而非现代城市环境。

专注于纪念和赞美层面的柯布西耶决定投入大量的精力设计昌迪加尔议会大厦综合区，主要包括高等法院

左页：
勒·柯布西耶，昌迪加尔高等法院，昌迪加尔，1951—1955

右图：
勒·柯布西耶，昌迪加尔议会大厦，昌迪加尔，1951—1962

（1951—1955）、议会大厦（1951—1962）和秘书处大楼（1951—1953）。这些建筑都是用直接裸露在外的混凝土建造的，继承了基于居住单元的研究成果：对塑性效果的追求、明暗对比的诗意、基本几何对象和诗意反应的对象，以及适应当地炎热气候的形式。昌迪加尔高等法院由两座建筑组成：一座包括若干大厅和巨大正门的建筑，以及一座将其环绕在内，防止阳光直射的建筑。议会大厦以一个圆柱体结构为标志，该结构要高于议会大厅，形成了一个冷却塔。这几座建筑都拥有宽大的遮阳篷，以遮挡直射的阳光。同样值得注意的是，这些冷却和遮阳设施都是形式上的解决手段，提出了一种建筑概念，即空间结构在阳光下的巧妙运用，而它们的功能效益已经不那么重要了。对钢筋混凝土的选择就可以证明这一点，因为这种材料并不完全适合当地气候。更重要的是，柯布西耶的城市和建筑方案所依据的复杂的符号——一部分借鉴于印度的传统，一部分则来自建筑师的泛神论想象——已经所剩无几。然而在事实上，尽管昌迪加尔市具有新建城市共有的明显缺陷，但它还是吸引了越来越多的居民，而且在众多沦为棚屋聚集区的印度城市中，这种模式继续代表着一个可能的定居模式。

Flickr/IK's World Trip

查尔斯·伊姆斯和蕾·伊姆斯，伊姆斯之家，圣莫尼卡，1945—1949

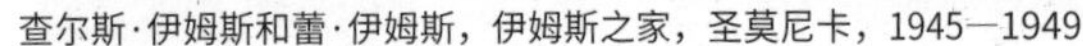

Wikimedia/Dystopos

伊姆斯之家近景

伊姆斯之家

1945年，《艺术与建筑》杂志的主编约翰·恩滕扎决定启动“房屋案例研究”项目。这个项目包括了鲁道夫·辛德勒、理查德·诺伊特拉、威廉·威尔逊·伍斯特、拉斐尔·索里亚诺、克雷格·埃尔伍德、皮埃尔·科尼格和昆西·琼斯等实验建筑师在洛杉矶建造的房屋，其目的是具体展示采用更为现代的方法设计住宅的优势。这个项目计划持续到20世纪60年代，推动了27栋独户住宅和两个公寓街区的实现。其中，8号住宅（即伊姆斯之家）是由查尔斯·伊姆斯和蕾·伊姆斯夫妇设计的，9号住宅是由查尔斯·伊姆斯和埃罗·沙里宁共同设计的。这两栋住宅从1945年二战刚结束开始设计，于1949年建成，前者是这对设计师夫妇为自己设计的，后者是为恩滕扎建造的。8号住宅无疑是最有意思的，9号住宅则见证了查尔斯和埃罗之间的友谊。查尔斯·伊姆斯和埃罗·沙里宁于1938年在克兰布鲁克艺术学院相识。该学院的设计者正是埃罗的父亲埃里尔·沙里宁（学院于1925—1942年分批次建成），也就是那位获得《芝加哥论坛报》大楼设计竞赛第二名的建筑师，他当时提出的方案得到了路易斯·沙利文的赞赏。埃里尔·沙里宁还设计了壮观的赫尔辛基中央火车站（1904—1919），展现了令人联想到亨利·霍布森·理查森和贝尔拉格的新浪漫主义风格。查尔斯·伊姆斯在1939—1940年与沙里宁父子共事，并于1940年在克兰布鲁克艺术学院遇到了蕾·凯瑟（即后来的蕾·伊姆斯）。蕾·凯瑟是美国抽象艺术家协会的成员，她凭借自己的艺术才能为MoMA组织的“家居有机设计”竞赛做出了重要贡献。查尔斯和埃罗提交的9号住宅方案中还包括用弯曲的木头制造的椅子和一套由五斗橱和桌子组成的舒适的家具，它们体现了查尔斯的现代理念和学术背景，并为埃罗（他

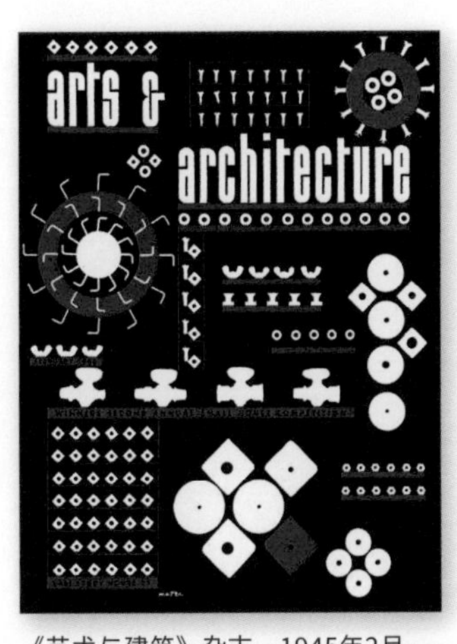

《艺术与建筑》杂志，1945年2月，约翰·恩滕扎主编

AIA年会晚宴，弗兰克·劳埃德·赖特接受了金质奖章，1949

曾与格罗皮乌斯和贝尔·格德斯有过交往）仍然闭塞的设计语汇引入了一种典型的抽象表现主义品位。查尔斯和蕾在1941年结婚后搬到了洛杉矶，在那里遇到了恩滕扎，并受邀参与了“房屋案例研究”项目。正如前面提到的，8号住宅就是这对夫妇为自己设计的。为了以最低的成本完成建造，他们设计了由货架钢构件、上漆的木板和工业窗户组成的结构。但最后时刻出现了一些变化，当这些建筑材料到达现场后，其组装方式与最初设计师设想的并不一样。这在某种程度上表明，即使是预制项目也可能产生不同的结果。

通过对8号住宅案例的建设进行具体而务实的研究，可以看出其与密斯提出的过度精练的建筑方法相对立的一面，因此它很快引起许多美国建筑师的注意。与范斯沃斯住宅几乎同时期的伊姆斯的8号住宅以其具体性和更受欢迎的表达方式脱颖而出：正如一些人所指出的，尽管它拥有壮观的形式，却体现了日常的生活，而不是以绝对原则的名义去将美学概念实体化——虽然它是对所涉及元素的纯粹本质的还原。

9号住宅与8号住宅不同，为13米×13米的正方形平面布局，被木板隐藏起来的结构没有暴露在外。室内空间被划分为客厅、卧室、服务空间（车库和储藏室）三个区域，它们分布在位于中心位置的无窗的书房周围，使书房成为一个密闭的内部空间，避免了视觉上的干扰。

赖特：晚期作品

一度陷入落魄境地的赖特在20世纪30年代设计了流水别墅等杰出作品之后，再次回归公众视野，并得到了重新评价。1939年，英国皇家建筑师协会授予他金奖。1940年，MoMA组织了一次他的作品回顾展。在1941—1943年，他的新版自传，连同他的作品集以及亨利-拉塞尔·希区柯克编撰的一部关于他的专著与世人见面。1949年，他获得了美国建

弗兰克·劳埃德·赖特，古根海姆博物馆，纽约，1943—1959

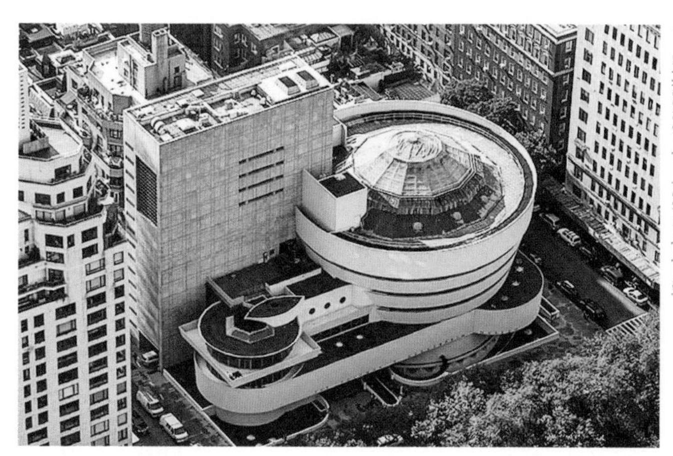

俯瞰古根海姆博物馆

筑师协会（AIA）颁发的金质奖章，该协会曾一度忽视他的存在。1951年，一个重要的回顾展在佛罗伦萨开幕，赖特获得了展览颁发的金奖。不久，他又在威尼斯获得了一个荣誉学位。

从20世纪40年代起，赖特的职业生涯开始如日中天。到1959年去世前夕，92岁的赖特已经很难跟上一些委托的要求，尤其是由于对他的作品的热情而日益增多的独栋住宅需求。他的客户还包括富商和娱乐圈的人物，如在1957年，他就接到过玛丽莲・梦露和亚瑟・米勒夫妇的委托。此外还有来自经济能力有限的家庭的委托，他们经常采用自建或分期建设的方法。1943年，艾恩・兰德的《源泉》一书出版，让赖特作为一个创作天才的神话在世界范围内传播，同时还维护了他的艺术完整性。这本书经过改编后被成功搬上银幕，其主演为加里・库珀和帕德里夏・妮尔。

在他二战后实现的项目中，古根海姆博物馆（1943—1959）无疑是最为人们所熟悉的。该博物馆由两个向上延伸到顶部的螺旋结构组成（一大一小，由一个带状结构相连，这一构思借鉴了强生制蜡公司大楼的设计，其功能是一个理想的传送带）。这座建筑不仅是一个有机体，提出了一种观察艺术的新方式，还是对重力定律的一种挑战，也是对曼哈顿城区的正交网格结构的批判。

在传统的博物馆中，观众或多或少都会发现自己置身于一系列彼此相接的空间序列中。但是在古根海姆博物馆，观众是通过升降机直接到达建筑的顶部，然后沿着坡道向下行进，欣赏坡道两侧的艺术作品。这一构思以动态的特征使人着迷，让观众能够观赏到博物馆的所有部分。但是这也带来了诸多不便，还导致赖特和博物馆馆长詹姆斯・约翰逊・斯威尼之间无休止的冲突。最重要的是，博物馆楼层的层高过低，不适合当代艺术作品日益扩大的规模（赖特对此批评的回应是，要是由他来决定的话，艺术家应该把那些过大的画布裁小）。螺旋形的外墙上分布着很多水平切口，光线由此进入馆内。由于墙壁内侧也为绘画作品提供了支撑，因此光线不仅会从上方照射到展品上，就像人们所想的那样，还会

弗兰克·劳埃德·赖特，贝斯·索隆犹太教堂，埃尔金斯帕克，1956—1959

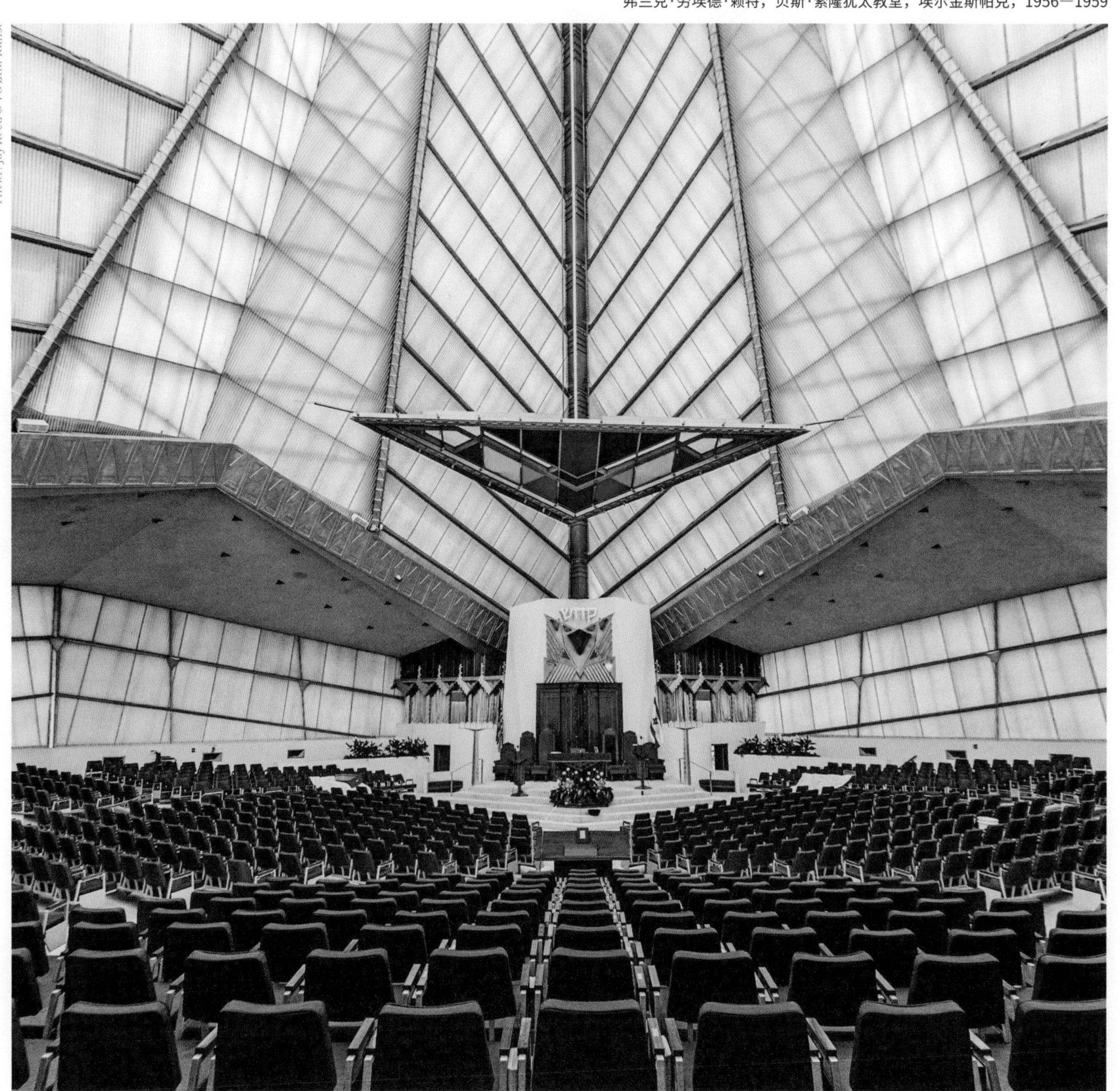

弗兰克·劳埃德·赖特，大卫和格莱迪斯-赖特住宅，菲尼克斯，1950—1951

弗兰克·劳埃德·赖特，一神教堂，麦迪逊，1949—1951

在画框边缘形成光晕。而且，如果不使用赖特设计的特殊的金属垫片，倾斜的墙壁也不适合悬挂绘画作品。还有一点，斯威尼偏爱白色的墙壁，而赖特则认为白色并不算一种颜色，是没有能力选择真正颜色的表现。严肃地说，古根海姆博物馆在赖特去世后并没有进行实质性的修改。无论如何，它在落成的时候都称得上是一座充满魅力的建筑，很快便成为纽约市的地标。它预示着一种日益明显的趋势，朝着具有高度标志性特征的目标发展。从伍重的悉尼歌剧院到弗兰克·盖里的毕尔巴鄂古根海姆博物馆，这种趋势逐渐在欧美城市流行开来。

1949年，赖特在威斯康星州麦迪逊市建造了一神教堂，他在这一作品中似乎运用了与草原住宅相对立的风格。这座建筑与屋顶的长度齐平，其屋檐线恰好位于地面的上方，与周围柔美的地貌景观建立了一种关系。高高突起的屋顶与巨大的窗口相互对应，让主大厅内充满了明亮的光线。

1950年和1951年，他分别为大卫·赖特和弗雷德里曼一家建造了住宅，并在设计中探索了曲线的几何形式，证明了即使是如此难以组织的形式也可以产生具有迷人动态空间特征的统一有机体。在马林县综合体（1957—1962）中，赖特更加完美地证明了这一点。这是一个设想为地区规模的项目，变化多样的拱门主题创造了动感十足的韵律。

在1952—1956年，赖特在俄克拉何马州巴特尔斯维尔市的普莱斯大厦项目中尝试了一种策略，这座20层的大厦摒弃了同时期商业建筑的普遍特征：简单的棱柱体结构，以及千篇一律的窗口排列或玻璃立面。1956年，赖特通过一个摩天大楼项目证明了在城市范围内唯一要避免的就是中等规模建筑，因为这种建筑既不能像水平的广亩城市那样把生活和地面联系在一起，也没有能力将生活与天空结合起来。而这座高达1500米的大厦可以容纳12万居民。

最后，埃尔金斯公园内的贝斯·索隆犹太教堂（1956—1959）回归了中心布局的主题，光线穿过透明的外墙照亮了教堂的内部空间。

Fritz Neumeyer © VG Bild-Kunst

路德维希·密斯·凡·德·罗，范斯沃斯住宅，普莱诺，1945—1951

Farnsworth House © VG Bild-Kunst

范斯沃斯住宅入口处阶梯

密斯在美国

1947年，MoMA为了向密斯·凡·德·罗致敬，决定组织一次密斯的个人作品展并出版一部专著。这次展览全方位地展示了密斯的作品，包括之前的克罗勒尔别墅（1912）、巴塞罗那世界博览会德国馆（1928—1929），以及他新完成和正在建设中的项目。这次活动引起了巨大反响，除了纽约的建筑师之外，前来参观的还有查尔斯·伊姆斯，他还为《艺术与建筑》撰写了一篇文章。尽管赖特自己就是个爱出风头的人，但他也公开向这位德国建筑师表达了敬意。不过在展览开幕式上，他对密斯的“少即是多”哲学发表了简单评论，并将其转变为“简不如繁”，这最终导致二人的关系逐渐疏远（但不要忘记，密斯对赖特十分着迷，刚到美国之后就前往塔里埃森住宅拜访赖特，而密斯也是赖特唯一钦佩的欧洲建筑师）。密斯对钢铁和玻璃诗意般的运用抓住了美国公众的想象力，也使他的建筑蕴含了巨大的意义，这与20世纪30年代许多诞生在集权政治之下的公共建筑使用的华丽辞藻相去甚远。同时，轻盈透明的外观也是对美国科技的一种赞美，这个国家以现代化和高效的工业部门在二战中显示出强大的力量。展览上展出的密斯最新的项目包括范斯沃斯住宅（1945—1951），以及伊利诺伊理工学院（IIT）校区建筑群。密斯在1937年来到美国之后便担任了IIT建筑学院的院长。

当时，范斯沃斯住宅计划在1951年完成，是一个以玻璃幕墙为特色的住宅：它对伊姆斯、拉斐尔·索里亚诺、克雷格·埃尔伍德等一些来自美国西海岸的建筑师产生了巨大影响。但是，正如我们所看到的，这些建筑师后来还是使用了更加务实和缺乏抒情的语言来定义钢铁和玻璃建筑。另外，菲利普·约翰逊之后也采用这种方法为自己设计了位于新迦南的住宅，并于1949年完工。

范斯沃斯住宅悬挂在两排（每排四根）法兰钢柱上，悬浮于距离地面一米高处。人们可以通过由两段台阶构成的阶梯进入住宅，楼梯位于住宅和地面之间，且与位置偏移的平

路德维希·密斯·凡·德·罗，湖滨大道860—880号公寓，芝加哥，1948—1951

路德维希·密斯·凡·德·罗，伊利诺伊理工学院克朗楼，芝加哥，1950—1956

台分开。尽管工业材料的使用赋予了住宅外观鲜明的现代特色，但住宅本身具有传统的日式风格，与周围的自然环境建立了和谐的关系。事实上，范斯沃斯住宅呈现出流畅的空间感受，以及设计师对细节和形式的完美追求——从希望消除钢构件中的缺陷开始，一开始的喷砂面后来被漆成了白色，让人联想到东方文化。随后，密斯委托一位德国木匠做中心服务区域的木饰工作。

伊利诺伊理工学院的校区建筑群与此类似，在设计上既考虑了校园的环境，也兼顾了城市的背景。首批建成的建筑是冶金和化学工程大楼（现在的珀尔斯坦大厅）、化学大楼（现在的威什尼克大厅）和纪念堂（1945）。它们共同的特点是采用了暴露在外的黑色钢结构、沙色的砖墙和钢窗，给人的最大印象就是轻盈亮丽和清澈透明，以及严格的极简形式主义风格，避免了过度的装饰，一些特殊的细节也尽可能简单优雅。克朗楼和建筑与设计学院（1950—1956）无疑是最引人注目的。这要归功于它们顶部的上翘横梁，还有在范斯沃斯住宅使用过的通道平台的创意。

1946年，密斯遇到了犹太商人赫伯特·格林沃尔德，为其设计了海角公寓（1946—1949）。这是一栋高达22层的建筑，采用了混凝土框架结构并以砖墙作为填充。密斯后来的湖滨大道860—880号公寓（1948—1951）高达26层，采用钢材和玻璃材料进行建造。它们的透明效果对当时的芝加哥人来说还是非常新奇的事物，这一项目的运作也被证明是成功的金融运作：每平方英尺的造价仅为112美元，远远低于其他建筑系统所需的成本，而且在形式上也更加令人信服。这在20世纪50年代启发了众多的建筑设计，其中包括建于1952年的纽约利华大厦，其设计者为SOM事务所的戈登·邦夏。

1953—1956年，密斯继续着自己的各种尝试。他在芝加哥的项目还包括国民广场公寓住宅（1953—1956），他在这里将结构隐藏于幕墙和经典的T形梁的后面。不过他最重要的机会来自和菲利普·约翰逊一道接受的摩天大楼的委托，即位于曼哈顿中心帕克大道的西格拉姆大厦（1954—1958）。尽管受限于建筑规范，为了最大限度地扩大建筑面积，密斯应用了一个步进式断面，设计了一个从街面向后缩进的完美棱柱体结构，这种更为基本的结构弥补了建筑体量较小的缺憾。此外，人们站在建筑正面的广场上可以更好地欣赏大厦质朴的青铜色和暗色玻璃幕墙。人们几乎无法想象出比这更具本质特征和优雅气息的解决方案了。凭借着西格拉姆大厦，密斯展示了一个“少即是多”的具体实例，这是他在30年的职业生涯中始终追求的古典完美理想，根植于20世纪20年代和30年代他在欧洲实践的项目。但是，他也付出了过于刚性的代价，冰冷的纪念性无疑牺牲了他早期作品中的流动性和自由形的空间：从玻璃摩天大楼到图根哈特住宅，再到巴塞罗那展馆。在西格拉姆大厦之后，密斯逐渐淡出了人们的视线。

无尽屋

当密斯提出的设计方案日益抽象化和简化时，一直忠实于关联主义原则的雕塑家兼建筑师弗雷德里克·基斯勒却在从事无尽屋的设计工作。前面的章节中简单地提过，当时他正在设计佩吉·古根海姆的本世纪艺术画廊项目。无尽屋被设想成一个空壳结构，其内部空间彼此相连，畅通无阻。直角和功能主义的网格结构在这里被绝对禁止，基斯勒在1949年的论文《现代建筑中的伪功能主义》中就已经表达了对这些结构的厌恶。的确，他选择的这些令人联想到洞穴和祖先庇护所的造型足以证明，除了通过荒蛮的外观产生迷人魅力之外，更重要的是他要在心灵上塑造一个无限的空间，空间内充满了象征性的原始意境。

作为一个非典型人物，基斯勒基本上与官方文化格格不入。在当时，MoMA的馆长菲利普·约翰逊完全痴迷于密斯的“少即是多”理念，低估了无尽屋的项目，正如他后来承认的那样：“我们把他视为敌人，还有一个原因是他为佩吉·古根海姆设计的本世纪艺术画廊，因为它破坏了我们对现代建筑的信仰。”即便如此，约翰逊凭借他一贯的交际手段，还是在1951年获得了无尽屋的黏土模型，并在1953年委托基斯勒为他在新迦南的住宅创作一尊木雕。

然而，对于艺术家和异教徒来说，基斯勒作品的重要性是显而易见的。作曲家约翰·凯奇立刻领悟到这些建筑和雕塑作品的重要相关性，二者都是对虚空和虚无的褒扬。编舞师玛莎·格雷厄姆委托基斯勒为她的实验芭蕾舞剧设计舞台布景。路易斯·康也对他的作品产生了共鸣，非常欣赏他对反功能主义的象征性的渴望。此外，还有巴克敏斯特·富勒，两人在1952年一同参加了MoMA“两栋住宅：建筑新方式”展。展览中，富勒的穹顶旁便是无尽屋的黏土模型。

在1959—1960年，基斯勒提出了另一个更具表现力的无尽屋，并于1960年在MoMA的梦想建筑展上展出。1961年，环球剧院的项目明显采用了无尽屋的设计原则，两个结构宏伟的大厅可分别容纳1600和600个座席，在必要的时候还可以进行转换。从1957年开始，他致力于耶路撒冷的圣书之龛

弗雷德里克·约翰·基斯勒，无尽屋，1959—1960

项目，项目于1964年完成，这是他实现的唯一一个大型项目。该项目的一系列开放和封闭的空间及西方建筑非凡形式的运用同样令人着迷。不过，这也同样证明了他的理论在抒情方面和平淡的现实建筑之间存在着差距，这也许是由于缺乏经验造成的，因为他从未设法充分利用这些原则。

弗雷德里克·约翰·基斯勒，嵌套桌设计图，1937

奥斯卡·尼迈耶（1907—2012）

奥斯卡·尼迈耶，独木舟之家，里约热内卢，1951—1953

尼迈耶

奥斯卡·尼迈耶为巴西带来了柯布西耶的理性主义语言。早在1936年，他就与卢西奥·科斯塔、约热·马查多·莫雷拉和阿方索·爱德华多·里迪一起邀请柯布西耶担任位于里约热内卢的教育部大楼（1936—1945）的建筑顾问。该建筑为南北朝向，以一座裙楼和耸立于立柱上的14层塔楼为特色。大楼的北侧立面由混凝土百叶窗和可调节的石棉面板遮蔽。按照屋顶花园的模式设计的露台上有一家餐厅，其两侧是电梯间和蓄水池，这两个用亮蓝色瓷砖装饰的附属建筑犹如精美的雕塑品。

1940—1943年，尼迈耶以位于贝洛哈里桑塔的圣弗朗西斯教堂定义了属于自己的语言，其特点是使用裸露的混凝土，通过曲线造型、插入色块，以及运用瓷砖实现了人性化的设计。他曾说过："我不会被人为创造的死板生硬的直角和直线所吸引。"在帕普哈赌场（1940—1942）项目中，舞厅的曲线造型与赌场的直线线条完美融合，建筑结构模仿了所在地复杂的地形条件，由高度各异的立柱支撑，并通过坡道彼此相连。

战争结束之后，作为一位成功的建筑师，尼迈耶完成了众多的项目，其中一些显然是投机性的，包括一座巨大的酒店。在他的很多设计中，体现人性化的蜿蜒曲线和对总体设计的宏观控制都被简化为少量可塑性强的重要元素。在1947—1952年，他与柯布西耶等人一起参与了纽约联合国总部大厦的设计，这也是他在国际上取得成功的证明。

不过，他最杰出的作品却是一栋简单的住宅，即他于1951—1953年在里约热内卢附近建造的自宅——独木舟之家。该住宅以几年前密斯完成的范斯沃斯住宅（一栋被自然景观环绕的玻璃房子）为原型。不过，范斯沃斯住宅总体上是一个方盒的造型，虽然在每一个细节上都精益求精，但几乎是禁欲的柏拉图式概念的体现。而尼迈耶的住宅却没有一个直角，并且运用了一系列具有诱惑性的曲线造型，令人联

Flickr/jv toran

奥斯卡·尼迈耶，独木舟之家，里约热内卢，1951—1953

iStockphoto/ronaldoalmeida10

奥斯卡·尼迈耶，圣弗朗西斯教堂，贝洛哈里桑塔，1940—1943

汉斯·夏隆（1893—1972）

想到汉斯·阿尔普和亚历山大·卡尔德作品中的生物形态。如果我们一定要把它与密斯联系在一起，那么它更像是密斯1922年设计的更具表现主义风格的玻璃摩天大楼（不过独木舟之家客厅和餐厅的边缘是用弯曲的木隔板隔开的，这让人想起密斯图根哈特住宅著名的乌木墙）。这栋住宅也参考了一些赖特的风格，例如，尼迈耶让岩石融入住宅景观，将其置于人工元素与自然元素之间。

据说，密斯对这样一个极具享乐主义和巴洛克风格的建筑作品感到无比震惊，略带沮丧地说道：“这是一个小巧优美、无法复制的建筑。”事实上，这栋建筑动感十足、波动起伏的造型表明，现代语言无疑可以存在于大师作品的典型伦理道德说教之外。它可以被转换成一种具有愉悦性、感官性、高度沟通性的语言。简言之，就是流行。

当时，刚刚上任的巴西总统儒塞利诺·库比契克也注意到了这一点。他漫步在独木舟之家的花园中时，向尼迈耶与卢西奥·科斯塔发出了设计巴西新首都巴西利亚的邀请。

夏隆的有机建筑

纳粹党统治德国期间，汉斯·夏隆被迫放弃了自己的职业活动，仅设计一些独户住宅。二战后，他担任大柏林建筑和市政住房部的主任一职。1946年，他与集体规划小组共同举办了一场展览，展示了创新的柏林重建构想。由于政治方向的改变，他被市政当局解雇。1947年，他受雇于柏林工业大学，并在那里一直任教到1958年。在这一时期，他有了稳

Laurence Kimmel

奥斯卡·尼迈耶，教育部大楼，里约热内卢，1936—1945

定的经济收入，可以全身心投入各种设计竞赛，虽然获得了广泛的认可，但是接到的设计委托却少之又少。

1951年，夏隆受邀在达姆斯塔特市以“人与空间”为主题开展了讲座。同时被邀请的包括奥托·巴特宁、鲁道夫·施瓦兹和埃贡·埃尔曼等德国建筑师，以及马克斯·韦伯这样国际知名的社会学家，还有何塞·奥尔特加·伊·加塞特和马丁·海德格尔等知名哲学家。在同样的场合下，海德格尔以“住宅建设的思考”为题进行了演讲。尽管他曾与纳粹分子有瓜葛，但他仍然被视为最深刻的功能主义评论家之一，他倡导的居住概念是重新发现传统价值和根植于土地的更真实的感受。在海德格尔的讲话中，夏隆发现了一些他一直珍视的表现主义和有机研究的主题，并仔细做了注释。与所有被邀请参加会议的建筑师一样，夏隆也以他的创新学校为例提出了一个项目。这个项目中用于指导开发的标准引起了众人极大的兴趣。它采用了一种新概念，将教室作为一组与公共空间和自然背景相关的环境集群。它还展现了一种

Philipp Meuser

汉斯·夏隆，罗密欧与朱丽叶住宅楼，斯图加特，1954—1959

路易斯·康（1901—1974）

新的结构，放弃了19世纪的层次模型，提出了非正式的和动态的空间。它的整体外观也非常新颖，令人联想到一种社区，几乎就是一个中世纪的村庄。或者，更确切地说，这个项目是以他的朋友雨果·哈林的建议为基础，诞生于自然环境中的一个有机体。

夏隆参与了二战后德国的重建工作，建造了许多住宅区。由于夏隆近乎痴迷地专注于规划工作，并寻求技术和布局方面的更佳解决方案，因此，这些住宅区项目在设计和规划上都显得超凡脱俗。

对于斯图加特的罗密欧与朱丽叶住宅楼（1954—1959），他研究了两种不同的布局：住宅单元聚集在中央走廊四周的布局，以及带有半圆形阳台的布局。这两种情况下的设计目标都是建造一栋采光和视野俱佳的公寓，同时尽可能地保证每一个公寓单元都与众不同。这项研究与柯布西耶或密斯的研究完全不同。实际上，这个斯图加特的项目没有固定的标准和统一性，这与柯布西耶在马赛的居住单元不同，也区别于芝加哥的两座迷恋于严格性和形式简化的玻璃大厦（有人指出，密斯的湖滨大道860—880号公寓是以简单的楼层数字为标识的，而夏隆的两座大厦却被赋予充满诗意的名字，并暗示了它们的造型，半圆造型代表朱丽叶，棱柱体造型代表罗密欧）。更重要的是，夏隆证明了一点，即没有形式主义条框的束缚，完全可以创造建筑：事实上，复杂性不是由于问题被简化成僵化的美学概念而产生的，而是在没有先入之见的情况下，因在各部分相互关联的有机体内寻求最佳解决方案而产生的。在这一时期，夏隆参加了众多的设计竞赛，有很多是为戏剧和音乐表演设计的建筑。其中曼海姆剧院（1953）的设计最为有趣，当时他的竞争对手不是别人，正是密斯。密斯提出了一个优雅的棱柱结构，向上翘起的钢桁架极具韵律感。为了追求完美，密斯在提交的展示图片中尽力隐藏了笨重的舞台上部体量。与此相反，夏隆的项目设计涉及城市环境和剧院的技术问题：最终的方案以门厅和舞台的表达方式以及创新形式为特色。夏隆寻求此类建筑有机形式的另一部杰作是1956—1963年实现的柏林爱乐乐团音乐厅。后面我们将进一步介绍这个项目。

路易斯·康的新生

路易斯·康显赫的职业经历与两位重要人物密不可分：乔治·豪和1941年之后的奥斯卡·斯托诺罗夫。前者曾负责设计美国首批现代建筑之一——费城储蓄基金协会大楼（1929—1932），后者是现代运动的追随者，具有出众的组织能力，也是柯布西耶的作品全集首卷的编辑。

康与豪一起完成了众多的建筑，包括位于米德尔敦的包含500个住宅单元的帕恩福特公共住宅，以及位于费城的包含1000个单元的潘尼帕克公共住宅。他还与斯托罗诺夫一起参加了美国政府在战争期间建造标准化住宅的项目计划。这些项目获得了当代评论家的赞赏，《建筑论坛》杂志于1942年邀请他参加20世纪40年代新建筑设计活动。此外，他还接到了MoMA举办的“美国1932—1944建筑展”的邀请。

1947年，康决定成立自己的建筑事务所，并作为耶鲁大学的客座评论家开始了学术生涯。这段授课经历使他有机会定义和厘清自己的想法，并在校园内结识了建筑界的众多领军人物，如皮耶特罗·贝鲁奇、埃罗·沙里宁、菲利普·约翰逊，以及对康成为建筑师功不可没的历史学家文森特·斯卡利。他还与毕业于包豪斯的画家约瑟夫·艾尔伯斯在形式构造方面进行了有益的思想交流。康只能以通勤的方式往来于他居住的费城和耶鲁大学之间，在频繁的火车旅行中，他遇到了当代建筑界领军人物之一——巴克敏斯特·富勒。尽管二人在建筑的结构方面有着同样的热情，却在很多方面有着对立之处，因为康寻求的是一种技术上前卫的建筑，以轻盈、亮丽为特点。他之前的搭档乔治·豪也在耶鲁任教，对于康获得耶鲁大学美术馆的设计委托，豪和菲利普·约翰逊起到了决定性的作用。1950年是康的转折年：他被任命为全职教授，并作为罗马美国学院的访问学者前往罗马旅行，这次旅行对他的教育事业至关重要。康被罗马广场、哈德良行宫等罗马帝国的历史遗迹深深吸引，对现代运动的功能主义概念产生了质疑，转而采取了一种更加注重历史和纪念性的方法。实际上，这种转变是缓慢的。也许是受到了在1943年撰写了《新纪念性的需求》的西格弗里德·吉迪恩的影响，康在1944年发表了题为《纪念性》的论文。他在文中将纪念性定义为追求完美理想的建筑品质，它的存在超越了时代，并以完美的结构和内在的宏伟气势为特色，与罗马建筑极为相似。尽管如此，与后续项目不同的是，他在1944年仍然在现代环境中以一个正在学习之中的建筑师的眼光看待纪念

Paul Meuser

路易斯·康，耶鲁大学美术馆，纽黑文，1951—1953

阿尔瓦·阿尔托（1898—1976）

阿尔瓦·阿尔托，MIT贝克楼学生宿舍，坎布里奇，1946—1949

性。因此，他后来放弃了轻巧的钢结构，倾向于以混凝土和砖石为主的更强有力的建筑材料。

无论怎样，在1950年的时候，康已经成为一位成熟的专业人士，当时的他年近50岁（康于1901年出生于爱沙尼亚的萨雷马），已经可以为自己悠长的职业生涯而自豪了。1953年竣工的耶鲁大学美术馆标志着康与国际风格的大决裂。最为重要的是，美术馆使用了特殊的材料：其外观以砖和玻璃墙为主，在经过处理之后，这些巨大的玻璃墙更像是窗口而非幕墙——其实，它们在垂直方向上是由石砌壁柱分隔的，而在水平方向上则由楼板标记分隔。然而，在美术馆内部的设计上出现了明显的背离之处，如采用了刚性的几何形状布局，混凝土结构的天花板呈现出三角锥晶格状空间形式，令人联想到巴克敏斯特·富勒的作品，但这是康的典型作品，散发着罗马帝国时代的庄严气息。服务空间与被服务空间的分离（康后续作品的典型特征），以及具有强大塑性效果的体量，更加强调了这种庄严的气息。楼梯竖井也是一个值得关注的元素，由一个包含在混凝土圆柱结构内部的三角形坡道系统构成，照明光线从上方射入。这种风格的运用预示了他在后续作品中对基本几何形式的组合应用，以及自然光线形成的透视运用。1954年，康开始设计特伦顿的犹太社区中心项目，当时他的作品以一种构造方法为显著标志。在1956年的费城中心方案中，他继续绘制了优雅的锯齿形建筑，其三角形钢结构与坚实而纯粹的砖结构空间相得益彰，这显然受到了富勒和十次小组（后文将对该组织进行更为详细的介绍）的启发。

可以确定的是，埃米尔·考夫曼在1952年撰写的文章《三位革命建筑师：布雷、勒杜和勒奎》对康的这种历史主义的转变起到了决定性的影响作用，从而使康回归在大学期间接受的美术教育观念。在保罗·菲利普·克里特教授的影响下，他逐渐将杜兰德的古典主义形式与欧仁·维欧勒·勒-杜克的结构逻辑运用相结合。

犹太社区中心包括两个分别为3.05米和6.1米见方的正方形模块结构，以及一个3.05米×6.1米的长方形模块结

阿尔瓦·阿尔托，珊纳特赛罗市政厅，珊纳特赛罗，1948—1952

珊纳特赛罗市政厅全景

构。每一个模块均以坚实的角柱为特色，并支撑着一个帐篷形的屋顶，四个这样的屋顶使建筑的外观介于一种玩具风格（类似于乐高积木）和一种古老的风格（布局类似于布雷和杜兰德的项目）之间。

阿尔托：两件杰作

二战后，阿尔瓦·阿尔托应邀担任麻省理工学院的客座教授。他痴迷于美国的技术和文化，同时也了解到它们的局限性：过度的工业化、标准化和产品的非人性化。相反，他在弗兰克·劳埃德·赖特的身上看到了一种清晰的结合方式，它预示着新的发展方向。他在设计MIT贝克楼学生宿舍（1946—1949）时，也许受到了赖特的影响。该建筑以砖结构为主，呈现出双重的正面外观：为了保证所有房间拥有良好的视野，朝向河流的一侧呈现出双重曲线的起伏造型。这种曲线立面在朝向校园的一侧被切断，沿着对角线排列设置的入口和悬臂式楼梯区域将大楼的主立面一分为二。如果按照最初的方案，建筑的上部将会采用更为精致的解决方案——用瓷砖进行装饰。但是由于预算的原因，最终使用了灰泥。有趣的是，格罗皮乌斯和他的协和建筑事务所（TAC）差不多在同一时期（1948—1950）也为麻省理工学院的学生建造了另一座宿舍大楼——哈克尼斯学生公寓。这两座建筑采用的方法差异巨大：格罗皮乌斯的建筑是对仍然与包豪斯风格相关的方法的抨击；而阿尔托的建筑提出了新的方向，它不仅是一种有机的建筑，还暗含着某些野兽派的品位，这成为20世纪50年代许多欧美建筑的特征。回到芬兰后，阿尔托参与了大量的设计工作，其中一些是通过竞赛获得的。珊纳特赛罗市政厅（1948—1952）是他在这一时期最重要的作品。平面布局的最大特征是简单的C形体量和以I形体量围出的一个开放式庭院，传递出一种封闭式建筑典型的亲密感和公共建筑所需的开放感。在C形体量和I形体量之间，有一段花岗岩装饰的台阶，而另一段台阶上则覆盖着青草。这不仅强调了开放的感受，还将地势较低的周围环境与地势较高的庭院联系在一起。与该项目的水平体量形成对比的是设在第三层上的会议室（位于庭院的上方），它为整个建筑形式注入了鲜明独特的风格，呈现出接近于新中世纪的外观。当然，这也要归功于两个非对称形式屋顶的设计，它们的斜坡均朝向内部。在流线方面，人们可以从外部空间穿过蜿蜒的长廊进入庭院，再经过内部的楼梯进入会议室。市政厅的设计洋溢着自由和快乐的气息，阿尔托通过出色地运用砖、木和玻璃三种材料，塑造了一系列迷人的细节，如会议室天花板的扇形桁架。它们传递了杜绝官僚主义的、亲民的非机构性政府理念。这与欧洲尤其是意大利的情况正好相反，政府的形象在那里仍然寄托于不朽的形式和材料，如对大理石的运用。

意大利：有机主义与新现实主义和怀旧之间

二战后，陷入衰落的意大利被迫面对重建工作，其落后的建筑行业和政治经济体制难以使合理的项目计划和工业化方案得以实施。与此形成鲜明对比的是土地投机交易和对大量廉价劳动力的剥削。很多建筑师由于在过去受到法西斯政权的胁迫，因而排斥技术和理性化，并倾向于设计一种歌颂性的、纪念性的或亲切的、本土化的建筑，这就导致了不合时宜的建筑的出现，它们采用了过时的技术，浪费了劳动力和材料。最糟糕的是，建筑师沉溺于装饰，对任何正常化和标准化的设定都表现出“过敏”的反应。

在这种情况下，即使在意大利国家研究中心的努力下，美国新闻处（USIS）在1949年出版了由希诺・卡尔卡普里那、阿尔多・卡尔德利、马里奥・费奥伦蒂诺和布鲁诺・赛维编写的《建筑师手册》，也于事无补：尽管手册很实用，但它展现的绝不是革命性的方法，它并非关注以手工业为基础的国家经济，而更像是一次大胆的尝试，引入了一种由“意大利人基于美国模式开发的方法”。

布鲁诺・赛维努力地将意大利文化氛围从地方性层面剥离出来。为了避免政治迫害，他曾逃往美国避难，在那里获得了哈佛大学的学位，并跟随当时在那里任教的格罗皮乌斯学习。战后，他与朋友们返回了意大利。1945年，赛维发表了一篇名为《走向有机建筑》的文章，重新向意大利建筑师介绍了弗兰克・劳埃德・赖特和阿尔瓦・阿尔托。同年，他和尤金尼奥・詹蒂利、路易吉・皮奇纳托、恩里科・泰德斯基、希诺・卡尔卡普里那、西尔维奥・拉迪康西尼一起加入《都市》杂志的编辑部。为了重新推动当代建筑的发展，该刊物展示了欧洲和美国（合作者是刘易斯・芒福德），尤其是意大利本土正在建造的一些优秀的建筑，如皮耶罗・波托尼设计的米兰QT8试验住宅区。在赛维的坚持下，有机建筑协会（APAO）于1945年7月创立，汇集了意大利最好的建筑师，一直持续到1950年。该协会在《都市》的第二期上发表了他们的宣言，阐明了协会追求的三项原则：拒绝古典主义和僵化的风格，以迎接功能建筑的最新发展，换言之，就是有机建筑；认识到有机建筑是一种社会、技术和艺术活动，旨在为新的民主社会创造一个环境，并以人类尺度为基础创造建筑，与屈从于国家神话的碑铭主义相对立；信仰建筑自由，尽管仅限于城市规划的范围。为了在高度多样化的全景中发挥聚合和统一元素的作用，有机建筑协会设法在不同的地方传统和特色之间进行调和，尤其是在两个主要派别之间：接近于理性主义的米兰一派与更注重材料和塑性效果的罗马一派。在二战后完成的一些最重要的作品中也出现了一种差异：由内洛・阿普里尔、希诺・卡尔卡普里那、阿尔多・卡尔德利、马里奥・费奥伦蒂诺和朱塞佩・佩鲁吉尼在罗马完成的市民殉难纪念碑（1944—1947）；以及1946年由BBPR建筑事务所（由路德维克·贝尔乔索、恩里科·佩雷苏蒂和欧内斯托·内森·罗杰斯成立的公司）设计完成的德国集中营受害者纪念碑。前者是一块视觉上几乎违反了重力定律的巨石，悬浮在一个开放空间的上方，空间内是殉难者的坟墓。而后者是一个空中的虚拟体量，由轻质钢棒和薄面板巧妙地分隔，显然借鉴了佩西科展出的设计。

在罗马一派当中，尤其是马里奥·里多尔菲和路德维克·夸罗尼，推动了根植于意大利历史和艺术传统的建筑的发展。在特米尼火车站的设计竞赛（1947）中，二人提出的方案以一个中庭为标志，成对的立柱支撑着中庭的拱顶，令人想起庄严宏伟的古罗马建筑。

布鲁诺·赛维与赖特，摄于威尼斯，1951

二人都参与了位于罗马蒂约提那大街的INA-Casa住宅区项目（1949—1954）。同时参与的还有一批年轻有为的建筑师，包括卡洛·艾莫尼诺、卡洛·基亚里尼、马里奥·费奥伦蒂诺、莫里吉奥·兰扎、费德里科·戈里奥、塞尔吉奥·伦西、皮耶罗·玛利亚·鲁格利、卡洛·梅洛格拉尼、吉安卡洛·曼尼切蒂、朱利奥·里纳尔迪和米歇尔·瓦罗里。该项目借鉴了传统建筑、村庄和“strapaese”（20世纪20年代中期，意大利受法西斯主义影响的以强烈的民族主义为特征的文学和文化运动）的形式。这个后来由夸罗尼本人更名为“巴洛克村庄”的住宅区，代表了意大利摆脱理性主义和有机建筑的决定性一步，同时也暴露了意大利在技术方面的缺陷。对于狂热的风格主义者来说，这一点是显而易见的。用砖和铸铁塑造的建筑细节是通过最优秀的工匠以陶砖材料和残缺美来实现的。它们体现了与当代新现实主义电影中一样的民粹主义态度，即新现实主义建筑。

这个流行词语的回归代表了一种立场，与中上层阶级更为复杂的颓废价值观形成了鲜明对比，这种趋势的最佳范例包括夸罗尼、路易吉·阿加蒂、费德里科·戈里奥、皮耶罗·玛利亚·鲁格利和米歇尔·瓦罗里在1951年为马泰拉市的拉马特拉城区开发的项目：一个以若干选定的公共建筑为核心的小型居住区，并朝向乡村方向开放。该项目采用了乡村和反城市策略，利用传统村庄令人心神安宁的形象，试图弥补居民们的战时心理创伤。这些居民都是从萨西（旧城）被暴力驱逐至此的。必须提到的还有特尔尼市的INA-Casa住宅区（1949），以及为塞里格诺拉市做的INA-Casa住宅区规划。这两个作品均出自马里奥·里多尔菲之手。为了更好地了解未来居民的需求，他搬到了阿普利亚地区，采用了一种现场工作的方法，在恢复以工艺为基础的技术的过程中创造了一种优美的建筑语法，在其所处的时代显得标新立异。位于罗马埃托奥皮亚大道的两座公寓大楼也是里多尔菲的作品（1950—1954）。它们在公共空间的组织上与相邻建筑截然不同，建筑物相对于街道的旋转角度以及每座大楼不同颜色的灰泥显得趣味横生，窗户下面的护墙上使用的彩

Caterina Maria Carla Bona

伊格纳齐奥·加德拉，米兰现代艺术展馆，米兰，1947—1954（1996年重建）

色马赛克瓷砖使这种效果得到了加强。在新现实主义美学的保护伞下，在INA-Casa住宅区项目计划第一阶段实行七年之后，还出现了很多别的计划。1949年，“范范尼计划”被委托给曾经屈服于法西斯政权的建筑师阿纳多·福斯基尼。他极为精明，邀请阿达尔贝托·利贝拉管理技术办公室，请马里奥·德·伦奇、塞萨尔·利吉尼和马里奥·里多尔菲负责项目原型的开发，并将其他项目委托给最令人感兴趣的新一代建筑师。例如，马里奥·费奥伦蒂诺负责圣巴西利奥区（1951），阿斯滕戈、莫利、博法、伦纳科和里佐蒂负责都灵费尔切拉区（1950—1951）。

尽管以夸罗尼和里多尔菲为核心的建筑师将战后的罗马建筑推向了新现实主义，但是也不乏在其他方向上探索的人物。才华横溢的路易吉·莫雷蒂在米兰完成了三个酒店式公寓（1948—1950），在罗马完成了向日葵公寓（1947—1950），在圣马里内拉完成了萨拉切纳别墅（1954）。酒店和公寓项目回归理性主义，尽管其意图引起了人们的质疑，却通过一种精致的形式主义，毫不犹豫地将平面和体量、平整的表面及深深的切口、正交和倾斜的直线、光滑和粗糙的表面并置在一起。别墅项目体现了曲线的运用，将莫雷蒂推向了空间研究领域。正如他在1950年创办的刊物《空间》的名字所表明的，他对这一主题的兴趣与日俱增。但他独断专行，还曾经与法西斯分子关系暧昧，甚至在1945—1946年因为参加亲法西斯活动被捕，从那以后媒体再也没有关于他的正面报道。尽管布鲁诺·赛维认为他极具才华，却并不欣赏他，与他保持着一定的距离。以罗杰斯为核心的米兰人也指责他是现代的形式主义者。但英国评论家雷纳·班纳姆却对他评价极高，尤其欣赏他鲜明的现代方法。

来自罗马的优秀的结构工程师皮埃尔·路易吉·奈尔维和里卡多·莫兰迪也创作了很多作品。前者在1948—1950年完成了都灵展览宫。展览宫的薄拱顶覆盖在长方形大厅上，呈波状起伏的造型，是采用预制构件建造的，由三个扇形的连接构件支撑，形成了具有空气动力学特点的立柱。位于奥尔贝泰洛的飞机库在1935年建成之后，证明了在必须应对大规模项目时，以工程学原理同样可以创造出优秀的建筑作品。在同一时期，莫兰迪为钢筋混凝土的预拉伸系统申请了专利，该系统允许大幅减小承重截面。这些系统将被用于建造桥梁、工业建筑、技术上大胆创新的水电站和电影院，如罗马的麦斯托索电影院，可以容纳2600名观众，并在相同的水平面上与一座住宅楼相连（莫兰迪在20世纪30年代还设计了奥古斯都电影院和朱利奥·凯撒电影院这两座重要的电影院）。作为意大利工程传统的代言人，奈尔维和莫兰迪还展现了在不陷入工艺和strapaese运动陷阱的情况下追求创新的可能性，即使是在意大利这样的在当时技术较为落后的国家。事实证明，两人都被邀请参与了意大利以外的重要项目的开发，在那里他们享有比国内更高的声誉，如奈尔维在1953年参与了联合国教科文组织驻巴黎总部的设计工作。

除了上面提到的例外情况，如果说罗马的新现实主义者分为有机派和大众派的话，那么米兰的建筑师则以更具服务形式的方法为特色，尽管同样以历史主义的焦虑为标志。他们面对的实质问题在于如何克服国际风格的冷峻抽象，从而使建筑既能与原有的城市相融，又能与城市的所有结构层面和谐共存，无论是在风格方面，还是在时代感方面。CIAM的成员欧内斯托·内森·罗杰斯无疑是这一思想路线的领导者，作为BBPR建筑事务所的成员之一，他参与了同时期很多重要的项目。他在1946—1947年担任《住宅》杂志的主编，1954年在重生的《卡萨贝拉》杂志担任主编，并将其改名为《卡萨贝拉·延续性》，以追溯新刊物与帕加诺和庞蒂主编的旧刊物之间的关系。米兰的维拉斯加塔楼（1950—1958）就是他的建筑作品，在后文将对此进行更加详细的介绍。

弗朗哥·阿尔比尼是米兰地区最有才华的建筑师之一，他于1949—1951年在切尔维诺山完成了庇护酒店，最大限度地借鉴了高山建筑的形式，创造了一座完美融入自然环境的建筑。1950年的帕尔马INA大厦可以说是城市填充的优秀范例。它向人们展示了在结构韵律转化为视觉韵律的情况下，如何使混凝土建筑嵌入微妙的环境。热那亚的比安科宫经修复后重现了优雅的风貌，建筑师通过商店橱窗的设计增加了陈列物品的价值，也为建筑增添了敏感性特色。阿尔比尼还完成了热那亚的圣洛伦佐大教堂大规模改建（1952—1956），圆形的环境唤醒了古老的宗教空间，让教堂的地下空间产生一种神奇的特质。

伊格纳齐奥·加德拉的作品充分显示了建筑师的才华，但是也常常因为过度的历史主义焦虑令人感到苦恼。他设计的雅致的米兰现代艺术展馆（1947—1954）是一个以轻巧的结构和连续流畅的空间为特色的展馆。他于1950—1952年为博尔萨利诺制帽公司的员工设计的建筑也颇受称赞。该建筑犹如一块方砖，以修长的分段空间为特征，空间的尽头是宽大的檐口。很多人合理地将其解释为对现代主义的批评，主张恢复能与传统对话的建筑语言，正如沿着威尼斯大运河而建、声名犹在的木筏之家（1954—1958）那样，我们将在后文对此进行深入研究。

我们无法将佛罗伦萨的建筑师吉奥瓦尼·米凯卢奇归为罗马派或米兰派，但他设计的佛罗伦萨火车站在法西斯统治时期引起了巨大的骚动。他在战后参与了众多项目的设计工作，包括皮斯托亚银行和商品交易所（1950），位于奎恰迪尼大道的建筑（1955—1957）和INA大楼（1955—1957），后两者均在佛罗伦萨。由于采用了传统材料和简洁的体量结构，这些建筑能够轻易地融入极为精妙的历史背景。这些建筑完全不是千篇一律的复制，令人想起文艺复兴时期的宫殿。

最后，必须提到威尼斯建筑师朱塞佩·萨蒙纳。1943年，他当选为威尼斯皇家高等建筑学院（现威尼斯建筑大学）研究所主任，邀请了意大利建筑界最具代表性的人物，将该校转变为整个亚平宁半岛最重要的建筑开发中心。在这里任教的教授包括吉奥瓦尼·阿斯滕戈、弗朗哥·阿尔比尼、吉安卡洛·德·卡罗、路德维克·贝尔乔索、伊格纳齐奥·加德拉、路易吉·皮奇纳托、卡洛·斯卡帕和布鲁诺·赛维。萨蒙纳是一位激进的建筑师，与埃格勒·雷纳塔·特林卡纳托一起设计了伊奈尔总部（1950—1956）。该建筑与加德拉的木筏之家，BBPR建筑事务所的维拉斯加塔楼，加贝蒂和伊索拉的伊拉斯莫工坊（1953—1956）一起，成为意大利当代建筑的宣言，也引起了诸多争议。

城市设计、十次小组与新粗野主义

正如我们所观察到的，城市设计这一将城市形式置于建筑研究中心的新方法于20世纪50年代诞生于哈佛，其理论是由西格弗里德·吉迪恩和约瑟夫·路易·塞特提出的。但直到1953年，时任哈佛大学设计研究生院院长的塞特才在一系列主题为“建筑师和城市设计与城市重新开发”的研讨会上明确使用了这个术语。他批评最新一代的城市规划者背叛了城市，从而产生了不符合人体的尺度、交通堵塞、空气污染和过度拥挤的现象，因此导致“郊区主义胜过都市主义”。

与此同时，包括皮耶特罗·贝鲁奇、莫里斯·凯彻姆、维克托·格伦和贝聿铭在内的一些建筑师正在为城市和商业中心制订新的方案，以期获得更精确的设计，尤其是为行人提供开阔的空间。塞特尤其对贝聿铭的作品产生了巨大的热情，并盛情邀请这位华裔建筑师到哈佛任教，而贝聿铭由于工作过于繁忙而未能接受这一邀请。即便在CIAM内部，对城市现象的兴趣也在推动着研究。尤其是在年轻的成员中，很多人仍然认为保守派——首当其冲的便是塞特本人（1947年任CIAM主席）、吉迪恩、格罗皮乌斯和柯布西耶——在这个方向上的努力不够。

早在1951年，艾莉森·史密森和彼得·史密森夫妇就在霍兹登的大会上与乔治·坎迪利斯、雅普·巴基马和阿尔多·范·艾克探讨过这些主题。1953年，他们在艾克斯普罗旺斯举行的CIAM大会上形成了一个集体，随后沙德里奇·伍兹和约翰·沃尔克也加入该集体，吉安卡洛·德·卡罗于1955年加入。第二年，在杜布罗夫尼克的第十次CIAM大会上，诞生了一个相当特殊的小组，即由刚刚提过的集体成员构成的十次小组。后来加入这个小组的建筑师包括何塞·柯德奇、拉尔夫·厄尔金、阿曼西奥（潘乔）·古德斯、罗尔夫·古特曼、盖尔·格隆、奥斯卡·汉森、查尔斯·波洛尼、布莱恩·理查兹、杰尔兹·索尔坦、奥斯瓦尔德·马蒂亚斯·昂格斯、约翰·沃尔克和斯蒂芬·瓦沃卡。十次小组的目标是打破官方研究的停滞状态，包括CIAM的研究。1959年，十次小组在奥特洛提出解散CIAM。他们提出的新观点并不是以普适的原理为基础的，而是更关注当地的现实。这导致了很多项目从未付诸实施，直到1981年的会议上才继续讨论、分析和评价这些项目。

BBPR建筑事务所，维拉斯加塔楼，米兰，1950—1958

iStockphoto/scaliger

在20世纪50年代初，性格和气质不尽相同的十次小组成员开始了各自的职业生涯。在师从范·伊斯特伦和范·提金之后，巴基马在1948年开启了自己的职业实践，并与约翰内斯·亨德里克·范·登·布罗克展开了合作。德·卡罗在1949年毕业后，于次年开始了自己的事业。范·艾克师从伊斯特伦之后，在1951年开办了自己的事务所。史密森则与隆德县议会（一个处理战后重建问题的公共机构）一直合作到1950年。

不容忽视的是，有两个人至少在初期阶段尤为突出。实际上，在1952—1955年，艾莉森·史密森和彼得·史密森就是伦敦当代艺术研究所的幕后支持者。1953年，他们促成了在那里举行的“生活与艺术并行展”。1952年，他们在伦敦苏活区为自己设计了住宅，由于使用了普通得近乎平庸的材料而获得了评论家雷纳·班纳姆的赞赏。这座建筑体现了一种基于新达达主义的美学，倾向于将日常生活的现实变得富有诗意。他们于1950—1955年在亨斯坦顿建成的学校得到了班纳姆的积极评价和热情支持。班纳姆在《建筑评论》的一篇文章中指出，这是一种新建筑潮流的典范，或者，正如他自己所说，是一种新的风格——新粗野主义。这个术语涉及让·杜布菲和杰克逊·波洛克的原生艺术的平行艺术经验，以及柯布西耶在这一时期所使用的粗混凝土技术。它所涉及的方法与这一时期许多英国建筑师采用的新经验主义的情感主义相去甚远。班纳姆揭示了它的四个基础原则：布局的易识别性、结构的清晰呈现、材料内在品质的运用和服务的公开性。

在某些方面，亨斯坦顿的学校令人想起了密斯的极简主义（如他的伊利诺伊理工学院校区），尽管这个项目采用了这位德国建筑师并不欣赏的粗糙风格。史密森的一些项目借鉴了柯布西耶的设计风格。在1951—1952年，位于黄金巷的住宅区完工，让人联想到柯布西耶几乎于同时期在马赛完成

的居住单元。不同之处在于史密森更加清晰的U形布局更好地包围了开放空间和凸起的街道系统，这些街道系统被认为是城市聚合的要素。事实上，对于史密森来说，一座建筑只有在成为城市活力的催化剂时才能发挥作用。如果说它成功地创造了构成欧洲城市主要优势之一的休闲生活，那么国际风格过于抽象的结构就无法做到这一点。新粗野主义运动很快在英国建筑师中出现，这主要是由于其拥有深刻的道德性，并且符合这个在战争中遭受苦难的国家财政紧缩的状况。受到这一运动影响的无疑包括建筑电讯派——我们将在下一章中对这一流派进行介绍，还有英国建筑界的新星詹姆斯·斯特林，他在1955年与詹姆斯·戈万合作完成了新粗野主义风格的汉姆·康芒公寓。虽然斯特林也忙于十次小组的工作，但是史密森却在权力范围内极力排挤他，甚至在回顾组织的工作时有意忽略了他的名字。

另一位与史密森相似的人物是阿尔多·范·艾克，他天赋非凡，却令人难以与之相处。从1947年开始，他完成了

van Eyck orfanotrofio comunale, Amsterdam 1955-1960, courtesy Diego Terna

阿尔多·范·艾克，市政孤儿院，阿姆斯特丹，1955—1960

许多迷人的儿童游乐场项目，引起了西格弗里德·吉迪恩的注意。在1947—1954年，他还为纳格勒设计了一些学校。它们以清晰的平面布局为特色，在这些平面布局中，教室作为模块化单元被设置在一个正交的网格上。这些模块的偏移错位为集体活动创造了大量的空间，模块之间通过斜向的路径连接在一起，使原本静止的空间充满动感。在黄金巷的项目中也可以发现同样的处理方式：利用道路和公共空间来支持相遇和交流，最终的目的是促进社交。在1955—1960年，范·艾克完成了阿姆斯特丹的市政孤儿院，他的建筑既是集中式的，又是离心式的。在某种意义上，它是以服务中心为核心进行组织的；在另一种意义上，它是由沿着对角线排列的住宅单元组成的。每个单元包括一个公共空间和一个宿舍，或者说这是一组卧室，每间卧室都有一个室外空间。这种同时具有等级和民主特色的组织方式为个人、团体和整个社区提供了空间，按照这种方式组织的空间彼此之间是平等的。这就为项目定义了一种非官方机构的品质，即水平展开、复合连接，最终选择了一个由一系列方形房屋组成的模块化网格结构，其设计以人体尺度，尤其是将要居住在内的儿童的尺度为基础：它犹如一座小型的村庄，体现了技术社会往往会忽略的社会化普遍价值观。该建筑采用预制混凝土构件建造，明显受到了新粗野主义风格的影响，但是具有经典的形式特质。这令人想起了当时正在建造的路易斯·康的犹太社区中心展馆。

3

从现代到当代

1956—1965 新时代

新时代

让我们试着把20世纪分为两个时代。第一个时代的特征是现代化和机械化。它开始于20世纪初，伴随着工业的繁荣、汽车的出现、相对论的发现、精神分析学的奠基、包豪斯建筑的出现、先锋派运动（从立体主义到抽象艺术、超现实主义、表现主义和达达主义）的诞生发展而来。这个时代始于向技术和理性的再生能力的致敬（人们甚至一度认为能够引入主观性与非理性），终结于间隔不到二十年的两次世界大战的灾难。朗香教堂和无形式艺术的粗密笔触，堪称幻灭的最高表现，标志着这个时代的结束。

第二个时代是大众媒体、消费主义以及经济繁荣时期。它以电视、卫星、计算机、视频会议和移动电话为标志。虽然在20世纪60年代到70年代经历了一个特别强烈的高峰期，伴随着美国垮掉的一代文学、马歇尔·麦克卢汉的理论、哲学解构、新的科学理念、学生抗议、反歧视斗争和性革命，但它目前还没有结束。

第一个时代的标志是柯布西耶一句充满诗意的口号：建筑或革命。换言之，没有对家庭、地区和城市空间进行的正式的合理化思考，20世纪的大众社会就得不到任何救赎。

第二个时代则改旗易帜，化对立为肯定：建筑和革命。在不采取任何政治或社会行动的情况下，通过破坏和重组思维对空间的构想方式和对世界的观察和组织方式，我们甚至找到了最微弱的机会，即去打破制度所要求的奴性的精神懒惰和权力所粉饰的扁平化的因循守旧，创造新的价值观，开辟新的知识领域。

这两个时代是不同的，在本质上几乎可以说是截然不同的：一个导致了一种转变——生产物品还是生产意义，而另一个则通过行为和语言的变化将主观意识与现实关联起来。很多20世纪六七十年代的歌曲在今天依旧流行，而四五十年代的歌曲却让我们在会心一笑之际，感觉像是在瞻仰一个历史遗迹。站在前后立体主义的画作前我们有强烈的距离感，约瑟夫·科苏斯或罗伯特·史密森却被我们引为同代人。安迪·沃霍尔的《杰基的十六联肖像》依然令人着迷，毕加索的《格特鲁德的肖像》则不然。

两个时代的分水岭是什么时候？当然不是1945年，虽然这一年标志着二战的结束。即使由于战前所面临的构成主义问题，野兽主义、无形式艺术或波洛克的行动绘画将机械论者的乐观主义转化为一种浓烈而充满幻灭感的主观主义，它们也还是受到了影响。相反，1956年，伴随着美国的种族抗议和匈牙利十月事件这些标志着对自由概念的再次探索的历史事件，新的事物诞生了——

第一，在美国，贾斯珀·约翰斯、罗伯特·劳申伯格以及打造了第一代波普艺术家的画廊的老板利奥·卡斯泰利之间发生了联系。

第二，约翰斯和劳申伯格的作品在英国的“此即明日”展览中展出——更确切地说，是在理查德·汉密尔顿负责的第二小组的展厅中展出。

第三，在杜布罗夫尼克，现代主义最后的堡垒——CIAM在十次小组手上彻底解散。

紧接着这三个事件，又发生了第四个极具象征意义的事件。1956年杰克逊·波洛克在抑郁状态中驾驶，因车祸身亡。他的去世标志着抽象表现主义的创作季节结束了。

此即明日

1956年8月8日，“此即明日”展览在伦敦的白教堂美术馆揭开帷幕。展览分为十二个部分，每个部分由一组艺术家自主管理。展会本质上呈现出两个趋势。第一个趋势以所谓的新构成主义者为代表。他们与安德烈·布洛克的空间小组在英国的代表保尔·维泽莱关系密切，他们的主要目标是在城市空间内重新传播艺术，消除个人主义的紧张关系。第二个趋势是更加关注流行文化，关注生活、艺术和新技术之间的紧密联系。这些人主要由那些活跃于独立团体的狭小圈子里的艺术家组成（他们已经成功组织了许多倡议活动，包括1953年的“生活与艺术并行展”和1955年的“人、机器与运动展”两次展览），主要有劳伦斯·阿洛韦、雷纳·班纳姆，设计师兼批评家托尼·德尔·伦佐，艺术家爱德华多·包洛奇、威廉·特恩布尔和理查德·汉密尔顿，以及建筑师史密森夫妇、詹姆斯·斯特林和科林·圣约翰·威尔逊。其中还有《建筑设计》杂志的技术总监西奥·克罗斯比，他除了参加展览外，还负责整个活动的协调工作。

为了配合所在的第二小组的展览，汉密尔顿还设计了一张室内场景拼贴画的海报，题为“究竟是什么让今天的家园如此与众不同、如此吸引人”。海报一侧是一个半裸的男人，手上拿着一根巨大的棒棒糖，另一侧是一个半裸的主妇，头戴灯罩似的怪异帽子。他们被家用电器（电视机、录像机、吸尘器）、巨大的肉罐头、漫画海报和印有福特汽车标识的灯包围着。窗外的城市则像一座有着明亮天幕的剧院。作品似乎体现了对消费社会的轻松批评，后来苏珊·桑塔格在她关于“阵营”和“庸俗”的文章中分析了其媚俗的一面，并且很快因此成为学生抗议的首选目标。事实上，汉密尔顿用一种仁慈而漠然的眼光，把自己置于对富裕社会的家庭和城市环境的未来发展，以及新波普艺术的预测角度上。1957年，他用11个关键词总结了新波普艺术的特征：

（1）大众化（为大众设计）

（2）瞬态（短期解决方案）

（3）一次性（容易忘记）

（4）低成本

（5）批量生产

（6）年轻（针对年轻人）

（7）机智

（8）性感

（9）噱头

（10）魅力

（11）大企业

场地的另一边是第六小组（包括奈杰尔·亨德森、爱德华多·包洛奇和史密森夫妇）。为了这次展览，史密森夫妇制作了一个装置，它由一个被露台包围的小亭子组成，使用了品质较差的材料，如次等木材和透明的塑料波纹屋顶。亭子外部包裹着反光板，迫使参观者在这个被人工分隔出来的环境中审视自己的形象。包洛奇和亨德森受委托负责用一些暗示人类行为的物品来布置这一虚拟的建筑空间（首先是反光板上映射出来的图像）：象征运动的车轮、引人深思的雕塑、代表人的头部的拼贴图片，让人联想起二战后动荡的社会和原子弹爆炸后废墟中的瓦砾。史密森夫妇希望借此提出三个概念：空间、住所和隐私。他们的立场或许太过简单，其意图显然是恢复一个存在空间，谴责现代运动的乐观主义以及空虚的形式主义——那些人就像国际风格的门徒一样，还在继续创造着基于抽象几何原则的建筑。

在“此即明日”展览开始的几个月前，史密森夫妇在

《每日邮报》举办的“理想之家”展览中展示了一个极富表现力的未来之家原型。该原型采用新型材料（包括塑料），以三维预制构件拼装而成，深受巴克敏斯特·富勒作品的影响。简而言之，他们选择了一种低调但有争议的态度，当他们在完成“此即明日”展馆的安装之前前往杜布罗夫尼克参加第十届CIAM会议时，这种态度就一直伴随着他们。杜布罗夫尼克，这座南斯拉夫的城市是CIAM的终结之地，柯布西耶、范·伊斯特伦和格罗皮乌斯缺席了此次会议。取而代之的是十次小组，这个由一群年逾不惑的建筑师在此次会议筹备期间创建的小组，将重新把建筑研究的中心放在关注用户以及开放的形式上。新的趋势已经清晰可见，回到伦敦后，史密森不无得意地写道：“第十届大会最积极的结果是那样地有说服力，整个CIAM开始怀疑其继续存在的意义……”事实上，1959年在奥特罗举行的第十一次CIAM大会才是最后一次，而十次小组的定期会议则一直持续到1981年。

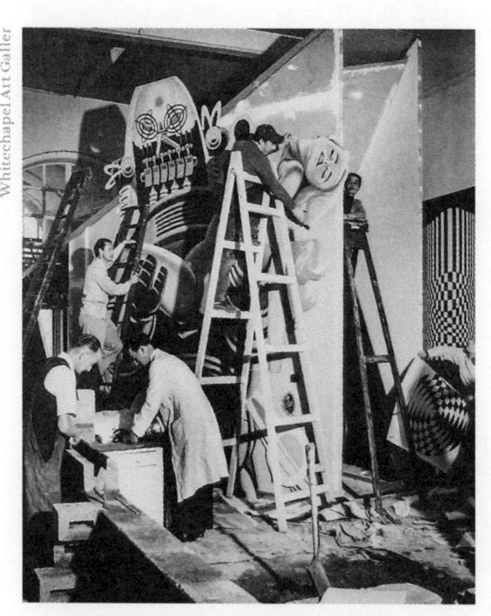

Whitechapel Art Galler

在白教堂美术馆举办的“此即明日”展览，伦敦，1956

情境

1957年，情境主义国际组织成立于意大利北部的科肖迪亚罗夏，是由包豪斯印象国际运动（1953年由阿斯格·乔恩创立）和字母主义国际（由居伊·德波创立，1952年以来由在巴黎工作的艺术家、诗人和电影导演组成）合并而成的。该组织的方案可以用dérive和détournement两个单词来概括，两个词通常不作为同义词使用。dérive代表一种在计划外的旅行中迷失的概念，这种旅行被看作“空间和概念意义上的考察”。détournement意味着离开一个目标，在错综复杂的偶然的关联中工作。它代表的是一种不希望到达目的地的情绪，是幻想和梦想的机制。

情境主义标语“美在街上”

运用dérive和détournement策略，通过新视角来审视城市和城市环境就成为可能（1957年，情境主义国际组织开始为在城市中迷路的人开发情境地图）。一个世界中，每个事件都具有独特的原始价值，这个世界就变成了一种情境。作为消费社会和标准化的死敌，情境主义者反对阻碍或转移艺术研究的市场价值。例如，作为该组织最活跃的成员之一，皮诺·加利齐奥决定与阿斯格·乔恩一起在他自己位于阿尔巴的实验室躲起来，像苦修的僧侣一样离群索居，创作成卷的油画，以米为单位按固定价格出售，以提高其市场价值。

然而，这场争论在城市化和建筑领域呈现出更为激烈的论调。由分区、标准和抽象原则组成的功能城市主义被认为是一门新兴的学科。拉乌尔·万尼根声称："这是一场成为现实的噩梦。如果纳粹分子知道当代的城市学家，他们会把集中营改造成低收入者住房。"学者对现代运动中的建筑也做出了类似的判断，主要涉及压缩空间和成本、使运动合理化、将形式和装饰减少到只有类型与范式。"它消灭了幻想，抑制了肉体，"居伊·德波指责道，"一个极其倒退的生活观念被偷偷运到了魏玛包豪斯或柯布西耶学派不甚完美但暂时有益的贡献中。"理性主义建筑的困扰是不能与时俱进、使用者被排斥在外，以及审美的变化趋势等。相反，正如德波所肯定的："我们的中心思想是建造情境，也就是说，建造短暂的生活环境，并使其充满激情。"简而言之，在这种建筑中，时间比空间重要，行动比呈现重要，是一种艺术的存在。这些原则由荷兰画家兼建筑师康斯坦特提出，他于1958年为一个吉卜赛人营地开发了一个项目，随后又在1959年为新巴比伦开发了一个项目，一个建立在游戏、游牧和对迷惘的探索上的多维城市定居地，在那里，"游戏的人"可以自由地漫步、随意地创造和改建他的居住空间。（《游戏的人》是荷兰历史学家、文化理论家约翰·赫伊津哈于1938年写的一本书，论述了文化与社会的游戏元素的重要性。赫伊津哈认为，游戏是文化产生的首要条件和必要条件。）

具体派与新陈代谢派

具体派是由吉原治良于1954年在大阪成立的一个艺术家协会（具体美术协会）。其特点主要包括：以戏剧化方式呈现作品，通常以事件的形式出现；摒弃了对画笔和传统技巧的追求；使用普通材料；在某些情况下过度关注身体，将其作为审美表达的工具。它是关于行动和运动、关于人体在立体的与虚空的和实体物质的空间之间的对比。这是对文明起源和神圣戏剧的回归。

具体派的传统后来在许多西方艺术家的表演中得到了继承。1959年，阿伦·卡普罗发表了作品《六个部分，十八个偶发》。次年，阿尔曼在巴黎艾里斯·克莱特画廊倾倒了30吨垃圾。1961年，伊夫·克莱恩展出了表演艺术品《蓝色时代的人体测量》，两名浑身涂满油漆的模特在画布上翻滚，同时伴随着室内乐团的现场演奏。最终，激浪派形成，德国艺术家约瑟夫·博伊斯的动向开始引起关注；在意大利，皮耶罗·曼佐尼则直接指定马塞尔·布罗塔尔斯为一件活的艺术作品；而在美国，舞蹈家安娜·哈普林、依冯·瑞娜，以及视觉艺术家卡若琳·史尼曼则聚集在了贾德森舞蹈剧院旁的工作室。

剧院表演如同易扩散的污染源般将艺术从封闭的学院环境带到了外面的世界。年轻人受到了吸引，他们被诸如艾伦·金斯伯格和格雷戈里·柯尔索这样的地下诗人、舞台剧作品、鲍勃·迪伦喧闹的音乐会等自由艺术实践和他们发表的公共读物深深震撼。人们越来越认识到，人与物之间任何不寻常的关系都会激发一种有机的存在态度，成为反映美学价值的源泉和工具。所有这些都产生于物体与其所在空间以及那些定义它们的物质和感知它们的身体之间的互动。

艺术之间的差别变得不再重要。艺术对象被推到一边，为生活空间让路，生活空间再次成为中心。虽然艺术表演是在虚假的戏剧环境中进行的——通常是在街道或公共广场上——但其目标是具体的空间、日常生活和大都市的现实。

1960年成形的新陈代谢派借同年于东京举行的世界设计大会之机，将具体派的理念转化为对建筑的反思。这个团体由评论家川添登、黑川纪章和菊竹清训推动，以当时已经得到业界承认的丹下健三为参考点。其他成员和相关方还包括大田正彦、福美智子、朝田高桥和矶崎新。该团体的理念在《新陈代谢派1960：对新都市主义的建议》一文中做了概述。它指出：城市不适合现代生活；固定的和不可改变的结构无法与由情境、功能关系和交际流构成的流动的现实相互作用；对秩序和和谐的追求剥夺了城市环境最真实的价值。川添登说："我们对未来城市的想法是，它必须包含无序，然后从无序中开辟一个新的秩序。"

新陈代谢派美学在巨型的基础设施中找到了天然的出口，这些吸收了基础设施系统的巨型基础设施几乎是一个地区或城市规模的巨大组合。人们将街道、路网和运河从工程世界中掠夺过来，将其变成建筑的对象，同时试图将城市主义连同其统一的区域和抽象的定量标准一起埋葬。

最后，是从柯布西耶1930年提出的阿尔及尔城市规划或1946年的马赛公寓中借用并更新了理念：一个由一级系统（带状街道或建筑骨架）和二级系统（可自由插入结构化的网格内的预制住宅单元）组成的两级建筑系统。此外，还有精密科学和社会及人文科学对结构概念的研究（克洛德·列维-斯特劳斯在1958年出版了《结构人类学》一书）。

具体派艺术家田中敦子穿着她的雕塑式电子礼服，日本，1954

这个结构是一个组织，几乎是一个有机体，它承认自由的程度，并且可以随着时间的推移而发展，不会失去连贯性或可识别性。其结果是一个活的城市——确切地说是可以进行新陈代谢的城市——在保证其城市身份和永久性的同时，也很容易适应快速变化的习惯和习俗。

一个富裕社会的产品，最终将被代谢、被消费，这使新陈代谢主义成为波普艺术的一个变种。然而，它也带来了警示，商品在人类尺度上的混乱与巨构建筑中人类尺度的秩序相互对立，就像制造商的无序与市场和国家的单一逻辑相对立一样。这一理念将其与十次小组的社会民主思想联系起来，日本建筑师也确实与之有着密切的联系：1959年，丹下健三代表日本出席了在奥特罗召开的CIAM的最后一次大会；1960年，福美智子出席了十次小组在欧洲召开的会议；黑川纪章则参加了十次小组1962年和1966年分别在法国的罗亚蒙特和意大利的乌比诺举行的会议。除此之外，史密森夫妇、路易斯·康和让·普鲁威也应邀参加了1960年在东京举行的世界设计大会。

此外，丹下健三还密切关注着美国的行业动态。1959年9月至1960年2月，皮耶特罗·贝鲁奇邀请这位日本建筑师到麻省理工学院的建筑与规划学院任教。丹下健三让他的学生设计波士顿湾一个25 000人的居住区。学生被分成七个小组，开展了七个项目。最有说服力的方案提出了一种由支撑多个平台的三角形区域组成的基本结构。其中一些位于内部的平台可以承载整个地区的基础设施系统。而外部平台则支撑着由预制的三维单元构成的住宅核心。在住宅门户下层，则是呈扇形分布的地铁轨道、公路和单轨列车轨道，分别处于三个层次。

丹下健三在美国教学的这段时间使他有机会为他的东京湾计划（1960）做出设计方案，这项工作后来对新陈代谢派的研究产生了巨大影响，也在国际媒体上引起了显著的反响。方案是一座连接海湾两个极端的漂浮城市。它建立在网络的概念之上，换句话说，是包括直接关联（公路、铁路、地铁等）和间接关联（电话、电报等）在内的组合，这些关联将原本自动化的功能整合在一起。

这导致了对线性系统的选择，而不是传统的径向式或棋盘式方案，这个系统支持模块化元素的轴线组织，将有机体清晰地划分为结构元素，每个元素在时间上都保证了一定的持久性，其完成度有赖于更高的使用和报废标准，以及多样性和互补性活动之间的相互作用。

多年之后再来回顾，丹下健三在波士顿和东京的项目都可以被解读为对超技术未来的风险预测。建筑师不惜一切代价主宰大都市发展的可怕且反复出现的梦想在他的手中出现了滑落。然而，在20世纪60年代——以机动化技术的爆发、公路的普及、不惜一切代价的幸福神话为标志的时代——这一反应令人信服：它为建筑确定了一个新的城市维度；它为通信和网络问题提供了解决方案；它肯定了标准化部件的预制在一个更复杂的城市战略中的角色；它通过在一个参照网格中规划这些角色使它们变得合理；它为建筑师设计了新的社会角色，将他们从被姿态美学和美丽的标志所贬低的边缘角色中解放出来。新陈代谢派设计师在解释这个主题的诗意方面给出了他们最好的作品。

由菊竹清训设计的海上城市（1959）是一组从巨大圆形平台上升起的塔楼，在天空的映衬下颇具视觉冲击力。每个塔楼可容纳3000名居民。1959年的海上城市和1960年的海洋城均是当地的地标性建筑。黑川纪章的农业城市（1960）以其刚性正交结构元素和轻质帐篷式屋顶之间的对比而引人注目。螺旋体城市（1961）也是黑川纪章的作品，迷人的螺旋结构中的诗意暗含了对DNA链和生长的有机体的模拟。空中城市（1962）由矶崎新设计，圆柱结构元素令人想起巨大的多立克式圆柱废墟，传达出一种令人不安的、模糊的皮拉内西式的张力。

沙里宁：历史与技术之间

在1956年通用汽车园区取得成功后，埃罗·沙里宁接受了IBM、贝尔集团、迪尔等巨头企业的多个项目的设计委托，

Library of Congress, Prints and Photographs Division / highsm.04251, Carol M. Highsmith

埃罗·沙里宁，大卫·S. 因格斯冰球场，纽黑文，1956—1959

这为他进一步研究材料和组件、试验新形式提供了机会。例如，对于位于罗契斯特的IBM大楼（1956—1958），他开发了比通用汽车大楼更薄的面板。他还尝试使用浅蓝色与深蓝色线条交替的方式装饰面板。这种纯粹的装饰功能招致了非议，因为当时的评论家仍然拘泥于功能主义的神话，将路斯的“装饰即罪恶”视为信条。

在同样是为IBM设计的托马斯·J. 沃森研究中心（1956—1961）项目中，他采用了一种曲线形式，并将冰冷的嵌板幕墙改为充满暖意的石墙。最后，在为迪尔公司设计的宏伟建筑中，他用特种钢设计了一个遮阳结构系统，利用明暗对比赋予立面深度，使其融入由佐佐木&沃克景观设计事务所设计的周边景观环境。

这些作品为他带来了无数的奖项，也让他越来越有名气。人类学家爱德华·霍尔甚至为他设计的迪尔公司大楼写了一篇题为《建筑的第四维度：建筑对人类行为的影响》的文章。霍尔在文章中详述了这座建筑如何在人和环境之间取得平衡，而这种平衡在其他著名建筑师的建筑中是找不到的。尽管如此，四个与工业建筑设计无关的项目还是让沙里宁饱受争议——他在受到革新派的喜爱的同时，又遭到国际风格的纯粹主义者的反对。后者指责沙里宁不过是

埃罗·沙里宁（1910—1961）

Wikimedia/Nick Allen

埃罗·沙里宁，莫尔斯和斯泰尔斯学院，纽黑文，1958—1962

在玩弄浮夸、（毫无动机的）任性的形式而已。

第一个项目是麻省理工学院礼堂（现称克雷斯吉礼堂）及教堂（1950—1955）。沙里宁将礼堂设计成一个拔地而起的混凝土船帆结构，跨度50米，高15米。礼堂内部空间由底层的剧院和上层含1238个座席的音乐厅构成。小教堂是一栋圆柱形的砖砌建筑，呈略微下沉的形式。教堂外侧设有一系列拱门，内部摆放着哈里·贝尔托亚设计的醒目的钢制雕塑。很难想象还有比这更有效的形式对比组合：礼堂是未来，宽敞、明亮，用混凝土建造；小教堂是传统，简单、朴素，以古老的材料堆积而成。布鲁诺·赛维在《建筑》杂志的一篇文章中总结了这两座不同寻常的建筑对于整个建筑行业的冲击，文章借用了尤金尼奥·蒙托里的一句话："功能主义和有机派、柯布西耶和赖特之间的界限已经模糊。现在我们面对的是沙里宁，他鼓吹的是完全的非理性主义。"赛维认为，即便这个项目很有意思，出自他这一代最有才华的建筑师之一之手，它也是一个错误。

事实上，麻省理工学院的船帆和圆柱不仅是一个错误，还揭示了一个新的情况。20世纪50年代的建筑师在两种选择之间徘徊不定：是恢复与过去、与历史的关系，还是继续研究，将重点放在技术创新上？正如我们将看到的，与毫不犹豫地选择了历史的路易斯·康不同，沙里宁拒绝做出单方面的决定，并试图找到一个两全其美的办法。

从1956—1959年耶鲁大学冰球馆（现称大卫·S.因格斯冰球场）项目开始，他就在这样做了（有趣的是，因为事务繁忙，沙里宁未能接受耶鲁大学美术馆的委托，而是建议由路易斯·康来设计，后面我们还会提到这一点）。冰球馆的建筑外形很特别，像一头鲸鱼，屋顶几乎完全打开，为入口腾出空间。几年后，丹下健三为1964年东京奥运会设计的冰球场也有一些东方风格的元素。事实上，沙里宁的冰球馆设计显示了一种新的造型方法的迹象，这与他早期作品在形式上的刻板印象相去甚远。同样受到影响的还有尼迈耶在巴西利亚的建筑项目（1958—1960）、赖特在埃尔金斯公园修

Wikimedia / Madcoverboy

埃罗·沙里宁，麻省理工学院礼堂，坎布里奇，1950—1955

Wikimedia/Jonathunder

埃罗·沙里宁，IBM大楼，罗契斯特，1956—1958

建的贝斯·索隆犹太教堂（1956—1959），以及伍重的悉尼歌剧院。悉尼歌剧院对沙里宁来说一定再熟悉不过，因为正是他在1957年该项目的竞赛中作为评审力挺伍重，使其方案入围获胜。

沙里宁的第三个有争议的项目是莫尔斯和斯泰尔斯学院（1958—1962），也位于耶鲁大学。整座学院综合体似乎在与周边环境对峙，这个让人想起古典传统的建筑群通过两个庭院与学校原有的建筑相连接。项目在材料的选择上也很有意思，碎石混凝土——这个创意来自赖特，他在塔里埃森住宅中用过——让建筑看起来更加自然，不像人为的构筑物。由于采用了充满力量感的砖石元素，设计的塑性影响得到了提升，砖石墙体呈凸出与凹陷形态排列，有人称这种结构为新哥特式。尽管这个项目处处显示出沙里宁对历史的参考，但它无疑具有强烈的现代感。雷纳·班纳姆说：“将钢筋混凝土风格化令其看起来更加浪漫，很难想象还有比这更招摇、更低级、更恶毒的方式。”在说出这段话以示自己的厌恶之情时，班纳姆犯了一个错误，后来他才认识到这一点。

尽管许多人毫不犹豫地将纽约环球航空公司航站楼（简称TWA航站楼，1956—1962）定义为战后最成功的杰作之一，但是这个项目同样饱受争议。在这里，沙里宁避免了一切对之前建筑过于明确的引用来暗示建筑与飞行有关。他通过创造一个内部让人隐约想起罗马时期建筑的宏伟结构做到了这一点。1961年，沙里宁在病倒之前说：“TWA航站楼项目很奇妙。如果因为发生了什么事，项目必须马上停工，而让它停留在现在这个状态的话，我想它也会成为一个像罗马浴场那样美丽的废墟。”这种说法显然不足以平息文森特·斯卡利或艾伦·科尔库恩等评论家的愤怒，他们认为TWA航站楼只是一场营销，是TWA的名片，唯一有用的地方就是满足了公众对新事物的渴望。然而，正如考夫曼所说，TWA航站楼是少数几座内部空间迷人而又复杂的建筑之一，如同一首用弧形交织而成的管弦乐曲。由于航站楼的中央在各个方向都能透光，结构又是对称的，其内部可以一览无遗。简而言

Philipp Meuser

埃罗·沙里宁，环球航空公司航站楼，纽约，1956—1962

iStockphoto/diegograndi

埃罗·沙里宁，麻省理工学院教堂，坎布里奇，1950—1955

之，TWA航站楼是一件杰作，它展示了如何在不屈从于对历史或纪念主义的怀念的情况下更新现代运动的传统——从20世纪60年代开始，这两个主题将主导大部分与建筑设计相关的辩论。沙里宁是那一代最有才华的建筑师之一，但不幸的是他无法亲自参加这场辩论。埃罗·沙里宁于1961年去世，享年51岁。

伍重和悉尼歌剧院

丹麦建筑师约翰·伍重在提交悉尼歌剧院的设计方案时只有38岁。他的建筑作品为数不多，但都很有趣，其中包括他的伍重风格的家（伍重欣赏赖特的作品，并在塔里埃森住宅小住过）和位于埃尔西诺附近的一座结构复杂的内院式砖石房屋——小屋与周边自然环境和谐相融。他很快就被宣布为二战后最重要的国际设计比赛的获胜者，这无可厚非。更重要的是，他的方案确实独树一帜——与其说他设计的是一座建筑，不如说是一个景观规模的标志。它由一个巨大的石头平台组成，平台上铺有一系列贝壳一般的建筑结构，有些像扇子，有些则类似船帆。这种设计有两个方面的优势。对那些从水上观察建筑的人来说，它就像一个坐落在海角的古老的仪式空间，由于基础平台的存在，人们对建筑的想象是与之融为一体的；对那些从城市观察建筑的人来说，歌剧院

iStockphoto/simonbradfield

约翰·伍重，悉尼歌剧院，悉尼，1957—1973

建筑看起来像是一个塑性三维结构，由于外壳本身的弧度，人们不用采用特别的视角就能看到同样有趣的两面。

为什么要做出这样一个不寻常的决定，让一个外人竞标成功？关于这个问题，从一开始就有很多谣言。几乎所有的人都将这位年轻的丹麦建筑师的胜利归功于评审团最权威的成员之一——埃罗·沙里宁的大力支持。据说沙里宁在自己的权力范围内竭尽全力，包括从一堆被淘汰的项目中把伍重的图纸捡了回来，来奖励这样一个大胆的设计方案。悉尼歌剧院的形式不禁让人想起沙里宁在纽约的TWA航站楼，同样具有强烈的感性特质，也不乏有机建筑的诗意。然而，这是一种有机的诗意，它避免过度介入自然环境，体现的是一个

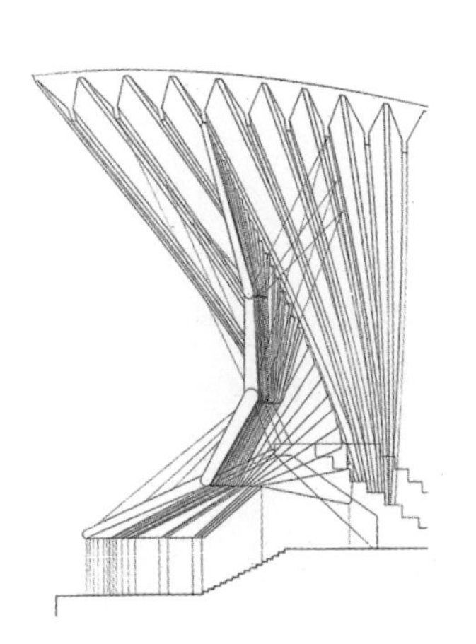

约翰·伍重，悉尼歌剧院图纸，悉尼，1957—1973

约翰·伍重（1918—2008）

约翰·伍重，联排房屋，弗雷登斯堡，1962—1963

充满能量、具有高度姿态意味的形象——甚至当赖特被媒体问及这个项目时，他抨击其为马戏团帐篷，这绝非偶然。在另一方面，这些形式反而会被情境主义艺术家所欣赏，尤其是眼镜蛇画派（COBRA，情境主义国际的前身）的创始人之一——丹麦艺术家阿斯格·乔恩。他认为，对功能主义、泰罗主义和纯有机建筑的追随者来说，这个项目是他们过度的自然主义的有效解毒剂。

在这个微妙的委托期间，与伍重合作的是阿鲁普工程公司。他们一起无数次审核项目，确定其数学模型和概念模型，以便构建这种非同寻常的形式。最后，根据伍重的直觉，团队选择使用由球体切割而成的拱顶，这种方式使结构计算和壳体预制都得到了简化。尽管伍重和他的团队付出了巨大的努力，但工程进展却很慢，成本也很高。1966年，也就是比赛结束近十年后，伍重甚至遭到了无理的解雇，项目转交其他人完成。虽然悉尼歌剧院几经波折，遭遇数次返工和重新设计，但一完成便成为悉尼的象征。这说明，即使是在如今这个时代，也有可能创造出具有强大能量的建筑作品来捕捉当地人的想象力，但重要的是，国际风格现在业已消亡，甚至已经被掩埋，取而代之的是与大地维度对话的建筑，伍重的价值在几十年后得到了充分研究——这也是在其伯乐沙里宁的作品上发生的事。

夏隆：两件杰作

尽管1951年夏隆在达姆施塔特实施的创新学校概念取得了成功，但直到1955年他才获得了第一个与学校建筑相关的实践机会——位于德国威斯特法利亚州吕嫩的舒尔兄妹女子学校，项目于1962年完成。它回到了另一种学术模式上，这种模式建立在教室与公共空间之间的关系上，教室被视为熟悉的微观世界，而公共空间则被视为接触和交流的场所。教室被设计成六边形的平面，与周围的空间——庭院或者用于教授室外课程的露台紧密相连。这些教室以大体量的形式出现，各个

Akademie der Künste/Hans-Scharoun-Archiv

汉斯·夏隆，舒尔兄妹女子学校，吕嫩，1955—1962

Wikimedia/Manfred Brückels

汉斯·夏隆，柏林爱乐乐团音乐厅，柏林，1956—1963

侧面均有照明。学校的公共空间围绕着一个长100米的中庭旋转，中庭连接着教室的核心，面向一个近似半圆形的庭院。庭院两端分别是六边形的主厅和圆形的音乐厅（音乐厅未建成）。尽管从表面上看，项目显得很复杂，但它揭示了一种对形状的控制，及一个有机体在功能上的清晰性。最小单元——教室，就像一个细胞，有自己的细胞核，吸引着周围其他小的功能元素。而这些功能元素反过来又是构建由更高级别的服务系统提供服务的结构的元素。此外，这个结构构成了一个有机的系统，并由更重要的公共设施赋予其活力。

夏隆定义的构图逻辑让人想起当时十次小组的建筑师测试的关系系统：最终，这所学校和范·艾克设计的孤儿院大同小异。在路易斯·康的作品中也可以发现类似的情况，他也倾向于对有机体的结构化研究。

1956年，夏隆设计了柏林爱乐乐团音乐厅。在经历了许多次赢得了竞赛却无法实现项目的失意之后，他终于有了建造一座意义重大的建筑的机会。音乐厅于1963年完成，其设

Akademie der Künste/Hans-Scharoun-Archiv

柏林爱乐乐团音乐厅内景

Wikimedia/Jürgen Howaldt

阿尔瓦·阿尔托，纽瓦尔公寓大楼，不来梅，1959—1962

计基于一个非常简单的原则：将观众席安排在一个环绕着乐队的圆圈里，避免正面相对。夏隆设计了一个舒适的平台系统，这种对几何结构的运用（精心设计的天花板和优化了声学效果的优雅曲线元素）除了能满足功能要求外，还营造了强烈的中心感。与其他同类项目一样，作为一种补偿，不同楼层的门厅被整合起来，形成流动空间，彼此之间通过旋转楼梯相连接。我们之前谈到了夏隆对有机建筑的研究与十次小组对有机建筑的研究之间的联系。小组代表之一贾普·巴克玛对门厅做了热情的评论："环绕的设计、进出的通道、楼梯、走廊还有电梯……这一切似乎给人们在城市主义方面上了一课，我只能希望它的设计原则能被推广到整个城市的规划中去。"我们面对的是一座城市级别的建筑，这一点在爱乐乐团音乐厅的外观上得到了证实，它最终被设计成一座给人以堡垒之感的弧形建筑，再加上其金色的外立面，音乐厅在星光闪耀之前就成了这个城市的地标建筑。

阿尔瓦·阿尔托，三十字教堂，伊玛特拉，1955—1958

阿尔瓦·阿尔托，社会保险研究所大楼，赫尔辛基，1948—1957

阿尔托及其晚期作品

1957年，阿尔托完成了赫尔辛基的社会保险研究所大楼的修建。这个项目的方案在1948年的比赛中获胜，于1952年开工。建筑很好地反映了建筑师的城市策略，即形成统一的有机体，其特征是使用相同的材料（砖）和相同的条形窗，将不同的建筑物立体地连成一个整体。当它们有序地沿着道路呈直线形排列时，地块周围便拥有足够的空间自由，以避免形成19世纪城市典型的街道走廊的效果。为了形成给人愉悦观感的统一视角，阿尔托将原来庭院的内部空间改造成面向一条街道的花园。大楼的主厅是一个四层楼高的空间，光线从上方的天窗漫射进来。为应对恶劣天气情况，建筑上面搭建了顶棚。

位于奥塔尼米的赫尔辛基理工大学项目是1949年赢得比赛的结果，它建于1953—1966年。在这里，阿尔托采用了一种与社会保险研究所大楼相反的策略，因为它是从独立的建筑物开始设计的，而不是一个街区。不过，由于其整体设计和局部的连接方式，最终实现的效果是一样的。赫尔辛基理工大学建筑群的独特之处在于，它是一个由顶部为半圆形的主楼主导的大型景观空间，类似于一个大型教堂中的半圆形小室，成为整个结构的焦点。

阿尔托完成的诸多项目中还包括伊玛特拉的三十字教堂（1955—1958），其特点是主厅内三条曲线的应用：它们包含了一个巧妙的滑动墙系统，必要时可以用于分隔空间。教堂的三条曲线预示着一种“扇形”构形方法的雏形，这最终成为阿尔托建筑的标志。这种方法在沃尔夫斯堡文化中心（1958—1962）、不来梅的纽瓦尔公寓大楼（1959—1962）、奥塔尼米学生宿舍（1964—1966）以及塞恩约基图书馆（1963—1965）和罗万尼米图书馆（1965—1968）项目中得到了演练。这个创意源自大自然中贝壳和峡湾支离

Wikimedia/Zahlenmonster

阿尔瓦·阿尔托，沃尔夫斯堡文化中心，沃尔夫斯堡，1958—1962

Philipp Meuser

阿尔瓦·阿尔托，赫尔辛基理工大学，奥塔尼米，1953—1966

破碎的线条。然而，对这些几何学主题的近乎痴迷的重复，加上随着时间的推移而占据上风的对技巧和轰动效果的追求（这在选择覆层材料时也很明显，如对大理石有明显的偏好），往往让这位芬兰建筑师的诗意枯竭，他开始在每一个项目中重复他的诗意。项目质量都很高，但与他早期的杰作相比相去甚远。

路易斯·康与怀旧主义

1959年，路易斯·康应十次小组的朋友之邀到奥特罗参加CIAM大会。在旅途中，他参观了朗香教堂和卡尔卡松城堡，后者给他留下了深刻的印象——这一点在他的素描簿上表现得很明显，两者的素描数量比例为2：33。事实上，比起柯布西耶的名作中模糊的结构语言，中世纪城堡的石墙对康更有吸引力。他还参观了范·艾克设计的孤儿院。这是一座与康的犹太社区中心项目有颇多相似点的建筑，其特点是利用聚集在一起的小亭子形成更大的空间，来完成共享空间之间的连接，摒弃国际风格的正统观念，寻找光影的强大效果，并恢复跨越时间的建筑维度，而不是充满了对古代建筑的暗示。在奥特罗，康应邀召开了一次会议，会议期间他宣称当代空间与文艺复兴时期的空间并无太大不同。他向参加会议的十次小组成员介绍了他位于特伦顿的犹太社区中心和宾夕法尼亚大学阿尔弗雷德·牛顿·理查兹医学研究中心大楼项目，还有他对费城的研究。其中对费城的研究尤其得到了十次小组的赞赏，并得以在《十次小组读本》中发表。

始建于1957年的理查兹医学研究中心大楼反映了康的粗野主义美学和几何方法，毫不犹豫地暴露了由空腹桁架支撑的楼板结构以及用砖包混凝土体量作为框架的管道和楼梯井。建筑综合体采用方形塔楼平面布局，基于整体作

阿尔瓦·阿尔托，塞恩约基图书馆，塞恩约基，1963—1965

阿尔瓦·阿尔托，罗万尼米图书馆，罗万尼米，1965—1968

为一个平等或模块化空间的“社会”原则。这些塔楼体量被分割成一个个长条形，从视觉上在垂直方向通过暴露在外的管道得到强调。它们让人想起赖特的中世纪塔楼式的拉金大厦，但在某些结构上的细节，如楼板转角的解决方案和对角线上的入口，会让人想起约翰内斯·杜克的露天学校。医学研究中心大楼被认为是当代建筑的杰作，1961年，由于菲利普·约翰逊对其深感兴趣，项目还没完成就在MoMA展出了。同样，对康来说，医学研究中心大楼代表着一种转变，与只完成了一小部分的犹太社区中心有所不同。他说：“如果说世人是在我设计了理查兹医学研究中心大楼之后发现了我，我则是在设计了位于特伦顿的那个混凝土小浴室（指犹太社区中心）之后发现了自己。”位于罗契斯特的第一唯一神教堂和主日学校建于1959—1969年。在这里，早期赖特对他的影响更加明显。康从联合教堂借鉴了由一大一小两座建筑（由带入口的短翼结构连接）组成的局部。较大的建筑体量让人想起文艺复兴时期和文艺复兴之前的正方形平面布局：方形核心大厅被低矮的天花板笼罩着，位于四角的四个高天窗让它看起来有种上扬的感觉。康在设计中放弃了会破坏立面的窗户，运用砖石凹陷造型的韵律感创造了强烈的明暗对比和封闭、内敛的厚重感。这与国际风格的几何抽象建筑所追求的轻盈、透明的效果恰恰相反。在这个项目中，同样值得注意的还有康对屋顶的处理。大礼堂的屋顶采用了外露的混凝土结构，是一个由四个天窗切割而成的强有力的塑性有机体，由于引入了斜向照明，空间具有特别神圣的品质。最后，康根据上面提到的空间的“社会”原则，将单个空间设计成独立的有机体。康的这种无可挑剔的比例设计，一定是受到了维特科尔《人文主义时代的建筑原理》一书的启发。这部基础性著作出版于1956年，揭示了15世纪以来建筑复杂的几何原理，是作者本人送给路易斯·康的。

Wikimedia/Smallbones

路易斯·康，犹太社区中心，新泽西，1954—1959

Frank H. Miller

路易斯·康，理查兹医学研究中心大楼，费城，1957—1960

1959年，康参与了加利福尼亚拉荷亚的索尔克生物科学研究所（1959—1965）的设计。该项目由研制出脊髓灰质炎疫苗的乔纳斯·索尔克资助。他打算“创建一个值得毕加索参观的‘多学科’研究设施”。经过无数次提案后，最终选定的方案由两列平行的大楼组成，两列大楼的侧面形成的广场一端向海滨开放。这两列大楼是科学家的研究场所，通过精心设计，其立面呈一定角度倾斜，面向远处的海景。大楼后面是开放空间的实验室，根据服务空间和后勤空间原则设计，由包含必要设备系统的技术楼层水平分隔。建筑材料包括细致入微的外露混凝土（路易斯·康实际上为不同材料的浇筑物绘制了图纸，以便设计它们的分隔线）和木质填充板，最终实现了自然和人工之间的精确对比，也将建筑刚性的几何形态与场地的非正式性并置。这个项目中的广场被设定为一个空旷、安静，几乎是修道院式的空间。为了提高它的景观质量，康设计了一条细细的水线，将空间一分为二，然后在另一端完美地转化为流入大海的喷泉。索尔克生物科学研究所被许多评论家认为是康的杰作，是一个反现代主义建筑，与十次小组的开放实验主义背道而驰，最终渐行渐远，变得越来越没有共同点。这个项目与大都会类的建筑大相径庭，那些建筑往往因为在同一时期由许多不同的前卫团体——如新陈代谢派、建筑电讯派和一些激进分子设计而显得混乱。路易斯·康的实践将影响到二战后重建建筑场景的历史主义和怀旧潮流，尽管不无一些任性、歪曲和简化。

Wikimedia/Whywhynot

路易斯·康，第一唯一神教堂和主日学校，罗契斯特，1959—1969

Library of Congress, Prints and Photographs Division/ highsm.13139

路易斯·康，索尔克生物科学研究所，拉荷亚，1959—1965

躁动的意大利

20世纪50年代，加贝蒂和伊索拉在都灵修建了伊拉斯莫工坊，萨蒙纳和伊格纳齐奥·加德拉在威尼斯分别修建了伊奈尔总部和木筏之家，而BBPR建筑事务所则在米兰完成了维拉斯加塔楼，这些项目即使没有怀旧的意图，也都是由历史主义者推动的。它们标志着意大利建筑和在美国和欧洲部分地区盛行的更有趣的研究（表现主义和粗野主义）之间的决裂。伊拉斯莫工坊（1953—1956）位于安托内利尖塔附近的城区，它通过对细节和材料自娱自乐式的“玩弄”以及对诸如弓形窗等过时元素的使用，极尽庸俗之能事地炫耀着一种装饰的意味。尽管有人暗示其中巨大的带状砌砖序列与由镶嵌着锻铁栏杆的对称式混凝土板装饰的阳台交替出现，相互抵消，创造了一个明暗对比强烈的有活力的建筑，但整个作品采用了近乎调情般的柔顺的语言，毫无疑问是对中世纪风格的模仿。

朱塞佩·萨蒙纳于1950—1956年与特林卡纳托合作在威尼斯修建的伊奈尔总部，尽管避开了使加贝蒂和伊索拉陷入困境的过度装饰的陷阱，但它的颜色和对明暗对比效果变化的利用，使它难以融入水城的周边环境。因此，混凝土和石头的交替，红、蓝、白和灰等颜色的使用以及投影和凹处的微妙连续，尽管带来的律动感有限，但大致都控制在了整体构成中。

在同样位于威尼斯的木筏之家（1954—1958）项目中，加德拉展示了一种考究的绘画式构图，其特点是对立面上的开口进行了看似随意实则优雅的布局。建筑以带有护墙的阳台为主要特点，其设计——实际上有点难以消化——让人想起威尼斯传统建筑中的开垛口。像这一时期的许多其他作品一样，木筏之家由矮墙（木筏之家的矮墙上点缀着两排菱形的孔洞）、一栋主楼和斜坡屋顶组成，“与运河岸边那些威尼斯建筑立面和谐一致”。尽管如此，但这显然成了无能的证据，这种无能可以称得上是由一种“自杀式”的态度决定的。这种态度并非

朱塞佩·萨蒙纳和埃格勒·雷纳塔·特林卡纳托，伊奈尔总部，威尼斯，1950—1956

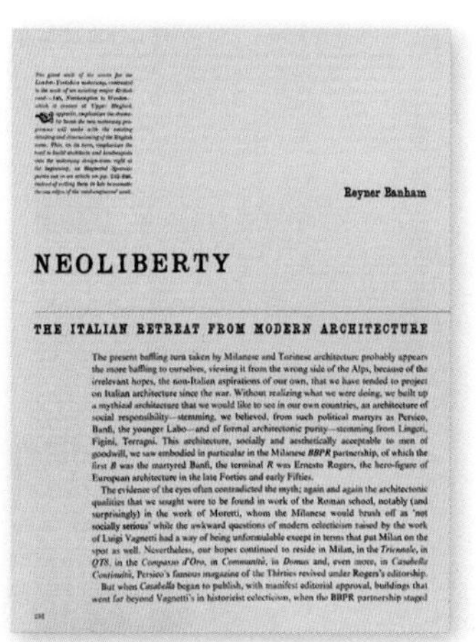

Reyner Banham

NEOLIBERTY

THE ITALIAN RETREAT FROM MODERN ARCHITECTURE

The present baffling turn taken by Milanese and Torinese architecture probably appears the more baffling to ourselves, viewing it from the wrong side of the Alps, because of the irrelevant hopes, the non-Italian aspirations of our own, that we have tended to project on Italian architecture since the war. Without realizing what we were doing, we built up a mythical architecture that we would like to see in our own countries, an architecture of social responsibility—stemming, we believed, from such political martyrs as Persico, Banfi, the younger Labo—and of formal architectonic purity—stemming from Lingeri, Figini, Terragni. This architecture, socially and aesthetically acceptable to men of goodwill, we saw embodied in particular in the Milanese *BBPR* partnership, of which the first *B* was the martyred Banfi, the terminal *R* was Ernesto Rogers, the hero-figure of European architecture in the late Forties and early Fifties.

The evidence of the eyes often contradicted the myth; again and again the architectonic qualities that we sought were to be found in work of the Roman school, notably (and surprisingly) in the work of Moretti, whom the Milanese would brush off as 'not socially serious' while the awkward questions of modern eclecticism raised by the work of Luigi Vagnetti had a way of being unformulable except in terms that put Milan on the spot as well. Nevertheless, our hopes continued to reside in Milan, in the *Triennale*, in *QT8*, in the *Compasso d'Oro*, in *Communità*, in *Domus* and, even more, in *Casabella Continuità*, Persico's famous magazine of the Thirties revived under Rogers's editorship.

But when *Casabella* began to publish, with manifest editorial approval, buildings that went far beyond Vagnetti's in historicist eclecticism, when the BBPR partnership staged

雷纳·班纳姆发表在《建筑评论》上的文章，1959

如赖特在1953年设计的马谢里纪念馆那般（虽然由于愚蠢的官僚主义，这个项目未能实现），是出于对历史和传统的重新解释，而是局限于对历史和传统的模仿。

对于许多评论者来说，BBPR的维拉斯加塔楼（1950—1958）最能体现这一时期意大利建筑的特点。它以类似哥特式建筑为特点，隐约呈现出新中世纪的外观，几乎相当于一座古老的市政塔楼，是城市的标志性建筑之一。与密斯的西格拉姆大厦（1954—1958）相比，它证明了意大利的研究与美国和欧洲其他国家的研究之间的鸿沟。

1957年4月至5月期的《卡萨贝拉·延续性》杂志促进了这一趋势。该期杂志发表了一篇对夸罗尼和里多尔菲在罗马提布尔提那大街的INA-Casa住宅区以及里多尔菲在维亚尔·索菲亚的公寓楼等作品的评估，还有对加贝蒂和伊索拉的伊拉斯莫工坊和证券交易所大楼（1952—1956）的评估、一篇对史蒂芬·屈米迪-马德森有关自由风格的《新艺术之源》一书的评论和一篇有关阿姆斯特丹学派的短文。事实上，这一期杂志标志着一场运动的诞生，这场运动吸引了众多意大利建筑师，尤其是来自皮埃蒙特和伦巴第地区的建筑师，他们将接受新自由主义风格的洗礼。新自由主义风格是保罗·波托格西在1958年首次提出的术语。

1959年，雷纳·班纳姆在《建筑评论》四月刊上发表了一篇反对新自由主义风格的文章。他指责意大利退出了现代运动。根据这位评论家的说法，加贝蒂和伊索拉的作品，《卡萨贝拉·延续性》杂志介绍的其他年轻建筑师，如盖伊·奥伦蒂、格雷戈蒂、洛多维科·门涅格蒂和乔托·斯托皮诺，以及阿尔多·罗西撰写的辩护文章，都代表了一个致命的倒退。班纳姆的指控虽然严苛，却是对事不对人。他避免把好与坏混为一谈：批评排除了夸罗尼和他的拉马特拉村项目、莫雷蒂和他的向日葵公寓，还避开了《卡萨贝拉·延续性》杂志的总监欧内斯托·内森·罗杰斯。事实上，他在文章中对罗杰斯的维拉斯加塔楼只字未提（在CIAM的连续会议上却对他提出了严厉的批评）。但这一切还是惹恼了罗杰

MIBAC/Alessandro Lanzetta

马里奥·里多尔菲等，INA-Casa住宅区项目，罗马，1949—1954

Flickr/iv toran

伊格纳齐奥·加德拉，木筏之家，威尼斯，1954—1958

斯。罗杰斯迅速做出了回应，他认为自己作为使新历史主义发酵的关键参照人物受到了人身攻击。

他在《卡萨贝拉·延续性》杂志的1959年6月刊上发文，指责班纳姆是北极牌电冰箱的保管人。他强调了意大利的研究以及“所有试图避免墨守成规和形式主义的人”——加德拉、里多尔菲、吉奥瓦尼·米凯卢奇、阿尔比尼和萨蒙纳的重要性。他声称，如果“新自由”一词可以应用于加贝蒂和伊索拉的伊拉斯莫工坊，就有必要使用其他术语来指代别的年轻建筑师的作品，例如，称奥伦蒂为荷兰人的新表现主义，称格雷戈蒂为柏拉格西亚折中主义。最后，他承认自己的一些行为有点过度。但他声称在大师的建筑中也发生了同样重要的变化：“柯布西耶创造了与整个印度相呼应的昌迪加尔；格罗皮乌斯的雅典大使馆浸润着悠久的希腊历史；密斯在纽约公园大道摩天大楼上建了一座纪念碑；赖特在去世前设计的一些作品与别的作品在精神上保持一致，但并不符合他一贯的风格。”

Philipp Meuser

路易吉·莫雷蒂，向日葵公寓，罗马，1947—1950

路易吉·卡洛·达内利，福特·奎兹区项目，热那亚，1956—1968

意大利的其他趋势

不是所有的意大利建筑都充满了历史主义的焦虑。在米兰，维托里亚诺·维加诺设计了马尔基翁迪·斯帕格里亚迪研究所（1953—1957）：其暴露在外的混凝土墩柱的强劲节奏显示了柯布西耶的粗野主义诗意和十次小组的代表人物的影响。

路易吉·卡洛·达内利的福特·奎兹区项目（1956—1958）显然以柯布西耶的阿尔及尔市弹道规划为灵感来源。这个以区域规模表达的、具有象征意味的项目反映了热亚那地区景观清晰、连续的轮廓线。

1959年，夸罗尼在威尼斯-美斯特的圣朱利亚诺实现了他为CEP区设计的项目。他采用了一些面向环礁湖的圆形庭院式建筑，这是他对自己之前的新现实主义立场、乡村的亲密诗意主张，以及通过大尺度设计恢复邻里关系的决定性的自我批评。他还有一个决定性的立场，即支持以景观为导向的方法，这与丹下健三在东京湾计划项目中尝试的策略以及美国设计师对城市设计理论的开放态度相一致。

这也是一个宏伟工程频出的时代，如莫兰迪设计的优雅的高架桥和皮埃尔·路易吉·奈尔维设计的那些倾斜的钢筋混凝土结构（包括他1956—1957年在罗马为1960年奥运会建造的弗拉米尼奥体育场）。在1956—1957年，奈尔维还与阿图罗·达努索合作，为吉奥·庞蒂的倍耐力摩天大楼（1960年完工）项目进行结构设计。倍耐力摩天大楼是一个在很多方面与维拉斯加塔楼相对立的建筑，它在现代性和技术上无可挑剔，由于其银色的铝制幕墙而避开了所有伤感主义和历史主义的陷阱。同时，它也远离了枯燥的国际风格，避免了方形玻璃棱镜的平庸。居于建筑平面两端的两个三角形消防楼梯和在紧急情况下有效的疏散系统，在建筑立面上体现为两道实体墙，其所在体量的锥形线条几乎消失不见。这个设计被赋予了一种构架幕墙的微妙作用，消除了玻璃盒子的效果。设计通过将立面末端简化为狭长的切面，在阴影中形成一个空隙，使纤长的建筑看起来直耸云霄。

Wikimedia/Blackcat

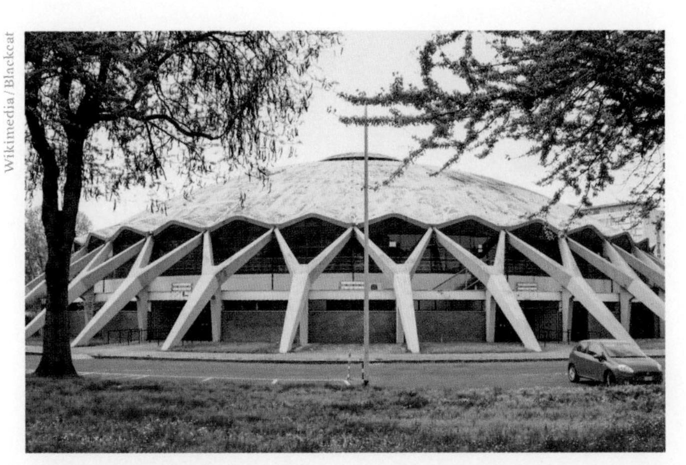

安尼巴莱·维特罗兹和皮埃尔·路易吉·奈尔维，弗拉米尼奥体育场，罗马，1956—1957

Flickr/Luca Galli

吉奥·庞蒂、皮埃尔·路易吉·奈尔维和阿图罗·达努索，倍耐力摩天大楼，米兰，1956—1960

两位诗人：斯卡帕和米凯卢奇

威尼斯建筑师卡洛·斯卡帕是一个独特的人物。他和里多尔菲一样热衷于传统工艺，也和罗杰斯一样关注历史。与当下时代的激烈对话让斯卡帕得以吸取大师们的教训，因此他在诗意和表现力上都超过了这两个人。在乌迪内省的罗曼内利住宅（1950—1955）项目中，斯卡帕似乎朝有机建筑迈出了决定性的一步，他公然借用了赖特的语言，后来也承认自己对其极尽“奉承之能事”。此外，同样具有赖特风格的项目还包括威尼斯双年展花园（1952）、临时预订处（1950）、售票处及入口（1952）、意大利馆庭院花园（1952），以及后来更加成熟的委内瑞拉馆（1954—1956）等项目。委内瑞拉馆项目是由两个偏移的棱柱形体量组成的，每个体量的上半部分都由玻璃和不透明的墙体交替组成的天窗构成。在巴勒莫的阿巴特利宫国家美术馆（1953—1954）项目中，斯卡帕要处理的是一个已有的建

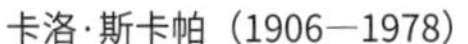
卡洛·斯卡帕（1906—1978）

吉奥瓦尼·米凯卢奇（1891—1990）

Flickr/jv toran

吉奥瓦尼·米凯卢奇，奥特斯特拉达·德·索勒教堂，比森齐奥营，1961—1964

筑结构，一座由马特奥·卡纳利瓦里设计的建筑，同时也要处理里面的艺术品。他将自己的美术馆设想成一个能将两者和谐地联系起来的媒介。这种方法需要设计师拥有一定的艺术敏感度，组织一条诗意的反应路径，为每一道风景赋予价值，并在物体之间以及物体与光之间秘密地建立关联。有鉴于此，他以超凡的技艺，避免了烦琐的解决方案，并根据具体情况，创造出一系列布展装置——从背景到支撑物——只有这样才能让参观者的艺术体验变成一次不可重复的经历。最终呈现的结果是一个无法修改的、将建筑与艺术融合起来的统一体。因此，斯卡帕的美术馆设计具有巨大的吸引力，但也缺乏功能性，完全无法容许哪怕最微小的调整或替代，而这将导致建筑师和艺术家通过如此丰富的对应和关系所创造的气质的丧失。

对于同样位于乌迪内的威瑞蒂之家（1955—1961），斯卡帕回归了赖特的语言，尤其在装饰元素方面，但他的实际目的是要取得决定性的突破。事实上，这个结果更像是碎片的拼贴，一个优雅但延伸的形式组合，而不是回归草原式住宅或美国风住宅那种外放的设计。这是一个风格主义者的写作练习，让不同的几何形式和材料相互作用——在某些情况下是彼此冲突——以探索它们的兼容性。

威尼斯的奥利维蒂展厅（1957—1958）项目，其空间狭小而深邃，于是斯卡帕设置了第二层空间，并在通往二层的地方引入了一道醒目的楼梯。楼梯的台阶用厚石板制成，看上去像是飘浮在空中一般，让人想起风格主义的平面构成。墙壁由交替的浅色镶板和木条构成，夹杂着窗户间的空隙。由于引入了在高水位期间用于保护墙壁的灰石底座，所有的窗户都处于同一高度。斯卡帕发明了一种新型水磨石地板，使用长方形彩色大理石嵌板。他把橱窗设计成托盘的形式，上面摆放着奥利维蒂公司的高级产品。他甚至还玩起了明暗对照的把戏，让用钢和木头制成的格栅形成光影交织的图案。斯卡帕通过营造一个魔法世界，成功地展现了展厅所在

卡洛·斯卡帕，阿巴特利宫国家美术馆，巴勒莫，1953—1954

卡洛·斯卡帕，古堡艺术博物馆，维罗那，1958—1964

地——圣马可广场的独特性，同时也向二战后意大利最重要的企业之一的奥利维蒂勇于创新的精神致敬——感谢它的创始人，即开明的阿德里亚诺·奥利维蒂先生。

在维罗那的古堡艺术博物馆（1958—1964）项目中，斯卡帕重现了阿巴特利宫国家美术馆的奇迹。室内设计展现出建筑师无与伦比的技艺。不过，这个项目的创新之处在于保留了建筑外部的不完整，将坎兰迪·德拉·斯卡拉的大公雕塑放在了非常醒目的位置，使雕塑重新获得了过去那般辉煌的魅力，而雕塑与未完成的建筑元素之间的关系也浪漫地暗示了某段时期意大利的悲剧动荡。

在威尼斯的奎里尼-斯坦帕利亚基金会博物馆（1961—1963）的设计中，斯卡帕减少了对精致细节的处理，成功地将该地区高水位时期的不利环境条件转化为一种景观，通过建筑本身对不利条件进行引导。与此对应的是博物馆内部庭院中壮观的水池，其设计借鉴了日式风格。

米凯卢奇有着取之不尽、用之不竭的创作灵感。前面我们曾谈到他参与了重建佛罗伦萨历史中心，在同一时期，他还设计了佛罗伦萨储蓄银行大楼（1952—1957）。这座建筑的核心是一个中央主厅，被设计成公共广场的形式，人们可以在其他室内空间俯瞰主厅。按照托斯卡纳建筑的最佳传统，在分段式设计中，空间的节奏是以柱子序列为标志的。由于倾斜屋顶的设计，这些柱子获得了表现价值，其节奏由三角梁和拱顶交替构成，形成明暗对比的效果。从侧面直射进来的光线创造出一种类似教堂中殿的效果。

米凯卢奇对空间的辩证法、流通的动态性和允许建筑师与自然建立原始对话的创造手法的非正式性非常感兴趣。他设计了许多教堂，如彭特伦戈山教堂（1952—1954）、拉尔戴雷罗工人村教堂（1954—1957）、皮斯托亚的贝维德雷乡村教堂（1960—1963），还有比森齐奥营的奥特斯特拉达·德·索勒教堂（1961—1964）。

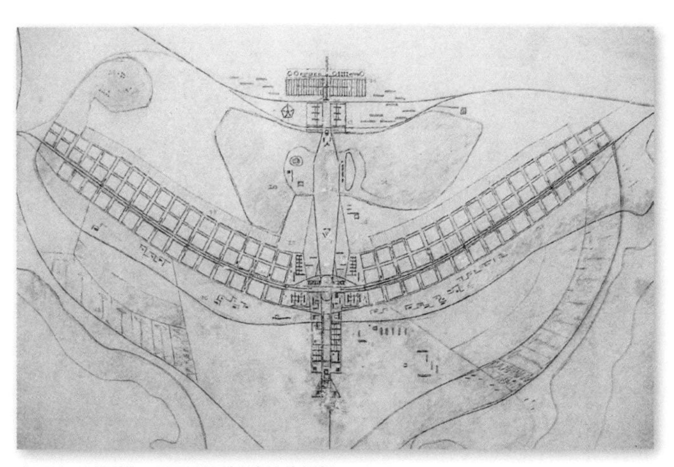

卢西奥·科斯塔，巴西利亚新城总体规划，1957

奥斯卡·尼迈耶，法蒂玛圣母大教堂，巴西利亚，1959—1970

奥特斯特拉达·德·索勒教堂无疑是他的杰作。这座教堂像是高速公路旁供人休息的房子，以其引人入胜的表现力而显得气势磅礴。这种表现力通过扭曲的线条，以及石头、铜和钢筋混凝土等材料强有力的物质性而被强调到了极致。教堂内部结构本身呈现出一种有机形式，像某种巨型动物的骨骼，身处其中的人似乎被空间包裹，沿着一条路线蜿蜒前行，以一种朝圣般的感觉前往祭坛。这样的先例可以在柯布西耶的漫步式建筑中找到，尽管在这里它经过了夏隆、基斯勒（或者说一个无形式主义艺术家）的表现主义的过滤。

巴西利亚

巴西利亚新城总体规划（1957）是由卢西奥·科斯塔制定的。它的布局让人想起一只展翅高飞的大鸟，被用来定义一个具有象征意义的地区的边界。在奥斯卡·尼迈耶的密切监督下，巴西新首都巴西利亚的主要建筑也都具有同样的特征。

新城的中心是三权广场，也是醒目的国会大厦（1958—1960）的所在地。国会大厦下方是一个平台，其上矗立着有封闭式圆顶的联邦参议院和有倒立式圆顶的众议院。两院之间是双塔办公楼，彼此间距极小，让人感觉其中一个是另一个的镜像。在这种纯粹的体量的倒影和并置中，我们很容易看出设计师要从各个方面——上方与下方、封闭与开放、直线与曲线——完美把控空间的意图，也很容易察觉到一种隐喻的意向性，这种意向性与建筑群向周边景观的开放程度直接相关，也因此令人回味无穷。通过对象征主义明显的恢复，国会大厦，连同柯布西耶的昌迪加尔议会大厦（1951—1962）和路易斯·康位于孟加拉的达卡国民议会大厦（1962—1976），似乎证明了吉迪恩关于新纪念性的理论的适用性，至少在新建城市中的确如此。

然而，要达到同样的强度并非易事。尼迈耶为巴西利亚

奥斯卡·尼迈耶，国会大厦，巴西利亚，1958—1960

iStockphoto/filipefrazao

勒·柯布西耶（1887—1965）

勒·柯布西耶和伊恩尼斯·谢纳基斯，飞利浦馆，布鲁塞尔，1958

建造的其他公共建筑在张力上有所减弱，这也是由于重复一些形式上的陈词滥调而产生的疲劳感，如用幕墙包裹的方正的建筑体量，通过用柱子掩藏钢筋混凝土盒子从而产生高度塑性的效果，反过来又包含了实际的建筑，以此来获得“建筑中的建筑”。这其中包括共和国总统宅邸（1957），也许是他最鲜活、最成功的作品，这可能要归功于它对周围环境的开放。对一个出于安全考虑、通常以封闭和内向形式解决的结构来说，这种开放性是非同寻常的。同样出色的还有法蒂玛圣母大教堂（1959—1970），尽管它的出色是通过发明创新的结构来实现的。可以说，它是一个最新的例证，证明现代运动中最初的加尔文主义形式也可以用更加感性和巴洛克风格的造景手法来设计。

柯布西耶：走向新建筑

令人惊讶的是，柯布西耶在20世纪50年代末和60年代初完成了两个建筑作品，年过七旬的他在这个时候放弃了野兽主义，展现出非凡的生命力和出人意料的对新事物的感知能力。这里我们说的是飞利浦馆和斯德哥尔摩展馆项目。首先，在1958年布鲁塞尔世界博览会上，他把飞利浦馆的设计委托给了伊恩尼斯·谢纳基斯，后者发明了一个大胆的双曲抛物面，用来展示多重感官和存在感极强的电影信息，迎接前来展馆的参观者。因此，他在博物馆和藏品上花了大量时间，为挑选电影和组织照片布局。每样东西都经过他亲自挑选：从最和谐的到最恐怖的，包括怪物和集中营的照片。通过特技效果播放的音乐由埃德加·瓦尔塞编曲，他是柯布西

勒·柯布西耶，人类之家，苏黎世，1962—1967

塞德里克·普莱斯，游乐宫设计图，1961

耶为项目特邀的前卫音乐家。

柯布西耶通过这个项目展示了自己对电子通信设备的潜力的深刻理解：图像的力量取代了形式的明晰；不同的学科被整合在一种独特的媒介中；真理胜过了美；参观者参与多感官体验。但他在接下来没有跟进这个实验，这个项目在他的职业生涯中只是一个独特、孤立的插曲。

第二个项目始于1962年，是在斯德哥尔摩建造马蒂斯、毕加索和柯布西耶的作品的永久展览空间，后来改在苏黎世，取名为人类之家（1962—1967）。与飞利浦馆相比，就其在独特建筑维度的回归而言，人类之家其实标志着一种倒退。然而，柯布西耶解构形式的方式是全新的。例如，他将建筑的两个部分——具有高度造型感的屋顶和下方的模块化结构并置，或将单色屋顶和色彩鲜艳的立面嵌板进行对比，或营造一些粗野主义元素与另一些纯粹主义元素之间的冲突。最后，展馆中间的露台空间设计虽然回到了昌迪加尔高等法院（也称正义宫）的主题，却预示了20世纪90年代将要采用的其他主题。

游乐宫

1961年，戏剧导演琼·利特尔伍德委托塞德里克·普莱斯设计一个高度灵活的剧院，用于各种演出。弗兰克·纽比和戈登·帕斯克从旁协助，前者负责结构计算，后者负责工程方面的事务。他们合作的结果被称为游乐宫，是一个多功能建筑综合体，通过结构为用户提供了与建筑积极互动的机会，这也是建筑空间的积极的组成部分。如普莱斯所述：“为场地设计的活动应是实验性的，场地本身是可以消耗和改变的。对空间

约翰·约翰森，戈达德图书馆，
伍斯特，1968

约翰·约翰森，美国驻都柏林大使馆，
都柏林，1959—1964

和占用空间的物品的组织，一方面应挑战参与者的精神和身体的灵活性，另一方面应允许空间和时间的流动，在这种流动中，让参与者或被动或主动地享受乐趣。”

这座建筑整体非常简单，是一个长方形的建筑（约260米×110米），由15座分成5排的钢塔和由其支撑的包含服务设施（从卫生间到电缆）的次级结构组成。塔架上安装了起重机，用于将内部空间的材料从结构的一部分转移到另一部分。班纳姆指出：“游乐宫的设计团队提出的高灵活度方案甚至比康斯坦特的新巴比伦之家还要壮观。在新巴比伦项目中很多部分都是活动的，但至少地板是固定的。游乐宫被设想为一个高度灵活的空间，其屋顶、墙壁、地板和服务设施都可以根据需要进行重组，几乎在所有的方向上都没有限制。”

尽管游乐宫项目得到了大力推动，但仍然没有获得建设资金，最终还是没能实现。然而，它却成为一些先锋团体，尤其是建筑电讯派在设计时的主要参考。1971年，当时还非常年轻的伦佐·皮亚诺、理查德·罗杰斯和詹弗兰科·法兰契尼组成了小组，在巴黎博堡平地中心的比赛中提交了方案，将游乐宫假设为模型，也就是后来的蓬皮杜艺术中心。

约翰森与无形式艺术

约翰·约翰森于1939年大学毕业，后在哈佛大学研究生院深造至1942年，师从沃尔特·格罗皮乌斯，和贝聿铭、保罗·鲁道夫、布鲁诺·赛维都是同学。他先后在SOM事务所和华莱士·哈里森的事务所实习，并在纽约联合国总部大楼的建造过程中，一同参与——更准确地说是反对过柯布西耶。1955—1960年，他在耶鲁大学任教。在那个风云际会的时代，一群脾性各异，却都倾向于质疑国际风格教条的人聚集到了一起：路易斯·康、菲利普·约翰逊、埃罗·沙里

约翰·约翰森，哑剧演员剧院，
俄克拉何马州，1965—1970

宁和评论家文森特·斯库利（年轻的英国建筑师詹姆斯·斯特林当时也在耶鲁大学，关于他的项目我们之后将有更多的讨论）。1955年，约翰森为《建筑实录》写了一篇题为《空间—时间—帕拉第奥风格》的文章，在文章中他谴责了向新古典主义迈进的倾向。这是一种根据秩序、节奏和对称性的原则，在修建一些项目时渐渐固化下来的倾向，如像桥一样被架在水路上方的庞特别墅（1957）[庞特（ponte）在意大利语中是桥的意思，该项目也被称为华纳之家]。受到柯布西耶设计的朗香教堂、沙里宁的耶鲁大学冰球馆、基斯勒的无尽屋实验、十次小组的分裂的回声以及无形式艺术绘画的影响，在进行新帕拉第奥式建筑风格研究的同时，约翰森在非常有限的时间内建造了生物形态住宅，它兼具有机性和休闲性。住宅外壳材料采用喷射混凝土技术制成，他自己为美国混凝土协会测试了这种材料，还在《喷射混凝土建筑手册》（1955）中做了详细的描述。

1955年的2号喷制屋项目就像一个被可以过滤阳光的花瓣包裹和保护起来的花蕊。地板、墙壁和天花板采用的是连续、丰满的形式，必要时也可以成为床、沙发和其他家具的砖石支撑。1956年，约翰森为萨格勒布世界博览会做出了一个简化版。但由于没有合适的混凝土，他与工程师马里奥·萨尔瓦托里一起研究，被迫使用了一个支柱，违背了外壳自支撑的结构前提。同样是1956年出品的还有喷制周末别墅，这是一个简化的外壳，它的设计让人想起了巴克敏斯特·富勒的节能住宅。富勒，一个天才的发明家，当时也被吸引到耶鲁大学的圈子中。约翰森的生物形态住宅将影响到年轻一代更为专业的建筑师。这些建筑师包括英国建筑电讯派，我们将在下一节中看到他们的作品。该组织的成员之一迈克尔·韦伯在1957年写道："约翰森是我们真正的美国英雄。他的一个又一个项目不仅背离传统做法，甚至完全推翻了他自己之前的作品。一个富有冒险精神的人！简直是个

汉斯·霍莱恩（1934—2014）

赌徒！”约翰森是一位多才多艺的建筑师，也创作了一些尽管品质极高，却不那么具有未来感的作品，包括美国驻都柏林大使馆（1959—1964）、克罗韦斯纪念馆和歌剧院（1964—1966）以及佛罗伦萨美德住宅（1965）。紧随其后的还有1968年的戈达德图书馆，以新表现主义的宏伟体量进行表达，让人想起与之同期的保罗·鲁道夫同样出色的作品，如耶鲁大学艺术和建筑学院（1958—1964）。约翰森对创新形式的实验尤其着迷。1960年，他设计了一个运动屋，由一个固定的中心核组成，可以把沿着轨道移动的体量嫁接到这个中心核上。1965年，他开始设计自己最优秀的作品之一——美国俄克拉何马州的哑剧演员剧院（于1970年完工）。这个设计是从电子设备中获得的灵感——电子设备的部件被插入机箱并通过电线连接起来。对于哑剧演员剧院来说，部件是剧院的各个功能厅，电线则是循环道路。其结果是一个零散但极具生命力的集合体和一个稍显混乱但令人愉悦的服务体量，通过对混凝土和彩色钢板等材料的使用加以强调，按照新粗野主义冒险、尖锐的逻辑方式进行布局。建筑的外观也不同寻常：它预示着高科技，同时也预示着解构主义。约翰森是一个先驱、一个创新者，他从未间断的研究活动将引导我们今天对真正的有机住宅进行想象，类似于生物有机体，能够从人类的行为中学习，并因此而改变自己。

建筑电讯派：起点（1961—1964）

1961年5月，也就是“此即明日”展览结束5年之后，不知疲倦的巴克敏斯特·富勒提议用一个巨大的大地穹顶覆盖整个纽约，通过这个穹顶管理城市小气候。六位年轻的建筑师——沃伦·查克、彼得·库克、丹尼斯·科布敦、大卫·格林、朗·赫伦和迈克尔·韦伯——出版了《建筑电讯派》。彼得·库克后来解释说，“建筑电讯派”（archigram）一词寓意一种不屈不挠、简明扼要、充满活力的态度。几乎只是一封电报或一张航空图就宣布了一个新事件的诞生。第二期《建筑电讯派》于次年出版，它采用了与第一期保持一致的平面设计，介绍了三个具有象征意义的项目：一栋玻璃纤维建筑（格林设计），使用了消化器官般的有机形式；伦敦利灵顿街的一个住宅群（查克、科布敦和赫伦设计），其中包括一系列散落分布在一个大型景观空间内的胶囊住宅；第三个则是一座位于诺丁汉的高架桥购物中心（库克、格林设计），其住宅单元被组装在一个巨构建筑中。

建筑电讯派的崇拜者西奥·克罗斯比——也是“此即明日”展览的组织者——决定于1963年在当代艺术学院展出他们的作品。这个以“生活城市”命名的展览分成七个部分：人、生存、装饰、移动、交流、场地、情境。这显然是对“新粗野主义”、史密森夫妇、波普艺术，甚至以叛逆青年和披头士音乐为代表的新兴大众现象进行的抨击。此外，建筑电讯派还开始摒弃柯布西耶式的野兽主义和密斯式的纯粹主义等旧的建筑范畴（而史密森夫妇在某种程度上仍与之相联系），试图预设一个新的未来。

从一开始，建筑电讯派就是一个自成一格的群体。六位建筑师拥有不同的背景，年龄不同，一般也不在一起工作。该组织的理论核心和宣传核心是彼得·库克。朗·赫伦像个诗人，以一种痴迷的态度研究新的技巧，以便在形式上发展这些技术，并发现它们与人类和建筑环境之间的意想不到的相互作用。

彼得·库克是插件城市（1964）的设计者，他的设计理念援引了插入电源插头，即接通电源的动作。在这种情况下，插件城市意味着一个由支持基础设施系统和城市化工程的主要框架组成的巨型结构，并且可以将工业预制的立体单元连接起来，这些立体单元可以是住宅、商业空间或娱乐设施。建筑单元类似汽车和其他机械部件，由塑料和金属材料制成，并在巴克敏斯特·富勒（他在1937年为节能住宅设计了完全工业化的马桶）的指导下进行场外组装。与灯泡、电视或烤箱类似，这些建筑可以定期更换，换成新的、技术上更先进的型号。插件城市项目强调电气系统和城市之间的形式类比，使建筑师将注意力集中在大都市必须持续管理和处理的信息、图像和产品流上（丹尼斯·科布敦1964年的电脑城项目也探讨了这个主题）。

沃伦·查克的胶囊住宅项目（1964）是一个连接不同型号的居住胶囊的中心服务结构。它展示了一种新的建筑方式——尤其是摩天大厦的可能性，而且证实了其有效性，正如我们将在下一章中看到的那样，许多模型在20世纪60年代末得以实现。

朗·赫伦于1964年设计的行走城市由一系列长400米、高220米的住宅结构组成，每个结构有8条腿，可以从一个地

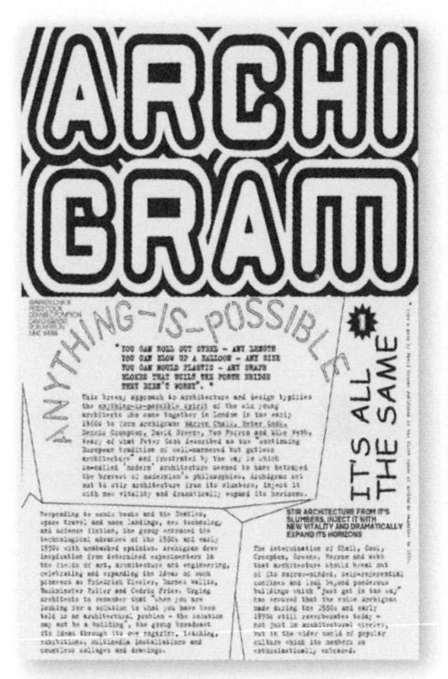

《建筑电讯派》第1期，1961年，建筑电讯派出版发行

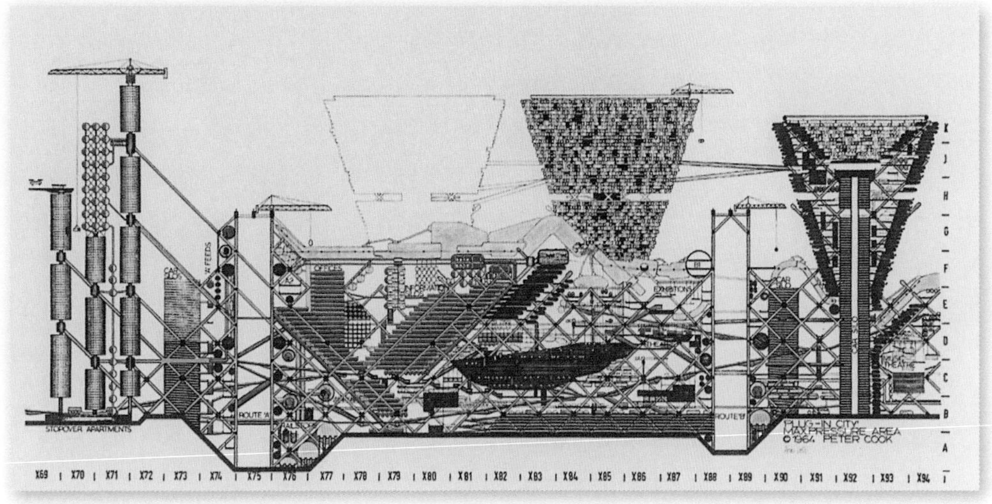

彼得·库克，插件城市，1964

丹下健三（1913—2005）

方移动到另一个地方。赫伦展示的画面引起了轰动。这座巨大的移动机器到达了曼哈顿海岸，矗立在沙漠中，或者在阿尔及尔前方的海面上升起——这是柯布西耶的弹道规划所定义的版本，证明了建筑研究无法停滞不前或只局限于常见的可行的管理中；它也预示了1968年学生们所特有的期待，即希望建筑师最终能实现一个乌托邦。（作者在书中多次以1968年为特别的时间节点，主要是因为发生在这一年的五月风暴事件。欧洲各国在经历了二战后的黄金发展岁月后，由于经济增长速度缓慢而导致了一系列社会问题。1968年5—6月，在法国爆发了一场学生罢课、工人罢工的群众运动，即五月风暴。——编辑注）

建筑电讯派于1964年解散。格林和韦伯去美国高校任教，查克和赫伦尝试私人执业，科布敦则参与了一个政府项目。他们在许多行政项目上仍旧继续合作，共同管理和发展他们提出的思想理念。

古生态路线

1963年，两个年轻的奥地利建筑师——汉斯·霍莱恩和同时也是艺术家的沃尔特·皮克勒发表了题为《绝对建筑》的宣言，主题是“真正的建筑中没有任何功能性的东西”。

1962—1964年，霍莱恩提出了一系列具有高度表现力的项目。粗暴、感性和多变的标志，建筑主宰着空间，上天入地，向四面八方延伸：城市通信交流纪念碑（1962）是一座混凝土纪念碑；施塔特之城（1962）是一座石头城市；景观航空母舰（1964）是一艘置身于农业景观中的航空母舰。

皮克勒则提出了一些较为模糊，但同样强有力的标志，例如，在地下城（1963）项目中，他设计了一个由道路和互联元素构成的几乎是皮拉内西式的城市环境。还有奥地利建筑师拉姆德·亚伯拉罕，他在1962—1967年绘制了一些想象中的城市图画，这些图画恢复了城市自然的面貌和古老的特质。这一理论是他1963年在《基本建筑》一文中提出的，在之后的几年产生了显著的影响。

技术—新陈代谢路线逐渐遭到古生态路线的反对，这条路线批评了过度乐观和对系统自我再生能力的天真信仰。救赎，如果有的话，只存在于其他价值观中——形而上学、自我研究、回归自然、自由和兄弟情谊。此外，到1963年，一种新的意识正在酝酿：利用学生抗议（1964年伯克利大学的言论自由运动）；寻找新的表达形式（1963年，披头士在伦敦帕拉斯剧院一炮而红，1964年迷你裙进入市场，同年滚石乐队发布了专辑《满足》）；反军国主义（1964年，美国发动了越南战争，同时反战运动开始）与反种族主义（马丁·路德·金在1963年发起华盛顿大游行，同一时期非洲殖民地相继获得独立）；东方哲学中精致的神秘主义和迷幻药的滥用（嬉皮士现象始于1965年，起源于20世纪50年代的垮掉的一代）。

Wikimedia/Morio

丹下健三，圣玛丽大教堂，东京，1961—1964

Wikimedia/Rs1421

丹下健三，东京国立代代木竞技场，东京，1961—1964

在这两条路线中，古生态路线无疑是之后几年里比较成功的一条。但如果因此把另一条视为失败的一方就大错特错了，因为它代表了一个反对立场和另一个选择。技术—新陈代谢路线的建筑师所面临的工作和问题，至少在其最俏皮和反系统的定义中（波普、建筑电讯派、情境主义），将是众多先锋团体的创作源泉，甚至是最激进的替代方案。因此，保罗・索莱里会在巨大的基础设施中创建自己的社区；嬉皮社团将会采用巴克敏斯特・富勒的穹顶；建筑电讯派和情境主义者的城市游乐场将被阿基佐姆小组、超级工作室以及1966—1970年创建的几十个先锋团体所采用；空间框架结构将经常出现在学生的论文中。

事实上，尽管技术—新陈代谢路线和古生态路线有很多差别，但事实上它们有着许多共同的前提，在此基础上，可以混合发展和相互整合。双方都意识到了风格化的形式主义的终结，对于未来同样着迷，对于人类的核心地位以及人的物理品质有着共识。这就结束了建立在墙体质量上的美学。通过在空间中移动来创造建筑的是人这个主体，而不是建筑这个客体。

丹下健三：东西方之间

20世纪60年代，日本建筑师丹下健三巩固了他在东京湾计划中获得的专业成就，开始建造大量的项目，其特点是采用了从柯布西耶那里衍生而来的粗野主义方法（他在1951年参加CIAM大会期间前往马赛，参观了柯布西耶在建的马赛公寓），没有加入新陈代谢路线的元素，不过由于参考了东方图像的曲线几何图形，其粗野主义的元素大都得到了柔化。他还尝试使用复杂的几何形状和双曲抛物面屋顶，借用自柯布西耶的另一个项目——飞利浦馆（实际上是伊恩尼斯・谢纳基斯与他合作的作品），以及在这一时期很多建筑师进行的关于建筑和工程之间的分界线的实验。这些建筑师包括耶鲁大学冰球馆和纽约TWA航站楼的设计者埃罗・沙里宁、都灵帕拉佐体育中心

（1960—1961）的设计者皮埃尔·奈尔维、巴黎新工业和技术中心（1952—1958）的设计者——法国建筑师伯纳德·齐弗斯，以及设计了“开放式”的帕尔米拉小教堂（1958）的西班牙建筑师菲利克斯·坎德拉。

1961—1964年，丹下健三在东京完成了圣玛丽大教堂。这座教堂的屋顶呈十字形，看起来像是从自菱形平面上升起的抛物面墙上长出来的。教堂的外部形式较为复杂，其象征性表达也非同一般（因为其十字形状），而内部则提供了一个包裹性的空间，向上突出，由于从上方和侧面切口射入的光线而显得生机勃勃。

从同一时期开始，丹下健三为1964年的东京奥运会开幕式设计了两座体育场馆。这两座建筑都采用了由张拉结构支撑的未来主义风格的屋顶。较大的一座能够容纳1.7万名观众观看柔道比赛和1.3万名观众观看水上比赛。这个不同寻常的结构创造了一个近乎圆形的平面，是容纳观众座席的理想位置，同时还形成了一个末端以锐角终止的动态的外部造型。在立面上，屋顶的空气动力学轮廓和钢筋混凝土元素的近乎门德尔松式的设计加强了造型的动态感觉。较小的一座体育场，由一个独立的中央墩子支撑，由于其屋顶以螺旋形环绕这个墩子，所以传递出了同样的张力。同样为奥运会设计的还有位于高松的一座体育馆（1962—1964），其拱形的外形似乎隐藏着象征性的意图。在为纪念二战期间被杀害的学生而建的纪念碑（1962—1964）中，无疑也含有象征性的意图：它的终点是一条小路，小路尽头是一个高度造型化的半圆锥形结构。丹下健三还设计了很多公共建筑、校园建筑、城市重建项目和大使馆建筑，这些作品证明了他紧张而狂热的实践活动，展示了他将理性的专业政策与前沿研究相结合的技巧。此外，作为他青出于蓝的弟子，黑川纪章、福美智子和矶崎新会证明，无法付诸实践、只能在图纸上寻求慰藉，这从来不是日本建筑师的作风。对于他们来说，建造才是最根本的，即使这种态度——自20世纪70年代以来丹下健三便深陷于此——最终几乎将他们的作品的意义淹没在商业追求中。

路易斯·康最后的作品

1962年，路易斯·康接受了两个特别重要的委托：位于印度艾哈迈达巴德的印度管理学院和达卡国民议会大厦。第一个委托来自萨拉巴希家族，在此之前，在建筑师巴尔克里什纳·多希的建议下，他们委托柯布西耶设计了他们的住宅。

在1974年去世之前，康一直忙于这项工程（该项目的副建筑师多希见证了这项工程的竣工），项目分为三部分：学校、宿舍和教师住宅。学校是一个单一的结构，围绕圆形露天剧场进行组织。宿舍和教师住宅由严格的几何结构模块构成，沿着学校两侧布置。所有的建筑都是用大块砖墙隔开的，砖墙上有长长的拱形开口（全拱门或平拱门）和大的圆形开口以及成排的窗户。康以这种方式保证了建筑采光，而不用像柯布西耶在昌迪加尔那样采用额外的遮阳板，同时也留出了阴影区域。这些位于关键位置的开口还有助于空气流通，有助于降温。康通过对几何元素——正方形、三角形、半圆形和圆形执着的重复，使整个项目的构成至少在平面上让人想起皮拉内西对罗马战神广场的绝妙重建。同时，由具有决定性形式的体量组成的立面，通过对接、重叠和阴影得到了强调，让人想起印度大陆的象征性宗教建筑。其结果是有意模糊地引用了历史和神话、东方和西方文化、当地文化的反古典性质。

类似的探索也可以在达卡国民议会大厦中找到，这是一座由议会大楼、秘书处和医院组成的建筑群。该委托来自巴

Philipp Meuser

MIT Libraries, Rotch Visual Collections

上图：
路易斯·康，达卡国民议会大厦，达卡，
1962—1976

路易斯·康，印度管理学院，艾哈迈达巴德，
1962—1974

詹姆斯·斯特林（1925—1992）　丹尼斯·拉斯顿（1914—2001）

Flickr/Anna Armstrong

詹姆斯·斯特林与詹姆斯·戈万，汉姆·康芒公寓，里士满，1955—1958

基斯坦政府（达卡在20世纪70年代开始才归属孟加拉），尽管他们先是遭到了柯布西耶和阿尔瓦·阿尔托的拒绝。项目历时14年（1962—1976）方才竣工，这座建筑毫无疑问是康集以前所有研究之大成的杰作。对称的结构高度强调了建筑的纪念性，令人想起罗马帝国的建筑群和基督教堂的中央平面。由基本几何元素构成的建筑体量之间的结合带来了空间的衔接。由于体量的可塑性和墙面上大胆切割的洞口——以圆形、三角形和正方形的形式——光线塑造了室内外空间。新粗野主义设计师喜爱的混凝土材料所体现出的诗意与细长大理石条带的优雅相得益彰。

躁动的英国建筑师：斯特林和拉斯顿

在整个20世纪50年代，詹姆斯·斯特林怀着清晰的新野兽主义的意图完成了谢菲尔德大学扩建项目（1953）。他清楚地参考了新近完成的马赛公寓的部分设计，并且实现了一种逻辑，将严格的程序化应用于建筑物外部形式与内部功能之间的对应关系上。里士满的汉姆·康芒公寓（1955—1958）和普雷斯顿住宅区（1957—1959）以砖和混凝土为基本建筑语言，这让人想起了柯布西耶的自宅（1952），但也预先假定了人们对邻里和邻里生活的关注（如普雷斯顿的悬空街道）——这是该时期英国建筑师特别喜欢的主题。与康和意大利的历史主义者类似，斯特林渴望恢复与历史的对话。他也很喜欢波普文化，对引用的技术和现成品艺术很着迷。这种文化正在渗透伦敦。不过在与史密森夫妇发生冲突之前，与十次小组短暂相处的时候，他已经对这种文化有了透彻的理解。他们的不和更多是由性格导致的，而不是理念上的问题（对此艾莉森·史密森会像在否认斯特林对十次小组有任何贡献时一样强硬，因为她实在难以相信）。

然而，正是在1963年，詹姆斯·斯特林的莱斯特大学工程大楼震惊了建筑界。这座建筑是从现代运动的传统中借来的各种形式组合的产物，在某些情况下可以说是直接的拿

Flickr/Aurelien Guichard

丹尼斯·拉斯顿，国家剧院，伦敦，1967—1968

Flickr/seier+seier

詹姆斯·斯特林，剑桥历史学院，坎布里奇，1964—1967

来主义。它让人想到苏联构成主义的元素，新客观主义的建筑，19世纪末、20世纪初的钢铁工业仓库，甚至还包含一些向大师致敬的元素，如柯布西耶对横跨大西洋的轮船的主题的暗示。然而，就像16世纪后半叶矫揉造作的建筑一样，这些建筑元素组合在一起，形成了一个综合体。它们仍然是危险而神奇的各种建筑语言的杂糅，揭示了内容的危机。

1964年，斯特林开始进行剑桥历史学院（1964—1967）的设计，这是另一个由不同类型的建筑碎片拼凑而成的作品：一座部分可变的L形建筑、电梯塔、裙楼加宝塔屋顶。即使在这种情况下，每个部分也都有其明显的功能上的设计理由，但同时又都指向一个特定的经验体系，甚至具有异国情调，如宝塔屋顶就让人想起20世纪30年代后期由赖特完成的约翰逊住宅。

就形象而言，最终的结果和莱斯特大学工程大楼一样，就像是通过组装一系列构件得到的玩具，虽然形式上不够迷人，但至少令人安心，因为它们是我们能想象得到的。这就是后现代主义的诞生，至少是最有趣的一个版本。另一个稍显严肃和忧伤的版本来自意大利建筑师：在罗西和坦丹萨学派（又译趋势派）运动出现的时候，意大利的新自由主义现象呈现了来自康的消极影响（出于对真理的热爱，必须提到的是，除了康之外，斯特林在意大利肯定也会大获成功）。

在剑桥历史学院和莱斯特大学工程大楼项目之后，斯特林还有几个值得关注的项目：圣安德鲁斯大学的安德鲁·梅尔维尔大厅（1964—1968），回归远洋轮船的主题；牛津大学皇后学院弗洛里大楼（1966—1971）向周边景观开放；哈斯莱米尔的奥利维蒂培训中心（1969—1972）显示了斯特林对预制方法的反思，项目采用了新的材料，也是对柯布西耶漫步式建筑主题最新、最精彩的实践。随着时间的流逝——也许是受到莱昂·克里尔的影响（那些堪称斯特林事务所招牌的漂亮的透视图均出自克里尔之手），他的作品变得复杂难懂、令人作呕，但斯图加特博物馆（1977—1983）是个例

Flickr/Tom Parnell

詹姆斯·斯特林，安德鲁·梅尔维尔大厅，圣安德鲁斯，1964—1968

Flickr/Steve Cadman

詹姆斯·斯特林，莱斯特大学工程大楼，莱斯特，1959—1963

外。斯图加特博物馆包含着巨大的历史感伤主义元素，如虚假的废墟，通过一条巧妙的路径，连接了博物馆和一系列包裹性的空间，弥补了建筑上下两个部分场地之间的高差。

丹尼斯·拉斯顿与这种行为主义逻辑无关。他的皇家医师学院（1959—1961）与附近的历史建筑相互映衬，又没有过于涉足历史主义的脉动。在东安格利亚大学项目（1962—1968）中，他设计了一个向周围环境开放的建筑，使用一条路径连接并聚合了一系列服务于学生宿舍的阶梯。在伦敦的城市环境中，同样的环境策略也应用在国家剧院（1967—1968）的设计中，其特点是一系列将建筑推向泰晤士河的平台。它们证明了一种国际建筑语言可以在不背离当代理想的情况下得到重塑，在自然环境和大都市之间尝试一种新的关系。然而，这一方法并没有受到欢迎，拉斯顿的方法是失败的：与他的建筑中务实、开明的特点相比，高度意识形态化的20世纪70年代将会面临其他紧张的局面。

Flickr/seier+seier

詹姆斯·斯特林，牛津大学皇后学院弗洛里大楼，牛津，1966—1971

丹尼斯·拉斯顿，国家剧院，伦敦，1967—1968

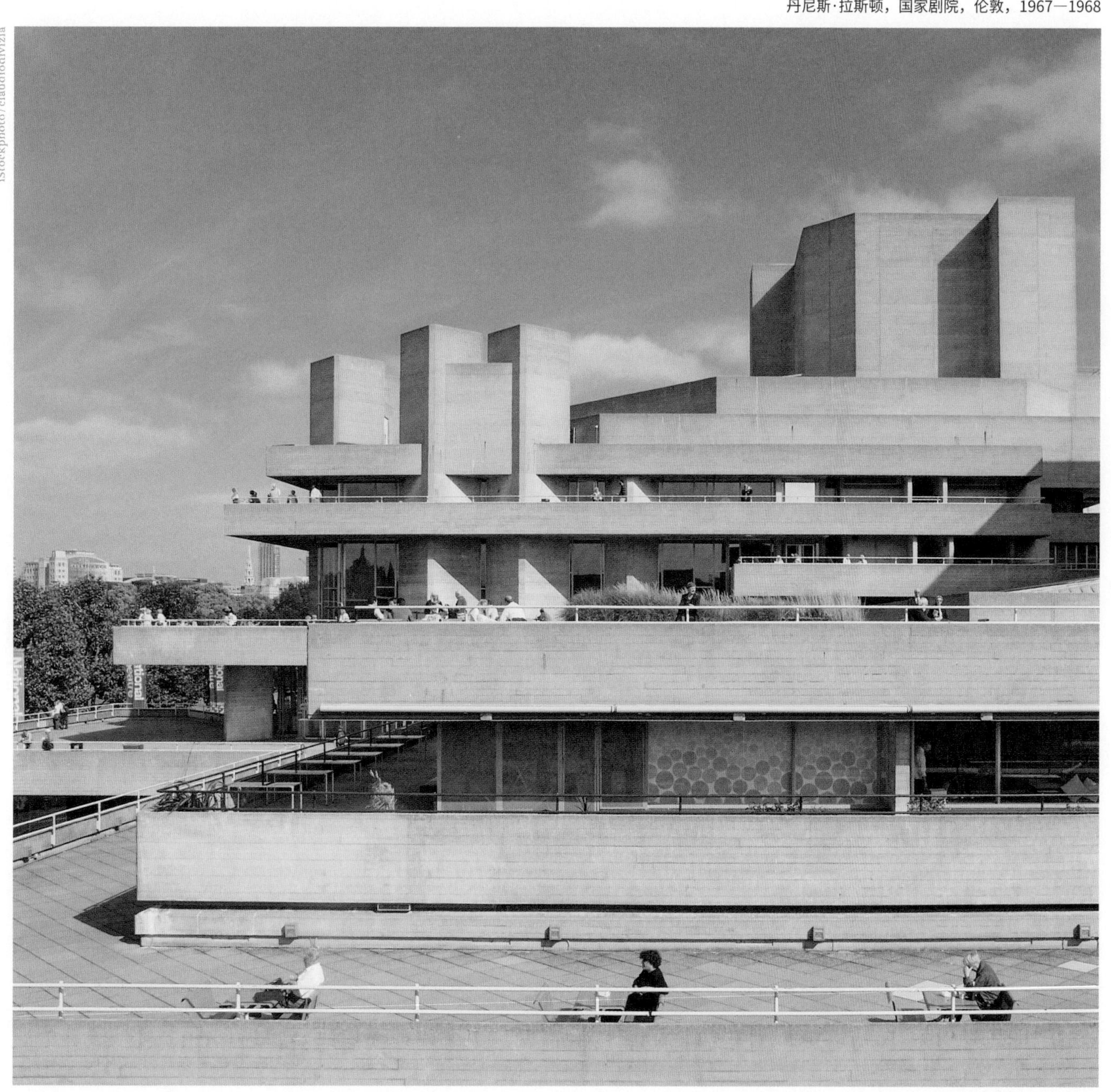

1966—1970 抗议的诗意

反对阐释

1966年，作家、女权主义者和艺术批评家苏珊·桑塔格出版了一本论文集，其中最重要的一篇题为《反对阐释》，也是这本论文集的名字。

《反对阐释》对结构主义发起了攻击。自20世纪50年代末以来，结构主义学者一直致力于探索解释问题，为此毫不犹豫地对语言学、符号学和人类学的研究提出质疑，这无疑有一定程度的进步意义。然而，对于桑塔格来说，问题不在于对新的解释学工具的定义——这种工具允许对诗歌文本进行更正确的解读，或者对马克思主义的心理分析和社会学有更深的理解——而在于艺术作品背后的动机。事实上，艺术作品的价值正在于那些无法解释或翻译的东西。她认为，一幅抽象画作中，实际上没有任何内容，也可以说内容浅薄得不值得浪费时间。而在波普艺术作品中，内容十分明确，以至最终被过度的视觉化所冲淡。因此，依附于一个神秘的文本是没有用的，也不能在艺术作品中寻求尽可能多的信息，把它压榨到最后一滴。她说："透明性是当今艺术和评论中最高级、最自由的价值，从阐释学的角度来看，我们需要一种情色的艺术。"

于是，在当时仍被视为次要艺术的流派重新获得尊严，如逃避现实的电影和科幻小说，而且最重要的是，那些以物体、身体和空间之间的关系问题为中心的艺术形式，它们的卓越作用也被重新认识。例如，卡普罗、雷德·格鲁姆斯、吉姆·迪恩和克拉斯·奥尔登堡的大胆无礼的偶发艺术。

桑塔格的文章总结了三条思考线索。第一条是很多评论家对迷恋于解读艺术内容的行为有所不满，主张应聚焦于艺术形式本身而非其传递的信息，如从苏联的形式主义者到意大利的切萨雷·布兰迪和塞尔吉奥·贝蒂尼，乃至对纯粹文本乐趣进行了专业研究的符号学家罗兰·巴特。

第二条是把研究方向放在艺术和情色之间的紧密联系上。他们认为，两者都体现了相互交流的能力，只不过后者是通过我们最真实的感觉、愉悦的释放功能实现的，而且不会被展示出来而已。这个方向的代表人物包括乔治·巴塔耶、雅克·拉康、威廉·赖希、埃里希·弗洛姆等。

第三条研究线索是对消费社会的批判，其目的不是批评立足于理性和科学基础的社会的退化，而是探讨如何完美地将其实现。这导致了对效率和技术主义神话的绝对不信任，以及对科学推理的盲目和无意义的积极性与艺术的具体价值的需要。只有艺术才能以其令人不安和颠覆性的辩证力量，否定一切威胁以及自由的东西。这一群体包括来自法兰克福批判理论学院的学者，特别是赫伯特·马尔库塞，他的著作《单向度的人》在抗议活动中明显受到美国学生的推崇。

矛盾性与复杂性

苏珊·桑塔格的书引起了巨大的反响，因为与巴黎的频繁接触，她成了欧美文化的重要参考来源。另一位女性丹尼斯·斯科特·布朗在建筑研究领域也扮演了同样重要的"红娘"角色。1952年，她加入了伦敦的建筑联盟学院。1953年，她遇到了日后对她产生巨大影响的彼得·史密森。她说："新野兽主义向我暗示，只要我们能学会扩展对美的定义，那么就完全有可能通过美来实现社会目标——这样做可以使我们成为更好的艺术家。"1954年，在彼得·史密森的建议下，斯科特·布朗在完成论文答辩之后前往费城与路易斯·康会面。在美国，她遇到了罗伯特·文丘里，与他建立了持久的感情和事业关系（他们于1967年结婚）。

罗伯特·文丘里（1925—2018）

1959—1964年，文丘里为自己的母亲修建了“万娜·文丘里之家”，即母亲住宅。他为之定义了一种新的方法，这种方法具有很强的包容性，从过去借鉴和引用的元素——有一些甚至只是装饰性的——在一种复杂而精致的拼凑中共存，丝毫不惧挑战庸俗的极限。例如，建筑的正面有三种类型的洞口（传统的门、方形窗和条形窗），而入口处则以半圆造型和上方墙壁上的开口进行强调。最后又特别强调了斜坡屋顶，以及一个与之极不协调、貌似将其一分为二的开口。在同一时期，文丘里还在一篇论文（始于1962年）中将他的方法进一步总结成理论，该论文于1966年出版，书名为《建筑的复杂性与矛盾性》。这本书引起了巨大的反响，评论家文森特·斯卡利将其定义为1923年——柯布西耶发表《走向新建筑》的那一年——以来最重要的建筑图书。

《建筑的复杂性与矛盾性》直指美国建筑辩论中的两位领军人物——密斯和菲利普·约翰逊，当时他们正在一起进行西格拉姆大厦的设计。对于声称“少即是多”的密斯，文丘里首先回答“多即是多”，几页后又说“少令人厌烦”。他也批评了菲利普·约翰逊著名的玻璃屋（1949）和威利住宅（1952），不可否认，后者是一座为富有的客户设计的密斯风格的房子。文丘里引用了康（他是康的学生）和十次小组骨干的话，他们对于中庸和不惜一切代价拒绝新奇事物的做法有着同样的看法：“我不赞成现代建筑师的这种沉迷，用阿尔多·范·艾克的话来说，‘他们一直在对我们这个时代的不同之处喋喋不休，以至于在某种程度上他们已经失去了和那些没有什么不同的事物以及在本质上一样的事物之间的联系’。”对于追求整体价值观架构的康，文丘里采取了一种更加实在的态度。他说：“路易斯·康提到了‘一样东西想要成为什么’，但这句话隐含着相反的意思：‘建筑师想要这样东西变成什么。’”他总结道：“我喜欢‘两者兼备’而不是‘非此即彼’，我喜欢黑色与白色，有时喜欢灰色，而不是黑色或白色。”

这句话很快就出了名，文丘里和他的许多追随者被贴上了“灰色派”（亦称兼俗主义或包含主义）的标签。

Library of Congress, Prints and Photographs Division/highsm.04817, Carol M. Highsmith

菲利普·约翰逊，玻璃屋，新迦南，1949

Wikimedia/Smallbones

罗伯特·文丘里，母亲住宅，费城，1959—1964

文丘里的可能论——同样也被斯科特·布朗所采纳——很快就与史密森家族的伦理整体论发生了冲突。

文丘里和史密森之间的争论标志着一个破裂的时刻，同时也是一个意识觉醒的时刻，揭示了波普艺术和粗野主义之间的立场的多样性，事实上，这在“此即明日”的展览中已有暗示。对于粗野主义艺术家来说，现实是需要处理的信息。对于波普艺术家来说，现实是要接收的信息，但更重要的是现实作为沟通代码的来源，允许艺术家用现代语言表达自己。如果说史密森夫妇的问题是伦理问题——从这个角度来看，他们仍然受到现代运动的影响，那么波普艺术的问题则主要是语言问题。

建筑电讯派：新路线（1966）

比起文丘里，建筑电讯派的观点更靠近史密森夫妇，他们对班纳姆撰写的新技术文本有着共同的热情，继续在英国和美国进行着共同的研究（一些小组成员已经移居美国）。1966年12月，《建筑电讯派》第7期暗示了方向的改变，他们放弃了巨构建筑的主题，取而代之的是团队提出的“自给自足、高度灵活、可以移动、非纪念性”的群体式住宅单元，这些住宅单元可以独立于任何支撑物或结构而发挥作用。彼得·库克说：“《建筑电讯派》第8期中可能根本没有建筑物。”

建筑电讯派1966年发布的四个项目代表了这一新的研究方向：朗·赫伦的空闲时间节点、大卫·格林的生活舱、迈克尔·韦伯的Cushicle（cushion与vehicle的结合）和彼得·库克的爆裂村落。空闲时间节点展现的是露营者、大篷车和帐篷营地。从项目名字便能看出，这是个用于休闲的结构。一个露营地，预示着一个可能的未来城市，在那里，无论出于生产还是休闲的需要，游牧生活是必需的。生活舱是一个胶囊空间，由两部分组成：外壳和设备。外壳采用玻璃纤维制成，有两层，有一个门和四个开口，这些部分都是密封的。胶囊内部的温度由隔热夹芯板保证。该设备由一些功能设施构成：两个卫生间，配有一套完全自动化的身体清洁系统；个人卫生用品和一次性衣物的分隔收纳柜；两个用来存放非一次性衣物的旋转衣柜筒仓；一个存放预包装食品的移动分隔柜，可用于准备快餐；一台用于学习和工作的机器；空调系统。缩小版的生活胶囊尺寸仅为8米×5米×4米，重量约为100千克，方便移动。

Cushicle是迈克尔·韦伯的发明。它是一个功能齐全的便携单元，分为两个部分，可以背在肩上，也能轻松组装和拆卸。这个设计成果能够存储食物，还包含供水系统，实现了自给自足。

爆裂村落是彼得·库克设计的一个移动式住房单元，可用于野营、度假或音乐会活动，也可作为地震应急设施。由于使用了液压千斤顶，这个结构可以扩展成一个骨架，用于支撑客舱。在主支撑上有一些杆子，可以撑起透明的塑料雨布。在不使用时，可以将整个装置拆卸并折叠起来，空间和体积可减少75%，从而能够将其轻松地从一个地方移动到另一个地方。

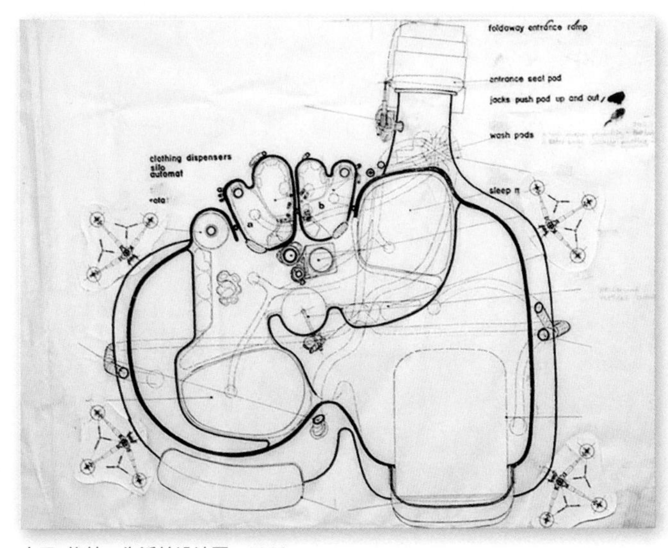

大卫·格林，生活舱设计图，1966

先锋派与抗议时期

当日本的新陈代谢派、英国的建筑电讯派、奥地利的霍莱恩和皮克勒以及美国的波普艺术家为新的美学奠定了基础的时候，安德里亚·布兰兹正在佛罗伦萨学习，学习的环境受到吉奥瓦尼·米凯卢奇充满吸引力的新表现主义、莱昂纳多·里奇和莱昂纳多·萨维奥里的粗野主义的研究风格，以及评论家乔瓦尼·克劳斯·科尼格充满亵渎意味和争议的活动的影响。在20世纪60年代的意大利这样一个仍然深受新自由主义和新历史主义影响的环境，这些人物所表达的新事物造成的紧张气氛代表着一股新鲜的空气。更为重要的是，正是这些因素激励着人们朝向一个领域前进，这个领域的出现至少建立在以下三个事件或现象的基础上：安伯托·艾柯对先锋派和信息论的思考——他在1962年出版了《开放型作品》，并于1966年在佛罗伦萨建筑学院任教；在1964年威尼斯双年展上，美国波普艺术家在利奥·卡斯泰利的指导下展出了他们的作品；对垮掉一代的文化、披头士音乐以及建筑电讯派作品的迷恋。

1966年，布兰兹在论文中设计了一个位于大型迪斯科舞厅的永久游乐场，主体由一个超级市场构成。他凭借这篇论文顺利毕业，并创立了阿基佐姆小组，与同年由阿道夫·纳塔里尼创建的超级工作室携手，组织了一次名为“超级建筑”的展览。正如海报上所说，它是“超级生产、超级消耗、超级消费、超级市场、超级人类、超级气体的建筑”。超级建筑接受生产和消费的逻辑，并为其去神秘化而工作。

1967年，阿基佐姆小组设计了“超级波浪”沙发，这是一款包含四个模块的组合沙发，由一块塑料经过巧妙的切割而制成。这四个模块不同的可能性组合刺激了新的空间使用方式。至少在用意和用料上，“超级波浪”沙发提出了一个具体可行的方案，以从功能和代表性上打破传统家具的霸权。

然而，“超级波浪”沙发的绝妙点子出现之后，阿基佐姆小组接下来进入了创意枯竭的阶段，几乎拒绝认真面对设计世界。1967—1968年，阿基佐姆小组马不停蹄地设计了一系列类似爆炸头发型的提洛尔式家具，旨在戏弄理性主义的功能至上、生产性和排他性逻辑。这场危机不仅影响了阿基佐姆小组，还影响了整个先锋派和学术界。人们只需翻阅这个时期的各大杂志就可以找到证据：发表的作品极少，抽象的讨论极多，常常使用一种充满陈词滥调和典型革命者的一句式俏皮话的语言。

曼弗雷多·塔弗里的《乌托邦计划》（拉泰尔扎出版社，1973）在1969年1月以文章形式发表在《工作台》杂志上，题为《建筑意识形态批判》，无情地揭露了皇帝的新衣，将这一僵局打破。

随之而来的集体设计能力的爆发几乎完全弥补了之前的匮乏。在阿基佐姆小组和超级工作室之后相继出现了UFO建筑事务所（1967）、塔庙建筑事务所（1969）、乱弹小组（1971）和阿诺尼玛设计工作室，一时间设计事务所遍地开花。在美国，我们看到了蚂蚁农场工作室（1968），然后是1970年的ONIX建筑事务所和SITE建筑事务所。奥地利出现了豪斯-拉克设计公司（1967）和蓝天组事务所（1968），接着是失联事务所。在英国还有一个街头农场事务所。

1968年5月30日发生了一个具有象征意义的事件。在第十四届米兰三年展的记者招待会上，举办“大数目”展览的艺术宫被来自米兰的艺术家、知识分子，以及建筑学院学生和教授所占据。参观者根本无法进入展厅：垃圾、涂鸦和海报随意地堆放在由建筑电讯派、阿尔多·范·艾克、矶崎新、索尔·巴斯、吉奥基·凯普斯、乔治·坎迪利斯、沙

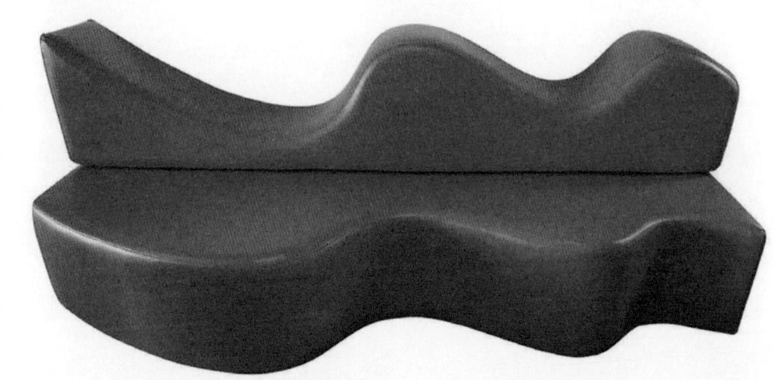

阿基佐姆小组，“超级波浪”沙发，1967

索尔·巴斯，米兰三年展上的装置，1968

德·里奇·伍兹和乔治·尼尔森设计的空间里。第十四届米兰三年展证明了当时那些提议全球反对资本主义的人和那些相信制度自我再生的可能性的改良主义者之间不可跨越的鸿沟。后者包括意大利展厅的设计师(米歇尔·普拉塔尼亚、安东尼奥·巴瑞斯、桑德拉·德尔菲诺、阿方索·格拉索、詹弗兰科·拉尼马卡、阿尔贝托·马兰哥尼、塞蒂莫·莱肯蒂提），以及从十次小组的领导人物中选出的非意大利籍参展者的主要代表（史密森夫妇、范·艾克、坎迪利斯）、激进的英美研究的代表（建筑电讯派、尼尔森）和日本新陈代谢派设计师（矶崎新）。

在与法比奥·毛里领导的小组进行了艰难的正面交锋之后，普拉塔尼亚小组的项目赢得了设计意大利展区的竞赛。他们的主题“海水淡化”与众不同，这是因意大利国家研究委员会在同一时期资助的团体的研究而产生的。这个项目的发展理念颇有诗意。事实上，该项目要求用10厘米深的染色水淹没展厅，用连续的防水布覆盖墙壁，并安装一个凸起的圆柱平台系统。平台上安装着倾斜的旋转座椅，游客可以坐在上面透过许多透明棱镜观察未来图像的投影。

这些圆柱体还可以充当展示箱，展示一些象征性的物体，如一部分水培温室和飘浮的家用房车模型。最后，展厅还有一大特色，即两个不同强度的照明阶段——黑暗与弥漫交替出现。“第一个阶段展示了与未来愿景相对应的时刻，整个房间（墙壁、天花板、泛光地板、透明圆柱体、平台、公共区域）完全被明亮的彩色投影所覆盖，代表了将海水淡化后的结果。第二个阶段展示了与海水淡化现状相对应的时刻，整个房间被褪色的投影覆盖，这些投影呈现了人类已知的缺水地区严重的贫困情况。”

获得第二名的是法比奥·毛里、皮耶罗·萨尔托戈、吉诺·玛罗塔、安东尼奥·马瓦西和法里奥·哥伦波的项目，虽然无缘三年展，但也同样有趣。它代表了一个假想的地球博物馆，由第一次登陆地球的外星来客在自己的飞船内组织起来，因为没有精确的解读方法，他们只能将各种各样的物品进行收集和分类。于是我们看到，原子弹旁放着一把牙刷；坦克旁边矗立着一栋摩天大楼；一个知识分子正在接受采访，旁边站着一个歌手或清洁女工。其结果是一幅非同凡响的迷人画面，有助于理解当下世界发展模式的悖论和危机。它还为宇航员提出了一个解放性的建议——设置一个作为心理充电空间的（象征孤独、自我批评和沉默的）太空舱，令人不禁会心一笑。

同样具有讽刺和批评意味的是由阿基佐姆小组和由马可·德兹·巴尔德斯基、吉安弗兰科·赞西尼、里卡多·弗雷西组成的团队提出的项目。第一个项目由一系列图腾组成，代表控制地球生产的超级垄断企业的形象，只允许趋势的交替，抑制任何形式的结构变化；第二个项目是一个以可变加速度运行的心理过程模拟器，换句话说，这是一个复杂的机器，由用半透明和不透明的PVC材料制成的两个哺乳动物容器和一个蠕动管构成，参观者通过这台机器可以体验一种非异化的生活状态，以此来测试感知和感觉系统。多年后再来审视，评审团做出的选择是最佳的：它通过展览空间的布局强烈地暗示了生态主题，并将其转化为一件大地艺术作品（不要忘了，景观装置艺术家克里斯托和珍妮-克劳德在1968年包裹了伯尔尼美术馆，罗伯特·史密森1969年在美国大盐湖区开始了他的螺旋防波堤项目，贫穷艺术于1967年在意大利诞生，而吉安尼·佩特那于1968年首次尝试城市和景观的试验）。投影机投射的不稳定的图像，加上水面的反射和透明的显示盒，使整个空间产生一种亦真亦幻的感觉。非意大利组的装置作品具有较强的隐喻性和暗示性。令人印象最深刻的是史密森夫妇、建筑电讯派和索尔·巴斯分别提出的方案，而在同时进行的由各个国家自由处理的活动中，以奥地利建筑师霍莱恩的作品最为出色。

史密森夫妇提出了现代城市装饰的主题，提出了一个古代佛罗伦萨的模型，如它的节日、它的宾客身着传统服装的婚礼习俗。然而，正如布鲁诺·赛维在《快报》周刊上指出的那样："在带着这个项目从伦敦抵达米兰之后，他们对那些丑化他们的反对意见做出了回应，并承诺要好好考虑一下。但最后，他们连一个细节都没改变，迫使米兰三年展的组织方不得不正式宣布他们的反对立场。"事实上，从装置的照片来看，史密森夫妇的作品更具野心，因为它在审视历史名城佛罗伦萨和同它差不多规模的中等城市时，对为数众多的城市所引发的影响发出了警告性的呐喊，而对拉斯维加斯、芝加哥、曼哈顿、东京或伦敦的城市装饰则未予置评。更重要的是，它提出了一种人类学和生态学的思考。事实上，这个作品是一个大型的佛罗伦萨模型，其中的建筑被拆除，以便为一片巨大的草坪腾出空间。只有最重要的纪念性建筑还保留着，如花之圣母大教堂、老桥、圣乔万尼洗礼堂、圣十字大教堂等。城市结构则由贴在天花板上的一张照片来呈现，看上去简直就像飞了起来。下面的草坪上点缀着纪念物，上面则是一些悬挂起来的购物袋和一些复制品；墙壁上布满书籍、汽车和机器的照片，以及关于城市的画面。这个装置，与其说是古老的节日庆典，不如说是暗指青年抗议的口号（"人行道下面，是海滩吗？"）或柯布西耶的巴黎规划（1930）——柯布西耶在该规划中提议将该市的旧城区夷为平地，只保留最重要的纪念碑，为公园和笛卡尔式摩天大楼腾出空间。然而，在《雅典宪章》发布30多年后，在简·雅各布斯（她的《美国大城市的死与生》于1961年出版）对现代运动中伪理性城市主义的迷惑性结果发出强烈警告后，又提出理想城市已经不再有意义。我们需要面对真实的城市：在那里，对自然空间的需求与社会化的需求相冲突，对秩序和和谐的需求与机动化和商业化的需求相冲突。

建筑电讯派设计的装置由三个要素组成：一台自动售货机、迈克尔·韦伯的Cushicle原型，以及大袋子。大袋子（big bag）——在语言上与"大爆炸"（big bang）相似，在概念上则与杜尚的《手提箱里的盒子》相似——是用透明塑料制成的可移动的充气管，长18米，直径2.9米，悬挂在参观者头顶。在管子内部，一系列刚性平面支撑着管子，同时也支撑着项目模型以及电影和幻灯片的投影屏幕。建筑电讯派为"大数目"展览提出的参展方案与他们的研究一致：灵活的城市、最先进的技术、灵活性和漫游性以及与用户的互动。在大屏幕上投影的稍纵即逝的图像和大都会艺术灯光的使用又一次引起了人们的密切关注，这些灯光将在随后的即时城市（1968）、软景监视器（1968）和蒙特卡洛赌场（1971）方案中重现。

索尔·巴斯的装置是一个由6000个盒子堆积而成的迷宫，"6000个把手，6000个数字，6000个代码"，象征着"没有灵魂、没有方向；无数个被记录下来的世界以匿名的方式储存起来，因为它们是无用的"。在同一个展览中，奥地利建筑师汉斯·霍莱恩设计了一条令人不适的道路，由多条走廊和多个出入口组成，参观者沿途将受到声音（如暴风雨的噪声）和空间环境（拥挤和迷失方向）所带来的感官上的强烈刺激。霍莱恩称："展览不仅代表了大多数人，也代表了个体。这个展览是为个人服务的，但它是提供给大众的。一方面它对技术的使用是精确的，另一方面它又是即兴的；它清晰而直接，但也有卡夫卡和弗洛伊德的东西。它是矛盾的，充满了矛盾，就像生活一样，因此，它完全是奥地利的。"

巨构建筑：栖息地67与大阪之间

《今日建筑》杂志于1966年10月出版了关于建筑研究的专刊。这一期先是缅怀了去世不久的拥有不竭创造力的安德烈·布洛克，然后介绍了两位建筑师的项目，他们虽然面向专业领域，但追求前卫的研究：保罗·鲁道夫和约翰·约翰森。前者尽管完成了三个受粗野主义启发的项目，但他的研究转向了更具塑形表现力的形式，以及由工业化的三维组件制成的巨构建筑的实验。他说："移动房屋是20世纪的砖。"约翰森则是一位反叛者和实验者，他的研究方向是多功能的、可移动的、具有爆发性空间的建筑，即"行动建筑"。

这期杂志用一页的篇幅介绍了毛里齐奥·萨克里帕蒂和他的整体剧院。整体剧院是一个由小型移动模块组成的戏剧机器，可以用来进行几乎无数种空间配置。"我无法想象，"这位建筑师说，"像约翰·凯奇的芭蕾舞剧这样令人激动的表演会因肮脏的传统舞台布景而蒙羞。"

专刊还展示了阿尔弗雷德·诺依曼和泽维·霍克为一个市政中心和一个犹太教堂设计的巨构建筑的图纸。接着是莱昂纳多·里奇对佛罗伦萨建筑学院的学生练习的总结，这些练习是围绕着情境主义、新陈代谢派和巨构建筑的原则进行的。

专刊最后部分又介绍了阿诺尔德·基尔彻提出的一个基本上是垂直的卫星城的计划，斯坦利·蒂格曼提出的建立在巨型三角板块上的城市基础设施项目，以及日本的川崎清提出的在大阪世界博览会（1970）空间组织中使用细长的钢桁架结构的方案。杂志在最后对拉伸结构和桁架结构进行了总结，象征性地将文章命名为"建筑师，工程师"，内容包括川崎清、年轻的伦佐·皮亚诺、弗雷·奥托、罗杰·塔利伯特和谢尔盖·克托夫的研究和建议。

《今日建筑》是一本致力于新事物的刊物——尽管在捍卫现代运动的统一价值方面相当谨慎，记录并认可了一个特定的条件：随着20世纪60年代中期的临近，巴克敏斯特·富勒、新陈代谢学派和建筑电讯派的研究内容开始传播。《今日建筑》曾多次对这些问题进行了调查研究，特别是专门讨论了"栖息地"（1967，第130期）和"结构"（1969，第141期）的问题。其他杂志，如《住宅》《论坛》《卡萨贝拉》和《建筑评论》，则越来越频繁地研究巨构建筑、桁架结构和三维预制等主题。尽管专业媒体的兴趣与日俱增，但原型的实现仍然是未来才能发生的事情。

1967年，世界博览会在蒙特利尔举行，当时年轻的摩西·萨夫迪的实验性住宅项目——栖息地67参加了博览会。

萨夫迪是加拿大麦吉尔大学的一名优秀学生，在荷兰建筑师桑迪·范·金凯尔斯在蒙特利尔的办公室工作了一年，金凯尔斯为他介绍了CIAM面临的问题以及十次小组的理论。后来萨夫迪又加入了路易斯·康在费城的事务所。他对康设计的理查兹医学研究中心大楼项目深感钦佩，这个项目仍然基于粗野主义美学和开放的巨构建筑思想。不过他对康接下来的设计颇感失望。1963年，当范·金凯尔斯邀请他回到蒙特利尔参与世界博览会项目时，他便欣然接受了邀约。

1964年，萨夫迪提出了两个实验性的有机结构，分别为12层和22层，呈金字塔形，由预制三维单元组成，包括含1200套房间的公寓、含350间客房的酒店、两所学校和一个购物中心。在经历了无数次看似威胁到整个项目的危机之后，得到实现的方案只有十分之一左右——含158套房间的公寓，而且预算完全不足。

在1963年开启世界博览会"冒险"之旅时，萨夫迪只有25岁，他组装了365个预制单元。他计划建造15套不同类型的公寓，从57平方米的套房到160平方米的四居室。他使用

摩西·萨夫迪，栖息地67，蒙特利尔，1964—1967

Wikimedia/Concierge.2C

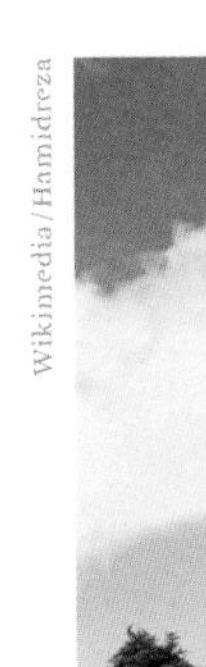

理查德·巴克敏斯特·富勒，富勒球，蒙特利尔，1967

了杰恩公司生产的标准化塑料窗，设计了用抛光玻璃纤维制作的三维卫生间，还从弗里吉代尔公司那里定制了厨房。

随着时间的推移，这座建筑产生了巨大的影响。评论家对这个建筑群零碎而不同寻常的形式进行了猛烈抨击，而狂热者则指出，由于建筑师预见了怪异的重叠，因此每个公寓都有自己的露台或花园，享受着最佳的视野。这个项目很快成为建筑师在巨构建筑领域工作时的理想参考。加上同一届世博会上巴克敏斯特·富勒设计的美国馆富勒球与罗尔夫·古特布罗德和弗雷·奥托设计的德国馆（1967）的十层结构，这三个项目成为大批日本建筑师最为关注的对象，他们蜂拥而至，为三年后在大阪举行的博览会寻找灵感，为巨构建筑领域提供了第二个重要的试验场地。

1970年大阪世界博览会的总体规划由才华横溢的丹下健三负责，他以基础设施系统和未来交通网络（单轨电车、自动人行道、缆车、电动出租车等）为基础，在33公顷土地上完成了设计，但又保证了足够的弹性，使53个外国馆和32个国家馆拥有最大的空间和构成自由。大阪世界博览会的中心是一座大型公共广场，以“人类的进步与和谐”为主题。这个广场也由丹下健三设计，结构工程师坪井善胜进行协助。广场最大的特点是其跨度为108米×291米的大屋顶，以6个轻型塔架支撑，由立体的桁架梁系统构成。尽管规模巨大，但它的结构简约而优雅。悬挂在结构上的是一个小规模的系统——胶囊空间、走道、楼梯、台阶，它协调了建筑的超人规模与使用者的人体尺度，使广场上的众多景点

saai/Werkarchiv Frei Otto

罗尔夫·古特布罗德和弗雷·奥托，德国馆，蒙特利尔，1967

得以展开。这样的设计也使公众能够参观屋顶结构，鸟瞰整个博览会场地，这也是一种兴趣和好奇心的来源。与广场中心稍有偏移的是一个巨大的图腾雕塑太阳塔，它高高耸起，一直冲破屋顶。人们可以从内部进入太阳塔，进行一场充满象征意义的步行：从代表过去的地下，到代表现在的广场，再到代表未来的塔顶。

丹下健三设计的广场被评论家认为是这届博览会上最杰出的作品，是先锋的新陈代谢派和新未来派团体的研究的交汇点，其中一些人甚至直接参与了该项目的建设。例如，新陈代谢派建筑师黑川纪章在屋顶上安装了许多三维模块居住舱，这些居住舱可以被取代或整合。建筑电讯派带来了名为“消解的城市”的作品。这是一个对人类未来栖息地进行研究的成果，其特点是新的保护体系，以抵御诸如巴克敏斯特·富勒的穹顶或丹下健三的广场之类的元素，不过这显然超越了传统建筑的需求。值得关注的展馆还有由刘易斯·戴维斯、刘易斯·布罗迪、瑟奇·切尔梅耶夫、汤姆·盖斯玛和鲁道夫·德·哈拉克设计的美国馆：一个150米长的椭圆形结构，几乎完全位于地下，其内部水流不断，图像投射在墙壁上，外部采用了半透明的乙烯基和纤维材料屋顶，其部分支撑依靠了室内气压。斯堪的纳维亚馆突出了生态学主题，而荷兰馆的主题则是图像。非国家参展作品中包括许多极富未来感的展馆，但往往过于肤浅庸俗。不过富士集团的展馆是个例外，该展馆是由并列的长管组成的气动结构，每根管子直径4米，长85米。

Wikimedia / Kitakirameister

菊竹清训，地标塔，大阪，1970

Flickr / m-louis ®

黑川纪章，东芝IHI馆，大阪，1970

全面开花的新陈代谢派

吉阪隆正在日本馆展出了名为“明日之城”的项目，该项目由垂直的服务塔和开阔的居住平面构成（然而该项目似乎不太成功，甚至日本人自己都给它起了一个绰号，不是“明日之城”，而是“悲伤之城”）。黑川纪章展出了三个象征性的项目：上一节提到的居住舱，以及宝生物Beautillion馆（1970）和东芝IHI馆（1970）。

宝生物Beautillion馆是一个完全预制的建筑，采用了钢结构和混凝土楼板。它可以在几天内完成组装，承载预制的不锈钢舱体，这些舱体的表面可用来投射波普艺术的图像，内部则布置了展台。东芝IHI馆由1444个四方锥组成，安装完毕后可以容纳500名观众。安装和拆卸只需几天就能完成，它奇特、轻巧和醒目的外形令人赞叹。

大阪世博会上的意大利馆引起了争议。托马索·瓦勒和吉尔伯托·瓦勒的设计方案在竞赛中获胜。该项目中充

Flickr/m-louis.®

亚瑟·艾瑞克森，加拿大馆，大阪，1970

Takato Marui

柯达与理光公司展馆，大阪，1970

满未来主义色彩的结构是由塞尔吉奥·布鲁萨·帕思科设计的，塞尔吉奥·穆斯梅基为其提供了技术支持。评审会的态度其实相当模糊："评审会肯定了摩纳哥和利吉尼两位建筑师的方案在美学和功能方面的超高品质，也肯定了萨克里帕蒂和法比奥·诺尼斯两位建筑师的方案的原创性，但考虑到特定的地点和时间条件，评审会还是决定将奖颁给由建筑师托马索·瓦勒和工程师吉尔伯托·瓦勒设计的方案，因为该方案为在预定时间和预算内在日本完成建造提供了更多保证。"

摩纳哥和利吉尼的方案可以忽略。这里要提到的是，毛里齐奥·萨克里帕蒂（意大利最有创意的先锋派建筑师之一）的设计方案是他在接连失败后遭遇的又一次滑铁卢。萨克里帕蒂提出了一个由旋转圆盘和圆柱形体量构成的系统，他克服了巨构建筑的建筑语言，并将他的建筑研究投射到了精细的空间和技术思考上，如复杂空间的交叉点、运动部件和图像的流动性，类似的思考直到20世纪八九十年代才再次出现。在瓦勒兄弟的项目旁是一个规模较小的展览空间。一位来自《建筑评论》的细心的评论家注意到了由伦佐·皮亚诺设计的优雅的预制钢结构，其墙面用聚酯纤维制成。该项目是这位年轻的意大利建筑师在蓬皮杜艺术中心之前设计的最具代表性的建筑。1970年，伦佐·皮亚诺与理查德·罗杰斯和詹弗兰科·法兰契尼共同完成的蓬皮杜艺术中心的方案在竞赛中意外胜出。

大阪世界博览会获得了巨大成功，来自世界各地的观光者人数在6000万左右。当时的日本正处于经济繁荣的顶峰时期，也在为确立其国际形象而寻求新的市场，此次世博会在这两方面都取得了显著的成绩。对于新陈代谢派的设计师来说，这是一个展示其作品的舞台，他们有机会借着公众的认可，使许多实验性建筑接连获得建设批准，其中包括1970—1972年渡边洋治的新天空大厦、1970—1972年黑川纪章的中银胶囊塔、1973年中岛达弘和高斯事务所的希望丘青年城堡。

渡边洋治，新天空大厦，东京，1970—1972

巨构建筑在此次博览会上随处可见。意大利则出现了三位杰出的演绎者：曼弗雷迪·尼科莱蒂、阿尔多·罗西和路易吉·佩莱格林。早在1966年曼弗雷德·尼科莱蒂便为摩纳哥设计了优雅的巨构建筑方案，随后在1968年，他又完成了一座500米高的迷人的螺旋状摩天大楼，该项目的结构计算工作由塞尔吉奥·穆斯梅基负责。1967年，阿尔多·罗西在那不勒斯设计了一栋未来派的独立办公大楼；1970年，37岁的罗西和年仅27岁的多纳泰拉·马佐列尼一起赢得了由《建设与人文》杂志组织的名为"一座新城"的国际比赛。他的方案是建造一座300多层、800米高、1000米长、平均48米宽的堡垒式建筑。这座建筑可容纳2.5万人，其中207层是住宅，其余97层划分如下：一层为开放空间；二层为市场和商店；三层为公民和行政管理层；四层为文化活动空间；五层以上为娱乐设施，甚至还包括公园和动物园。路易吉·佩莱格林提出了一个建在细长桥墩上的城市。这是一座飘浮的线形城市，穿过未受污染的土地，挖掘山体以避免改变地貌或破坏视觉上的纯洁性，从全新的角度重新定义了人与景观之间的关系。然而，佩莱格林将生态和巨构建筑结合起来的尝试注定要失败。它要求建筑师对建筑和景观有很高的敏感度，只有很少的人能够掌握和控制经济和土地分割的过程，而这在没有严格组织和规划的社会中是不可行的。毫无疑问，还有一种担忧：除了建筑师所做的预测之外，这种制度化的建筑实际上可能导致缺乏人性化的巨型城市的出现，就像巨大的蜂巢。因此，巨构建筑成为一股力量的攻击对象，他们在未来几年逐渐将这一建筑研究领域边缘化。这股力量包括所有反对缺乏人性元素的新城市，以及为历史城市的平衡和人性化规模而战的人，如我们前面提到过的简·雅各布斯，她在1961年出版了《美国大城市的死与生》；还有阿尔多·罗西，他在1966年出版了《城市建筑学》。

另一个脱离巨构建筑的群体是他们的用户群。比起那些笨重的钢和玻璃结构的建筑，这类人更喜欢砖砌的独栋住宅。还有一些年轻的嬉皮士，他们的理想是拥有一个背包和一顶能搭在空地上的帐篷。如果必须找一个时间点来标志巨构建筑研究的衰退，可以选择1973年。就在这一年，美国宾夕法尼亚州的理海大学举办了一次会议，专门反对高层建筑。与会者对高层建筑的指控包括：改变地貌、破坏景观、与日俱增的疏离感、火灾陷阱、地震时出现的问题、城市混乱、鼓励犯罪活动以及运行时能耗太高。显然，所有这些指控都并非空穴来风。然而，这正是公众和学术界所认识到的。在经历了如此多的"未来主义"的开放之后，人们感到有必要回到较为平静的历史主义阵营去恢复传统。

Takashi Tsubokura

黑川纪章，中银胶囊塔，东京，1970—1972

生态与城市价值的取舍

1957年，苏联发射了世界上第一颗人造卫星；1959年，“美国探险者6号”卫星在27 200千米的高空拍摄了第一张地球的照片；1961年，加加林少校完成了人类首次太空旅行；1962年，格伦上校驾驶“友谊7号”水星飞船进入绕地轨道；1963年，瓦伦蒂娜·捷列什科娃成为世界上第一位进入太空的女性；1965年，列昂诺夫完成了人类第一次在太空行走的壮举；1969年，阿姆斯特朗在月球上迈出了第一步。在这些事件之前，地球一直被视为无限的空间和能量的供应点，这一系列人类活动带来的新的视角揭示了一个不断变化和不稳定的平衡系统。这标志着生态意识的诞生。

在建筑领域，这种新的敏感性的最初迹象在建筑电讯派成员中得到了体现。他们在1966年放弃了在大都会规模下对宏观系统的研究，转而探索与自然环境密切相关的可移动的轻量级有机体。然而，正是在蒙特利尔世界博览会上，弗雷·奥托的帐篷和巴克敏斯特·富勒的富勒球定义了寻求建筑和自然环境之间的新关系的两个主要研究分支。第一个分支是德国建筑师的探索方向，指的是从浪漫主义那里借来的拟态概念：复制景观形式的拉伸结构，用传统建设所否定的柔和、流畅和起伏的线条来创造人类的栖息地。

第二个分支在美国建筑师的支持下，提出了诸如基于强制数学计算的大地穹顶等形式。富勒说：“我的穹顶不是娱乐玩具。这是一个高度复杂的环境控制系统，在节省材料和能量的前提下能够获得优于其他替代工程方案的结果。”富勒球的设想令美国工业界将信将疑，不过却受到了年轻人的热烈欢迎。这些年轻人对富勒在美国各地不厌其烦的讲座（有些长达十几个小时）非常着迷。1966年，20位青年艺术家（男女各10人）在美国科罗拉多州的特立尼达市建造了一个艺术社区，象征性地将其命名为“空降城”。他们使用了各种简单、经济的材料：用于搭架子的木板、从旧汽车上拆下的钢板、用于隔热的聚苯乙烯板。社区的外观因使用了各种明亮的颜色——浅绿、黑、红、蓝和银色而格外生动。空降城很快成为当时年轻人的榜样，比起越南战争和工作，他们更喜欢交友、自由恋爱、音乐和迷幻药。

另一位成为美国年轻嬉皮士学习对象的是景观设计师劳伦斯·哈普林。1966—1968年，他与妻子安娜一起组织了环境实验，在为期一个月的研讨会中探讨身体与自然之间的相互作用。阿伦·卡普罗、小野洋子、草间弥生和布鲁斯·瑙曼的身体艺术和表演，尤其是对身体的探索、不受约束的行为、对自由甚至性的态度，都被公开提及。然而，在对这方面的艺术研究中，还有一个探讨与自然的象征性关系的有趣的原创方法。

1964—1967年，哈普林在旧金山北部160千米的一个未受污染的地区设计了海上牧场项目，项目位于一片占地面积2000公顷的住宅区。约瑟夫·埃舍里克、摩尔、唐林·林登、特恩布尔和理查德·惠特克在这里共设计了3000套住宅。哈普林实施的方案是建立在环境价值观的基础上的，他通过细致的分析调查，规定了特定的生态环境条件：每个住宅的用户都能无遮无拦地看到海景；选择本地植物；禁止外来植物；建筑材料必须与环境相适应——具体而言，住宅的墙壁、屋顶、露台、有顶的空间和天井都要使用本地木材。在进行城市规模的项目的同时，哈普林还实现了许多位于城市空间的自然主义项目：旧金山的哥罗多利广场、西雅图的高速公路公园（1972—1976）和波特兰的开放空间系统。这是一种构想城市空间的新方式：充满了景观元素，同时也欢迎用户进行休闲活动，甚至可以说是美国版的情境-生态主义。

另一位年轻的美国嬉皮士预言家是保罗·索莱里，一位1919年出生于意大利都灵的建筑师。他在塔里埃森停留了一段时间，对赖特的有机方法十分着迷。不过在1947年，他放弃了这片天地，因为他无法忍受赖特咄咄逼人的个性，也很难认同布罗德阿克里市的粗放发展。

索莱里被建立在自然、精神和理性原则之上的自给自足的社区所吸引，这些社区的密度能够促进密集的聚会和交流活动。他在他那富有远见的图纸中提出了许多类似的社区方案。他将其命名为“生态建筑学”，强调了建筑和生态学在概念上的统一性。例如，“诺瓦诺亚B方案”呈现的是一座海洋城市，它以同心圆的形式发展，从最初的核向外扩散。该结构是一个三维管状结构，较低层是储存和生产空间，这样可以在水体和树木的上方设置住宅和社交空间。“阿斯特罗姆方案”则呈现了一个拥有7万居民的社区，像一颗小行星，呈大圆柱体形态的结构内部包含了一个更小的圆柱体。两个圆柱之间的空间被用来存放技术设备。内部圆柱的内壁种植着由二氧化碳和氧气循环供给能量的植被。在离心力的作用下，居民可以在圆柱体表面上行走和建造房屋。看似异想天开的方案？也许吧。然而，实际情况是，1970年，索莱里在亚利桑那州建立了第一个社区核心。它吸引了嬉皮士、特立独行的知识分子和学生，这些人年复一年，用自己的双手建造了这个新社区——雅高山地。

大地艺术与概念艺术之间：作为脑力训练的建筑

对自然环境美学价值的认知导致艺术家抛弃了封闭的画廊，正视地域维度。大地艺术由此诞生。一些名字引起了国际社会的关注，如克里斯托和珍妮-克劳德、迈克尔·海泽、罗伯特·史密森、理查德·朗和丹尼斯·奥本海姆。他们建造了复杂的艺术装置，通常规模巨大，需要数月的时间、

Wikimedia/Sanfranman59

劳伦斯·哈普林，海上牧场，旧金山，1964—1967

Joe Mabel

劳伦斯·哈普林，高速公路公园，西雅图，1972—1976

数百人的努力、进行可行性研究、通过官方许可、调动复杂的设备来搬运泥土才能完成。如海泽的艺术装置“双重否定”，完成这件作品需要挖掘24万吨泥土；或者是克里斯托和珍妮-克劳德的作品，在澳大利亚包裹了10万平方米的海岸，或者用11~13米高的玻璃墙封闭了美国一段高速公路8千米范围内的所有出口。

大地艺术的目的是什么？首先，是表达一种新的生态意识，但同时也要打破作为文化生产场所的空间，以便与生存空间互动。最后，设计没有明显实际用途的作品，以宏观的方式强调艺术行为的主要意义。

激进的建筑师和大地艺术家的研究之间有无数的交叉点：前者在研究中与专业实践渐行渐远，于是转而探索环境乌托邦和自我反思的艺术研究之路；而后者则自诩为复杂土地运作的发明者和组织者。因此，许多建筑师团体和个人——如美国的蚂蚁农场工作室和SITE建筑事务所、意大利的佩特那和UFO建筑事务所、奥地利的霍莱恩和蓝天组，就是沿着建筑研究与大地艺术之间微妙的分界线工作的。反之亦然，像克里斯托和珍妮-克劳德、海泽、理查德·朗，以及奥本海姆这样的艺术家，也都承担着景观设计师的职能。

最后，值得一提的还有罗伯特·史密森，简短地说一下，他是大地艺术最敏锐、最有趣的展现者，他在短暂的一生中（1938—1973），对建筑研究表现出一种特殊的开放性，甚至设法在自己的个人审美体验中绕开了建筑研究。

罗伯特·史密森在《艺术论坛》上发表了一篇题为《熵与新纪念碑》的文章，引起了人们的注意。它展示了一些极简主义者的作品，如唐纳德·贾德、弗兰克·斯特拉、罗纳德·布莱登、丹·弗拉文、罗伯特·格罗夫纳、约翰·张伯伦、保罗·泰克、莱曼·利普、罗伯特·莫里斯、彼得·哈钦森和索尔·勒维特。根据史密森的说法，他们最新的雕塑作品笨重而简洁，避免了表达主观的个人情感等无关内容，最终标志着对抽象表现主义浪漫传统的放弃。史密森热爱地质学，他以“千年”而非“年”来衡量时间。他的目光虽然疏离，却凌驾于时间之上，这使他得以根据热力学定律，将宇宙描述为一种趋向于熵态的能量，并使产生它的生命失效，直至在无动于衷的大众意识中慢慢固定下来。当生活的混沌变成僵化的绝对秩序时，世界的真相便不会在其形成中被发现，它的价值也会在现实中被剥夺。

对于史密森来说，大地艺术无法与非主流的浪漫的生态主义相吻合，也不等同于当代社会在其历史的某个时期因意识到自身工业发展模式在环境上的不切实际而产生的罪恶感。相反，它必须是一个洞，一个裂口，通过大地艺术，世界可以被解读为结构和文本。这就产生了非现场艺术，非现场艺术家制作的三维模型较多，在物理空间上，这些模型无法与现场、场所的经验现实相吻合，而是提供了一种抽象的逻辑还原。更重要的是，当模型有逻辑地呈现经验现实的时候，它们就成了场所的有效隐喻。简而言之，它们表达了结构。

因此，史密森通过复制代表艺术家与自然的模型，在艺术家与自然之间建立了密切的对话。因此，空间的重要性在于它是发展这种逻辑的物质场所，也是能量自我毁灭的最大熵空间。实际上，在这里我们可以找到最清晰的表征、结晶和结构，也可以瞬间捕捉到混沌与绝对秩序的界限。

史密森的论述在建筑研究上至少提出了四个切入点。首先，熵的现象，正如它在自然地质学中表现出来的那样，也可以在退化的城市、外围地区、垃圾场、粗制滥造的景观中发现。在这里，无序的结晶获得了形式的价值，成为揭示世界地质分层的特权文本。毫无疑问，这是一个比波普艺术的嬉戏世界更为悲壮的景象。波普艺术将被遗弃的边缘物质视为取之不尽的形式材料，不过它在认识论上的优势同样有趣。

其次，史密森还发现了作为纯粹空间的艺术。对他来说，谈论绘画、雕塑或建筑毫无意义。有意义的只有空间：物质的空间和精神的空间。

再次，史密森的诗意理念还包括对对象、背景和关系的强烈关注。这对建筑来说是宝贵的一课：一件作品的价值不再是其立面或内部空间的标志性价值的再次体现，而是它能够影响的关系系统。史密森沿着艾森曼的纯粹主义概念论和SITE建筑事务所的语境概念论前进（SITE建筑事务所在史密森去世后将第四期《现场》杂志做成了史密森的专刊）。

最后，人们拒绝了表现主义的悲剧性和波普主义的包容性。艺术被认为是一种技术，它能剥离现实中偶然的一面，清空大脑中超负荷的消费主义、廉价图像的活力和由媒体驱动的社会的言语。史密森正在寻求——这将对建筑学研究产生影响——一个与物质的零度重叠的心灵零度。在这一点上，极简艺术、大地艺术和概念艺术如出一辙。

史密森的研究并非个案。约瑟夫·科苏斯和索尔·勒维特与他不谋而合。我们只需要回忆一下科苏斯的《一把和三把椅子》（1965）：作品由一把真正的椅子、它的全尺寸照片，以及字典中对“椅子”一词的定义构成。科苏斯通过选择一个平凡的物体并将其以三种方式呈现，剥夺了它的所有标志性价值，结果它的意义不再在于物体本身，而是在符号之间的相互关系中，变得可以被直接感知——这或多或少地发生在现场和非现场之间的关系中。

在这种紧张的研究氛围中，1969年6月，费城艺术博物馆举办了马塞尔·杜尚最后一部作品《给定：1.瀑布，2.煤气灯》（以下简称《给定》）的展览。至少从1947年起，杜尚就开始秘密地创作这部作品，并希望在自己死后展出，而他于1968年去世。从一开始，这部作品就被当成一部遗作，它完成了一个生命周期，代表着一个谜，要根据杜尚最近的所有作品来加以解释。

《给定》这件作品充满了暴力色彩，同时也很神秘，处于解密的极限。说它充满暴力色彩，是因为它迫使观看者通过一扇旧门上的两个洞看向一堵被大洞撑开的墙壁，大洞之外躺着一个裸体女人，也许是女尸。她张开双腿躺在灌木丛里，手里托着一盏煤气灯，煤气灯发出微弱的光。说它神秘，是因为尽管有许多意义可以归因于这些物品及它们之间的关系，但没有一个能完全令人信服。一些人认为，这个装置作品的主要意义在于解释了艺术中典型的窥视态度，即通过对现实的审视来赋予其意义。另一些人认为，这幅作品不过是杜尚另一件作品《大玻璃》的三维表现（在《大玻璃》中，抽象的女性形象升上了天空，而在《给定》中，女性形象则沉重地躺在地上。让《大玻璃》和《给定》平行并置的是气体和水这两个重要元素的体现）。一些人则认为，这幅作品看起来很像库尔贝的《世界的起源》（表现了一个年轻女人张开的双腿，是一个粗暴到几乎色情的作品）。还有一些人认为，这是一位致力于炼金术哲学的艺术家最新的象征性作品。当然，也有人认为，《给定》和杜尚的所有作品一样，没有预先确定的意义：这是一部开放的艺术作品，具有多重解释，没有任何特殊的意义。换言之，对杜尚的其他作品中符号和元素的借用，对其他人和历史时期的作品的引用，对已经编排好的元素的使用，激发了一个语义游戏，其中所有的评论者和观察者的解释起着同等的作用。正如杜尚在他的一次公开演讲（休斯敦，1957年4月）中所肯定的那样：“创作行为不是由艺术家独自完成的。观众通过解读和解释作品的内在特征，将作品与外部世界联系起来，从而增加了艺术家对创作行为的贡献。”

《给定》给前卫艺术家留下了深刻的印象。这是一种反驳，即谈论绘画、雕塑和建筑已经毫无意义，有意义的是，艺术能够穿透现实，到了它自身已不重要的程度。它表明，对诗性语言的解读的重点与其说在于其形式（有可能跟别的陈词滥调一样无关紧要），不如说在于其希望表达的东西。最后，它证明了一个新的创造性时期的交流潜力。在这一时期，尽管桑塔格提出了很多反对阐释的论点，但它已经冲破了抽象和波普艺术的阻碍，在向解密、智慧和批判性推理的方向推进。简而言之，一项正式的研究——后来费利伯托·门纳在《现代艺术分析线》（1975）中对其进行了成功的总结——在成为话语的同时也是元话语，即“在创作艺术的同时谈论它”。

Flickr/Steve Fernie

马塞尔·杜尚，《给定：1. 瀑布，2. 煤气灯》，1947—1966

1970—1975 对语言的痴迷

纽约五人组

1970年，美国纽约的建筑与城市研究所（IAUS）发表了彼得·艾森曼的《概念建筑的注释》。四张白页上面有十五个点，各自附有一个数字，数字之间成递进关系，分别代表一个注释。这些注释的内容涉及很多文章，主要关于在整个20世纪60年代依次发展起来的语汇、结构主义、概念主义和极简主义。艾森曼的文章极其复杂，但其惜字如金的高姿态分明透露出些许挑衅，这也许是这位年轻的建筑师在1967年（IAUS成立之年）至1975年（他完成了著名的六号住宅）为获得国际媒体的关注而做出的一系列娴熟举动中最重要的一个。在此期间，1969年，艾森曼还参加了由肯尼斯·弗兰普顿在MoMA组织的"纽约五人组"研讨会。1967—1968年，他为弗兰克家族完成了一号住宅，接下来是1969—1970年的二号住宅、1969—1971年的三号住宅，以及1971年的四号住宅，最后在1972—1975年完成了五号和六号住宅的修建。

1972年，他的方案和建成的作品发表在合集《五人组》里。他的文章出现在主流报刊中，包括1970年发表在意大利《卡萨贝拉》杂志上的《从对象到关系：朱塞佩·特拉尼》；1971年的《概念建筑的注释》；1971年的《纸板建筑》。1973年，艾森曼与肯尼斯·弗兰普顿、马里奥·甘德尔索纳斯和安东尼·维德勒一起成为杂志《反对派》的创始人，艾森曼担任杂志总监之一，直到1984年，该刊物都是国际辩论的参考点。毫无疑问，艾森曼拥有抓住其支持者痛点的天赋——这些人被他的预言般的文章、时髦的文化引用、优雅的形式主义所吸引。在20世纪70年代，彼得·艾森曼算得上建筑文化的中心人物。他痴迷于语言，把建筑想象成一个文本，换句话说，就是简单元素之间的关系集合，通过一个系统、一种语法相互连接。为了达到这个目的，他任意分离出建筑的构成元素——墙壁、地板、空隙、点状元素，以一种普遍存在但绝对任意的逻辑（一旦选定一定数量的初始公理，其任意性与所有语法系统或逻辑结构相同）。他曾经这样评价自己的一个项目："这些空间不是由理性塑造的，而是由一个被任意选择和操纵的形式系统决定的。"这种话常常出自科苏斯或勒维特这样的概念艺术家之口，他们也在这个时期用类似的分析方法对普通物体进行比较，将艺术作品的标志性价值剥离出来，让它们变得明确，其微妙的逻辑互动可以用来组织形式和结构意义。不过，这其中还有一个小差别。科苏斯或勒维特是将他们的语言置换方法应用到雕塑上——按照其定义，如果不使用美学术语便毫无用处——而艾森曼要处理的是实际建造中的平凡现实。

我们可以以差不多是他最著名的作品——六号住宅为例来看一下。这栋建筑整体是内接在一个方块体量中的，由同样是立方体的次级模块连接。主要的形式主题是通过利用正方形来生成住宅的平面和立面。此外，艾森曼还用偏移、推移和大截面的方式把住宅切割成四块，在实体与空间、空间与空间以及实体与实体之间建立关联。按照这样的逻辑，连接住宅两层的楼梯就必须沿着天花板，呈现出一种反向的对称，形成一个明显无法使用的元素，毫无功能性可言。最后，艾森曼还运用颜色来强调不同的平面。结果是，尽管住宅本身几乎无法居住，但对于形状的抽象运用令建筑看起来非常有趣，客户最后甚至不得不接受艾森曼的组合语法强加给其生活的各种限制。如艾森曼所说，在一个矛盾的推理中，宜居性和舒适性之于空间的意义就好像表象之于画面一样。它们不鼓励观察者寻找潜在的形式价值，会让观察者立

Flickr / iv toran

彼得·艾森曼，六号住宅，
康沃尔，1972—1975

刻去占有空间，抓住对空间的感性认知和它的象征性价值，却阻碍了观察者以理性和深思熟虑的方式去捕捉对象之间的关系。也就是说，语法终究构建的是一种诗意的语言。

曼弗雷多·塔弗里在一篇关于在那不勒斯举办的纽约五人组作品展（1976）的文章中指出，艾森曼是20世纪60年代末、70年代初，继试图为历史和制度发声的路易斯·康和认为制度是唯一的现实的文丘里之后，以最严格的理论方式讨论交流问题的建筑师。只不过他是通过剥夺交流内容、麻痹语义维度和极度强调语法的重要性来做的。艾森曼躲在一种矫揉造作的姿态之后，通过严格回避创造新标志或新词语的尝试使之成为绝对。他的目标是什么？是试图在不为本已混乱不堪的语汇（20世纪60年代如野火般蔓延开来的粗野主义、新粗野主义、波普主义、新陈代谢派等）增加负担的情况下，重新建立一个学科传统。如果建筑是语言，那么它本身就是一种语言。尽管如此，有人可能会反问，有那么多种建筑语言，到底要选择哪一种？如果想要避免被贴上折中主义的标签，又要基于什么原则？

艾森曼提供的答案如此之复杂，以至于看起来似乎很有说服力。他提到的学科传统是指柯布西耶的纯粹主义和朱塞佩·特拉尼的历史主义。这两个人讲的都是时代的语言，但都在不断地挑战古典传统：对柯布西耶来说是希腊传统，对特拉尼来说则是罗马传统。回到他们的语汇意味着重新思考某个类型的建筑，重点关注其几何形体、形式关系、数字逻辑和比例关系。它要非常现代，同时也要非常古老，对先锋的理论和历史的传统表示同等的敬意。艾森曼知道，选择存在于永恒的当下，平衡于历史和未来之间，实际上却迫使他像走钢丝的人一样，在两个悬崖之间移动。第一个悬崖是对该学科的绝对自主性的要求。他先是受到了意大利的趋势派运动的诱惑。如果说建筑是一种自我参照的语言，那么它的衡量标准和参照就只能是历史。这是乔治·格拉西在他的《建筑的逻辑结构》（1967）一书中提出的观点（在这本书中，格拉西试图分析性地进行学科传统的恢复），也是保罗·波托格西提出的对巴洛克风格和自由传统的复兴（在形式上显得颇为焦虑，但逻辑性并不逊色）。

第二个悬崖是对学科本身的否定：如果一切都已经说过了，如果文字是空的，而且有关系到句法的价值，那么人们就可以直接宣布建筑的死亡。取而代之的将是无建筑、非建筑，以及反建筑；用不了多久，一个新的学科将被发明。很多人进行了尝试，如阿基佐姆小组的无终结城市（1969），超级工作室的“想象中的城市”项目，SITE建筑事务所的新概念和波普艺术的组合方案，还有对这个主题着迷的艺术家建筑师，如戈登·马塔-克拉克和吉安尼·佩特那，他们提出了介于生活空间和艺术思考空间之间的有趣的混合体。

和艾森曼一起组成纽约五人组的其余四位建筑师是约翰·海杜克、迈克尔·格雷夫斯、查尔斯·格瓦德梅（及其合伙人罗伯特·西格尔）以及理查德·迈耶。海杜克先后在贝聿铭和金尼的事务所实习，后来因为对这个职业失去了兴趣而离开。他最后完全放弃了建筑师职业，选择在纽约库珀联盟学院任教，从1975年到2000年去世前一直担任该学院院长。艾森曼专注于对象的内在和其构成元素之间的关系的研究，海杜克与艾森曼不同，主要研究基本、纯粹体量的组装。他激活了一个由不同几何矩阵组合而来的程序，似乎回归了路易斯·康的构成方法。不过，康是将各个部分整合成一个统一的结构，而海杜克则是用不同颜色区分各个部件，再完成组合，这种形式结构相对于构成它们的部件而言就像是悬空的，跟小孩子的积木一样。这使他的作品外观看起来活泼有趣，几乎是在逐字逐句地诠释柯布西耶的一项设计理念，即建筑就是对阳光下各种体量的精确的、正确的、卓越的处理。还有一个概念上的有趣的地方，即使用近乎分析性的清晰度来呈现不同的空间解决方案（路径，以及圆形、三角形或正方形的房间等），并通过漫步式建筑连接起来。

迈克尔·格雷夫斯、查尔斯·格瓦德梅与罗伯特·西格尔、理查德·迈耶追求的是更加商业化的方向。事实上，他们的作品在空间表达上并不符合严格的知识标准，而是符合一种变奏的逻辑、愉悦性，以及对引用的精练使用。迈克尔·格雷夫斯在纽约五人组作品展上展示的作品已经暗示了某种超越纯粹主义的折中主义品位，他很快转向了一种商业化的、不拘一格的折中主义，成为后现代主义的领军人物之一。查尔斯·格瓦德梅和罗伯特·西格尔开启职业生涯时的作品质量参差不齐，其中许多作品是为纽约富有的中上层阶级创作的。理查德·迈耶的各种项目遍布世界各地，这些疯狂的职业活动让他在国际上取得了成功。查尔斯·格瓦德梅和罗伯特·西格尔事务所的作品品质相当高，尽管有一些重复，包括从柯布西耶那里衍生而来的对纯粹形式的粗暴组装和拆卸，单调的白色与大片玻璃表面的交替使用等。这些作品也证明了一种刻意的矫饰主义方法可以促进大众对现代建筑的欣赏，而在19世纪末20世纪初，这种欣赏被认为是对传统的不可接受的突破，注定曲高和寡。

《向拉斯维加斯学习》

1972年，被艾森曼及其纽约五人组的概念的纯粹性所折服的罗伯特·文丘里重新启动了他的包容性与反学术建筑项目。他与丹尼斯·斯科特·布朗和史蒂文·艾泽努尔合作出版了《向拉斯维加斯学习》。

这本书的名字和目录与发表于1969年的《向鲁琴斯学习》如出一辙，后者是一篇反对史密森夫妇的粗野主义纯粹主义的文章。但还不止于此。对文丘里来说，恢复现代建筑语言在此时已经不可能仅仅通过吸收和循环历史的复杂性和矛盾性来实现。相反，有必要恢复一种有效的语言，也许在语法上不够正确，但充满活力且未受到受众的污染。换句话说，艾森曼和白色派（人们是这么称呼他们的——相对于文丘里的灰色派）希望用他们的抽象的纸板房子，将使用者排除在建筑形式的过程之外。

《向拉斯维加斯学习》获得了巨大的成功，也引起了巨大反响，有人为之激情地辩论，有人为之引经据典地评论，也有人对其进行恶毒的攻击。该书提出了两个非常简单的论点。

第一，拉斯维加斯的建筑是由专业人士为迎合普通人的品位而设计的，比那些由最著名的建筑师设计和建造的数百个规划中的居住区更有趣。

第二，在追求纯粹形式的理想的过程中，现代运动的建筑忽视了装饰、立面和文本等标志性的组成部分，而这些元素混乱的堆叠正是拉斯维加斯的魅力所在。从现在开始，如果要改变的话，与其追求鸭子的形态（一座建筑如果想表达鸭子的概念，为了实现形式、功能和信息之间的统一，必须完全按照鸭子的形状来建造），不如采用装饰棚和标识系统，让一个简单的功能主义建筑变得既有趣又重要（继续以鸭子为例：说到鸭子，只需要用一个广告牌或一个装饰物来代表这种动物）。文丘里的二元论——将装饰元素系统与建筑本身区分开来，意在将其作为没有任何形式价值的纯粹的工程对象——重新引入了正确建筑的常识性概念，毫无疑问，这本书以艾森曼的概念主义结束，并试图填补用户的预期与建筑研究之间的差距，嘲笑新纯粹主义学者的语言。不过反过来，这种二元论本身也易遭诟病。首先，如果解释得不好，它实际上是委托工程师或“开发商”来进行建设，建筑师只剩下立面或语言表达的一些元素可设计。其次，通过将语言问题简化为公众对这一部分的理解，它让建筑师从语言的创造者变为一个诠释者，最糟糕的情况是，变为一个迎合大众口味、流行趋势以及广告和娱乐技术的传声筒。

这说明，通过一个与艾森曼相反但最终结果趋同的方法，利用熟悉的规范——如通过引用山墙、柱子、假立面等从古典建筑语汇中借来的元素——来表达愿望，这其中存在折中历史主义的危险。

从实践角度来看，从20世纪60年代末到70年代初，紧随艾森曼和文丘里之后，无数的理论研究接踵而至，试图从哲学、符号学或批判性的角度来研究建筑语汇和形式之间的关系，但再无建树。事实上，有一种感觉是，雷纳托·德·弗斯科、安伯托·艾柯、艾米里奥·加罗尼和乔瓦尼·克劳斯·科尼格的文本——仅以几位意大利学者为例——最终都偏离了方向。他们躲在对语素、音素、舞蹈、词素等建筑学科不熟悉的技术术语的使用背后，使文本几乎没有真正的解释和操作前景。

布鲁诺·赛维对此心知肚明，他在1973年为埃纳奥迪出版社写了一本书，书名为《现代建筑语言》，颇具煽动性。

这位评论家写道："几十本书和几百篇文章在争论能否将建筑比作一种语言，非语言的语言是否拥有双重表达，对现代建筑进行编码的主张是否注定会阻碍其发展。符号学的研究是基础性的，但我们不能假装它在建筑之外解决了建筑的问题。无论它是好是坏，建筑师都会交流；无论它是否是一种语言，建筑师都会谈论体系结构。"赛维接着说，这不是形式问题，而是伦理问题。如果我们想谈现代，那我们必须是现代的。如果一定要有规则，那么它们必须影响建筑师对世界的态度，其次才是话语技巧。这就产生了六个不变量：列表、不对称性、四维分解、投影结构、空间的暂时性、建筑—城市—地域的重新整合。列表表达了实验者的开放态度，他不接受别人强加的心理方案，每次都会对各项问题进行重新检查和编号。不对称性使双边对称性所提供的简单而令人欣慰的秩序变得过时。四维分解意味着打破盒子的欲望，获得新的空间维度。投影结构表达了使用更复杂的技术的需求。空间的暂时性是对人类存在的有限性及其历史维度的接受。建筑—城市—地域的重新整合体现了设计行为的公共性和生态性。

罗伯特·文丘里，《向拉斯维加斯学习》中的插图，1972

Courtesy SITE architects

SITE建筑事务所，BEST不定立面展馆，休斯敦，1975

SITE建筑事务所

尽管赛维呼吁内容的伦理性，但建筑师仍然对语言的物理和形而上学的方面格外着迷。最重要的是概念性的研究，根据这种研究，交流可以超越形式、超越具有意义的物体的物理性质。

SITE建筑事务所便是致力于这一研究分支的代表性先锋派团体之一。在1971年的一个住宅区改造项目中，他们提议将建筑的砖砌基础与周围的景观融合，让建筑看起来像是马上就要熔化一般（熔化项目）。1972年，SITE建筑事务所为贝斯特集团设计了一座仓库，在原有结构上覆盖了一层砖立面，看起来像是正在剥落的样子（方案因此名为“剥落项目”）。接下来是一些以倒塌的墙壁（庭院项目，1973）、拉开的墙角（BEST不定立面展馆，1975）和错位的平面（BEST倾斜展馆，1976）为特征的项目。毫无疑问，SITE建筑事务所受到了文丘里的影响。他们一直是文丘里的支持者，也分享了他对复杂性的偏好、清晰的信息和强烈的标志性内容、对建筑进行的结构和装饰的划分，以及对环境的关注。这一点在事务所每年出版的《现场》杂志的评论文章中可以看出。例如，杂志第四期（1973）有胡安·唐尼撰写的关于隐形建筑的文章；乔尔吉尼的建筑绘图，他使用计算机将地球的振动转化为形式；一篇关于熵的可视化的文章；巴克敏斯特·富勒绘制的轻量级穹顶；卡普罗拍摄的在阳光下融化的冰建筑；蚂蚁农场工作室和罗伯特·史密森的生态图表。其中还体现了杜尚对他们的影响。SITE建筑事务所的理论专家詹姆斯·韦恩斯在社论中直接提出了这个主题，他的文章标题《没有看到和/或很少看到……》是直接从这位法国大师的作品中借来的。他说：“杜尚不仅对画家和雕塑家有着巨大的影响，对建筑师也有很大的影响。”杜尚告诉他们，任何物体，除了其实质性之外，都可能是一个概念，一个改变观众对环境的态度的信号灯。艺术可以用小便池或雪铲来创造，如果一个

Courtesy SITE architects

SITE建筑事务所，BEST倾斜展馆，陶森，1976

写实的人体模型可以成为一个高度复杂的艺术思考的媒介，那么建筑师就没有必要浪费公共时间和金钱不惜一切代价地追求自我表达的形式了。相反，我们有必要通过被人类介入的历史和地理背景，为我们制作出来的对象赋予意义。转化为“精神对象”的建筑不再是光线下的体量的游戏，而是环境中的思想的交响曲。建筑对象的物质性本身正是无建筑的起源，换句话说，它是一种轻量级的、转瞬即逝的、高度概念化的建筑。

意大利新趋势：1972

意大利也见证了两种潮流的形成：一种是排外主义者，另一种是包容主义者。他们与白色派或灰色派都不一样，尽管他们的主张有略微的差别，但都非常现实，甚至都爱挖苦讽刺。他们是趋势派和激进派。前者主张通过怀旧重新发现历史传统，特别是古典主义，通过非时间的和形而上学的视角来看待语言的自我封闭。他们中的诗人是阿尔多·罗西，他通过恢复梦幻般的迷人记忆来引导自己的研究。批评家曼弗雷多·塔弗里虽然宣称自己不受任何游戏和潮流的影响，但实际上他还是把自己看作罗西和他的伙伴最贴心的诠释者，并最终成为他们的推动者，但他对被贴上冒险主义和不切实际的标签的先锋派的研究表现出了一定的封闭性。

激进派建筑师则沿着语言的多元性路线前进，怀着对社会科学、生态学、身体和具象艺术的开放心态进行着各自的实验。

激进派建筑师的参考点是1970年开始由亚历山德罗·门迪尼担任主编的《卡萨贝拉》杂志。门迪尼更换了杂志的平面设计风格，收录各研究领域的领军人物的关于人类命运、先锋派和艺术世界的晦涩冗长的文章，留给专业领域的空间越来越少。1972年，许多活跃在门迪尼的《卡萨贝拉》周围的艺术家参加了一个将在历史上留下重要印记的活动。

“意大利新趋势展”在MoMA

这是一次于1972年5月26日在MoMA开幕的展览。该展览由埃米利奥·安巴兹策划，为了这次展览他暂时放弃了IAUS（该协会曾与《卡萨贝拉》杂志有过联系）的工作。

在展览目录介绍中，安巴兹解释了他的观点。他写道，在意大利有三种趋势，每一种都有其自身的重要性：一种是在一个疲惫不堪的、经过考验的市场中发展起来的精致的守旧趋势；一种是改革派，以讽刺和新的文化意图重新设计了传统对象；另一种是在寻求绝对的使用自由的过程中质疑设计的概念，其必要的关联是对象的消解。

展览分为两部分。第一部分是产品。根据安巴兹的分类，展示的主流作品可以归为墨守成规一类，如詹卡洛·皮雷蒂的Pila椅（1970）、维科·马吉斯特雷蒂的高迪扶手椅（1968）、乔·科伦坡的Abs椅（1968）、安吉洛·曼吉亚罗蒂的M1桌子（1969）、恩佐·马里的Gifo塑料搁架单元（1969）、卡斯蒂廖尼兄弟（阿希尔·卡斯蒂廖尼和皮埃尔·卡斯蒂廖尼）的Splügen灯（1961）、马可·扎努索和理查德·萨帕的T502便携式收音机（1965）、小埃塔·索特萨斯的情人节打字机（1969）、南达·维戈的乌托邦桌子（1971）。

还有一些作品属于改革派，主要是一些流行家具和配件，旨在恢复象征性的、清醒的、感性的，或是未被重视的生态价值观。它们所在的展区主题为“因其社会文化意义而入选的对象”。其中包括保罗·洛马齐、多纳托·德·乌日比诺和纳森·德·巴斯设计的乔沙发（1971），形状为巨大的棒球手套；盖塔诺·派西设计的摩洛落地灯（1972），是将普通台灯的尺寸放大后得到的方案；皮耶特罗·吉拉迪设计的萨西凳（1967），是一个石头形状的座椅单元；朱塞佩·雷蒙迪设计的卷云灯（1970），是一套让人想起云朵的组合灯具；乱弹小组设计的草坪椅（1971），是由聚氨酯材料制成的座椅，暗示着一片巨大草坪的表面；阿基佐姆小组设计的密斯扶手椅（1969），采用了非常多的三角形结构；小埃塔·索特萨斯的衣柜（1966），像一个装饰着条纹和圆点的雕刻容器；超级工作室的西番莲灯（1968），是一个新自由主义与生态主义的混合体。

另外一些可以归于改革派趋势类的作品，其特点是经济、灵活、有独创性。例如，盖蒂、保里尼和特奥罗的萨科椅（1969），这把椅子后来在保罗·维拉吉的电影中出镜，是一个倒霉会计的专属座椅，并因此而出名；乔·科伦坡的多功能椅（1970）拥有可灵活转换的聚酯泡沫座椅系统，可以变成坐垫、椅子、躺椅，甚至一张床；由恩佐·马里为麦卡诺公司制作的Abitacolo组合家具系统（1971），用薄金属构件制成，可以用来创造家庭环境，尤其是具有高度创造性的儿童房；由萨尔瓦蒂和特雷索尔迪制作的Tavoletto桌子（1969），原本为一张矮桌子，需要的时候可以变成一张床。

展览第二个部分的主题是环境。每位设计师都拥有一个独立的空间去创造一个理想的房间，他们要“探索家庭环境中的‘场所感’，并提出赋予其形式的空间和家居物品方案，以及赋予其意义的仪式和行为”。同样，根据安巴兹的分类，这一部分包括改革派和反对派的作品。

改革派的研究可分为两个类别。第一类提出了对当代人的新符号和惯例的反思，小埃塔·索特萨斯和盖伊·奥伦蒂便是如此。他们以各自的方式面对后功能主义语言的主题——前者幽默而讽刺，后者夸张而略带讨好。第二类占大多数，走的是新陈代谢派和建筑电讯派的技术研究路线：紧凑的居住胶囊，拥有强大的基础设施，可扩展，易于运输。

意大利新趋势展目录，1972

卡斯蒂廖尼兄弟，Splügen灯，1961

Flickr/iv toran

展览上最重要的作品来自天才设计师乔·科伦坡。这位才华横溢的设计师于前一年夏天英年早逝，此次展出的作品是用他的设计图精确复制出来的：一组模块化单元，即使在特别狭窄的空间中也可以用来创造高度灵活的环境。马里奥·贝里尼的项目也很有趣，他没有展示家庭环境，而是展示了一种新游牧民族的交通工具：它可以用于旅行、用餐、聊天、睡觉，必要时还可以用来运送钢琴。

反对派则一致认为需要创建一个“白板”：建筑将消失，为身体、自然和人类的需求腾出空间。

乌戈·拉·皮埃塔以天真且不太让人信服的方式提出了一个轻量级城市方案，创造性地利用信息流来重新定义私人空间和公共空间之间的界限。阿基佐姆小组设计了一个空房间，在这个房间中，人们只能聆听声音。这个来自佛罗伦萨的团队至少两年来一直在无终结城市项目中追求这样一个想法：一个庞大到夸张的建筑，甚至大到成了一个看不到边界的城市。建筑内部是一个布有电线网络的空间，有空调和防护设施，是一个巨大的人类活动空间，在那里可以开辟出个人的环境，是人类自由活动时休息的地方。无终结城市的雏形是无空间差异的超级市场和仓库，工作人员和货物可以在其中自由移动，随着时间的推移，他们的相互位置和配置不断变化。然而，正是无终结城市的规模维度消除了建筑和城市之间的差异，表明在一个由流动和关系构成的社会中，只有一个问题，即对独特的交流空间的管理。他们反对受泰罗制原理启发的用墙和障碍物划定界限构成最低生存空间的逻辑，追求身体和对象在无限空间中的自由。通过对非物质的、短暂的、变化的东西的关注，他们宣告了传统建筑作为对象、形式和风格组合的终结。

随着曼弗雷多·塔弗里几句尖刻的评语（“一场受1968年事件影响的民粹无政府主义和解放运动之间的可怕联姻”）而结束的无终结城市项目将对当代最先进的建筑研究产生影响：从皮亚诺、罗杰斯和法兰契尼的无限灵活（至少在其意图上是这样）的蓬皮杜艺术中心，到库哈斯对大都市、普通城市和透明度的研究。超级工作室也沿着同一条路线进行研究。纳塔里尼和他的同伴还提出了一个同质的世界，在这个世界里的每一个点都能提供完全相同的机会，生活在这里的人不需要家，他们可以不受干扰地自由漫步。

来自都灵的乱弹小组采用了一种不同的方法，他们拒绝进入充满讽刺和乌托邦式的预设领域，宣称居住问题不是形式问题，而是政治问题。他们利用自己的空间进行宣传，以一部摄影小说的形式，谴责了制度的矛盾。为了提高专业人士的认识，他们还附上了一期《卡萨贝拉》。最后，9999小组的项目获得了最佳青年设计师奖（另一个奖项授予了与乔·科伦坡关系密切的年轻建筑师吉亚纳托里奥·马里的功能主义项目）。该项目是一个小型的生态绿洲，它的中心处有一口带有压缩空气喷泉的井。它的作用是激励那些一旦失去方向，就会离群索居、蜷缩在大自然的碎片中的用户。这个项目同时具有讽刺性和诗意，谴责了无法在经济上得到满足的新需求的到来和对激进的新答案的渴望。

意大利新趋势展对年轻的美国建筑师产生了显著的影响，尽管这可能是意大利激进派的绝唱。事实上，在意大利，罗西及其追随者和后现代主义者占据了上风。他们征服了大学，甚至他们研究中有限的创新特征都被一种令人羞愧的学术主义所磨灭和冻结。整个欧洲也是如此，新的主角是怀旧的克里尔和昂格斯，而斯特林和霍莱恩似乎放弃了他们对具象研究的承诺，躲到了对过去形式的折中恢复的墙壁后。在美国也出现了叛逃的现象，不仅是因为后现代主义的传播，也是因为像艾森曼这样重量级的人物对罗西的研究和塔弗里的理论的关注（给予足够的对立空间，很快成为国际建筑辩论中最具影响力的论调）。

1973年，门迪尼聚集了激进的知识分子，创立了全球工具组织——一个致力于研究和实验的巨型跨学科组织。组织成员包括阿基佐姆小组、雷莫·布蒂、《卡萨贝拉》的编辑委员会（门迪尼、古恩齐、博纳、拉吉、博斯基尼）、里卡多·达利西、乌戈·拉·皮埃塔、9999小组、盖塔诺·派西、詹尼·佩特那、拉萨涅、小埃塔·索特萨斯、超级工作室和塔庙建筑事务所。全球工具组织存在时间不长，只零星地举办了几次设计研讨会。

1976年，《卡萨贝拉》易手。门迪尼被轻易抛弃，由马尔多纳多取而代之，他对杂志的发展方向做出了决定性的改变，转向专业和更加普遍的社会问题。

无建筑

超现实主义艺术家罗伯托·塞巴斯蒂安·马塔之子戈登·马塔-克拉克，1968年从美国康奈尔大学建筑专业毕业。他在康奈尔大学1969年的地球艺术展上遇到了罗伯特·史密森，两人合作了镜位移（1969）项目。马塔-克拉克从史密森那里学会了拒绝传统的艺术支持，在自己的艺术作品中插入自然的碎片，尝试恢复废弃城市环境的材料和氛围。作为纽约艺术圈的活跃分子，1970年10月，他经常出现在格林街112号画廊，这里是他用来摆脱习惯、限制和束缚的实验室。他说："我想改变整个空间的根基，这意味着重新定义建筑的整体（符号）系统，不是以任何理想化的形式，而是使用一个场所的实际构成元素。因此，我一方面改变了通常用来辨别事物整体性的现有感知单位，另一方面，我生命中的大部分精力都消耗在被否定上。社会中有太多的事物是我们有意拒绝的：拒绝进入，拒绝通过，拒绝参与，等等。"马塔-克拉克使用了三种基本的技巧：改变用户感知真实空间的视角，利用不寻常的物品（甚至是易腐的）配置新

Wikimedia/Holger.Ellgaard

马可·扎努索和理查德·萨帕，T502便携式收音机，1965

Wikimedia/Folletto

小埃塔·索特萨斯，情人节打字机，1969

的环境，对现有的材料进行切割和挖掘以创造同时存在于物体内部和外部的解读方法。马塔-克拉克1970年的作品“垃圾墙”是一堵用城市垃圾制成的墙，在圣马克教堂附近展出了几天，然后被销毁。从1972年开始，他拍摄了壁纸在部分被拆除的房间墙面留下的痕迹。这与考古活动中发现的碎片相似，人们可以通过这些痕迹重建曾经在这些空间中展开的生活逻辑。

1972—1973年，马塔-克拉克展示了另外一件作品——“布朗克斯地板”。从纽约最贫穷的社区之一的住宅里找到的地板或墙壁碎片，与它们原来所在的房屋照片一起展出。这些碎片以解剖学般的冷酷表达了一个贫民区的被遗弃状态，同时传达了一种令人不安的不适感：人们通过一些孔洞，能从一个房间看到另一个房间，从一间公寓看到另一间公寓，这是对这些家庭的隐私的侵犯。马塔-克拉克展出的碎片也提出了许多问题：我们住在哪里？家庭景观和生存空间之间有什么关系？建筑与自然之间有什么关系？什么是空间？然而，它们没有提供答案。它们充其量只会让人产生眩晕的感觉。众多的房间一个接一个地出现，这种暂时性的视觉效果与皮拉内西的监狱的效果是一样的：它们向我们展示了一个被破坏的、支离破碎的空间，类似于我们习惯的东西，但同时又因为违反了秩序而变得截然不同。混沌、监狱、迷宫，都不是个体的居住单元，而是在结构被配置好的那一刻同时出现的视觉效果。正如博尔赫斯会说，史密森也会认同的那样：秩序只是偶然的组合之一，而梦魇则是这个秩序井然、毫无意义的世界在其最终状态——死亡中的幻象。

尽管自称艺术家（“我不从事建筑设计。我只是和建筑物一起工作。我的兴趣没那么功利”），1973年，马塔-克拉克还是成了无建筑小组的发起人之一。小组成员还包括劳里·安德森、蒂娜·吉拉德、苏珊娜·哈里斯、珍娜·海斯滕、伯纳德·基尔舍·鲍姆和理查德·兰德里。

Flickr / iv toran

戈登·马塔-克拉克，布朗克斯地板，1972—1973

无建筑意味着对建筑的否定，意味着拒绝遵守建筑的惯例、目标和功能，通过消除表皮和表象发现作为纯粹精神事实的本质。

该组织的首次展览在1974年举办。它回到了未受污染的景观：衰败的火车站，运输预制房屋的驳船，似乎无底的水井，被巨浪淹没的灯塔，甚至还有一个装着假牙的玻璃杯。简而言之，无体系的结构远不止于建筑。对于那些希望把握所有空间、表达无法言说之物的人来说，这是一种空虚的语言。它与卢西奥·丰塔纳在画布上穿孔的画作所取得的成果类似，马塔-克拉克非常喜欢这一点，也经常引用。他小心翼翼地以执着的态度拍摄、编目打孔、分割材料，剩下的只是病理解剖学家手中的生命的残骸——无生命的物体。这又带来了无尽的挫败和空虚，这种挫败和空虚将马塔-克拉克与激进的建筑师们捆绑在一起，使其越来越沉迷于沉默和死亡的主题。1970年，霍莱恩在威尼斯双年展上做了一些坟墓，以唤起当代考古；1973年10月，吉安尼·佩特那写了一篇题为《无建筑建筑师》的文章，文章批评了在错误的时间入行的年轻建筑师普遍存在的焦虑；1975年，门迪尼设计了一个停尸桌，以逃避任何乐观主义的设计愿景，并引起对人体物化的时刻的记忆。这与艾森曼和纽约五人组的研究也有一定的相似之处：它们都拥有一种由语境维度主导的形式，而词汇只是组合性和位置性的。1976年，马塔-克拉克接受了IAUS的邀请，与迈耶和格雷夫斯一起参加了理念模型展。两者的差异很快浮出水面：艺术家的解构是实质上的，而建筑师的解构只是概念上的。马塔-克拉克向展览馆长麦克·奈尔提出了一个建议：将一个研讨室切割成约60厘米×60厘米的碎片。当他被告知无法做到之后，他又提议用碎玻璃和照片制作装置。接着，他从丹尼斯·奥本海姆那里借了一把气枪，在凌晨3点去了IAUS办公室，击碎了几扇窗户，把碎片收集起来，然后将它们和南布朗克斯的一些房屋的照片放在一起，这些房屋的窗户被它们的住户震碎了。这次行动显然超出了理智范围，有一定的政治性，其意图也很有争议性。这是对以艾森曼为首的纽约激进派建筑师提出的纪律自治主张的假定理论的否定。当时的IAUS负责人得到消息后下令立刻修理窗户，并拆除了马塔-克拉克的装置作品。他采用的借口是这部作品的暴力行为让人联想到德国纳粹分子的“水晶之夜”，那个晚上，众多犹太人商店的窗户遭到破坏。

虽然马塔-克拉克被拿来与开膛手杰克做比较，但两者显然不同。马塔-克拉克在现实中是以情景主义者的热情来面对建筑的。他最成功的作品之一是在法国完成的，离德波钟爱的巴黎中央市场很近，这并非巧合。这一年是1975年，为了给博堡博物馆和该地区的现代化建设让路，部分地区正在进行拆除工作。马塔-克拉克的工作对象是两栋建造于1699年的房子。他把房子切成圆锥体（相交圆锥项目因此得名），圆锥体交叉的底部直径4米，沿着围墙延伸，而它的顶点则穿过墙壁和地板，一直延伸到阁楼，直至天际。在15天内，人们可以通过相交圆锥上的洞口观察巴黎城和最壮观的建筑之一的施工现场。它代表了新的文化概念，也代表了新空间的中立、无垠和无限。如果说无建筑是拒绝构图、拒绝传统的形象价值、拒绝一劳永逸地强加于人的僵硬体系的话，那么相交圆锥项目也是无建筑。与传统住宅的墙壁不同，在博堡博物馆墙壁上打孔没有任何意义：正如起初希望的那样，在无限的灵活性上它们已经千疮百孔。

阿尔多·罗西与新理性主义

阿尔多·罗西的职业生涯是在欧内斯托·内森·罗杰斯主编的《卡萨贝拉·延续性》的保护下发展起来的。他因其文化态度而招致恶名，但与杂志编委会年轻成员的新历史主义立场一致，对国际风格、有机建筑或新表现主义趋势持高度批判的态度。阿道夫·路斯、艾蒂安-路易·布雷，以及“意大利20世纪”运动中的建筑师的作品吸引了他的注意力，使他倾向于基本的和高度可塑的建筑形式。这一点可以在他1962年的库内奥抵抗运动纪念碑项目中看到。这座立方体形的纪念碑一面被一道楼梯切开，通过楼梯可以进入内部空间，与之相对的另一面则有一道狭长的切口。他在1965年设计的赛格拉特镇游击队纪念碑项目也体现了这一点。纪念碑是由一个矩形棱柱和一个圆柱体组成的混凝土结构，通过一个三棱柱连接。三棱柱暗指古希腊神庙的屋顶和山墙。纪念碑严格对称的抽象几何外形与高度传神的人物所产生的令人无法忍受的纪念性通过罗西设计的结构得到了缓解，这是这座纪念碑的基本特质，让人想起孩子的积木。因此，他的城市作品构图具有梦幻般的特性，这似乎是乔治·德·契里柯画作的三维转换。他的众多绘画作品也具有同样的形而上学的色彩。这些作品对他的专业活动起到了补充的作用，也促成了所谓的纸上建筑现象的发展，使整整一代建筑师为之着迷。他们摆脱了房地产市场的僵化限制，创造了一个平行的世界，而这个世界注定要留在纸上。罗西于1969—1973年完成了他的杰作之一——位于盖拉拉泰斯2区的阿米亚塔山住宅综合体。与卡洛·艾莫尼诺设计的豪华公寓楼不同，这座建筑完全不顾及居民的心理需求。它以一种明显的知识分子的自我满足，回归功能主义建筑的风格元素和意大利在法西斯主义20年统治期间的理性主义的僵化形式。它拥有纽约五

Fondazione Aldo Rossi

阿尔多·罗西，《类比城市》，1976

阿尔多·罗西（1931—1997）

阿尔多·罗西，法尼亚诺·奥洛纳小学设计图，法尼亚诺·奥洛纳，1972—1976

人组纸板建筑（这个名字是指它们和纸板模型的真实尺寸一样）的所有气质，还能让人想起德·契里柯的意大利广场背景。1972年至1976年，罗西完成了位于法尼亚诺·奥洛纳的一所学校的设计，这是一座对称的建筑，呈双梳形式，有一个中央庭院，内部又包含一个圆形的图书馆。它让人想起19世纪的建筑，尽管像监狱一样死板、严肃，却有一种迷人的魅力，值得埃迪蒙托·德·亚米契斯（意大利儿童文学作家，代表作《爱的教育》）的喜爱。在1971—1978年，罗西与吉安尼·布拉希耶里一起完成了摩德纳公墓，两人构想了一座超自然的死亡之城。

也许当创造性不断扩张的时候就会出现对秩序的需求——这种现象在历史中反复上演，罗西的建筑并非没有独特的吸引力，其中蕴含的建筑文化可分为两个方面。一方面是他让意大利建筑设计倒退回碑铭主义和法西斯分子热衷的古典主义——这是布鲁诺·赛维采取的立场，罗西也因此饱受诟病；另一方面——要感谢曼弗雷多·塔弗里的研究——他的项目在如何围绕语言的自主性和城市的逻辑构造重新定位建筑中心的问题上，可以作为经典案例。语言的自主性是指罗西的建筑与艾森曼的不同，它们看起来是以文字构成的文本形式，这些文字不是从外部开始构成的，而是从学科的内部运作中借用来的，换句话说，是从建筑历史的传统中借来的。城市的逻辑构造——这是罗西于1966年出版的《城市建筑学》一书的主题——是指建筑应当成为城市的延续和逻辑演变，而不是一种对作为传统传承下来的城市结构的否定。这就产生了一种有效的方法，其工具是建筑类型学和城市形态学。通过建筑类型进行推理，使利用模型进行工作成为可能，这些模型经过了传统的检验，具有自己的意义和自主性。应在符合城市形态的前提下，结合城市的具体形态，避免白板艺术的前卫手法，通过聆听语境、修改和微调的过程，确保相同建筑类型的正确置入。罗西于1976年创作的《类比城市》是一幅用城市不同区域的碎片拼成的皮

Flickr/iv toran

阿尔多·罗西，法尼亚诺·奥洛纳小学，法尼亚诺·奥洛纳，1972—1976

Flickr/iv toran

吉安尼·布拉希耶里和阿尔多·罗西，摩德纳公墓，1971—1978

拉内西风格的拼贴画，它渗透到波普艺术的世界中，以诗意的形象展现了这种方法的意义。罗西的诗意激励着许多年轻的建筑师在这些年里采用同样的主题进行创作。他们聚集在“新理性主义”（也称坦丹萨学派）的旗帜下。罗马是坦丹萨学派成员的活跃之地，像伦纳托·尼科里尼、弗朗哥·阿克斯托、范娜·弗拉蒂切利、弗朗哥·普里尼、弗朗切斯科·切里尼和克劳迪奥·达马托等都与罗马的新理性主义杂志《对立空间》有关联。该杂志于1969年由保罗·波托格西创办，后来由弗朗切斯科·莫什尼经营的罗马现代建筑艺术博物馆接手。

后现代

后现代现象是由建筑评论家查尔斯·詹克斯于1975年提出的。1976年以后，这个词在其他领域的使用频率越来越高，以表达一种延续性的态度，同时也表达了与20世纪初以来在西方发展起来的现代文化的决裂。1977年，詹克斯出版了《后现代建筑语言》。这本书被翻译成多种语言，还有各种不同的版本，它既是一本反对国际主义建筑的优秀作品，也是一个新风格的宣言。詹克斯认为后现代主义起源于一个标志性的事件。事件发生在1972年7月15日，当时圣路易斯市炸毁了建筑师山崎实设计的帕鲁伊特-伊戈公寓：这是一处根据现代运动的标准在1952—1955年建造的10层公寓群。1951年，该项目被美国建筑师协会认可，却被证明是一个巨大的失败。由于不受黑人居民的喜爱，这里成了一片无人居住的废弃楼群，危险遍布，也遭到了大规模的破坏。最新的证据证明山崎实依据的由CIAM发起的人居理论深受一个错误所害，那就是过于抽象和不切实际，不惜一切代价追求形式上的标新立异，而不顾终端用户的品位和偏好。詹克斯认为，我们城市的周边地区到处都是像帕鲁伊特-伊戈所建的那样的建筑。它们证明了一种建立在抽象和机械原理之上的意识形态的失败，这种意识形态即使在其最精致的表现形式中，也只能产生冰冷、毫无生气的建筑。正如密斯的伊利诺伊理工学院校区建筑群所展示的那样，在那里，即便是用于宗教仪式的小礼拜堂看起来也像个供热厂，反之亦然。

后现代与这种形式主义和精英主义的做法保持了距离。它提出了连续性而不是间断性的理念。这发生在两个层面上：一个是功能层面，受过去的启发，侧重于为个人提供超标准的特权；另一个层面则表现为语言功能，拒绝使用前卫艺术的代码——封闭的、超精致的、只有少数知情者才能欣赏的代码。这样的话，就要因此而回归乡土建筑和自然建筑吗？詹克斯并不是这样的人，他说的是一种基于双重编码的方法，一种旨在创作既能在初级层面上交流又能在更深层次上交流的作品的态度。詹克斯认为，为了实现这一点，建筑师不应该害怕回归历史风格的统一语言，这种语言既有装饰，也有普通人喜爱的柱子、山形墙和装饰线条，应将它们与更多的现代风格元素结合起来，作为形式语言的一部分，正如文丘里1966年所指出的那样，允许建筑师探索学科的复杂性和矛盾性。因此，这是极简主义和国际风格的终结，是对传统的回归，以高迪为其先行者，也包括后来的现代历史主义（从新自由主义到文丘里）、复兴主义（从迪士尼乐园到拉皮德斯）、新乡土主义（从厄尔金到范・艾克），以及城市历史主义（从昂格斯到斯特林再到罗西）、新有机建筑（从夏隆到雷马・皮埃蒂拉和沙里宁）和后现代空间的建筑师（从阿尔托到夏隆，从格雷夫斯到查尔斯・摩尔）。

其结果——从该书独特的分类中可见一斑——是一部包容一切，包括其对立面的精品。这本书包含了大量插图：波托格西和维特里奥・吉廖蒂建造的巴尔迪住宅（1961）的照片旁边是阿尔比尼和赫尔格的文艺复兴百货大楼（1959—1961），以及贝特洛・莱伯金和泰克顿集团的海波因特二号大楼，还有文丘里设计的房子、阿尔多・罗西在摩德纳设计的公墓以及一个热狗形状的售货亭，更不用说卢西恩・克罗尔建造的医学院大楼、厄尔金的拜克墙综合大楼和007特工床、布鲁斯・高夫的巴文杰住宅（1955）和艾森曼的六号住宅了。简而言之，如果说这是摆脱了现代运动的束缚，那么为获得它而付出的代价就是将其传统——由相互对抗的重要时刻组成——弱化成一个不拘一格但松散无力的图像库。这些图像看似不同，却有相同的本质，可以被轻松而淡漠地消费。

Sergio D'Afflitto, Wikimedia/Blackcat

弗朗哥·阿尔比尼和弗兰卡·赫尔格，文艺复兴百货大楼，罗马，1959—1961

1975—1980 块茎

“块茎”

胡志明市（旧称西贡）于1975年4月30日失陷。美国被迫承认其无能并从越南撤军。这似乎是1968年巴黎五月风暴运动胜利的一个表现，这场运动反对帝国主义，将为自由而战和公民反抗理论化，同时仇恨消费主义和虚伪的中产阶级价值观。可实际上，他们失败了，人们进一步陷入沮丧和怀疑之中。在法国，新派哲学家取代萨特派的知识分子，坐在了舒适的大学教授的位置上。他们从理论上解释了脱离的概念：权力是社会固有的，所以人们不妨与民主制度达成协议，以一种可接受的方式行使权力，或者退回自己的私人空间。从前革命的一代转而从神秘的东方宗教甚至毒品上寻求满足。意大利学生运动中最极端的组织之一“继续斗争”通过读者来信获得了意外的成功，这些信件有的非常私人化，甚至到了亲密的程度。于是，隐私被公开。恐怖主义活动导致1978年的意大利总理阿尔多·莫罗被暗杀，这是当时个人和社会结构之间无法弥补的裂痕的最明显的表现。朋克和都市印第安人（他们以原始的装扮和生活方式表达对严酷政治的不满）一起出现了。他们生活在一个小团体里，用充满挑衅意味的发型来表达自己的多样性。与以前的嬉皮士不同，他们不再幻想无限的自由空间，他们知道自己所处的空间维度是城市的、残存的。他们用穿孔和文身在身体上刻下自己的愤怒，以此表达对身体的兴趣。

人们开始向往原始主义风格的装饰。这个装饰在路斯看来，是只有野蛮人才会毫不犹豫地直接放在身体上的那种。与此同时，人们还要求解构统一的制度，以消除规则、行为准则和后天的禁忌，重新发现基本的原始价值。在实践和理论语言以及表现形式上，1977年的年轻一代往往在不知不觉中，进行着立体主义分解、未来主义诗歌写作和达达主义表演等实践。艺术和生活有了一个重叠点——尽管还不稳定，先锋成了一种个体表达自我的特权语言。大量的研究和思想，曾经是少数艺术家的特权，现在变成了集体的态度。这可以用来解释发生在1977年的引起巨大喧嚣的事件之一——意大利劳工总联盟秘书，共产党人卢西亚诺·拉马在罗马大学政治集会演讲期间遭到了学生运动成员的暴力抗议。这种不相容性远远超出了学生追求的个人审美和工会主义者提出的工作和牺牲伦理之间的矛盾。这是两个不同的空间概念之间的冲突。拉马按照工会文化和工作文化的等级交流规则站在讲台上，而学生们则选择了混乱、流动和显然无组织的聚会和社交互动方式。这种冲突不可避免，就像安伯托·艾柯所说的那样，近似布鲁内莱斯基和立体主义画派之间在对透视概念的理解上的冲突。

在哲学研究领域，退缩到私人领域的学生抗议与对整个系统的怀疑相对应。对“宏大叙事”——这个由法国哲学家让-弗朗索瓦·利奥塔创造的词语的拆解，实际上从20世纪50年代就开始了，并在60年代末通过雅克·拉康、加斯东·巴什拉、米歇尔·福柯、雅克·德里达、吉尔·德勒兹、皮埃尔-菲利克斯·瓜塔里以及弗朗索瓦·利奥塔本人的作品进一步实现。不过，直到70年代后半叶，这些主题才达到最大限度的宣泄。例如，1976年德勒兹和瓜塔里发表了他们著名的“块茎”理论，文章于1977年被翻译成意大利语，而意大利语版本的《反俄狄浦斯》在1976年出版，理论上呈现出了欲望大于理性的盛况。有人放弃了有机体世界和透视世界的概念，转而采用由知识带构成的、韵律式的生活愿景，这种知识带“可以被拆解并连接到多个输入和输出端口”。继续引用德勒兹和瓜塔里两位哲学家的话，就是说：“它是无中心、无等级、无意义的，具有一般性，无组织记忆或中心自动机，仅由循环状态来定义。”他们展现的不是一种世界观，而是一个庞大的知识体系；不是一种美学，而是多种艺术实践；不是原则，而是情绪。这是对单向改造世界的希望的终结，也是对伦理状态的激进批判。

曾因被反动政权抬高而遭到排斥的哲学家，如尼采、海德格尔、荣格，成为人们越发感兴趣的对象。这些人被左翼知识分子重新评价，因为他们比别人更早认识到西方社会所面临的深刻的价值危机。此时正是威尼斯大学建筑学院和马西莫·卡恰里、弗朗哥·雷拉、曼弗雷多·塔弗里的全盛时期，几年前，正是他们把这些令人不安的人物介绍给左翼文化。1976年，卡恰里写了一篇关于消极思考的文章《危机》，第二年又写了《消极思维与合理化》。1977年10月，塔弗里为马尔多纳多主编的《卡萨贝拉》写了一篇文章，发表在以建筑和语言为主题的一期上。这位评论家提出了问题：在现实中，当历史本身这个概念与那些未来和进步的概念都遭到彻底质疑的时候，谈论历史有什么意义呢？同样，当人们都相信同一事实可以产生多种重建——虽然有的时候彼此之间差异巨大，但每一种都条理清晰、令人信服的时候，如何能将研究理论化呢？这就导致了批评理论化，认为批评是一种意识到自身局限性的劳动，一个无限的研究，撕裂了历史建构的紧凑性，“使它们成为问题，阻碍它们把自己表现为真理”。最后，有一点是确定的，即任何确定都是要处理的删除后的结果，“一个真实的故事并不是隐藏在无可争辩的语言证据中，而在于承认自身的任意性”。塔弗里试图避开德勒兹和瓜塔里的块茎无秩序状态的陷阱。为了与他们保持距离，他只引用了两次。尽管如此，他自己也认识到，这座建筑现在不太安全，历史主义堡垒的吊桥是放下的。

实际上，所有的知识体系都崩溃了，包括永远被认为是确定性来源的科学体系——即使是相对的，也不例外。1975年，保罗·费耶阿本德出版了《反对方法：无政府主义的知识理论大纲》。这也许是反对客观知识接口的最好结合体，即使它隐藏在波普尔容易证伪的相对论或库恩的范式交替背后。他认为任何理论都天生武断，有特权的标准或方法是不存在的。我们所获得的科学体系导致了这样一种弊端，即我们对现实的感知匮乏到不可容忍的程度。一个与这一专业领域没有特别联系的知识分子圈子也提供了证据，证明现在接受这些主题的时机已经成熟：1979年，由阿尔多·加加尼主编的论文集《理性的危机》在意大利出版，很快，关注此事的安伯托·艾柯在《阿尔法贝塔》杂志上发表了评论。

1977年1月17日，罗兰·巴特在法兰西学院发表就职演讲，他提出警告：正是我们使用的语言及其规则体系，使我们困在了权力的网络之中。我们以为是自己在说话，但实际上，是我们使用的语言在表达我们自己。只有文学和艺术才能从其范式中对语言进行解构和质疑，才能为我们提供某些救赎的幻象。如前所述，在研究朋克和都市印第安人的现象时，1977年的这场危机首先影响的是城市维度。这是无污染空间神话的终结。在意大利，皮埃尔·保罗·帕索里尼的去世（1975年11月）彻底终结了边缘人群和农民空间真实性的神话。大都市的空间扩张愈演愈烈，它的价值观、产品和习俗能吸收、消化所有可能的抵抗力量。这是在各种不同定义下的后现代主义最成功的时期：新理性主义、趋势主义、历史主义。它们共同关注都市的城市层面，即使这个城市被想象成凝固在19世纪的辉煌或前工业化的和谐之中。这是克里尔、罗西、格拉西和艾莫尼诺采用的秘诀。他们声称，如果我们的文化是城市文化，为什么不回到街道、公共广场、林荫大道和场地的文明中去呢?

他们研究了拿破仑三世统治时期豪斯曼设计的巴黎和弗朗茨·约瑟夫一世时期的维也纳。他们的工具是研究城市形态的城市形态学和关注建筑循环特征的建筑类型学。他们在自己的传统空间和艺术原则项目中，试图反对一切城市事物的撕裂性矛盾，反对社会系统分裂成单体的矛盾，反对传统家庭的破裂，反对都市焦虑的日益严重的压迫。在意大利，随着广播的式微，包括爱丽丝电台在内的私人广播开始尝试类似的重构工作。爱丽丝电台尝试创造一些不必有实体的新空间，还将社会重构问题从城市形态的物质性和建筑类型的规定性转移到大众传媒的非物质性和个体反应的自发性上。安伯托·艾柯公正地指出："爱丽丝电台的背后，是在公共广场举行的聚会、对身体的重新认识、隐私、对离经叛道行为的骄傲担当（尽管它们之间互不相容），以及新的年轻的无产阶级的主题和边缘化人群。"

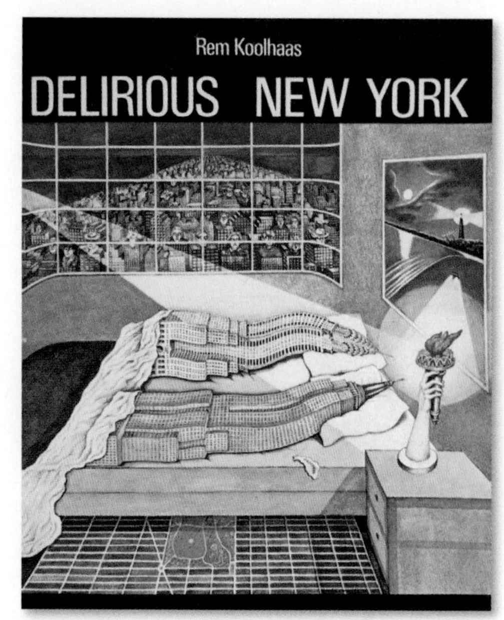

雷姆·库哈斯，《癫狂的纽约》，伦敦，1978

社会主体，作为一个创造新的规则和类型的紧凑的有机体，已不复存在。对过去视而不见已经没有意义了。人们所做的尝试，包括1980年主题为"历史的存在"的威尼斯双年展，只不过证明了这种行动即便不危险，也毫无用处。1977年的个人主义的无政府主义者也是理解这个问题的，他们将先锋派的语言注入他们的实践，用个人主义、身体和去程式化的概念取代规律性、标准化和统一的概念。在这个过程中，他们试图正视这种方法所追求的生产体系——从大规模生产到个性化，从社会化到碎片化，从大众产品到个人反应。这个反怀旧的方法，被一些年轻的建筑师和一位心怀不满、恰好在此时决定改变自己的生活的专业人士采纳。这些年轻的建筑师是来自欧洲的伯纳德·屈米、雷姆·库哈斯和艾利亚·曾吉利斯，以及来自日本的伊东丰雄。1977年时，屈米33岁，库哈斯33岁，曾吉利斯39岁，伊东丰雄37岁。另一位专业人士则是来自美国的弗兰克·盖里，当时他48岁。屈米、库哈斯、曾吉利斯三位欧洲建筑师深受伦敦的建筑联盟学院（当时由孜孜不倦的阿尔文·博伊尔斯基管理，建筑电讯派也加入其中）的影响，也都受到20世纪60年代和70年代早期激进建筑思想的强烈影响。伯纳德·屈米发展了空间中的身体主题，不信任具有排他性唯智主义的建筑概念。1978年，库哈斯出版了《癫狂的纽约》，他在这本书中分析并探讨了拥挤的大都市所蕴含的诗意。艾利亚·曾吉利斯将现代运动中的反城市主题转化为诗意的图像。日本建筑师伊东丰雄是新陈代谢派建筑师菊竹清训的学生，他探讨了城市空间与存在空间的关系。盖里在充满了实验氛围的加利福尼亚州接受了专业训练，从事工业材料、城市廉价景观和波普艺术遗产方面的工作。关于这个群体，后面会有更加详细的介绍。

为了全面了解形势，我们可以看看由彼得·艾森曼于1967年创建并管理的IAUS。该协会是不同个性的群体的广泛接触点，代表了20世纪70年代后半期对各种研究进行的比较。翻阅IAUS的喉舌《反对派》杂志，就能找到马丁·鲍利、拉斐尔·莫内欧、伯纳德·屈米、莱昂·克里尔、雷姆·库哈斯、曼弗雷多·塔弗里、柯林·罗、丹尼斯·斯科特·布朗、阿兰·科尔孔和乔治·格拉西等不同人物的文章。此外，IAUS还代表了在威尼斯建筑大学（IUAV）进行的研究与美国形式主义更极端的一面之间的桥梁，该协会以彼得·艾森曼为首，充当着既是先驱又是后卫的难以分割的角色。

从建筑电讯派到高技派

1975年，威利斯·法伯与杜马斯公司总部大楼在伊普斯维奇落成，这是刚满41岁的诺曼·福斯特的作品。这座三层的综合办公楼的独特立面形式引起了大量的关注，福斯特采用玻璃幕墙包裹了建筑的曲线轮廓。尽管规模不同，但它让人想起了密斯在柏林弗里德里希大街设计的玻璃摩天大楼。它并没有因其形式或体量的多面性而给人带来强烈的压迫感（也许你还记得柯布西耶对建筑的定义，即建筑是光线下的体量的游戏），而是倾向于融入城市背景，或至少否定自己作为一个几何体的存在，它的反射立面映出了它所处的城市环境。在建筑内部，空间和体量让位于一个高度科技化的连续统一体，它具有高度的灵活性，可以根据使用需求进行细分，还能够满足不断变化的需求。在1976—1977年开始的塞恩斯伯里视觉艺术中心项目中，福斯特再次采用了威利斯·法伯与杜马斯公司总部大楼的设计理念，他放弃了强大的几何体量，取而代之的是一个由可移动的薄面板分隔的简洁、宜人的空间容器。我们可以看看它的平面：它和阿基佐姆小组的无终结城市如出一辙，还让我们想起了超级工作室的有线景观。当然，它首先是对福斯特非常钦佩的建筑电讯派和塞德里克·普莱斯的研究的致敬。

我们现在可以将这一证据与当代研究进行比较，这些研究都是由纽约五人组、新理性主义者或后现代主义者用形式来解决的。福斯特似乎想要表明，形式是一种后验产品，而不是先验的假设。它是一个建筑运作的结果，而非前提。更重要的是，那些在空间中移动的人，连同其结构的使用，就像立面、窗间墙、柱子和洞口一样，有助于形成一个建筑物的结构。1977年，就在建筑师们对塞恩斯伯里视觉艺术中心津津乐道之时，蓬皮杜艺术中心在巴黎落成。这是伦佐·皮亚诺、罗杰斯夫妇（理查德·罗杰斯和苏·罗杰斯）与詹弗兰科·法兰契尼的作品。这四位建筑师选择的主题与福斯特相同：大型横梁，以避免展览空间中间的结构中断；位于周边的服务设施；开放的工厂系统；工业生产材料的使用。此外，福斯特、皮亚诺和罗杰斯都属于同一代人，他们有着相似的文化和技术教育背景，至少在一开始他们还有着共同的职业生涯。

事实上，蓬皮杜艺术中心只有一部分建筑是按照1971年获胜的参赛方案建造的。它最终没有采用具有无限灵活性的可移动地板和能与法国其他博物馆保持媒体连接的立面屏幕。尽管如此，这个项目还是产生了巨大的影响。与塞恩斯伯里视觉艺术中心不同的是，这座建筑矗立在巴黎市中心，而不是位于诺维奇的东安格利亚大学校园里。查尔斯·詹克斯把它比作埃菲尔铁塔，鲍德里亚批评这座建筑是一个大众文化超市。雷纳·班汉姆则对其充满热情，他说，世界终于有了一座当代文化的纪念碑。

实际上，蓬皮杜艺术中心就像一股新鲜的空气。它呈现了一个迷人的文化机构的形象：通透、灵活、热情、友好。

Flickr/iv toran

阿基佐姆小组，无终结城市，1969

iStockphoto/sitaanawong

伦佐·皮亚诺、罗杰斯夫妇和詹弗兰科·法兰契尼，蓬皮杜艺术中心，巴黎，1971—1977

而对它的批评也许正是这个形象的力量所在。因此，由于一种对形式主义的迷信，建筑师和公众都不愿意为生产和管理新举措而开发技术机器的潜力，而是常常将其解释为一个现代主义的象征，一个被凝结和束缚的标志，一个用于举办传统活动的场所。同样的命运也降临在威利斯·法伯与杜马斯公司总部大楼和塞恩斯伯里视觉艺术中心头上：比起技术革新带来的新用途，它们的形象更引人注目。这就是高技派的诞生：一种新型的外露管道和管道系统，完美的接头和连接，大片的玻璃和巨大的能源浪费。这与普莱斯、建筑电讯派和巴克敏斯特·富勒（应该注意的是，在1982年，富勒有了与福斯特合作的机会）所设想的完全相反。福斯特的项目是新建筑的鼻祖。

福斯特明白，这种新的风格可能成为他职业财富的基础。皮亚诺试图谨慎地离开，采用更柔和的技术手段，尽管在必要时需要利用技术的红利来暗示他前卫的过去。罗杰斯继续进行着功能试验，他在对高科技风格的让步和对创新的渴望之间不断地徘徊。

早在1978年，查尔斯·詹克斯就提出了一个新的转向，与后现代主义相辅相成。在后现代主义中，高技派是其主要分支之一。它的特点是实用主义、夸张的超现代主义、非连续性、实验性的态度和对新事物的品位。它沦为一种风格，一种现代前卫运动，但在前途未明时便已打了退堂鼓。

新功能主义还是后功能主义

前4期《反对派》出版于1973年9月至1974年10月。经过近两年的暂停，第5期在1976年秋季上市。它以马里奥·甘德尔索纳斯的题为《新功能主义》的社论开篇。

甘德尔索纳斯指出了当前的两个趋势：新理性主义和新现实主义。前者起源于20世纪60年代，在70年代上半叶

伯纳德·屈米（1944—）

达到顶峰，以欧洲的阿尔多·罗西和美国的彼得·艾森曼及约翰·海杜克为代表。后者在20世纪60年代发展起来，以罗伯特·文丘里为代表。前者的特点是寻求学科的自主性。而对于新现实主义者来说，建筑是一种卓越的历史事实。它利用波普艺术、广告、电影和工业设计等工具进行交流。甘德尔索纳斯认为，新理性主义和新现实主义的共同因素是它们的反功能主义。然而，尽管功能主义有许多错误和幼稚之处，但它首先是一种看待建筑意义问题的方式，即它的象征层面。它允许设计师从任意性的深渊中逃脱出来，以系统和有意识的方式展开设计过程。因此，甘德尔索纳斯得出了结论，认为有必要克服新理性主义和新现实主义，赞同新功能主义，剔除现代运动的幼稚成分，意识到当今的问题，并提供一个辩证的再次叙述。

彼得·艾森曼在接下来的第6期《反对派》中做出了回应。他指出，功能主义是一种建立在主体中心地位基础上的人文主义态度，至少有五百年的历史。因此，不能仅仅将其归于现代运动。

然而，艾森曼提出，在价值危机使人们质疑个人的身份，从而质疑空间的特权地位的时候，继续谈论个人的中心地位是否有意义？再者，当其他艺术在一段时间内没有丝毫改变，依然青睐抽象的、非叙述的、非人类中心的主题时，追求一种人文主义的态度是否仍然有意义？我们只需要想想各种艺术门类中的教训就可以了，如马列维奇和蒙德里安在绘画上的，乔伊斯和阿波利奈尔在文学上的，阿诺尔德·勋伯格和安东·冯·韦伯恩在音乐上的，以及汉斯·里希特和维京·埃格琳在电影上的。艾森曼总结道：正是因为建筑不再代表任何东西，而且比任何时候都更不能代表它的人类居民，所以它必须从其他地方寻求出路，例如，几何学和柏拉图式的实体的游戏，或是没有任何参照物的符号的碎片。简而言之，一件建立在意义缺失基础上的作品，刚好与许多人文主义建筑所期望和提倡的充分的意义形成对照。在艾森曼的立场背后很容易观察到他的公开辩护的立场，包括对自己基于任意组合规则建造的不宜居的建筑（六号住宅从1975年开始建造）、罗西的沉默的碎片建筑、曼弗雷多・塔弗里展示的空洞符号的语法和马西莫・卡奇亚里的缺席的神秘主义的辩护。艾森曼的文章内容还不仅限于此。事实上，我们还能从中看出他在努力克服纽约五人组时期的方式主义风格，以支持新的研究方向。艾森曼此时准备了两个研究方向。第一个方向是成稿于1975—1978年的十号住宅。这是一种形式主义的设计，但并没有强烈的思想体现：房屋与场地和周围的景观对话，被分成四个易于使用的象限，以灰泥、铝板和钢格栅等不同的材料为特征。这些材料在理查德・迈耶和弗兰克・盖里等建筑师的同时代项目中出现过，让人们想起不再是"恐怖主义"（塔弗里的说法）的建筑构成方法。从专业角度看，这个研究方向是成功的，与迈耶提出的观点不无相似：醒目而冰冷的建筑，像抽象画一样精致，和精挑细选出来的水果一样。但这也成了被诟病的地方——而且艾森曼很可能意识到了这一点。迈耶即将遭遇的情况是：创新变成了"保留曲目"，无休止地回归到同样的结果，不过是一种自我参照的方式主义。

第二个方向是他在威尼斯和IUAV时期发展起来的，朝着相反的方向。他提出了一种具有高度概念性的产品，甚至以不宜居为代价。它是基于悖论逻辑、非逻辑和不合逻辑的参数来解读景观的，带着一种知识分子自命不凡的意味。它引入了与假想中的现有元素、未建成项目、文学文本以及哲学推理的对话，带着不可理喻的设计和异化的效果。这在建筑的功能主义和人文主义体系中显得特立独行。正是这种虚无主义的态度导致了1983年他以Fin d 'Ou T Hou S项目宣告"自我封闭"。但这也是新的概念工具微调的前提，其中许多工具经过修正和发展后又被艾森曼重新利用。

屈米：情欲与身体诗意之间

伯纳德・屈米强调了身体和物质在空间中的重要性：无论理论如何，建筑首先是一个被体验和感知的空间事实。然而，试图剥夺空间的精神维度是有局限性的："一方面，建筑是一种思想，一种非物质化或概念性的学科，有其类型和形态的变化；另一方面，建筑是一种经验性的事件，集中于感官和空间的体验上。"尽管如此，建筑的两个维度——概念性和感性，是不可能同时得到检验的。空间要么是体验性的，要么是概念化的。

然而，在这样的情况下，赌注是建筑的快感，通过不追求功利的目标，展示无用之物的有用性，激发了被功利主义和商品化的西方社会压制的无意识和欲望的成分。建筑因此类似于情欲：不断地在物质现实与过度的心理快感之间胶着。建筑师强加其上的规则是一种束缚，一种自我约束，是为了提高游戏的快感。但是，我们必须小心。情欲并不意味着直接满足需求："（建筑）不能满足你最狂野的幻想，但它可能超过这些幻想所设定的限度。"它的作用就是成为前卫的门槛和边界。

这与罗兰・巴特关于诗性语言的破坏力的反思有着许多的关联之处，其目的正是废除一般语言的强制机制，以发现和超越语言的极限，正如自由主义者通过超越宗教、伦理和常识的规则，发现新的东西和理性的疆域。这与艾森曼作品的后功能主义诗意也有相通之处。对于这两种情况，事实上，建筑必须预设一个超越自身的维度，换句话说，就是一种缺席。

也就是说，对于屈米来说，概念总是以欲望的名义，通过一个解放的假说来过滤。这与爱丽丝电台为1977年的一代所提出的理论并无二致。它勾勒出一条新的道路，尽管毫

雷姆·库哈斯（1944—）

无疑问地专注于学科的物质和空间维度，但还是一样地机智和唯美。他批判了新理性主义者以概念的纯粹性为名提出的纸上建筑。他认为类型学和形态学研究不过是建筑话语的局部和单个方面。他明确地抨击了那些使用历史引文的人的态度，也不信任那些模仿一般概念的“说话的建筑”。

相反，他强调了扭曲和“围绕着建筑师的宇宙错位”的快感；表达了超越功能主义、符号系统、历史先例和过去形式化产品的教条的愿望。“通过破坏保守社会所期待的形式来保存建筑的情欲能力。”最后，他为“烟花”作了颂歌，意在将其作为一种崇高的无用行为，在这种行为中，审美愉悦取代了任何在功能性或概念性上的期望。

库哈斯：拥塞文化

雷姆·库哈斯和屈米年纪相同。他起初是一名记者和编剧，后来决定投身建筑事业，在伦敦的建筑联盟学院学习。这里是屈米的母校，也是库哈斯遇到艾利亚·曾吉利斯的地方。1972年，库哈斯因其“出埃及记”（也称“建筑的自愿囚徒”）竞赛方案而备受关注。在该方案中，他分析了建筑与空间使用之间的关系，换言之，就是自由与限制之间的辩证关系——关于移动、观点和人际关系，这些是任何建筑都必然会强加于居住在这里的人的东西。就在这一年，沉迷于美国神话的库哈斯来到美国，在那里与艾森曼及IAUS取得了联系，并在《反对派》上发表了几篇文章。1978年，他出版了《癫狂的纽约》。对库哈斯来说，曼哈顿是理解现代性和建筑之间关系的罗塞塔石碑。在曼哈顿，没有所谓的真实和自然。真实被幻想产生的模拟所取代，自然则已经让位给人工了。因此，曼哈顿成了让梦想成型的空间，人们在这里可以生活在自己的幻想中，体验建筑给人带来的狂喜。曼哈顿也是拥塞文化的原型，它并不代表一个问题，而是代表将抽象的潜力转化为发展和互动的有效时机。库哈斯从他对曼哈顿的研究中总结出了五条具有很强的操作性的经验。

首先，有必要改变社区观念的方向，如在20世纪60年代流行的简·雅各布斯的观点。对于大都市不利于居民之间形成具体的生活关系，从而不宜人居的观点，库哈斯认为，在社区以及健康乡村生活的固有观念的影响下出现的建筑集群才是不宜人居的。只有都市环境——无论我们喜欢与否——才标志着现代性及其价值的基础。

其次，是时候重新评估大都市的人工和模拟层面，以反对肯尼斯·弗兰普顿和克里斯蒂安·诺伯格-舒尔茨等理论家在多个场合提出的真实性理念，他们采用了海德格尔在《筑·居·思》中的反思，回溯到最初的居住维度。但库哈斯认为，这一维度已经彻底失去，不再有任何意义。

再次，是时候对有机的、基本上不灵活的系统进行批判了。这个系统中的各个部分都是相互关联的，如果不破坏整个系统，便无法将其移除。对于艾森曼和罗西假定的这一逻辑，以及在城市规划领域中克里尔和格雷戈蒂的假定，库哈斯也持反对态度。库哈斯认为，曼哈顿的网格之所以起作用，是因为它激活了微弱的互动力量，不像巴黎的林荫大道，需要一个统一的规划。更为重要的是，这里的摩天大楼之所以能发挥作用，是因为它允许在每层楼都有不同的活动，而不必依靠立面为其增加存在感，这在内部功能和外部立面之间具有严格对应关系的建筑中是不可能获得的。

然后，忽视技术及其对建筑结构的影响是不可想象的。库哈斯援引了城市机械电梯的例子：工业产品如何从根本上改变建筑的设计方式，让建筑向上发展，让以前的各种建筑形式原则（地基、建筑主体、屋顶）彻底过时。

最后，认为功能主义建筑不过是平庸的功能事实的产物，这种想法太天真了。相反，它具体地表现了清醒的讽刺和幻觉的功能性，以及对未来的梦想，就像一些超现实的艺术品在现实和乌托邦之间找到了一个平衡点——无论这个平衡点是多么不稳定。有人认为现代性原则是一种价值的主张和对语言形式主义的漠不关心，这解释了《癫狂的纽约》为什么会获得成功，以及评论家为什么对这位34岁建筑师的作品日益关注。库哈斯与佐伊·曾吉利斯、艾利亚·曾吉利斯和马德隆·维里森多普于1975年共同创立了大都会建筑事务所（OMA）。事务所设计了许多项目，它们都建立在曼哈顿主义的逻辑和对诠释功能主义诗意的本质的艺术运动——如抽象主义、至上主义和造型主义——的重新评价上。这个假设是明确的。

后现代主义提出了过去的神话，但库哈斯与其逻辑相反，按照甘德尔索纳斯的理论立场，他肯定了现代运动的积极性：虽然犯了错误，但功能主义代表了直面未来的英勇尝试。更重要的是，它在任何情况下都是一种宝贵的工具，可以将建筑语言与具体的和跨学科的价值联系起来，使其免于坠入自我参照的深渊。

1977年，OMA参加了海牙扩建工程的竞争。OMA的团队还包括年轻的扎哈·哈迪德，她作为合伙人在OMA工作了一年，此前她是库哈斯在建筑联盟学院的学生，在那里她完成了一篇论文，灵感来自马列维奇的至上主义。

海牙的项目是一篇关于城市密度和复杂性的文章。它假设了当代辩论中的一些问题，随后又将其颠覆。例如，其建筑物的立方体模块，还有一个由不协调的碎片组成的结构的构建过程，所有这些以立体的体量为特征，用于产生街道、公共广场和宽阔的空间。它们让人想起库哈斯的老师之一昂格斯的设计和柯林·罗的拼贴城市。然而，它们是通过一种逻辑来表达的，这种逻辑不受风格主义和古典主义的疑虑的限制，由穿过建筑的悬空走道、屋顶上有窗户的倒置建筑，以及上下、左右、高低都难以判断的空间组成。这是一股新鲜空气。建筑师的注意力从占据后现代主义者思维的封闭体量转向了空间的物理特性：它因空间的连续而变得流畅，因建筑之间的枢纽和交叉点而彼此衔接，因玻璃幕墙而在视觉上显得收缩，又因处于不稳定平衡状态的悬臂和结构而显得越发轻盈。

建筑联盟学院与“层”

20世纪80年代初，由于在伦敦的建筑联盟学院学习而后又在那里任教的三位建筑师——伯纳德·屈米、雷姆·库哈斯和扎哈·哈迪德的成就，人们开始把注意力转向了这所学校。屈米赢得了拉维莱特公园项目的竞赛。库哈斯已经因其坚持不懈的宣传活动而闻名，他也为拉维莱特公园设计了方案，并赢得了提名和国际媒体的关注。当时只有33岁的扎哈·哈迪德则在香港山顶俱乐部项目竞赛中获胜，从这个住宅和休闲综合体项目可以俯瞰美丽的维多利亚港。

扎哈·哈迪德的香港项目是一个复杂的纵向体量组合，看似岌岌可危地坐落在山坡上。建筑有5个“层”（layer）——哈迪德借用了计算机语言中的术语。第一个层由15套复式公寓组成；第二个层由两个楼层构成，每个楼层包含10个单体公寓；第三个层是一个高达13米的空间，其内部的服务设施仿若飘浮在太空中的卫星，主要包括健身房、更衣室和社交活动空间；第四个层由四个俯瞰海湾的阁楼单元组成；第五个层是项目开发商的私人住宅。每个层都采用了线性配置，但各自朝向特定的方向，以不同的方式占据了场地。这样的设计带来了一种强烈的动态效果，整个建筑群看起来似乎在猛烈地攻击山坡。这几乎是一场地震，用哈迪德的话来说，这是“在一片不可移动的土地上发生的轻微地震位移”。尽管如此，以细长的建筑体量为代表的力线几乎像飘浮在空中，因此没有那种地震给人带来的恐怖感觉。第三个层中的空间打破了建筑群的一致性，使之产生振动。同样的振动也可以在由细长柱子支撑着的第四个和第五个层中发现。简而言之，这个建筑群直面自然环境，又没有与之重叠或对其造成破坏。对于如何让项目融入周边环境这个问题，扎哈的响应既符合背景，也是抽象的。为了呈现这个项目，她在两个层面上下了功夫。一方面，她使用了非常精彩的绘图，尽管通过变形、扭曲的透视图以及重叠的平面图展现的抽象系统常常难以解读。另一方面，在结构上，她提出了以原色为标志的基本几何纯度的形式。复杂性不是物体所固有的，但感知的体验是，人们可以从在空间中自由排列的形式带来的地平线的连续变化中发现这一点。可以从各种不同的角度来理解这个项目——这种需求意味着从历史上的构成主义和至上主义绘画及雕塑艺术中寻找答案，这是一种形式主义的方法。不过，它源于一种派别主义伦理，建立在这样一种考虑之上：形式由程式化的方面决定，重要的是，形式允许以出人意料、无拘无束的新方式来组织对象。如果世界是由数字构成的，那只有通过选择数字才能恢复纯粹的视觉，这样应用的概念结构才能被剥离，从而考虑新的和更真实的功能关系。如果说扎哈的项目（本来就是属于城市的）因其显著的环境特质脱颖而出，那么参加了拉维莱特公园竞赛的屈米和库哈斯的作品则是在反自然和大都市的维度中展现的。屈米、库哈斯和扎哈的作品都具有决定性的新现代主义风格，并基于层次逻辑的展开而发展。扎哈回归了苏联人的现代主义传统，特别是马列维奇的至上主义，而库哈斯和屈米关注的则是建筑理性主义和早期的抽象绘画：屈米明显受到了康定斯基的影响，影响库哈斯的则是克利。

关于各个层之间的逻辑，必须强调的是，虽然扎哈用它来确定协调的力线，但屈米和库哈斯则用它来预设自主的层次，一旦重叠，就会产生意想不到的配置方案。屈米确定了三个层：点、线和面。点的体系由一组呈方形网格布置的“疯狂物”构成，间距为120米。这些“疯狂物”又以10米见方的空间体积为基础进行变异。每个“疯狂物”都具备不同的功能，拥有自己的特殊形式，由基本元素的随意排列决定。线是路径（如两条正交的长廊和蜿蜒的蛇形园路）和墙

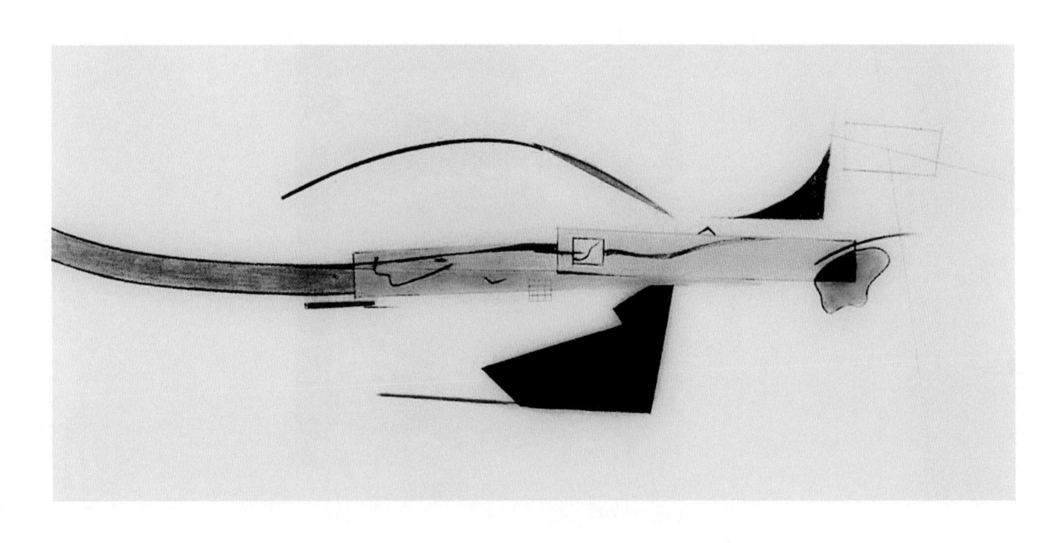

扎哈·哈迪德，香港山顶俱乐部设计图，香港，1983

壁。面则是承载活动的空间：它们拥有各式各样的形式——其中一些较为基本，如三角形、圆形和矩形，另一些相对复杂。库哈斯确定了五个层：承载不同功能的水平条带；随意分布的“五彩纸屑”，承载明确的活动功能，如亭子、野餐区或儿童游乐场；入口和流通轴线，包括南北主干道；纪念性的建筑，如博物馆、现有建筑和两座人工山；与公园外城市环境相连的部分。鉴于库哈斯在20世纪八九十年代大量使用了分层设计手法，有必要花些时间来分析它赖以建立的三个概念通道：

（1）预期方案需求；

（2）将分解元素按弱序原则排列并重新组合；

（3）基于基本或完全随意的逻辑完成各层叠加。

这种做法无视方案需求或后期才重新编制的方案需求清单，其原因很清晰：消除所有以综合方案、类型或形态形式存在的预先包装的解决方案。这与后现代主义者宣称的创新只能从与过去的决裂中诞生有所不同。

弱序原理源于对结构的怀疑，在结构中，所有部分都是相互关联的，在不改变整体平衡的情况下，各个部分都不能任意增减，功能配置因此受到阻塞，毫无灵活性可言。相反，由弱力联系起来的简单有机体更容易被接受，甚至可以说，它们可能只是被单纯地并置。我们已经看到雷姆·库哈斯是如何从纽约的城市主义和建筑中借鉴这种方法的：分别从城市网格和摩天大楼中借鉴。他尝试以德勒兹和瓜塔里的块茎逻辑为基础，通过聚合技术来克服结构主义文化。

层的叠加是对双重需求——复杂性和随机性的响应。复杂性是因为功能的重叠可以用来获得刺激的和多主题的环境。随机性是因为层的重叠意味着充足的任意性，会带来更多无法预测的可能性。

通过将类型学、碎片化和随机性混合在一起，库哈斯和屈米的项目指明了一个新的研究方向，它远离了别的趋势，

伊东丰雄（1941—）

伊东丰雄，G住宅（U住宅），东京，1975—1976

以及其他先锋艺术的代表，更倾向于遵循一个已知的路径，由戏剧化场景布置、象征性的价值和复杂的阐述形式构成。分别代表威尼斯派、罗马派和米兰派的意大利建筑师很多，尽管他们的一些作品在主题上值得关注，但更多的还是对类型学和城市形态学的讨论，集中在理论辩论领域。其中，最突出的是路易吉·佩莱格林，他提出了两个扇形的巨构建筑，面朝公园内两个主要建筑——大礼堂和科学技术博物馆。每个扇形结构内部都容纳了一系列会议空间和功能空间，上面覆盖着一个优雅的屋顶，其斜坡部分设计成了人工屋顶花园。佩莱格林说：“它们像两棵紧紧挨在一起的棕榈树，在提供保护的同时也是天空的投影。”它们创造了两个世界：一个是由峡谷、洞穴和被困在地底的空间组成的地下世界，一个是悬浮于人工山顶的阳光明媚的空中世界，两者构成了一个出人意料的景观。用来支撑倾斜结构的柱子的数量受到了严格的限制，以避免影响公园景观，但它同时也可以支持公共和私人道路流通，还可以为扇形结构内部的功能空间提供服务网络。通过坚持一个主题——现在被建筑辩论所遗忘的巨构建筑，这个项目被有意地过时化了。然而，它的乌托邦式的明晰性赋予其数学证明般的清晰度。佩莱格林非常肯定，我们这个时代的问题既不能通过年轻一代建筑师提出的优雅的形式主义来解决，也无法通过参考历史城市和花园的构图来解决，更不能通过无法直面建筑世界的生态方法来解决。这是保罗·索莱里和弗兰克·劳埃德·赖特的积极态度，但首先是巴克敏斯特·富勒的积极态度。

这个城市需要公园吗？如果需要，为什么不构建可以使其存在作用加倍的支撑物呢？人们需要相遇的空间吗？如果需要，为什么不创建出来，将它们与交通系统连接起来呢？车辆流通会影响人行空间系统吗？如果会，为什么不把它们升到地面以上呢？然而，这些问题并没有依次解决，就好像它们彼此独立一样。这将使人陷入20世纪70年代著名的技术迷思。为了避免这些问题，佩莱格林借用了富勒的协同概念。换句话说，个体选择的相互作用，使人们的舒适度得以优化，这不仅建立在技术标准（速度、成本、生产能力）上，更重要的是建立在心理和形式的标准上。佩莱格林在这段时间内在参加的各种竞赛中提交的富有远见的设计方案便说明了他的这个观点，他在技术上展示的精确的细节令人震惊。它需要一个长期投资的概念，其较高的前期成本不能立刻从眼前的红利中得到补偿，而要由未来的利益以及技术和生产资源的协调来补偿，这超越了传统的职责分工（建造房屋和办公室的人，建造公园和道路的人等）。虽然不合时宜的乌托邦可能是全面、整体的，但人们显然更容易接受新一代的现实主义。它倾向于限定在一个更加有限的行动领域，通常是专门的上层建筑。在这个领域中，问题是通过形式而不是技术来解决的。

伊东丰雄：作为虚拟内部的建筑概念

1976年，日本建筑师伊东丰雄要重新评估建筑的象征性，既要避免将模棱两可的后现代主义符号应用在形态各异的盒子结构上，又要避免不合时宜的高度形而上学的建筑，如文艺复兴时期的平面呈中心对称的建筑，在这样的建筑中，现代人会感到疏远和错位，无法认识自己。他在同一年中完成的两个独户住宅设计（位于冈崎的上河田住宅和他姐姐在东京的住宅）中确定了他的解决方案。

上河田住宅基于一个正方形的平面，由于隔断墙的特殊设计（两道“之”字形和一道曲线形），环绕在中央空间周围的房间呈现出波动的形态。从这个作品中可以明显看出伊东丰雄受到了纽约五人组的影响。在轴测图表现手法中也能发现一些引用，确认无疑是海杜克的风格。然而，相对于纽约五人组的去语境化组合（明确地说，房屋更类似于抽象的空间对象），上河田住宅的核心结构构成了对传统住宅价值的明确的象征性参考。同样，这又与构架出核心结构的隔断墙展现的离心式的排布相违背。

东京的住宅项目则颠覆了这一观点。伊东丰雄给出的方案不再是一个中心空间，而是一个环。这个设计之所以与上河田住宅截然相反，是因为这是来自伊东丰雄的姐姐的委托。在经历了丈夫因病离世的痛苦之后，她对住宅的实用性和功能性方面并不关心，而是想寻找一个与世隔绝的岛屿，环绕着一座花园而建，这样无论她身处住宅何处，都能对内部情况了如指掌。这座长50米的住宅于1976年完工，占地300平方米，折成一个近似字母G的形状（因此得名G住宅，也称U住宅）。住宅外立面采用了混凝土，特别之处是一个管形的客厅，以弧形的白色抹灰墙和白色地毯为界。两道自然光线通过内墙和屋顶上的开口进入室内，仿佛将客厅切成两段。

白色的室内装饰和灰色的混凝土之间，阴影和光线之间，人造的外壳和内部花园的自然空间之间，产生了种种对比。然而，这栋住宅只能勉强供人居住。女主人的一个女儿记得，她的妈妈很不耐烦，想要离开房子，而另一个女儿在采访中提到花园多么荒凉，连家畜都不愿意单独待在那里。这座房子仿佛一个望远镜，用来研究伤痕累累的室内空间，它颠覆了许多传统建筑的中心方案。它通过占据周边和否定它所界定的内部花园，唤起了一些缺失：宜居性、中心性和尺度。在某种程度上，在没有表达其直接特征（如规律性）的情况下，它可以和迷宫相比，是一个可能让人迷失方向的疏离空间。

在这个项目建成约20年后，伊东丰雄在接受采访时谈到了虚拟性。他说：“通过这所房子我意识到，无论在哪个年代，人们都希望自己的家能表达出某种象征性的力量，建筑师必须回应这种期望。住宅总是需要一个虚拟的维度，住在里面的人也会追求一个虚拟的、象征性的功能，建筑师却试图消除这种功能。问题是，这种要求在现实社会中已经失去了活力。奇怪的是，在今天谈论虚拟性已经成了一种陈词滥调，这个问题在住宅设计中被低估了。”也就是说，建筑可以通过空间来表现思想，将思想从思维的一维空间转移到形式的三维空间，从而恢复其象征性的维度。正是通过这个过程，建筑与它的居住者之间建立了物质和精神的双重联系：说它是精神的，是因为空间带来更深刻的非物质价值的虚拟化；说它是物质的，是因为它迫使人的身体在这种由精神现实发展而来的物质环境内移动。伊东丰雄提出的解决方案与库哈斯的方案不谋而合，他断言曼哈顿已经为现代性好的那些方面赋予了形式，换句话说，它将它们虚拟化了。他的方案与屈米所追求的情欲美学也有许多交集，都在虚拟与具体、空间与身体、几何与物质之间胶着。不难看出，在20世纪70年代下半叶，在后现代主义的鼎盛时期，一系列能量被激活了。这些建筑师改变了建筑这门学科的一些观点，驳斥古典主义的怀旧情绪，从建筑学的创立原则出发，重新思考建筑。通过这些做法，他们为未来几年建筑将要探索的主题，以及解构主义的重生铺平了道路。

接下来要分析的是弗兰克·盖里的立场。他和上面提到的建筑师不一样，他独自在美国加利福尼亚州工作，远离所有理论上的争论。

盖里：加州脱衣舞

就在伊东丰雄完成上述两个项目的那一年，47岁的弗兰克·盖里从巨大的职业和心理危机中走了出来。他决定改变自己的生活，朝一项让他更有满足感的艺术研究前进。1978年，他完成了自宅扩建，这是一个让他立即受到了国际关注的作品。在1976—1978年，他至少又完成了四个项目：双子座G. E. L. 工作室、瓦格纳之家、法米利安之家和冈瑟之家。它们揭示了一种多样化的设计研究方法，不再像1972年罗恩·戴维斯住宅及工作室那样，着眼于在一个紧凑、统一的体量容器内衔接一个复杂的空间和路径系统，而是着眼于外部体量的碎片化，体现出内部空间的辩证关系。这是一个与后现代主义倡导者之一查尔斯·摩尔相反的选择（摩尔在1975—1978年设计了位于新奥尔良的意大利广场）。摩尔还活跃在加州大学洛杉矶分校建筑系。盖里嘲笑后现代主义傲慢和古典的本质，将自己的研究定位在使用劣质材料（优先考虑工业化生产的材料）制造一些不完整的结构和支离破碎的结构组合上，甚至到达了“建筑在天空下和其自身钢铁材料的反射中消失了”的地步。盖里说：“我觉得我对未完成的事物或者杰克逊·波洛克、德·库宁、塞尚等人的作品中呈现出的那种刚刚涂上颜料的质感非常有兴趣。在我看来，那些经过打磨的、每个细节都臻于完美的建筑都缺少这样的品质。我想在一座建筑中尝试一下。比起已经完工的建筑，我们都更喜欢在建的建筑。”事实上，盖里早在1968年就已经探索过这个逻辑，当时他做了一套瓦楞纸沙发。这些沙发采用了不常见的材料，外观有些简陋，看起来也不够稳固。而实际上正如广告所示，它们非常结实，甚至可以支撑起一辆汽车。正是随着对自宅的一步步更新，他确定了自己的碎片化策略，可以用三招来概括：建筑脱衣舞，这是对结构完整性的嘲讽，也是随之而来的对轻捷木骨架的暴露；对日常和大量生产的产品中波普艺术特性的敏感度；廉价景观的诗意，即当代城市景观不过是各种碎片、遗迹，以及彼此之间没有任何组织或等级上的差别的构件的拼贴。盖里以色彩驳杂的钢制墙体将原有住宅围住，沿着三个方向增加了新的居住空间，其中容纳了新的住宅入口、较大的客厅、厨房，以

Flickr / IK's World Trip

弗兰克·盖里，盖里自宅，圣莫尼卡，1978

Flickr / iv toran

盖里自宅近景

及服务空间。钢制墙体赋予住宅外观鲜明的现代感，同时还能让人看到原来的木质屋顶。新增的空间地面以沥青铺就，仿佛宣示了它的不稳定性。于是盖里的自宅项目展现为风格与材料的堆砌，也是一个精致的对比之作：新的与旧的、内部的与外部的、完成的与未完成的之间的对比。除此之外，盖里特别设计了开口系统：传统的窗户，客厅上方带有重叠天窗的角窗，厨房上方的立方体天窗，与用来遮挡花园的钢结构相对应的开口。其中最大的开口暴露了原来房屋的轻捷木骨架。

盖里尝试用一种不受任何规则限制的语言更新建筑研究的可能性，用罗兰·巴特的话来说，即一种零度的语言。这种语言无疑更灵活，更贴近现实，因为它较少受到风格规范和统一的修辞方式的影响。

经过结构设计，网片、钢制面板和塑料这些材料重新获得了出人意料的价值：它们变成了透明的屏风、被光线覆盖的起伏的平面，以及具有较高材料强度的物体。新材料的未经发掘的表现潜力尚未受到随时间流逝而固化的价值的影响。

最后，判断标准也从美好转向真实。美好的前提是，对象代表的是自身以外的东西：追求的是完美，是逻辑上的真实，是证据的证明。而真实则是对象与它所代表的事物之间的对应关系，它是什么就是什么，仅此而已：没有风格的面具，现在是意识形态的伪装。在盖里选择廉价景观的背后，很容易看到杜尚的现成品艺术的转喻逻辑、达达主义的去语境化感性、法国新现实主义者的遗留材料，以及阿伦·卡普罗的偶发艺术中的场面调度。

这种方法不同于文丘里和后现代主义者，在他们那里，盒子总是完成了的，与讲述故事的符号和图像重叠。在盖里这里，盒子被赤裸裸地剥开、解构，因而能够通过自己的层次说话。我们也可以认为，这是同时代的戈登·马塔-克拉克所采用的方法——他在切开位于美国郊区的住宅，以暴露空间和材料的层次和重叠情况时就是这样做的。这也是一种先于解构主义的设计态度，盖里的自宅可以被视为第一个案例。即使这种方法隐藏了一种新鲜感和一种对专业具体方面的热爱，这在20世纪70年代末的其他先锋派建筑师的作品中也很难找到，如艾森曼、屈米、库哈斯、伊东丰雄等人。投入大量的体力劳动、使用品质较差的材料和没有任何语言内涵的非同寻常的形式，这些独特的方式使盖里始终能够与更关注大众文化的建筑保持对话，如1974年完成了拜克墙综合大楼的厄尔金和1978年完成了珀西区公共住宅区的卢西恩·克罗尔。除了弗兰克·盖里，加州大学这方沃土还培养了埃里克·欧文·莫斯、富兰克林·D.伊斯雷尔、汤姆·梅恩、迈克尔·罗顿迪、克雷格·霍吉茨、罗伯特·曼古里安和弗雷德·费舍尔等优秀建筑师。

威尼斯之死：1980

前面我们已经提到，1975—1980年的时代是由后现代主义主导的。其主要事件包括：1975年10月至1976年1月MoMA举办了美术馆建筑展；查尔斯·詹克斯1977年出版了《后现代建筑语言》一书；柯林·罗1978年创作了拼贴城市；1978年举办了“被中断的罗马展”。

属于这一潮流的作品在质量上也有很大差别：从查尔斯·摩尔和佩雷斯建筑事务所俗气的新奥尔良意大利广场，到汉斯·霍莱恩为维也纳珠宝店设计的精致的内部装饰（1975）；从文丘里和约翰·劳赫后现代风格主义的塔克之家（1975），到斯坦利·蒂格曼的令人作呕的雏菊之家（1976—1978）；从罗伯特·斯特恩和约翰·哈格曼在阿蒙克修建的新庞培风格的韦斯切斯特公馆（1974—1976），到布鲁诺·雷克林和法比奥·莱因哈特的新帕拉第奥式的托尼尼之家（1972—1974）；从乔治亚·本纳摩和德·包赞姆巴克在豪特斯街进行的令人信服的城市规划实验，到马里奥·博塔的第一批新康式住宅；从菲利普·约翰逊和约翰·伯吉的纽约的巨型奇彭代尔式AT&T大厦（1979—1984，美国电话电报大厦），到斯特林的斯图加特的迷人的新国立美术馆（1977—1984）。最后，还有被查尔斯·詹克斯称为后现代主义象征的建筑——迈克尔·格雷夫斯设计的令人感觉不适的波特兰市政厅（1980—1982）：“这显然是一种包容的建筑，它重视需求的多样性：装饰、色彩、代表性雕塑、城市形态。”

1980年，第一届威尼斯建筑双年展以“过往的呈现”为题开幕。在后现代主义的旗帜下，新理性主义者、文丘里主义者、新巴洛克主义者、历史主义者和古典主义者会聚一堂。这次展览由保罗·波托格西主导，同时得到专家组委会的协助。组委会成员包括尼诺·达迪、罗萨里奥·吉福、朱塞佩·马扎里奥、乌多·库尔特曼、罗伯特·斯特恩以及四位国际公认的建筑评论家——文森特·斯卡利、克里斯蒂安·诺伯格-舒尔茨、查尔斯·詹克斯和肯尼斯·弗兰普顿。弗兰普顿最终因与他人意见相左而退出。这位英国学者的立场十分明确：后现代主义，正确地说是对现代主义危机的克服，而不是一种风格的拼凑。简而言之，这不是双年展应有的表现。

尽管弗兰普顿的退出产生了争议，但这次展览还是取得了巨大的成功。这部分要归功于阿尔多·罗西设计的漂浮剧场（1979，一座浮动的木质建筑），以及制绳厂展厅内由20

迈克尔·格雷夫斯，波特兰市政厅，
波特兰，1980—1982

菲利普·约翰逊和约翰·伯吉，AT&T大厦，
纽约，1979—1984

个假立面组成的“主街”街景，每个立面都由建筑师设计，提供相同数量的展览空间。选择20位建筑师并非易事。弗兰普顿在离开之前，试图在名单中强行加入库哈斯和另外两位建筑师的名字，结果导致罗伯托·加贝蒂、艾马罗·伊索拉、里卡多·保罗、哈桑·法西遭到了冷落。这个设计的灵感来自德国一个娱乐公园里的一条假街道。建造“主街”最重要的目的其实是游戏。然而，无论展出作品的人还是众多批评家都当了真，其中一些人的作品夸张而傲慢，而批评家们则把这个游戏拆解成碎片来解读。这其中包括布鲁诺·赛维，他过分渲染了项目的危险性，认为这种看似俏皮实则冷漠的做法实际上隐藏了一种后防现象，对脆弱的意大利建筑世界构成了巨大威胁。但并非20位建筑师都被后现代主义的焦虑所迷惑，有3个项目因其蕴含的智慧脱颖而出。首先是激进建筑师汉斯·霍莱恩的项目，他对建筑秩序提出了讽刺性的思考。他设计的假立面由4根柱子支撑，每根柱子实际上又是别的东西：路斯参加《芝加哥论坛报》大楼竞赛时的方案，一棵意大利花园里被修剪成圆柱形的树，一根断裂的柱子，一块长出树枝的石头。这个作品的意义很明确：柱子在其所有历史表现中的定义总是与其他一切相反，因此也许它什么都不是。还有弗兰克·盖里的项目，他拒绝了立面的概念，而是根据上一节中提到的脱衣舞策略，设计了外露的构架。

最后一个是雷姆·库哈斯的项目，他使用了天空色的帐篷，纵向由一条细红线穿孔，横向则由一条同样细的黑线穿孔。其意义似乎在于，当代建筑的价值在于透明和轻盈，而不是建筑的质量。在这三个方案中，霍莱恩的设计可能是最复杂的，也是最失败的。通过柱子之间的对话过滤的反讽武器，已经不再是一个足够有效的争论工具。它可能在20世纪

查尔斯·摩尔和佩雷斯建筑事务所，意大利广场，新奥尔良，1975—1978

60年代能发挥作用，但到了80年代初就没什么用了，因为后现代主义本身通过不断地使用悖论式的引用（确切地说是反讽），使它有了充分的倚仗，并使它丧失了有效的能力。库哈斯和盖里提出的解决方案显然无害，在现实中很有吸引力，因为它们预示着一个新型的架构。他们颠覆了问题的条件，当代建筑和城市不再由实体构成，而是由空隙和透明体构成。这意味着必须抛弃大量的墙体，从零开始，去剥离，去破坏，从而到达消失的极限。这些都是20世纪80年代先锋派所面临的问题。“过往的呈现”，这个本应认可传统建筑在现实中的重生的展览敲响了它的丧钟。

1980—1989 建筑即当下

结束哀悼

“无须哀悼。不值得重新开始。”1979年，法国哲学家让-弗朗索瓦·利奥塔的这句话结束了20世纪70年代，80年代正式开始。他说，我们这个时代的问题大家都很熟悉：伟大的乌托邦宣告失败；哲学与其正当功能脱离了关系，随之而来的便是真理概念的危机；太多的专业语言无法翻译；缺少一种通用的元语言；学者变为处理专业问题的科学家。然而，利奥塔断言，这些问题50多年来众所周知，罗伯特·穆齐尔、卡尔·克劳斯、雨果·冯·霍夫曼斯塔尔、阿道夫·路斯、阿诺尔德·勋伯格、赫尔曼·布洛赫、恩斯特·马赫和路德维希·维特根斯坦等人都提出过。尽管如此，当代人仍有提出异议的自由。作为网络中的一个局部节点，人们将以不可预知的方式重新阐释接收到的信息，或者通过引入新的规则来改变模式。这就是开辟新局面的策略。通过修改关系的结构，系统可以在一个新的、更有趣的平衡水平上稳定下来。

革命的幻想不复存在。尽管已经过去了十几年，但赫伯特·马尔库塞或威廉·赖希等人的消极哲学思想远没有成为现实。他们在1968年转而发展建立平等社会的哲学思想。消极哲学让年轻的1968年一代将大都市的生活当成借口，毫不避讳地表达其根深蒂固的充满个人主义且不抱幻想的对立态度。相反，这是向信息社会开放的发端，其特点是意外和新鲜事物在结构上的开放性，这是技术先进型社会的典型特征，也预示着常年的洗牌。它无法给出同样的可以预测的答案，因为这个系统会停下来，因为它不再像机器社会那样以社会有效劳动的时间为基础，而是以创新产生的信息盈余为基础。资本的新运动需要横向思维，需要出其不意，需要创造性的飞跃。新的英雄是比尔·盖茨、威廉·阿特金森和史蒂夫·乔布斯，他们展示了激活这些技能的能力。大企业的管理层学会了珍惜休息时间、休闲娱乐和员工之间的互动交流；他们明白了当大脑与常规生产无关时员工会更好地工作。间断的和负面的因素转变为积极的价值。寻找具有前卫特征的新领域，已经成为新经济周期中的一个必经阶段。

显然，创新存在于不同的层面：生产消费品的层面，科学家和艺术家的层面。前者要在已知的竞争领域采取出人意料的行动，从而赋予产品创造性；后者则要提供新的规则、创造新的游戏。然而情况并非总是如此。天才的消费品生产商——想想20世纪80年代生产和促销消费品的方式发生了多么彻底的改变——也可以改写游戏规则，而老实的科学家或平庸的艺术家则可以简单地在一个统一的范式领域中努力工作以获取报酬。

从这时起，“现代状态”（或者说对一些后现代主义者，如利奥塔这样的人来讲）是指意识到人类生活处在一个高度不稳定的系统中。这个系统十分简单，拥有循环往复的特性：平衡、危机、创新反应、新平衡、新危机、新反应。这种在新视角下无休止的危机文化显然引发了对成熟于20世纪50年代末和60年代初的非连续性的反思：路德维希·维特根斯坦的语言游戏（维特根斯坦将人类生活的全部领域都视为游戏，把游戏作为一种生活现象和实践形式来考察，每一种游戏都蕴含着某种人文精神。——编辑注）、卡尔·R.波普的证伪主义、托马斯·S.库恩的范式理论、米歇尔·福柯的认识论、雅克·德里达的解构主义理论。他们摆脱了原有的张力，最终会聚到一起。哀悼期终于结束了。

是否真的如维特根斯坦所发现的那样，语言不能再被简化为单一的结构？这是否意味着，为了尝试新的翻译、嫁接和杂交，有可能在每一个游戏中以及在所有游戏之间激活多种策略？科学理论是否会如波普所言，注定要被连续的发现

让-弗朗索瓦·利奥塔（1924—1998）

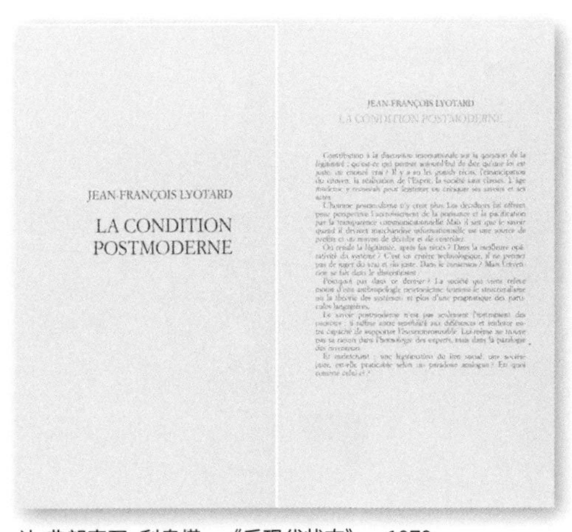

让-弗朗索瓦·利奥塔，《后现代状态》，1979

所证伪？一种更为流畅的科学观出现了，对那些流传下来的真理也采取了更加积极、有效的态度。人类是像库恩所说的那样，生活在以范式观念为标志的文化世界里，还是像福柯所肯定的那样，受制于先验观念或所处的时代？历史学家将发展出更为复杂的模型，帮助人类了解之前的时代和我们要克服的时代的特殊性。人类思维的特点是否如德里达确信的那样，是我们通过学习语言技巧而超越的不可补救的矛盾？解构语言的工作将会拓展人类对大脑极限的理解。

同样，对宏大叙事的不可持续性（也可以说是传统历史观的不可持续性）的意识，以及危机文化在整个体系中的介入，造成了对自己的拙劣模仿。毫无疑问，20世纪80年代是造成不计代价的财富神话的原因，是高傲的知识分子在新权力面前纡尊降贵和强大社会关系瓦解的罪魁祸首。让我们回到建筑上。如果如哲学研究所表明的那样，我们的视界建立在一个摇摇欲坠的基础和陈旧过时的概念体系上，被语言的多重性所左右，那么建立在非时间层面上的对纯粹形式的怀念就不再有任何意义。唯一的确定性，如果有的话，就是变化。建立在秩序、对称和连续性等概念基础上的古典主义美学典范彻底崩塌。它们被（利奥塔的）崇高美学所取代。这表明我们无法规划明确的解决方案，同时也表明了一种不断变化的态度，这种态度是操作性的，而不是沉思性的，它假设了古怪的论点，提出了新的问题，激发了出人意料的反应。

詹明信：晚期资本主义的逻辑

崇高美学的特征是意识到价值是通过产生多样性来释放的，如观点的多样性、习惯的多样性、宗教信仰的多样性、生活模式的多样性等。这一价值观导致了1989年柏林墙的倒塌，一个核大国的解体，以及在某些情况下显得野蛮、血腥

Stefanie Villgratter

贡特尔·杜门尼，中央银行大厦，
维也纳，1975—1979

的种族群体的回归。多样性的产生有两种方式，其中之一是创造一些吸引人的新事物。这种方式是崇高美学的变体，本质平庸，但容易被感知，导致了潮流的旋涡式的演替。这是广告所采用的技术，是20世纪80年代生产系统中无可争辩的主角。另一种产生多样性的方式是直接研究个人需求，通过其产生问题的领域切入问题，并做出部分回应。这是艺术家所采用的方法，他们以普世价值为导向，用这种方式颠覆了古典主义美学，目的是获得使用者的多元化参与。古典主义作品是独立于观众而存在的，这本身就是一种思想。崇高艺术忽略了对象的本体论方面，向现象学方向发展，从而引发一种反应，这种反应总是与个人和背景相关。这相当于认可了图像对更深刻的象征价值的支配权。图像是与公众交流的界面。它能引发即刻的反应，激活隐喻性的联系，诱导行为，产生或阻碍信息的流动。正如我们所看到的，对利奥塔来说，刺激—反应的逻辑是后现代社会的标志，并保证了出人意料的个人自由空间。对于弗雷德里克·詹明信，就像他在《晚期资本主义的文化逻辑》中提到的，后现代主义是晚期资本主义逻辑的负面结果。这是一个以碎片化和丧失临界距离为标志的时期，也是以美国帝国主义为标志的时期。

虽然可以回避这种时代逻辑的想法可能是幼稚的，但同样地，我们也不应被技术崇高的一面蒙蔽了双眼，或者迷失在信息网络中，这个如机器般运行的网络“并不像火车或飞机这些老式机械一样，代表着运动，也只能在运动中被代表”。为了在现代超空间中进行自我定位，詹明信提出了创建认知图绘，可以参照凯文·林奇的地图。林奇是一个建筑师，精确地处理了当代城市的形象问题。詹明信的提议有些令人失望，几乎没有了下文。

不过，詹明信的书获得了巨大的成功。一场激烈的辩论就此展开，触动了不止一根暴露在外的神经。

布鲁诺·赛维加入了辩论。这位批评家认为，后现代主义一词被用来表达一种对大系统不信任的文化态度，这并不正确。现代态度是不断超越极限，试图将危机转化为价值，更重要的是，它贯穿了人类整个进化史。正如欧杰尼奥·巴蒂斯蒂于1960年撰写并于1989年再版的著作《反文艺复兴》所证明的那样，一部没有任何中断和危机的古典历史的存在是一个由学者和古典主义者发明的神话。

另一项重要贡献来自詹尼·瓦蒂莫。我们这个时代特有的崇高美学并不是为了创造一种新的统一，而是为了增强这种多元性。异化的状态现在被理解为是确定的，而不是暂时的。矛盾的是，艺术不是个人主义的，而是社群主义的：它创造了一种环境，让一些人可以从中认识自己，同时意识到其他问题、其他答案、其他领域和其他社群的存在。它减少了存在的条件，因为它倾向于化解形式，标志着对物体审美的终结，同时也标志着诗意的介入和相互关系的开始。

崇高美学

重新定义观点，摒弃传统视角，这是新的崇高美学的第一个操作要领。它有助于观察通常被忽略的东西，也有助于提出对诗意对象非经验性的理智解读。年轻的扎哈·哈迪德曾经提议人们躺在升空的火箭中的地板上来观察她的项目，或者像未来主义者或立体主义者那样，用由单一的抽象图像组成的各种视角来观察她的项目。彼得·艾森曼用轴测图表现房子的模型，将二维投影规则应用于三维工具。只有在斜交线垂直的情况下，才能从特定的视角观察到未变形的结果。这种变形分散了观察者对项目进行传统解读时的注意力，并将其注意力集中引向对连接对象不同部分的语法或句法关系的分析。里伯斯金创作了层次分明、几乎难以理解的绘图，在这些绘图中，他将一个或多个经验性的观点与概念注解重叠在一起。

曾经被认为是同质的和连续的空间，为了被更好地理解，也被碎片化了。时间亦是如此——它可以被无限扩大或缩小。这项技术借鉴了摄影，但首先还是从电影中借鉴的。在20世纪80年代，电影效果（以《爱你九周半》《闪电舞》《最长的一码》三部电影为代表）占主导地位，其特点是通过加速拍摄来制造情绪变化或慢动作，让观众能够感受最强烈的张力并参与其中。霹雳舞将动作分解成一个个切分节奏。乔治·佩雷克把他的当代文学杰作《人生拼图版》的故事背景碎片化，变成了一个个谜题。

镜面游戏是观点去中心化的一个变体，它让投影信息和图像相乘到无穷大。《关于镜子》是安伯托·艾柯于1985年出版的论文集。“镜子中的艺术”是由毛里齐奥·卡尔维西策展的威尼斯双年展的主题。其他具有类似主题的作品还包括大卫·拜恩的电影《真实的故事》（1986）和保罗·奥斯特的“纽约三部曲”（1985—1986）——这三部小说呈现了三个形而上的观点，也是奥斯特的成名作。反思也是后现代主义引文和类比游戏的基础。屈米让学生们基于詹姆斯·乔伊斯和伊塔洛·卡尔维诺的文本设计一个项目时，用到了镜子。伴随着缩放的过程，艾森曼借鉴学科外部的先例和参照物，建立了建筑与自身之间的投射关系。20世纪80年代的崇高美学还有一个特点，即对那些不符合正常审美、尺度以及标准的项目的偏爱。人们喜欢怪异的、过度的、模糊的、反优雅的和超越尺度的项目。

正如蓝天组的沃尔夫·D. 普瑞克斯和赫尔穆特·斯威兹斯基所言：“没有真相。建筑没有美。”这一论断被当时大多数参与修辞研究的建筑师所接受。他们毫不犹豫地提出了只能勉强供人居住的建筑方案，完全不成比例，上面布满了切口和裂缝。伯纳德·屈米提倡的“过度诗意”则直接从萨德侯爵的情欲反思中汲取灵感。此外，在20世纪80年代，违反常规的美学进入了日常讨论的话题：在性方面，有电影《巴黎最后的探戈》和《午夜守门人》，后者打破了最难言的禁忌，记录了一个犹太受虐者和她的纳粹施虐者之间的虐恋关系；在性别身份方面，出现了男孩乔治、麦当娜、Prince和雷纳托·泽罗等人物；在种族问题上，有迈克尔·杰克逊；在穿着方面，有一种在朋克与偶尔的越轨之间摇摆不定的风格；在艺术方面，出现了超前卫主义，即以反

Landesarchiv Berlin

柏林墙的倒塌，1989

Wikimedia/Veuveclicquot m

詹姆斯·斯特林，新国立美术馆，斯图加特，1977—1984

Wikimedia/Richard George

罗伯特·文丘里和丹尼斯·斯科特·布朗，国家美术馆塞恩斯伯里翼馆，伦敦，1988—1991

优雅为代价，将艺术恢复到具象的世界，还有在夜间以城市墙壁或地铁站为画布的非法涂鸦，把自己作为城市反暴力的一种形式强加给路人。

崇高美学的另一个特点是向情感致敬，向真实的姿态致敬，即使是不连贯的行为。蓝天组通过建立讨论，在一种近乎入迷的状态中完成设计草图，接着他们的项目便诞生了。正如我们所看到的，马西米亚诺·福克萨斯在画布上开始创建他的项目，通过画布，他可以综合而直观地确定各项问题。扎哈·哈迪德用强烈而直接的图画勾勒自己的想法。即便是雷姆·库哈斯这样冷酷的知识分子也承认，功能主义中隐藏着一种奇幻的美学，与超现实主义者和达达艺术家的研究不乏相似之处。最后，在1985年的威尼斯双年展上，盖里毫不犹豫地伪装成弗兰基·P. 多伦多（Frankie P. Toronto，与Frank O. Gehry名字相对应的虚构人物，多伦多是盖里的出生地）。他穿着自己设计的古怪服装，嘲笑僵硬的传统建筑，呈现出与当代建筑自由姿态相对立的一面，这其中也不乏一种对风格的极致模仿的恶趣味。在某些情况下，这也是对后现代主义的片段加以援引的恶心游戏。其中最好的两个例子是詹姆斯·斯特林设计的斯图加特的新国立美术馆以及罗伯特·文丘里和丹尼斯·斯科特·布朗设计的伦敦的国家美术馆塞恩斯伯里翼馆。雷姆·库哈斯在达拉瓦别墅或鹿特丹博物馆中心等项目中对现代主义的优雅援引也十分引人注目。在这些项目中，密斯、柯布西耶和至上主义艺术家都遭到了极致的剽窃。屈米在建筑联盟学院的学生奈杰尔·科茨对无机对象的仿制，以及盖里为洛约拉法学院（1979）和洛杉矶Chiat/Day公司总部大楼（1986—1991，其正门入口处矗立着一座巨大的波普风格的双筒望远镜雕塑）设计的风格混杂的建筑也十分引人注目。这种文化共融的态度与同时期的《夺宝奇兵》等电影中表现出来的态度相似。在这些电影中，不同的流派

弗兰克·盖里，Chiat/Day公司总部大楼，洛杉矶，1986—1991

弗兰克·盖里绘制的Chiat/Day公司总部大楼概念草图

集合起来，创造了一个个令人愉快的奇幻冒险的汇编。类似的还有安伯托·艾柯的如雕塑般精致、复杂的作品《玫瑰之名》：它是一部历史小说，是一篇博学的论文，也是一部哲学著作。

20世纪80年代的艺术家对封闭的结构不感兴趣，他们徘徊在不稳定的结构中，测试变形的过程，爱上了那些能够完美表达张力和力量的混合体，而没有将它们困在一个静态的环境中。勒内·托姆和本华·曼德博在20世纪70年代研究了与非连续性有关的自然现象，开发了用于研究分形几何的数学工具。这项研究在20世纪70年代末被艺术家发现，并在80年代流行起来。

1979年，物理学家伊利亚·普里戈金写了《从混沌到有序》一文：那些看似以偶然性和不可预知的奇思妙想为特征的事物，现在可以用新的复杂科学轻易地解释和建模。时间，作为衡量一切事物的尺度，科学家和艺术家都对它很感兴趣。所以，它值得人类共同推进。这就是1984年在布鲁塞尔举办的“艺术与时代：关于四行诗维度展”所支持的论点，该展览的目录延续了普里戈金的长篇论文，其封面是萨尔瓦多·达利1933年的作品《三角时间》的复制品。这位西班牙艺术家在1981年创作了《向托姆致敬》，以绘画的形式呈现了灾变理论。

1985年，复杂性主题的中心地位毋庸置疑：它成为高端会议挑战的目标。1986年，评论家吉洛·多夫莱斯写了《赞美不和谐》一书，他在书中利用最新的科学发现来证明当代艺术家对非经典结构的偏好。然而，科学与艺术统一的乌托邦建立在一种误解之上，这种误解很快就被学科专业化所消除。其实很容易发现，科学家对艺术的看法很肤浅，而艺术家则接受过业余的科学教育。

各种不定形式的素材给导演们带来了灵感：从伍迪·艾伦的影片《西力传》——一个能适应任何环境的人的故事，到令人愉快的《小魔怪》和《美国狼人在伦敦》（开创了喜剧恐怖片的类型），再到《E.T.外星人》和《星球大战》这样的科幻片（这些影片都采用混合图像来构建外星世界和外星人物）。灾变理论是20世纪80年代最吸引建筑师注意的理论，形态建成的主题在接下来的十年里将被大量研究。自70年代初以来，SITE建筑事务所一直在侵蚀、破坏、扭曲他们的建筑，让它们看起来像是在地震之类的大型灾难中幸存下来的。20世纪70年代末，贡特尔·杜门尼完成了中央银行大厦（1975—1979）项目，整座建筑似乎是一个扭转和变形的物体。1983年，蓝天组设计了开放式住宅和维恩2号公寓，采用了由复杂的几何图形、锐角和多向力线构成的创伤形式。

屈米和库哈斯在巴黎的拉维莱特公园项目竞赛中采用了无序和混乱的美学观点，扎哈·哈迪德在香港山顶俱乐部项目竞赛中也采用了这种美学观点。

此外，还有迷宫、熵、离域和损耗等平行主题。在越来越多的情况下，它们是通过计算机的控制而实现的。此外，超文本作为使用计算机写作的结果之一，跟米诺斯迷宫同等复杂，在新的文化中如果没有阿里阿德涅给你线索，你一样可能迷路。变形和变态，曾经需要非凡的手工和技术能力，而现在，建立在快速投影和翻译过程基础上的新媒体为其提供了便利，产生了简单而直接的结果。

建筑与自然

1979年，加利福尼亚州建筑师、伯克利大学教授西姆·范·德·赖恩与斯特林·邦内尔共同撰写了《城市综合住宅》。书中提到，在1973年能源危机之后，人们继续像什

林璎，越战纪念碑，华盛顿，1981

么都没有发生一样行事，这是无法想象的，必须在信息概念的基础上以一种新的态度看待自然界。虽然熵（能量的耗散和浪费）决定了能量的损失，但负熵（捕获能量并将其转化为可使用形式的所有重要过程的总和）则相反，它能够保存能量：它是通过创建存储系统来获得的；调节机制是自发的和自动的（即自我调节）；它可以将浪费减少到最小；多样性、复杂性和稳定性概念盛行；物种数量增加；产品是多用途的；能量趋向于重复利用。这是对建立在自然形态上的生物形态美学的欢迎，这种美学不仅能够表现，而且能够支持这些过程。

赖恩教授的建议在实际中取得了一定的成功，尤其是在北欧和美国的建筑师中，他们致力于开发可应用于建筑世界的替代能源。这本书还以正确的专业术语对结构研究做出了贡献：减少施工、安装基础设施、涂抹水泥等阶段的浪费，支持以实现审查和优化自然与建筑之间的信息流为目标、采用信息更为灵通的建筑方式。要如何做到这一点，同时产生具有审美趣味的结果，仍然是一个悬而未决的问题，这超出了作者的架构，在某些情况下属于天真的自然主义。SITE建筑事务所的詹姆斯·韦恩斯提供了一个答案：如果自然是信息，且其价值大于立面、窗户、柱子和门户所提供的价值，那么它就有必要成为建筑的一个组成部分，取代现在已经被使用的传统元素。对于1979年的BEST海利亚产品展厅，韦恩斯在幕墙立面后面设置了一个温室，里面装着本土植物，还有水、沙、土和石头。温室有利于能量的平衡，同时也打造了建筑物的真实立面，产生了替代效应，具有美学和教学的附加价值。

Courtesy SITE architects

SITE建筑事务所，BEST森林大厦，里士满，1972—1980

从1980年开始，SITE建筑事务所对BEST森林大厦进行了类似的操作。这座建筑的特点是砖砌立面与主体部分分离，可以在这两个元素之间创造出足够的空间，以种植丰富的植被。该项目质疑建筑的统一形象，同时将建筑与介入其中的自然环境联系起来。最后，韦恩斯提出了高层住宅项目的建议，这是一种混凝土结构，用户可以将自己的独户住宅插入其中。这个想法借鉴了柯布西耶的阿尔及尔市弹道规划，不同之处在于，对于来自瑞士的建筑大师来说，是巨构建筑统一了个人的选择；而对于韦恩斯来说，是个人的偏好决定了结构的特征。此外，住宅高度的增加使得植被的数量得以增多，通过将密度集中在垂直结构中，减少了已建空间对该地区的影响。这体现了一种新建筑方式的可能性。在近20年后，荷兰的MVRDV建筑事务所进一步发展了这个概念，并将其在2000年汉诺威世界博览会上展出，其混凝土和景观馆便建立在类似的概念之上。

根据韦恩斯的设计理念，这种新的生态意识朝着打破建筑师“造物主神话”的方向迈进。它促进了参与和自我建设，憎恶雕塑品的生产，因为在这种情况下，人与建筑之间的关系是单向的。卢西恩·克罗尔和拉尔夫·厄尔金多年来一直在追求同样的方向，他们也被一种生态观念所吸引，尽管其更多的是一种人类的生态观念。20世纪80年代初阿尔多·范·艾克和吉安卡洛·德·卡罗分别在阿姆斯特丹的一所孤儿院和马佐博社会住房项目中设计了具有大量生命能量的结构。高层住宅项目是韦恩斯在1981年提出的。同一年，20岁的学生林璎（林徽因的侄女）以强烈的景观导向在华盛顿购物中心的越战纪念碑设计竞赛项目方案评选中获胜。这座纪念碑只有几个标志：被两个锋利的切口分隔的部分遗址被置入地下，由此产生的水位变化由一块连续的黑色花岗岩切片处理，上面刻着在越战中阵亡的每一名士兵的名字。它类似于一个大地艺术雕塑，延续了罗伯特·史密森、理查德·朗和迈克尔·海泽的传统，虽然带了点设计者的少年情怀。

作品的极度简单引发了广泛的抗议：它被认为过于简洁和现代化。人们期待着那些挥舞着武器或旗帜的英雄的雕像，而不是让人不安的对战争的默念。在不断的质疑之下，经过不懈的努力，纪念碑于1982年竣工，立刻引起了轰动，每年吸引25万游客。很多人在冷酷却生动的死者名单面前抑制不住自己的情绪。一些人在名字中搜索爱人的名字，将它们拓在纸上。还有一些人看到他们自己的身影投射在花岗岩表面，与死者的名字叠在一起——正如幻想和流动的画面，犹如死者的影像浮现在这场反射的游戏之中。

美国批评家文森特·斯卡利认为这个项目“引发了集体意识的彻底改变”，它是“20世纪下半叶美国建造的最重要的建筑作品”。利用自然进行设计，将建筑减少到几个选定的新兴元素的理念更进了一步。贡纳尔·伯克兹选择了消除建筑的方向，以有趣的地下处理方式把它藏在地面之下。1983年，在法兰克福现代艺术博物馆举办的比赛中，他的方案是用温室将整个建筑包围，只留下看似被拆毁、濒临倒塌的一侧。1985年，韦恩斯为安塞尔·亚当斯中心开发了一个项目。该项目几乎完全位于地下，由一个花园的草坪覆盖。然而，最令人信服的是埃米利奥·安巴兹提出的位于得克萨斯州圣安东尼奥的露西尔·哈尔塞尔音乐学院（1985—1988）方案。于是草坪上出现了令人不安的天窗，而一系列水井则表明地下正在发生的事情既古老又先进。这是一种非常有智慧的处理方式，发展了南希·杰克·托德和约翰·托德在巴克敏斯特·富勒和格雷戈里·贝特森的教导下于1984年定义的第九条生态戒律：生态设计必须尊重大自然神圣的一面。

建筑即当下

1983年，沃尔夫·普瑞克斯和赫尔穆特·斯威兹斯基设计了开放式住宅——一个100平方米的自发形式的住宅。它是根据两位建筑师在讨论后闭着眼睛画出的草图改进的。正如普瑞克斯所说：“建筑在能够被听到时，它就变得至关重要。建筑在发展的时候不需要任何媒介。这是外部压力摇摆不定的时刻，也是克服随机性的时刻。建筑即当下。”开放式住宅没有任何预先规定的功能性的环境，顾名思义，它是开放的，“它的住户将决定如何生活在其中”。两位建筑师对提供了最大的灵活性的阁楼和工业空间着迷，讨厌僵化的单功能架构。他们意识到“形式跟随功能”的逻辑同样适用于装配线，这是强迫身体复制机械化的运动，是对身体的侮辱。普瑞克斯认为，这所房子不是一栋建筑物，而是一种感觉。开放式住宅分为三层，可以俯瞰双层空间，空白的墙面凸显了贝壳状的外形，显得十分内敛。同时，大面积的弧形玻璃元素也让整座住宅变得外向，这些玻璃元素取代了屋顶。从建筑内就可以看到天空，而阳台则穿过墙体，仿佛悬臂一般探向周边的自然环境。

Markus Schieder

蓝天组，煤气桶B公寓大楼，维也纳，1995—2001

Courtesy COOP HIMMELB(L)AU

蓝天组，法尔科大街屋顶改造项目，维也纳，1983—1988

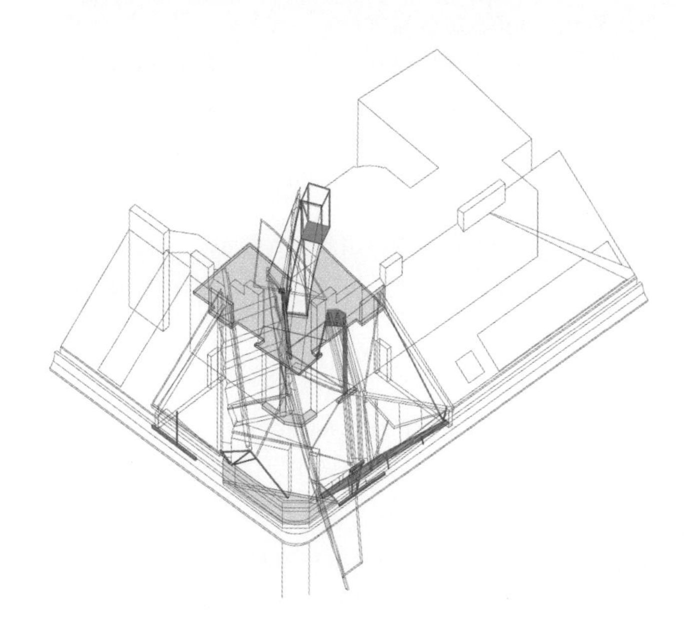

法尔科大街屋顶改造项目透视图

同样也是在1983年，蓝天组的维也纳维恩2号公寓楼建成。这幢楼的公寓由倾斜平面连接，两侧为象征着燃烧的屋顶的结构——蓝天组在炽热的平面公寓（1978）等项目中也使用过这个元素。这座建筑的构造很混乱。从外观上看，它的逻辑几乎无法理解："如果能用X光观察建筑物，我们就能了解它们的收缩和扩张有多剧烈、多迅速。"

同年，他们启动了维也纳的法尔科大街屋顶改造项目（1988年竣工），这是蓝天组最具标志性的项目，后来曾在解构主义建筑展中展出。覆盖在这座律师办公大楼上的钢和玻璃结构有如滑坡的山体。正如诺亚·查辛所说："（这个屋顶）似乎没有打算与建筑保持协调，整个结构似乎随着微风摇摆，随时都有可能倒塌在下面的街道上。"平衡、透明、紧张和扭曲，这些都是身体的标志，令人想起身体艺术的实质：玛琳娜·阿布拉莫维奇的行为艺术表演、阿努尔夫·莱纳的创口、吉娜·帕妮和维托·阿孔尼的自虐行为。20世纪80年代后期将见证身体艺术的复苏，这也要归功于加纳·斯特巴克、拉夫拉前卫剧团、安德列斯·塞拉诺、弗兰科·B、辛蒂·雪曼和森村泰昌的作品。因此，沃尔夫·普瑞克斯将这所房子和一具饱受折磨的身体进行了合理的比较："这所房子非常复杂，因此就像我们怜爱的残疾儿童。"

1984年，蓝天组在法兰克福和伦敦的建筑联盟学院组织了两次讲座，题目是"建筑即现在"，听者云集。随后他们发表了一个宣言。宣言中充满了拒绝：对建筑的教条、对美的追寻、对建筑空间的划分、对哲学思想加以肯定，对功能主义、投机主义和碑铭主义加以否定。宣言也充满了对开放性建筑理念的信任，对设计作为一种投身于竞争的理念的信任，以及对情感的直接性的信任。

合唱曲

1983年是美国建筑文化发酵的一年。IAUS很苦恼：它将在第二年关门大吉。《反对派》也将停刊，不过在沉寂多年后它还准备发行最后一期。现如今，曾经在美国学派内共存的先锋派和保守派这两条路线之间形成了无法弥补的反差。1982年从IAUS辞职，准备重新开始其职业生涯的艾森曼，选择了第一个阵营。在1969年发现了纽约五人组并在1980年威尼斯双年展上力挺库哈斯的评论家肯尼斯·弗兰普顿已经参与海德格尔关于空间现象学概念的研究一段时间了，他果断地支持第二阵营。他发表了一篇题为《批判的地域主义的前景》的文章。弗兰普顿认为，人类生活在一个日益全球化的世界里，这个世界正在摧毁所有的本土文化。它正以千篇一律的垃圾产品入侵地球，在任何地方都是一样的。如果我们不能阻止这一现代文明的进程，至少有必要改变方向。正如哲学家保罗·里考尔所希望的那样，我们有必要努力去理解自己是如何成为现代人的，同时也不要失去与人类本源的联系。在建筑领域，弗兰普顿认为需要关注本土文化、城市与地理参照，以及传统价值；对乡土建筑、地方风格或迪士尼乐园式的重建项目的限制问题坚决不能做任何让步。这不是里卡多·波菲尔的折中主义，而是对阿尔瓦罗·西扎式传统的冷静态度，是拉姆德·亚伯拉罕的创作力量，是路易斯·巴拉甘的墨西哥情欲，以及欧洲建筑师如吉诺·瓦勒、约翰·伍重、维特里奥·格雷戈蒂、奥斯瓦尔德·马蒂亚斯·昂格斯、斯维尔·费恩和当时已故的卡洛·斯卡帕的坚守。然而，有三位建筑师最能体现批判性地域主义的态度：瑞士的马里奥·博塔（因其对地理环境的敏感度）、日本的安藤忠雄（因传统日本建筑的根基），以及希腊的迪米特里斯·皮基奥尼（因其对本国历史遗产的持续比较研究）。

弗兰普顿提到的建筑师并没有设计出激进的代表作品。前卫派也不例外：蓝天组的撕裂结构、扎哈·哈迪德的至上主义作品、雷姆·库哈斯精致的新现代主义和伯纳德·屈米的感性知性主义都与批判的地域主义几乎毫无关系。

1985年5月，伯纳德·屈米邀请彼得·艾森曼和雅克·德里达共同设计一座位于拉维莱特公园内的花园。

在20世纪80年代初，雅克·德里达是美国最为人熟知的哲学家，其作品的引用率极高，甚至连以辛辣、犀利闻名的小说家戴维·洛奇，也以他的小说《小世界：学者罗曼司》向这种狂热致敬。关于艾森曼我们讲了很多：IAUS的创始人和领导人，纽约五人组的成员之一，一个精练的理论家，一个比其他人都更多地涉猎建筑研究的人，获得了大部分激进派和保守派分子的积极回应。他们的共同努力让德里达引起了广大建筑师的注意，他将重新激发艾森曼的活力，将他从职业危机中拉出来。德里达非常认可当时和库哈斯一起成为新一代建筑师代表的屈米。这次的设计竞赛是一个有关哲学解构能在当代建筑研究中应用到什么程度的具体测试。最后，它将以解构主义为标签，让这一在很大程度上会被忽视的现象得到国际认可。

德里达提出了拉维莱特公园内花园的主题，即柏拉图的《蒂迈欧篇》中有关“科拉”（Chora）的一个片段。科拉是“工匠造物主”用来将思想转化为日常事物的空间（也译为母性空间、阴性空间）。这篇文章是希腊哲学作品中最晦涩的一篇。尽管包括德里达在内的翻译人员做出了努力，但没有人能够完全理解这个空间的性质——它不包含任何空间，既有限又无限，既同质又不均匀。然而，他的目的绝不是澄清这个问题，而是与众人合作，引入对立，迎接新的解释。艾森曼热情地接受了这个项目，他是一个热爱用文字游戏来起标题的人，他把这个项目称为合唱曲

（Choral Works），暗指共同努力、希腊语单词“Chora”和合唱音乐。

这个项目建立在一个网格之上，这个网格借用了屈米之前在拉维莱特公园设计中使用的网格。最重要的是，它回顾了艾森曼为卡纳雷吉奥项目（1978）提出的网格。那个项目借用了对要叠加在这块土地上的字面上、实际上甚至是假想中的标志的解读，如柯布西耶1965年为威尼斯一家未建成的医院提出的网格概念。这是对空间测量及其历史的标志物和参照物的一种复杂而超越常规的戏作。在与德里达进行了几次会面之后，由于增加了更多的符号，艾森曼的工作变得更加复杂。德里达注意到这个项目或多或少落在了艾森曼的控制之中，他因此有些激动，于是写了一封信结束了他们的合作。德里达在信中借用尼采和瓦格纳之间的一系列典故，隐晦地指责艾森曼的瓦格纳主义，而这正是建筑师应试图避免的建立在绝对主义基础上的自我修辞。被激怒的艾森曼回答说：“也许将我在建筑、建筑灵感和建筑结构中所做的一切称为解构并不恰当。我认为，建筑可以表达一些别的东西，一些不同于其自身功能、结构、意义和美学的传统文本的东西。”

实际上，正如前面提到的，合唱曲并不是艾森曼最好的作品，但它代表了一个微妙的时刻。1986年之后，这位纽约建筑师没有放弃他早先的言论，而是放弃了他建立在借鉴其他学科规范的构成的基础上、在形式上更具吸引力的作品中所特有的愤怒的知识分子主义特征。例如，在1988年的解构主义建筑展上，艾森曼的法兰克福大学生物中心（1987）项目采用了DNA的语法表达，其他项目则利用了分形或布尔代数的逻辑。

艾森曼在这些项目中表现为一个唯美主义者，还极力掩饰自己的浪漫主义特质，通过运用形式逻辑来反常地操纵古典主义的片段。他是一个无法接受古典主义之死的顽固的古典主义者，字面上的先锋派，一个有意脱离生活具体参照形式的创造者。

Flickr / jv torann

伯纳德·屈米，拉维莱特公园，巴黎，1984—1989

电子生态学

1987年，曾在建筑联盟学院学习过的马来西亚建筑师杨经文在宾夕法尼亚大学和剑桥大学攻读建筑专业，他写了一篇题为《热带城市地域主义》的文章。他指出，建筑师无法继续按照国际风格的逻辑建造完全不受当地环境影响的建筑：与场地环境无关的建筑要想发挥作用，就会产生不可容忍的能源和资源浪费。更高的生态意识要求使用适合当地气候的结构以尊重环境的多样性。为了实现这一点，有必要改革我们对建筑的设想，建筑不再是孤立的、自我参照的物体，而是激活外部和内部小气候之间的交流的环境过滤器。这是通过使用信息技术和修建从外部接收信息并能激活不同策略的信息的智能建筑来实现的。

多亏了电子技术，过去惰性的人造结构现在可以像有机体一样做出反应。这意味着人们不再需要将建筑改造成温室——类似于SITE建筑事务所的BEST海利亚产品展厅或森林大厦——以使其在生态方向上是正确的。

如今，事情变得简单多了，正如让·努维尔设计的阿拉伯世界文化中心的外立面，它在不同的照明条件下会发生变化，能够激活连接在电脑上的传感器，从而控制其光圈直径。电子技术和计算机技术——不一定是单独使用，因为使用传统技术不仅是可能的，实际上也是受到鼓励的——将使我们与自然空间建立一种协同关系。

1986年，伊东丰雄利用电子技术完成了一个项目，这个项目虽然没有阿拉伯世界文化中心那么复杂，但就方法价值方面而言同样重要。伊东丰雄在横滨用12根霓虹灯管和1280盏灯覆盖了一个混凝土圆柱体（下方是一个购物中心的供水系统和通风塔），并将其与一个根据风向和环境噪声开启和关闭灯光的系统连接起来。其结果是一种对自然环境和人工环境都有反应的有机体。《住宅》杂志1988年2月刊在向意大利公众展示这座建筑的同时，还刊登了伊东丰雄的文章《易碎性：拆除建筑的紧身衣》。

这位日本建筑师在文章中断言，今天的年轻一代用色彩鲜艳、闪闪发光、飘浮在空中的布料将自己紧紧包裹，仿佛他们是失重的。这些包裹而成的柔软的蚕茧让人想起阿拉伯和印度妇女的传统服装，还有她们永不停歇的游牧生活。像东京这样的城市都“穿”着广告牌、灯和薄膜，它们像第二层皮肤一样包裹着城市。我们“进入这种织物的深不可测的凹陷处，完全沉浸在这个宇宙体的意识中”。如果这就是我们这个时代的现实，伊东继续说道，那么，在不允许他们参与自然和都市环境的交流的情况下，继续建造那些困住居民的建筑又有什么意义呢？只有通过稀缺的过程和建筑空间的解放，“我们才能创造一个真正的‘超限’环境”。

事实上，伊东丰雄多年来一直致力于研究“超空间”的概念，相关项目中有一些是从1984年他完成了不同寻常的向天空开放的自宅——银屋开始的，还有一些是从1985年的装置作品“PAO Ⅰ：东京游牧女性的住所”开始的。该装置包括三个透明的、必不可少的庇护所，一个用于化妆，一个用于工作和学习，一个用于餐饮，旨在取代当代大都市中的家（在他1989年的装置“PAO Ⅱ”中，这三个庇护所被重新设计在一个帐篷内）。伊东丰雄发出了疑问：为什么要在一个以流动交换为特征的空间里建造墙壁？既然有了通信系统，人们可以实时获取商品和服务，为什么还要创造一个填满了物品的家？

1986年，伊东丰雄完成了以屏风为特色的游牧餐厅，将建筑非物质化，利用天花板上的轻质屏风向各个方向反射光线。与伊东丰雄同道而行的建筑师还包括长谷川逸子（新陈代谢派建筑师菊竹清训的另一个弟子，也是伊东丰雄的同学）和山本理显。对长谷川来说，现代技术让我们可以把建筑想象成第二种自然，然而，正如东玉川住宅（1987）和藤泽市湘南台文化中心（1986—1990）所展示的那样，只有使用先进的轻型建筑技术，这才是可能的。1988年，山本理显在哈姆雷特公寓项目中使用了同样的系统——一个固定在钢结构上的居住单元的透明帷帘。

在同一时期，诺曼·福斯特、理查德·罗杰斯、尼古拉斯·格雷姆肖、威尔·阿尔索普和托马斯·赫尔佐格等建筑师也有类似的思考。他们利用高科技来测试可以提供什么样的技术以创建智能和生态正确的结构。西班牙的圣地亚

Jean-Philippe Hugron © VG Bild-Kunst

让·努维尔，阿拉伯世界文化中心，巴黎，1981—1987

哥·卡拉特拉瓦设想了运动中的结构，而意大利的伦佐·皮亚诺则倾向于采用轻量技术、天然材料和当地建筑传统，其结果便是生态技术，虽然它可能暂时未能产生令人印象深刻的作品（不过所有作品的形式质量都提高了），但它将环境可持续性的主题引入了大公司的建筑项目。

4

走向当前

1988—1992　解构主义之后

先例

解构主义建筑展于1988年6月23日在MoMA开幕。这个展览展示了当时国际知名度还不算太高的7个事务所和个人的作品，包括蓝天组、彼得·艾森曼、弗兰克·盖里、扎哈·哈迪德、雷姆·库哈斯、丹尼尔·里伯斯金和伯纳德·屈米。

正如我们稍后将看到的，这个展览非常成功，足以推出一种新的风格——解构主义。解构主义的特点是其迷人的空间实验：创造具有高度雕塑效果的复杂的衔接结构；使用新型建筑材料；引用残缺的诗意；关注不平衡和不稳定性。此外，解构主义的贡献还在于为后现代建筑时代画上了句号。与解构主义的直接空间介入不同，后现代主义更倾向于采用沉思和理智的方法。它经常以统一的图像和简单的立体形式为特色，这些形式富含装饰性和象征性的元素，如山脚、柱头、拱门等常见的古典元素。解构主义建筑展只不过是将设计当中的各种形式的研究集中在一个标签下。这些探索最初是周期性的，直到20世纪80年代才得到了加强。事实上，早在1978年，盖里就已经完成了他在加利福尼亚州圣莫尼卡的自宅的扩建，这个作品后来成了解构主义建筑展及其倡导的风格的代名词。房子使用了金属板和铁丝网围栏，其设计理念在于对内外、新旧、完工和未完工之间的对比的把玩。1983年，人们见证了香港山顶俱乐部和巴黎的拉维莱特公园的设计。第一个项目出人意料地由33岁的扎哈·哈迪德赢得。她的项目似乎在山地表面轻轻掠过；相比之下，拉维莱特公园的特点则是秩序和混乱并存，由内部连贯但不相关的功能层重叠而成。这一策略不仅在屈米胜出的方案里出现，在库哈斯的参赛方案中也被提出。在20世纪80年代初，蓝天组又推出了一系列极具表现力的项目，包括维也纳一处支离破碎的公寓建筑群和一份题为“用文字捕捉建筑”的宣言。宣言说：“我们不相信试图把我们带回19世纪的建筑教条，而且——这并非巧合——人们总是说要封闭。我们不想要封闭的、受限制的广场，封闭的、受限制的房子，封闭的、受限制的街道，封闭的、受限制的思想，以及封闭的、受限制的哲学。”回到1986年8月，《建筑评论》已经感受到了新的文化氛围，出版了题为“新精神”的专刊。伊丽莎白·M. 法雷利在引言中写道：“后现代主义已死。有些人从一开始就知道那只是一具被装饰过的尸体，剩下的人则花了更长时间。现在，不管发生的是什么事情，它们都是崭新的。在后现代时代无情的僵化之后，一切又蠢蠢欲动。就像漫长而寒冷的冬天过后的第一缕春风，这些最初的骚动都是希望的迹象。”

对于法雷利来说，后现代主义，即便是由创新的真正需要产生的，即便不是身处令人讨厌的静态、对称、沉重和风格混乱的学术氛围之中，也很快就转变为“毫无意义的矫揉造作的哑剧”。与这种古典的、保守的态度相反，复兴似乎与一种充满活力的、热情洋溢的、浪漫的方式有关，是一种将世界的复杂性和矛盾转化为形式语言的尝试，而不是隐藏在一套预先确立的规则体系之后。这与现代运动中的主角们在20世纪初所能做的相似，完全不像二战后以国际风格教义为原则的追随者那样，完全以形式和风格去理解大师们的研究。

另一个重要的人物是彼得·库克，他在题为《最后！建筑业又重新崛起了》的文章中定义了这一现象。

库克谈到了蓝天组1984年在法兰克福和伦敦的建筑联盟学院做的两次讲座，他与那些专注的、如痴如醉的学生一起参加了讲座——这与迈克尔·格雷夫斯做讲座的情况恰恰相反，那场讲座一个小时后听众就走光了。是什么引起了这

伯纳德·屈米，拉维莱特公园，巴黎，1984—1989

Jean Philippe Hugron

些年轻学生的兴趣？当然是建筑的英雄传统的回归，这与20世纪20年代布鲁诺·陶特和构成主义者的建筑传统、30年代CIAM的建筑传统、50年代史密森的建筑传统、60年代建筑电讯派的建筑传统是一样的。这是先锋派的传统，他们把建筑看作与事物的亲身肉搏，而不是与修辞三段论的语义学、符号学的交手，相反，这代表了后现代时期的一个核心方面。蓝天组受到追捧似乎不是一个孤立的现象。在谈到扎哈·哈迪德在香港山顶俱乐部设计比赛中的胜利，以及屈米在拉维莱特公园设计竞赛中的胜利时，库克十分肯定："这两个方案都体现了巨大的勇气和推动力，非常自信，是一种向空间的延伸。"接下来的建筑历史——无论这些建筑能否建造——将会被改写。他们的朋友和一些学生很快就欣喜起来，他们知道这些方案不是昙花一现，而是多年来越发充满活力的工作中的一个认可点。

彼得·库克1986年8月发表在《建筑评论》上的文章《最后！建筑业又重新崛起了》

库克继续他的考察，强调了OMA工作的有趣性质，特别是雷姆·库哈斯与扎哈·哈迪德在荷兰议会厅扩建项目竞赛中的合作。他还回顾了格拉茨学派的两代人，他们的建筑有着明显的表现力。澳大利亚的新一代设计师成功地在自然和当代形式之间建立了有益的对话。来自库珀联盟学院的纽约建筑师在约翰·海杜克的指导下，都在研究符号和空间的统一关系。最后，库克谈到了洛杉矶的建筑师，他们以其独特的创造性方法而广为人知。这些群体的出现是1968年的建筑电讯派、建筑联盟学院以及后来格拉茨学派的毕业生崛起的结果。这种嫁接后的产物在美国西海岸肥沃的土壤中茁壮成长，那里的创新和前卫的方法一直吸引着人们的目光。

这一代新人以何为参照？彼得·库克提到了至少三点。

一是恢复现代运动中的反体制价值。重要的不是包豪斯的古典主义元素，而是与它同期的艺术现象，尤其是构成主义的飞艇、火车、剧院布景、绘画、塔楼和巨大的吱吱作响的抽象作品。

二是英国高技派的进步传统，它源于巴克敏斯特·富勒和塞德里克·普莱斯，而非大型国际公司采用的在风格上有吸引力的类型，因此，更侧重于保守的方法。

三是巴西建筑师奥斯卡·尼迈耶的精湛技艺。他是一位真正的、无所顾忌的现代艺术家，是许多感性而迷人的形式的发明者。也许正是由于这个原因，他遭到了当代文化的排斥。简而言之：要建立一个以共同传统为基础的人与思想的网络，让我们能够满怀希望地展望未来。

库克总结道："目前发出的信息只是从一个分支到另一个分支的前几次跳跃，但是那些听力健全的人完全可以辨别出奇妙的沙沙声和树枝折断的健康的声音。"

菲利普·约翰逊（1906—2005）

库克的预测被证明是及时而准确的。事实上，从1986年开始，很多项目和建筑工程开花结果，将建筑引向了一个新的方向。

1986年，扎哈·哈迪德设计了IBA住宅及商店综合体（1993年竣工），该综合体轮廓清晰，违背了严格的柏林建筑规范中规定的保持单一屋檐线的要求，这是为了赋予楼体动感，让角部的设计更具表现力。她还设计了一座悬臂式办公楼，位于柏林选帝侯大街一处仅为2.7米×1.6米的场地，表明即使在几乎不可能的条件下，也有可能创造出具有极强动态视觉冲击力的优秀建筑。

与此同时，雷姆·库哈斯正在设计巴黎的达拉瓦别墅（1991年竣工），这是一座独栋住宅，展现了柯布西耶的漫步式建筑和密斯的极简诗学之间的冲突，并创造了一个像光线下的一系列静物般内敛，又像玻璃屋一般外向的住宅典范。1987年，他在阿姆斯特丹完成了IJ Plein社区，这一颇具争议的设计重新回归现代运动提出的定居原则。与此同时，库哈斯完成了新构成主义的海牙舞蹈剧院（始于1980），并在1988年完成了鹿特丹城市外围的两座颇有密斯风格的庭院式住宅。

1986年，弗兰克·盖里开始在美国加利福尼亚州洛杉矶修建Chiat/Day公司总部大楼，入口用双筒望远镜作为标志，这是与艺术家克莱斯·奥登伯格合作设计的。这个巨大的波普风格元素引起了人们对雕塑和建筑之间的区别的讨论。同年，明尼阿波利斯的沃克艺术中心为他举办了回顾展。1987年，他开始设计位于莱茵河畔魏尔的维特拉设计博物馆及工厂，尝试将以前的建筑中作为独立元素出现的丰富的体量形态并置于一个单独的建筑中。第二年，他又在巴黎的美国中心项目中继续进行这种形式的实验。

蓝天组继续致力于设计支离破碎的和高度完形的建筑，他们的概念设计图通常是在一个“改变了的”状态下产生的。1987年，他们设计了维也纳的罗纳赫剧院，并赢得了巴黎南部梅伦塞纳博物馆举办的国际比赛。

伯纳德·屈米和彼得·艾森曼正在拉维莱特公园与雅克·德里达合作，试图找到建筑和哲学中的解构主义之间的对应关系。

1986年，艾森曼开始进行一系列尝试，包括俄亥俄州哥伦布市的韦克斯纳艺术中心和法兰克福大学生物中心，试图引入指导其他学科设计过程的形式原则。

1987年，里伯斯金凭借一个项目获得了柏林城市边缘奖，该项目的线条和体量不是简单地组合在一起，而是似乎在相互碰撞，产生了动态元素和令人振奋的效果。

解构主义建筑

解构主义建筑展轰动一时，这与它的策展人菲利普·约翰逊有莫大的关系。当时82岁的菲利普·约翰逊是建筑界赫赫有名的人物，也是当代建筑史上的主角之一：他和亨利-拉塞尔·希区柯克一起，通过1932年的国际风格展，将欧洲现代建筑引入美国。他曾是MoMA建筑部门的主管，他在位于康涅狄格州新迦南的自宅玻璃屋（1947—1949）项目中将密斯的极简风格几乎发挥到极致，之后又与密斯合作设计了纽约的西格拉姆大厦（1954—1958）。最后，在一次突然的转变之后，他成了后现代建筑的拥护者、反密斯风格的杰出代表，与合伙人约翰·伯吉一起完成了纽约的AT&T大厦（1979—1984）等项目。

约翰逊在这次展览后为了接受解构主义而放弃了后现代主义，这是他从1954年离开MoMA建筑部门30多年后首次回到策展领域。在展览目录的序言中，约翰逊展示了两张照片：一张是1934年的MoMA“机器艺术”展手册封面上的一幅滚珠轴承图；一张是建于19世纪60年代的内华达沙漠中的部分地下避难所的照片，避难所只不过是地面上的一个洞，入口用一个由回收的材料制成的天棚（春之屋）做标记，照片由迈克尔·海泽拍摄。他说，没有什么能比这些图像之间的原始差异更好地呈现这两个时代。一边是现代运动的柏拉图理想，表现为以纯几何形式完善的钢结构；另一边是一栋令人不安的建筑，错位、神秘，用粗糙的木板和钢板制成。约翰逊认为，虽然这两个物体都是出于功利主义目的而设计的，但如今的我们更接近第二个物体的感性，而不是第一个物体的抽象理性。这也是我们在受邀反思“被侵犯的完美”这一主题中的7位建筑师的作品时发现的感性。“被侵犯的完美”这个主题，即使是无意识的，也启发了弗兰克·斯特拉、迈克尔·海泽和肯·普莱斯等艺术家。

副策展人马克·维格利在他的文章中对约翰逊的观点做了进一步展开。他认为，20世纪70年代见证了一种不和谐文化的诞生，这一点在SITE建筑事务所建造的仿若受难状态的BEST超级市场和戈登·马塔-克拉克精心安排的切割中得到了证明。然而，在今天，解构不再意味着建筑的拒绝——这是通过非建筑（SITE建筑事务所）或无建筑（马塔-克拉克）产生的——但人们意识到不完美（缺陷）是建筑的固有特征，是其结构的一部分，不破坏它就无法消除。因此，这些当代建筑师的作品让人想起历史上前卫派的作品，特别是苏联艺术家的传承。两者都是利用纯粹的形式来产生不纯粹的构图，并且都是从功能主义的优雅美学退步而来的，功能并没有超越外壳的完美，也没有使人探究功能本身的矛盾动态。显然，正如维格利所确信的那样，这些建筑师都知道他们对构成主义传统的借鉴，这并不重要，重要的是，他们创造了一个充满张力的建筑，一个扭曲的结构，却没有破坏它。

解构主义建筑，与俄罗斯艺术家一样，对环境有一种辩证的态度：既不模仿也不忽略它，而是把它当作一种错位的工具。同样，它被进行了分类——内部/外部、上面/下面、打开/关闭。维格利认为，也许正是由于这种风格上的兴趣，解构主义不能被定义为先锋派。它不是宣布新事物的手段，也不是新事物的修辞，它展示的是隐藏在已知事物背后的陌生概念。归根结底，这算得上旧瓶装新酒。让我们来看看展览中展现的项目，其中许多都是老面孔。例如，盖里的作品正是他在加利福尼亚州圣莫尼卡的自宅（主体于1978—1979年完成，1988年完成了第三阶段）和他从1979年开始围绕自宅所做的各种项目。库哈斯展示了他在鹿特丹的公寓楼和观察塔（1982），扎哈展示了香港山顶俱乐部（1983），屈米展示了巴黎拉维莱特公园（1984—1989）。蓝天组参展的项

iStockphoto/Kirkikis

弗兰克·盖里，盖里自宅，圣莫尼卡，1978—1979

目均设计于1985—1986年，包括维也纳的一个屋顶改造项目（1985）、一座公寓楼（1986）以及汉堡建筑论坛的天际线方案（1985）。比较新的项目有艾森曼的法兰克福大学生物中心（1987）和里伯斯金的柏林城市边缘项目（1987）。

因此，除了盖里自宅之外，我们看到的是一些仍在建设中或注定只能在纸上呈现的作品。展览及其手册中只介绍了这些项目的图纸和模型，使项目同质化，并在可能的情况下强调了有共同的形式品质。建筑或施工照片并没有展示，因为这些内容会让人们将注意力从对抽象的形式反应转移到具体的建筑问题上。

解构主义建筑展立即产生了意想不到的反响，呈现出一种新的感受，使国际关注焦点集中到7位受邀建筑师和那些虽然没有参展但拥有同样的敏感性的建筑师身上。

尽管如此，对比彼得·库克1986年8月发表在《建筑评论》上那篇热情洋溢的文章，这次展览似乎是一种倒退，将实际上各种不尽相同的诗意表达还原为一个共同的风格细节。约翰逊和维格利夸张地引用了构成主义并做了形式类比，这种过度评价实际上抵消了研究的新颖性。因此，在一个快速的形式消费时代，解构主义也不过是一种风格罢了，就像严格的古典主义和严格的现代主义一样。

另一方面，“解构主义”一词给人一种误解，因为它既代表了超越俄罗斯先锋派（解构主义）的态度，又代表了建立在雅克·德里达著作基础上的平行哲学趋势（这在当时尤其盛行）。更重要的是，正如1985—1986年那个失败的实验所证明的那样，当屈米让艾森曼和德里达一起完成拉维莱特公园的花园项目时，哲学的解构与它的“建筑表亲”几乎没有什么关系。事实上，第一种方法适用于概念，可用于识别理性语言中的预设（通常被认为是理所当然的）甚至术语，而这些预设一旦被揭示，就会使推理结构处于危机状态，使其向新的和意想不到的解释开放。另一方面，第二种方法则是一种技术，通过一系列概念引用来提高项目的趣味，并因此根据形式逻辑来组织项目，而这些逻辑不再与以前的任何准则相关。尽管如此，把哲学与建筑研究相结合的想法，像所有这些例子中的情况一样，吸引了大量的学者，催生了大量的理论图书和研究论文，人们试图将建筑与解构主义结合起来，寻求德里达和艾森曼所遇到的概念问题的答案。

其他的研究集中在对俄罗斯构成主义的重新发现上，这在库哈斯和扎哈的著作中出现过。然而，我们可以很容易地观察到，这个模棱两可的概念不太适用于里伯斯金、蓝天组，尤其是盖里的作品。然而，至少在一开始，这并不重要。

尽管有这些模棱两可的方面，或者可能是因为这种对不同和矛盾的解释的开放性，解构主义这个术语还是非常成功的。

它综合了20世纪80年代末和90年代初的乐观主义情绪。通过提出一种专注于与世界建立新关系的实验方法，它与20世纪80年代墨守成规的传统主义（体现在后现代主义建筑中）背道而驰，如果后者不从新的角度思考过去，就无法考虑未来。

1989年，在解构主义建筑展举办一年后，全世界一起见证了柏林墙的倒塌，这是迄今为止令人印象最深刻的建筑结构拆除过程之一。当时，各种大胆、前卫的想法和辩论以超乎寻常的速度席卷了世界各地的大学和杂志。那些辩论中最了不起的贡献者，连同他们的项目和理论立场，都扮演了充满魅力的角色。在建筑方面，则导致了明星体系现象的诞生。前面提到的7位建筑师从中获得了最大的好处，他们甚至在借解构主义趋势所带来的声望获利的同时，也小心翼翼地避免被称为这场以共同目标为特征的运动的支持者。

新的范式

除了试图通过错位的和支离破碎的建筑来表达新时代的张力和活力之外，下一个十年的主题是信息技术革命。在20世纪80年代，新产品像毛细血管一样发展、传播：首先进入生产领域，然后进入专业办公室，最后进入日常生活。从20世纪90年代开始，计算机、新媒体、电视直播、互联网、传真和电子游戏创造了一个既平行于真实空间又叠加于真实空间的网络和人造世界。它可以由产品进行检验和控制，这些产品的最终表现形式可以从美国在海湾战争（1991）期间使用的“智能炸弹”中找到，这种炸弹能在敌人产生的信息流的引导下，以外科手术般的精度瞄准甚至连肉眼都看不见的东西。当代建筑置身于信息的世界，即信息空间中，迫切需要重新定义自己。早在1985年，利奥塔就在蓬皮杜艺术中心组织了一次“非物质展”，当时他便预见到了这个问题：信息流的本质是不可见的，要如何使信息流的概念变得可见？法国建筑师让·努维尔也预见到了这个主题，并展示了自己利用新范例和新条件的非凡能力。他的阿拉伯世界文化中心于1987年建成（设计于1981年），该项目是法国总统弗朗索瓦·密特朗执政期间（1981—1995）试图改善巴黎市容的“重大工程”的重要组成部分。这座建筑以其连续的玻璃幕墙而闻名，幕墙后方是一系列“金属眼”，就像照相机的镜头一样，可以根据感知到的光量打开和关闭。这些都是由电子传感器控制的，以保证建筑内部照明的恒定值，不受建筑外部光照强度变化的影响。于是，这座建筑的外观是不断变化的，表现得像一个活的有机体，激活了功能和形式上的变化策略。

同样的研究思路也启发了日本建筑师伊东丰雄，他于1986年在横滨完成了风之塔，这座建筑也是利用电子传感器，将城市的空气、声音转换成光波的变化。

伊东丰雄分别在1985年和1989年设计了装置作品“PAO Ⅰ：东京游牧女性的住所”和“PAO Ⅱ：东京游牧女性的住所”，他用高度暗示性的图像来代表新的电子屋。他设计了一个由透明窗帘组成的椭圆形帐篷。室内有三件毫无存在感的家具：一张化妆台、一张餐桌和一张书桌。这个设计与传统的房子之间的区别显而易见：后者根植于地面，内部被象征性和功能性的物体填满，构成了一个独立的世界，而当代的房子则恰恰相反，因为它的本质是不稳定的，且不能自给自足。事实上，无论是在交通方式方面（汽车、火车、飞机），还是在通信手段方面（广播、电视、互联网、电话、视频会议），新技术都刺激了游牧主义的诞生，人们愿意随时收拾好行囊，不断地旅行。此外，它并不意味着封闭和内向的空间，因为它把我们联系在一起，就像我们生活在一个单一的神经系统中。最后，信息传输的便利性加速了商品的交换，因为人们在任何地方都可以获得商品，这就使商品的保存变得没有必要。加拿大媒体研究员马歇尔·麦克卢汉的观点触动了伊东丰雄，他开始思考在一个以电子和信息为基础的社会中触觉的意义和皮肤的重要性：一种敏感的表皮，它包裹着建筑物，允许家庭环境和城市空间之间的相互作用，它可以吸收光、声音，并将其再次输出为图像和充满活力的张力关系。

1991年，伊东丰雄参加了在伦敦维多利亚和阿尔伯特博物馆（即V&A博物馆）举办的日本视野展，展示了他设计的一个他最初想称之为"模拟"的房间，但在矶崎新的建议下，他最终给出了一个更为时尚的名字——"梦"。这个10米×28米的空间内铺设了用不透明的亚克力板制成的活动地板，26个投影仪悬挂在天花板上，投射出东京的影像。短墙上装着液晶显示屏。一堵略微起伏的墙上覆盖着铝板，隐藏在幕布后面，44台投影仪显示出日本首都人民的生活画面。扬声器播放着音乐，这些音乐以大都市的声音为基础，经由合成器处理。

据说在展览开幕时，日本亲王喝了几杯清酒后才进入这样一个混乱而虚无缥缈的空间，伊东丰雄被这件事逗乐了。查尔斯王子——众所周知的大都市的反对者——问他图像背后隐藏着什么信息。伊东丰雄回答并没有隐藏信息后，王子又问他是不是一个不可救药的乐观主义者。

伊东丰雄经常使用没有任何意义的图像，在一个接近印象派的状态下，在一个已经达到感觉的要求但还没有在理智中使其正式化的点上进行创作，就像大川端河岸城的风之卵（1988—1991）。这是一个用穿孔铝板包裹的万花筒，可以反射出投射到它表面的城市影像，观众还可以看到内部电视

Wikimedia/Wiiii

伊东丰雄，风之塔，横滨，1986

屏幕播放的其他画面。这些画面，就像电视上没有声音的图像一样，没有任何意义，变成了纯粹的感官现象：仅仅是在空间中振动和波动的颜色和形式。从这个角度来看，空间不再是实体所处的空间，而是传播信息的媒介。“这个作品不同于安装在街道柱子上的电视机或装饰市中心某座建筑立面的大型彩色屏幕显示器。它是视频图像的对象，可以通过周围充满信息的空气看到。它是图像的对象，随风而来，又随风而去。”

我们回头再看伊东丰雄对查尔斯王子说的这些图像没有隐藏任何信息的话。这种话很容易从安迪·沃霍尔的口中说出，伊东丰雄和他一样对现实有一种迷恋，不受任何语境或概念的影响。

当沃霍尔将图像冻结在易于辨认的图形中时（无论是金宝汤罐头盒还是梦露肖像），伊东丰雄却在它仍是一股能量流的时刻将其捕获。我们将在后文的仙台媒体中心项目中看到，电子就像一种重要的气息，可以将其比作海洋的波浪。正是这种非物质性，赋予软件智能性和灵活性，使人类社会有可能超越之前的机械社会。

然而，如果这一过程发生在最先进的产业中，那么它还没有出现在建筑界。在这里，严格的功能主义——最终是机械化——居住空间组织还没有任何变化。伊东丰雄断言：“在计算机时代，我们还没有发现一个适合理想生活的空间。”

不过，新技术已经颠覆了我们所处环境的形式坐标。伊东丰雄告诉我们，我们要做的就是看一下汽车的设计。丰田和日产的更为现代化的车型已经取代了雪铁龙2CV和大众甲壳虫，形式不再反映内部机械，而是反应抽象的过程：驾驶的舒适性和便捷性、仪表的识别和管理、自动定位控制、无线电和电话通信、微气候的舒适性、人体工程学、节能效率，

Ulf Meyer, Architectural Guide Tokyo, Berlin 2018

伊东丰雄，风之卵，大川端河岸城，1988—1991

以及可管理和自动化的安全功能。在其他领域，这种变化更为深刻，我们只需看看生物技术和微电子技术协同工作的生物工程领域就知道了。

1992年，伊东丰雄参加了巴黎新大学图书馆的设计竞赛。他设计了一个极简的盒子：一个由两层纵向体量结合而成的板块，可以俯瞰其他纵向和双层高度的体量。该方案在两个点的位置上被两个椭圆形体量打断，作为接触点；建筑表皮覆盖着透明材料，从外面可以看到建筑内部的书架等设施。

伊东拒绝在表达上做出让步：没有引用历史或者与历史发生某些诱人的联系，没有对综合语言的暗示，没有对气质的操控。就像因亚吉・阿巴罗斯和胡安・海洛斯所指出的那样，他追求的是一种近乎绝对的简单："一种新的、轻松的简单性。复杂性不可以再用几何术语来表达，或者更确切地说，几何复杂性及其变形已经不再是与建筑表达有关的内容。"

因此，这种建筑的理想是寻找一个中立、同质、透视和透明的空间，最终转瞬即逝，与古典传统的纪念性建筑的永恒性原则相对立。

不稳定和缺乏表达的表皮会使观察者的注意力从容器转移到内容上。结果是，图书馆类似于计算机的芯片：两者都是洁净空间，提供有助于信息传递的互连；两者都以网格状的路径为标志，最好是正交的，在任何情况下，都以最短的连接逻辑为结构。

更重要的是，这两个椭圆形的体量，即使在信息架构中也没有任何直接的共鸣，在这种情况下，微芯片暗示了能量流的运动。伊东丰雄说："椭圆形体量与由一组建筑的内墙构成的古典方形庭院形成对比。我正在创造一个新的广场来表达信息在密集区域的传播。它是椭圆形的，而非圆形的，体现了流动的感觉。"

扎哈：对立的游戏

毫无疑问，扎哈・哈迪德是从解构主义建筑展中受益最多的人之一，她获得了两个重要的项目：日本札幌的季风餐厅（1989—1990）和德国莱茵河畔魏尔的维特拉消防站。后者因为"不断变化"的预算而经历了一些波折，直到1994年才完成。札幌的季风餐厅可以用两种方式来解释。第一种解释是隐喻性的：餐厅代表冷与热、火与冰之间的对比。一楼的陈设像水晶一样尖锐而有切割性，二楼的陈设则是温暖而柔软的。这是因为札幌是一个以冰雕而闻名的冬季城市，壁炉的火焰和室内空间的温暖都是它的一种象征。第二种解释是形式上的，建立在哈迪德于伦敦建筑联盟学院从雷姆・库哈斯那里学到的一种技术的基础上。库哈斯经常在他的项目中使用这种技术，包括操控对立的元素——冷与热、虚与实、不透明与透明、轻盈与沉重、螺旋与盒子。更重要的是，在这种情况下，冷的尖锐性和热的柔和性之间的对比，使哈迪德能够在一个项目中汇集香港山顶俱乐部项目的穿透性实验几何体量和其他项目中的立面要素，如伦敦卡思卡特路24号的公寓大楼的翻新项目（1985—1986）。

位于荷兰格罗宁根的音乐视频馆（1990）——与维特拉消防站不同，但和季风餐厅有些类似——是一个多色的体量，由多个标志分割开来，混乱不堪。它也被分成两半：一个是封闭的空间，用金属包覆，由一扇窗户划定出来，从窗户里面伸出了摇摇欲坠的三角形带状物；一个是开放的空

Christophe Robin

扎哈·哈迪德为宠物店男孩做的舞台设计，1999—2000

Vitra

扎哈·哈迪德，维特拉消防站，莱茵河畔魏尔，1990—1994

间，用纤细的梁柱组成的线状结构来解决，呈现出充满雕塑感的体量。

哈迪德认为，在形式的动态中，选择无数对立组合中的一个或另一个是没什么用的；不如接受它们的共存，提高对比程度。这种不可简化的二元论在最私密的存在范围内被发挥到了极致：独户住宅——一个由传统观念主导的领域——很少有激进的创新方案。海牙别墅（1991）就是这种情况。这是一项关于在荷兰首都建造8个独户住宅单元的研究。

哈迪德提出了两种类型：基于线性生成原理的“交叉屋”和基于曲线的对立矩阵的“螺旋屋”。

“交叉屋”基于两个矩形的交叉点，一个是负的，一个是正的。第一个在地面层，是一个从周围住宅体量中减去的平行六面体，一个负空间。第二个位于第二层，是相同的平行六面体，但是是一个实体，虽然几乎与下方的空间垂直，但被完全雕刻出来，以容纳生活空间。这样，住宅在地面层环绕着一个内部庭院，而二楼则朝向景观开放，同时具有内向性和外向性。这是二元论的一部分，综合表达了当代建筑的困境，在用私人围墙保护内部空间的“砖房”和将内部空间投射入自然环境的“玻璃屋”之间取得了平衡。

相反，“螺旋屋”是围护结构的立方体体量与穿过空间的斜坡螺旋之间对立的结果。这两种几何形状的结合创造了令人惊讶的内部景观和令人意想不到的交流、互动渠道，还呈现了一个从重到轻、从封闭到开放的纵向发展过程。

1992年，古根海姆博物馆举办了“伟大的乌托邦展”，以此向至上主义和构成主义大师致敬。哈迪德承认，她正是在这个时候验证了马列维奇抽象主义的三维力量和影响范围。

扎哈·哈迪德（1950—2016）

哈迪德参展的装置是对这一想法的直接回应：在博物馆中心重建塔特林设计的第三国际纪念碑，同时打造一系列平行的场景，每个场景揭示一个空间主题。这些场景包括：马列维奇的《红色方块》与塔特林的《转角浮雕》之间的对立；一幅以挤压技术成型的马列维奇的作品被摆放在地上；以能量流、几何风暴的形式悬挂的画作；在透明的有机玻璃支架上展示的看似飘浮在空中的画作；像是从地面上生长出来的至上主义雕塑，沿着向上的轨道一直蔓延到天花板上。在这个展览中，除了个人的创新设计之外，更重要的是一个原则性的声明：建筑不是一个中立的、用来有序地展示一系列作品的墙壁，相反，它是一种空间结构，正是由于其参与性，它提供了解释，并成为一种文本。这是一种艺术研究的结果，为了验证其假设，它可以且必须与当前的期望体系发生冲突。

Philipp Meuser

扎哈·哈迪德，斯特雷塞曼街住宅楼，柏林，1994

OMA

雷姆·库哈斯/OMA，康索现代艺术中心，鹿特丹，1987—1992

雷姆·库哈斯：方法及其悖论

建筑能满足当代社会的需要吗？有没有可能根据理性原则进行设计？如果我们承认这是有可能的，我们希望得到什么结果？为了响应这些要求，雷姆·库哈斯在1989年参加了三个重要的比赛：巴黎的法国国家图书馆、卡尔斯鲁厄的艺术与媒体技术中心和泽布卢格的海洋贸易中心。这位荷兰建筑师为每个方案分别定义了一个策略，当这些策略被连贯地应用时，最终会产生矛盾的结果。第一个策略是在法国国家图书馆的比赛中完善的，主要集中在虚空和它们之间的联系上。事实上，该项目由一个紧凑的平行六面体组成，即由书籍堆积物填充的建筑体量，内部通过挖掘和减法划分出一个相互连接的空间系统：阅览室、礼堂、会议室以及位于隧道和地下连续空间中的水平和垂直循环系统。它的设计主要着眼于虚空，而不是像后现代主义那样着眼于实体，它将兴趣从容器转移到内容，即活动发生的空间，从而最终转移到活动本身。然而，由于虚空中包含了事件，所以很难设计建筑的外壳——也就是说，除非建筑师像库哈斯那样，选择以一块“瑞士奶酪”的形式进行设计，通过外墙与空隙体量的交会而形成的孔洞来进行穿透。

第二个策略是为了回答一个同样令人尴尬的问题：如果运动是当代都市的生成原则，这是否会导致建立在坚固和持久原则之上的建筑的解体？

在卡尔斯鲁厄的艺术与媒体技术中心项目中，库哈斯设计了一座以“达尔文主义舞台”为构思理念的建筑。该建筑与周围城市环境相融，用于举办各种类型的临时和永久展览、活动和表演。该中心位于车站附近，通过铁路地下通道与历史名城相连，占据了这座城市的部分区域。通过这种方式，每天经过该站的乘客可以透过玻璃墙观看艺术作品和艺术活动。朝向公共广场的立面上的大型投影屏幕也发挥着同

OMA

雷姆·库哈斯/OMA，达拉瓦别墅，巴黎，1985—1991

样的作用。进入中心大楼后，访客会发现自己仿若置身皮拉内西空间，可以依靠自动扶梯和坡道式地面依次体验中心的各种项目，最终到达屋顶花园。在垂直上升的过程中，访客可以俯瞰车站和列车的运行情况，最后还可以看到卡尔斯鲁厄艺术与媒体技术中心的全景。然而，从建筑图纸的角度来看，结果是矛盾的：建筑趋于非物质化，并且存在于形式和非形式之间不稳定的平衡状态之中。

第三个策略，即比利时泽布卢格的海洋贸易中心项目代表的策略，处理的是象征性的层面。早在《癫狂的纽约》中，库哈斯就已经确定了两种都市原型：针和球。针是一个没有内部的建筑，占据了最小的体积并向上突出。另一方面，球的内部体积最大，表面积最小。更重要的是，它有一个显著的能力，可以吸收物体、人、图标和象征物，让它们在其中共存。对于库哈斯来说，现代都市的历史就是让这两个原型一起生活的尝试："针想要成为一个球，而球则不时地试图变成一根针——这样的交叉融合带来了一系列成功的混合体，在这些混合体中，针的吸引注意力的能力及其在地域上表现出的谦逊与球体的完美接受性相匹配。"

针的原型是纽约的摩天大楼，而球的原型则是巴克敏斯特·富勒的测地穹顶。库哈斯以令人震惊的举动，试图将它们合成一个单一的物体：产生的形式是一个像螺旋一样打开的体量，再以一个圆顶为冠。汽车在建筑内部的螺旋形坡道上运动，暗示了一种离心式的扩张，停车位则沿着坡道布置。沿建筑物内的向日葵形坡道和停车位所在位置行驶的汽车的运动产生离心膨胀的效果。在高层，餐厅、办公室、酒店和赌场彼此交替，而大楼顶部有一座全景穹顶。

尽管这三个项目从未付诸实践，但由于其概念结构的偏执、清晰，对理论辩论产生了相当大的影响。更重要的是，它们帮助库哈斯定义了他后来在1994年发表的《大或巨大的问题》一文中理论化的想法。在这篇文章中，他提出了一个介于建筑和城市规划之间的维度的调查，从此，理论界对这个主题的兴趣开始不断增长。

库哈斯在这一时期的小型项目中也采用了同样清晰、讽刺和矛盾的方法，这些项目展示了一种将并列的逻辑与著名建筑作品的片段相结合的建筑方法。这种方法让人想起后现代作品的构图方法，不同的是，后现代主义者毫不犹豫地通过复制——或者像当时人们所说的"引用"——以前的建筑来创作作品，其作品在大多数情况下都有古典主义的根基，而库哈斯的作品使用了现代运动的例子，精确地说，是后现代主义试图废除的创新和实验传统。其目的是创造一种当代语言，通过引用的多元性和零散性，展示当代的张力和对比。

例如，在达拉瓦别墅（一个始于1985年，但1991年才完成的项目）中，库哈斯受到密斯和柯布西耶的启发，试图将两个客户的对立需求统一起来。其中一个客户想要一座玻璃房子，另一个客户则想在屋顶上建一座游泳池。因此，库哈斯创造了一个纵向体量，位于两个横向体量之间。纵向体量是一座玻璃房子，四面都是玻璃，让人联想到密斯的作品。另一方面，这两个横向体量又让人想起柯布西耶的作品：就像他在法国的萨沃耶别墅（1928—1931）一样。它们是由三个部分组成的有机的空间体系——桩柱、居住空间和屋顶花园，搭配条形窗户。通过这两个引用，库哈斯解决了一个专业难题，同时通过将两种表达方式并置，保证了它们的共存。其结果是一种典型的具有解构主义色彩的碎片美学。在这种美学中，组合在一起的碎片往往是粗糙的、有机的。到处都是没有对齐的地方，也没有严格地处理拐角问题。当一扇窗遇到一堵横墙时，就会被粗鲁地打断，从一种材料到另一种材料的过渡也是粗暴、无情的。

库哈斯这一时期最重要的作品是位于鹿特丹的康索现代艺术中心（1987—1992）。该项目由建设一座方形建筑的需求而产生，方形建筑的体量被两条街道切割：一条是现有的东西向道路，一条是南北向的人行坡道，用于标识公园和艺术中心的入口。重新连接被切割成四个部分的盒子的，是一个螺旋形体量，由坡道的倾斜平面、礼堂中倾斜的座位和展示空间的水平平面构成，使这些空间相互抵消。一个从底层开始的连续体，穿过所有空间，最终到达屋顶花园的开放空间。因此，展示空间和礼堂成为一条单一路径的元素，当人们按照这条路行进时，就可以从一个展览到达下一个展览，以及从展览到达会议空间。这种策略背后的动机主要是形式上的：对立原则之间的相遇。然而，这并非没有功能价值：如果这些空间衔接了一系列事件，那么它们之间的自由流通无疑会朝着倍增的促进因素文化——或者库哈斯所说的拥塞文化的方向发展。如果我们看看艺术中心的外部体量和它的四个立面，看到的都是平庸的矩形。然而，如果从某个角度看建筑，我们会注意到，在四个拐角处，使用不同材料的两个立面从视觉上或形式上看并没有相互连接：尽管每个立面都明确地展示了它背后的功能，但它们并没有在和谐的建筑构成中对齐或并列。因此，这是解构主义美学的一个奇怪的悖论：规则（如内部和外部之间的对应关系）虽然处在一个复杂和矛盾的环境中，但仍能创造出拥有破坏性外观的不规范建筑。

弗兰克·盖里：新构成

在解构主义建筑展中，弗兰克·盖里无疑是参展建筑师中最知名的一位。到了1988年，他已经可以炫耀自己漫长而辉煌的职业生涯了，而且就在前一年，他的个展在明尼阿波利斯举办，后来又相继来到休斯敦、多伦多、亚特兰大、洛杉矶、波士顿和纽约。他的个展甚至耽误了他参加普利兹克建筑奖的颁奖礼——这是他在1989年获得的建筑领域最受欢迎的奖项。

正如亚历杭德罗·扎拉-波罗在《建筑素描》杂志上发表的一篇关于盖里的文章中所强调的那样，盖里的魅力在于他坚实的大众根基，这使得他能够摆脱其他建筑师之间令人恼火的争论。事实上，盖里不像艾森曼、库哈斯、屈米或里伯斯金，他没有在复杂的理论问题上浪费时间，他的作品直接体现想象力，涉及感官而非智力，呈现出决定性的标志性影响、高度可塑性和雕塑性的外观，以及对工业生产中“劣质”材料的创造性使用。盖里之前一直忙于圣莫尼卡的自宅项目，试图定义一个更具说服力的设计策略。为此，他毫不犹豫地进行了多种类型的研究，其中三种似乎最具说服力。

第一种是将建筑分解成不同的基本体量，每个体量都以一种形式和一种材料为特征，如灰泥、石头、铜和锌。明尼

弗兰克·盖里，沃尔特·迪士尼音乐厅，洛杉矶，1988—2003

iStockphoto/KIVILCIM PINAR

弗兰克·盖里（1929—）

iStockphoto / Vladislav Zolotov

弗兰克·盖里，金吉尔和弗雷德大厦，布拉格，1992—1997

苏达州威扎塔的温斯顿旅馆（1983—1987）就是这样，四个体量“被置于一个紧密的复合体中，像一个静物，像莫兰迪的画”。类似的项目还有加利福尼亚州布伦特伍德的施纳贝尔宅邸（1986—1989）、康涅狄格州纽黑文的精神病治疗中心（1985—1989）和加利福尼亚州圣莫尼卡的埃吉玛购物中心（1984—1988）。

第二种是创造统一的单体建筑，通过结合不同的元素或受到变形力影响的元素，使整体结构处于一种危险的状态。这可以在巴黎的美国中心（1988—1993）项目中观察到，它完全基于建筑物的整体性和其多个部分的零散性之间的辩证关系，令人惊讶的是其中一些部分似乎是从建筑物本体上滑落或弹出来的。盖里后来设计的位于布拉格的荷兰国家银行总部大楼——设计从1992年开始，直到1997年才完工——又被称为“金吉尔和弗雷德大厦”，因为这座建筑总让人们想起这两位著名的舞者紧紧拥抱在一起的情景。这座建筑令人印象深刻的是转角处的特殊解决方案，玻璃体量在中点缩小，在底部扩张，像是一名女舞者的臀部和裙子。事实上，除了标志性的参考外，这也是创造建筑意外景观和与巴洛克风格的布拉格形成对话的极好的方式。

第三种方法侧重于具有复杂形式和高度雕塑效果的物体，如德国莱茵河畔魏尔的维特拉设计博物馆（1987—1989）。盖里在这个作品中试图削弱建筑在传统方面的影响，使其成为一个纯粹的雕塑作品，这一点深受年轻一代建筑师的钦佩。这一代建筑师从20世纪90年代初开始探寻一种建立在形态发生和数字计算基础上的新美学。盖里后来坚持不懈地朝着这个方向前进，完成了他的两部杰作：洛杉矶的沃尔特·迪士尼音乐厅（1988—2003）和毕尔巴鄂古根海姆博物馆（1991—1997）。我们将在后面对这两个项目进行更详细的介绍。

弗兰克·盖里，温斯顿旅馆，威扎塔，1983—1987

弗兰克·盖里，施纳贝尔宅邸，布伦特伍德，1986—1989

分离与错位

1992年，在拉维莱特公园竞赛十年后和解构主义建筑展四年后，屈米又赢得了另一项重要国际设计比赛——法国里尔东北部图尔昆的弗雷斯诺国家当代艺术中心。场地是一块有几栋建筑的土地，屈米根据设计要求，对旧建筑进行了维护，只做了一些适度的改动。他用电影院、录音室和行政办公室占据了开放空间，用一个大约100米×80米的钢屋顶覆盖了整个建筑群，屋顶由不透明和透明的元素组成。因此，他赋予整个建筑群一个连贯、统一的形象，同时强调了他所覆盖的建筑的不同形态。在建筑的顶部和屋顶下方，他又创造了新的有盖空间，通过复杂的楼梯和人行系统连接，能够举办教育活动、课程和展览，并提供安静的庇护所。

由此产生的空间既不是单一的也不是零散的，既不是内部的也不是外部的。它可能会受到情境主义者居伊·德波的青睐，因为它毫无现代主义风格的平庸和机械，而是在属于不同时代和风格的结构之间的相互作用中出现，相当出人意料。也正是由于这个原因，它代表了“分离”，英文为disjunction，是屈米研究了一段时间的建筑理论的实践。

分离是建立在这样一个假设之上的：在现代运动的危机及其具体的必然性之后，提出综合的解决方案不再有意义，无论它们是功能性的、有机的还是理性主义的。相反，对于建筑来说，一种缺乏的东西、一种张力的表达可能更有成效。这种缺乏转化为一种开放（这就是disjunction这个词的含义），转化为一种欲望，一种发现的刺激，以及一种超越极限的邀请。在屈米赢得了弗雷斯诺国家当代艺术中心设计比赛的同一年，彼得·艾森曼为《住宅》杂志写了一篇题为《视觉的展开：电子媒介时代的建筑》的文章。他在文章中提出了基于其最新建筑作品的理论问题，涉及复杂的几何形式、充满活力的空间和不稳定的观点。艾森曼提出，到目前为止，从历史上传承下来的建筑一直承担着克服重力的责任，可将这一行为纪念化，并将其转化为视觉关系，这

Wikimedia / Velvet

伯纳德·屈米，弗雷斯诺国家当代艺术中心，图尔昆，1992—1997

Courtesy COOP HIMMELB(L)AU

蓝天组，丰德工厂3号厂房，格兰河畔圣法伊特，1988—1989

样就有了两个后果：首先，它通过内部和外部、上面和下面、前面和后面、左边和右边等概念的对立，建立了自身和用户之间的精确关系；其次，建筑“主体所处的位置提供了这个位置相对于特定的空间类型——如圆形大厅、交叉口、轴线、入口的理解方法”。

在这种稳定、实用、概念和谐、层次分明的建筑的基础上，有一种透视的空间概念，尽管受到20世纪初前卫艺术（如立体主义和构成主义）的批评，但它仍然存在于建筑中。然而，艾森曼认为，如果电子社会正在抛弃传统的理解视觉的方式，将它从一种智力活动（视角）转化为一种情感事实（纯图像），那么建筑设计也必须以某种方式考虑到这一点。

这便引入了一个新的操作建议，即“错位”，英文为dislocation。出于种种原因，它类似于屈米提出的分离。错位是一种尝试，将理性化工作的主体与它本能地试图在一个特定地点内创造的空间分离开来。因此，我们所说的主要是“使眼睛与心灵分离”。错位使人们能够窥视那些不同的、相对于我们已经习惯的空间而言的“其他”空间的存在。最重要的是，正如艾森曼所极力肯定的那样，它可以让我们理解“情感空间的存在，这也是空间的一个维度，使人类主体的话语功能错位，从而使视觉错位，与此同时，可创造时间和事件的条件，让我们在回望、凝视那个主体的时候可以有一个背景环境作为基础”。

如果说艾森曼提出错位主要是为了批评智力占用空间的概念引用，那么蓝天组的工作则涉及感官和身体。这就导致了不和谐的和反人体工程学的空间的构建，同时也是好奇心和参与性的体现。其中一个例子就是蓝天组在维也纳法尔科大街6号的屋顶改造项目（1983—1989）。新建筑看起来像是蹲在19世纪建筑顶部的某种机械和寄生怪物。然而，一旦我们克服了最初的反应，就会注意到它是一个与天空产生意外关联的物体，将观察者带到一个顶点的位置，这是盒子形的体量无法做到的。我们还可以看一下蓝天组在奥地利格兰河畔圣法伊特建造的丰德工厂3号厂房（1988—1989），在那里，建筑体量在明显的不稳定和不平衡状态下被分解成平面和线条，造成了一种不适感，只有当观察者摆脱了有序的学术观念时，才能克服这种不适，从而从景观中获得愉悦的体验。

另一位沿着错位路线前进的建筑师是丹尼尔·里伯斯金，尽管他是以一种隐喻的、类比的和诗意的方式前进的。事实上，对里伯斯金来说，建筑符号只有在与另一个现实的关联中才能被理解：历史、音乐和诗歌的现实。反之亦然，历史、音乐和诗歌只有在被翻译成描述我们存在空间的符号——建筑时才能被理解。所有这些符号，加在一起形成了一个引用的中心，编织成了世界的模式，构成了它的意义（实际上，意义是将一个符号系统翻译成另一个符号系统）。然而，这种意义的本质还是无法捕捉的，因为尽管我们试图组织一个意义矩阵并确定其根源，但最终我们揭示的框架总是不完整的、暂时的、零碎而无序的。

受希伯来神秘主义的启发，里伯斯金的作品具有神秘和深奥的一面，还有一种随柏林犹太人博物馆项目而成熟的对形而上学的迷恋。犹太人博物馆是里伯斯金1989年开始设计的作品，直到1998年才落成。在解构主义诗学发展的同一时期，也有一些其他的研究路线，但没有那么混乱，更多的是统一。有的是为了重新发现空间的具体品质和物质性，有的采用极简主义方法——我们将在后面讨论，还有的仍然注重技术层面。

福克萨斯与霍尔：姿态与感知之间

1985年，为了寻求新的职业发展，移居巴黎的马西米亚诺·福克萨斯放弃了以前以基本几何图形为特点的设计风格（由于其标志性的一面，这一风格属于后现代主义的衍生）。福克萨斯在形式上的最终突破发生在1986年，当时他应法国埃鲁维尔圣克莱市市长弗朗索瓦·然德尔的邀请，召集奥托·施泰德勒、威尔·阿尔索普和让·努维尔一同参与欧洲塔（1988年竣工）的设计。为了避免产生一个统一的有机体，设计师随意地将四个不同的项目堆在一起，发展了重叠的逻辑，也是1983年屈米和库哈斯在拉维莱特公园竞赛方案中所采用的逻辑。

在后来的项目中，如法国雷泽媒体中心和文化中心（1986—1991）、巴黎的坎迪·圣伯纳德住宅综合体（1987—1996）、法国大诺瓦西圣埃克苏佩里学院（1989—1993）和法国里摩日的法律与经济科学学院（1989—1996），福克萨斯回归了通过统一的设计姿态产生的更加统一的形象的创造。同时，通过在每个项目中使用不同的材料——从玻璃到金属网，从特种钢到铜和木材，他尝试了一种感性的建筑，丰富了材料和色彩价值。这种方法发展的巅峰是他在法国尼奥设计的涂鸦艺术博物馆（1989—1993）。石窟造型的入口处是一系列著名的史前岩画，通道两边是用特种钢制成的角墙，让人想起在洞穴中出现的史前动物的抽象画。钢铁外部覆盖着一层铜绿，赋予墙壁强烈的触感效果，也有利于其融入自然环境。

美国建筑师史蒂文·霍尔也认为有必要超越解构。霍尔引用了马克·泰勒的话："解构主义终于走上了正轨。我们试图解构，把所有的东西都分解成无穷多的碎片。我们现在需要的是一种将事物组合起来的哲学。我坚持的是

马西米亚诺·福克萨斯，坎迪·圣伯纳德住宅综合体，巴黎，1987—1996

马西米亚诺·福克萨斯，雷泽媒体中心和文化中心，雷泽，1986—1991

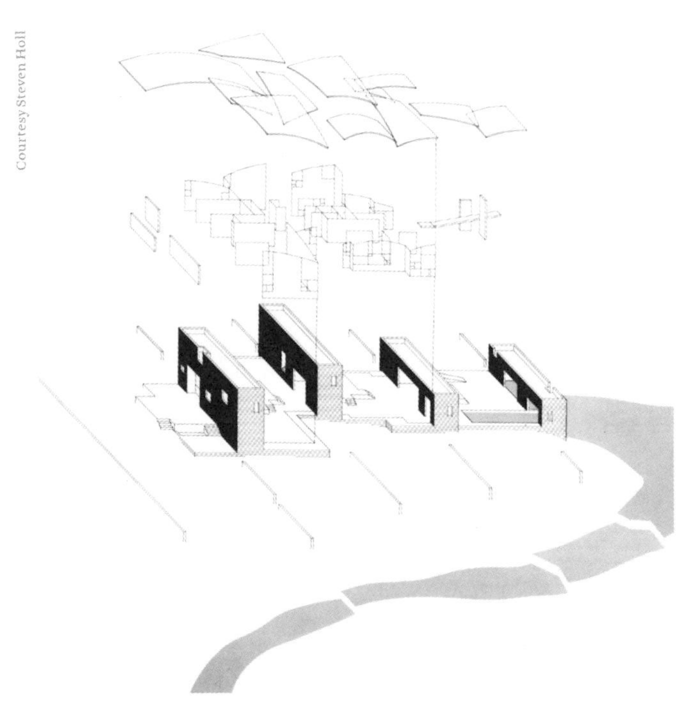

史蒂文·霍尔，斯特列多住宅，达拉斯，1990—1992

整体的价值，尤其是对建筑而言。”为了实现这一点，霍尔实施了一种将现象学与概念方法相结合的策略。

霍尔将现象学方法归结为莫里斯·梅洛-庞蒂的哲学，因此对材料、地点、色彩和光线格外重视。霍尔的概念源自对指导每个项目的理论的探寻，他使构图统一，避免混乱无序的设计（即各种效果在没有明确的指导线的情况下相互影响）。例如，他在得克萨斯州达拉斯的斯特列多住宅（1990—1992）项目，项目概念取自作曲家贝拉·巴托克的一首音乐作品，他的四重奏灵感来自对这个包含了四座现存水坝的场地的考察。

霍尔创作的最有趣的作品除了斯特列多住宅之外，还有日本福冈的住宅（1988—1991），以及纽约的德·肖公司办公室和贸易区（1991—1992）。在这两个项目中，霍尔都操控了结构的简单性和组件的多样性之间的辩证关系。在福冈的住宅项目中，他通过让相邻的公寓之间有所区分来实现这一点，并采用了一个优雅的旋转彩色屏幕系统来连接每间公寓，这是

马西米亚诺·福克萨斯，涂鸦艺术博物馆，尼奥，1989—1993

Courtesy Massimiliano and Doriana Fuksas

Courtesy Steven Holl

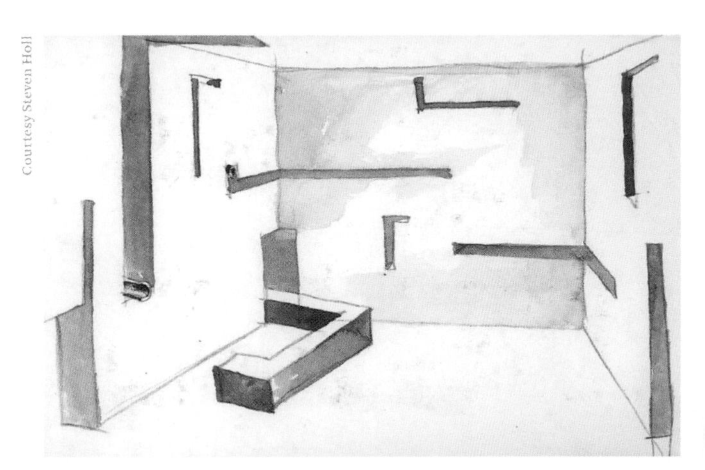

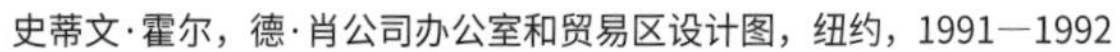

史蒂文·霍尔，德·肖公司办公室和贸易区设计图，纽约，1991—1992

Courtesy Steven Holl

史蒂文·霍尔，德·肖公司办公室和贸易区，纽约，1991—1992

Courtesy Massimiliano and Doriana Fuksas

马西米亚诺·福克萨斯，法律与经济科学学院，里摩日，1989—1996

Wikimedia/Till Niermann

赫尔佐格和德梅隆，戈兹美术馆，慕尼黑，1989—1992

Flickr/iv toran

赫尔佐格和德梅隆，利口乐欧洲工厂生产车间及库房，巴塞尔，1992—1993

受日本理想的流动、灵活的空间的启发。而在纽约的项目中，这一点是通过设计一个由多个窗户采光的中央中庭来实现的。

极简主义方法：赫尔佐格和德梅隆

瑞士德语区在20世纪80年代末发展出了一条与解构主义相悖的研究路线。1991年，《建筑评论》发现了这一现象，并用彼得·布坎南的文章引入了对这个现象的讨论。这位评论家认为："在20世纪80年代时尚的'形式过剩'之后，出现了新一代建筑师，他们的作品令人欣慰。他们中的一些人，如雅克·赫尔佐格、皮埃尔·德梅隆和非常'不瑞士'的圣地亚哥·卡拉特拉瓦已经开始在国际上获得近乎受人崇拜的地位。还有一些人应该被大众了解。除了卡拉特拉瓦，这些建筑师中的大多数人都对现代主义有着持续的迷恋，早期建筑和当代艺术都激发了他们对区分和表达基本要素的共同关注。"

事实证明他是相当有先见之明的：在短短几年之内，赫尔佐格和德梅隆就获得了巨大的声誉，在同一期杂志中提到的其他建筑师中，至少还有一个彼得·卒姆托也是如此。出生在西班牙的圣地亚哥·卡拉特拉瓦也有着同样辉煌的未来，但因为他所遵循的研究形式与我们接下来要探讨的严格的极简主义不同，所以我们将在下一节中进行讨论。

20世纪80年代后半期，赫尔佐格和德梅隆在巴塞尔建造了利口乐公司仓库（1986—1987），他们确定了一种策略，超越了他们先前作品中的本土方法，将更加抽象、有效的形象表现在建筑表壳上。罗伯特·文丘里称之为"装饰棚"主题。他们提出了一个简单的矩形方案，其外立面由重叠的混凝土板组成，安装方式让人想起建筑内部的产品的堆放。面板之间的间隙为内部通风创造了条件。立面条带的垂直递增发展是根据黄金分割比例来组织的，赋予建筑一种极简主义雕塑的品质。木质板条、混凝土面板和隔热材料的外露安装让人想起盖里的建筑雕塑中使用的"劣质材料"的诗学，它

雅克·赫尔佐格（1950—）和皮埃尔·德梅隆（1950—）

们推翻了预设，使他们的研究不再以解构主义为方向，而是朝着一个更加严谨的方向发展。

安东尼奥·西特里奥曾经坦言："利口乐公司仓库是对年轻一代的真实启示。它向我们展示了一种设计方式，不同于后现代主义中令人窒息的历史主义，同时，它也不会像解构主义者那样在'形式过剩'中迷失。"1989年前后，利口乐公司仓库中的变化在一些作品中得到了具体的体现，主题更多地体现在建筑表皮上，其中包括沃尔夫铁路信号塔（1989—1994）、巴塞尔的SUVA公寓楼（1988—1993）、圣路易斯的法芬霍兹运动中心（1989—1993）、慕尼黑的戈兹美术馆（1989—1992）和巴塞尔的舒特森-马特大街公寓楼（1984—1993）。这些项目的表皮像艺术品一样，使用了艺术家常用的技巧，如去文本化、迷失方向、感知欺骗和尺度变化。例如，沃尔夫铁路信号塔的盒子结构类似于一个巨大的蓄电池，包裹它的铜带在不同方向上引起了微妙的明暗变化，让它看起来像一个充满活力的极简主义雕塑。舒特森-马特大街公寓楼上的百叶窗是根据巴塞尔下水道格栅设计的，造成了一种感知上的错位，人们习惯在水平的铺装平面上看到的东西被放在了垂直的建筑立面上。法芬霍兹运动中心立面的蚀刻板以巨大的规模再现了混凝土的纹理，用视觉效果不佳的材料装饰的同样的材料产生了一种不确定的效果，就像是被虚拟的放大镜放大了似的。

英国、法国和日本的极简主义

20世纪80年代初，约翰·波森已经完成了一些明显的极简主义作品，包括他1982年对作家布鲁斯·查特文的公寓进行的翻修。这是一个45平方米的空间，装饰着一些精心挑

赫尔佐格和德梅隆，沃尔夫铁路信号塔，巴塞尔，1989—1994

Flickr/Marc Teer

选的精致物品。然而，正是在20世纪90年代初，我们才发现在英国，在波森、托尼·弗雷顿和大卫·奇普菲尔德的作品中，开始出现了解构主义和高技术的替代定义。

这一点最初出现在室内空间、房屋和商店的设计中，这些设计采用了清晰而基本的形式，将装饰效果限制在光线和材料的对比上，如使用抹灰表面（通常为白色或灰色）、大理石、木材或清水混凝土。奇普菲尔德在伦敦和巴黎设计的装备店（1991）就是这种情况，那里唯一的亮色来自陈列在透明的背光架子上的衬衫。

这一时期最著名的作品要属托尼·弗雷顿的伦敦里森画廊（1992），其严肃的外观以大玻璃片为主，这让建筑看起来很抽象，几乎有些不合时宜。耶胡达·萨夫兰在为《住宅》杂志撰写的一篇文章中谈到一种严谨、专注、深刻的建筑，他马上想起了密斯的断言："在我看来，只有触及时间本质的关系才是真实的。"

在20世纪80年代后半期，法国也开始了对一种倾向于基本形式的研究形式的定义。让·努维尔是其中一位先行者，他展示了自己预见未来的能力。他这一时期的作品表现出他对透明主题日益浓厚的兴趣。这促使他设计了巴黎拉德芳斯街区的无尽之塔（1989）（这座塔的顶端几乎融入了周围的空气）；法国达克斯的莱斯温泉酒店和水疗中心（1990—1992）；瑞士维勒莱特的卡地亚工厂（1990—1992）；后来巴黎的卡地亚基金会大楼（1991—1994）。卡地亚基金会大楼最终使用了一个透明的反光玻璃屏幕系统，试图将建筑对象消失的主题具体地表现出来。

多米尼克·佩罗的极简主义作品较少带有感性特质。他在位于法国大努瓦西的电子与电气工程高等学校（1984—1987）项目中已经提出了一个外形被简化为一个大的倾斜平面、上面连接着实验室的线性体量。然而，他在巴黎的让-贝里埃工业酒店（1986—1990）项目中提出了一种玻璃盒方案，其简单性显然与解构主义建筑师喜欢的复杂形式形成了鲜明的对比。正如弗雷德里克·米盖鲁所指出的，佩罗的目标是实现一个基本的零形式，"一个在所有表达之前的，也是所有表达的先决条件的中立状态"。从实践角度来看，这一点在让-贝里埃工业酒店项目中得到了具体体现。它暴露了高度透明的内部空间（其中容纳了40家公司）。因此，在维持其表皮不变的同时，建筑的形象却注定随着时间的推移，随着使用者的生活和他们做出的改变而变化。1989年，佩罗赢得了法国国家图书馆（1989—1995）的竞赛。该项目由四个L形角楼构成，在中央围合出一个大块的虚空。

这种简单的形式也引起了伯纳德·屈米的兴趣，他于1990—1991年在格罗宁根完成了一个展馆，除了安置在几个混凝土墩上的倾斜地板外，展馆的墙壁、屋顶和承重结构都用玻璃制成。这是一种便于构建中性容器——零度表皮——的研究形式的出发点，在这种容器中，建筑几乎趋于消失。

在日本，这种极简主义方法由两位追求对立研究路线的人物代表：伊东丰雄和安藤忠雄。对前者来说，正如我们所看到的，透明和轻盈是信息技术革命和随之而来的现实的非物质化的结果。而后者的研究始于其20世纪70年代的第一批作品，形式上的简约是一种权宜之计，是为了创造简约但不失品质的新美学空间——安藤忠雄显然受到密斯极简主义原则的启发，试图与混乱、虚伪、充斥着消费主义的现实世界（确切地说，是被高新技术所支配的世界）相对抗。其结果是一种可以被称为修辞、阶级意识和纪念性的特质，甚至在他最好的作品中也能看到这种折中与妥协。幸运的是，由于经过深思熟虑的切割和对光线的精心应用，他的建筑在面对自然环境时，几乎能够吸收这个环境，甚至消失在其中。

多米尼克·佩罗，法国国家图书馆，巴黎，1989—1995

Wikimedia/Gerardus

伯纳德·屈米，展馆，格罗宁根，1990—1991

Wikimedia/Le plus bot

多米尼克·佩罗，电子与电气工程高等学校，大努瓦西，1984—1987

Flickr/jvtoran

托尼·弗雷顿，里森画廊，伦敦，1990—1992

日本极简主义的第三种方法是在20世纪90年代初由妹岛和世提供的，她曾是伊东丰雄的学生。妹岛不受技术的诱惑，同时也与安藤忠雄的纪念主义相去甚远。她在日本熊本的再春馆制药厂女子宿舍（1990—1991）项目上进行了这种方法的实验。这是一栋由基本形式组成的建筑，通过一种加法和几乎是图表式的逻辑相互连接，使人想起漫画的抽象空间。各部分之间的关系是必不可少的，物体被简化为最基本的特征——颜色和几何形式，没有参考点或与质量相关的节点，从而产生了一个同质的和各向同性的空间，就像在电子游戏中一样。从理论上来说，它允许物体朝各个方向自由运动。最后，这个项目几乎消除了所有表达或风格上的欲望。库哈斯在1992年为《日本建筑师》杂志组织的竞赛中重新提出了这项研究，呼吁设计一座“没有风格的房子”，一个渴望匿名的项目。

Wikimedia/Ascorrech

多米尼克·佩罗，让-贝里埃工业酒店，巴黎，1986—1990

Flickr/jv toran

妹岛和世，再春馆制药厂女子宿舍，熊本，1990—1991

高技派的发展

高技派于20世纪70年代发起，80年代初得到发展，并继续向不同的方向传播：从圣地亚哥·卡拉特拉瓦的新有机主义作品，到伦佐·皮亚诺的新人文主义手法，再到威尔·阿尔索普有趣的作品。

西班牙建筑师圣地亚哥·卡拉特拉瓦因其瑞士卢塞恩站大厅（1983—1989）和苏黎世斯塔德霍芬火车站（1983—1990）项目赢得国际关注。这些项目让人想起埃罗·沙里宁、约恩·伍重和菲利克斯·坎德拉在20世纪五六十年代尝试的建筑表皮形式，以及安东尼·高迪的新哥特式和新有机形式。特别是苏黎世的斯塔德霍芬火车站项目，其轻盈的钢制顶棚让人联想到一个活的有机体的关节被固定在一个平衡的时刻；它内部的商业空间像是史前动物的腹腔，钢筋混凝土的扁平拱门控制着内部空间的节奏。卡拉特拉瓦对自然很着迷，他还尝试了复杂的可移动元素，如1992年塞维利亚世界博览会科威特馆，其屋顶由成型木梁构成，能够在封闭和开放之间承担无限的中间位置；还有柏林国会大厦的扩建和修复竞赛（1992），他设计了带有可操作的玻璃屋顶的会议厅，使公众能够追踪议会会议。卡拉特拉瓦在他的桥梁设计中实现了最强的诗意，如塞维利亚的阿拉米洛大桥（1987—1992）和西班牙里波尔的德维萨大桥（1989—1991），他在这些项目中用优雅的不对称结构平衡了动态形象。

作为建筑师，伦佐·皮亚诺被归为高技派似乎不太恰当。1986年，他完成了位于得克萨斯州休斯敦的梅尼尔博物馆。他试图借这个项目证明，技术上创新的作品可以使用传统材料，如木材，并带来微妙的光线效果。1987—1990年，皮亚诺得到了设计声学与音乐研究中心的机会。该项目位于巴黎蓬皮杜艺术中心附近，没有采用暴露在外的建筑服务功能和大型玻璃立面的美学：它主要位于地面以下，暴露的部分仿佛被谨慎地嵌入了巴黎的历史街区，其上覆盖着设计适度的陶土砖。唯一的高技派未来主义结构就是电梯，电梯的

Wikimedia / Jebulon

圣地亚哥·卡拉特拉瓦，阿拉米洛大桥，塞维利亚，1987—1992

iStockphoto / Rafael_Wiedenmeier

圣地亚哥·卡拉特拉瓦，斯塔德霍芬火车站，苏黎世，1983—1990

玻璃舱暴露在外，还有一些排列有序的空调管道，也同样暴露在街道上。

他后期的作品——包括意大利热那亚哥伦布国际展览馆（1988—1992）、意大利维西玛联合国教科文组织研究实验室（1989—1991）、日本关西机场航站楼（1988—1994）、意大利圣若望·罗通多的帕德雷·皮奥教堂（1991—2004）、德国柏林的波茨坦广场（1992—2000）和新喀里多尼亚岛努美阿的让-玛丽·特吉巴欧文化中心（1991—1998）——与早期作品的分离更为明显。尽管这些作品彼此间差异极大，但它们都体现了技术的人性化、过去的材料和氛围，他希望在新旧之间进行调解，同时不放弃创新且不想落入怀旧的陷阱。即使是诺曼·福斯特、理查德·罗杰斯、迈克尔·霍普金斯和尼古拉斯·格雷姆肖这样的高技派最典型的代表，此时也在尝试更温和的方法，他们试图与环境建立关系并朝着更具生态责任感的方向而努力。

1989—1991年，诺曼·福斯特完成了伦敦皇家艺术学院的萨克勒画廊项目，证明了一个轻盈、透明的现代结构可以促进历史建筑的功能重组并提升其价值。这项实验在法国尼姆的艺术广场（1987—1993）中成功地复制，他在那里的历史中心和罗马神庙前成功植入了一个五层的文化中心（地下也有五层）。由于其简约、古典的玻璃外墙设计，加上一个由细长的柱子支撑的高大门廊，这座建筑很容易与罗马的同类建筑产生呼应，这也证明了高技派的作品必然是冷漠而缺乏背景的这一负面指控是毫无根据的。1989—1991年，福斯特完成了东京的世纪塔，与香港的上海汇丰银行总部大楼（1981—1986）相比，它标志着福斯特在形式上的简化——这种简化在埃塞克斯郡斯坦斯特德的伦敦的第三座国际机场（1987—1991）项目中得到了加强，这座优雅的机场建筑由细长的结构支撑，形成了方形模块的矩形网格。

Wikimedia/Gzen92

理查德·罗杰斯，欧洲人权法院大楼，斯特拉斯堡，1989—1994

Wikimedia/Gamekeeper

伦佐·皮亚诺，NEMO科学中心，阿姆斯特丹，1992—1997

这一时期，理查德·罗杰斯的作品在表现力上更为出色，如东京的歌舞伎町大厦（1987—1993）、伦敦的BBC第四频道总部大楼（1990—1994）和法国斯特拉斯堡的欧洲人权法院大楼（1989—1994）。他的东京论坛大楼（1990）并未建成，这是一个复杂的建筑机器，其中包括三个由自动扶梯和全景电梯连接的大厅，而这些大厅又包含了大量的日常生活空间，包括商店、咖啡馆、电影院、餐馆、展览空间、音乐工作室和剧院。

Flickr/Maureen

伦佐·皮亚诺，声学与音乐研究中心，巴黎，1987—1990

后现代主义与现代主义继续存在

虽然1988—1992年这几年确实见证了新的研究领域的出现，但也有一点是真实的，即有些研究领域得到了巩固，而另一些研究领域则已疲软。尽管可以说后现代主义已经耗尽了自己的精力，但仍有各种各样的作品产生，有些甚至非常有趣。

毫无疑问，最值得一提的是文丘里和斯科特·布朗夫妇及其同事设计的伦敦的国家美术馆塞恩斯伯里翼馆（1988—1991）。在查尔斯王子批评阿伦兹、伯顿&科拉雷克事务所的方案简直是长在“体面挚友脸上的大痈”之后，罗伯特·文丘里和丹尼斯·斯科特·布朗接受了委托。这两位美国建筑师选择创造一个与邻近博物馆风格相同的背景，通过在入口处的一个果断的切割，消除了此处的现代性。室内有一座巨型楼梯，不无对过去的讽刺意味，一直通向上层空间。另一个值得一提的项目是由汉斯·霍莱恩设计的维也纳哈斯大楼（1985—1990），这是一座充满活力的当代建筑，但对传统维也纳建筑和典型后现代风格中过度和过剩的逻辑也有所参考。

同年，也见证了克里斯蒂安·德·包赞姆巴克设计的巴黎的音乐之城（1984—1990）的落成。该项目很好地体现出人们不欢迎巨型建筑，建筑师提出了由更小、更立体的建筑构成的平衡的城市环境，以避免出现严格的等级制度或纪念碑式的结构。矶崎新设计的佛罗里达州奥兰多迪士尼大楼（1987—1991）仿佛一个巨大的玩具，由色彩鲜明的立体体量组成，最终形成一个巨大的烟囱，作为入口大厅使用。

也是在这几年，阿尔多·罗西——一位于1990年获得了普利兹克建筑奖的国际明星建筑师，完成了日本福冈的伊

Chunyip Wong

诺曼·福斯特，上海汇丰银行总部大楼，香港，1981—1986

Flickr/Wolfgang Staudt

诺曼·福斯特，艺术广场，尼姆，1987—1993

Philipp Meuser

阿尔多·罗西，舒尔滕街区项目，柏林，1992—1998

尔·帕拉索酒店（1987—1989）、荷兰马斯特里赫特的博尼范登博物馆（1990—1994）、意大利米兰利纳特机场附属建筑（1991—1996）、美国奥兰多的沃尔特·迪士尼总部大楼（1991—1996），以及柏林的舒尔滕街区项目（1992—1998），这些设计都是从过去城市的形式（通常是原型）中获得的灵感的碎片组成的。

还有另一种方法，即在尽量减少对后现代主义的让步的同时，力求将现代运动的传统与更加保守的方法结合，这种方法侧重于恢复与历史建筑和/或当地建筑传统的关系。这一派建筑师包括西班牙的拉斐尔·莫内欧、葡萄牙的阿尔瓦罗·西扎、瑞士的马里奥·博塔和意大利的维特里奥·格雷戈蒂。他们在建筑领域活跃了多年（即使是最年轻的博塔也经历了整个后现代时期），将自己置于与解构主义和他们认为是昙花一现的研究趋势的对立面。除了对建筑的特殊兴趣之外，他们还凝结了一种抗议的元素。博塔和格雷戈蒂继续从一个渐进的、更加保守的，有时甚至是反动的立场出发；

Wikimedia/Fourrure

伦佐·皮亚诺，让-玛丽·特吉巴欧文化中心，努美阿，1991—1998

Wikimedia/Velvet

阿尔多·罗西，博尼范登博物馆，马斯特里赫特，1990—1994

iStock/TasfotoNL

汉斯·霍莱恩，哈斯大楼，维也纳，1985—1990

Wikimedia/663highland

贝聿铭，美秀美术馆，京都，1991—1998

Philipp Meuser

贝聿铭，中银大厦，
香港，1982—1989

TomasSereda

贝聿铭，卢浮宫玻璃金字塔，巴黎，1982—1989

而西扎和莫内欧（尤为重要）则显示出更加开放、务实，有时是实验性的态度（他们分别成为葡萄牙和西班牙年轻一代的参照人物），他们在批评后解构主义形式过剩的问题的同时，也一直在寻求更新个人建筑语言的方法。

最后，这几年也见证了一批专业人士的活动，他们完成了高质量的项目，与时代的趋势横向合作，但他们的重要性并没有降低。在这个群体中，我们可以看到理查德·迈耶和贝聿铭的身影。迈耶在海牙市政厅和中央图书馆（1986—1995）、荷兰希尔弗森的皇家造纸厂总部（1987—1992）和巴黎的Canal+集团总部大楼（1988—1992）等项目中，继续尝试他从柯布西耶的纯粹主义语言中提取的个人形式语言。贝聿铭在完成了巴黎的卢浮宫玻璃金字塔（1982—1989）和香港的中银大厦（1982—1989）之后，还积极参与了许多项目，如日本京都的美秀美术馆（1991—1998），其中的主题是使建筑对象融入自然环境。

解构主义的遗产

毫无疑问，在1988—1992年，解构主义是最切题、最有争议的现象。然而从更加公平的角度来看，矛盾的是，这一现象并没有被哪位建筑师所接受，却给当代建筑带来了非同寻常的推动力。事实上，解构主义是让整整一代年轻设计师重新对空间研究产生兴趣的原因，让他们能够抛开后现代时期标志性的过度行为，并重新设计能够赋予当代社会表达的自由和实验的渴望的项目。

解构主义带来了空前的理论反思和充满激烈辩论的讨论，反过来导致了对比和替代研究路线的出现。这使得我们很难认同它只是另一种形式主义、后现代主义的退化和一种过度的风格（甚至是对建筑的否定）的观点。无论我们对这一现象有什么看法，不可否认的是，解构主义建筑师的优点之一就是重新发现并恢复了前卫传统，或者从零开始引入和重新发明了设计空间的新技术，把它变成了建筑研究（甚至包括非解构主义者）的共同遗产。这其中包括对中间地带的实验；对褶皱和观点变化的实验；对当代都市动态的实验；对变形、振动和振荡的实验；对自然和人工之间的新关系的实验；通过放大对立刺激观察者感知的实验；对增进身体和建筑之间的关系的实验。

解构主义还有一个优点：在墨守成规的后现代派倾向于使用石膏、石头和砖之后，它证明了几乎任何材料——从金属板到刨花板，再到用于保护建筑工地的塑料围栏——都可以成功地应用于建筑施工中。如果没有这个反古典的前提，就很难思考后极简主义对建筑表皮的研究。从1993年开始，正如我们将在下一章看到的，解构主义将被宣告取代，甚至那些深受其影响的人也如此宣称。尽管如此，由于其设计技术仍在使用（许多年轻的建筑师将清楚地认识到这一点），或者是因为许多在其鼎盛时期设计的建筑还在建设之中，解构主义并没有停止发挥它的重要影响——至少在1997年10月，全世界共同见证了盖里的毕尔巴鄂的古根海姆博物馆的落成，这还在媒体中刮起了空前的旋风；在1999年1月，里伯斯金的犹太人博物馆在柏林开幕。

弗兰克·盖里，卢·鲁沃脑健康研究中心，克利夫兰，2007—2009

istockphoto/trekandshoot

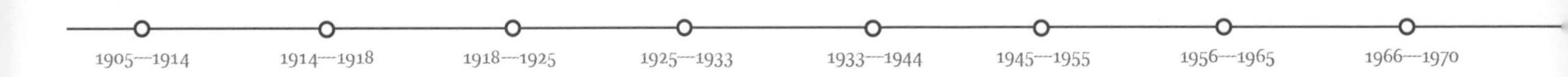

1993—1997 新的方向

转折点

1993年，《建筑设计》杂志出版了专刊《建筑中的折叠》，由格雷格·林恩任客座编辑，这标志着解构主义运动开始走向终结。肯尼斯·鲍威尔在序言中说："解构主义已经完成了它的使命。"其他受邀为该期杂志撰稿的评论家也都表示赞同。

这一转折点也反映了人们对哲学的兴趣的变化。德里达不再流行，其他哲学理论也在探索中：德勒兹的褶皱，勒内·托姆的形态发生，以及美国圣菲研究所的理论家提出的复杂的系统科学。更重要的是，人们的品位也发生了变化，碎片、锋利的锐角和断续的线条已经过时，取而代之的是以连续性为主题的美学。这一点表现为对柔和曲线以及巴洛克风格的回归。曾经因其完美的简单性和文艺复兴的特点而备受推崇的圆，不再是理想的形式，取而代之的是雕像中包裹着帷幔的看似柔软的褶皱和流行于17世纪的回旋空间。对于一种喜欢处理复杂主题以及混乱与秩序之间不可言喻的辩证法的文化而言，这些才是更合适的参考。格雷格·林恩说："也许这是第一次，复杂性既不是统一的，也不是矛盾的，而是平滑、柔韧的混合体。"后来他又说道："在解构主义建筑中，人们看到它们以矛盾和冲突的名义来利用外部力量，许多建筑师最新的颇具柔韧性的项目则展示出更为流畅的连接逻辑。"

有两位建筑师被公认为这一新趋势的先驱：弗兰克·盖里和彼得·艾森曼。前者是因为1989年竣工的维特拉设计博物馆，后者是因为雷布斯托克公园（1990—1991）。这两个项目都充分利用了曲线：博物馆体现了雕塑的概念，其建筑形式即便参考了景观的形式，也与之明显分离；公园采用曲线则是为了与自然融合，营造一个宜人、温馨的氛围。这两种方法都在后来的实验中进行了测试：第一种方法产生了具有高度塑性的建筑，第二种方法则产生了景观建筑。

无论如何，人们放弃了旧日里基于手绘的设计方法，取而代之的是对计算机的信任。使用新技术非常必要，这是由通过折叠过程获得的复杂的空间配置和放弃经验主义（专家在20世纪70年代对柔和表皮形式的使用进行了大量的研究）的必要性所决定的。市场年复一年地推出越来越先进的计算机，而且成本逐渐降低，与此同时，能够控制、处理三维表面和复杂体量的软件也在不断传播，这一切都使这一点成为可能。

促进新一代"天才CAA设计师"（CAA Designer指computer aided architecture designer，计算机辅助建筑设计师）诞生的最后一个因素是一项很快流行于大学院校的举措：自1988年起，纽约哥伦比亚大学建筑规划与古迹保护研究生院院长伯纳德·屈米在1994年第一次提出了"无纸化设计工作室"的概念，并将其委托给格雷格·林恩、哈尼·拉希德和斯科特·马博等教授来实现。

这些工作室主要在年轻的建筑师中传播杰弗里·基普尼斯1993年在《建筑设计》杂志发表的论文中提出的"变形建筑"这一概念。同时进行的还有一些先前因对新技术的反思而产生的实验。有人提出了轻质的透明建筑，使其在背景中消失；有人试图将建筑幕墙变成信息和事件的投影屏幕；还有人设计了一些会根据信息流的变化而变化的建筑作品。在这些研究方法中，我们必须增加另一种方法，这种方法是在20世纪90年代后半期发展起来的，是因越来越复杂的虚拟计算机生成模型产生的。它包括对特定空间和多维空间的数字模拟的构思和创建。马可·诺瓦克的"跨建筑"概念就是如此，它与人们对网络空间建筑的兴趣是一致的，同时还预测到人类大脑中新的疆域将被开发。迪勒和斯科菲迪奥事务所

iStockphoto/repistu

弗兰克·盖里，维特拉设计博物馆，莱茵河畔魏尔，1989

iStockphoto/kontrast-fotodesign

弗兰克·盖里，维特拉设计博物馆，莱茵河畔魏尔，1989

（2004年查尔斯·伦弗洛成为合伙人之后更名为迪勒、斯科菲迪奥和伦弗洛事务所）的作品也是这样，他们将虚拟的片段放在日常现实中。例如，通过插入连接显示器的摄像机，使其超越建筑所允许的物理空间，或者将图像投影在地板上，提供场地数据和信息的即时的、三维的感知。

“爆炸”的建筑

1994年，由扎哈·哈迪德设计的位于德国莱茵河畔魏尔的维特拉消防站竣工，获得了一致的赞誉。在为《建筑》杂志撰稿时，约瑟夫·乔瓦尼尼说：“这座建筑让眼睛和身体感受到了爱因斯坦的速度。”齐瓦·弗莱曼在《进步建筑》中写道：“一座外表充满动感的建筑，以极为精确的方式执行，激发了宁静的沉思。”迈克尔·莫宁杰在《住宅》杂志上评论这座建筑堪称建筑史上的里程碑。这项委托是多个巧合叠加的结果。在看过《时尚》杂志的一篇文章后，维特拉家具公司的经理罗尔夫·费尔鲍姆联系哈迪德设计了一些家具。他拜访了哈迪德在伦敦的办公室，随后哈迪德也到瑞士进行了回访。几个月后，她收到了一份委托，设计一栋占地800平方米的两层小楼，供5辆车和24名消防员使用，以保护维特拉公司高度易燃的生产设备和家具仓库。这座建筑是为实用目的而设计的，也用于偶尔的展览、促销活动和会议。建筑师的目标是创造一座具有重要建筑价值的建筑，以补充当时正在建设中的由尼古拉斯·格雷姆肖设计的工厂和弗兰克·盖里设计的博物馆（阿尔瓦罗·西扎和安藤忠雄设计的建筑要更晚一些）。

这座钢筋混凝土建筑耗资260万德国马克，用莫宁杰的话来说：“这座建筑不‘说话’，也不代表任何东西。它可以被当成一架星际战斗机或一艘快艇，一座坍塌的桥梁或一艘爆炸的宇宙飞船。”不过，最令人信服的比喻还是来自哈

Gehry Architects

弗兰克·盖里，维特拉设计博物馆设计草图，莱茵河畔魏尔，1989

Zaha Hadid Architects

扎哈·哈迪德，第42大街酒店模型，纽约，1995

Adrian Lo

扎哈·哈迪德，辛辛那提当代艺术中心，辛辛那提，1997—2003

迪德自己——这是一种结构，它会像第一次响起的火警铃一样振动，“整座建筑体现了凝固着的动态，悬浮着警觉的张力，随时准备爆炸”。它与季风餐厅完全不同，看起来像是别的建筑师设计的。但事实上，维特拉消防站呈现出了与季风餐厅相似的布景敏感性，只不过这一次是针对外部空间的组织。事实上，这座建筑对于外部来说就是一堵墙，对于内部循环来说则是一个背景，通过偏移和视角的变化进行重组。还有一个类似的逻辑，建立在强调与对立原则的冲突的基础上：在构成单元以及大量的构成元素之间，每一个构成元素都得到了强调和极其仔细的处理。特别是，我们可以观察到三个纵向元素，它们似乎是由一个单一的线性质量的振动（从右到左再向上）引起的，而屋顶则加强了整体结构的水平质量，阻止了向上的运动趋势，并在其他方向上将整个结构打开。第二个对立是在体量和平面之间。这座建筑不仅是线条的组合，还是一个相互交错的体量的游戏。然而，如果我们仔细观察，就会发现这些体量是通过平面获得的，尽管这些体量相互连接、折叠、纠缠，但从未失去它们的平面特征，或者说，最终没有失去它们的动态性。第三个对立是钢筋混凝土的沉重——以庄严、物质性和塑性为特征——和非材料能量的轻盈，这是通过混凝土的基本品质得以实现的：消除结构和表皮之间的重复，从而创造出一种减法的诗意，在这里，标志被尽可能地简化，只保留最本质性的体量，并将其转化为纯粹的力线。

1995年，部分归功于维特拉消防站的成功，哈迪德已经跻身明星建筑师行列。这个时期她比较有趣的项目之一是一处区域改造，场地位于纽约第8大道和第42大街之间的时代广场附近。该项目要求建造两个拥有相同数量商业板块的街区，在其顶部分别建造一座22层和一座45层的塔楼。较低的塔楼像一个插入城市结构的充满秩序感的结构，其表皮简单到几乎只包含基本元素。较高的塔楼则以玻璃和不透明的墙

Flickr / iv toran

墨菲西斯建筑事务所，刀锋之家，圣塔芭芭拉，1992—1996

Flickr / Marc Teer

埃里克·欧文·莫斯，盒子大厦，卡尔弗城，1990—1994

体的交替创造出一个零散的立面，上面可以安装充满时代广场特色的明亮的屏幕和宣传横幅。玻璃墙限定了住宅空间，而不透明墙体后方则是可以用荧光灯照明的服务空间，如会议室、宴会厅、体育馆和游泳池。

除了玻璃窗和广告横幅的交替之外，建筑物的分割也反映在令人眩晕的全高中庭上。这一空间可以在一种受控的混乱中被从私人和公共领域俯瞰，在建筑内部重新创造了人流和活动的活力，建筑外部则成了纽约城市环境的组成部分。

哈迪德在第42大街酒店项目中也采用了同样的策略——将形式分解成基本单元，然后将其重新组合成一个创新类型的有机体。这个策略也被哈迪德应用于维多利亚和阿尔伯特博物馆锅炉房扩建（1996）项目和2003年落成的辛辛那提当代艺术中心中。然而，不同之处在于，后者的基本单元被同化为像素——微小的光线片段。随着它们的组成和重组，屏幕上产生一个完整的建筑空间的图像流。这个空间的特点包括：灵活、宽敞、宜人的有顶广场——“城市地毯”；悬在空中的各种展示空间——“拼图”，其奇怪的交叉点为人们提供不寻常的景观；在内部和外部之间形成的缓冲层的双立面系统——“皮肤/雕塑”，这个立面系统可以同时是膜、界面，或者完全独立的形式（“皮肤/雕塑”）。在伦敦泰晤士河宜居桥设计竞赛（1996）中，哈迪德将桥体改造成一个双力线系统，通过分布在两岸的枝干状的结构群组加固。这里的空间可用于商业和文化活动，能够产生强烈的吸引力，从物质和精神上将原本分离的城市两岸连接起来。同时，在不同层面上的路径沿着变化的方向，被放置在不同的位置上。

洛杉矶、格拉茨和巴塞罗那

墨菲西斯建筑事务所由汤姆·梅恩和迈克尔·罗顿迪合伙经营，位于洛杉矶，最初因为几个在20世纪80年代完成的小型项目（主要是室内设计）而赢得了一定的声誉。这些项目以使用工业材料（特种钢、钢网、外露螺栓钢梁）为特点，外观清晰果断，不同的几何体量之间的连接构成了炸裂的和碎片的空间。与扎哈·哈迪德和蓝天组等主角在这一时期所追求的研究形式一致，墨菲西斯建筑事务所对强烈的冲击感和能量的偏好超过了对美感和和谐的喜爱，对崇高美学的追求让他们在作品中引入了力量感和张力。这种方法被称为“死技术”，是原子灾难后高科技的一种诗意的表达形式。然而，必须指出的是，虽然这个术语暗示了一种毁灭状态，但在这里的意思恰恰相反，是指物质在爆燃期间的张力和生命力。

位于韩国首尔的太阳塔（1994—1997）是该事务所第一个重要的建筑作品。这是两座10层高的塔楼在同一形式下产生的对抗的结果。两个客户共用一个门厅。穿孔钢板像皮肤一样将建筑包裹起来，使原本复杂、混乱的整体体量得到了提升，同时创造了透明的效果，减轻了整体结构的重量感。在野外，由于室内的人工照明，塔楼变成了巨大的广告牌，成为城市地标。

Flickr/jv toran

墨菲西斯建筑事务所，太阳塔，首尔，1994—1997

Flickr/jv toran

墨菲西斯建筑事务所，刀锋之家，圣塔芭芭拉，1992—1996

Wikimedia/Klaus with K

恩里克·米拉莱斯，苏格兰议会大厦，爱丁堡，1997—2004

Wikimedia/Meginnly

恩里克·米拉莱斯和卡梅·皮诺斯，伊瓜拉达公墓，伊瓜拉达，1986—1990

1992—1996年，该事务所设计了位于加利福尼亚州圣塔芭芭拉的刀锋之家，这是一座独户住宅，被巧妙地分割为多个核心。这是一个“地景建筑”案例，梅恩多年来一直在研究这种方法。这种建筑由可以作为景观的结构组成，消除了建筑外形与地表、建筑与环境、人工与自然之间的对立。

由于在卡尔弗城的一些项目而声名鹊起的埃里克·欧文·莫斯可以与墨菲西斯建筑事务所一起作为洛杉矶新建筑最重要的参考点之一。卡尔弗城是洛杉矶一个废弃的工业区，其中许多项目来自弗雷德里克和劳里·萨米陶尔·史米斯的委托，这两位颇有远见卓识的客户看到了不同寻常的新型建筑在吸引商业和创新活动、引发公众兴趣以及提供理想的新型居住空间方面的潜力。莫斯比较重要的作品包括：盒子大厦（1990—1994），一个建在修复过的工业建筑屋顶上的结构，像一个古怪的钢制盒子，盒子一角被挖空，形成一扇大窗，里面是一间会议室；蜂巢大厦（1996—2001），一座会议中心，其螺旋形的形式被一道起屋顶作用的楼梯打断；塞米塔综合体1（1989—1996）；塞米塔综合体2（1997年开始）；皮塔德·沙利文大厦（1994—1997）；威奇伍德·霍利综合楼（1993—2001），也被称为“隐形大厦”，因为它的外形与用于躲避雷达拦截的同名轰炸机非常相像。莫斯的这些项目都以一种空间研究的形式为标志，在某些情况下，这种研究对传统形式、材料和关系都提出了质疑，以实现莫斯所说的“诺斯替建筑”：“诺斯替建筑不是对某个运动、方法论、过程、技术或工艺的信仰。它是一种让建筑处于永动状态的战略。”莫斯是一位非常有才华的设计师，他在很多方面都让人想起安东尼·高迪。他对建筑采取了一种形而上学的方法，将其视为一门学科，能够赋予空间以具象，即超越平庸的东西。

在奥地利，以贡特尔·杜门尼为代表的建筑师们采取了一种富有表现力的，在某些情况下带有神秘主义的建筑视野。1995年，在《建筑评论》的《新格拉茨建筑》专刊中他们首次进入了全球视野。这些建筑师包括康拉德·弗雷、伯恩哈德·哈夫纳、海杜尔夫·格朗罗斯、赫尔穆特·里希特、曼弗雷德·科瓦茨、斯齐兹科维茨-科瓦斯基建筑事务所、克劳斯·卡达和沃尔克·吉恩克。对批评家和历史学家彼得·布伦德尔·琼斯来说，他们的作品导致了8个对当代建筑研究具有重要意义的主题的出现：通过对比来参与历史关系的能力；对功能方面的关注；对巨型结构的兴趣；对曲线、倾斜、不对称性和不规则性的使用；桥梁和空隙的组合；对新技术、暴露的结构和细节的兴趣；重新发现屋顶不仅仅是一个简单的平面；注意建筑用户的介入和参与。

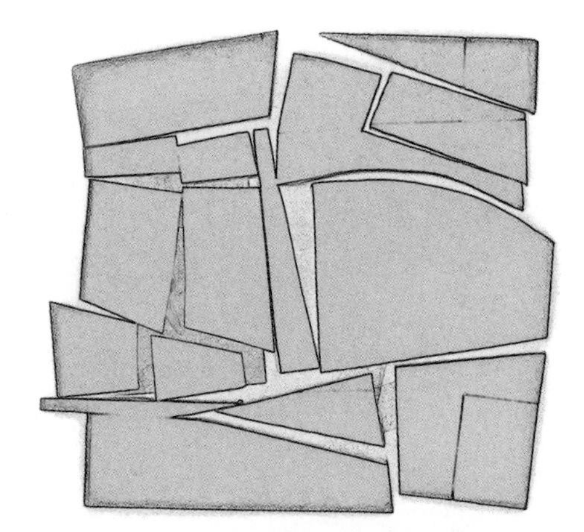

亚历山德罗·门迪尼和蓝天组等，格罗宁根艺术博物馆设计图，格罗宁根，1990—1995

还有一个新的建筑表达中心是巴塞罗那，是恩里克·米拉莱斯的故乡。恩里克最初与卡梅·皮诺斯合作，从1990年起与贝娜蒂塔·塔格利亚布合作。1991年，《建筑素描》杂志出版了一期米拉莱斯和皮诺斯的作品专刊，对被大众评为杰作的西班牙伊瓜拉达公墓项目给予了充分的重视。这个当时即将完工的公墓项目拥有强大的表现力：插入西班牙干旱地区的地形环境中，与其融为一体，同时又作为一个具有强大象征意义的特殊微观世界出现。植被、钢筋混凝土和石笼（内部填充大小不一的石块的钢笼）定义了一个既是人造的也是自然的长条形立面，其设计原则与墨菲西斯建筑事务所和杜门尼尝试的地景建筑相似。1993—1994年，米拉莱斯的阿利坎特的艺术体操中心（1990—1993）和韦斯卡体育馆（1988—1994）先后竣工。这些项目让他有机会展示自己的天赋，尤其是加泰罗尼亚人在运用空间、光线和材料方面的天赋，这是属于技术世界的天赋。1997年，法国《今日建筑》杂志为他的作品出版了一期专刊，也是在这一年，米拉莱斯赢得了爱丁堡苏格兰议会大厦设计竞赛。

激进派与蓝天组

在经历了漫长的沉寂之后，激进派建筑师又得到了重新发现和欣赏，尤其是那些曾经活跃在20世纪六七十年代的建筑师，他们再次吸引了媒体的关注。鉴于他们中的大多数人仍然在事务所执业或在各大院校中教学，他们的新作品也显示出了与年轻一代建筑师的先进研究的亲密关系。

例如，1994年，杰伊·奇亚特，这位雇用盖里设计了双筒望远镜形状的Chiat/Day公司总部大厦的广告公司老板，决定翻新自己在纽约的办公室，并将设计委托给盖塔诺·派西。派西为奇亚特设计的项目的最显著的特点也许是具有高度标志性且引人注目的铺装：红色、蓝色和黄色的树界定了

Wikimedia/Michielverbeek

亚历山德罗·门迪尼和蓝天组等，格罗宁根艺术博物馆，格罗宁根，1990—1995

Flickr/Bert Kaufmann

格罗宁根艺术博物馆内景

项目场地，从正面和侧面看，形状像一张脸，还有一个巨大的箭头指示了入口的方向。派西选择的材料也很有冲击性：有些材料是回收的，如堆叠的录像带，形成了媒体图书馆的墙壁；一些材料具有很强的触觉冲击力，如覆盖在电脑桌正面的毛毡；还有一些材料以拟人化形象塑造，有些甚至令人感到不太舒服，例如，塑料材料上的穿孔让人想起情趣用品商店里出售的充气娃娃的嘴唇。

毫无疑问，我们面对的是一件不属于功能主义经典的作品，它带着一丝纯真，毫不犹豫地使用无用的、任意的和不必要的元素，即使它基于一个矛盾的推理：在一个复杂的先进社会中，有用的是它超越了功能，但它不一定——准确地说是从来不——是我们以一种严格的方式获得的。意大利激进设计的推动者亚历山德罗·门迪尼也采取了类似的立场，他从一开始就批评了单纯为了实际用途而出售产品的行为，尽管他没有使用更容易唤起共鸣的术语。1995年，门迪尼在荷兰格罗宁根完成了新的艺术博物馆。他的合作者包括菲利普·斯塔克、米歇尔·德·卢基和蓝天组，这似乎在强调这样一个复杂如艺术品之家的项目无法通过一个人的努力来实现。整个作品的变化令人惊艳。从外观上看，门迪尼设计的部分，其立体形式让人想起意大利形而上学艺术家的作品——尽管它们被过度的装饰所破坏，其中一些明显是地中海风格甚至伊斯兰风格。由蓝天组设计的结构则与前者形成了鲜明的对比，其尖锐的墙壁几乎要从建筑中滑出，而非同寻常的彩色图案则具有高度的装饰性。在室内，斯塔克用透明的帷幔在装饰艺术馆创造了一种转瞬即逝的语言；德·卢基用理性主义传统的元素在古罗马和历史馆中创造了一种语言；门迪尼用带有隐喻意义的图像来设计临时展厅；蓝天组的古代艺术馆则是一个粗糙的机械空间。

在格罗宁根艺术博物馆项目中，设计师团队成员的贡献相互重叠，没有任何真正意义上的连续性，他们提出了一

让·努维尔，国际会议中心，图尔斯，1989—1993

让·努维尔，欧洲里尔购物中心，里尔，1991—1994

个意义和空间的混沌微观世界，涉及既不相关又无法沟通的文化和趋势：封闭的体量和破碎的墙壁，透明和不透明的材料，华丽的多色效果和朴素的单色，传统和工业材料，温暖宜人的空间和令人感觉不适的寒冷空间。正如门迪尼所说，其结果是让参观者迷失方向，“使各种建筑类型变得模糊不清。在那个博物馆里，你有时会觉得是在一所房子里，有时是在一座教堂里，然后又时不时地觉得自己好像身处剧院或办公室。事实上，我们试图通过继续改变空间感觉系统与展出的作品之间的关系来让参观者大吃一惊”。

努维尔：超越透明度

1994年7月，努维尔终止了与伊曼纽尔·卡塔尼的合作，创建了让·努维尔建筑事务所。新事务所尽管在作品数量和质量方面都是积极的，在财务方面却一塌糊涂。努维尔不得不把公司的管理工作交给了专业人士，自己只担任艺术总监。这样一来，他便能够充分利用他在1993—1994年完成的五个重要作品所带来的影响力：法国贝松住宅建筑群（1990—1993）、里昂歌剧院（1986—1993）、图尔斯的国际会议中心（1989—1993）、巴黎的卡地亚基金会大楼（1991—1994）和欧洲里尔购物中心（1991—1994）。

1994年，《今日建筑》和《建筑素描》两份杂志分别为其出版的专刊提升了他的专业地位。这两本杂志强调了这位难以被归入某种特定风格或趋势的建筑师的创造性才能。在图尔斯的国际会议中心项目中，他采用了类似于汽车车身的流畅而精确的形式。在里昂歌剧院项目中，他用钢桶拱顶覆盖了一座历史悠久的石头建筑。而卡地亚基金会大楼则以透明和轻盈为主题。这座9层的建筑位于拉斯帕尔大道，只是一个简单的玻璃盒子，颇具密斯风格。这个项目由透明和反射的屏幕组成，让建筑看起来仿佛没有实体一般。一些玻璃幕墙超出建筑体量约10米，形成透明的背景，人们通过它可以看到环绕着建筑的公园。18米高的玻璃围墙进一步扰乱了人们对建筑的认识。最后的结果让人想起美国艺术家丹・格雷厄姆的装置作品：一个无限的空间，似乎没有任何实体或物质。努维尔因此远离了功能主义美学——在这里，如此浪费材料是不可想象的——走向了一种诗意的外观，在那里，建筑与不断变化的天空、天气和过往车辆相互作用。

此外，努维尔在这一时期对极简主义趋势的兴趣进一步显现，如他为卡地亚基金会大楼专门设计的家具系列，由Unifor公司以“简约”之名生产。然而，努维尔对密斯和极简主义的崇敬更多的是形式上的而不是实质上的，事实上，简约系列家具并没有像密斯的设计那样导致物体结构的清晰化，而是呈现出一种消逝的诗意。例如，努维尔设计的桌子——肯定是系列中最结实的一张——薄到几乎要消失。对于旋转的容器的设计，努维尔还参考了别人的作品以激发灵感，如皮埃尔・查里奥设计的移动家具。他的建筑研究也是如此。1993年，他开始了两个测试新的诗意方法的项目：南特的正义之城，以及卢塞恩文化和会议中心（KKL）。我们将在后文进一步讨论KKL。

赫尔佐格和德梅隆：建筑表皮

1993年，赫尔佐格和德梅隆完成了4座建筑，这些建筑的成功让他们将建筑研究从空间（解构主义者所珍视的东西）逐步转向建筑表皮——用更通俗的说法来说，是从生物世界变异而来的皮肤。这些项目包括瑞士巴塞尔的舒特森-马特大街公寓楼和SUVA公寓楼、法国圣路易斯的法芬霍兹运动中心、法国牟罗兹的利口乐欧洲工厂生产车间及库房。

舒特森-马特大街公寓楼（1984—1993）设有铸铁百叶窗，采用了像是放大了的巴塞尔下水道格栅的装饰图案，同样的设计灵感很可能会在弗兰克・盖里的作品中找到。不过后者的作品在视觉上令人兴奋，这栋公寓楼却被谨慎地植入环境背景。如前所述，连续的公寓楼百叶窗复制了巴塞尔居民非常熟悉的下水道格栅图案。而且，因为百叶窗可以向后折叠，在一些情况下还可以隐藏起来，它们为建筑带来了轻盈、多变的外观。

SUVA公寓楼项目（1988—1993）包括对一座20世纪60年代的建筑进行现代化改造和一座新建建筑。赫尔佐格和德梅隆采用连续的幕墙来覆盖既有建筑和新建筑，使整个建筑在形式上保持了一致。通过这种方式，建筑在呈现当代外观的同时，通过连续的干预措施的分层，展示了它的历史，成为一个调色板。除了带有承租人蚀刻标识的面板和具有不同功能的窗户条外，这种透明表皮的有趣之处在于，一些窗户是由居住者自己根据其特定需求而自行移动的，而另一些则是小百叶窗，由一个中央电子控制系统来控制，可以根据阳光入射角度调整其方向。

感知的游戏也是法芬霍兹运动中心（1989—1993）设计的核心。运动中心主体是一个非常简单的体量，采用深绿色玻璃，玻璃后面覆盖着蚀刻刨花板覆层（人们可以透过玻璃看到这个覆层），创造出令人愉悦和迷惑的光学冗余效果。另一个较小的体量是更衣室，结构同样简单，基本采用混凝土建造，上面装饰着材料本身超大的和不聚焦的图像。

赫尔佐格和德梅隆的另一个项目以其极端严谨的建筑线条和丰富而引人注目的表皮而闻名，即利口乐欧洲工厂生产车间及库房（1992—1993）。这个建筑类似一个大包装箱，两个长边是开放的，高于地面。这座建筑最吸引人的地方是采用了蚀刻的聚碳酸酯覆板，上面有一只手和11片叶子的图案，这是对大自然的引用。同时，建筑的短边保留了暴露在外的混凝土，没有设置排水沟，因此导致墙体被雨水径流染色，使建筑除了显现材料本身的质感，其颜色和视觉效果也随着时间的变化而变化。

Flickr/Detlef Schobert

赫尔佐格和德梅隆，舒特森-马特大街公寓楼，巴塞尔，1984—1993

Flickr/jv toran

赫尔佐格和德梅隆，克什兰住宅，瑞恩，1993—1994

1994年，也就是努维尔完成卡地亚基金会大楼的同一年，赫尔佐格和德梅隆刚刚完成了位于巴塞尔的沃尔夫铁路信号塔，并正在进行第二个信号塔的设计（该项目于1997年完成）。信号塔是两个覆盖着薄铜带的棱镜，这些铜带与后面的窗户相互对应地折叠起来，以便光线通过。这些铜带形成了一个法拉第笼，保护建筑内的精密设备。这座建筑类似一个巨大的变压器，被薄金属片缠绕包裹着，仿若一个城市规模的雕塑，很容易成为极简主义或波普艺术的作品，这取决于我们是把它看作一个纯粹的体量还是一个艺术品。其结果是再次避免了复杂性：就像在概念艺术或极简主义雕塑领域一样，平凡的构图有助于提升材料、纹理的地位，否则这些元素就有可能淡出背景。1993—1994年，赫尔佐格和德梅隆开始探索更多涉及空间研究的领域。例如，位于瑞士瑞恩的克什兰住宅（1993—1994），它与起伏的地形有关，同时围绕着一个中央庭院组织，巧妙地利用了双高度的空间。在瑞士巴塞尔圣奥尔班-沃施塔特的漫画博物馆（1994—1996）项目中，建筑师通过使用一条充满活力的小路，让可用的小型空间成倍增加，建筑采用了玻璃材料，其透明和反射特性使之变得异常有趣。在加利福尼亚州的多明尼斯酿酒厂（1995—1997）项目中，他们把对建筑空间质量和对表皮的研究结合在一起。该建筑的墙壁由石笼构成，整座建筑显得既脆弱又庞大，既古老又现代。在内部，光线经过石头的过滤，让空间充满了暗示性的明暗对比。

赫尔佐格和德梅隆的伦敦泰特现代美术馆（1994—2000）似乎不太成功。不过，正是这个对吉尔斯・吉尔伯特・斯科特设计的巨大工业建筑进行改造的项目，由于其重要性和知名度，将二人推向了国际舞台。

Ruedi Walti

赫尔佐格和德梅隆，SUVA公寓楼，巴塞尔，1988—1993

极简主义

从1993年到1997年及以后，“极简主义”这个词在建筑类出版物和展览中频繁出现。1993年，《建筑素描》出版了专刊《极简主义》，由约瑟夫·玛利亚·蒙塔纳任编辑，1994年《国际建筑》和《建筑设计》两家杂志也紧随其后。1995年，伊格纳西·德·索拉-莫拉莱斯发表了一篇关于密斯和极简主义的论文。1995年，纽约的MoMA举办了“轻型建筑展”。1996年6月26日，“少即是多：建筑艺术中的极简主义展”在巴塞罗那开幕。1996年9月30日，由鲁道夫·马查多和鲁道夫·埃尔霍里策划的名为“整体建筑”的展览在宾夕法尼亚州匹兹堡开幕。尽管如此，与通常情况一样，研究主题越多，就越难明确研究的目标：这里所说的建筑中的极简主义也是如此。例如，在“少即是多：建筑艺术中的极简主义展”目录的介绍中可以看到这一点。两位策展人维特里奥·萨维和约瑟夫·玛利亚·蒙塔纳列出了可以在这一趋势的建筑中找到的8个特征：对精简、简单和传统形式的偏爱；几何上的严谨；重复的伦理；技术上的精确与对物质的热爱相结合；对统一性和简单性的追求；规模上的飞跃；结构在形式上的主导地位；放弃历史或典故的纯粹表达。因此，根据这些前提，展览手册介绍了很多著名的建筑，如密斯的范斯沃斯住宅，也有最新完成的项目，如赫尔佐格和德梅隆的沃尔夫铁路信号塔和努维尔的卡地亚基金会大楼，还有很多20世纪建筑史上不同时期的建筑。然而，如果这是对情况的真实描述，那么很明显，“极简主义”这个词为了尽可能以最好的方式表达需求而变得泛化，失去了它的意义，尤其是这些年来，越来越多的建筑师感到需要净化形式过剩的建筑语言，将注意力更多地集中在建筑表皮上而不是复杂的形式和空间动态的设计上。

感知问题

1994年，日本*A+U*杂志出版了《感知问题》特刊，由史蒂文·霍尔、阿尔贝托·佩雷兹-戈麦兹和尤哈尼·帕拉斯玛任客座编辑。帕拉斯玛在题为“七感建筑”的文章中谴责了一种将视觉效果置于其他感官之上的建筑的危险性，他认为这种建筑导致了感性的丧失，逐渐“走向疏离，是一种对人类与现实的关系的冷漠、去理性化和去情色化的表现”。

我们要如何避免这种危险呢？这一期特刊的中心板块提出了10个方法：建筑外形和地面共存；透视感知是持续的惊喜的来源；使用色彩；考虑光影效果；考虑建筑在夜间的外观展现；考虑水在感知持续时间的概念中所起到的作用；考虑声音对提升空间质量的作用；考虑表面的触觉起到的作用；使用规模和比例的概念；通过创意将建筑和它所处的环境关联起来。

Micha L. Rieser

彼得·卒姆托，瓦尔斯温泉浴场，瓦尔斯，1994—1996

Flickr/Robert Cudmore

托德·威廉姆斯和比莉·齐恩，神经科学研究所，拉荷亚，1995

Philipp Meuser

瓦尔斯温泉浴场内景

这样做往往会得到充满魅力的建筑，尽管在某些情况下会过度强化印象的效果。毫无疑问，赫尔佐格和德梅隆的作品并非如此，他们对材料的使用更加超脱，在理性上更有吸引力。

始建于1995年，位于华盛顿西雅图的圣·依纳爵教堂于1997年完工，可能是史蒂文·霍尔最成功的项目之一，它使用的材料具有触觉特性——混凝土、锌、石膏和彩色玻璃。也有使用大型预制板的巧妙方法，更不用说基于多重照明效果的复杂体量移动了，尽管从根本上说，这个项目只采用了一个非常简单的矩形平面。

然而，最成功的现象级项目要属彼得·卒姆托的瓦尔斯温泉浴场（1994—1996），这是最能提升建筑感知和触觉价值的作品。建筑采用了受当地传统工艺启发的技术，用石头和钢筋混凝土层叠而成，其魅力在很大程度上是因为庄重、严谨的水池设计，其细节令人着迷。该项目在宽敞的空间中得到了完美体现，这些空间与小隔间交替出现，这些小隔间都有各自专属的光线、色彩和声学效果，由于使用了不同的香薰，还各自具有独特的气味。然而，令人印象最为深刻的是建筑师将过去的建筑价值与现代的几何形式完美结合的能力，及其对极端精确性和整体的本质的热爱。用弗里德里希·阿克莱特纳的话来说："虽然有可能捕捉到项目的各种景观和每个细节背后的巨大努力，但这种沉重感如何转化为轻盈感，空间的外壳如何产生清晰的自由感？这就像卒姆托的这件作品一样，仍然是一个谜。"

托德·威廉姆斯和比莉·齐恩在美国也进行了类似的研究。1995年，他们完成了加利福尼亚州拉荷亚的神经科学研究所。这个项目包括三座建筑和一个由它们界定的公共广场，广场让整个建筑群统一起来。光线和材料是两位建筑师关注的焦点，这一点在对精致的褶皱结构的处理中清晰可见。

库哈斯：欧洲里尔规划

很难找出比雷姆·库哈斯更不简约、更兼收并蓄的建筑师。他说："建筑，从定义上讲，是一场混乱的冒险。强加在建筑师作品上的一致性要么是流于表面的，要么是自我审查的结果。"

在20世纪90年代，库哈斯已经广为人知，但他最终获得国际认可是在1996年出版了1345页的宣言式巨著《小、中、大、特大》（*S, M, L, XL*）之后。这部作品能获得巨大的成功，也得益于布鲁斯·莫的创新版式设计。《小、中、大、特大》放弃了类型学和形态学的区分，"小"（S）是指展馆，"中"（M）是指建筑，"大"（L）是指街区，而"特大"（XL）则是指城市规划。除了他的项目之外，这本书还收录了大量文章，用作者的话说，这些文章彼此独立，不能被视为相互关联的元素。

这部作品的目的是赋予库哈斯所谓的"新现实主义"以生命，让我们对我们所在的社会所预测的事物不再抱有幻想：一个大都市的现实不再建立在城市有序发展的基础上，而是建立在城市群和连接网络的混乱的地方化之上。库哈斯提出了问题：在这种背景下，建筑的命运是什么？我们无法避免将其视为变革的障碍，就像囚犯脚踝上的锁链，剥夺了他随心所欲行动的能力。因此，最好的建筑是不存在的：它没有墙壁的阻碍或引导身体的空间。激发库哈斯灵感的当然是密斯的极简主义。这位荷兰建筑师一直提到大师密斯，尽管从他的思考中不难看到他个人对极简主义问题的重新阐述，在这一时期，正是这些问题占据了建筑研究的注意力。

1996年也是库哈斯第一个大型总体规划项目——欧洲里尔开始成形的一年。由于新的高速铁路的建设，里尔将处于欧洲交通的新轴心，市政府决定将里尔建设成大都市的引力中心。这个总体规划项目占地120公顷，以新的高铁站为核心，距离旧车站约200米，两者通过一条以柯布西耶的名字命名的主干道相连。该项目包含大量商业建筑项目，被委托给不同的建筑师：库哈斯负责里尔会展中心，让-马利·达斯里乌负责里尔高铁站，让·努维尔负责欧洲里尔购物中心，克里斯蒂安·德·包赞姆巴克负责信贷大厦，克劳德·瓦西尼负责世界贸易中心。在欧洲里尔规划项目中，库哈斯使用了他在之前的项目中通过磨炼获得的所有设计技巧：条形和层次的组合；节点和网络的设计；运动的戏剧化；针与球之间的辩证关系。

条形和层次的组合是两个不同的系统（基础设施和建筑系统）结合的结果。高铁站的规划便采用了这种组合形式，它是与写字楼和商业建筑叠加的结果。整个项目中有一个主导的诗意列表，包括重叠、遭遇对抗。例如，在会展中心有三座不同的大楼，每一座都有自己的建筑逻辑，三座大楼在一个椭圆形的平面形成一个整体。

作为与各种网络系统（汽车、铁路、行人）相连的节点的集合，欧洲里尔规划由一系列动态空间构成：唯一的露天广场是三角形的，代表了从购物中心到高铁站的过渡时刻。其余的公共空间都处在建筑内部的巨大空腔中，是各种交通系统的起点。运动成为一种形式的生成原则。沿着柯布西耶大街行驶的车流将高铁站一分为二；如果乘坐不同速度的交通工具从远处观看，会展中心的立面会发生变化；标识和指示牌在正面占据主导地位；建筑被穿透，以便于汽车、火车和其他车辆的行驶。最后，库哈斯在高铁站、停车场和公路之间的连接点设计了一个巨大的空腔。这是一个新的皮拉内西式空间，证明了这样一个事实：运动（事件的形式）是我们这个时代的崇高美学，它使我们着迷，也使我们恐惧，是一种新美学的驱动力。

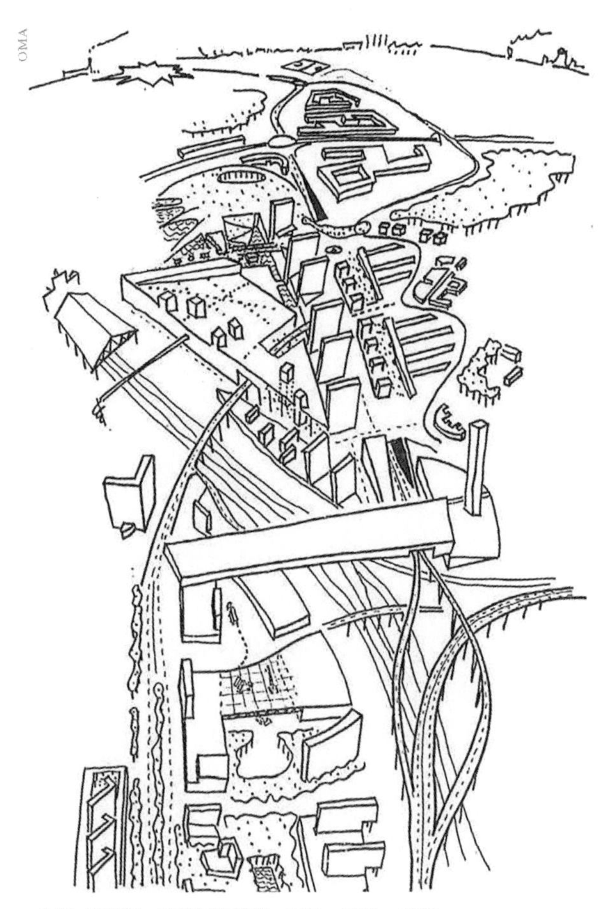

雷姆·库哈斯，欧洲里尔规划，里尔，1989—1996

电子的诗意：流体建筑与隐喻之间

流体建筑由格雷格·林恩于1995年提出。它包括由特殊软件生成和控制的类似阿米巴变形虫的建筑，与复杂的自然形态一样，是由外部和内部力量共同作用引起的简单物体的转化的结果。林恩运用极其复杂的技术，追求一个在建筑史上反复出现的目标——复制自然，即运用在自然中常见的形式、历史和过程，消除建筑作品的盒状外观，使其与周围环境融为一体。他借鉴了20世纪早期生物学家达西·汤普森关于生物体形态进化的研究。

1995年，查尔斯·詹克斯出版了《跃迁宇宙建筑学》一书。詹克斯在书中阐述了回归自然复杂形态研究的紧迫性，以确保生态形态与控制形态的共存。詹克斯引用了伊利亚·普里戈金的观点，参考了林恩发表在《建筑设计》专刊上的折叠理论和圣菲研究所及托马斯的灾变理论。根据这些学者提出的模型，宇宙是一个呈跃迁式发展的复杂系统（书名由此而来），其最新的发展导致了当前的状况，其特征是巨大的生态和人口问题，当然，它同时也带来了重要的机遇。事实上，我们这个时代的对象是人性化的，同时，人类也在被转化为物体，这无疑是一个积极的过程。这些机器的精细化与基于伪理性主义时代形成性概念的建筑的粗糙性相对应，建筑已经无须考虑新技术将继续发展的事实，因为科学已经达到了后现代状态，征服了决定论、机制论、还原论和唯物论这四个富有传奇色彩的术语。因此，世界应被视为一个有生命和自我调节能力的系统，类似一个有机体，可以通过不断变化的状态寻求逐步的改善，以达到平衡的状态。

建筑怎样将这个过程变得可见呢？可以通过赋予其精神维度和改变其形式发展的本质来实现这一目标。这使得詹克斯对有机构造、分形、像原子波一样弯曲和移动的结构，以及代表人类精神方面的事物产生了兴趣，人类在这里的作用是引导宇宙走向自我认知，这个过程类似于黑格尔的辩证法。这也引起了人们对流体建筑、格雷格·林恩以及开始向新有机主义建筑和新巴洛克建筑迈进的艾森曼的兴趣。

由这些拥有文化话语权的赞助人发起的流体建筑研究非常受欢迎，特别是在建筑学院里，只是实际建成的例子很少。尽管林恩等许多人都在努力，把重点放在从过程到施工的数字化上，但要取得令人信服的结果却特别困难。使用传统材料建造复杂的形式需要的劳动力数量大到夸张，还要使用数控机械生产复杂的组件。对于像建筑业这样的技术落后于其他工业部门的行业来说，这一过程首先在经济上就是不可行的。

1997年，科拉坦/麦克唐纳事务所为美国康涅狄格州费尔菲尔德角的雷邦德住宅设计了一个流体结构。他们提出用木头做一个骨架，让人想起传统的船体，不同的是，木头的“肋骨”是用数控机械切割而成的。同年，雅各布·麦克法兰事务所赢得了巴黎蓬皮杜艺术中心屋顶酒吧的设计邀请赛，该项目基于由四台计算机生成的、包覆着铝材的流体结构，每一个结构都有不同的颜色。该项目于2000年竣工。1997年，荷兰NOX建筑事务所在荷兰泽兰完成了德尔塔“水上乐园”世界博览会的水之馆。水之馆内部由14个椭圆构成，让人想起鲸鱼的肚子。它使用了交互式照明、声音和投影，显得特别有趣。彼得·艾森曼于1997年完成了斯坦顿岛艺术学院，在美学上呈现出从新有机主义风格向新巴洛克风格的转变。它的包覆性和弯曲的形式是对行人和汽车道路信息进行数字化处理的结果。当一些建筑师的这种对复杂形式的热情高涨时，伊东丰雄正在追求一种美学，试图将极简主义与电子技术结合起来。1997年，建筑杂志*2G*发表了他的项目和一篇题为《媒体森林中的泰山》的文章。

在这篇文章中，伊东丰雄提到了马歇尔·麦克卢汉的理论，即先前的视觉社会已经被触觉社会所取代。前者处理数量、力和权重，后者处理流、相互关系和非物质价值。伊东丰雄说，看看我们现在这个时代的小孩，如果没有手机等电子设备，似乎就活不下去了。这些像衣服一样围绕着他的机器，对他来说是必不可少的，因为这些设备与他周围的世界保持着联系，是它们让他维持在一个圈内。然而，在建筑和城市中也可以发现同样的需求，即成为环境的一部分并与之互动。例如，我们可以将传统建筑与现代建筑进行比较。前者是由它的质量、实体和空隙的组织、颜色、图案、结构体系和功能组织来定义的。后者则因为它与周围环境的相互作用而令人惊讶：它捕捉光线的方式和与内外气候条件的关系，使我们将自己与声音、气味和颜色联系起来，确保了建筑使用者的舒适度。我们可以说它是感知和自我调节系统。

然而，有的建筑像天线，把我们与外部世界联系起来，伊东继续道："它必须作为一个高效的传感器来检测电子流。"人类，在重新获得了这个新的自然维度之后，就像一个新的人猿泰山，可以穿越一个最终统一的世界：一个完整的通信世界和一个媒体森林。新建筑的隐喻是流体，尤其是水——密斯的巴塞罗那展馆似乎在水中盘旋，日本古代哲学家在水中看到了生命的原则，电脑屏幕上的电子图像似乎也在水中漂浮。水是这位日本建筑师选择的材料，也是他的杰作仙台媒体中心的灵感来源，关于这一点，我们将在下一节中进一步阐述。

生态技术

评论家凯瑟琳·斯莱梭尔认为，可以从六个方面定义生态技术。第一个是有表现力的结构设计，这是奥雅纳公司的彼得·赖斯或是像圣地亚哥·卡拉特拉瓦这样优秀的工程建筑师的出现所导致的。他们毫不犹豫地放弃高技派的冷酷，追求更为复杂，甚至有机的原则。第二个是用光来塑造空间，利用透明度，这是玻璃技术创新（较大的板材尺寸、结构玻璃等）所带来的便利。第三个方面与节能意识的提高有关，包括使用新材料和新产品，以及可再生能源和自然能源。第四个方面是关注环境，以获得既是宜人的城市聚集空间又能避免与环境格格不入的建筑。第五，注意交通网络和信息流管理系统的互联。第六，试图将建筑物转变为社会的象征，如非修辞性的纪念碑被构想为公共地标。

1993年，时任英国首相的约翰·梅杰批准了伦敦地铁银禧线（也称朱比利线）的扩建，银禧线是连接伦敦市中心和码头区的地下铁路基础设施。沿线各个车站的设计分别委托给不同的建筑师：迈克尔·霍普金斯——威斯敏斯特站；伊恩·里奇建筑事务所——牙买加路站；诺曼·福斯特——金丝雀码头站；威尔·阿尔索普——北格林尼治站；麦克科马克·杰米森·普里查德事务所——南华克站。

1993年也是另一个重要基础设施的竣工年份：由尼古拉斯·格雷姆肖设计的滑铁卢车站国际候车厅。它是横穿欧洲隧道、连接巴黎和伦敦的高铁线在英国的终点站。1994年，格雷姆肖在布里斯托尔建造了区域控制中心，这是一座优雅的建筑。

在此期间，福斯特完成了尼姆的艺术广场（1987—1993）、剑桥大学法学院（1990—1995）和杜伊斯堡的微电子园（1988—1996），所有这些建筑作品都显示出建筑师寻找古典尺度的愿望，而福斯特可能受到了数字化的新巴洛克美学的影响，会被曲线形态所吸引。

罗杰斯在伦敦完成了BBC第四频道总部大楼（1990—1994）和欧洲人权法院（1989—1995），它们使用了更忠实于高技派原始语言的形式，由暴露的建筑系统和玻璃、钢铁组成。

1993年，威尔·阿尔索普完成了罗讷河口省酒店（也称蓝色酒店）的建造，这项工作参考了塞德里克·普莱斯的经验，以一种近似波普艺术的、幻想的、通常是游戏的态度婉拒了技术。

在圣地亚哥·卡拉特拉瓦的新有机主义建筑作品中，可以发现其对结构逐渐增强的敬意。这一时期他更重要的作品包括多伦多的BCE Place拱廊商业街（1987—1993）、柏林国会大厦穹顶方案（1995），以及呈现出一种不确定的有机形式外观的里昂高铁站（1989—1994）。桥梁仍然是其基本作品，尽显优雅气质，如索尔

圣地亚哥·卡拉特拉瓦，BCE Place拱廊商业街，多伦多，1987—1993

Dora Dalton

Andrew Dunn

诺曼·福斯特，剑桥大学法学院，坎布里奇，1990—1995

Flickr/Ingolf

圣地亚哥·卡拉特拉瓦，里昂高铁站，里昂，1989—1994

Bjorn Christian Tørrissen

尼古拉斯·格雷姆肖，滑铁卢车站国际候车厅，伦敦，1988—1993

Flickr/iv toran

威尔·阿尔索普，罗讷河口省酒店，马赛，1991—1993

iStockphoto/Bim

诺曼·福斯特，银禧线金丝雀码头站，伦敦，1999

福德的特里尼塔大桥（1993—1995），由一座倾斜的塔架和细长的钢索支撑。

这十年里的另一个重要的作品——虽然只是部分与高技派有关——是拉斐尔·维诺里的东京国际会议中心（1989—1996）：一座有着巨大的景观中庭的会展中心，广场上方覆盖着由纺锤形梁架支撑的玻璃顶棚。会展中心气势恢宏，很快便成为城市地标。

Philipp Meuser

拉斐尔·维诺里，东京国际会议中心，东京，1989—1996

伦佐·皮亚诺的软技术

1997年，蓬皮杜艺术中心在落成仅20年后便关闭进行翻修，结果获得巨大的成功：重启后的中心每天接待的游客量达到2.5万名，远远超过预计的5000名。该项目要求对被腐蚀的结构进行翻新，并在现有的70 000平方米基础上增加8000平方米，用于文化活动和服务设施。皮亚诺负责了这次翻新工程，然而对他来说，高科技已经是一个遥远的记忆，他毫不犹豫地质疑了原建筑的一些设计概念预设：他把原来设想为巨型有盖广场的一层大厅改造成一个优雅的商业空间；关闭了外部自动扶梯与一层和二层之间的连接；限制进入露台的人流，只向付费游客开放；新增了电梯以降低室内空间的灵活性。简而言之，他推翻了1971年他与罗杰斯夫妇、詹弗兰科·法兰契尼共同进行设计时的两个指导理念：完全的公共渗透性和无限的变形。

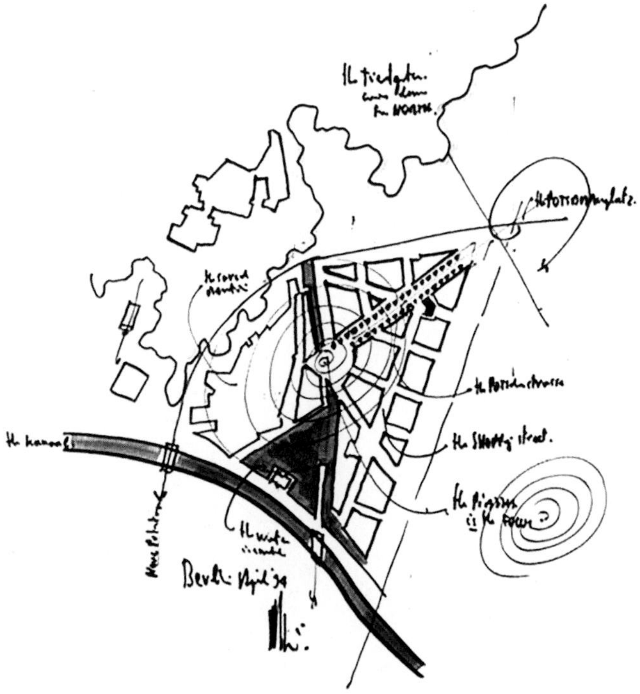

更重要的是，这位来自热那亚的建筑师的工作室创作的作品脱离了先锋派研究中典型的形式上的严苛性。随着皮亚诺的杰作——日本关西机场航站楼的竣工（1988—1994），他在明星建筑师体系中赢得了一席之地。他正处在从重要客户那里获得新委托的关键时刻，而这些客户也受到他的创新形式的吸引。他通过非激进的研究实现了关注用户心理舒适度、自然和传统技术的项目。关西项目的特点是一个优雅的双曲线屋顶，其内部空间使用了日本的传统色彩。

在瑞士巴塞尔的贝耶勒基金会博物馆（1991—1997）项目中，两种不同材料——沉重的石墙和通风的轻质玻璃屋顶——被伦佐·皮亚诺的巧思所调和，即插入一个仿佛有仙女居住在里面的反射池，将整个建筑体量分解成平面。此外，悬臂式屋顶带来的活力与内部的方形房间也形成了对比，使艺术作品得以有序分布。

他的后续作品也遵循同样的方法，如位于新喀里多尼亚努美亚的让-玛丽·特吉巴欧文化中心（1991—1998）和柏林的波茨坦广场（1992—2000）。前者体现了卡纳克文化，其特点是令人愉悦的木质壁龛造型，让人想起当地的历史建筑，仿若在风中摆动，与自然环境融为一体。不幸的是，相对于内部空间由这些结构群包围的原始设计要求，最终的项目是一个线性板块，虽然一样无懈可击，却多少显得平庸。在波茨坦广场项目中，皮亚诺重建了欧洲城市的一个片段，其具有典型的城市空间，既避免了旁边意大利建筑师乔治·格拉西的建筑的过度严谨，也避免了附近的赫尔穆特·雅恩的索尼中心（类似于购物中心的综合体，方案于1992年中标，项

伦佐·皮亚诺，波茨坦广场总体规划方案，柏林，1992—2000

Wikimedia/663highland

伦佐·皮亚诺，关西机场航站楼，关西，1988—1994

Wikimedia/Louis-Fabrice Jean

伦佐·皮亚诺，贝耶勒基金会博物馆，巴塞尔，1991—1997

目建造于1996—2000年）的混乱。皮亚诺的项目还有一个优点，那就是维持了所在建筑群的统一性，这个建筑群除了由他的办公室设计的街区外，还包括理查德·罗杰斯、拉斐尔·莫内欧、汉斯·科尔霍夫和矶崎新等人设计的建筑。

荷兰的观点

《今日建筑》在1996年9月出版了名为《荷兰的观点》的荷兰建筑师专刊，由建筑历史学家巴特·罗茨马介绍。他说："他们利用了当前的国际交流氛围（产生于20世纪80年代），无需任何资质证明，他们的创意、规划和建筑都可以说是原创的。他们与伦敦的建筑联盟学院和美国的一些建筑学院（如库珀联盟学院、哥伦比亚大学、普林斯顿大学和哈佛大学）的理论发展有关。"

这期杂志刊登了一份荷兰新兴人才的名单，他们后来都成了20世纪90年代后期最重要的建筑现象之一的主角。他们是在雷姆·库哈斯之后接受教育的建筑师，雷姆·库哈斯的学术成就使其成为知识界的参照，而他在国际上获得的成功则使他成为专业界的参考。本期特刊的主角包括威尔·阿雷斯、范·伯克尔&博斯事务所（即UNStudio）、阿德里安·盖兹和西区8号事务所、MVRDV建筑事务所、NOX建筑事务所、科恩·凡·韦尔森和汤·维尔霍文。威尔·阿雷斯因其精简和严谨性而引起公众的关注，他的作品精确如数学计算，并体现了对极简主义的先期研究。

UNStudio刚刚在荷兰鹿特丹完成了伊拉斯谟大桥（1990—1996）。这座城市的标志性建筑虽然容易让人联想到卡拉特拉瓦的作品，却对城市天际线产生了重要的影响。他们还设计了阿默斯福的威尔布林克别墅（1993—1994）。

阿德里安·盖兹（西区8号事务所），剧院广场，鹿特丹，1990—1996

这是一个独栋住宅，他们成功地应用了一种基于图表的设计方法：将功能方案转换为几何方案，然后再转换为建筑形式。这种方法后来被应用在荷兰赫特古伊的莫比乌斯住宅（1993—1998）中。这座独栋住宅被设计得像一根莫比乌斯带，主要目的是优化工作空间和居住空间之间的关系。

阿德里安·盖兹与西区8号事务所一起追求一种以自然和人工景观为主题的实验形式，他们强调严格的相互关联的系统，以及居住者不断变化的需求。这种方法的一个例子是荷兰鹿特丹的剧院广场（1990—1996），这是一个灵活的公共广场，能够举办许多活动，这是通过安装在可移动钢结构上的照明系统实现的，它在理论上甚至可以由当地公民随意调整。

MVRDV建筑事务所是通过不断地寻找一个理性基础来支撑他们的项目的。然而，根据库哈斯的教导，这种理性总是导致复杂的建筑，在空间上是有趣的，在实质上却是反古典的。这就是荷兰霍格维卢威国家公园（1994—1995）的情况，在那里，表面上传统的入口亭子是按照现代主义设计方法，经过变形和重新调整得来的，其原型是带有双坡屋顶的平行六面体建筑。

《今日建筑》从NOX建筑事务所的作品中选出了德尔塔“水上乐园”世界博览会的水之馆，之前我们已经提到过这个项目。科恩·凡·韦尔森的代表作是荷兰鹿特丹舒乌伯格广场旁的梅加拜奥索普电影院（1992—1996），按照图表架构原则设计。最后，特刊以两张照片展示了汤·维尔霍文的建筑，说明了即使是在最普通的建筑中也能发现众多空间的主题。

尽管这些荷兰建筑师各不相同，但他们有着共同的研究形式：对证明项目合理性的方法感兴趣；关注建筑与背景和景观之间的关系；关注能够包含复杂事件的清晰的空间性；对廉价材料和工业化生产的材料进行利用；有目的地采用加尔文主义和野兽主义的方法，不太关注装饰和细节的珍贵性。这些偏好一方面可以让他们摆脱数字建筑超有机性的过度复杂性，另一方面也可以让他们摆脱后极简主义的纯粹表面。他们因此对景观建筑的现象做出了巨大贡献，我们将在后面进行讨论。

UNStudio，伊拉斯谟大桥，鹿特丹，1990—1996

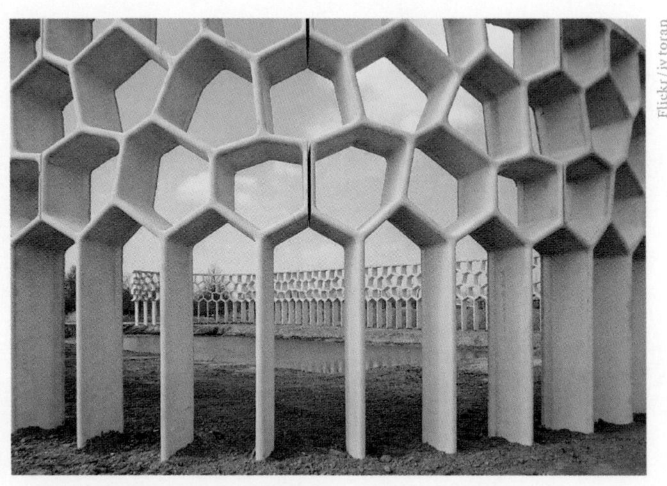

MVRDV建筑事务所，霍格维卢威国家公园，奥特洛，1994—1995

新的架构

流体形式、新材料的使用、覆盖着大型投影屏幕的建筑立面、非物质化、表面效果……面对这些新的变革，学术界的反应往往是随机的，有时指责新事物只是文明对于短暂趋势的兴趣的结果，有时则会因此考虑得更为均衡、合理。《哈佛设计杂志》在1997年出版了《耐久性和短暂性》专刊。肯尼斯·弗兰普顿、路易斯·费尔南德斯-加利亚诺、亨利·彼得斯基和加文·斯塔普在专刊中敲响了警钟：新建筑的危险在于失去了一致性和稳固性。对构造价值缺乏兴趣，使用与建筑分离的立面，将立面改造成投影屏幕，以及故意使用不耐久的材料，似乎都证实了这一点。

弗兰普顿指出，传统的材料，如砖、石头和木材，往往被用来建造经久耐用的建筑。如阿尔托的玛利亚别墅，在近70年后仍然是一个建筑典范，其中的自然和文化的互动十分引人注目。

弗兰普顿总结道，材料的持续时间在20世纪30年代就是一个建筑问题，它源于当时柯布西耶对乡土形式和传统材料的研究。还有一些后来的例子，如希腊建筑师迪米特里斯·皮基奥尼，意大利的新理性主义者，以及由拉斐尔·莫内欧带领的西班牙建筑师的研究。

路易斯·费尔南德斯-加利亚诺也持有同样的传统主义立场，他引用了路斯的话：如果艺术是革命的，建筑则是保守的。费尔南德斯-加利亚诺声称，太多的建筑师在理论上提出了一种短暂的建筑，比起“牢固”，他们更喜欢“美观”的概念。他以艾森曼的阿罗诺夫中心（1988—1996）为例，说明这些建筑师将建筑变成了偶像，让人钦佩和敬仰，希望社会能够长期照顾它们，而不受任何维护和管理成本的影响。

《哈佛设计杂志》出版的《耐久性和短暂性》专刊，1997

对加文·斯塔普来说，斯特林、福斯特和罗杰斯的许多建筑都是失败的。然而，由于建筑师的超级明星地位，媒体对这些缺陷保持沉默，宁愿用溢美之词来掩盖它们。

埃伦·邓纳姆-琼斯和博顿·博格纳则持有不同的观点。对前者来说，耐久性问题已经超越了建筑方面的任何考量，与生产直接相关，因此，设计永恒的建筑毫无意义。后者完全同意这个观点，并提到了日本的情况：伊东丰雄1986年设计的游牧餐厅在1989年被拆除，U住宅也于1996年被拆除；筱原一男1984年在横滨设计的一座住宅在1994年被替换；丹下健三1952年建成的东京市政厅也在1992年被拆除。更不用说赖特的帝国酒店了，它在1960年被拆掉，为一家国际连锁酒店在当地的分店让路。与其哀悼纪念性和耐用性的丧失，不如把不稳定的标志作为自己的诗意的一部分，前提条件是允许建筑通过使用敏感、透明的新材料在一个越来越非物质化和动态化的都市现实中波动。妹岛和世、筱原一男、长谷川逸子、原广司、山本理显，以及最重要的伊东丰雄，都证明了他们可以在既不叛逆也不保守的情况下创造杰作。

《住宅》在同年出版的专刊《耐久性》中，也面对了同样的主题。有一些作者是赞成的，如格雷戈蒂。然而，这些结论最终还是与博顿·博格纳提出的论点达成了一致。杂志的主编弗朗索瓦·布卡尔特认为“历史是一个不可阻挡的过程，没有办法让它回头”，耐久性本身并不是一种价值。对皮埃尔·雷斯塔尼来说，正是建立在永恒之上的社会才会沉迷于永恒和物质的价值观；而今天，大家开始有了一种自20世纪60年代以来逐渐成熟的共识，即真实的东西并不是永恒的。例如，我们可以看看阿伦·卡普罗，他把艺术实践简化为自发的、不稳定的事件和表演行为。还有克里斯托和珍妮-克劳德，他们的作品注定只能持续15天。我们还可以提到来自身体艺术界的艺术家，特别是身体和空间之间关系的研究大师玛琳娜·阿布拉莫维奇；或者伊夫·克莱恩和他的活毛笔，他的蓝色革命和想象中的飞行强烈地表达了人类对轻盈和非物质性的渴求；或者使用简单的易腐易耗材料的“贫穷艺术”的艺术家。最后，我们可以看到罗伯特·史密森的天赋引起的共鸣，或者由理查德·朗和大地艺术家所创造的拟人化和概念化的景观。此时此地，当代文化面临的危险不是图像的新鲜感，而是它的冻结，也就是将其制成一种不随时间而变化的木乃伊。对永恒遗迹的顽固渴望最终证明了一种刚愎自用的愚昧，这种愚昧自古埃及以来就一直跟随在我们身后，它体现为不惜一切代价想要驱除死亡，拒绝生命的深层意义，而这正是易变性。

MoMA扩建

1997年，一些世界一流的建筑师参与了一场具有高度象征意义的竞赛——MoMA的扩建，因为需要为另一座因为太受欢迎而濒临崩溃的建筑提供喘息的空间。多位年龄在40至50岁的国际著名建筑师受邀前来：来自欧洲的雷姆·库哈斯、威尔·阿雷斯、多米尼克·佩罗以及赫尔佐格和德梅隆；来自美国的伯纳德·屈米、史蒂文·霍尔、托德·威廉姆斯以及比莉·齐恩和拉斐尔·维诺里；以及来自日本的谷口吉生和伊东丰雄。同年6月，入围建筑师名单被公布，分别来自几个大洲：屈米（北美洲）、赫尔佐格和德梅隆（欧洲）和谷口吉生（亚洲）。

中标项目于同年12月公布。结果出人意料，获胜者是来自日本的谷口吉生。虽然这位日本建筑师的设计非常优雅，但在概念上却低于预期，而且毫无疑问，它在对现代主义传统的怀念和对新事物的谨慎探索之间取得了平衡。

其他人的项目要有趣得多。库哈斯的作品——根据这位荷兰建筑师的习惯——以理论的形式呈现。大众社会博物馆的形式是什么？我们应该以什么方式穿过它的内部空间？存储空间和保管库在展示空间中扮演什么角色？博物馆的适当照明应该是什么样的？库哈斯提供的答案有两个关键：个性和动力效应。从个性的意义上说，博物馆不同于其他被公众密集使用的空间，如购物中心或游乐园，而是一个必须与艺术作品建立私人关系的空间（几乎像细胞一样）。动力效应则是指博物馆的景观完全是人工的，必须利用机械设备、灯光等设备来保证使用者和展出作品的高速流动。于是库哈斯新增了一部奥蒂斯电梯，允许参观者不仅在垂直方向，还可以在水平方向或沿着斜坡表面移动。该设计还探索了虚拟技术模拟的所有可能性，以提升游客的体验，并将博物馆变成一个电影场景，为付费的游客提供不断变化的舞台。

屈米也采取了类似的方法。他的研究的关键词是“互联”，正如他在项目描述中所说，应该从空间和概念两个方面来理解这个词。例如，可以经由一条小路穿过一系列或封闭或开放的空间，艺术和交流的环境交替出现；设计一个壮观的空中花园，从街上就可以看到，它代表着一种吸引人的元素；最后，在永久和临时展厅之间、绘画和雕塑藏品展厅之间、公共空间和教育空间之间，以及画廊和剧院之间建立连接。

对于伊东丰雄来说，博物馆也是城市的象征——尤其是像纽约这样的大都市，由一个等级逻辑支撑：摩天大楼连续排列，层层叠叠的建筑层出不穷，房间沿着同一平面重复。新的博物馆可能是一座平躺的摩天大楼，一座没有中心的摩天大楼，它是水平发展的，由依次跟随的空间组成，以确保最大的使用自由，就像条形码一样，由不同粗细的线条组成，这些线条不遵循预定的几何设计。

最后，对于赫尔佐格和德梅隆来说，博物馆不是迪士尼乐园，不是购物中心，更不是媒体中心。它是一系列开放和封闭的空间，提供不同程度的透明度。它没有什么特殊的效果，也没有未来主义的空间，只不过是基于对参展艺术家和他们的情感的考虑而建造的一系列空间，不会因为建筑师突出自我而感到羞愧。这两位瑞士建筑师的立场非常明确。他们注意到人们对于建筑师以自我为中心的做法十分不满，他们总是准备牺牲用户的需求，以保护通常无法被理解的学科价值。然而，矛盾的是，这证明了MoMA策展人做出的选择是正确的，他们必须在屈米、赫尔佐格和德梅隆以及谷口吉生之间做出选择。他们最终选择了谷口吉生，因为他保证了项目在专业上无可挑剔。2004年该项目落成，当时这个城市到处都是宣传海报，它宣称：纽约再次现代化了。

Wikimedia/Alsandro

谷口吉生，MoMA扩建，纽约，2002—2004

新纪元的开始

在1993—1997年，流体建筑与极简主义之间的争论，简而言之就是巴洛克风格与极简主义之间的争论，使得从解构主义时期开始设计的作品得以完成。这个过程包括消除一些建筑趋势，如新历史主义和后现代主义，这些趋势侧重于所谓的自主性，也就是基于在整个漫长的学科历史中传承和发展正确的组成规则的建筑设计。

事实上，尽管存在着显著的差异，但是流体建筑和极简主义都倾向于否定建筑对象——前者是为了将其转化为自然的碎片，后者则是为了将其完全溶解。

不受任何监管的自由——这导致了从新巴洛克式的曲线到透明玻璃盒形式的产生——让建筑师在创作时可以拥有完美而前所未有的自由，可以试验不常见的材料、不同类型的表皮或外壳，以及各种意想不到的关系。它还允许在建筑辩论中引入一个与众不同的景观概念，即建筑和自然在其中扮演着平等的角色，直到它们彼此混淆。

更重要的是，多亏了新技术，即使是最复杂的空间组织现在也能实现。这使得完成那些原本被认为是前卫的、注定要留在纸面上的乌托邦项目成为可能。这些建筑摆脱了深奥和抽象的构图规则，更接近广大公众的感受，取得了巨大的成功。这一成功反过来又导致了新一代建筑师的出现，以及当代建筑新纪元的开始。

Anders Sandberg

极小曲面：施瓦兹P曲面

1998—2001 杰作频出

弗兰克·盖里：毕尔巴鄂古根海姆博物馆

1997年10月18日，位于西班牙毕尔巴鄂的古根海姆博物馆落成。后来发生的一系列事件标志着一个时期的开始，而古根海姆博物馆的落成则是其中的第一件。从1998年起，这一时期将见证了许多具有非凡意义的建筑作品的完成。这座由弗兰克·盖里设计的建筑迫使人们重新思考博物馆的设计理念，而这一点无论蓬皮杜艺术中心的平淡改造还是MoMA的净化增建都未能做到。盖里的博物馆成功地超出了所有人的预期：在客流量方面，博物馆第一年的门票销售量是预期的50万张的3倍；就媒体宣传而言，这座博物馆是足以与赖特设计的纽约古根海姆博物馆相媲美的世纪建筑，一座艺术大教堂。

批评的声音反而导致了毕尔巴鄂古根海姆博物馆的成功，甚至将其转化为一个建筑符号，标志着建筑在设计、融资、建造和广告方面发生的变化。其中最有地位的批评家之一是彼得·艾森曼。他虽然没有直接攻击这座建筑，但把它看作一个过度壮观的建筑实践。对拉斐尔·莫内欧来说，盖里的作品是个人主义和分裂美学的终极典范，而巴斯克人类学家何塞巴·祖莱卡则在他的《诱惑编年史》一书中提到，这座建筑是文化帝国主义的缩影，象征着一个图像和奇观的社会，是隐藏在消费主义阴影中的骗局。

尽管人们对设计本身的成功或其他方面的看法可能有所不同，但不能否认，新博物馆背后的运作是一个令人惊叹的过程。第一，所罗门·R.古根海姆基金会总监托马斯·科伦斯提出了博物馆的特许经营权，这跟麦当劳或必胜客在全球范围内为快餐连锁店发放许可证类似。第二，在毕尔巴鄂这样一个受严重的财政和生产性经济问题困扰的地方，市政府避开与促进工业就业相关的传统政策，而选择建造一座作为非物质产品——即宣传与文化——的催化剂的博物馆。

还有一点堪称奇迹，那就是盖里为一座独一无二的雕塑赋予了形式，它由数千个各不相同的部件组成。有传言说，这座建筑是由盖里的事务所设计的，使用计算机扫描仪将研究模型的信息直接转移到项目图纸上，然后再从图纸转移到自动生成建筑部件的机器上（实际上，盖里在这个过程中使用了更多的传统技术）。凯瑟琳·斯莱梭尔在《建筑评论》中说盖里“建造了不可建造之物”，而约瑟夫·乔瓦尼尼在《建筑》杂志中写道：“计算机让我们能用科学去理解云、波浪和山，使混沌科学成为可能，也让盖里‘骚动’的形式成为现实。这座建筑体现了人类从机械时代到后工业电子时代的转变。”

古根海姆博物馆有着一个强大的外部形象所具有的全部魅力和波动性。如果要描述它，我们必须借用一个隐喻——也许是一个武断的或不完美的隐喻，但无论如何，它都超越了建筑本体的物质性：它是一条鱼、一朵花、一艘幽灵船、一朵花椰菜、一朵云、一个运动中的身体。在一个构成规则似乎暂停了的建筑世界里，外观不再反映出内部——在这里，形式和功能之间不再有一种可立即识别的对应关系，或任何对构造、结构的一致性、建筑的逻辑性的参考。

然而，这座建筑轻松接受了这些形象，这也是它成功的保证。事实上，吸引公众的是建筑，而不是其内部展出的作品，这样一来古根海姆基金会很有可能在不欺骗付费观众的情况下，放弃最初展出毕加索的名画《格尔尼卡》的承诺。毕尔巴鄂古根海姆博物馆因此成为建筑复兴的象征。一种建筑语言——破碎、复杂、非线性、具有强烈的感官冲击力——最终会重新建立公众与艺术作品之间的关系。对于其他人，如前所述，它证明了一种失败：形式的价值在明星建筑师体系的绞肉机中崩溃了。然而，当这座建筑变成一个象征性的作品，用来证明上述理论时，真正的古根海姆慢慢地从讨论中消失了，取而代之的是陈词滥调。让我们看看其中的几个。

第一，古根海姆博物馆是一座不计成本代价的纪念碑。事实上，这座博物馆1.2亿美元的成本（包括特许经营许可）与最初的预算保持一致。每平方米的成本要低于其他博物馆，甚至比理查德·迈耶在洛杉矶建造的盖蒂中心还低很多。

第二，这是21世纪的第一座明星建筑，是电子时代的杰作。这是错误的：计算机的潜力在其他建筑中也得到过发现，具有复杂形式的建筑在计算机时代到来之前就出现过。如果要谈论电子范式，也只不过是谈论一种新的、由计算机管理的反序列的东西。

第三，对盖里来说，符号比理性更重要，任意性优先于逻辑性。这些论点有些自相矛盾。毕尔巴鄂古根海姆博物馆是一个特定的理论基础的结果——这个理论无法被简化为一个公式——其中的每个决策都是根据外部环境、建筑的形式结构、材料的选择、尺度的控制进行评估的。

该项目至少在四个方面受到其背景环境的影响。第一个是拉萨尔桥带来的影响。拉萨尔桥是一个侵入性的、毫无美感可言的基础设施，横跨项目场地。盖里接受了它，围绕着它进行建设，并将其转化为构成结构的轴线：拉萨尔桥因丰富的色彩和充满活力的波普风格而提升了魅力，而原本只位于一侧河岸的博物馆现在似乎占据了两岸，呈现出一种领土规模。第二个是内维隆河带来的影响。盖里在原有建筑基础上进行了扩建，让它看起来像是沿着河道躺了下来。博物馆面向内维隆河的立面大部分采用了以鳞片状钛合金覆盖的自由形式：虽然它有可能是鱼或船的隐喻，但采取这一决定的主要原因还是利用金属表面在水中的反射。博物馆建筑像是从地面长出来的一样，突出了其发光的特质。第三个受环境影响的设计是塔楼，这是一个60米高的物体，没有任何功能，只是包裹着拉萨尔桥，人们从市政厅前的公共广场就能看到它：它既是一个焦点，也是一个地标。第四个背景影响与城市的整合有关，盖里为建筑设计了开放的两翼来拥抱这座城市，从而定义了一个城市空间。

如果我们看看这座建筑的内部空间，会发现人流会通过19个展示厅，这些展示厅从中庭辐射开来。博物馆中庭高50米（纽约古根海姆博物馆中庭高35米），是整个建筑的支点。为了进一步提升这个空间，盖里将博物馆的入口置于地下一层，这带来了反修辞的效果，即参观者进入博物馆后，必须向下而不是向上移动，这样便创造出一个螺旋，其上升的主体因体量的交叉、切割和重叠而得到了丰富：这也是反复出现花或洋蓟的隐喻的原因。对盖里来说，要避免的是贝聿铭在卢浮宫玻璃金字塔项目中所犯的错误——把卢浮宫的入口大厅弄得像是豪华酒店的大堂。对于盖里的作品，更合适的参考是弗里茨·朗的《大都会》的空间性，库尔特·施维特斯的《梅兹堡》，或者赖特的纽约的螺旋形古根海姆博物馆，所有这些都暗示着城市的复杂性——他们的目标相同，却产生了不尽相同的结果。MoMA扩建项目激发了伯纳德·屈米、雷姆·库哈斯和伊东丰雄的灵感。在这里，它也被用来证明空间解决方案的多元化和功能选择的多样性，例如，从中庭辐射出来的19个展示空间分为三种类型：传统形式的古典空间，用于永久性收藏；非常规空间，用于临时的艺术委托；一个巨大的阁楼，用于临时展览。项目的另一个重要方面可以在其材料中找到。实际的选择证明了使用小的鳞片状钛合金覆盖复杂的形式是非常合理的。石材通常用于规则的表面，嵌装玻璃可以调节两个表面之间的接缝，否则缝隙问题无法解决。其结果是，即使在如此复杂的结构中，每个施工细节也很容易实现。这就确保了项目完美无缺的装饰水平，从而稳定了最终的建筑形式。我们以格罗宁根艺术博物馆为例，

iStockphoto/Eloi_Omella

弗兰克·盖里，毕尔巴鄂古根海姆博物馆，毕尔巴鄂，1991—1997

Hans Werlemann © OMA

雷姆·库哈斯/OMA，波尔多住宅，波尔多，1994—1998

Hans Werlemann © OMA

波尔多住宅内景

其令人失望的装修是由蓝天组设计的，它可能在一个混乱而错误的形式几何中失去了蓝天组所想象的空间辩证关系。毕尔巴鄂古根海姆博物馆的钛合金饰面闪闪发光，尤其是在沿河一侧。盖里在建筑面向城市区域的立面上使用了石材，保证了与城市结构的连续性。蓝色的体量区分了行政功能，同时起到丰富和活跃博物馆前公共空间的作用。这座建筑包含了盖里作品中的一个新的合成物，他之前的作品在简单的和静态的形式之间摇摆，在材料、颜色和图案方面彼此不同，而复杂的和动态的形式则采用单一材料包覆的做法。最后，还有比例元素。盖里根据赖特的经验，将建筑空间压缩，然后“引爆”，为了创造大规模的效应，他又将它们连接起来。这就是围绕中庭的许多空间，包括入口区域都很小的原因。而理查德·塞拉的大型雕塑所放的位置是为了阻止用于临时展览的空间的过度纵向发展。

雷姆·库哈斯：波尔多住宅

20世纪90年代末第二个具有特殊意义的建筑作品是雷姆·库哈斯在法国波尔多设计的波尔多住宅（1994—1998）（亦称莱蒙别墅）。库哈斯设计了一系列以密斯的作品作为比较和参考的项目，波尔多住宅便是其中一个。从别墅的外观上可以明显看到密斯的印记——起支撑作用的长条形外墙以及可以俯瞰风景的凉廊，其上覆盖着沉重的砖石结构，这让人想起年轻的密斯1907年在德国波茨坦设计的里尔住宅。不过，这个印记要比这位兼收并蓄的荷兰建筑师所希望的更加严格，也更加不受限制。

波尔多住宅的业主是一对开明的艺术收藏家夫妇，其中一人常年乘坐轮椅，行动不便，需要有适合的生活空间。库哈斯忠实于自己的工作方式，包括对任何设计问题的理论处理方法，他创造了一个项目宣言——也许是他对住宅主题的最佳综合。波尔多住宅在私人和非私人的两极之间摇摆，分别代表内部封闭和受限的空间，以及外部透明和自由的空间。如果我们观察庭院，或者是带有卧室的二楼，可以看到，二楼被一堵巨大的砖墙包围，墙上有一些小“舷窗”，这座房子看起来是自我封闭的；可是另一方面，如果我们把注意力转移到起居室，则会发现那是一个可以俯瞰风景的开放的玻璃盒子。我们可以再次发现两个不同的参照物。第一个是玻璃屋的模型，特别是范斯沃斯住宅——又是密斯的手笔。第二个是超级工作室和阿基佐姆小组的激进派建筑师的作品，他们在20世纪60年代末和70年代初时追求创造各向同性的开放空间，在这些空间里，身体可以不受任何限制（不受墙壁、隔板或任何形式障碍的限制）地在空间中自由移动。

密斯、阿基佐姆小组和超级工作室的作品说明，让这些多样的影响和诗意连贯起来的唯一的方法是在制造形式的过程中采用对立的辩证方法，如开放和封闭、压缩和爆炸、透明和不透明。这些特点都很容易在库哈斯之前的所有项目中找到，如：巴黎达拉瓦别墅（1984—1991）活动的屋顶和玻璃墙与上方卧室被压缩的体量形成对比；日本福冈的耐克索斯世界住宅综合楼（1988—1991）（亦称香椎集合住宅）的深色的生锈墙保护着庭院住宅的隐私，由于凸出的起伏式屋顶，它们看起来像可以自由飘浮的透明体量；在分别位于荷兰鹿特丹（1984—1988）和阿姆斯特丹（1992—1993）附近的住宅项目中，私人空间聚集在内敛的庭院周围，其中一个庭院上方用吊桥来遮蔽，而公共空间则完全向外部开放。

在波尔多住宅项目中，三个楼层之间的差别很大。事实上，它们几乎无法相融：底层的地下空间是从山体上开凿出来的，让人联想到洞穴的空间；中层半掩半开，如我们所见，采用了虚空和透明优先于实体和不透明的原则；最后，上层的世界充满被隔断墙分隔开来的碎片空间，而隔断墙又基于两种相反的策略——父母套间的中央核心布局和儿童套间的螺旋式布局。

除此之外，在建筑结构中还可以发现稳定与不稳定之间的对立。库哈斯在这座别墅中展现了自己精湛的技术：悬臂结构和第三层的巨大体量都表明它使用了巨大的钢筋混凝土梁。这些强有力的标志与一些不稳定的设计细节并置：各楼层地板彼此略微偏移，造成整体错位的感觉，各楼层几乎是断开的；使用了不同类型的柱子（双T形、圆形、矩形），其中一根落在花园中间；一根拉杆将建筑拉向地面，好像在防止它逃跑。为了进一步利用差异和对立，库哈斯在天花板和地板上使用了铝材、树脂和清水混凝土，而在墙壁上使用了不同颜色和图案的材料作为覆面。通往儿童套房的楼梯和连接下面两层与父母套房的升降平台（电梯）之间也存在差异。圆形的楼梯显然不适合坐轮椅的人使用，这是为了强调孩子们的自主性。而方形的升降平台则确保业主可以轻松进入各个房间：平台很大，不仅是一个简单的垂直连接元素，也是一个房间，相当于主人的移动办公室，可根据需要停在厨房、客厅或卧室附近。在这种情况下，电梯不仅是一项技术，还是一台机器，保证了不断变化的视角的共融。它是一个空间自由的要素，也是感知的倍增器，随着它的移动，别墅的空间结构也发生着相应的变化。库哈斯选择将一种运动的机制置于一个静态空间的中心，有许多先例运用了这个方法，包括他在建筑联盟学院时看到的建筑电讯派设计的结构。除此之外，詹弗兰科·法兰契尼、伦佐·皮亚诺和罗杰斯夫妇设计的蓬皮杜艺术中心（这个项目要求建筑结构的高度灵活性和可移动的地板）对库哈斯有着巨大的影响，这不是什么秘密。

库哈斯对建筑电讯派的学习没有随着电梯的设计而结束，在特定的技术设备的设计中也可以找到，这些设计令建筑更加宜居。库哈斯认为，没有什么是理所当然的。每一个愿望都可以成为一项发明的理由。所以，在波尔多住宅中，挂在电动轨道上的绘画作品可以滑到露台上，业主可以在室外观赏这些画；北立面的电动玻璃门长度超过8米，可以移动超过11米。波尔多住宅和库哈斯其他的作品一样，也体现了一种理解，即无论一种形式有多牢固，都可能被另一种不同寻常的形式所取代，只要后者代表了对一个问题的正确的解决方案。用舷窗代替传统的窗户不会影响墙体的紧凑性，同时，它们所处的关键位置，也保证了视角和视觉上的穿透性。建筑没有采用典型的梁柱结构系统，而是采用了更复杂的配重系统，将重力引向结构的中心部分和建筑体的外部，大大减少了客厅内所需的承重柱的数量。在这场关于形式发明的大戏中，可以明显地看出库哈斯对前人的设计的参考。圆形、矩形和T形柱子参考的是现代主义运动中的主角们常用的元素；电动轨道显然是向皮埃尔·查里奥的玻璃屋致敬；电动玻璃墙让人想起密斯的图根哈特住宅；带有一系列舷窗的三层体量仿佛一块“瑞士奶酪”，可以追溯到康斯坦特·尼文会斯的新巴比伦之家，暗示着现代主义跨大西洋船舶的神话，同时也暗指朗香教堂上的那些后理性主义和粗野主义的开口——只是在库哈斯这里是依据条形窗的逻辑组织的。波尔多住宅具有强烈的计划性，对家庭生活的情感和神话毫不让步。库哈斯认为，美学在其定义中与心理学无关。它体现的是空间和身体以及内部和外部之间的相互关系，这种关系确保了对象的功能。波尔多住宅的业主说：“这座建筑解放了我。”

丹尼尔·里伯斯金：柏林犹太人博物馆

1999年1月24日，在毕尔巴鄂古根海姆博物馆开幕一年多后，丹尼尔·里伯斯金的犹太人博物馆在柏林落成。这个作品造成的轰动不亚于盖里的博物馆。成群结队的游客再次因为建筑而不是展品蜂拥而至（更重要的是，在举行落成典礼前并没有足够的时间来妥善布置展品）。全球建筑界弥漫着一种明显的兴奋感。在经历了可怕的20世纪70年代和80年代之后，人们现在见证了一个建筑的黄金时期，其标志是一个新的文化和社会学现象：由福斯特、库哈斯、哈迪德、罗杰斯、皮亚诺、努维尔、福克萨斯、卡拉特拉瓦及赫尔佐格和德梅隆等人物组成的明星建筑师体系。

犹太人博物馆项目的历史可以追溯到1988年。从项目筹备到项目完成的10年时间稍稍缓和了该方案的创新性，当然，它与柏林当下的文化选择有些对立。这座博物馆设计于里伯斯金受邀参加解构主义建筑展的那一年，也是这种氛围的产物：分解的几何结构、支离破碎的空间、尖锐的细节和工业生产的材料。这是一种解构主义的方法，暗指“线条之间”，即蛇形线与直线相交的主题。前者与之字形的展示空间相对应，而后者则是一个纵向切口，切入其他空间，创造出无法进入的内部庭院，象征性地代表大屠杀留下的空隙。这座建筑的侧面是一个混凝土结构——大屠杀之塔，还有一处空隙和一座人工花园——流放花园，由49根倾斜的混凝土棱柱组成，其中种植了相同数量的大树。

这个作品极具修辞性，以一系列轴线为基础，将犹太信仰的主题、符号、地理和变迁转化为空间语言，特别是柏林社区在纳粹党手中被灭绝之前的历史。

该项目的形式与一些柏林犹太知识分子的作品之间存在着对应关系：引用了阿诺尔德·勋伯格的《摩西与亚伦》

Flickr/ivtoran

雷姆·库哈斯/OMA，波尔多住宅，波尔多，1994—1998

右页：丹尼尔·里伯斯金，犹太人博物馆，
柏林，1989—1999

以及无法言说的主题；与《纪念书》中记录的犹太受害者名单之间存在交叉点，该书按字母顺序列出了受害者的姓名、出生日期、被害的时间和地点；与瓦尔特·本雅明的《单向街》中的柏林也有关联。

所有的这些交叉点，被用来介绍项目的文字和图画隐约描述出来。虽然这种描述有些模糊不清，但这正是其魅力和秘密所在。我们知道，里伯斯金像原始部落的萨满一样，揭示了——或者更确切地说，是建立了对应关系。这些对应关系（如勋伯格、本雅明和六芒星之间的关联）对普通人来说是任意的，但同时对于诗意的想象而言则是必需的。正是出于这个原因，我们才会被吸引，接受智力范畴的去结构化，以预设一个更复杂的物理和形而上学的宇宙。我们会觉得，或希望凭直觉感知到，这是我们自己的宇宙。

我们会想起卡尔·荣格对同步性的思考——人在单一的话语中，能够将各种不同的现象联系起来，这些现象之间没有任何明显的因果关系，但在现实中同时存在于历史的深刻结构和我们的身份中。从中我们还能看到里伯斯金从大师那里学来的诗意。他从库珀联盟学院的教授约翰·海杜克和阿尔多·罗西那里获得了通过记忆来整理伤感的、破碎的片段的能力。还有彼得·艾森曼，这位坚定的神秘主义者认为根据某种宗教和哲学传统，人类可以接触到更高层次的存在，里伯斯金从他这里学到了以清空形式的传统意义来重新发现形式的方法。最后，还有杰弗里·基普尼斯关于"非理性形式"的著作，将不同话语的宇宙重叠理论化，作为逃离平庸的建筑语言的途径。

犹太人博物馆是一件杰作，它不仅是符号和事件之间深奥的对应关系的结果，还将大屠杀的主题综合在一个不同寻常的堡垒的情境里：延绵不断的小路，无处可以暂停小憩，迫使参观者不停地前进。它几乎是一座迷宫，只有上层的空间的走廊中才陈设了展品。这种态度与盖里在毕尔巴鄂古根海姆博物馆中所做的尝试大不相同，后者中庭的中心位置非常突出，但整体上还是以包裹性为核心。而在犹太人博物馆，空间不是城市的隐喻，而是关于一个民族重要性的隐喻：象征性地暗指人类的朝圣之旅和生存状态（成为历史的一部分）。

"劳姆"（raum，房间），即海德格尔所说的休息和居住的空间，已经不复存在了。"劳姆"让位给"莫尔"（mauer，墙），后者划定一条道路，预设了一个轨迹，预示着一种游牧的状态。

在里伯斯金的博物馆里，这些概念没有通过寓言来强调或解决，它们被转化为一种感官的空间体验——主要是视觉、触觉和听觉。在从光明到黑暗，从炎热到寒冷，从喧嚣到寂静的过程中，参观者被迫面对我们的生存状况。通过这种方式，我们将心理建构的过程转化为一种身体的体验。

Aresh Bansal

犹太人博物馆内景

让·努维尔：卢塞恩文化和会议中心

2000年，也就是里伯斯金犹太人博物馆开馆后的一年，努维尔完成了位于瑞士的卢塞恩文化和会议中心（下面简称KKL），这是他在1989年的一次竞赛中赢得的项目。这座建筑的特点是超过12 000平方米的凸出屋顶，位于它所俯瞰的湖面上方约23米处。屋顶在湖面上悬空，沿水平线布置，其主要功能是突出建筑物的景观质量。同时，它为包含不同功能的各个体量（一座容纳1840个座位的音乐厅、一座礼堂、一座博物馆和大量的餐饮空间）创造了视觉上的统一。屋顶是铜制的，底面则用铝板制成；它也是一个能反射湖面的屏幕，创造了一种不真实的效果，依稀让人想起巴黎的卡地亚基金会大楼，同时完美地定义了下方的巨大空间——欧洲广场，可用于各种露天活动。

这座建筑从表面上看是一个内部空间的集合，但实际上是作为一个外部空间来构思的：它如此强烈地扎根于它所处的环境，以至于我们会觉得它本就应该建在湖面上。面对瑞士当局的拒绝，努维尔选择将水——也就是水的反射——引入建筑内部的水渠，并以此确定了建筑的各个功能分区，同时，基于尽可能简单的设计，按照库哈斯多次提出的添加逻辑，将其一个接一个地放置。

使这座建筑复杂起来的不是功能方案，而是空间的材料差异，从服务区的钢灰色格栅到音乐厅的蓝色和火红色面板，都有特定的颜色和图案。努维尔将KKL设计成生态都市景观的一部分——其形式似乎是为了从特殊视角观察卢塞恩城市景观而特别设计的——该建筑内部向湖开放，有一个大型的全景露台，可以俯瞰整个区域。这表明，即使在这样一个人工的时代，人们也有可能创造性地参与自然世界。

让·努维尔，卢塞恩文化和会议中心，卢塞恩，1993—2000

卢塞恩文化和会议中心内部

非私密住宅

1999年7月，MoMA举办了“非私密住宅”展览，展示的26个住宅项目分别来自26位建筑师和事务所（其中一些已经享誉世界，如雷姆·库哈斯、伯纳德·屈米、UNStudio、赫尔佐格和德梅隆、史蒂文·霍尔，另一些的事业也上了轨道，如MVRDV建筑事务所、格思里+布雷什建筑事务所、哈里里建筑事务所、普雷斯顿·斯科特·科恩和坂茂）。展览的重点是私人住宅的主题，策展人特伦斯·莱利在展览目录的前言中为这一选择做了说明：个体业主在建造自己的住宅时，将工作委托给创新的设计师，预测随后在社会上会发生的变化。

因此不难预见，对参展的26个住宅项目的分析将揭示出正处于发展阶段的一些趋势。哪些趋势呢？主要是对传统住宅理念的重新评价，它被理解为一个私人领域，一个宁静的岛屿，是城市空间混沌本质的对立面。相反，展览中的项目似乎侧重于创造一个有机体，拥有渗透外部世界的力量。这种混合物，首先体现的是视觉上的效果，由大面积的玻璃表面实现。在这一点上，到目前为止还没有什么真正的新东西：只要想想皮埃尔·查里奥、密斯和菲利普·约翰逊的玻璃屋，或者康奈尔、沃德和卢卡斯在20世纪30年代完成的因过于透明而遭到居住者批评的“短命”的公寓楼就知道了。

复杂的媒体元素使外部事件投射到家庭空间的内墙上，将建筑变成一个能够产生事件的发射机和接收器。哈里里建筑事务所的项目便是如此，他们引入了虚拟的存在——从互联网上“下载”帮助准备晚餐的厨师和晚上的客人——同时用液晶显示屏覆盖建筑外墙，以投射计算机生成的图像。或者，在弗兰克·鲁普和丹尼尔·罗恩的作品中，人们可以从房子的任何一个角落看到电视屏幕，这让从事金融行业的业主可以不断地监测全球市场。迪勒和斯科菲迪奥事务所设计的住宅采用了外部摄像机，可以将捕捉到的景观投射到虚拟的窗口上。最后，还有赫尔佐格和德梅隆为一位媒体艺术收藏家设计的别墅，几乎所有的墙壁都失去了物质性，变成了投影屏幕。

除了使用创意多媒体技术之外，还有一个突出的去类型化的过程，它包含具有渗透性和非分割的环境。因此，在内部空间的划分上，减少了对特定功能的独立房间的划分，或对私人区域和公共区域的明确区分。用城市规划术语来说，这代表着完全放弃了典型的分区意识形态中的单一功能方法，即在住宅中引入了工作和生产区域。

四种与社会相关的现象导致了非私密住宅的发展。一是不再害怕具有透明度的文化。特伦斯·莱利说，尽管赖特一直在提醒我们隐私的重要性，乔治·奥威尔也让我们警惕“老大哥”（《老大哥》是1999年在荷兰首播的社会实验类的真人秀节目，一群陌生人以室友身份住进一套到处是摄像机和麦克风的房子，他们一周7天、一天24小时的一举一动都被记录下来，经过剪辑处理后在电视上播出），伊迪斯·范斯沃斯在密斯的玻璃屋中遭受了种种不便，但今天我们确实生活在这样一个世界：人们接受隐私，又渴望其暴露于人前。我们在公共场所通过电话谈论私事，或公开传播那些私人的甚至私密的事实，或者走在街上、坐在公共广场上或在购物中心观察别人。偷窥和自恋似乎是都市人的新维度，肯定是在空间设计中，甚至是住宅空间设计中要考虑的一个方面，而且并不一定是负面的。

二是传统家庭——两孩以上的家庭——日益减少，单身族、丁克家庭、独生子女家庭的数量正在增加。这些家庭构成了新的社会核心，人们的生活越来越不拘一格，往往充满活力，向外部世界投射，因此考虑空间的等级划分和隔离式的空间划分是毫无意义的。26位建筑师之一的麦克·斯科金说：“没有房间，只有环境。”因此，最合适的类型似乎是阁楼，一个由可移动的隔板分隔的单一环境。即使在那些仍然需要对空间基于特定环境进行功能划分的情况下，它们也会相互渗透，形成一个连续的统一体：这种新建筑的关键词是模糊性和灵活性。

三是由于新技术的出现，在家上班的模式逐渐流行。如果说在家里办公的专业人士曾经非常罕见，那么现如今个人电脑和互联网的普及使得任何一张桌子都可以变成一个分支办公室。这也引起了人们对在家工作的兴趣。正如展览中的一些项目所展示的那样，这些方案的目标是提高个人微环境质量，并在住宅内管理与工作有关的复杂活动。

四是对住宅的象征性本质的关注程度降低，住宅仅被理解为一个保护我们不受外部世界伤害的庇护所。壁炉的修辞也有一定的不稳定性，这导致建筑师产生了一种程式化的粗野主义理念，其中包括对家庭生活新概念的心理和功能方面的不敏感。对于评论家赫伯特·默斯坎普来说，现在也许有必要设计一个“庇护所的庇护所”，一个保护我们不受房屋庇护所想法影响的庇护所。这导致了一种传统的回归，这种传统在部分现代运动中有着先例，作为其排他性孤高情怀的一部分，可以在彼得·艾森曼的六号住宅（1972—1975）中找到无法否认的参考。在这个项目中，空间的崇高性与它的不宜居性成正比。坂茂设计的建筑也有这种情况，在MoMA展览中出现的这个项目的内部的家具几乎完全被淘汰，墙壁也消失了，甚至卫生设施也暴露出来，这一切都是以当代的开放性和自由的名义进行的。

莫比乌斯住宅

正如莱利在非私密住宅展手册中所确认的那样，在形式上存在着两种趋势之间的对峙：一种侧重于流体的形式，另一种侧重于盒子形式。如果要将这群人分成两组，第一组可以安排彼得·艾森曼、UNStudio、格雷格·林恩、斯蒂芬·佩雷拉和FOA建筑事务所；另一组将由雷姆·库哈斯、伊东丰雄、岸和郎、妹岛和世、伯纳德·屈米和坂茂组成。

第一组致力于表面的塑性、处理结构模糊的形式，很难将内外、上下、体量与表面分割开来。他们的作品注重相互联系，而不是明确的空间划分。对这些建筑师来说，建筑是一层连续的、包裹的、敏感的皮肤，最终将通过电子传感器实现智能化。它也可以——以格雷格·林恩的作品为例——被工业化生产，根据客户的需求改变其形式，就像现在可以在一家在线商店里购买一双定制设计的运动鞋一样。

第二种趋势是在盒子里移动，与新现代主义和极简主义的趋势并不相关，也许是通过试验新建筑材料来重新审视建筑。

The Museum of Modern Art
July 1–October 5, 1999

the un-Private House

All of architecture is colored by the problem of the house.[1]

—Jean Hélion

Jean Hélion's words point out the unique position the private house has played throughout the history of architecture. Despite its relatively small size, at least compared to other architectural programs, the house figures large in the cultural imagination. It has been and continues to be the man-made environment's fundamental building block, its most irreducible component, providing an essential daily need: shelter.

The private house as we know it today traces its lineage to seventeenth-century Europe and colonial New England. This new type frequently mimicked the contemporaneous palaces and villas of the upper classes in its architectural style, decoration, and relationship to the landscape. However, the characteristic that had the greatest influence on the private house's development was not architectural fashion but the prerequisite of privacy itself.

Privacy in the private house, since its inception, has been predicated on a discernible separa-

need for acoustic and visual privacy, as one would have with children in the house, the traditional upstairs/downstairs separation of the private and public spaces is less compelling. Instead, the loft model has been deemed to be appropriate: its flexibility and openness are in marked contrast to the structured spaces that typify the traditional family house and reflect domestic rituals revolving around the presence of children. While none of them are literally lofts, Winka Dubbeldam's Millbrook Residence and Lupo's and Rowen's Lipschutz/Jones Apartment, both designed for young couples without children; Michael Maltzan's Hergott Shepard Residence in Beverly Hills, built for a gay couple without any children; and François de Menil's Shortland House in Houston, built for a divorced woman whose children are now adults, are all good demonstrations of that spatial option.

Even traditional families have found such loftlike spaces to have unexpected advantages. Without caretakers, and often even without spouses to assist with child rearing, an open living arrangement ensures more contact and easier supervision of young children.

Work

Reversing a process begun nearly four hundred years ago, the reintro-

“非私密住宅”展览，MoMA，纽约，1999

第一种趋势可以在前面提到的UNStudio的莫比乌斯住宅（1993—1998）中找到。莫比乌斯住宅位于阿姆斯特丹附近，专为一对皆为专业人士的夫妇设计，他们都在家中工作。业主的要求非常具体：让住宅与自然环境无缝衔接，尤其要考虑到它靠近森林和河道，具有特殊的价值；一个由客厅和卧室组成的传统的家庭核心；两个独立的办公室，夫妇俩一人一间；一个自给自足的完全独立的客房；可容纳两辆汽车的车库。最后，办公室还要能够为这对夫妇的藏品（主要是眼镜蛇画派的画作）提供足够的收藏空间。

本·范·伯克尔和卡罗琳·博斯为满足客户需求而采用的工作方法与之前项目中使用的方法相同，这是一种基于吉尔·德勒兹对抽象机器的思考的方法。它包括先验地拒绝传统的整合模型或类型。相反，他们通过创建一个涉及功能和互动的复杂图表，创建了一个具有高度隐喻价值的特殊形式，在空间上代表了被分析的问题的特殊性质。

在这个项目中，它是莫比乌斯带的形式，一个折叠起来的8字形。它既是一个封闭的体量，又是一个开放的表面，即是内部也是外部，是一个被限定的对象，也是一个连续空间的集合。通过这样的形象，建筑师立刻明确了家庭空间和自然环境之间的相互关系、业主夫妇的自主权和24小时内住宅功能空间流的排序。

莫比乌斯住宅立即引起了人们的兴趣。巴特·罗茨马为《住宅》杂志撰写评论，称UNStudio使用的方法令人印象深刻，他将其与库哈斯的方法进行了比较：前者的图解方法将允

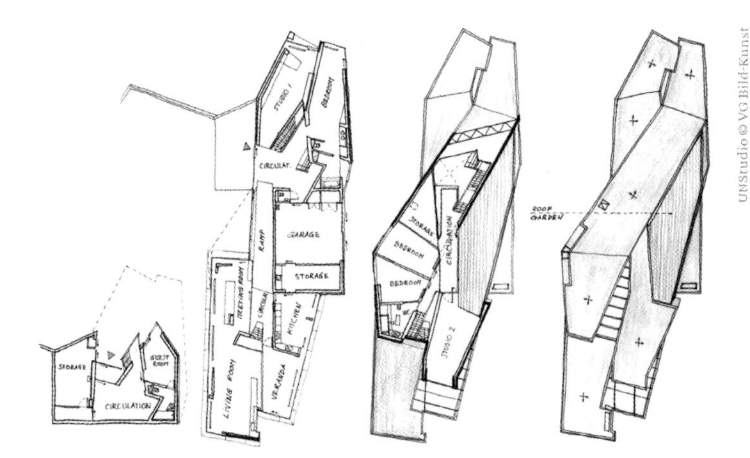

UNStudio，莫比乌斯住宅平面图，阿姆斯特丹，1993—1998

许暴露每一个案例的特殊品质，而后者的类型学方法将不可避免地导致序列对象的产生。阿克塞尔·索瓦在《今日建筑》上的长篇文章中提出了概念上的预设，表明这种图解方法受到越来越多的关注，甚至包括荷兰以外的建筑师的关注。

然而，必须注意的是，尽管莫比乌斯带这样复杂的几何结构很新颖，但实际上UNStudio将曲线和连续形式简化为一种边缘锐利的设计，使其远离了超曲面的逻辑，最后的结果更接近于解构主义的碎片化形式。康妮·范·克莱夫在为《建筑评论》撰写的文章中提到了这一矛盾，并表达了她的困惑："尽管莫比乌斯带的边缘暗示了建筑的形式组织，但数学模型并没有真正地转移到建筑中。棱角分明的几何形状与光滑的莫比乌斯曲线没有多少物理上的相似之处……其复杂、零散的形式与可居住的雕塑或表现主义的电影场景更为相似，其鲜明的物质性和空间上的扭曲并不符合温馨、日常的传统家庭观念。"

约瑟夫·乔瓦尼尼则持不同意见。对他来说，这座房子是一件富有诗意的建筑作品："UNStudio在一个统一的姿态中同时创造了复杂性和差异性。事务所因此采取了处于当前理论辩论边缘的哲学立场。世界是复杂的，是的，甚至可能是无法理解的，但还是有一个潜在的秩序存在。"

建筑中的荷兰性

1998年，伦敦的建筑联盟学院举办了题为"建筑状态中是否存在荷兰性"的研讨会。这意味着当时的人对"荷兰现象"的兴趣与日俱增，这种情况的出现是由于受到特别有利的经济形势和重视人才、创造力和年轻活力的政治愿望的刺激。自《今日建筑》1996年首次提出这个现象以来，在荷兰确实出现了一批对国际建筑辩论产生了显著影响的高质量建筑，这是值得夸赞的。这些建筑包括我们刚刚讨论过的

UNStudio，莫比乌斯住宅，阿姆斯特丹，1993—1998

莫比乌斯住宅内景

UNStudio的莫比乌斯住宅；努特林斯·里迪克建筑事务所在乌得勒支的明奈特大楼（1994—1997）；麦肯诺建筑事务所的代尔夫特理工大学图书馆（1993—1998）；威尔·阿雷斯的博克斯特尔警察局（1994—1997）；MVRDV建筑事务所在阿姆斯特丹的沃佐科老年公寓（1994—1997）和在希尔弗瑟姆的VPRO别墅（1993—1997）。

对于巴特·罗茨马来说，荷兰的成功是其与全球化时代的世界组织所产生的第二现代性相协调的结果。这一方面意味着放弃了希望掌控从第一张草图到最后一个细节的天才建筑师的浪漫神话，另一方面意味着引入了灵活的工具，使建筑师能够对参与建筑项目的众多主体（从政治家到建筑商，从客户到用户）提出的要求做出令人满意的回应。

从库哈斯之前完成的项目来看，形式从来不是前提，而是最终的产物，只有在逻辑推理中才能找到它的合理性——听上去跟我们想的一样矛盾——然后再去落实它。这就是我们在UNStudio或MVRDV建筑事务所的图表架构中所发现的，其设计过程包括将大量数据组织成被称为“数据景观”的二维和三维几何图形。由此产生的建筑在形象上是创新的，但从几何方面来看则往往是平庸的。虽然它们直接参考了系统理论，但并不总是受到折叠和流体美学的启发。

相反，在许多情况下，设计目标是某种针对形式的缩减，这种缩减与新国际风格（很多西方学者在研究中提出了这个概念，它始于20世纪90年代初对极简主义的重新发现和阐述）有着更多的接触点。这就是汉斯·伊贝林斯提出的理论。他在《超现代主义》一书中描述了“超现代主义”的概念，其特点是克服了后现代主义和解构主义的象征浪漫主义。可以说，属于这一趋势的建筑师并没有提出隐藏的含义，而是使用强烈的意象来隐藏与建筑世界无关的概念。相反，他们寻求在现有的基础上进行设计，“服

Flickr/jv toran

西区8号事务所，秘密花园，马尔默，1999—2001

务于现代化，这是目前在全球化进程中最明显的”。在这个方面，他们认为“在现代主义的最后阶段，在20世纪50年代和60年代有一种强烈的倾向，认为应该把主流条件当作不可避免的事实来接受”。这导致了合乎逻辑和有效的形式，以及一种现实的态度，进而导致了对定义我们时代的复杂的都市现实的接受，不再将其视为风格革命的刺激，而是将其视为通过具体的干预来改善的具体情况。

一方面，荷兰建筑师的理论与后来伊贝林斯提出的“极端逻辑”有一定的关系；另一方面，它代表了一种设计方法，这种设计方法导致了“人造景观”的诞生，取消了自然与人工、物体与周围环境之间的界限。在这种方法的根源上，有一种文化一直将景观视为人类行为（设计）的结果，因此——与其他那些将建筑视为针对自然的暴力行为的文化不同——在荷兰理论中，建筑与自然这两个术语并不是对立的。荷兰人生活在他们的景观中，仿佛它是一个单一的都市现实，并且把它看成一个从城市到乡村的通道的碎片空间——用阿德里安·盖兹的话说，它是“一个令人上瘾的事件序列”。最后，产生“人造景观”的是设计的逻辑方法，形式没有基于对象的价值，而是一个关系的价值。因此，它避免了自我参照的雕塑对象，以便作为一个单一的形式有机体的一部分，将所有起作用的因素联系起来，主要是将建筑与它所处的环境联系起来。我们可以参看几个最成功的人工景观的例子：代尔夫特理工大学图书馆，其屋顶是一个倾斜的、覆盖着草皮的表面，学生可以在外面学习；或者MVRDV建筑事务所设计的德国汉诺威世界博览会荷兰馆（2000），树木和灌木侵入了建筑的每个楼层；还有西区8号事务所在瑞典马尔默设计的秘密花园（1999—2001），那里的植被是根据多层建筑的原则种植的。

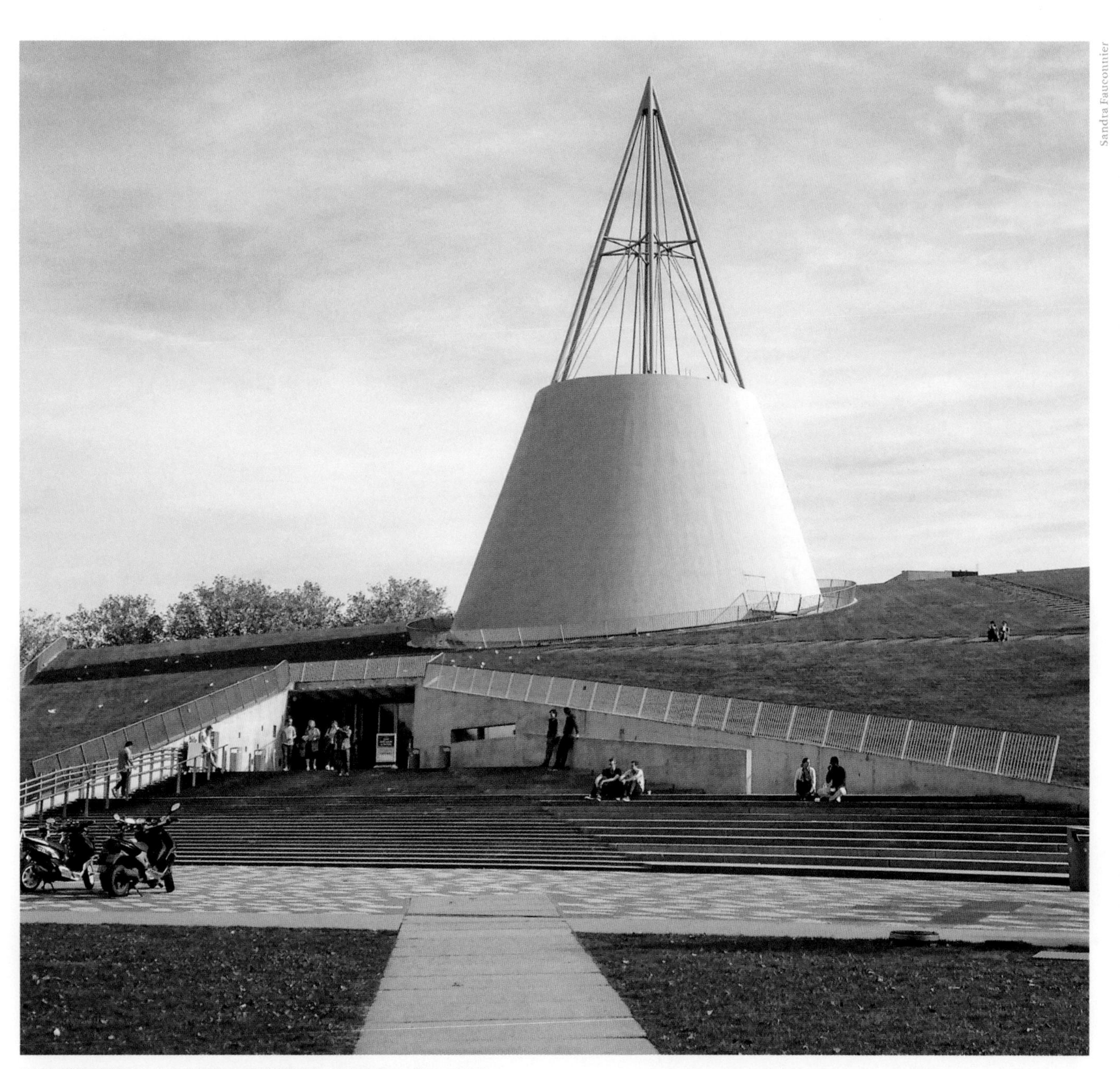

Sandra Fauconnier

麦肯诺建筑事务所，代尔夫特理工大学图书馆，代尔夫特，1993—1998

Flickr / 掌握家人手机网站 Forgemind ArchiMedia

FOA建筑事务所，横滨国际港口码头，横滨，1995—2002

Metro Asset Management

FOA建筑事务所，梅登购物中心，伊斯坦布尔，2007

另一个沿着荷兰景观建筑的路线前进的是FOA建筑事务所，该事务所由亚历杭德罗·扎拉-波罗和法西德·穆萨维共同经营。他们的杰作，即日本的横滨国际港口码头（1995—2002），是一个100多米长的三层建筑——分别为屋顶、码头和停车场。它并不是从环境中突兀地出现，而是几乎毫无中断地与城市结构相连，同时在屋顶上为城市提供了一个迷人的人工平台，人们可以在这里欣赏港口。由于建筑师对建筑剖面和结构的深入研究（他们一共设计了100多个不尽相同的方案），建筑内部空间显得宜人而缜密。其内部空间是一个受欢迎的立体空间，其中包含了一些加泰罗尼亚风格的元素。

新景观，新语汇

1997年9月，布鲁诺·赛维在主题为“景观与建筑的零度语言”的会议上谈到了与自然重新建立关系的意义。对这位意大利批评家来说，当建筑成为景观时，它必须摆脱预先编纂的艺术语言的华丽辞藻，并借鉴罗兰·巴特自20世纪50年代以来提出的“零度”概念——这是一种非人工的、基本的表达方式，不使用任何不必要的形容词。在接下来的几年里这种情况是否真的会发生？这很难判断。可以肯定的是，20世纪90年代末出现了大量关于建设新景观的建议，其中许多都导致了过去几年中研究的发展，其中有七项建议在这里看来是非常有意义的。

一是有机景观。对于詹姆斯·卡特勒来说，景观必须回归到“先自然，后建筑”的传统生态态度。这种方法产生了如欧比·鲍曼等建筑师早先提供的参考，即采用水平的建筑方式，使用自然材料，主要是木材，其上用草皮覆盖。欧比·鲍曼是加利福尼亚州海洋牧场布伦塞尔住宅（1987）的

Wikimedia/Roland Vaandtager

努特林斯·里迪克建筑事务所，明奈特大楼，乌得勒支，1994—1997

设计者，这座极富魅力的住宅很好地融入了周围环境。澳大利亚的格伦·马库特、肖恩·戈德塞尔和美国的威廉·布鲁德对建筑与景观的融合进行了模仿性不强，但不乏有机性的研究。

马库特是现代风格的轻量型精致独栋住宅的设计师，因其独特的基本结构研究，于2002年获得了普利兹克建筑奖，其设计目的是让自己的设计与澳大利亚茂盛的自然景观融为一体。在进行大型项目的设计时，如位于澳大利亚新南威尔士州西坎伯瓦拉的亚瑟和伊冯博伊德教育中心（1999），他采用的设计方法是将建筑对当地生态系统的影响降到最小，沿着场地的等高线布局，使用天然材料，仔细控制建筑细节，在每一处都考虑将建筑、用户和周围空间相结合的比例关系。戈德塞尔也采取了类似的方法。如在澳大利亚墨尔本的基尤住宅（1996—1997）和维多利亚州布雷姆莱的卡特/塔克住宅（1998—2000）项目中，为了使项目与环境协调，他消除了室内外的僵硬划分，使用木材或生锈的钢格栅作为分隔结构。

布鲁德也是一个精致独栋住宅的设计师，他用现代的形式和材料，恢复了有机传统。他的亚利桑那州的凤凰城中央图书馆于1996年竣工，巨大的覆铜立面呈现出有机的曲线

iStockphoto/Goran Jakus Photography

甘特·拜尼施及其合伙人事务所，慕尼黑奥林匹克公园，慕尼黑，1968—1972

形式，与纪念碑谷产生了呼应。他的怀俄明州杰克逊的提顿县图书馆（1998年竣工）和亚利桑那州斯科茨代尔的当代艺术博物馆（1999年竣工）这两个项目在外观上向水平方向延伸，在与美国西部景观完美融合的同时，又不至于没有存在感。

二是后有机景观。还有一种方法，从有机主义和表现主义衍生而来，借鉴了现代技术和它们的形式形象。这一分支主要在德国发展，以托马斯·赫尔佐格的作品为代表，表现为毫不犹豫地使用新型建筑材料和对传统建筑系统的重新设计。正如彼得·布坎南所说："可持续的建筑形式的发展更多应归功于那些敢于质疑得到公认的实践作品，并懂得利用科学知识重新定位自己的设计的建筑师，而不是那些自命不凡的前卫主义者，他们用华丽的新衣包装旧技术。"1996年，赫尔佐格出版了《建筑和城市规划中的太阳能技术》一书。赫尔佐格的比较有意思的项目包括2000年汉诺威世界博览会展德国馆（1999—2000），该建筑由一个有机形式的细长圆柱支撑，体现了"性能形式"的原则——这种结构不是由预先设想的概念决定的，而是从对设计过程和原始环境带来的问题的逻辑反应中发展出来的，它是自然的。

值得一提的还有甘特·拜尼施及其合伙人事务所，这是德国另一个重要的研究可持续性主题的事务所。他们的项目展示了一个实践项目——由该事务所在20世纪70年代和弗雷·奥托一起设计的慕尼黑奥林匹克公园（1968—1972）——的逻辑发展过程，正是这个项目导致拜尼施开始尝试轻质创新结构的研究。在20世纪80年代，为了在自然环境中更好地表达自己的建筑，拜尼施在设计德国艾希施泰特天主教大学图书馆（1985—1987）时预设了解构主义和美国加州学派的地景建筑美学。这种方法催生了拜尼施的"情境建筑"：一种从任务、时间和地点等方面确保设计免受任意性

Arnold Paul

乔达与佩罗丁建筑事务所，IBM埃姆舍尔园区，赫恩-索丁根，1992—1999

和形式主义干扰的方法，类似托马斯·赫尔佐格提出的“性能形式”。该方法被成功地应用在新波恩议会大楼（1992年竣工）和德国法兰克福的舒尔兄妹学校（1992—1994）两个项目中，在事务所从20世纪90年代末德国卢贝卡的石勒苏益格-荷尔斯泰因地区保险中心（1992—1997）开始的许多其他项目中也有所体现。所有的这些建筑都是开放式结构的平面，并嵌入周围的景观，被玻璃立面环绕的大型室内空间可以实现微气候调节以形成舒适的环境，同时使建筑空间能够在光线质量和空间多样性方面与自然环境相媲美。最后，我们再来看一看位于荷兰瓦格宁根的IBN林业与自然研究所（1992—1998）。该项目通过对新型植物品种的精心规划和种植，让外部植物景观更加繁茂，同时通过引入巨型玻璃墙，让户外空间与同样种植了大量植物的室内空间产生联系。事务所在介绍该项目时说：“我们认为，随着时间的推移，这座建筑会让景观变得比现在更复杂、更多样、更自主。”

法国乔达与佩罗丁建筑事务所也专注于协调新技术以寻求新的可持续景观。1998年，他们完成了法国梅伦法院大楼的建设，这座建筑的外部有一个由树形柱子支撑的天棚。室内花园的设计消除了法院建筑中令人不快和营房般的氛围。他们的IBM埃姆舍尔园区（1992—1999）像一个透明的温室，里面容纳了各种建筑和公共空间。超过1000平方米的光伏电池“太阳能场”将这个建筑群变成了一个拥有一兆瓦总装机容量的发电厂。

与弗朗索瓦-海伦娜·乔达的合作关系结束后，吉勒斯·佩罗丁继续自己的实践活动，专注于恢复石头等古老材料的使用——将其开采、运输和安装过程工业化，以期降低人工成本。这个尝试基于一个假设，即传统施工方法具有生态效益。仅仅因为我们无法将其纳入当代建筑过程就放弃它们，这是非常愚蠢的做法。

三是技术景观。在英国，高技派建筑师——包括我们

威廉·布鲁德，凤凰城中央图书馆，凤凰城，1989—1996

诺曼·福斯特，伦敦市政厅，伦敦，1998—2002

前面提到的生态技术派建筑师，开始越来越关注环境问题，寻求将创新与节能协调起来的设计方法，并最终摆脱“反生态建筑师”（因为钢铁和玻璃的盒子建筑消耗大量自然资源而得名）的标签。一个明显的例子是福斯特对柏林国会大厦（1992—1999）进行的翻修，在该项目中，大厦原来的穹顶被一个全景的玻璃结构代替，其遮阳装置可以跟随太阳的移动做360°旋转，该结构的曲线包裹形式的灵感源于自然的有机形式。

福斯特还设计了两个改变了伦敦天际线的项目：瑞士再保险总部大楼（1997—2004）和伦敦市政厅（1998—2002）。前者的独特形状是由生物气候方面的研究决定的，也因此得到了“小黄瓜”的绰号；后者是伦敦市长和大伦敦政府（GLA）的办公室所在地，其外部是一个复杂的曲线形状，而内部则是轻质的螺旋形坡道，在没有任何明显支撑的情况下构成了一座高耸入云的建筑体。

我们还必须提到尼古拉斯·格雷姆肖在英国康沃尔的伊甸园项目（1995—2001），这是对巴克敏斯特·富勒桁架结构的重新回顾。该项目证明了这一时期的研究——尤其是在高科技领域——与20世纪六七十年代的激进文化一直有联系。

1994—1997年，未来系统事务所在威尔士彭布鲁克郡设计了一座住宅，这座住宅丝毫没有放弃现代形式，却成功地融入了自然环境。正如马库斯·菲尔德指出的那样，这座建筑的表皮完全可以在车间里预制完成——可以说，这实现了建筑电讯派的梦想。

四是软技术的背景主义。1997—2001年，伦佐·皮亚诺完成了四个对景观有重大影响的项目，并即将完成第五个：意大利的热那亚老港口改造（1988—2001）；新喀里多尼亚努美亚的让-玛丽·特吉巴欧文化中心（1991—1998）；柏林波茨坦广场（1992—2000）；澳大利亚悉尼的奥罗拉广场办公和住宅楼（1996—2000）；罗马音乐厅（1994—2002）。

Wikimedia/Jürgen Matern

尼古拉斯·格雷姆肖，伊甸园项目，康沃尔，1995—2001

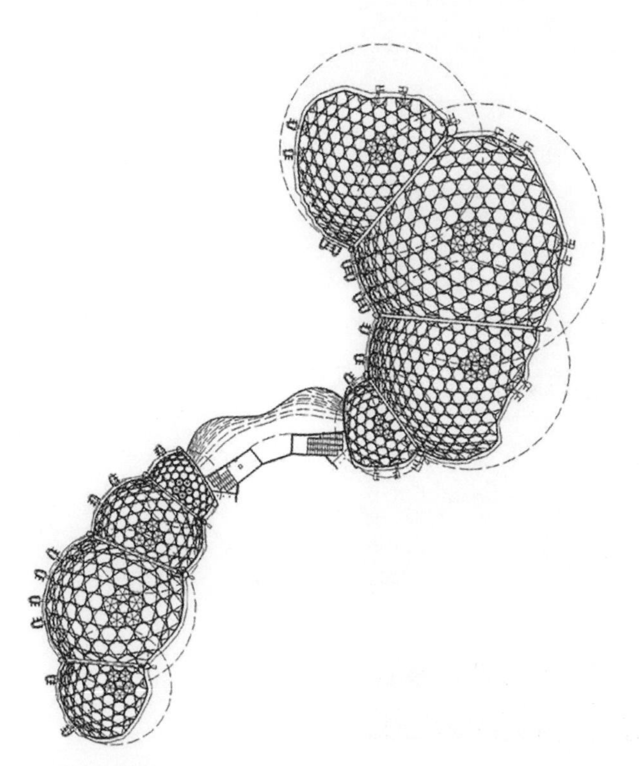

尼古拉斯·格雷姆肖，伊甸园项目顶视图，康沃尔，1995—2001

事实证明，这位意大利建筑师没有遵循单一的策略，而是采用了一种经验性的实用方法，他可以根据特定的环境条件来调整自己的设计，这五个作品有很大的差异。在热那亚老港口改造项目中，皮亚诺以航海世界为灵感选择了相应的技术手段：类似船帆的拉伸结构和一部由钢柱支撑的全景电梯。在让-玛丽·特吉巴欧文化中心项目中，由于新喀里多尼亚的自然环境还未受到污染，当地的文化痕迹依稀可辨，皮亚诺设计了由10个不同高度的木质壁龛形结构组成的复杂建筑群，其灵感来自当地的传统小屋。这些结构用木条制成，与环境相融，海风拂过时会产生振动并发出类似风吹过树林的声音。在柏林波茨坦广场项目中，皮亚诺的目标是创造城市的一个组成部分，他的方案是建造一个意大利风格的社区，按照人的尺度设计，社区由街道和公共广场组成，两侧是表面贴陶的建筑。奥罗拉广场办公和住宅楼项目位于高楼林立的悉尼市中心，皮亚诺将摩天大楼的主题展现得更加人性化，利用自然通风系

iStockphoto / IR_Stone

诺曼·福斯特，瑞士再保险总部大楼，伦敦，1997—2004

伦佐·皮亚诺，热那亚老港口改造，热那亚，1988—2001

统提高能源效率，同时也改善了城市景观。最后，在罗马音乐厅项目中，三个覆盖着铅板的贝壳状结构围绕着中央露天剧场，像乐器的共鸣腔，与城市教堂的圆顶形成呼应。在音乐厅所在的弗拉米尼奥地区，居民区和公园区交织在一起，音乐厅的有机流体造型加强了该地区现代元素的存在感，也避免了对此的过度强调。

五是形而上学的景观。日本建筑师伊东丰雄采用了一种不太务实，但更诗意、更抽象的方法。他在2001年完成了仙台媒体中心。对伊东丰雄来说，新景观是自然和技术的结合，其形象——流水——拥有简单而有效的力量，既古老又现代。事实上，水总是与生命和运动的概念联系在一起，希腊哲学家赫拉克勒斯也以河流作为比喻，认为万事万物都是流动的，没有什么能够永存。此外，流动的液体几乎能够变成任何形状，非常适合代表电子社会的流动性。因此，媒体中心被设计成水族馆的形象，各楼层的地板被一些“圆井”所贯穿：这样光线可以从屋顶过滤进来，这些井也是容纳垂直交通和传输信息流的纤维电缆的空间。圆井由一些细钢柱围合而成，是整个结构的焦点，让人想起岸边的竹子。伊东丰雄通过室内照明营造出水的效果，如车库被一片仿若海洋的蔚蓝色灯光照亮。玻璃立面上的蚀刻图案可以调节入射光线，而不同的楼层高度则按照考究的东方式不对称样式设计，给原本简单的玻璃盒结构增添了节奏感。

在这一时期，赫尔佐格和德梅隆也开始表现出对景观主题的敏感性，敏感程度甚至日益增强。他们是通过质疑自然和人工的概念来实现这一点的。一方面，他们展示了那些看似自然的东西的人工性，例如，用非同寻常的方式使用石头或木材来提高它们的几何和抽象品质。反之亦然，即展示人造物品的自然性，例如，有时候位于外部玻璃嵌板后方的隔

赫尔佐格和德梅隆，多明尼斯酿酒厂，扬特维尔，1995—1997

赫尔佐格和德梅隆，泰特现代美术馆，伦敦，1994—2000

热材料本身的图案会暴露。最后，便出现了一个既是物质的，又是形而上的作品，为我们带来持续的惊喜：让我们惊讶于事物及其形式和结构之间存在的无限和意想不到的丰富关系。例如，在加利福尼亚州扬特维尔的多明尼斯酿酒厂（1995—1997）项目中就可以看到这一点。该酒厂的墙壁由石笼构成，整座建筑显得既脆弱又庞大，既古老又现代。光线穿过石头的缝隙，在空间内部形成明暗交织的效果。从远处看，瑞士巴塞尔医院药物研究中心（1995—1999）是一座造型优雅但略显冰冷的不起眼的玻璃建筑，近距离地观察，会发现它是一个由复杂的分形几何构成的世界，基本元素构成了最支离破碎的自然景观，这要归功于建筑师对“透明”的巧妙运用。

另一方面，如我们在前文提到的那样，伦敦泰特现代美术馆（1994—2000）则不太成功，但赫尔佐格和德梅隆二人组确实因为这个工业建筑改造项目而走向了国际舞台。

六是非建筑。如果说对伊东丰雄来说，自然要通过隐喻式的再创造才能在抽象的建筑形式中得到升华，那么对埃米利奥·安巴兹和詹姆斯·韦恩斯来说，则恰恰相反：建筑必须弯下腰来满足自然的奇想，回归自然状态，即便要付出人工方面的代价。

一段时间以来，两位建筑师在20世纪六七十年代的激进运动中表现突出，以“非建筑”或“无建筑”为主题发展并展示了他们的后建筑理论。然而，只有在上述的这段时间内——也是如爱德华·弗朗索瓦和弗朗索瓦·罗什这样的年轻建筑师在这个主题上进行实验的结果——他们那些之前被评论家冷落或很少提及的项目才得到了重新评估。

安巴兹的日本福冈的阿库罗斯基金大厦（1990—1995）是一座“隐匿”起来的会议中心，随着覆盖在建筑上的植物的不断生长，建筑变成了一系列空中花园。唯一明显

Flickr/Kenta Mabuchi

埃米利奥·安巴兹，阿库罗斯基金大厦，福冈，1990—1995

Wikimedia/Thomsonmg2000

詹姆斯·韦恩斯，罗斯码头公园及广场，查塔努加，1992

的元素是标志着入口的门洞，其形式暗示了古代建筑和穴居的含义。

在完成了西班牙塞维利亚世界博览会的长廊和阿拉伯馆（1992）、田纳西州查塔努加的罗斯码头公园及广场项目后，詹姆斯·韦恩斯还设计了不少对环境具有重大意义的方案，尽管它们还停留在纸面上。特别值得一提的是卡塔尔多哈的伊斯兰艺术博物馆（1997）和1998年美国汉诺威世界博览会的美国馆。2000年，他出版了《绿色建筑》，并开始设计两个意大利的项目，其中位于布瑞安扎州的卡拉特雕塑花园于2006年完工。这两个项目都展示了一种逐渐笃定的生态方法，即建筑成为景观组织的一个组成部分——以至于最终建筑和景观这两个元素几乎无法区分。称自然为新的建筑材料并不过时，因为正如韦恩斯自己所说的："玻璃幕墙不再是前卫的标志——事实上，它们已成为守旧的象征。"

七是雕塑手法和地景建筑。还有一些建筑师，他们所持的观点与安巴兹和韦恩斯相反，他们希望从雕塑物体开始，或者像设计地景建筑那样，通过强有力的塑性能量线以及周围背景的流动来呈现作品，创造新的景观。正如我们在前面提到的，西班牙建筑工程师圣地亚哥·卡拉特拉瓦的项目是对自然形态结构原理进行观察的结果。在此期间，他完成了位于毕尔巴鄂古根海姆博物馆附近的优雅的比安科步行桥（一座横跨尼禄河的人行桥）、西班牙瓦伦西亚的艺术与科学城（2006年竣工）以及威斯康星州密尔沃基艺术博物馆的扩建（1994—2001）。这些建筑和空间让人联想到哥特式的森林或现下的混合结构，它们游弋于遥远的旧石器时代和虚构的科幻未来之间。然而，项目中展现出来的过度的发明创造——如去除材料、减轻重量——只能让结构形式变得更加复杂。于是，卡拉特拉瓦的项目引起了人们强烈的好奇心，

Flickr/Diego

圣地亚哥·卡拉特拉瓦，艺术与科学城，瓦伦西亚，1991—2006

iStockphoto/Kirkikis

圣地亚哥·卡拉特拉瓦，密尔沃基艺术博物馆，密尔沃基，1994—2001

但同时也让人们在不断的参照游戏中疲惫不堪，最终结果是它们被认为是多余的，这一点在瓦伦西亚的艺术与科学城项目中尤为明显。

2000年，恩里克·米拉莱斯不幸离世，这位建筑师注定成为（如前几章所述）新世纪的主角之一。他最好的几个项目是在他去世后由贝娜蒂塔·塔格利亚布完成的，在有机表现主义和解构主义之间取得了平衡。它们的特点是与景观之间产生的巨大张力，对粗糙材料的创造性使用和明确的色彩方法，如爱丁堡的苏格兰议会大厦（1998—2004）和巴塞罗那的圣卡特纳市场（1999—2004）的翻修，后者以引人注目的瓷砖屋顶为特色，其彩色的表面使建筑中常常被遗忘的部分变成了迷人的人工景观。

园艺展览馆，这座由扎哈·哈迪德设计的位于莱茵河畔魏尔的建筑于1999年竣工，用于举办与园艺有关的活动。这个作品可以说是自然主义和环保主义的，是新景观的建设，代表了哈迪德在设计上的决定性转变。这座建筑通过弯曲的线条与场地相连，暗示着穿过公园的小路和大自然中流动的线条。同时，哈迪德通过对建筑的动态分解，为场地注入了一种原本不具备的塑性能量。她在1998年竞标成功的罗马21世纪艺术博物馆中也采用了类似的方法。这一次的主题是文化机器，项目场地位于罗马弗拉米尼奥区附近（与伦佐·皮亚诺罗马音乐厅所在地相同），占地3公顷。博物馆包含临时展览空间、实验性多媒体空间、教育培训区域以及可以承办机构外部活动和独立活动的空间。哈迪德提出了一个方案，将城市现实的肌理演变成建筑形式上迂回的线条。这个设计旨在创造一个被设想为力场的活的系统，参观者被结构内部分布在不同区域的密度点所吸引和引导。垂直的交通与各种倾斜的体量被安置在建筑内部的空间交汇点上。这座建筑是一个多方向的系统，充满了不间断的能量流动，建筑失去了其作为一个物体的特性，成为城市景观的一部分。

Wikimedia/Mariordo (Mario Roberto Duran Ortiz)

圣地亚哥·卡拉特拉瓦，比安科步行桥，毕尔巴鄂，1990—1997

Flickr/iv toran

詹姆斯·韦恩斯，卡拉特雕塑花园，卡拉特，2006

新景观：东、西海岸

美国洛杉矶的建筑师对建筑和环境之间的塑性有一种类似的敏感度。弗兰克·盖里的华盛顿州西雅图的摇滚乐博物馆（1995—2000）在建筑景观这个主题上显示出了新的、令人惊讶的倒退。博物馆进一步发展了盖里在设计古根海姆博物馆时所采用的原则，包括用金属板覆盖雕塑体。不过，他在这里引入了丰富的色彩，没有采用毕尔巴鄂古根海姆博物馆项目使用的巴洛克矩阵（两翼环抱城市、方尖塔等元素）的背景，从而让这一过程更加复杂。该博物馆的设计似乎又参考了盖里在Chiat/Day公司总部大楼入口处尝试的波普风格的建筑标志雕塑（巨大的望远镜），让人想起了吉米·亨德里克斯断掉的吉他——这座博物馆正是为纪念他而修建的。这一点清楚地表明了建筑本身与城市环境的无关性，盖里以一个极具能量但略显粗糙的流体形式，创造了一个立即被城市所接受的项目。公众被那些能够将环境转化为

Flickr/Boca Dorada

恩里克·米拉莱斯，圣卡特纳市场，巴塞罗那，1999—2004

右页：弗兰克·盖里，DZ银行大厦，
柏林，1995—2001

互动体验，同时又与建筑内部空间流动相得益彰的数字设备所吸引。

为了保证城市相关街道的整齐性和建筑材料的一致性，柏林首席建筑师汉斯·斯蒂曼曾对此做出了严格的规定。在设计DZ银行大厦（1995—2001）的时候，盖里在遵守了这些规定的前提下，再一次获得了惊人的成功。建筑封闭的外部体量上有一连串的开口，这些开口仿若被雕刻在外墙上，与迷人的内部空间并置。建筑内部通过天窗照明，一座极具雕塑感的小亭子为室内带来了活力。亭子的形式隐约让人想起马头的意象。马头和鱼都是弗兰克·盖里钟爱的隐喻意象。

同样吸引人的还有墨菲西斯建筑事务所的地景建筑。在洛杉矶，由理查德·迈耶设计的雄伟的盖蒂中心当时刚刚落成。墨菲西斯建筑事务所也在这里证明了采取一种更加果断和充满活力的设计态度的可能性。墨菲西斯建筑事务所的作品主要基于两个反复出现的元素：姿态和关系。“姿态”方法产生了动态体量，强烈到几近暴力，仿佛是自然产生的，而不是由有序的物质组成的。“关系”方法则对建筑内外的划分，以及人体和建筑之间的关系提出质疑。2000年，事务所的汤姆·梅恩完成了加利福尼亚州波莫纳的钻石牧场高中（1993—2000）和奥地利克拉根福的海波·阿尔卑斯-阿德里亚中心（1996—2000）两个项目，并于2005年获得了普利兹克建筑奖。前一个项目的水平结构特点使其与景观融为一体，露天的小路进一步强化了这一点，其“悬臂式结构从空间中突出，屋顶像移动的地质板块一样折叠和弯曲”。第二个项目“表达了冲突的力量，被固定在被激活的地表，似乎能够驾驭连通整个世界的活力；充满张力的建筑结构似乎从地壳中破土而出，同时又保证了与周围乡村景观的对话”。

洛杉矶建筑界的第三位主角埃里克·欧文·莫斯的作品更加富有张力，他在洛杉矶卡尔弗的威奇伍德·霍利综合大楼（1993—2001）、俄罗斯圣彼得堡的马林斯基文化中心（2001）等项目中突破了研究的极限。在这两个项目中，建筑物似乎正在遭受地震之类的强烈自然力量的袭击，显得非常不稳定，好像随时要倒塌的样子。

米歇尔·萨伊是一位受到梅恩和莫斯作品启发的建筑师。在他的作品中，解构主义和地景建筑的经验来自其家乡伊朗的建筑（对光与物体的处理和把控）以及他在意大利接触到的佛罗伦萨先锋派精致的空间感。

以菲利普·约翰逊为代表的美国东海岸建筑师所采取的方法具有较弱的雕塑性和较强的知识性。在与盖里合作设计了俄亥俄州克利夫兰的刘易斯住宅（1989—1995）——一座庸俗和流行并存的别墅后，约翰逊开始发展自己的后现代解构主义“品牌”，这与他对曲线形式和新的数字技术的热情不无关系。但他与阿兰·里奇合作完成的墨西哥瓜达拉哈拉儿童博物馆（1999）实际上与最新一代建筑师所做的数字技术实验几乎没有任何关系，只是一座精致的雕塑。对新一代建筑师来说，复杂的形式不像柏拉图式的形式那样是预先设想好的，而是用户和环境背景相互关联的结果。

在这一时期，彼得·艾森曼无疑受到了格雷格·林恩的影响，尝试在对数字技术革命所提供的工具进行反思的基础上确定新的设计技术。在日内瓦的联合国图书馆（1995）和虚拟之家（1997）项目中，艾森曼定义了一种方法，即

汤姆·梅恩，钻石牧场高中，波莫纳，1993—2000

Lev Karavanov

史蒂文·霍尔，赫尔辛基当代艺术博物馆，赫尔辛基，1993—1998

iStockphoto/july7th

史蒂文·霍尔，贝尔维尤艺术博物馆，西雅图，2001

建筑师不直接创建形式，而是操纵决定形式的参数。为此，他使用了一个后来又得到进一步演化的网格，激活了固定数量的外部力量——“吸引器”，每个吸引器都与环境相关，如风力、特定的曝光或通信线路。通过改变吸引器的影响参数值——无论基于科学推理、象征性还是完全随心所欲，他修改了建筑的形式。建筑形式完全由这些外部因素决定，而不是由内部功能决定。更重要的是，通过使用一种几乎不区分自然景观和都市景观的方法，艾森曼继续尝试从数字文化中借用的构成技术，如分层（对重叠的层进行操作）、缩放（操作比例的变化）、折叠、扭曲和变形（表面和体积的变形）。这一过程导致了许多有趣的项目设计，其中最重要的是始于1999年的西班牙圣地亚哥-德·康波斯特拉的文化中心。这座建筑是按照景观的尺度设计的，几乎与场地等高线融为一体，这是基于对场地的解读而形成的几何结构的衔接。

最后，史蒂文·霍尔的新现象学项目也为这一系列研究提供了支持。在这一时期，霍尔开始朝着明显的自然主义方向发展。他的赫尔辛基当代艺术博物馆（1993—1998）项目是基于人体的隐喻——相互重叠的视觉神经到达大脑的另一个半球之后被倒置。而在阿姆斯特丹的萨尔法提大街办公楼（1996—2000）项目中，他用穿孔的金属屏幕覆盖混凝土表面，并将其处理成同颜色和色度的色块。由此产生的建筑在光线下闪闪发光，令人产生视觉上的不稳定的感觉，让人想起19世纪下半叶和20世纪初的印象派绘画，特别是克劳德·莫奈的《睡莲》。光线和色彩的使用确保了该建筑成为其周围环境的组成部分。

新先锋派

由于有很多项目在20世纪末完成，更具创新性的建筑师的研究开始回应保守派评论家的困惑，并取得了不可限量的成功，也受到杂志媒体日益增长的关注。最重要的创新似乎

理查德·迈耶，盖蒂中心，洛杉矶，1984—1997

来自数字和流体建筑领域——库尔特·安德森调侃般地称之为“后毕尔巴鄂流体建筑”。尤其是格雷格·林恩的实践，与许多对新形式着迷的建筑师不同，他另辟蹊径，尝试用计算机提取活生物体的动态形式。

尽管他与迈克尔·麦克因图夫和道格拉斯·加洛法洛通过远程合作设计的纽约长老会教堂（1995—1999）令人失望，但林恩采取的方法极具启发性和丰富性。2000年，《时代》杂志将他列为未来100位大有可为的创新者之一。为了支持自己的设计理论，他制作了许多吸引人的装置，出版了一些图书，并以自己绘制的精美效果图进行辅助说明。

2000年，林恩与渐近线事务所一起受邀代表美国参加威尼斯双年展。他为此提出了建立一个实验室的方案，让哥伦比亚大学的学生参与进来，进行他的“胚胎住宅”的研究。他当时的想法是根据生产运动鞋或福特汽车的标准来建造一座住宅，他解释道：“许多行业的趋势是使用灵活的制造方式，运用数控设备生产各种部件。”这座住宅采用双曲面铝板建造，由钢铝结构支撑。由于板材的形状和尺寸有很多变化，住宅能够呈现出不同的形状，就好像它是一个移动的或生长的有机体。林恩接着说：“如果你设计了一个胚胎，就可以从中获得无穷的变化，但是任何变化所需的信息都被编排在原始版本中。”然而，林恩的这个目标实在太复杂了，这座基于原型并计划于2003年投入生产的住宅从未建成过。

渐近线事务所的设计重点是创造虚拟和真实相结合的形式。以虚拟古根海姆博物馆项目（1999）为例，这个项目

Wikimedia / Luis Miguel Bugallo Sánchez (Lmbuga)

彼得·艾森曼，文化中心，圣地亚哥-德孔波斯特拉，1999—2011

中所需的信息可以从网上获得，然后以建筑图像的形式实现空间展示，反之亦然，由基金会管理的博物馆的真实空间被转换成虚拟的、在线的模型。该事务所还设计了一座科技文化博物馆，这个项目采用了包覆的形式，内部有很多坡道，可以让人们从不同的有利位置欣赏参展的作品。与传统建筑不同，这座博物馆在平面上和立面上都具有互动性和空间灵活性，例如，展览区的地板可以收起，露出下方的大水池，而上面的坡道也可以重新进行配置。

还有一些重要的美国建筑师，无论本土的还是外来的，也都开始研究流体建筑，或者至少是在研究复杂几何形式的建筑，包括科拉坦/麦克唐纳事务所、卡尔·楚、王弄极、赖瑟尔+埃莫托事务所、普雷斯顿·斯科特·科恩和安马尔·埃

EMP|SFM, Wikimedia / Baileythompson

弗兰克·盖里，摇滚乐博物馆，西雅图，1995—2000

洛伊尼。埃洛伊尼设计的一些项目，因微妙的滤光屏的作用而显得尤为生动。这些装置位于受保护的环境中，如剧院、商业空间或博物馆，由轻质的不太耐久的材料制成，这些材料很好地诠释了建筑的非物质性（如光和空间运动）与实体之间的张力。

为了一窥全貌，我们还需要了解一下北海和UFO这两个跨国事务所的作品。他们代表了一种有趣的新现象：来自伦敦的建筑联盟学院、鹿特丹的贝尔拉格学院或纽约的哥伦比亚大学等院校的年轻的专业人士，在求学过程中结识了志同道合的伙伴。芬兰建筑师基维·索塔马是北海建筑事务所的成员之一，致力于寻找新的几何形式和对阿尔瓦·阿尔托有机建筑理念进行研究。UFO事务所在伦敦、韩国和意大利都设有办事处，因其获奖作品——波斯尼亚和黑塞哥维那的萨拉热窝音乐厅（1999）而备受关注。出于尊重场地形态的考虑，该项目流体形式的内部空间几乎完全位于地下。

景观还是审美对象

对许多建筑师来说，对景观主题的思考不一定会带来创新和复杂形式的新美学。事实上，很多建筑师仍然与现代运动有着强烈的联系，并与前卫派的实验保持着一定距离。他们把建筑与景观（无论在城市还是乡村）的融合看作解决建筑实践中过度审美问题的解毒剂，最重要的是，它有助于避免产生与环境无关的雕塑性建筑。例如肯尼斯·弗兰普顿在接受贡特尔·尤里格的采访时表达了批评观点，他认为：“景观可能比建筑更重要。我个人认为建筑学校应该更加重视景观。在我看来，20世纪末的关注点应该是把建筑作为景观的培育对象，而不是创造无尽的美学的对象。”当被问及非私密住宅展览获得的成功时，他将自己和受邀参展的建筑师所面临的问题，与阿尔瓦罗·西扎或安藤忠雄等重要建筑师所关注的问题并置起来：这些建筑师决不会妄想继续实行启蒙运动的计划，而是同时承担起一定的对景观的培育和将作品融入场地的责任。

阿尔瓦罗·西扎所追求的建筑与景观的关系是一种分解的结果，这种分解来自对立体主义的思考（西扎也是一位雕刻家），也是对在建筑场地上留下永久标志的必要性的反思，还是对有机建筑，特别是阿尔瓦·阿尔托的作品的重新解读。区别在于，阿尔托参照的是北欧的气候环境及材料——主要是木材，西扎却尝试捕捉地中海的气候特征。这导致了白色石膏的大量使用和抵御强烈光照的做法——显然欧洲南部的阳光要更为强烈。西扎的葡萄牙阿维罗的大学图书馆（1988—1994）项目通过天窗照亮多层阅览空间，在体量的细微曲线和空间品质上暗示了芬兰大师阿尔托的教诲。类似的痕迹也可以在西扎的另外两个重要作品中找到：葡萄牙波尔图的塞拉维斯当代美术馆（1991—1999）和西班牙圣地亚哥-德孔波斯特拉的科学和信息学院（1993—1999）。它们都体现了外部体量的塑性表达和内部空间动态品质的结合。前者的平面紧凑，边缘有褶皱，向复杂的内部庭院开放，后者基于梳状平面，向周围景观开放。西扎设计的1998年里斯本世界博览会的葡萄牙馆，其不朽的纪念碑式的形式让人想起一些法西斯时期的建筑，而覆盖在广场上方的轻盈的屋顶部分抵消了这一特点。通过与奥雅纳工程公司合作，由60米×85米的巨大跨度引起的工程问题得到了解决（展馆内部由爱德华多·苏托·德·莫拉负责设计）。葡萄牙波尔图的马可·德·卡纳维兹区的圣玛丽亚教堂（1990—1997）也是一个对景观开放的项目，在那里，长窗创造了外部世界和自然世界以及专门用于祈祷的内部空间之间的关系。还

安藤忠雄，淡路梦舞台国际会议中心，兵库县，2000—2001

Wikimedia/663highland

Flickr/iv toran

阿尔瓦罗·西扎，大学图书馆，阿维罗，1988—1994

Wikimedia/Zarateman

拉斐尔·莫内欧，科萨尔会堂与议事中心，圣塞巴斯蒂安，1990—1999

Wikimedia/Andreas Praefcke

拉斐尔·莫内欧，天使夫人大教堂，洛杉矶，1996—2002

Wikimedia/JCRA

拉斐尔·莫内欧，穆尔西亚市政厅，穆尔西亚，1991—1998

Wikimedia/Kalle1~commonswiki

拉斐尔·莫内欧，现代艺术博物馆，斯德哥尔摩，1990—1998

Marco Introini

阿尔瓦罗·西扎，塞拉维斯当代美术馆，波尔图，1991—1999

有西班牙的阿利坎特大学（1995—1998）项目，因其形式带有殖民风格建筑的特点而显得过时，门廊庭院更是让人想起一些古时候的阅兵场。

甚至连日本建筑师安藤忠雄也对新建筑和都市混乱的万花筒形象提出了一些反对意见，他提出了一种冷酷但强烈的极简主义，基于自然、物质（偏爱混凝土）和光线之间的对比，这与路易斯·康的静默诗意非常相似。由此产生的建筑作品并不温馨，也不宜居，舒适度被沉思所取代。他的项目通过在一组组对立概念之间创造一种不稳定的平衡来发挥作用，如内部与外部、抽象与具象、部分与整体，以及简单与复杂。安藤忠雄表示，他的灵感主要源自皮拉内西和约瑟夫·艾尔伯斯这两个对立的人物：前者被历史的辉煌和残余所吸引，激发了充满古典主义记忆的景观概念，而后者的作品则朝抽象几何和简化形式发展。极简主义者的严谨性在安藤忠雄为乔治·阿玛尼总部设计的阿玛尼剧场（2001）中得到了清晰的展现。

相反，在意大利特雷维索的贝纳通研究中心（1992—2000）中可以找到皮拉内西的景观维度。在那里，安藤的古典主义怀旧情怀表现在连续成排的钢筋混凝土柱子中，唤起了对考古遗迹的回忆。

在位于日本兵库县的淡路梦舞台国际会议中心（2000—2001）项目中，我们可以看到安藤忠雄对几何形式的新皮拉内西式探索，他将几何形式分解为一种在有序和无序之间来回振荡、摆动的逻辑构成。这座现代哈德良式建筑在抽象的形式和对异域建筑的引用之间保持了平衡，迷人的露台上点缀着花草，隐约地让人想起印度的环境氛围。

沿着类似阿尔瓦罗·西扎的研究路线，我们还会发现拉斐尔·莫内欧的作品：位于西班牙梅里达的国家罗马艺术博物馆（1980—1986）。它明显参考了罗马空间的主题，扁平的砖砌拱门将建筑包裹起来。莫内欧是当代西班牙建

Flickr/jv toran

拉斐尔·莫内欧，唐贝尼托文化中心，巴达霍斯，1991—1997

Wikimedia/Judson Dunn

拉斐尔·莫内欧，休斯敦美术馆，休斯敦，1992—2000

Wikimedia/Zarateman

拉斐尔·莫内欧，科萨尔会堂与议事中心，圣塞巴斯蒂安，1990—1999

筑师中的大师，在20世纪80年代晚期，他与这些建筑师共度了西班牙的黄金时代，并在许多重要的大学院校（如洛桑大学和哈佛大学，1985—1990年他担任哈佛大学建筑系主任）执教。莫内欧一直在设法避免实验和传统之间的对立。他是以一种与现代主义理念相关的美学的名义做到这一点的，他对新理念的输入持开放、接受的态度，但这导致了对个人方法的拒绝，以及对超越图像力量的设计质量的寻求。他还持有一种折中主义的态度，不乏对过去建筑的怀念，这引导他设计出了非同寻常的建筑。他的作品还包括西班牙的唐贝尼托文化中心（1991—1997）和穆尔西亚市政厅（1991—1998）。前者的特点是出色的转角设计，以及在开放空间和色彩变化上的创意。后者的立面设计独具特色：其主立面有节奏地覆盖着穿孔的当地石材，隐约让人联想到法西斯时期的意大利建筑。在西班牙圣塞巴斯蒂安的科萨尔会堂与议事中心（1990—1999）

安藤忠雄，贝纳通研究中心，特雷维索，1992—2000

中，我们可以发现更具现代感的形式，建筑由两个透明的、倾斜的不规则体量构成，其灵感也许来自赫尔佐格和德梅隆的作品。他的斯德哥尔摩现代艺术博物馆（1990—1998）成功地融入了以自然和历史元素为标志的景观，而格雷戈里奥·马拉尼翁医院（1996—2003）则位于西班牙首都马德里的一个街区，同样也展示了莫内欧将建筑融入城市背景的能力。美国得克萨斯州的休斯敦美术馆（1992—2000）是一个盒子结构，因为几处位置得当的切割而变得生动起来。洛杉矶的天使夫人大教堂（1996—2002）则是一幢比例失衡的华丽建筑，显示出以纪念性和古典方式融合城市景观的方法的局限性。

美学、伦理与变异

第七届威尼斯建筑双年展的策展人是马西米亚诺·福克萨斯，他选择了一个颇具煽动性的主题——少美学，多伦理。为了强调建筑在当代城市现象中所扮演的边缘角色，以及它最终可能会被搁置的危险，他为这次展会准备了一个巨型屏幕，用一系列混乱而有效的图像展示了全球大都市所面临的各种问题。对福克萨斯来说，“那些只会凝望过去的自我参照式建筑，不再有任何意义。我们都生活在一个边缘地带，不断地被跨越和侵入”。在这样一个充满困难和矛盾的世界里，依靠形式、有吸引力的风格或复杂的建筑语言来解决问题，已经没有意义了。

相反，我们需要的是一种新的美学，它克服了怀旧和古典主义，能够观察到现象的本来面目，捕捉它们的能量和未表现出来的潜力，并接受它们的矛盾性。“‘城市军事模式’有其计划性和规划性，无法抵御不断变化的岩浆般的能量。任何刚性结构都会被炸成碎片，只有那些有智慧、能随机应变的人才能生存，吸收能量，然后释放它们。”这进一步导致了人们对实验和创新的接受程度的提高，且人们反对采用传统和学术方法。凭借这把钥匙，我们可以研究一下众多建筑师被排除在展览之外的情况，还有那些受邀参展的年轻一代的欣喜若狂。在那些与这次展览的策展人福克萨斯有着类似选择的国家的展馆设计中，也可以找到这种欣喜若狂。首先是美国，正如我们所看到的，他们召集了哥伦比亚大学的两位年轻的教授——哈尼・拉希德和格雷格・林恩，委托他们举办一个实验研讨会来研究新技术。

福克萨斯通过强调大都市显示的矛盾和机遇，将重点集中在一个主题上，这个主题在一段时间内引起了越来越多的评论家和建筑师的兴趣。如库尔特・安德森所观察到的那样，许多新一代的建筑师证明自己对参与社会和政治活动过敏，在这段时间里，在许多地方都出现了这样一个现实：城市已经被改造，如果我们希望采取一些行动，就必须从新的、更有效的角度来研究和分析。

2000年11月24日，波尔多建筑艺术中心举办了“变异”展览，由雷姆・库哈斯、斯特凡诺・博埃里和桑福德・奎特等人策划。库哈斯向哈佛大学设计学院的学生介绍了他多年来一直从事的工作，重点介绍了中国和尼日利亚的城市现状，以及购物方式对当代城市的影响。博埃里介绍了欧洲不确定阶段研究小组（USE）的工作，他们调查了全球化对马扎拉德尔瓦洛、贝尔格莱德、普里什蒂纳和圣马力诺等形态迥异的城市造成的深刻影响。桑福德・奎特则讨论了美国城市的变化，特别是休斯敦这个从很早以前就反对城市规划限制的大都市。

“变异”展览展出的主要是统计数据、图表和包括意大利的弗朗西斯科・乔迪奇在内的许多著名摄影师的摄影作品。正如展览目录最后一页（上面印着“WORLD=CITY”）所述，这次展览的目的是要证明，世界将越来越像一个城市。太多的陈词滥调蒙住了我们的双眼，让我们看不清世界的真实面目，也无法了解它的发展。这就导致了有组织的替代性和目标性战略的必要性，即使这些战略在规划上不够全面，但重点是用大城市总体规划、城市景观、图解技术和其他由最近的建筑研究定义的工具来取代传统的城市总体规划。

“9・11”事件

“少美学，多伦理”和“变异”两个主题，即使离困扰未来数年的严重问题和悲观的态度还有很远的距离，但也标志着20世纪90年代前半期和后半期的趋势逆转，当时世界的复杂性几乎被对艺术、科学和数字革命的解放力量的无限的信仰所抵消。毕尔巴鄂这个濒临破产的城市，正是在这个时代，以全球化的名义，通过文化创新的再生力量得到拯救，它的经历似乎成为一种可以轻易复制的典范。

这个周期以一场经济危机宣告结束，在新经济体——那些在互联网上孤注一掷的公司——股票上市导致的股市泡沫破裂之后，许多公司损失了超过90%的市值。这是一个黄金时期的结束，在投机热潮中的金融市场的支持下，这个黄金时代曾经推动了西方世界的经济发展，极大地刺激了发展中国家（尤其是中国和印度）的经济增长。

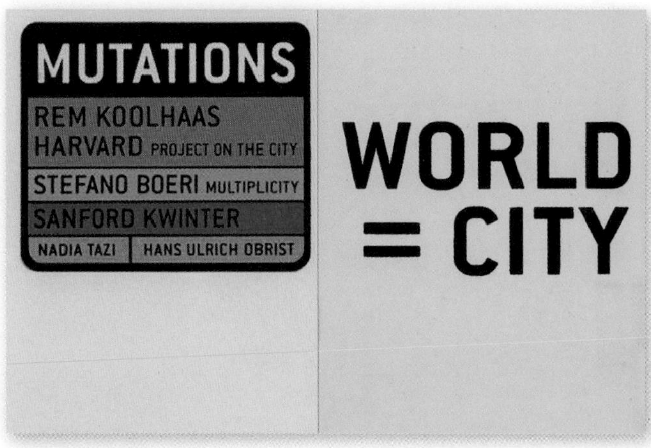

“变异”展览目录，波尔多，2000

当一系列丑闻被曝光之后，全世界的人对这个体系的信心都动摇了，人们发现许多公司伪造信息，在银行机构的共谋下上市，各种垃圾头衔愚弄了投资者。与此同时，新闻调查开始揭示被全球化所掩盖的不可容忍的新的奴役形式，即将制造业转移到那些劳动力不受任何工会规则保护的地区，从而降低生产成本并实现生产的规模化。

技术——由互联网、低成本航班和实时通信所推动——曾经是发展和变革的主要推动力之一，现在则因为令人恐惧而受到了格外的关注。由于所谓的“千年虫”（计算机内部时钟无法处理预期的故障）可能导致信息系统崩溃而引起的恐慌（结果证明这完全没有根据），人们对数字世界的怀疑日益加剧。于是有人开始呼吁“慢”生活，用来对抗因为电子互动方式带来的感官上的“快”。最后，还有如建筑师和哲学家保罗·维利略这样的世界末日作家和思想家，将科技发展看成洪水猛兽。

对整个价值体系的决定性打击发生在2001年9月11日，两架被恐怖分子劫持的飞机对纽约双子塔发动自杀式袭击，双子塔被彻底摧毁，第三架飞机则撞上了另一栋标志性建筑——五角大楼。几个月来一直处于低迷状态的全球金融市场对此产生了强烈的反应。袭击发生几天后，全世界都屏住了呼吸，等待纽约证券交易所重新开放，担心伴随着股票市场的崩盘，他们将见证整个西方经济的崩溃。人们对全球化、创新的创造力和解决力的信心似乎已经消失殆尽。

在保持了多年充满希望和乐观的心态之后，我们发现，

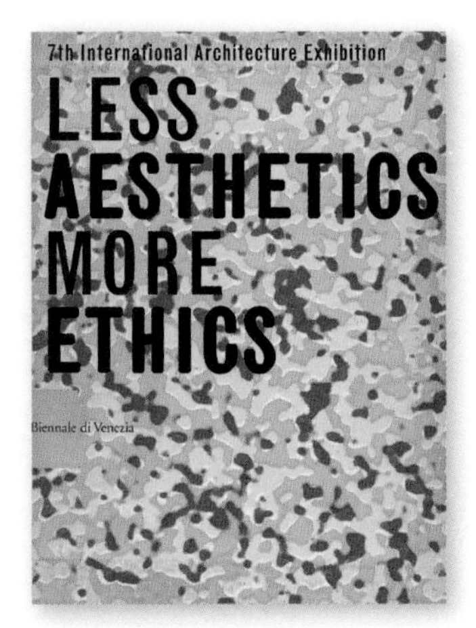

"少美学，多伦理"展览目录，
威尼斯双年展，2000

这个世界不仅是一个复杂的地方，而且也是一个不受理性控制的地方，至少这就是它看起来的样子。同样明显的是，西方文化并没有那么容易输出。虽然数字革命的工具能够减少问题的数量，但通过加快进程，它们又带来了新的问题，甚至让问题成倍增加，尤其是造成了那些被排除在外的人的强烈的不满情绪。使这种情况更加复杂的是美国的极端反应，美国政府相继在阿富汗和伊拉克向恐怖主义宣战。一个扩张的阶段被一个内爆的阶段所取代，本应用于解放人类的新技术逐渐被用于军事。即使在建筑研究领域，这也引发了反思和新问题。"少美学，多伦理"和"变异"两个展览发出的警告——虽然难免有些美学上的自我陶醉——在现在看来是颇有预见性的。不为别的，只因为它们已经指出了在方向上进行彻底改变的必要性。

从头再来

1998—2001年与1926—1932年这两段时间有着非常有意思的相似之处。这两个时期都可以被称为建筑史上的英雄时期，分别产生了非常有趣的作品，当然也有大量的杰作。每个时期都是由活跃在前卫运动中的建筑师引导的，他们因十多年的研究和调查而取得了成就。他们的创造力受到了狂热的社会和文化背景的刺激，分别在机械革命和数字革命的驱动下愈演愈烈。简而言之，前者是对标准的需求，后者则是个体的需求。

在这两个时期，形式上成熟、技术上令人信服的作品不仅促成了建筑师的成功，让他们成为国际运动中公认的主角，也促成了他们所代表的运动。这对年轻一代产生了立竿见影的影响，他们纷纷效仿，最终产生了新的美学方法。

然而，这一成功也标志着英雄时期的结束，以及一种风格惯例的开始，即毫不犹豫地使用重复（不会遭到任何批评）和预先包装的公式。事实上，1932年国际风格的洗礼与始于2001年的明星建筑师体系有很多相似之处。在这两种情况下，我们获得的美学确定性都因历史事件而陷入危机状态——前者由独裁政权的崛起和巩固引起，后者则是由“9·11”事件后的全球动荡造成的。兴奋被焦虑所代替，矛盾、退却和挫折浮出水面。同时，我们见证了对原创和未探索领域的研究的出现。

我们应该如何重新开始？毫无疑问，正如我们将在下一章看到的，我们可以参考从袭击和战争的废墟中产生的新的伦理意识，以及人与自然的新的关系。1998—2001年，我们从多种重要观点和重要研究领域中得出了对这种关系的令人信服的新定义。

2002—2007 趋势

新世贸中心

“我的底牌都放在这里了。对我来说，尖顶的形式象征着自由女神像。我希望这座塔能有1776英尺（约541米）高，这样它就能代表一个实质性的东西——《独立宣言》（美国的《独立宣言》发表于1776年）。归根结底，这对我来说才是最重要的。”

丹尼尔・里伯斯金在传记中这样写道。这是这位新世贸中心总体规划竞赛的胜出者在合作建筑师大卫・查尔兹面前为自己的项目所做的解释。查尔兹是世贸中心项目开发商拉里・西尔弗斯坦选定的建筑师，也是SOM事务所的负责人，他一度想要把里伯斯金的名字从设计团队名单中去掉。有趣的是，里伯斯金强调方案在象征性方面的意义，这恰恰说明查尔兹的关注重点更为单纯、商业化。

恐怖分子袭击双子塔的象征性本质必须以同样具有象征性的姿态予以反击，尽管这是一种强有力的姿态，但只有聚焦于美国文明的更高价值观才能实现，即开放性和自由文化。在新世贸中心总体规划竞赛的参与者中，里伯斯金是最成功地将这一概念转化为形式的人，这一点在新自由塔的效果图中得到了证明，它是移民抵达美国时遇到的第一个形象——自由女神像的孪生姐妹。

这次于2002年9月举行的竞赛并不简单，因为它涉及的主题非常复杂：情感和象征性的成分、重大的经济利益、曼哈顿中心地带这种微妙的都市区域的复杂性，以及对未来和安全问题的考虑。在400多名参与者中，被选中的还有诺曼・福斯特和他的事务所、拉斐尔・维诺里和他的智囊小组THINK、联合建筑师事务所、彼得森/利滕贝格建筑事务所、SOM事务所，以及由理查德・迈耶、彼得・艾森曼、查尔斯・格瓦德梅和史蒂文・霍尔组成的团队——有人称其为梦之队或“纽约四人组”。21位建筑师、工程师、城市规划师和景观专家组成了“新愿景”评审团，他们选出的7个设计团队非常均衡地代表了当前的建筑趋势：里伯斯金代表解构主义；福斯特代表高技派；来自纽约的顶级建筑师团队（梦之队/纽约四人组）；联合建筑师事务所代表流体建筑派；两个重要的专业团体SOM和THINK；最后，还有对新城市主义以及莱昂・克里尔和查尔斯王子的理论十分敏感的彼得森/利滕贝格建筑事务所。他们的方案于2002年12月至2003年2月在世界金融中心冬季花园向公众展示，吸引了8万多名游客，留下了1万多条评论。由曼哈顿下城开发公司（LMDC）建立的网站获得了超过800万的点击量。大众的想象力在给每个项目起绰号时变得异常丰富，如“接吻的人”（福斯特）、“三连棋”（梦之队）、“骷髅”（THINK）和“带圆圈的人”（里伯斯金）。这导致了一种虽然出于无意但毫无同情之心的说辞，还有参与竞争的建筑师应该小心避免的某种形式上的自我陶醉。进行建筑语言研究的团队（联合建筑师事务所和梦之队）的项目最终暴露出了最大的弱点。

联合建筑师事务所提交的方案以一个半圆形的塔楼群为特色，在五层以下相连接，再往上呈分离形式。其中一座塔楼将成为世界上最高的建筑。设计团队在60层处的结合点创造了一座“天空之城”，容纳了商业活动、文化娱乐场所和公园空间。然而，这个方案体量太大、结构烦琐，不但难以建造，还不能分阶段施工。梦之队提出了五座塔楼的方案，每座塔楼高约339米，由一系列水平结构连接起来，形成一个巨大的网格，极富象征意义和参考价值——这首先就会让人想起曼哈顿的城市网格，不过也有很多人将其理解成捕捉飞机的网，讽刺意味极其强烈。

THINK，新世贸中心方案，2002

福斯特提交的设计方案要更胜一筹。他选择参考原来的双子塔，设计了两个结构，每个高约538米，在三个点上结合在一起，形成全景式的公共空间，可用于展览和娱乐活动。这些空间内可以种植树木，打造成可用于净化空气和提供自然通风的空中公园。为了证明他将建筑体量集中在两个结构中的勇敢决定是正确的，福斯特还特别提到了释放地面空间供公众使用的可能性。

在THINK提出的三个方案中，比较被看好的是由两个空"笼子"组成的结构——文化之塔，这个方案让人想起双子塔。这两个充满空洞的建筑结构容纳了很多自由的文化活动空间：纪念馆、博物馆、露天剧场、会议中心和全景的观景平台。建筑将坐落在九栋较低的建筑中。

正如前面提到的，丹尼尔·里伯斯金提交的方案除了强调了自由塔的隐喻价值，还引入了四座小塔来提升整体结构的效果。他说："这座塔不是在孤独地歌唱，而是在与其他四座小塔共同演奏一曲交响乐。"这是由它们所处的位置形成的结果，旨在让光通过，创造出一种暗示的效果，以在每年9月11日纪念曾经发生的悲剧。

福斯特的方案在城市规划和环境方面最具创新性，但因为不能分阶段建设而被搁置。事实上，评审团于2003年2月1日选定了THINK和里伯斯金的方案。接下来是长达两个星期的激烈讨论，评委各自声明立场，甚至还产生了暗箱操作和一些评论家们也无法解释的叛变行为。然而，里伯斯金成功获得了当时的纽约州州长乔治·保陶基的支持，这本是一个与纯粹的建筑决策毫无关系的事件，但不得不说里伯斯金最终获胜确实与此有一部分关系。评审团的决定是支持最清晰的、在沟通方面毫无疑问最有效的项目。在建筑领域的一些专业人士中弥漫着不满情绪，他们的不满与里伯斯金出于很多原因被认为是建筑圈的局外人有关。正如保罗·戈德伯格

丹尼尔·里伯斯金，
新世贸中心，
纽约，2003—2013

Wikimedia/Norbert Aepli, Switzerland

蓝天组，艺术海滩场地钢结构塔楼，瑞士世界博览会，2002

Wikimedia/Norbert Aepli, Switzerland

迪勒和斯科菲迪奥事务所，模糊建筑，瑞士世界博览会，2002

马上指出的那样，这导致了一个矛盾的局面："尽管里伯斯金在职业生涯中的大部分时间都是一名学者，现在却成了一个民粹派人物。这也许就是为什么里伯斯金作为一位前卫建筑师，在城市艺术和知识界并没有得到像拉斐尔·维诺里那样的支持——矛盾的是，维诺里一直都更像是个专为企业提供服务的建筑师。"

里伯斯金没有得到专业的建筑师伙伴的支持，同时又要面对固执的项目开发商拉里·西尔弗斯坦——相比于实践经验不足的学者，他显然更倾向于支持像SOM这样拥有成熟操作技能的事务所，于是这个项目几乎立刻受到了影响。2003年12月，由新"团队"共同设计的新自由塔方案正式亮相：从比例上看，其体量明显更加沉重，更加接近由跨国建筑事务所设计的公司大楼。在原来方案略显浮夸的风格中体现出来的美国梦神话，因为选定的奠基日期而得到进一步强化：2004年7月4日，这一天也是美国独立纪念日。

云和巨石

在2002年瑞士世界博览会的众多展馆中，有三座特别的建筑因其能够为建筑领域带来新的讨论而脱颖而出。它们是美国迪勒和斯科菲迪奥事务所设计的模糊建筑、努维尔设计的巨石，以及蓝天组设计的艺术海滩场地钢结构塔楼。

模糊建筑无疑吸引了大多数公众和媒体的注意，成为本届世博会的象征。建筑采用了钢结构，距离湖面约20米，由一个长100米、宽60米的平台组成，平台上安装了含有29 000个喷嘴的系统，除了将湖水雾化外没有其他功能。其结果是形成了一片巨大的"云朵"，一幅纯粹的风景画，穿着雨衣的游客可以从河边和建筑内部欣赏这样的美景。里卡多·斯科菲迪奥表示："要设计一个把自己隐藏起来的结构，这太不可思议了。"为了建造这个由四根细长柱子构成的悬臂平台，建筑师必须根据巴克敏斯特·富勒定义的"张拉整体”原则构建一个钢骨架；为了实现云和闪电的效果，则必须采用能够根据天气条件和预期效果校准水雾释放浓度的复杂电子程序。

人们很容易将这个项目视为一次性事件，从而忽略它：“一座什么都不代表的建筑，毫无意义却非常壮观。”但许多评论家并不这么认为，他们将这个自成一格的作品解读为对一种研究形式的潜力的预测，这种研究形式结合了自然与技术、互动与景观规模以及非物质化的诗意——模糊。一段时间以来，许多数字时代的年轻建筑师，还有伊东丰雄、彼得·艾森曼以及蓝天组等人一直在追寻这种诗意。同时，这个项目还探索了建筑实体和空间之间关系的新维度：“进入模糊建筑就像走进一个可居住的媒介，一个无特征、无深度、无尺度、无空间、无质量、无表面、无背景的媒介。甚至游客们迷失方向也是被构建在体验之中的。”

如果说迪勒和斯科菲迪奥事务所专注于感觉上的迷失和空间的非物质化（内德·克莱默称之为“气体建筑”），让·努维尔感兴趣的则是巨石：他设计了一个巨大的立方体，采用特种钢板材包裹，镶嵌在湖中央。

这位法国建筑师所做的选择——已经超越了单纯地将一块巨石和一片云朵并置的权宜之计——代表了一个精确的宣言：关注物理世界、具体事物、触觉，远离数字交互和透明的东西。更确切地说，努维尔早在设计阿拉伯世界文化中心和卡地亚基金会大楼时就已经研究过这些主题了。这也需要与先锋派的研究保持一定的距离，再加上一种态度，即不为复杂性和非欧几何的科学制造问题，而是倾听人类与物体世界互动的方式，利用感官，将其作为一种既是本能又与自然界相连的物理关系的一部分。通过这种方式，努维尔将技术进步与物质必然的丰富性，以及将其转化为数字形式的不可能性对立起来。

尽管蓝天组为本届世博会艺术海滩场地设计的钢结构塔楼缺乏他们之前的作品——如法尔科大街屋顶改造项目（1983—1989）——所具有的那种力量，甚至显得有些迟钝，完全不吸引人，却展示了建筑师非凡的塑性技巧，这也成了他们的标志。这一变化一方面使得公众对原来无法接受的建筑作品越来越适应，另一方面也导致了前卫研究逐渐减少，成为单纯的形式游戏。

Maurizio Valetti © VG Bild-Kunst

让·努维尔，巨石，瑞士世界博览会，2002

明星体系

肯尼斯·弗兰普顿早在1993年就已经注意到，“现在有一种媒体建筑师，他们分走了项目中最有趣的那部分份额”。从1997年起，随着毕尔巴鄂古根海姆博物馆的成功，很多政府机构意识到由知名建筑师设计的建筑在知名度方面的巨大益处，于是开始越来越频繁地求助于明星体系。

事实上，这些具有高度标志性的建筑已经成为旅游业和城市严重衰退地区（如废弃工业区、码头区和港口区）复兴的磁石。在此，我们只需要举三个例子：英国曼彻斯特附近的萨尔福德码头区的复兴规划，其中就包括里伯斯金的帝国战争博物馆北馆（1997—2001）和迈克尔·威尔福德的洛瑞中心（1992—2000）；西班牙巴塞罗那的众多滨水修复项目；意大利萨勒诺的扎哈·哈迪德的海运码头（2016）和大卫·奇普菲尔德的仍在建设中的司法大楼。

这导致了精英建筑师阶层的诞生，他们参与竞争的项目也逐渐变得重要起来。与所有精英群体和新市场一样，对那些想要进入市场的人和那些想要继续参与市场竞争的人来说，这就产生了无数的冲突甚至下流的手段。

对于清醒的人来说，不难想象，大量理论文章、批判性的声明和哲学参考文献只会掩盖希望进入这个受限制的专业圈子的年轻人（有些也不算年轻）的风采，现在这些东西却不断地出现在公众的视野中。此外，那些越来越重要的项目委托要为那些以“产生效果”为目标的建筑雕塑作品和所谓的“超级制作”负责。这样的项目和作品往往在建筑环境中格外醒目。正如彼得·戴维指出的那样：“我们生活在一个充斥着名人崇拜的世界，被电子媒体所支配，需要不断创新。造型越古怪，越能提升建筑师的品牌。名人崇拜如此成功，以至于数量有限的国际竞赛大多只对少数明星建筑师开放——可能都不超过100人。他们几乎是被迫成为离经叛道的榜样，以确保自己在明星阶层中的地位。”

其结果与汽车设计或时尚领域的情况类似，比如说，区分不同品牌的入门级轿车或不同时尚品牌的牛仔裤越来越困难，这种产品之间日渐相似的现象正是明星体系造成的。例如，俄罗斯圣彼得堡的马林斯基剧院扩建工程（2003）由极简主义建筑师多米尼克·佩罗负责，其设计参考了前人在复杂几何形式上的实验。伦佐·皮亚诺在荷兰鹿特丹的KPN电信塔（1997—2000）项目中进行了电子像素实验。赫尔佐格和德梅隆在位于伦敦德普福德的拉班中心（1997—2003）项目中尝试将他们对材料和空间的研究整合起来，这在很大程度上是受到了雷姆·库哈斯的影响。而拉斐尔·莫内欧则在圣塞巴斯蒂安的科萨尔会堂与议事中心（1990—1999）项目中探索了透明建筑。

这种最终产品之间的相似性，不仅是倾向于复制成功案例的市场强行作用的产物，也是“后台”发挥的作用越来越大的结果。明星建筑师在宣传和推广义务的推动下，在设计上的投入越来越少：在一些情况下，他们只提出概念，对项目只进行一般的控制，最终实现的项目实际上往往是其合作伙伴的作品，或者更常见的是刚刚接受完大学或研究生教育的年轻助理的作品。这些受邀“以某某的方式”来进行设计的人充满了折中主义精神。于是最终的作品，即便是那些最高质量的作品，也难免会受到去个性化的影响。

此外，明星建筑师的流行不可避免地导致了一种对实验研究模棱两可的，有时甚至是难以捉摸的态度。事实上，参与建筑辩论的这些主角都很清楚，如果没有创新，他们很快就会被新趋势所取代。然而，他们同时也知道，要想在商业上取得成功，必须做到形式大于内容，说的多于做的。简而

iStockphoto/lucamato

扎哈·哈迪德，海运码头，萨勒诺，2016

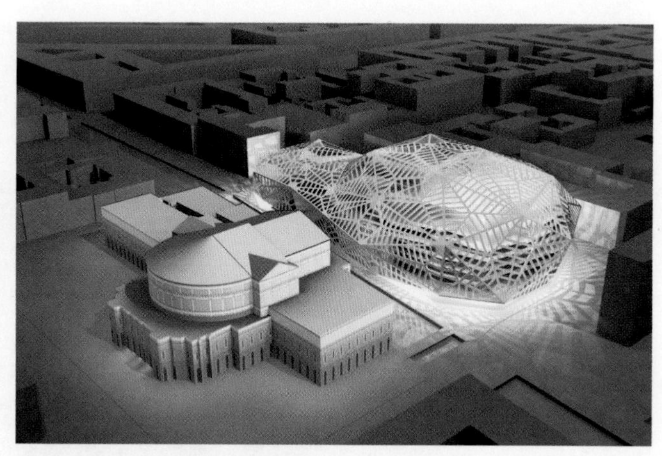
Dominique Perrault Architectes

多米尼克·佩罗，马林斯基剧院扩建工程，圣彼得堡，2003

言之，为了让作品拥有更高的商业价值，建筑师必须为它在关于创新性的华丽辞藻中找到空间。因此，他们倾向于使用一个概念来表达一种生活方式哲学，这种哲学通常比具体的追求更具美学意义。

建筑变成了一个隐喻的投射，一个梦想，一个一厢情愿的想法。他们的工作重点是沟通，而不是像现代运动那样，是在技术、功能和社会价值方面的交流。

这种动态发展不仅出现在建筑领域，而且，正如伊夫·米肖在他的《气态的艺术》一书中所强调的那样，也影响到了其他艺术门类，以至于我们今天很难说出不同艺术家（如毛里齐奥·卡特兰、凡妮莎·比克罗夫特、达米安·赫斯特或皮皮洛蒂·里斯特）的表演和电视广告到底有什么区别。这也是一个更为普遍的过程的一部分。在这一过程中，各个学科放弃了以往倾向于产生定义明确的对象的传统技术，以便进入一个由纯关系价值主导、由沟通技巧指导的相互渗透的宇宙，反过来，它的有效性建立在特殊效果和意外之喜上。简而言之：这就是时尚。

引导建筑界走向这些动态的是建筑师和时装品牌之间日益密切的联系：后者经常邀请前者设计他们的展厅或者总部，制订营销策略，以另一种方式来构想购物和城市空间之间的关系，库哈斯和普拉达就是如此。

事实上，缪西娅·普拉达把她的新店作为一个重新定义当代文化的机会，以创新和实验的方式诠释购物的理念。库哈斯对此做出了回应，他认为新的空间为人们提供了不购物和进入为公众设计的私人空间的可能性，以平衡商店和购物中心对城市公共空间越来越激进的占用。

更重要的是，时装设计师和建筑师并没有把他们的营销策略集中在产品质量的内在本质上，而是集中在他们提出的生

迈克尔·威尔福德，洛瑞中心，萨尔福德码头，1992—2000

右页：
丹尼尔·里伯斯金，帝国战争博物馆北馆，萨尔福德码头，1997—2001

iStockphoto/travellinglight

活哲学上。这使得商品经济学的历史分离已经过时。芬迪和阿玛尼设计了厨房和家具系列产品，开设了出售图书和食品的商店；而皮亚诺、迈耶、罗杰斯和林恩则毫不费力地设计了门把手、家用电器、手表、茶具和咖啡机，或把自己的脸孔和名字借给广告商，就像雷诺的福克萨斯和劳力士的福斯特。

然而，如果建筑师出售的是自己的一种生活方式，在这种生活方式中，公众能够像识别某个品牌的牛仔裤或者豪华汽车那样识别出这位建筑师，那么建筑事务所的生产组织就必须发生改变，必须减少对设计对象的关注，更多地关注市场：建筑师突然被营销和形象专家包围了。或者，根据库哈斯创建OMA时的直觉，有必要创建一个新的结构来配合现有的技术结构。因此，“虽然OMA仍然致力于建筑项目的实现，但它已经将自身纯粹形式的建筑思维应用于组织、身份、文化和程序问题，并定义了从概念到操作的方法，以解决当代条件的全部潜力”。因此，建筑师也不再像以前那样，只是为潜在客户的需求提供形式的技术人员，他（作为为一般市场生产消费品的人所使用的同一系统的一部分）现在是个重要人物，要从他自己的分析的结果开始创造新的需求，然后满足人们。

iStockphoto/George-Stauden

明星体系的危机

在2002年举行的第八届威尼斯建筑双年展上，策展人德扬·苏季奇没有站队。他没有站在当前的某个建筑趋势的立场上，而是要求主要的建筑事务所以“在设计和建造阶段之间有很多年”为前提，简单地介绍他们当前的项目。毫无疑问，当时正在设计的许多项目中，一定有两三个对于建筑业的未来至关重要。“接下来的五年会出现一个和毕尔巴鄂古根海姆博物馆具有相同影响力的项目，我们可以确定图纸已经完成，或者有了效果图纸，甚至做了几个模型。但显然，它还没有完成。也许施工尚未开始，也许设计者仍在评估用钢或混凝土建造它的可能性。无论如何，这个项目已经作为一个想法存在了。如果还有一个具有柏林犹太人博物馆的影响力的首展建筑，那么它的建筑师肯定已经得到这个建筑委托了。”因此，苏季奇选择根据类型学的“容器”概念来组织展览：住宅、工作、商店、宗教建筑和展示空间。他希望让大众在有意愿且有能力的前提下，从展出的作品中挑选出杰作来。

这样看似中立的选择，实际上提出了两个相关的问题。首先，它揭示了评论家在开展工作——即通过理论选择来确

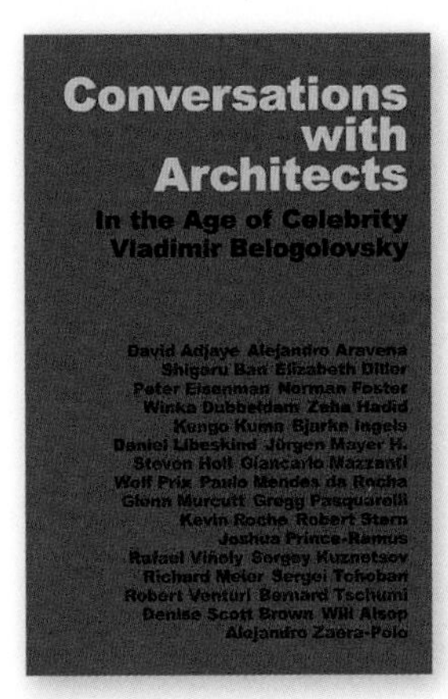

弗拉基米尔·贝罗戈洛夫斯基，
《在名人时代与建筑师的对话》，
2016

定未来的方向——时所面临的困难。苏季奇似乎在暗示，一个项目的命运越来越难以把握，越来越容易被学科外因素（时尚、传播、公众影响和大型商业战略）所引导，设计师已经不再是单纯地对设计对象进行思考了。其次，这次展览几乎成为以明星体系为代表的高质量作品的专场。毫无疑问，这些作品得到了公众的认可——参观者数量远远超过了前几届双年展，然而要确定能够真正影响社会现象的因素却越来越难。展览中有许多博物馆、豪华的独栋住宅，但是能够改变城市（尤其是比较贫穷和没落的城市）的项目只有少数几个。然而，这些被苏季奇在双年展中忽略掉的问题在接下来的2004年和2006年两次双年展中得到了清楚的表达。这两届展览分别由历史学家库尔特·福斯特和理查德·布德特策展。前者的回应可以理解为对评论家角色的回应，后者则回应了造成21世纪更为复杂的都市现象的明星体系所带来的影响。库尔特·福斯特将他的双年展命名为“变形”，对他来说，在新的建筑作品中重新发现那些进行中的转变的轨迹，这一点至关重要。他回顾了20世纪80年代的情况，这一时期有四种方法：两种成功的方法着眼于未来，两种失败的方法专注于过去。前者以弗兰克·盖里和彼得·艾森曼为代表，后者以阿尔多·罗西和詹姆斯·斯特林为代表：“阿尔多·罗西以一种忧郁的气质将建筑隔离在了规模和现场之外，这与詹姆斯·斯特林对现代主义和构成主义思想的肆无忌惮的玷污形成了鲜明对比。艾森曼和盖里故意将目光投向超越普通人认知的建筑，所以前者开发了机械建筑，后者则大胆地引入鱼类等生物的意象。在1980年的十字路口，陷阱已被设下，但它只困住了后现代主义者。”

为了引导游客进入当代建筑的变形过程，福斯特放弃了上一届双年展策展人采用的类型学容器概念，而是根据关键词组织了其他结构：变形、地形、人工的性质、表面、气氛和超级项目。然而，这场展览令人困惑，主要是因为在一个类别中展示的项目可能很容易属于其他类别。例如，福斯特本人承认，一些作品实际上借鉴了事务所以前的所有类别：这些作品将建筑结构与场地结合，通过空间和管道创造出各种各样的氛围，这些空间和管道是由能够揭示时间循环印象的材料制成的。

不管怎样，在1997年9月举行的“景观与建筑的零度语言”会议上，布鲁诺·赛维已经将地域和地理维度确定为节点条件，由此引起了越来越多的关注。

这可能是一把新的密钥，将会导致价值尺度的重建，为关键研究确定方向。然而，理查德·布德特在2006年双年展上做出的选择却是取消任何形式的讨论，集中精力分析城市问题。这次名为“城市：建筑与社会”的展览突出了当代都市地产的变化——主要是在第三世界和第四世界国家发生的变化。然而，通过这种做法，布德特也准确地强调了苏季奇想要忽略的问题：面对社会和经济力量的急剧变化，那些填满了建筑杂志页面的品牌建筑和被评论家大肆吹捧的品牌建筑，最终都是微不足道的。

建筑评论的危机

评论家一方面怀疑对“明星体系”（在结构问题上裹足不前甚至倒退）的乐观主义态度，另一方面又因为强调这种美学方法的局限性的社会学思考而动摇，于是很难确定新的操作假设。从2001年起，相关理论文本的新增数量骤减，尤其是与十年前出版的理论文本相比，它们对市场的影响几乎不值一提。最后，让这种差距更加令人难以接受的是，越来越多的咖啡桌读物出现，这些书中的图像优先于文字，其批判性的内容被有意忽略，取而代之的更像是一种表示歉意的方式。这场危机也影响了建筑类杂志——20世纪八九十年代建筑思想交流的特权工具之一。《建筑》——这本有着辉煌过去的杂志（部分是因为在1996年兼并了《进步建筑》）在痛苦中受着煎熬，这其实是一种普遍的困境。

许多人认为，这应当归咎于互联网，因为它通过信息和图像快速而自由地进行传播，剥夺了传统出版物作为传播建筑理念的特权工具的作用，从而剥夺了读者和公众对出版物的关注。然而，在互联网之外，在定义和描述权威态度方面也存在着越来越大的困难。杂志可选择的范围越来越窄：要避开精致出版物的陷阱——这类书只能用于宣传众所周知的内容，充斥着建筑主角们华丽的精选付费照片；或者干脆退回一般的社会、文化或政治思考。这就是《住宅》杂志所面临的情况。2000年9月，德扬·苏季奇接管《住宅》，一手把它变成展示新事物的优秀工具。2004年1月，《住宅》再次被转手，由斯特凡诺·博埃里接管，杂志风格发生了巨大变化。博埃里大幅减少了每期杂志中建筑项目的数量，为调查报告、哲学作品、地缘政治干预和对当代大都市状况的调查等内容让路。

我们还可以从杂志*Archis*的进化过程中找到对建筑杂志的角色和功能的彻底反思。2005年，主编奥尔·布曼将*Archis*更名为《体量》。他扩大了编委会的规模，还提出了“超越还是停滞”的口号。杂志编委会还包括OMA的研究部门AMO，以及由马克·维格利带领的C-Lab——哥伦比亚建筑广播实验室。*Archis*甚至比博埃里的《住宅》更为激进，直接取消了项目介绍，直面那些决定了地球物理形式的主题：战争和灾难。2007年，该杂志出版了迪拜专刊，这座迪士尼乐园般的城市是当代城市建设新方式中一些最具代表性的变革的发源地。这座城市也吸引了雷姆·库哈斯，他与布曼、维格利都是《体量》杂志的创始人。然而，人们的感觉是，这本杂志更适合少数知识分子阅读，而且订阅量（主要是在那些对建筑的实际建造感兴趣的建筑师中）正在减少。波动的市场也在以更为传统的方式影响着杂志，一些杂志迫不得已只能选择停刊，如《建筑纪年与历史》。2005年，在其创办人布鲁诺·赛维去世五年后，该杂志出版了最后一期。

其他一些杂志——尽管缺乏官方数据的证明——则设法通过缩减编辑人员、减少杂志页面和经济开销来保证生存。还有一些甚至尝试通过不断更换主编以寻求更新。

同样，在受到《建筑设计》明智的决定的启发后，一些杂志选择了提供作品集专著的方法，使杂志在出版后的很长一段时间内都能维持读者的兴趣。还有两个例子，《建筑师报》和*A10*，虽然两者遵循了不同的方法，但都与实际情况背道而驰。这两个杂志通过使用新的传播方法，声称自己对明星体系之外发生的事情感兴趣——前者在新闻和理论方面调查纽约大都会区的问题，后者则寻求了解在欧洲，特别是在其边缘地区（由于新的交流形式的产生，这些空间通过混合产生了新的综合空间，也因此成为一个有趣的研究维度）实际发生的事情。

明星体系的终结

从后现代主义危机中脱颖而出的一代创新型建筑师在解构主义建筑展中找到了凝聚的一刻，随后在20世纪90年代，他们催生了一个新的创作季节——然而，从2001年9月11日这个象征性的日子开始，这个季节似乎已经在明星体系中走向枯竭。

这导致了一个循环，就其特殊性而言，也是建筑史上的一个不断重复的过程：一个运动诞生，最初是提出创新的少数人遭到质疑，进而引发争论，再后来被广泛接受，然后成为主导。然而，正是这种接受带来了原创性和创新力的丧失。

其结果是，建筑师在寻找新的设计假设时日益疲惫。这不仅因为——正如我们已经看到的那样——同一位建筑师通过折中的方法让自己标准化，还因为这个系统会将其同化，使他们变得平庸，削弱了他们的创新立场，尤其是那些曾经极力地把自己置于与主流文化明显对立的位置上的人。

从这个角度看，我们可以看一看拉斐尔·莫内欧的书——《当代八位建筑师作品中的理论关注与项目策略》。这本书审视了文丘里与斯科特·布朗事务所、斯特林、罗西、艾森曼、西扎、盖里、库哈斯以及赫尔佐格和德梅隆（事务所）的作品。然而，这种分析避免超越形式，避免触及思想层面，也避免触及基础的深层次差异。莫内欧将这些差异视为面对形式问题时的简单替代策略，这不啻为一种冒险——说明他认同对明星体系的产生原因的错误解读：建筑师只不过是超凡的精致形象的杰出创造者，正是由于这个原因，正如阿玛尼或范思哲、西扎或盖里这样的时尚设计师那样，他们基本上是可以互换的。幸运的是，尽管明星体系趋于同质化，但它仍然包含着显著的差异，不仅与风格有关，而且更与文化和存在主义相关。

虽然不难找到采用形式主义或后防线立场的建筑师，或者在作品中明显表现出创造性疲劳的建筑师，但也有不少建筑师继续运用理论知识，提出新的问题。以下部分介绍了10件作品，是2002年之后众多值得关注的项目中的一部分。这些作品将在一定意义上用于讨论明星体系之外的两种现象：超级创造力和超简主义。

雷姆·库哈斯/OMA，中央电视台总部大楼，北京，2002—2012

十个项目

1. 拉班中心，伦敦，1997—2003

经过最初的实验，赫尔佐格和德梅隆采用了一种更严格的方法，我们已经看到了他们开始专注于更积极地利用空间，尽管不是每一次都能得到令人信服的结果。伦敦拉班中心标志着一个决定性的转折点，这一点在入口、两个坡道的交会点和一个极具戏剧性的圆形楼梯上表现得很明显。拉班中心颇有库哈斯的设计风格。建筑分为两层，沿着一条形状略显不规则的长廊不间断地伸展。这些空间可以供用户俯瞰其他用于各种活动的空间，并且可以将外部全景和内部庭院尽收眼底，确保室内自然采光和头顶天空的视野。建筑选取的颜色和材料也很有吸引力，尤其是令人震惊的粉红色和豆绿色的对比，这也许是出于对詹姆斯·斯特林最后一部作品的敬意。建筑中也使用了黑色，产生了类似库哈斯的福冈的香椎集合住宅或欧洲里尔规划项目中的焦油效果。许多材料都暴露在外，如混凝土天花板和管道系统，有点类似于加尔文主义和激进时尚的方法，赫尔佐格和德梅隆也是以此出名的。在外观上，由于使用了黄、粉、绿等多彩的聚碳酸酯板饰面，建筑全天呈现出不同的色彩反射。这种设计产生了一种转瞬即逝的梦幻效果，再加上其几何形式的外形，与草坪的物质性形成了鲜明的对比。

拉班中心展现了空间、表皮、色彩和材料实验的各种可能性。赫尔佐格和德梅隆又继续在更多项目中采用了这种方法，如创造性地使用了穿孔金属的旧金山笛洋美术馆（1999—2005），是一座隐含赖特风格的建筑；表皮、结构、材料的使用和内部空间之间的密切对应催生了东京的普拉达旗舰店（2000—2003）；德国慕尼黑的安联球场（2000—2005）是一个巨型的彩色灯光雕塑；北京奥林匹克体育场则是一个巨大的“鸟巢”（2002—2008）。尽管后者在形式上稍显放纵，但它无疑代表了赫尔佐格和德梅隆对表皮和结构二分法的抛弃。

Philipp Meuser

赫尔佐格和德梅隆，拉班中心，伦敦，1997—2003

Wikimedia/Mark Miller

赫尔佐格和德梅隆，笛洋美术馆，旧金山，1999—2005

2. TOD'S表参道大楼，东京，2002—2004

伊东丰雄在东京修建的TOD 'S表参道大楼是一座结构和表皮相吻合的建筑，与他的有机方法保持了一致。伊东丰雄让柱子和横梁交织起来，把它们当成一棵树的树枝。为了减轻混凝土在视觉上的沉重感，他使玻璃与立面齐平，只在外部展示混凝土，同时将外墙的其他部分涂成白色。这样一来，从街上看去，这座建筑就像一块薄薄的灰色银板，与大都市的灯光产生对话。伊东丰雄似乎认为，即使是混凝土也能产生充满活力的感觉，所以他的建筑不像其竞争对手安藤

Wikimedia/Oiuysdfg

伊东丰雄，御本木银座二店，东京，2004—2007

Flickr/iv toran

伊东丰雄，TOD'S表参道大楼，东京，2002—2004

忠雄的作品那么厚重。然而，正如大西若人指出的那样，TOD 'S表参道大楼内部空间不足——而充足的内部空间在几个街区外的赫尔佐格和德梅隆的普拉达旗舰店中却可以找到。这很可能是由客户的商业决定造成的，客户要求将大楼分成两个部分，下半部分用作零售区，而上半部分则是办公区。

伊东丰雄在这一时期完成的其他项目基于更具说服力的空间动态。如日本福冈的绿色I项目（2002—2005）是一条宜人的步行道，人们可以穿过室内空间，沿着覆盖着自然植被的起伏屋顶漫步。最后，伊东丰雄还尝试了一些新的研究方向，如东京的御本木银座二店（2004—2007），这座塔楼的珍珠装饰（御本木是专营珍珠的品牌）和外立面上的不规则几何形开口使它看起来像一个玩具，像是人们在这个世界上最具竞争力和高效的城市中的一个偶然的发现。

3. 西雅图中央图书馆，西雅图，1999—2004

OMA

雷姆·库哈斯/OMA，西雅图中央图书馆，西雅图，1999—2004

西雅图中央图书馆尝试回答了两个问题：今天公共空间的作用是什么？在一个除了印刷出来的出版物之外还有那么多媒体的社会里，图书馆应该如何发挥作用？

库哈斯曾在法国国家图书馆（1989—1995）和巴黎朱苏图书馆（1992）竞赛方案中采用了“瑞士奶酪”的试验方法，其中容纳图书的空间被其他活动空间穿透，建筑各楼层之间由连续的坡道连接。为了回答这两个问题，库哈斯没有继续选择“瑞士奶酪”的做法，而是选择了中间方法。一方面是满足图书馆的各种技术功能的专业平台：办公室、储藏室、教室和停车场。另一方面是作为公共广场的中央空间：一楼的大厅（一个有盖的广场，让人想起著名的蓬皮杜艺术中心）是一个供用户与其他媒体接触的“混合室”，还有位于上层的阅览室。平台和公共广场的整个结构被一个网状的外壳包裹着，这个外壳定义了一个体量，与西雅图的许多其他建筑不同，它具有决定性的非棱柱形形式。事实上，平台之间没有精确的对应关系，而是有轻微的偏移，以确保在一个平台和另一个平台之间以及在一个公共空间和另一个公共空间之间可以产生有趣的联系，甚至是视觉上的联系。这种动态的连接可以从外部，通过包裹建筑的透明网格皮肤来欣赏，尤其是在晚上。库哈斯的项目与他的偏执/功能主义的方法相一致，在形式和功能之间也呈现出完美的对应，即使结果是一个不确定和不寻常的对象。产生同样效果的还有葡萄牙的波尔图音乐厅（1999—2005）和中国的中央电视台总部大楼（2002—2012）。前者是一个整体建筑，内部由一系列相互连接的空间组成；后者由一对摩天大楼组成，它们在底部和顶部连接在一起，形成一个整体的闭环。

istockphoto/ptxgarfield

雷姆·库哈斯/OMA，波尔图音乐厅，波尔图，1999—2005

4. 加州交通局总部大楼，2002—2004

汤姆·梅恩在洛杉矶的加州交通局总部大楼项目中对大楼外的公共空间进行了研究。这座位于市中心的建筑明显不同于位于同一地区的另外两座建筑：盖里的沃尔特·迪士尼音乐厅和拉斐尔·莫内欧的天使夫人大教堂。与前者不同，梅恩的建筑是方形的；与后者不同，它充满了创造性。梅恩选择的方案实际上非常简单：一个高大的线性体量和一个较低的体量垂直相交，形成一个L形，并留下一个“象限”作为公共空间使用。梅恩说：“我们在创造的不是一个物体，而是一个空间。”这一目标也构成了以宏大姿态进行设计的基础。

汤姆·梅恩/墨菲西斯建筑事务所，加州交通局总部大楼，洛杉矶，2002—2004

Morphosis

主建筑的长边覆盖着钢板，类似于首尔的太阳塔和奥地利的海波·阿尔卑斯-阿德里亚中心采用的钢板，除了保证一种典型的墨菲西斯风格作品的生动的视觉和金属效果外，这也有助于减少太阳热量的吸收。北立面为全玻璃，南立面为光伏板。结果就是一栋被分割成水平平台的建筑。商业活动、夸张的标志图形（如用大号数字书写的建筑编号）和艺术家凯斯·桑尼尔的霓虹灯装置都保证了公共广场的活力，突出了两个建筑体量之间的结合。最后，在建筑内部，每三层设有一个电梯厅，由自然采光井提供照明，从各个部门都可以看到。

Morphosis

汤姆·梅恩/墨菲西斯建筑事务所，美国联邦大厦，旧金山，1999—2006

墨菲西斯事务所的项目显示，他们对创造解构主义细节（这在他们早期作品中比较常见）的兴趣有所降低，而是倾向于一种新的设计策略，即将艺术、公共空间、生态系统和光结合起来。这一策略也在加利福尼亚州的另外两个项目——洛杉矶的科学中心学校（1989—2004）和旧金山的美国联邦大厦（1999—2006）中有所体现。

5. 米兰贸易博览馆，米兰，2002—2005

米兰贸易博览馆以创纪录的24个月时间建设完成，就其紧张的日程安排来看，无疑是马西米亚诺·福克萨斯最重要的项目了：占地面积超过21万平方米，拥有2000个停车位。该建筑拥有一条长1.5千米的巨型高架人行道。它的效果非常复杂，但又展现出简单、清晰的合理性。博览馆给人印象最为深刻的是覆盖着人行道的玻璃屋顶，显示出福克萨斯对流体几何结构进行的明确研究。反过来，这一元素的复杂性又被建筑内部简单的空间组织所抵消。建筑内部只有一个中心的直线轴，垂直于8个功能性趋同的“街区”，每个街区包含4种空间类型——大型展示馆、餐厅、会议室、办公空间。还有一个非典型“街区”，包括服务中心和礼堂。

Courtesy Massimiliano e Doriana Fuksas

马西米亚诺·福克萨斯，米兰贸易博览馆，米兰，2002—2005

Courtesy Massimiliano e Doriana Fuksas

马西米亚诺·福克萨斯，米兰贸易博览馆，米兰，2002—2005

福克萨斯不止一次提到过电影序列的概念。在这个复杂的环境中尤其如此：参观者通过从循环轴一端到另一端的传送装置，看着建筑空间的各种图像在眼前展开，如同电影中的场景。使这一体验更加吸引人的是福克萨斯通过大量研究而设置的空间间隔，这些间隔将屋顶结构的主要兴趣点分开，让街区产生富有节奏的交替变化，其内部建筑的形式——透明或不透明的盒子，与轻质的“飞碟”混合在一起。重要的还有色彩的使用、材料的选择和景观效果，如通过水和植物的运用来软化刚性建筑的影响。所有的这些都通过插入一系列空隙来分隔不同的建筑体量得到进一步增强。

Flickr/David Dennis

理查德·罗杰斯，马德里-巴拉哈斯机场航站楼，马德里，1997—2006

6. 马德里-巴拉哈斯机场航站楼，马德里，1997—2006

如果米兰贸易博览馆证明将流体结构建筑插入大都市的高质量建筑群中没有太大的问题，那么理查德·罗杰斯设计的马德里-巴拉哈斯机场航站楼则试图将直到此时为止的高科技的三个分支综合起来：技术、感知和象征。这个项目的目标是创造一个具有严谨性、人性和叙事能力的建筑。

为了实现这一目标，罗杰斯使用了一个具有重大形式意义的结构模块，柔和的屋顶曲线暗示了当地的传统意象：从西班牙的丘陵景观到公牛头的形象，都通过毕加索风格的素描得以展现。纤细的、倾斜的、色彩鲜艳的钢柱的高技术形象被天棚拱顶上的细竹条所平衡。这种材料的选择，除了能够改善声学性能，也能使建筑内部显得温馨而随和，即通过插入一丝自然的气息来缓和人工元素带来的问题。

Wikimedia/Felipealvarez

理查德·罗杰斯，马德里-巴拉哈斯机场航站楼，马德里，1997—2006

7. 费诺科学中心，沃尔夫斯堡，2000—2006

在完成一些小型项目（如维特拉消防站和园艺展览馆）之后，扎哈·哈迪德赢得了沃尔夫斯堡的费诺科学中心项目设计竞赛，这是她完成的第一个大型项目。该项目因其独特的结构系统而闻名：具有特殊功能的倒置的钢筋混凝土塔架。建筑下方因此出现一个开放的平面，而上层则逐渐被穿过它们并起到包围作用的圆锥形结构所占据。因此，当地面层被用作公共广场时，由于其起伏不平的表面设计，它可以被称为“人工地形”，上层则被组织成位于“飞地”之中的主题空间。其结果是一个复杂的综合体，集群的组织形式使它既具有多中心性，又具有动态性，它甚至因为建筑内部各个层次之间的关联而更加生机勃勃。

将整个有机体（其内部让人联想到城市空间的复杂地理环境或产生能量的多极系统）结合在一起的是紧凑的混凝土墙，巨大的墙体的影响因为窗户和倾斜切口的插入而减轻。正如我们在维特拉消防站看到的那样，扎哈选择外露混凝土的原因可能是想要避免进一步的复杂化（如使用色彩效果），因为这座建筑本身已经是一个复杂的空间机器了。这个项目也是通过加入一个统一的综合体来对抗城市欲望的结果。这个雕塑般的、在许多方面具有纪念意义的标志性建筑完全可以与赫尔佐格和德梅隆的巴塞罗那论坛大厦（2000—2004）或让·努维尔的巨石相媲美。

Wikimedia/Richard Bartz

8. 波士顿当代艺术中心，波士顿，2000—2006

迪勒、斯科菲迪奥和伦弗洛事务所虽然从1978年就开始活跃，但没有相关的建筑工程清单可以炫耀。事实上，他们仅有的建筑项目是纽约的西格拉姆大厦法式餐厅（2000）和日本岐阜的斯利瑟住宅群（2000）。尽管如此，该事务所确实拥有相当高的国际知名度，他们在2002年瑞士世界博览会上展出的模糊建筑为他们带来了影响力。在这届世博会上，他们展示了自己在物理和虚拟空间、身体和心灵、感知和新技术上的研究成果。

与查尔斯·伦弗洛共同设计的美国波士顿当代艺术中心（2000—2006）是该事务所第一个具有重要意义的非临时性项目。它的设计目的是俯瞰港口的水体，设计团队为此采用了一个大胆的悬臂结构，可以在上层放置展示空间，释放出地面空间，用作面向水面的公共平台。礼堂和媒体图书馆也面朝这个方向。后者也许是艺术中心外部最独特的元素：它像一个向下倾斜的望远镜一样从悬臂中伸出。事实上，内部空间以一道玻璃幕墙作为结束端，将大海框住，使之成为一幅巨大的抽象图画。长桌上的计算机屏幕保护程序重复着同样的框架效果，形成了一个悬浮在现实和人工之间的空间。在这个空间中，图像的数量在反射的游戏中倍增，空间之间的边界因此消失。这也是模糊技术产生的效果，表明短暂的建筑和根本不被视为建筑的建筑之间的边界要比我们承认的灵活得多。

Chuck Choi

迪勒、斯科菲迪奥和伦弗洛事务所，波士顿当代艺术中心，波士顿，2000—2006

左页：
扎哈·哈迪德，费诺科学中心，沃尔夫斯堡，2000—2006

9. IAC总部大楼，纽约，2007

在众多明星建筑师中，盖里无疑是最具国际知名度的。他的名气如此之大，以至于他还在世的的时候就成了完全以其作品为主题的商业电影的主角——这也是电影史上的特例。2003年，在完成了沃尔特·迪士尼音乐厅的建设之后，盖里证明了他与环境相关的策略比传统的方法更为稳固，因此这座建筑很快成为洛杉矶市中心的标志性建筑。尽管如此，随后的许多类似的项目遍布全球，显示出盖里一定程度上的创意疲劳。西班牙埃尔西戈的瑞格尔侯爵酒厂（2006）的过度的装饰和近乎自娱自乐的态度令人震惊。一个比较有说服力的项目是2007年竣工的IAC总部大楼，在这里，盖里放弃了对各种衔接体量构成的研究，即连接维特拉设计博物馆、沃尔特·迪士尼音乐厅和毕尔巴鄂古根海姆博物馆的线路，以便将其从过度的巴洛克风格中剥离出来，回到荷兰国家银行总部大楼定义的扭曲研究中。其结果是一个建筑综合体，面对纽约城市街区强加的主题，展现了平衡简单与复杂的游戏的乐趣。

William Paterson

弗兰克·盖里，IAC总部大楼，纽约，2007

10. 凯布朗利博物馆，巴黎，1999—2007

让·努维尔在巴黎用他的凯布朗利博物馆抹去了街道和建筑之间的传统关系。这座建筑没有如人们所预期的那样沿着街道排列，而是后撤，在场地中心留出空间，供景观设计师吉尔斯·克莱门特设计花园。努维尔似乎想告诉我们，自然必须从建筑中回收空间。为了向法国传统的绿色墙壁和安巴兹的“非建筑”表示敬意，努维尔选择让植物用自然生长的方式覆盖博物馆的一些墙壁，并进一步强调了这一立场。然而，与安巴兹不同的是，努维尔虽然将他的建筑隐藏在自然之中，但他并没有放弃紧凑的建筑体量、彩色的金属板或凸出于墙外的色彩斑斓的盒子结构（这几个供游客休息的空间从物理角度上来说脱离了博物馆的道路流通系统）。

博物馆的内部空间似乎不太成功。在这里，努维尔的想法是创建一幅“虚拟地图”，再现地球表面的连续性，以倾斜和中断的路径来表示。这是一个绝妙的概念——例如，在库哈斯的作品中，我们已经看到过这种概念——但它展示大约3500件文物的区域变成了一个杂乱无章的文物市场，在许多情况下造成了混乱。

让·努维尔，凯布朗利博物馆，巴黎，1999—2007

未来系统事务所，塞尔弗里奇百货公司，伯明翰，1999—2003

iStockphoto/jax10289

超级创造力和超简主义

超级创造力现象与明星体系现象是平行发展的，它体现为具有显著景观影响的建筑物体。例如，未来系统事务所的英国伯明翰的塞尔弗里奇百货公司项目于2003年完成：它像一只巨大的变形虫，上面覆盖着圆形铝片。这座建筑令人困惑，尤其是在面对它与周围环境的结合时。努特林斯・里迪克建筑事务所的荷兰希尔沃叙姆的媒体中心（2006）产生了同样决定性的影响。在这种情况下，建筑师通过使用简单的图解法对一个复杂的方案进行了转置，奇怪的是这种做法也有一定的合理性。

由彼得・库克和科林・福尼尔设计的奥地利格拉茨美术馆（2000—2003）是最引人注目的展示超级创造力的项目之一。这又是一个流体建筑，被置入巴洛克式的城市背景中，像一个“友好的外星人”，又像是对20世纪60年代的波普文化的纪念。彼得・库克是建筑电讯派的成员和领导者之一，同时也属于最新的流体建筑派。美术馆的外部被由电子技术控制的圆形荧光灯覆盖，这个“友好的外星人”因此被转化成一个低分辨率的屏幕，用来投影信息。在建筑内部，移动的走道允许游客穿过空间、享受空间，就像在福克萨斯的米兰贸易博览馆一样，仿佛这些空间是电影序列的一部分。另一项具有重大影响的项目是由威尔・阿尔索普在加拿大多伦多完成的安大略艺术设计学院扩建工程（2004年竣工）。这座拥有6000多平方米的学习空间和教学空间的建筑悬在半空，由12根25米高的彩色细钢柱支撑，以避免影响未建成的空间和下方的现有建筑。这是一座铝制的盒子形雕塑建筑，白色的背景被无数随机设置的黑色方块和窗户所覆盖，这些方块和窗户被转化成比建筑更具绘画意义的主题。

未来系统事务所，塞尔弗里奇百货公司，伯明翰，1999—2003

与超级创造力相对的是超简主义。现代社会的混乱和形式的繁荣都和有序的审美相对立，这种审美是纯净的、抽象的、非物质的、反等级的、单一的、不灵活的。这一趋势的主要代表人物是日本建筑师妹岛和世，她和合作伙伴西泽立卫多年来一直在以严格的方式追求她早期作品呈现出的极简主义，这一点我们在前面已经讨论过。

妹岛和世和西泽立卫这一时期最重要的作品是日本的金泽21世纪美术馆（1999—2004）。这是一个由透明玻璃墙定义的圆形建筑，它包裹着长宽高各异的盒子结构。由于其高度精致的比例和绝对简单的组织（盒子是按照最普通的正交网格放置的），美术馆没有任何灵活性，这与高技派的复杂机器完全相反。直径只有10厘米的微型钢柱传达了非物质化的完美理念：超越柏拉图主义，超越极简主义，超越加尔文主义，有一种近乎神经性厌食症的感觉。当被问及设计方

Open Image Data of Kanazawa City

妹岛和世和西泽立卫，金泽21世纪美术馆，金泽，1999—2004

法时，妹岛说："我们绝不会从简单的基础开始设计，即使是在方案设计阶段。我们似乎是从非常复杂的事物开始设计的，逐渐使其变得简单。"在这种情况下，"简单"应被理解为"基本"，因为到了最后，阻碍缩减过程的只有那些不能再进一步细分的单位。这一点可以在妹岛和世独自设计的东京李子林住宅（2003）中看到。在这个项目中，缩小的建筑体量被细分为主要的居住功能：用餐、学习、睡觉、娱乐、清洁。这就使得钢制隔断的厚度略大于1厘米；房间的空间极为狭小，有些只有1米多高。为了不让空间因过于狭窄而令人窒息，妹岛用内部穿孔的方式将它们连接起来。于是这座住宅的业主在房子里的任何一个地方都有一种居住在网格里的感觉。这是一个纯粹的，同时也是复杂的概念操作的结果。

显然，这种类型的建筑，为了保持其理想的外观，几乎没有空间容纳日常生活的现实和混乱，包括灰尘和时间。也许它的成功恰恰在于这种对身体的物质性的抽象化，以及一种否定消费主义价值观的俗世禁欲主义，尽管这些同时也是它通过寻求极端的精致所追求的目标。这可以与日本新设计所提出的策略相比较，如无印良品连锁店，理论上是贩卖一些满足基本需求的基本物品，实际上却以高昂的价格出售。

事实上，从妹岛自己设计的低成本住房项目，如岐阜北方住宅（1994—1998）的失败中可以看出，超简的禁欲主义只有在豪华的独户住宅以及知识和文化空间中效果良好，在处理简单的活动时效果就不太能令人满意了。

iStockphoto/kjschraa

努特林斯·里迪克建筑事务所，媒体中心，希尔沃叙姆，2006

Wikimedia/Taxiarchos228

威尔·阿尔索普，安大略艺术设计学院扩建工程，多伦多，2004

Philipp Meuser

彼得·库克和科林·福尼尔，格拉茨美术馆，格拉茨，2000—2003

妹岛和世（1956—）

西泽立卫（1966—）

回归本源

尽管没有接近妹岛和世和西泽立卫的超简主义，但还有许多建筑师——大多是日本人——专注于回归本质。这种“回归本源”（back to basics，建筑评论使用的术语）的方法正是隈研吾和坂茂所追求的。隈研吾将他的研究重点放在原始关系和自然上：通过材料的触觉特性，处理其与光、水和景观的关系，这可以在日本东京表参道的LVMH总部大楼（2005）和中国上海的Z58办公楼与展厅（2006）项目中看到。尽管这两座建筑都处于复杂的都市环境中，隈研吾还是设计出了悬浮于自然和艺术之间的迷人空间。他在LVMH总部大楼项目中用细长的鳍状材料编织成纵横网格，或者像在上海Z58办公楼与展厅项目中那样，用水平分离的种植箱组成墙体，成功地利用垂直和水平的隔断获得生动的明暗对比效果。

作为一个具有高度实验精神的建筑师，坂茂在20世纪90年代因创造性的纸板结构而成名。1995年日本阪神大地震后，他用直径5米、厚16毫米的纸管进行测试，建造了一座170平方米的教堂。坂茂还设计了21个避难所，也是用纸板做成的，可以在6小时内组装完毕。这些避难所上覆盖着一种特氟隆织物，避难所用填沙的塑料箱固定在地面上。该项目引起了联合国难民事务高级委员会的兴趣。建筑界和坂茂的客户也表示出了极大的兴趣，他甚至因此获得了2000年汉诺威世界博览会日本馆的设计资格和MoMA花园示范馆（2000）的委托。这两个结构都是用可回收并可循环利用的薄纸板箱建造的。其中日本馆（与弗雷·奥托和哈波尔德事务所共同设计）由三个连接在一起的圆顶组成，是一个高度超过15米，占地72米×35米的空间。

在设计更巧妙、更简单的建筑的目标的刺激下，坂茂也成为众多实验住宅设计项目的建筑师，如位于日本川越的被称为裸宅（2001）的住宅项目。这是一个巨大而冷漠的室内空间，里面装满了装在轮子上的木箱子，用作卧室。这种设计选择使生活空间拥有了最简单的灵活性。

乡村工作室计划，纽伯恩消防站，纽伯恩，2003—2005

Flickr/ivtoran

坂茂，游牧博物馆，2003

Panoramio, Wikimedia/ikm

在坂茂这一时期的作品中，除了与让·德·加斯廷合作设计的梅茨蓬皮杜中心（2003—2010），还有游牧博物馆（2003）。游牧博物馆是一个为博物学家格雷戈里·科尔伯特的文献展览而设计的预制的流动画廊。它采用了通常用于马戏团帐篷的张拉技术，由152个集装箱堆码成四层，共排成四行。坂茂还使用了纸板柱和标准空心板材料，原计划用于屋顶的塑料板被太阳能布替代，以提高建筑的能源效率。这座博物馆可以在10周内"建成"，并且已经在包括纽约和圣莫尼卡在内的许多城市成功落地。坂茂的作品提出了一个建筑上的问题，即建筑要注重经济性，而不是创造具象的标志。正如保罗·芬奇所指出的："在一个到处都是看似独特实际上雷同的标志的世界里，没有一个标志是有意义的，它们仅仅是旧意义上的标志，不过是相同事物的相似代表。也就是说，这些相同的事物就是建筑本身。"

将节俭的艺术发挥到极致的是奥本大学的乡村工作室计划。该计划由塞缪尔·莫克比在奥本大学发起，在他去世后，由安德鲁·弗里亚接管。该计划包括让建筑专业的学生在最后一年使用赞助商捐赠的回收材料和设备，在该国贫困地区开展试点项目。对学生来说，这表示要将他们在过去几年中在学校学到的风格主义和形式主义定式放在一边，进行实践的机会来了。对当地居民来说，这是一项非常重要的援助。自1994年以来，乡村工作室计划已经实现了大约60个项目，包括位于亚拉巴马州梅森本德的露西之家（2001—2002）。该建筑的墙体没有采用传统的技术，而是用赞助商捐赠的地毯砖叠砌而成，该建筑是一座新表现主义的红色塔楼。还有同样位于亚拉巴马州的纽伯恩消防站（2003—2005），完全用木材和聚碳酸酯材料建造。

在英国，在最近那些将创造力与廉价的或可回收材料结合在一起的作品中，莎拉·威格斯沃思设计的位于伦敦的伊斯灵顿住宅（1998—2002）尤其值得关注。设计师在材料的使用上将想象力发挥到了极致。对彼得·戴维来说，这是他"多年来见过的最性感、最机智的建筑：一个恋物癖的天

Philipp Meuser

隈研吾，Z58办公楼与展厅，上海，2006

Flickr/iv toran

坂茂、弗雷·奥托和哈波尔德事务所，日本馆，汉诺威世界博览会，2000

Wikimedia/Wiiii

隈研吾，LVMH总部大楼，东京，2005

Courtesy Exposure Architects

曙光建筑事务所，八脚蜘蛛自助餐厅，曼谷，2001—2004

Wikimedia/Guido Radig

坂茂和让·德·加斯廷，梅茨蓬皮杜中心，梅茨，2003—2010

Wikimedia/Michielderoo

NL建筑事务所，篮子酒吧，乌得勒支，2000—2003

堂，充满了睿智的发明，狂野但温柔，随时都可以改变……我们都生活在自己想象中的那样一栋房子里”。

在荷兰，NL建筑事务所在乌得勒支设计了篮子酒吧（2000—2003）。由于游戏空间的巧妙安置，腾出了一楼空间以便发挥其公共功能，包括一个自助餐厅和一个用于社交活动的开放广场。

SeARCH建筑事务所的荷兰莱登的泰厄斯展馆（1998—2002）是一个非常精致的项目，它位于韦鲁韦松国家公园，结合了自然和人工材料，定义了一种极简的展馆类型。在丹麦，PLOT工作室（成立于2001年，2006年解散后两位合伙人分别成立了BIG.和JDS两大建筑事务所）建造了哥本哈根的海上青年之家（2004）。该项目表明通过使用木材也可以创造出充满吸引力的连续空间。

最后，我们可以看一下曙光建筑事务所在泰国曼谷的八脚蜘蛛自助餐厅（2001—2004）。设计这家餐厅的目的是改善附近纺织厂工人的劳动条件。餐厅高于场地平面，与周围景观形成了一种愉快的关系。建筑的外形像一只五指张开的手，这样可以让每张餐桌上的客人都能看到别致的风景。这座建筑所处的池塘是通过循环利用洗涤织物所用的水而形成的。环形坡道将连接工作空间和自助餐厅的通道变成了日常活动的空间。

迪拜市中心：中东地区摩天大楼密度最高的地方，2016

iStockphoto/tobiasjo

下一站

在不久的将来，建筑会朝什么方向发展？

想象一下，明星体系也许会继续占据主导地位，尤其是在发展中国家和地区（如中国、印度和波斯湾地区——主要是迪拜，现在也是重要的经济和金融利益中心）的新项目的支撑下，这并非不可能。在这些新项目中，有许多无疑将具有丰富的诗意和形式上的意义。事实上，很难想象盖里和库哈斯等有创造力的人物会继续不厌其烦地重复他们自己的故事，接受名人效应带来的平庸和轻松的成功。另一方面，我们对新兴建筑师的未来无疑也感到喜忧参半。一些人将寻求成为明星体系的一部分，而另一些人则选择置身事外。在第一种情况下，迟早会发展出一种与国际风格发展情况不同的风格。在第二种情况下，我们将见证拥有新的张力、令人不安的设计理念的出现。这些理念的意义不亚于20年前在建筑界引发的重要变革，而我们现在正享受着这些变革带来的成果。

毫无疑问，许多这样的变化已经开始，而评论家虽然知道如何参照我们现在所观察到的情况更好地解读过去，却无法识别和破译这些变化。这与上一代人所犯的错误是相同的，当年他们就忽视了盖里和库哈斯乃至后现代主义的斯特拉达·诺维西玛等建筑师对1980年威尼斯双年展的堪称异类的贡献，甚至在更早的1978年，他们也没能认识到盖里在圣莫尼卡的自宅扩建项目中的创新。

目前，我们见证了三个新方向的发展。

第一个方向是环境的重要性不断增加，这对建筑却愈加不利。建筑设计将越来越多地处理“领地”的问题，鉴于不再存在明确的界限，自然会以越来越强大的力量——在很多情况下作为一种建筑材料——入侵建筑。除了节约能源和可持续发展，下一个问题将是与我们周围环境的新关系。这就导致了对无背景的建筑雕塑作品的拒绝态度（也有人们对比例匀称的构造组合兴趣寥寥的原因），因为这种建筑最终只会被设计为独立于环境之外的雕塑对象。

第二个方向将倾向于克服20世纪90年代对数字技术的过度热情，以及“911”事件后对所有技术的恐惧，重新审视高科技和低科技之间的关系。显然，这并不是一种平庸的平衡，而是一种激情的碰撞和对抗——简单与复杂、缓慢与快速、数字与机械、自动与手动、轻盈与沉重、透明与不透明、抽象与具体，等等——正如我们已经看到的，其中的许多在年轻一代建筑师设计的项目中已经有了定义。

第三个方向将建筑置于欲望的领域。这意味着要克服基本需求和标准的阶段，面对复杂的需求和新的生活方式。交流和修辞在这里占主导地位：就像时尚和艺术一样，两个领域都越来越少地进行关于对象的研究，而更多地涉及关系的动力研究。在这一点上，将由建筑师决定他们是希望使用时尚领域的迷惑性技术，还是采取艺术领域的不那么心甘情愿的态度。

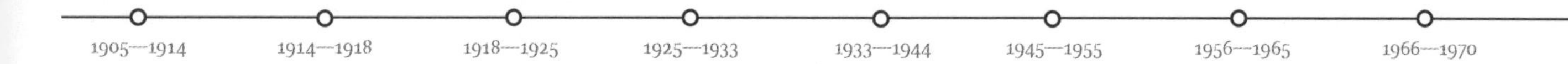
1905—1914
1914—1918
1918—1925
1925—1933
1933—1944
1945—1955
1956—1965
1966—1970

2008至今　最新发展

第11届威尼斯双年展于2008年9月14日开幕。这届双年展由亚伦·贝茨基策划，主题是“那儿，超越房屋的建筑”。双年展展示了创新建筑的例子和埃米利亚诺·甘多菲策划的实验建筑项目。这将是实验建筑的绝唱，也是文化世界正在发生变化的一个标志。人们对明星体系的抗议情绪日益高涨。尽管明星体系本身含糊不清，但它仍然是形式研究的主要推动力。可以想象，明星建筑师为了避免出现这样的情况，只能在广受吹捧的对社会和生态问题的承诺，以及政治正确和良好意图的安慰和开脱的世界中寻求庇护。

接下来，2010年的双年展，由日本建筑师妹岛和世策划，其主题是“人们在建筑中相遇”。2012年威尼斯双年展被委托给越发叛逆的大卫·奇普菲尔德，他选择了“共同基础”这个主题，暗示了独自表演时代的结束。建筑想要生存下去，就需要一个建立在通用和共享语言前提下的新阶段。当然，除了口头上的承诺，很少有人愿意分享任何东西。这一点从参展的项目中可以清楚地看到。

2014年，轮到了雷姆·库哈斯。他决定把门槛降得更低。他的主题是“基本法则”。在威尼斯双年展历史上，建筑师第一次没有成为主角，取而代之的是建筑的基本元素：楼梯、地板、栏杆、卫生间。他的目标似乎集中在恢复与物体的关系，以及贸易的具体要素上。实际上，这是一个以策展人的自我为中心的势利而矫揉造作的举动。这一点在库哈斯自己策划的在劳伦森图书馆举办的小型展览中就表现得很明显，在展览中，库哈斯便利用了建筑元素与建筑自身对立的主题。这个在他的后续项目中出现的游戏规则很快就被揭示出来：通过创造新的趋势来反驳趋势，通过与奢侈品调情来表现贫穷，通过建立新的语言来拒绝语言。这与大型时尚品牌（如普拉达）所采用的手段并无二致，库哈斯确实与普拉达建立了激烈而有益的合作关系。在智利建筑师亚历杭德罗·阿拉维纳策划的2016年威尼斯双年展上也出现了暧昧性。他敏锐而优雅地驾驭了社会住房浪潮问题，为卑微的客户提供住房，但同时也为重要的客户提供建筑。2018年双年展选择格拉夫顿建筑事务所的爱尔兰双人组合伊凡·法雷尔和雪莱·麦克纳马拉为策展人，标志着良好意图的修辞降至最低点。他们声称自由空间的建筑从未被明确定义：它是与私人和商业的空间并列的公共和自由空间，还是向自发用途开放的多功能空间，或者是充满诗意的多感官空间，又或者仅仅是一个使人们感到自由的栖息地？最后，每个参展建筑师都按照自己认为合适的方式诠释了这个主题。在第三世界国家工作的建筑师和设计商业建筑的新、老建筑师之间也有交替，他们态度漠然地采用着各种形式的技术与语言。

2008—2018年，建筑界明显受到言论、恐惧和不确定性的支配。这也反映在堪称建筑领域诺贝尔奖的普利兹克建筑奖的授予上。在2004至2008年，普利兹克建筑奖授予了以某种方式进行创新和实验研究的建筑师——扎哈·哈迪德（2004）、汤姆·梅恩（2005）、保罗·门德斯·达·洛查（2006）、理查德·罗杰斯（2007）和让·努维尔（2008），后来又授予了抒情的彼得·卒姆托（2009）、超简主义者妹岛和世和西泽立卫（2010）以及爱德华多·苏托·德·莫拉（2011）。此外，普利兹克建筑奖开始向发展中国家的建筑师开放，如王澍（2012）和之前提到的亚历杭德罗·阿拉维纳（2016）。它也向日本建筑师致敬，如伊东丰雄（2013）和坂茂（2014）。老一辈的建筑师被重新认识（这也许是一种大师级建筑师稀缺的暗示），如弗雷·奥托（2015）和巴克里希纳·多西（2018）。多西甚至还是柯布西耶的追随者。还有，出于对材料而非技术方法的认可，评审团选择了拉斐尔·阿兰达、卡梅·皮格姆和拉蒙·比拉尔塔组成的RCR建筑事务所（2017）。考虑到这个西班牙

Tadeuz Jalocha

亚历杭德罗·阿拉维纳等人，金塔·蒙罗伊公屋，伊基克，2004

Véronique Hours/Fabien Mauduit

亚历杭德罗·阿拉维纳等人，创新中心，马库尔，2014

团队所做项目的质量，这是一个无可挑剔的选择，但同时也清楚地证明了一点：与21世纪初相比，建筑界的氛围发生了变化。尽管这些活动、展览和奖项难以避免天花乱坠地自说其话，但研究的主要方向似乎还与前十年一样：与自然的关系和与艺术的融合。首先是印度的孟买工作室和越南的伍重义带有高度原创性的研究。他们都凭借智慧致力于与当地传统的创造性融合，使其设计通过西方的滤镜而变得充满现代感。伍重义曾在东京大学学习，而孟买工作室的创始人约伊·贾因则与纽约哥伦比亚大学保持着长期的关系。其结果是一种新的异国情调，重复了“精明的东方人”向外国人展示他们所希望看到的东西的故事。事实上，孟买工作室确实让人想起了弗兰克·劳埃德·赖特的建筑风格，而伍重义对竹子的使用也类似新陈代谢派或伊东丰雄的技巧。

西方国家对生态系统和一切绿色的东西的渴望与日俱增，这是最明显的迹象。这让我们看到，工业社会的象征符号逐渐转变为休闲、保健的新空间。如纽约的高线公园（2000—2014）：它是一个横穿曼哈顿的废弃基础设施，迪勒、斯科菲迪奥和伦弗洛事务所因为将其改造成一条绿色长廊而备受称赞。项目的第一部分于2009年6月落成，其余部分于2011年和2015年相继开放。

在米兰，垂直森林证明了一次巨大的胜利。这是一座由斯特凡诺·博埃里设想，建造于2009—2014年的摩天大楼，隐藏在茂密的植物墙后。尽管借鉴了之前SITE建筑事务所、埃米利奥·安巴兹和爱德华·弗朗索瓦的项目，但垂直森林在意大利和国外引发了人们在很长一段时间内都没有出现过的对建筑的兴趣。这可能是因为它向人们承诺了一个技术先

业余建筑工作室/王澍，宁波博物馆，宁波，2008

Philipp Meuser

Denis Esakov

扎哈·哈迪德，主权塔，莫斯科，2015

伊东丰雄，巴洛克国际博物馆，普埃布拉，2014—2016

进的、可持续发展的未来：花园、树木、公平贸易和生长缓慢但味道正宗的食物。

显然，它的不自然、自吹自擂和高昂的维护成本也带来了很多争议。然而，不可忽视的是，该项目引入了800棵大型树木、4500株灌木和15 000株小型绿植。这些植物的总占地面积在20 000平方米左右，远远大于两座塔楼的占地面积。同样令人感兴趣的是这个项目和其他一些项目所提出的语言问题——在今天已经成为所有事务所发展的方向，包括RPBW建筑事务所（伦佐·皮亚诺的事务所）2017年的火山商业与服务中心——景观设计远远超出了单纯的幕墙装饰。整栋建筑消失并融入环境的现象越来越普遍。也有一些优秀的成果，如阿克雅联合事务所于2014年完成的安蒂诺里酿酒厂，该项目占地面积为49 000平方米，拥有287 000立方米的地下空间，可通过山坡上的一个切口进入，让人联想到巨型的大地艺术作品。

这种新生态框架也令建筑界对争论领域之外的一些设计师日益关注，尤其是东方建筑师，从中国到越南，再到拉丁美洲国家，如前面提到的亚历杭德罗·阿拉维纳。伴随着他崛起的还有一些拉美建筑师，如巴西建筑师保罗·门德斯·达·洛查和马西奥·科根，前者于2006年获得了普利兹克建筑奖，后者于2012年当选为美国建筑师协会荣誉会员。还有智利的马蒂耶斯·克洛茨和斯米连·拉狄克，两人于2014年设计了伦敦蛇形画廊展馆，2018年蛇形画廊展馆的委托则授予了墨西哥建筑师弗里达·埃斯科贝多。最后，还要提一下哥伦比亚建筑师吉安卡洛·马扎蒂，他设法将建筑野兽主义与环境可持续性问题结合起来。

第二条研究路线侧重于建筑与艺术的融合。这只是一个单向的过程，艺术家越来越经常地参与建筑的制作。例如，奥拉富尔·埃利亚松在丹麦设计的自宅“峡湾”（2017—2018），设计师阿尼什·卡普尔设计的那不勒斯的一个地铁站。在那不勒斯，地铁站项目是许多建筑师和艺术家一同完成的（重要的地铁站包括奥斯卡·塔斯克茨设计的托莱多站和卡里姆·拉希德设计的大学站）。

iStockphoto/ricochet64

奥拉富尔·埃利亚松，峡湾，瓦埃勒，2017—2018

iStockphoto/Allard1

MVRDV建筑事务所，鹿特丹市场大厅，鹿特丹，2014

热衷于实验的荷兰MVRDV建筑事务所是使用精练方法的榜样。阿姆斯特丹香奈儿精品店采用了透明砖，重建了一个具有哲学品位的历史性建筑，避免倒向自然保护机构强加的平庸模仿。鹿特丹市场大厅（2014）体现了建筑和艺术的共存，其内部穹顶上画着一幅总面积为11 000平方米的巨型超现实主义画作，由艺术家阿诺·科恩和艾里斯·罗斯卡姆设计。这幅画作描绘的是一个“聚宝盆”，里面装满了市场上可以买到的商品，还有受荷兰静物画启发的花卉和昆虫。与天津城市规划设计院（TUPDI）合作设计的天津图书馆于2017年开放。它的特点是蜿蜒的线形结构：有些是可以进入的，用作书架，而另一些则只是书的照片，仅起装饰作用。

在艺术和建筑之间徘徊的赫尔佐格和德梅隆提出的方案越发优雅，如他们在2008年完成的位于马德里的联邦储蓄银行文化中心。建筑师对一座两层高的砖砌发电厂进行了翻新，引入了一个切口，在花岗岩基座下方开凿出一个有盖的广场。随后，这座建筑和一座特种钢覆面的新建筑一起被抬高了几层。

效果令人惊叹：原有建筑既被接受又被否定。之所以被接受是因为它仍然是新建筑的主要形象核心；之所以被否定是因为它被解构了，而且它的结构逻辑也被破坏了。尽管项目的翻新无可挑剔（包括突出历史和将其与新建筑进行对比的典型操作），但似乎也不太可能有比这种对建筑历史的态度更加具有嘲讽性了。

在雷姆·库哈斯于2015年完成的米兰普拉达基金会大楼项目中，其嘲讽的态度毫不逊色。该项目是对一座始建于1910年的酒厂的修复，库哈斯显然已经完全放弃了原建筑师的光环。然而，一系列现代碎片结构的插入和其中一栋以金箔包裹的建筑则颠覆了干预的意识。其结果是为时尚品牌的基金会提供了完美的新家，漫不经心地玩弄“永恒的当下”的策略，揭示了现在被浪漫化的实际上不过是仿造的过去。金色的表面在陶瓷、马赛克和日常用品的世界里大量出现。与其他颜色相比，金色更能捕捉物体现实的一面。就其本身而言，普拉达基金会大楼汇集了从伊

Guangyuan Zhang/Li Xingguang

赫尔佐格和德梅隆，北京奥林匹克体育场，北京，2008

Louvre Abu Dhabi © VG Bild-Kunst

让·努维尔，阿布扎比卢浮宫，阿布扎比，2017

恩·弗莱明的《金手指》到乔治·德·契里柯的《意大利广场》的各种图像碎片。

日本的隈研吾和坂茂是两位不知疲倦的旅行者。他们在全球测试新技术：从纸板到碳纤维。他们创作的作品具有诗意的强度，以及对建筑的高度智能的理解。例如，坂茂在地震后房屋重建项目中使用纸板管，这比人们想象的更得益于巴克敏斯特·富勒的技能和天才思想。接下来的一代日本建筑师采用了更为形式化的方法，介于几何简化的极简主义和透明表面对自然的开放性之间，他们包括藤本壮介、犬吠工作室和石上纯也等。尽管日本的超简主义有着显著的影响力和几乎同样的成功，但在2008—2018年这10年间，超简主义的两位领导人物都是欧洲人——丹麦的比亚克·英格尔斯和英国的托马斯·希瑟威克，他们在朝着不同的方向前进。

英格尔斯于2006年成立了BIG建筑事务所，在此之前，他与在库哈斯的OMA结识的朱利安·德·斯曼特合伙组建过PLOT工作室。BIG建筑事务所利用了项目的矛盾方面，将

Delfino Sisto Legnani and Marco Cappelletti © OMA

雷姆·库哈斯/OMA，特德斯基商会馆，威尼斯，2016

Jean-Philippe Hugron

弗兰克·盖里，路易威登基金会大楼，巴黎，2014

Philipp Meuser

雷姆·库哈斯/OMA，阿克塞尔·斯普林格新园区大楼，柏林，2020

其视为包容性、实验性和创新性方案的源头，其中的“or/or”的逻辑被“and/and”取代。此外，利润的逻辑不再以道德的方式判断。这引起了人们对“政治正确”的评论，他们在哥本哈根市中心的垃圾焚化炉前瞠目结舌——该焚化炉的屋顶被用作滑雪场。从住宅群落中的汽车车库，可以俯瞰自然景观（山地住宅，2008）。还有一个只有500套公寓的住宅开发项目，以看似平庸的几何结构创造了一个复杂的步行道建筑（8住宅，2011）。

希瑟威克因一系列同样饱受争议的项目而声名鹊起，如一座弯曲的翻滚桥（2002）、2010年世界博览会英国馆（其海胆般的皮肤由60 000根含有相同数量的不同植物的光纤丝组成），以及专为伦敦市设计的新型双层观光巴士。在他的项目中，实验、自然和设计结合在一起，消除了各领域——如家具、雕塑、艺术、产品设计、时尚之间被普遍接受的界限。

在这一时期，像英格尔斯和希瑟威克这样的新秀设计师得到的肯定越来越多，但长期被认可的建筑师也佳作频出。于2017年11月8日落成的阿布扎比卢浮宫证明了让·努维尔创造对光线产生反应的建筑的能力。这个项目是努维尔对受印象派启发的传统的回归（在卡地亚基金会大楼项目中也得到了体现，毫无疑问是他的杰作之一。2014年落成的巴黎路易威登基金会大楼（2014）继续展现了弗兰克·盖里的天赋，也是他以不可阻挡之势创造惊人形象和标志的能力的最新展示——几乎精确到了螺栓——它向我们证明，只要人类有意愿，新技术能够在很大程度上改变我们的建造方式。在这个被经济危机困扰的10年里，这种态度似乎再次显示出了重

iStockphoto/Lukas Bischoff

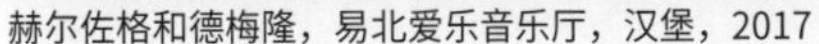

赫尔佐格和德梅隆，易北爱乐音乐厅，汉堡，2017

iStockphoto/ollio815

BIG建筑事务所，8住宅，哥本哈根，2011

要性。赫尔佐格和德梅隆的汉堡易北爱乐音乐厅在经历了10年的争议和几乎无法控制的成本上涨之后，终于在2017年完成。这比联邦储蓄银行文化中心更清楚地展示了新与旧如何共存，它们只有通过碰撞、冲突和在同等程度上丰富它们之间的张力才能融合。这两位瑞士建筑师在传统主义者阿尔多·罗西的经验基础上成长起来，却踏上了与之相反的设计之路。

在这10年间，还有一些贡献了很多重要项目的事务所和建筑师，如OMA、福克萨斯、RPBW、罗杰斯·斯特克·哈勃及合伙人事务所、越来越注重美学价值的圣地亚哥·卡拉特拉瓦，以及扎哈·哈迪德事务所。2016年3月31日，哈迪德不幸去世后，事务所由帕特里克·舒马赫负责。该事务所终于在全球范围内实现了大型项目：摩天大楼、地铁站、桥梁、购物中心和体育中心，包括2012年伦敦奥运会的水上运动中心和为森林绿流浪者足球俱乐部修建的完全用木头建造的体育场。在这样的时刻，哈迪德的离世令人惋惜。未来将告诉我们，一个对20世纪90年代建筑业的重生产生重要影响的人物的离去是否标志着一个时代的结束和另一个时代的来临。

附录

中英文译名对照

A

《ABC建筑文集》*ABC*

ABC团体 ABC Group

阿比·瓦尔堡 Aby Warburg

阿达尔贝托·利贝拉 Adalberto Libera
- 国会宫 Palazzo dei Congressi
- 库尔乔·马拉帕尔泰别墅 Villa of Curzio Malaparte

阿道夫·贝内 Adolf Behne

阿道夫·冯·希尔德布兰 Adolf von Hildebrand

阿道夫·古斯塔夫·施奈克 Adolf Gustav Schneck

阿道夫·拉丁 Adolf Rading

阿道夫·路斯 Adolf Loos
- 布朗纳宫 Palace Bronner
- 弗朗茨·约瑟夫一世纪念碑 Monument to the Glory of Emperor Franz Josef
- 古德曼&萨拉齐大厦 Goldman & Salatsch Building
- 咖啡博物馆（虚无咖啡馆） Café Nihilismus
- 鲁弗别墅 Villa Rufer
- 马克斯·德沃卡克陵墓 Mausoleum for Max Dvočák
- 美国酒吧 American Bar
- 莫勒别墅 Villa Moller
- 穆勒别墅 Villa Müller
- 斯坦纳住宅 Steiner House
- 斯特罗斯别墅 Villa Stross
- 扎腊住宅 Tzara House
- 《芝加哥论坛报》大楼方案 Plan for *Chicago Tribune*

阿道夫·迈耶 Adolf Meyer

阿道夫·纳塔里尼 Adolfo Natalini

阿道夫·希特勒 Adolf Hitler

阿德勒&沙利文事务所 Adler & Sullivan
- 芝加哥礼堂 Chicago Auditorium Building

阿德里安·盖兹 Adriaan Geuze
- 剧院广场 Schouwburgplein

阿德里亚诺·奥利维蒂 Adriano Olivetti

阿尔贝托·卡尔扎·比尼 Alberto Calza Bini

阿尔贝托·马兰哥尼 Alberto Marangoni

阿尔贝托·佩雷兹-戈麦兹 Alberto Pérez-Gómez

阿尔贝托·萨托利斯 Alberto Sartoris

《阿尔卑斯建筑》*Alpie Architecture*

阿尔伯特·博肯 Albert Boeken

阿尔伯特·格列兹 Albert Gleizes

阿尔伯特·斯皮尔 Albert Speer

阿尔多·范·艾克 Aldo van Eyck
- 市政孤儿院 Municipal Orphanage

阿尔多·加加尼 Aldo Gargani

阿尔多·卡尔德利 Aldo Cardelli
- 市民殉难纪念碑 Fosse Ardeatine Monument

阿尔多·卡米尼 Aldo Camini

阿尔多·罗西 Aldo Rossi
- 博尼范登博物馆 Bonnefanten Museum
- 摩德纳公墓 Cemetery of Modena
- 阿米亚塔山住宅综合体 Monte Amiata Residential Complex
- 法尼亚诺·奥洛纳小学 Elementary School in Fagnano Olona
- 沃尔特·迪士尼总部大楼 Walt Disney Headquarters
- 库内奥市抵抗运动纪念碑 Monument to the Resistance in Cuneo
- 利纳特机场附属建筑 Addition to Linate Airport
- 漂浮剧场 Teatro del Mondo
- 赛格拉特镇游击队纪念碑 Monument to the Partisans in Segrate
- 舒尔滕街区项目 Schülten-strasse Block
- 伊尔·帕拉索酒店 Il Palazzo Hotel

阿尔多·莫罗 Aldo Moro

《阿尔法贝塔》*Alfabeta*

阿尔弗雷德·巴尔 Alfred Barr

阿尔弗雷德·菲斯克 Alfred Fisker

阿尔弗雷德·克劳斯 Alfred Clauss
- 可拆卸房屋 Demountable House

阿尔弗雷德·梅塞尔 Alfred Messel

阿尔弗雷德·诺依曼 Alfred Neumann

阿尔弗雷德·斯蒂格利茨 Alfred Stieglitz

阿尔弗雷德·雅里 Alfred Jarry

阿尔玛·辛德勒·马勒 Alma Schindler Mahler

阿尔曼 Arman

阿尔瓦·阿尔托 Alvar Aalto
- 奥塔尼米学生宿舍 Student Dormitory in Otaniemi
- 芬兰展馆 Finnish Pavilion
- 赫尔辛基理工大学 Helsinki University of Technology
- 罗万尼米图书馆 Rovaniemi Library
- MIT贝克楼学生宿舍 MIT Baker House
- 玛利亚别墅 Villa Mairea
- 纽瓦尔公寓大楼 Neue Vahr Apartment Towers
- 帕伊米奥结核病疗养院 Tuberculosis Sanatorium in Paimio
- 塞恩约基图书馆 Seinäjoki Library
- 三十字教堂 Church of the Three Crosses
- 珊纳特赛罗市政厅 Town Hall of Säynätsalo
- 社会保险研究所大楼 Social Insurance Institute Building
- 维普里图书馆 Library in Viipuri
- 沃尔夫斯堡文化中心 Cultural Centre in Wolfsburg

阿尔瓦罗·西扎 Álvaro Siza
- 阿利坎特大学 University Rectorate in Alicante
- 大学图书馆 University Library
- 科学和信息学院 Faculty of Science and Information
- 葡萄牙馆 Portuguese Pavilion
- 塞拉维斯当代美术馆 Serralves Museum of Contemporary Art
- 圣玛丽亚教堂 Santa Maria Church

阿尔文·博伊尔斯基 Alvin Boyarsky

阿方索·爱德华多·里迪 Affonso Eduardo Reidy

阿方索·格拉索 Alfonso Grasso

阿格诺德莫尼科·皮卡 Agnoldomenico Pica

阿基佐姆小组 Archizoom
- “超级波浪”沙发 Superonda
- 密斯扶手椅 Mies Armchair
- 无终结城市 No-Stop City

阿克雅联合事务所 Archea Associati
- 安蒂诺里酿酒厂 Antinori Winery

《阿莱城的姑娘》*L'Arlésienne*

《阿莱城的姑娘李·米勒》*Portrait of Lee Miller as L'Arlésienne*

阿兰·科尔孔 Alan Colquhoun

阿兰·里奇 Alan Ritchie
- 瓜达拉哈拉儿童博物馆 Children's Museum in Guadalajara

阿里阿德涅 Ariadne

阿历克塞·克鲁钦基 Aleksei Kruchenykh

阿列克谢·甘 Aleksei Gan

阿鲁普工程公司 Arup

阿伦·卡普罗 Allan Kaprow

阿伦兹、伯顿&科拉雷克事务所 Ahrends,Burton & Koralek

阿玛尼 Armani

阿曼多·布拉西尼 Armando Brasini
- 意大利馆 Italian Pavilion

阿曼西奥（潘乔）·古德斯 Amancio (Pancho)Guedes

阿梅德·奥占芳 Amédée Ozenfant

阿米巴变形虫 amoeba

阿姆斯特丹学派 Amsterdam School

阿姆斯特朗 Armstrong

阿纳多·福斯基尼 Arnaldo Foschini

C

E

F

《工作台》*Contropiano*

功能城市主义 functional urbanism

功能主义 functionalism

共同基础 Common Ground

贡纳尔·伯克兹 Gunnar Birkerts

贡特尔·尤里格 Günther Uhlig

贡特尔·杜门尼 Günther Domenig
- 中央银行大厦 Central Bank Building

构成主义 constructivism

《构成主义》*Konstruktivizm*

构成主义国际派 International Faction of Constructivists

《构成主义与艺术的清算》*Constructivism and the Liquidation of Art*

谷口吉生 Yoshio Taniguchi
- MoMA扩建 MoMA Extension

古典主义 classicism

古生态 archaic-ecological

古斯塔夫·哈特劳布 Gustav Hartlaub

古斯塔夫·克里姆特 Gustav Klimt

古斯塔夫·莫罗 Gustave Moreau

关联主义 correalism

《关于镜子》*Sugli Specchi*

《光景》*Light Vision*

《广告》*Die Reklame*

滚石乐队 Rolling Stones

国际风格展 International Style Exhibition

国际精神分析联合会 International Union of Psychoanalysis

《国际建筑》*Internationale Architektur*

《国际建筑》*Lotus International*

国际进步艺术家大会 International Congress of Progressive Artists

国际剧院展览会 International Theatre Exhibition

国际现代建筑协会 Congrès internationaux d'architecture modern (CIAM)

《国际新建筑》*Internationale neue Baukunst*

国际展览局 Bureau International des Expositions

国际主义风格 international style

国家博览会 State Exhibition

过度诗意 poetic of excess

《过去的目光》*Sguardi sul passato*

过往的呈现 La presenza del passato

H

H. E. 鲍沃尔特 H. E. Pauwert

哈波尔德事务所 Buro Happold
- 日本馆 Japanese Pavilion

哈德良行宫 Hadrian's Villa

《哈佛设计杂志》*Harvard Design Magazine*

哈佛大学 Harvard University

哈里·贝尔托亚 Harry Bertoia

哈里里建筑事务所 Hariri & Hariri

哈尼·拉希德 Hani Rashid

哈尼曼和科皮事务所 Honeyman and Keppie

哈桑·法西 Hassan Fathy

哈维·威利·科比特 Harvey Wiley Corbett

海迪·韦伯 Heidi Weber

海杜尔夫·格朗罗斯 Heidulf Gerngross

海因里希·里希特-贝尔林 Heinrich Richter-Berlin

海因里希·泰塞诺 Heinrich Tessenow

海因里希·沃尔夫林 Heinrich Wölfflin

汉堡建筑论坛组织 Hamburger Bauforum

汉内斯·迈耶 Hannes Meyer
- 德国工会学校 German Trade Union School

汉诺威世界博览会 Hanover Expo

汉莎航空公司 Lufthansa

汉斯·阿尔普 Hans Arp

汉斯·霍莱恩 Hans Hollein
- 城市通信交流纪念碑 City Communication Interchange
- 哈斯大楼 Haas Haus
- 景观航空母舰 Carrier in the Landscape
- 施塔特之城 Stadt

汉斯·科尔霍夫 Hans Kollhoff

汉斯·卢克哈特 Hans Luckhardt

汉斯·珀尔茨希 Hans Poelzig
- 大歌剧院 Grosses Schauspielhaus

汉斯·里希特 Hans Richter

汉斯·施密特 Hans Schmidt

汉斯·斯蒂曼 Hans Stimmann

汉斯·维特沃尔 Hans Wittwer
- 德国工会学校 German Trade Union School

汉斯·夏隆 Hans Scharoun
- 柏林爱乐乐团音乐厅 Berlin Philharmonic
- 罗密欧与朱丽叶住宅楼 Romeo and Juliet Complex
- 曼海姆剧院 Theatre in Mannheim
- 施明克住宅 Schminke House
- 舒尔兄妹女子学校 Geschwister-Scholl Girl's School

汉斯·伊贝林斯 Hans Ibelings

《捍卫建筑》*In defense of Architecture*

豪斯-拉克设计公司 Haus-Rucker-Co

何塞·奥尔特加·伊·加塞特 José Ortega y Gasset

何塞·柯德奇 José Coderch

何塞巴·祖莱卡 Joseba Zulaika

荷兰现象 Dutch Phenomenon

荷兰性 Dutchness

赫伯特·拜耳 Herbert Bayer

赫伯特·格林沃尔德 Herbert Greenwald

赫伯特·赫奇 Herbert Hirche

赫伯特·马尔库塞 Herbert Marcuse

赫伯特·默斯坎普 Herbert Muschamp

赫尔曼·布洛赫 Hermann Broch

赫尔曼·芬斯特林 Hermann Finsterlin

赫尔曼·黑塞 Herman Hesse

赫尔曼·闵可夫斯基 Hermann Minkowski

赫尔曼·沃姆 Herman Warm

赫尔穆特·里希特 Helmut Richter

赫尔穆特·斯威兹斯基 Helmut Swiczinsky
- 开放式住宅 Open House

赫尔穆特·雅恩 Helmut Jahn
- 索尼中心 Sony Centre

赫尔佐格和德梅隆（事务所） Herzog & de Meuron
- SUVA公寓楼 SUVA Apartment Buildings
- 安联球场 Allianz Arena
- 巴塞尔医院药物研究中心 Pharmaceutical Research Centre for the Basel Hospital
- 巴塞罗那论坛大厦 Barcelona Forum 2004 Building
- 北京奥林匹克体育场 New Olympic Stadium in Beijing
- 笛洋美术馆 De Young Museum
- 多明尼斯酿酒厂 Dominus Winery
- 法芬霍兹运动中心 Pfaffenholz Sports Centre
- 戈兹美术馆 Goetz Collection
- 克什兰住宅 Koechlin House
- 拉班中心 Laban Centre
- 利口乐公司仓库 Ricola Storage Building
- 利口乐欧洲工厂生产车间及库房 Ricola Europe SA

I

J

吉诺·波利尼 Gino Pollini
记者村 Villaggio dei Giornalisti
吉诺·卡波尼 Gino Capponi
吉诺·玛罗塔 Gino Marotta
吉诺·塞韦里尼 Gino Severini
吉诺·瓦勒 Gino Valle
吉瑞特·里特维德 Gerrit Rietveld
GZC珠宝店 GZC Jewellery Store
施罗德住宅 Schröder House
吉亚纳托里奥·马里 Gianantonio Mari
极端逻辑 extreme logic
极简艺术 minimal art
《极简主义》 *Minimalismos*
集体规划小组 Planungskollektiv Group
《记者西尔维娅·冯·哈登的肖像》 *Portrait of the Journalist Sylvia von Harden*
《纪念书》 *Gedenkbuch*
《纪念性》 *Monumentality*
纪尧姆·阿波利奈尔 Guillaume Apollinaire
继续斗争 Lotta Continua
加博 Gabo
加布里埃·香奈儿 Gabrielle Chanel
加尔文主义 Calvinism
加加林 Gagarin
加里·库珀 Gary Cooper
加纳·斯特巴克 Jana Sterbak
加斯东·巴什拉 Gaston Bachelard
加泰罗尼亚 Catalonia
加泰罗尼亚现代建筑师协会 Grup d'Aritistes i Tècnics Catalano al Progrés de l'Arquitectura Contemporánea (GATEPAC)
加文·斯塔普 Gavin Stamp
家居风格 heimatstil
家居有机设计 Organic Design in Home Furnishing
贾德森舞蹈剧院 Judson Dance Theater
贾科莫·巴拉 Giacomo Balla
贾普·巴克玛 Jaap Bakema
贾斯珀·约翰斯 Jasper Johns
贾斯特斯·拜尔 Justus Bier
贾瓦哈拉尔·尼赫鲁 Jawaharlal Nehru
简·雅各布斯 Jane Jacobs
《建设与人文》 *Construction et Humanisme*
《建筑》 *Stavba*
《建筑的第四维度：建筑对人类行为的影响》 *The Fourth Dimension in Architecture: The Impact of Building on Man's Behaviour*
《建筑的复杂性与矛盾性》 *Complexity and Contradiction in Architecture*
《建筑的逻辑结构》 *The Logical Construction of Architecture*
《建筑的要素和理论》 *Eléments et théories de l' architecture*
《建筑电讯派》 *Archigram*
建筑电讯派 Archigram
即时城市 Instant City
蒙特卡洛赌场 Casino in Monte Carlo
软景监视器 Soft Scene Monitor
消解的城市 Dissolving City
《建筑关系研究（献给墨索里尼）》 *Rapporto sull' architettura (for Mussolini)*
《建筑和城市规划中的太阳能技术》 *Solar Energy in Architecture and Urban Planning*
建筑或革命 architecture or revolution
《建筑纪年与历史》 *L'Architettura: cronache e storia*
建筑联盟学院 Architectural Association (AA)
《建筑评论》 *Architectural Review*
《建筑企业》 *Het Bouwbedrift*
《建筑设计》 *Architectural Design*
《建筑师，工程师》 *Architectes, Ingénieurs*
《建筑师报》 *The Architect's Newspaper*
《建筑师手册》 *Architect' s Handbook*
《建筑实录》 *Architectural Record*
《建筑史》 *L'Historie de l'architecture*
《建筑世界》 *Bauwelt*
《建筑素描》 *El Croquis*
《建筑意识形态批判》 *Per una critica dell' ideologia architettonica*
建筑与城市研究所 Institute for Architecture and Urban Studies (IAUS)
《建筑与住房》 *Bau und Wohnung*
《建筑中的折叠》 *Folding in Architecture*
剑桥大学 University of Cambridge
渐近线事务所 Asymptote
虚拟古根海姆博物馆项目 Virtual Guggenheim Project
《街区》 *Block*
街头农场事务所 Street Farm
杰恩公司 Geon
杰尔兹·索尔坦 Jerzy Soltan
杰菲姆·格里舍夫 Jefim Golyscheff
杰弗里·基普尼斯 Jeffrey Kipnis
杰克逊·波洛克 Jackson Pollock
《杰基的十六联肖像》 *Sixteen Jackies*
杰伊·奇亚特 Jay Chiat
《结构人类学》 *Structural Anthropology*
结构研究协会 Structural Study Associates
结构主义 structuralism
解构主义 deconstructionism
解构主义建筑展 Deconstructivist Architecture
《今日建筑》 *Architettura d' oggi*
《今日建筑》 *L'Architecture d'Aujourd'Hui*
《金手指》 *Goldfinger*
《紧张与文化》 *Nervosität und kultur*
《进步建筑》 *Progressive Architecture*
经验主义 empiricism
酒神精神 Dionysian
居伊·德波 Guy Debord
菊竹清训 Kiyonori Kikutake
地标塔 Landmark Tower
海上城市 Tower City
具体派 Gutai
具象艺术 figurative arts
《剧变》 *Wendingen*
《绝对建筑》 *Absolute Architecture*
绝对主义 absolutism
军械库展览会 Armory Show
甘特·拜尼施及其合伙人事务所 Günter Behnisch & Partner
IBN林业与自然研究所 IBN Institute for Forestry and Nature Reearch
艾希施泰特天主教大学图书馆 Library for the Catholic University of Eichstaett-Ingolstadt
慕尼黑奥林匹克公园 Olympiapark in Munich
石勒苏益格-荷尔斯泰因地区保险中心 Schleswig-Holstein Regional Insurance Centre
舒尔兄妹学校 Geschwister Scholl Schule
新波恩议会大楼 New Bonn Parliament

《快捷设计标准》*Time-Saver Standards*

昆西·琼斯 Quincy Jones

L

拉尔夫·厄尔金 Ralph Erskine

拜克墙综合大楼 Byker Wall Complex

007特工床 Agent 007' s Bed

拉尔夫·帕特里奇 Ralph Partridge

拉斐尔·阿兰达 Rafael Aranda

拉斐尔·莫内欧 Rafael Moneo

格雷戈里奥·马拉尼翁医院 Gregorio Marañón Hospital

国家罗马艺术博物馆 National Museum of Roman Art

科萨尔会堂与议事中心 Kursaal Auditorium and Congress Center

穆尔西亚市政厅 Murcia City Hall

唐贝尼托文化中心 Don Benito Cultural Centre

天使夫人大教堂 Cathedral of Our Lady of the Angels

现代艺术博物馆 Moderna Museet

休斯顿美术馆 Museum of Fine Arts in Houston

拉斐尔·索里亚诺 Raphael Soriano

拉斐尔·维诺里 Rafael Viñoly

东京国际会议中心 Tokyo International Forum

拉夫拉前卫剧团 La Fura dels Baus

拉里·西尔弗斯坦 Larry Silverstein

拉蒙·比拉尔塔 Ramon Vilalta

拉皮德斯 Lapidus

拉萨尔桥 Puente de la Salve

《拉塞巴》*Lacerba*

拉乌尔·拉·罗什 Raoul La Roche

拉乌尔·万尼根 Raoul Vaneigem

拉兹洛·莫霍利-纳吉 László Moholy-Nagy

拉姆德·亚伯拉罕 Raimund Abraham

莱昂·克里尔 Léon Krier

莱昂纳多·里奇 Leonardo Ricci

莱昂纳多·萨维奥里 Leonardo Savioli

莱昂内尔·费宁格 Lyonel Feininger

莱昂斯·罗森博格 Léonce Rosemberg

莱曼·利普 Lymann Lipp

莱特兄弟 wright brothers

赖瑟尔+埃莫托事务所 Reiser + Umemoto

《蓝色时代的人体测量》*Anthropométrie de l'époque bleue*

蓝天组 Coop Himmelb(l)au

炽热的平面公寓 Hot Flat

法尔科大街屋顶改造项目 Rooftop Remodelling Falkestrasse

丰德工厂3号厂房 Funder 3 factory

格罗宁根艺术博物馆 Art Museum in Groningen

汉堡建筑论坛天际线方案 Hamburger Bauforum Skyline

开放式住宅 Open House

罗纳赫剧院 Ronacher Theatre

梅伦塞纳博物馆 Melun-Sénart Museum

煤气桶B公寓大楼 Gasometer B Apartment Building

维恩2号公寓 Apartment Complex Wien 2

艺术海滩场地钢结构塔楼 Steel Structure for Forum Artcplage

朗·赫伦 Ron Herron

空闲时间节点 Free Time Node

行走城市 Walking City

朗饰公司 Rasch

浪漫主义 romanticism

劳尔·豪斯曼 Raoul Hausmann

劳里·安德森 Laurie Anderson

劳里·萨米陶尔·史米斯 Laurie Samitaur Smith

劳力士 Rolex

劳伦斯·阿洛韦 Lawrence Alloway

劳伦斯·哈普林 Lawrence Halprin

高速公路公园 Freeway Park

哥罗多利广场 Ghirardelli Square

海上牧场 Sea Ranch

牢固 firmitas

《老大哥》*Big Brother*

勒·柯布西耶（查尔斯-爱德华·让纳雷） Le Corbusier (Charles-Édouard Jeanneret)

阿尔及尔市弹道规划 Obus Plan for Algiers

巴黎规划 Plan for Paris

别墅公寓 Immeubles Villas

查尔斯·德·贝斯特吉公寓 Apartment for Charles de Beistegui

当代城市 Ville Contemporaine

多米诺住宅 Maison Domino

飞利浦展馆 Philips Pavilion

光明城市 Ville Radieuse

嘎尔什别墅 Villa in Garches

高等法院（正义宫） High Court（Palace of Justice）

国际联盟万国宫 Palace of the League of Nations

救世军大楼 Citè du Refuge

居住单元 Unité d'Habitation

克拉泰公寓 Immeuble Clarté

拉·罗什-让纳雷之家 Maison La Roche-Jeanneret

朗香教堂 Chapel of Ronchamp

理想城市 Ideal City

马赛公寓 Unité in Marseille

秘书处大楼 Secretariat

莫利特门公寓 Porte Molitor Condominium

人类之家 Maison de l'Homme

瑞士馆 Swiss Pavilion

萨沃耶别墅 Villa Savoye

施沃布别墅 Villa Schwob

新精神展馆 Esprit Nouveau Pavilion

雪铁龙住宅 Maison Citrohan

伊拉苏别墅 Errazuriz House

议会大厦 Palace of Assembly

中央联盟大楼 Tsentrosoyuz Building

《勒·柯布西耶与建筑的悲剧观》*Le Corbusier and the Tragic View of Architecture*

勒杜 Claude Nicolas Ledoux

勒奎 Jean-Jacques Lequeu

勒内·托姆 Rene Thom

雷奥尼·维斯宁 Leonid Vesnin

雷德·格鲁姆斯 Red Grooms

雷马·皮埃蒂拉 Reima Pietila

雷蒙德·杜尚-维隆 Raymond Duchamp-Villon

立体派住宅 Maison Cubiste

雷蒙德·胡德 Raymond Hood

《芝加哥论坛报》大楼 *Chicago Tribune* Tower

洛克菲勒中心 Rockfeller Center

雷蒙德·洛威 Raymond Loewy

雷姆·库哈斯 Rem Koolhaas

IJ Plein社区 IJ Plein Neighbourhood

阿克塞尔·斯普林格新园区大楼 Axel Springer Campus

巴黎朱苏图书馆 Jussieu Library in Paris

波尔多住宅（莱蒙别墅） Maison Lemoine (Maison à Bordeaux)

波尔图音乐厅 Casa da Musica in Porto

出埃及记（建筑的自愿囚徒） Exodus (Voluntary Prisoners of Architecture)

达拉瓦别墅 Villa dall'Ava

法国国家图书馆 Bibliothèque Nationale de France

海牙舞蹈剧院 Dance Theatre in The Hague

海洋贸易中心 Sea Trade Centre

荷兰议会厅扩建 Addition to the Dutch Parliament

康索现代艺术中心 Kunsthal

里尔会展中心 Lille Congrexpo

瞭望塔 Observation Tower

鹿特丹博物馆中心 Museum Centre in Rotterdam

路德维希·密斯·凡·德·罗 Ludwig Mies van der Rohe
伊利诺伊理工学院校区建筑群 IIT Campus Buildings [冶金和化学工程大楼 Metallurgical and Chemical Engineering Building（现在的珀尔斯坦大厅 Perlstein Hall），化学大楼 Chemistry Building（现在的威什尼克大厅 Wishnick Hall），纪念堂 Memorial Hall，克朗楼 Crown Hall，建筑与设计学院 School of Architecture and Design]
巴塞罗那展馆 Barcelona Pavilion
玻璃摩天大楼 Glass Skyscraper
德国馆 German Pavilion
范斯沃斯住宅 Farnsworth House
国民广场公寓住宅 Commowealth Preomenade Apartments
海角公寓 Promontory Apartments
湖滨大道860—880号公寓 860-880Lake Shore Drive Towers
克罗勒尔别墅 Kröller House
里尔住宅 Riehl House
西格拉姆大厦 Seagram Building
悬臂椅 Cantilever Chair
路德维希·维特根斯坦 Ludwig Wittgenstein
维特根斯坦住宅 Haus Wittgenstein
《路德维希·维特根斯坦肖像2》*Ludwig Wittgenstein 2*
路德维希·希尔伯斯默 Ludwig Hilberseimer
路易吉·阿加蒂 Luigi Agati
路易吉·菲吉尼 Luigi Figini
记者村 Villaggio dei Giornalisti
路易吉·卡洛·达内利 Luigi Carlo Daneri
福特·奎兹区项目 Forte Quezzi District
路易吉·鲁索罗 Luigi Russolo
路易吉·莫雷蒂 Luigi Moretti
萨拉切纳别墅 Villa Saracena
武器之家 Casa delle Armi
向日葵公寓 Girasole Apartment Building
路易吉·佩莱格林 Luigi Pellegrin
路易吉·皮兰德娄 Luigi Pirandello
路易吉·皮奇纳托 Luigi Piccinato
路易吉·维耶蒂 Luigi Vietti
路易斯·阿拉贡 Louis Aragon
路易斯·巴拉甘 Luis Barragán
路易斯-费迪南·塞利纳 Louis-Ferdinand Céline
路易斯·费尔南德斯-加利亚诺 Luis Fernández-Galiano
路易斯·康 Louis Kahn
宾夕法尼亚大学阿尔弗雷德·牛顿·理查兹医学研究中心大楼 Alfred Newton Richards Medical Research Building of University of Pennsylvania
达卡国民议会大厦 National Assembly Building in Dacca
第一唯一神教堂和主日学校 The First Unitarian Church and School
费城中心 Center of Philadelphia
帕恩福特公共住宅 Pine Ford Acres
潘尼帕克公共住宅 Pennypack Woods
索尔克生物科学研究所 Salk Institute in La Jolla
耶鲁大学美术馆 Yale Art Gallery
印度管理学院 Indian Institute of Management
犹太社区中心 Jewish Community Center
路易斯·沙利文 Louis Sullivan
交通大厦 Transportation Building
金色大门 Golden Doorway
乱弹小组 Strum
草坪椅 Pratone Chair
《伦敦时报》*London Times*
伦敦手工业行会和学校 Guild and School of Handicra ft in London
伦纳托·尼科里尼 Renato Nicolini
伦佐·皮亚诺 Renzo Piano
KPN电信塔 KPN Telecom Tower
NEMO科学中心 NEMO Science Centre
奥罗拉广场办公和住宅楼 Aurora Place Office and Residential Buildings
贝耶勒基金会博物馆 Beyeler Foundation Museum
波茨坦广场 Potsdamer Platz
哥伦布国际展览 Columbus International Exhibition
关西机场航站楼 Passenger Terminal at Kansai Airport
联合国教科文组织研究实验室 UNESCO Research Laboratories
罗马音乐厅 Auditorium Parco Della Musica
梅尼尔博物馆 Menil Museum
帕德雷·皮奥教堂Church of Padre Pio
蓬皮杜艺术中心 Centre Pomipidou
让-玛丽·特吉巴欧文化中心 Jean-Marie Tjibaou Cultural Center
热那亚老港口改造 Old Port of Genoa
声学与音乐研究中心 Institut de Recherche et Coordination Acoustique/Musique
《论坛》*Forum*
《论艺术的精神》*Concerning the Spiritual in Art*
罗宾·伊文斯 Robin Evans
罗伯特·德劳内 Robert Delaunay
罗伯特·范特·霍夫 Robert van’t Hoff
罗伯特·格罗夫纳 Robert Grosvenor
罗伯特·赫尔特 Robert Herlt
罗伯特·劳申伯格 Robert Rauschenberg
罗伯特·马莱-史蒂文斯 Robert Mallet-Stevens
罗伯特·麦克劳林 Robert McLaughlin
美国汽车住房 American Motor Home
罗伯特·曼古里安 Robert Mangurian
罗伯特·莫里斯 Robert Morris
罗伯特·莫斯韦尔 Robert Motherwell
罗伯特·穆齐尔 Robert Musil
罗伯特·史密森 Robert Smithson
镜位移 Mirror Displacement
螺旋防波堤 Spiral Jetty
罗伯特·斯特恩 Robert Stern
韦斯切斯特公馆 Westchester Residence
罗伯特·文丘里 Robert Venturi
国家美术馆塞恩斯伯里翼馆 Sainsbury Wing to the National Gallery
母亲住宅（万娜·文丘里之家） Vanna Venturi House
塔克之家 Tucker House
罗伯特·西格尔 Robert Siegel
罗伯托·加贝蒂 Roberto Gabetti
伊拉斯莫工坊 Bottega di Erasmo
证券交易所大楼 Stock Exchange Building
罗伯托·帕皮尼 Roberto Papini
罗伯托·塞巴斯蒂安·马塔 Roberto Sebastian Matta
罗伯托·特拉尼 Roberto Terragni
罗尔夫·费尔鲍姆 Rolf Fehlbaum
罗尔夫·古特布罗德 Rolf Gutbrod
德国馆 German Pavilion
罗尔夫·古特曼 Rolf Gutmann
罗杰·塔利伯特 Roger Taillibert
罗杰斯·斯特克·哈勃及合伙人事务所 Rogers Stirk Harbour + Partners
罗兰·巴特 Roland Barthes
罗马大学 University of Rome
罗马广场 Roman Forum
罗马美国学院 American Academy in Rome
罗马式风格 Romanesque style
罗马艺术画廊 Roman Art Gallery
罗曼·雅克布森 Roman Jakobson
罗纳德·布莱登 Ronald Bladen
罗萨里奥·吉福 GiuffréRosario
罗素 Russell
《逻辑研究》*Logical Investigations*

毛里齐奥·卡特兰 Maurizio Cattelan

毛里齐奥·萨克里帕蒂 Maurizio Sacripanti
- 整体剧院 Teatro Totale

没有风格的房子 house with no style

《没有个性的人》 *The Man Without Qualities*

《没有看到和/或很少看到……》 *NOT SEEN and/or LESS SEEN of...*

《玫瑰之名》 *The Name of the Rose*

《梅尔茨》 *Merz*

梅玛·切尼 Mamah Cheney

《梅兹堡》 *Merzbau*

《媒体森林中的泰山》 *Tarzans in the Media Forest*

《每日邮报》 *Daily Mail*

美观 venustas

《美国》 *America*

《美国，一个建筑师的画册》 *Amerika, Bilderbuch eines Architekten*

美国1932—1944建筑展 Built in USA 1932–1944

美国抽象艺术家协会 American Abstract Artists

《美国大城市的死与生》 *The Death and Life of Great American Cities*

美国风 Usonian

美国建筑师协会 American Institute of Architects (AIA)

《美国狼人在伦敦》 *An American Werewolf in London*

美国新闻处 （USIS）

美术馆建筑展 The Architecture of the École des Beaux-Arts

《美术史的基本概念》 *Kunstgeschichtliche Grundbegriffe*

《美学或艺术和语言哲学》 *Aethetics*

妹岛和世 Kazuyo Sejima
- 金泽21世纪美术馆 21st Century Museum of Contemporary Art in Kanazawa
- 李子林住宅 Plum Grove
- 岐阜北方住宅 Gifu Kitagata Apartment Building
- 再春馆制药厂女子宿舍 Saishunkan Seiyaku Women's Dormitory

蒙特利尔世界博览会 Montréal Expo

蒙耶·温罗布 Munio Weinraub

蒙扎双年展 Monza Biennale

孟买工作室 Studio Mumbai

梦想建筑展 Visionary Architecture

《迷宫》 *Dedalo*

米开朗基罗 Michelangelo

米兰三年展 Milan Triennale

米丽亚姆·诺埃尔 Miriam Noel

米诺斯迷宫 Minos Maze

米歇尔·德·克拉克 Michel de Klerk
- 船舶公寓 Het Schip Apartment Building

米歇尔·德·卢基 Michele De Lucchi
- 格罗宁根艺术博物馆 Art Museum in Groningen

米歇尔·福柯 Michel Foucault

米歇尔·拉里奥诺夫 Michel Larionov

米歇尔·普拉塔尼亚 Michele Platania

米歇尔·萨伊 Michele Saee

米歇尔·瓦罗里 Michele Valori
- INA-Casa住宅区项目 INA-Casa Housing Estate

《密斯·凡·德·罗的矛盾对称性》 *Mies van der Rohe's Paradoxical Symmetries*

密斯式 Miesian

《明日都市》 *The Metropolis of Tomorrow*

明星体系 Star System

缪西娅·普拉达 Miuccia Prada

《摩登时代》 *Modern Times*

模度 Modulor

摩尔 Moore

《摩西与亚伦》 *Moses und Aron*

摩西·萨夫迪 Moshe Safdie
- 栖息地67 Habitat' 67

莫比乌斯带 Möbius strip

莫东瓦-弗勒里 Meudonval-Fleury

莫里吉奥·兰扎 Maurizio Lanza
- INA-Casa住宅区项目 INA-Casa Housing Estate

莫里斯·凯彻姆 Morris Ketchum

莫里斯·梅洛-庞蒂 Maurice Merleau-Ponty

莫斯出版社 Mosse

莫斯科科学院 Academy of Sciences in Moscow

莫伊塞·亚科夫列维奇·金兹伯格 Moisei Yakovlevich Ginzburg
- 纳康芬公寓楼 Narkomfin Building

墨菲西斯建筑事务所 Morphosis
- 刀锋之家 Blades Residence
- 加州交通局总部大楼 Caltrans Headquarters
- 科学中心学校 Science Center School
- 美国联邦大厦 US Federal Building
- 太阳塔 Sun Tower

默尔默兹 Mermoz

木瓦风格 Shingle style

穆卡科夫斯基 Mukačovský

穆齐奥 Muzio

N

N. 霍洛斯滕科 N. Holostenko

NL建筑事务所 NL Architects
- 篮子酒吧 Basket Bar

NOX建筑事务所 NOX
- 水之馆 Water Pavilion

拿破仑三世 Napoleon III

那儿，超越房屋的建筑 Out There: Architecture Beyond Building

纳森·德·巴斯 Jonathan De Pas
- 乔沙发 Joe Sofa

娜塔莉亚·冈查洛娃 Natalia Goncharova

《奶牛与小提琴》 *Cow and Violin*

奈杰尔·科茨 Nigel Coates

《耐久性》 *Durability*

《耐久性和短暂性》 *Durability and Ephemerality*

男孩乔治 Boy George

南达·维戈 Nanda Vigo
- 乌托邦桌子 Utopia Table

南希·杰克·托德 Nancy Jack Todd

内洛·阿普里尔 Nello Aprile
- 市民殉难纪念碑 Fosse Ardeatine Monument

尼古拉·拉多夫斯基 Nikolai Ladovsky

尼古拉斯·格雷姆肖 Nicholas Grimshaw
- 滑铁卢车站国际候车厅 Waterloo International Terminal
- 区域控制中心 Regional Control Centre
- 伊甸园项目 Eden Project

尼古拉斯·佩夫斯纳 Nikolaus Pevsner

尼科莱·多库卡耶夫 Nikolai Dokuchaev

尼科莱·科利 Nikolai Kolli

尼诺·达迪 Nino Dardi

《泥人哥连》 *Der Golem*

《纽伦堡法令》 *Nuremberg Laws*

纽约世界博览会 World's Fair in New York

伍尔沃思公司 Woolworths

《舞蹈》 *Dance*

《物体》 *Gegenstand*

X

西奥·克罗斯比 Theo Crosby

西奥多·拉尔森 Theodore Larson

西博尔德·雷弗斯滕 Sybold Rayversten

西尔维奥·拉迪康西尼 Silvio Radiconcini

西格德·勒韦伦茨 Sigurd Lewerentz

西格弗里德·吉迪恩 Sigfried Giedion

西格蒙德·弗洛伊德 Sigmund Freud

《西力传》 *Zelig*

西蒙佩特拉斯修道院 Simonos Petras Monastery

西姆·范·德·赖恩 Sim Van der Ryn

西区8号事务所 West 8

剧院广场 Schouwburgplein

秘密花园 Secret Garden

西泽立卫 Ryue Nishizawa

金泽21世纪美术馆 21st Century Museum of Contemporary Art in Kanazawa

希诺·卡尔卡普里那 Cino Calcaprina

市民殉难纪念碑 Fosse Ardeatine Monument

《希特勒与艺术》 *Hitler e l'arte*

嬉皮士 Hippies

夏尔·艾普拉特尼尔 Charles L'Éplattenier

夏洛特·佩里安 Charlotte Perriand

先锋派 avant-garde

《现场》 *On SITE*

现成品艺术 readymade

《现代功能建筑》 *Der moderne Zweckbau*

《现代建筑》 *Modern Architecture*

《现代建筑年鉴》 *Almanach d'architecture moderne*

《现代建筑语言》 *The Modern Language of Architecture*

《现代建筑中的伪功能主义》*Pseudo-Functionalism in Modern Architecture*

《现代设计的先驱者：从威廉·莫里斯到格罗皮乌斯》 *Pioneers of Modern Design: From William Morris to Walter Gropius*

《现代艺术分析线》 *La linea analitica dell'arte moderna*

《现代运动先驱》*Pioneers of the Modern Movement*

现代主义 modernism

乡村工作室计划 Rural Studio

露西之家 Lucy's House

纽伯恩消防站 Fire Station in Newbern

享乐主义 hedonistic

《向拉斯维加斯学习》 *Learning from Las Vegas*

《向托姆致敬》 *Omaggio a Thom*

《象限》 *Quadrante*

象限小组 Quadrante

象征主义 symbolism

肖恩·戈德塞尔 Sean Godsell

基尤住宅 Kew House

卡特/塔克住宅 Carter/Tucker House

消费主义 consumerism

《消极思维与合理化》 *Pensiero Negativo e Razionalizzazione*

筱原一男 Kazuo Shinohara

《小、中、大、特大》 *S, M, L, XL* (*Small, medium, Large and Extra Large*)

小埃塔·索特萨斯 Ettore Sottsass Jr.

情人节打字机 Valentine Typewriter

《小魔怪》 *Gremlins*

《小世界：学者罗曼司》 *Small World: An Academic Romance*

小野洋子 Yoko Ono

协和建筑事务所 The Architects' Collaborative (TAC)

谢尔盖·克托夫 Serge Kétoff

谢尔盖·普罗霍罗夫 Sergey Prokhorov

纳康芬公寓楼 Narkomfin Building

辛蒂·雪曼 Cindy Sherman

新表现主义 neo-expressionism

新陈代谢派 metabolism

《新陈代谢派1960：对新都市主义的建议》 *Metabolism 1960: Proposals for a New Urbanism*

《新格拉茨建筑》 *New Graz Architecture*

《新功能主义》 *Neo-Functionalism*

《新纪念性的需求》*The Need for a New Monumentality*

《新建筑风格的胜利》 *Der Sieg des neuen Baustils*

《新建筑和城市规划》 *New Architecture and City Planning*

新建筑师协会 Association of New Architects

《新建筑十年》 *A Decade of New Architecture*

"新建筑"展览 Neues Bauen

新经验主义 new empiricism

《新精神》 *L'Esprit Noveau*

新康式 neo-Kahnian

新客观主义 neue Sachlichkeit

新理性主义 neo-rationalism

新历史主义 neo-historicism

新罗马式风格 neo-Romanesque style

新帕拉第奥式 neo-Palladian

新世纪派 Novecento

新未来派 neo-futurist

新现实主义 neo-realism

新野兽派（新粗野主义） neo-brutalism

新艺术风格 Art Nouveau

新艺术家联盟 Neue Künstlervereinigung

新艺术学院 School of New Art

《新艺术之源》 *Sources of Art Noveau*

新有机建筑 neo-organic architecture

新造型主义neo-plasticism

《新造型主义，住宅—街道城市》 *Neoplasticisme. Die Woning – De Straat – De Stad*

新中世纪主义 neo-medievalism

新自由主义 neo-liberty

《星球大战》 *Star Wars*

行动绘画 action painting

行动建筑 action architecture

形而上学 metaphysics

形而上学艺术 metaphysical art

形式服从功能 form follows function

形式主义 formalism

性能形式 performance form

休·费里斯 Hugh Ferris

虚拟地图 fictional map

虚无主义 nihilism

《学生托乐思的迷惘》 *Young Törless*

雪莱·麦克纳马拉 Shelley McNamara

Y

《雅典宪章》 *Charter of Athens*

Z

致谢

谨以此书献给安东内拉。

特别感谢：

马西米亚诺·福克萨斯及多丽安娜·福克萨斯

蓝天组

史蒂文·霍尔建筑事务所

伦佐·皮亚诺建筑工作室

迭戈·特尔纳

UNStudio

书中一些历史时期的内容参考了作者的其他著作，出处如下：

1956—1976年

路易吉·普雷斯蒂嫩扎·普利西，《此即明日：当代先锋建筑》（*This Is Tomorrow: Avanguardie E Architettura Contemporanea*），Testo & Immagine出版社，都灵，1999

1977—2000年

路易吉·普雷斯蒂嫩扎·普利西，《沉默的先锋派》（*Silenziose Avanguardie*），Testo & Immagine出版社，都灵，2001

1905—1933年

路易吉·普雷斯蒂嫩扎·普利西，《形式与阴影》（*Forme e Ombre*），Testo & Immagine出版社，都灵，2003

1988—2008年

路易吉·普雷斯蒂嫩扎·普利西，《当代建筑新方向：1988年以来建筑设计的演化与变革》（*New Directions in Contemporary Architecture: Evolutions and Revolutions in Building Design since 1988*），约翰·威利父子出版公司，奇切斯特，2008

图书在版编目（CIP）数据

世界现当代建筑史 /（意）路易吉·普雷斯蒂嫩扎·普利西编著；付云伍，涂帅译．—桂林：广西师范大学出版社，2023.1
书名原文：The History of Architecture: From the Avant-Garde Towards the Present
ISBN 978-7-5598-5399-8

Ⅰ. ①世… Ⅱ. ①路… ②付… ③涂… Ⅲ. ①建筑史-世界-现代 Ⅳ. ① TU-091.15

中国版本图书馆 CIP 数据核字 (2022) 第 177901 号

世界现当代建筑史
SHIJIE XIANDANGDAI JIANZHUSHI

出 品 人：刘广汉
责任编辑：季　慧
封面设计：吴　迪
版式设计：六　元

广西师范大学出版社出版发行
（广西桂林市五里店路 9 号　　邮政编码：541004
网址：http://www.bbtpress.com）
出版人：黄轩庄
全国新华书店经销
销售热线：021-65200318　021-31260822-898
深圳市泰和精品印刷有限公司印刷
（深圳市龙岗区园山街道西坑社区西湖工业区 10 厂房　邮政编码：518000）
开本：889 mm × 1 240 mm　　1/20
印张：27.6　　字数：800 千字
2023 年 1 月第 1 版　　2023 年 1 月第 1 次印刷
定价：168.00 元